AF393800

Martin Meyer

Grundlagen der Informationstechnik

Kommunikationstechnik
von M. Meyer

Signalverarbeitung
von M. Meyer

Grundlagen der Informationstechnik
von M. Meyer

Informationstechnik kompakt
herausgegeben von O. Mildenberger

Mobilfunknetze
von M. Duque-Antón

Datenübertragung
von P. Welzel

Telekommunikation
von D. Conrads

Praxiswissen Radar und Radarsignalverarbeitung
von A. Ludloff

Von Handy, Glasfaser und Internet
von W. Glaser

vieweg

Martin Meyer

Grundlagen der Informationstechnik

Signale, Systeme und Filter

Mit 250 Abbildungen und 33 Tabellen

Herausgegeben von Otto Mildenberger

Vieweg Praxiswissen

Die Deutsche Bibliothek – CIP-Einheitsaufnahme
Ein Titeldatensatz für diese Publikation ist bei
Der Deutschen Bibliothek erhältlich.

Herausgeber: Prof. Dr.-Ing. Otto Mildenberger lehrte an der Fachhochschule Wiesbaden in den
Fachbereichen Elektrotechnik und Informatik.

1. Auflage Juli 2002

ISBN 978-3-322-91583-2   ISBN 978-3-322-91582-5 (eBook)
DOI 10.1007/978-3-322-91582-5

Vorwort

Die Informationstechnik befasst sich mit der Übertragung, Verarbeitung und Darstellung von Informationen. Ihre technische und wirtschaftliche Bedeutung ist gross und nimmt weiterhin zu. Galt die Informationstechnik früher in erster Linie als Zubringerin für die Nachrichten-, Regelungs- und Messtechnik, hat sie sich mittlerweile als eigenständige Disziplin etabliert. Ihre Grundlagen gehören heute zum Pflichtstoff für alle Studierenden der Elektrotechnik und Informatik. Zur Anwendung kommt sie in der Signalverarbeitung, Multimediatechnik, Telekommunikation, Automatisierung, Messtechnik usw.

Als Träger der Informationen dienen Signale, welche mit Hilfe von Systemen manipuliert werden, z. B. in Form einer Filterung oder Spektralzerlegung. Für das Verständnis solcher Algorithmen – und genau darum geht es in diesem Buch – sind Fächer wie Signal- und Systemtheorie sowie Signalverarbeitung zuständig.

Die Implementierung der Algorithmen erfolgt heute meist auf digitalen Signalprozessoren, was auch Kenntnisse in Digitaltechnik und Fähigkeiten im Programmieren erfordert. Diese Implementierung wird hier nur rudimentär besprochen. Der Grund liegt darin, dass sie von der Hardware abhängt und die entsprechenden Fertigkeiten rasch an Aktualität verlieren. Dagegen halten sich die Theorien viel länger. Ferner sind in den heutigen Studiengängen sowohl Digitaltechnik als auch Programmieren eigenständige Pflichtfächer, wobei der Transfer auf die Anwendung in der Signalverarbeitung nicht so schwierig ist, als dass gleich alles in einem einzigen Buch behandelt werden müsste.

Zwischen Theorie und Implementierung liegt die Phase der Simulation. Diese erfolgt mit Hilfe leistungsfähiger Software-Pakete und gestattet die Überprüfung und Optimierung der Algorithmen und des Systemdesigns. Dafür benutzte ich die preisgünstige Student Edition von MATLAB (Version 4). Ich empfehle ausdrücklich, dieses Buch nicht nur durchzulesen, sondern darüber hinaus mit Hilfe eines solchen Software-Paketes durchzuarbeiten. Nur so sind solides Verständnis und Anwenderkompetenz erreichbar. Im Anhang finden sich Hinweise für den Einsatz von MATLAB in der Signalverarbeitung. Wer bereits ein anderes geeignetes Softwarepaket hat und kennt, kann natürlich auch mit diesem arbeiten.

Die Simulations- und Design-Programme sind so leistungsfähig geworden, dass man versucht sein könnte, die Signalverarbeitung auf eine Folge von Mausklicks zu reduzieren. Natürlich geht es heute nicht mehr darum, dass ein Ingenieur möglichst viele Integrale pro Stunde ausrechnen kann. Er muss aber die mit dem Computer gewonnen Resultate beurteilen können, was nach wie vor Verständnis der Theorie, Sinn für Plausibilitäten, Erfahrung, Intuition, einen Riecher für weiterführende Fragen usw. erfordert. Dies als weitere Begründung dafür, das Buch mit Computerunterstützung durchzuarbeiten.

Die Stärke der Signal- und Systemtheorie sowie der Signalverarbeitung liegt in der breiten Anwendbarkeit. Diese Universalität hat allerdings ihren Preis, nämlich die Abstraktheit – es handelt sich durchwegs um mathematisch orientierte Disziplinen. Diese Tatsache bildet eine Hürde für die Studierenden. Ist sie aber einmal genommen, so eröffnet sich ein weites, interessantes und befriedigendes Betätigungsfeld.

Damit besagte Hürde nicht zu hoch ist, bietet dieses Buch lediglich eine Einführung in die Signal-, System- und Filtertheorie. Es wendet sich an Studierende technischer Fachrichtungen, insbesondere der Elektro- und Informationstechnik, sowie an Ingenieure und Naturwissenschafter. Inhaltlich beschränkt es sich auf die Grundlagen, vermittelt aber doch die Denkweise und Fachsprache für den Einstieg in die Spezialliteratur. Mit den hier vorgestellten Konzepten lassen sich bereits viele Aufgabenstellungen der Signalverarbeitung verstehen und lösen.

Heute stehen natürlich die digitalen Konzepte im Vordergrund, sie werden im Folgenden auch speziell betont. Trotzdem finden sich noch Kapitel über analoge Signale und Systeme. Aus deren theoretischem Fundament wächst nämlich die Theorie der digitalen Signale und Systeme heraus. Der Aufwand verdoppelt sich also keineswegs durch die Behandlung beider Welten. Zudem werden immer noch beide Theorien benötigt: digitale Rekursivfilter beispielsweise werden häufig aufgrund ihrer analogen Vorbilder dimensioniert, und sehr oft verarbeitet man ursprünglich analoge Signale mit digitalen Systemen.

Voraussetzung für das Verständnis der hier behandelten Theorien und Konzepte sind mathematische Kenntnisse, wie sie in jedem natur- und ingenieurwissenschaftlichen Grundstudium erworben werden: Algebra, Folgen und Reihen, elementare Funktionen, komplexe Zahlen, Differential- und Integralrechnung.

Im Vieweg-Verlag erschien bereits ein Buch von mir mit dem Titel „Signalverarbeitung". Wegen seines kleineren Umfangs waren dort inhaltliche Beschränkungen unumgänglich. Die erfreulich grosse Leserschaft reagierte positiv, wünschte allerdings mehr Beispiele sowie die Behandlung der Zufallssignale. Das vorliegende Buch – es stützt sich auf meine frühere Veröffentlichung ab – trägt dem Rechnung.

Für Teile des Kapitels 6 habe ich mich am ebenfalls im Vieweg-Verlag erschienenen Buch „System- und Signaltheorie" orientiert. Beim Autor O. Mildenberger bedanke ich mich für die Erlaubnis dazu. Dem Vieweg-Verlag danke ich für die angenehme Zusammenarbeit und ein spezieller Dank geht an meinen Kollegen Prof. Peter Kamm für die Durchsicht des Manuskripts.

Dieses Buch entstand aus meiner Lehrtätigkeit an der Fachhochschule Aargau (Schweiz).

Hausen b. Brugg, im Juni 2002   *Martin Meyer*

Inhaltsverzeichnis

1 Einführung

1.1 Das Konzept der Systemtheorie

Die Signal- und Systemtheorie befasst sich mit der Beschreibung von Signalen und mit der Beschreibung, Analyse und Synthese von Systemen. Die Anwendung dieser Theorien, z.B. in Form von digitalen Filtern, heisst Signalverarbeitung.

Signale sind physikalische Grössen, z.B. eine elektrische Spannung. Aber auch der variable Börsenkurs einer Aktie, die Pulsfrequenz eines Sportlers, die Drehzahl eines Antriebes usw. sind Signale. Signale sind Träger von Information und Energie.

Unter Systemen versteht man eine komplexe Anordnung aus dem technischen, ökonomischen, biologischen, sozialen usw. Bereich. Als Beispiele sollen dienen: Die Radaufhängung eines Fahrzeuges, der Verdauungstrakt eines Lebewesens, ein digitales Filter usw. Systeme verarbeiten Signale und somit auch Information und Energie.

Information ist ein Wissens*inhalt*, die physikalische Repräsentation dieses Wissens (also die Wissens*darstellung*) ist ein Signal. Beispiel: Die Körpertemperatur des Menschen ist ein Signal und gibt Auskunft über den Gesundheitszustand.

Für die Untersuchung von Systemen bedient man sich eines mathematischen Modells. Es zeigt sich, dass in der abstrakten mathematischen Formulierung viele äusserlich verschiedenartige Systeme dieselbe Form annehmen. Beispiel: ein gedämpfter elektrischer Schwingkreis kann mit der gleichen Differentialgleichung beschrieben werden wie ein mechanisches Feder-Masse-Reibungssystem, Bild 1.1.

Bild 1.1 Gedämpfter Serieschwingkreis (links) und gedämpfter mechanischer Schwinger (rechts)

Die physikalische Gemeinsamkeit der beiden Systeme in Bild 1.1 ist die Existenz von zwei verschiedenartigen Energiespeichern, nämlich Kapazität C und Induktivität L bzw. Feder und Masse. Dies führt zu einem schwingungsfähigen Gebilde, falls in mindestens einem der Speicher Energie vorhanden ist. Z.B. kann die Kapazität geladen und die Feder gespannt sein. Beide Systeme haben eine Dämpfung, es wird sich also bei der Freigabe der Systeme (schliessen des Stromkreises bzw. Lösen der Arretierung) eine gedämpfte Schwingung einstellen. Mathematisch lauten die Formulierungen mit den Variablen i für den elektrischen Strom bzw. x für die Längenkoordinate:

$$u_L = L \cdot \frac{di(t)}{dt} = L \cdot \dot{i}$$

$$F_M = m \cdot \ddot{x} \quad \text{(Trägheit)}$$

Spannungen: $u_C = \frac{1}{C} \cdot \int i(t)\, dt$ Kräfte: $F_D = b \cdot \dot{x} \quad \text{(Dämpfung)}$

$$F_F = c \cdot x \quad \text{(Federkraft)}$$

$$u_R = R \cdot i$$

Nach dem Kirchhoff'schen Gesetz muss die Summe der Spannungen Null sein. Damit das Integral in der Kondensatorgleichung verschwindet, leiten wir alle Gleichungen nach der Zeit ab und erhalten die Differentialgleichung des gedämpften elektrischen Schwingkreises. Ebenso müssen sich nach d'Alembert alle Kräfte zu Null summieren und wir erhalten die Differentialgleichung des gedämpften mechanischen Schwingers. Bei beiden Gleichungen sortieren wir die Summanden nach dem Grad der Ableitung.

$$L \cdot \ddot{i} + R \cdot \dot{i} + \frac{1}{C} \cdot i = 0 \qquad\qquad m \cdot \ddot{x} + b \cdot \dot{x} + c \cdot x = 0$$

Mit den Korrespondenzen $L \leftrightarrow m$, $R \leftrightarrow b$ und $c \leftrightarrow 1/C$ lassen sich die beiden Gleichungen ineinander überführen.

Diese Beobachtung hat zwei Konsequenzen: Erstens ist es vorteilhaft, eine „Systemtheorie" als eigenständige Disziplin (also ohne Bezug zu einer realen Anwendung) zu pflegen. In dieser mathematischen Abstrahierung liegt die ungeheure Stärke der Systemtheorie begründet. Vertreter verschiedener Fachgebiete sprechen dadurch eine gemeinsame Sprache und können vereint an einer Aufgabe arbeiten.

Zweitens ist es möglich, den gleichen Wissensinhalt (Information) auf verschiedene Arten physikalisch darzustellen: der Verlauf eines Wasserdruckes beispielsweise kann optisch (Farbe), mechanisch (Höhe einer Quecksilbersäule) oder auch in Form einer elektrischen Spannung dargestellt werden. Es ist die Aufgabe der Sensorik und Messtechnik, die Information (Temperatur, Druck, Kraft, Weg, Helligkeit, Geschwindigkeit usw.) in einer gewünschten physikalischen Form darzustellen. Man wird nun jene Signalarten wählen, welche einfach übertragen, verarbeitet und gespeichert werden können. Dies sind natürlich die elektrischen Signale, für die Übertragung mit wachsendem Anteil auch optische Signale. Aus diesem Grund nimmt die Systemtheorie für die Elektroingenieure eine zentrale Stellung ein. Die umgekehrte Aufgabe, nämlich ein elektrisches Signal in eine andere physische Form umzuwandeln, wird durch Aktoren wahrgenommen. Beispiele: Lautsprecher, Elektromotor. In der Regelungstechnik wird mit Aktoren in das physische System eingegriffen. In der Messtechnik und der Systemanalyse werden die Ergebnisse der Signalverarbeitung lediglich angezeigt, Bild 1.2.

Ein weiterer Vorteil der abstrakten Theorie liegt darin, dass man Systeme unabhängig von ihrer tatsächlichen Realisierung beschreiben kann. Ein digitales Filter beispielsweise kann in reiner Hardware realisiert werden oder als Programm auf einem PC ablaufen. Es lässt sich aber auch auf einem Mikroprozessor oder auf einem DSP (digitaler Signalprozessor) implementieren. Für den Systemtheoretiker macht dies keinen Unterschied. Zweites Beispiel: die theoretischen Grundlagen der CD (Compact Disc) wurden 1949 erarbeitet, die brauchbare Realisierung erfolgte über drei Jahrzehnte später.

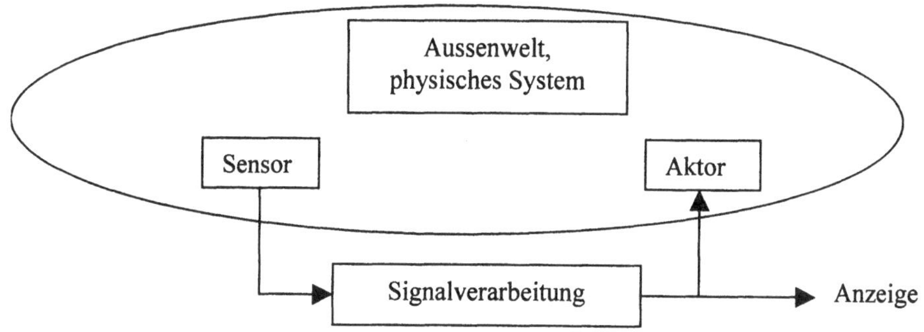

Bild 1.2 Ankoppelung der Signalverarbeitung an die Aussenwelt

Es wird sich zeigen, dass Signale und Systeme auf dieselbe Art mathematisch beschrieben werden, mithin also gar nicht mehr unterscheidbar sind. Die Systemtheorie befasst sich demnach mit Systemen *und* Signalen.

Ein eindimensionales Signal ist eine Funktion einer Variablen (meistens der Zeit). Mehrdimensionale Signale sind Funktionen mehrerer Variablen, z.B. zweier Ortskoordinaten im Falle der Bildverarbeitung. In diesem Buch werden nur eindimensionale Signale behandelt. Die unabhängige Variable ist die Zeit oder die Frequenz, die Theorie lässt sich aber unverändert übertragen auf andere unabhängige Variablen, z.B. eine Längenkoordinate.

Beispiel: Am Ausgang eines Musikverstärkers erscheint eine zeitabhängige Spannung $u(t)$. Auf einem Tonband ist hingegen die Musik in Form einer längenabhängigen Magnetisierung $m(x)$ gespeichert. Transportiert man das Tonband mit einer konstanten Geschwindigkeit $v = x/t$ am Tonkopf vorbei, so entsteht wegen $t = x/v$ wieder ein zeitabhängiges Signal $u(t) = m(x/v)$. Wegen dieser Umwandelbarkeit spielt also die physikalische Dimension ebensowenig wie der Name der Variablen eine Rolle.

□

Das mathematische Modell eines realen Systems ist ein Satz von Gleichungen. Um losgelöst von physikalischen Bedeutungen arbeiten zu können, werden die Signale oft in normierter, dimensionsloser Form notiert. Zum Beispiel schreibt man anstelle eines Spannungssignals $u(t)$ mit der Dimension Volt das dimensionslose Signal $x(t)$:

$$x(t) = \frac{u(t)}{1\,\mathrm{V}} \quad [\ ] \tag{1.1}$$

Die Möglichkeit der Dimensionskontrolle geht damit leider verloren, dafür gewinnt man an Universalität.

Um den mathematischen Aufwand in handhabbaren Grenzen zu halten, werden vom realen System nur die interessierenden und dominanten Aspekte im Modell abgebildet. Das vereinfachte Modell entspricht somit nicht mehr dem realen Vorbild. Dies ist solange ohne Belang, als das Modell brauchbare Erklärungen und Voraussagen für das Verhalten des realen Systems liefert. Andernfalls muss das Modell schrittweise verfeinert werden. Grundsätzlich gilt: Ein Modell soll so kompliziert wie notwendig und so einfach wie möglich sein. Beispiel: in der Mechanik wird häufig die Reibung vernachlässigt, die prinzipielle Funktionsweise einer Maschine bleibt trotzdem ersichtlich. Möchte man aber den Wirkungsgrad dieser Maschine bestimmen, so muss man natürlich die Reibung berücksichtigen.

Das Vorgehen besteht also aus drei Schritten:

1. Abbilden des realen Systems in ein Modell (Aufstellen des Gleichungssystems)

2. Bearbeiten des Modells (Analyse, Synthese, Optimierung usw.)

3. Übertragen der Resultate auf das reale System

Für Punkt 2 wird das Gleichungssystem häufig auf einem Rechner implementiert (früher Analogrechner, heute Digitalrechner). Dank der einheitlichen Betrachtungsweise ist dieser Punkt 2 für alle Fachgebiete identisch. Aus diesem Grunde lohnt sich die Entwicklung von leistungsfähigen Hilfsmitteln in Form von Software-Paketen. Eines dieser Pakete (MATLAB) wird im vorliegenden Buch intensiv benutzt.

Der in der Anwendung wohl schwierigste Teil ist die Modellierung (Punkt 1). Die Frage, ob ein Modell für die Lösung einer konkreten Aufgabenstellung genügend genau ist, kann nur mit Erfahrung einigermassen sicher beantwortet werden. Mit Simulationen kann das Verhalten des Modells mit demjenigen des realen Systems verglichen werden. Allerdings werden dazu vertiefte Kenntnisse der physikalischen Zusammenhänge benötigt (dies entspricht Punkt 3 in obiger Aufzählung). Die Systemtheorie als rein mathematische Disziplin unterstützt diese physikalische Interpretation nicht. Die Systemtheorie ist somit nichts weiter als ein Werkzeug (wenn auch ein faszinierend starkes) und dispensiert den Anwender in keiner Art und Weise von profunden Fachkenntnissen in seinem angestammten Fachgebiet. Hauptanwendungsgebiete für die Systemtheorie innerhalb der Elektrotechnik finden sich in der Nachrichtentechnik, der Regelungstechnik und der Messtechnik. Typischerweise sind diese Fächer abstrakt und theorielastig, dafür aber auch universell einsetzbar. Für die Anwendung wird nebst der Theorie auch Erfahrung benötigt, die ihrerseits durch die Anwendung gewonnen wird, Bild 1.3.

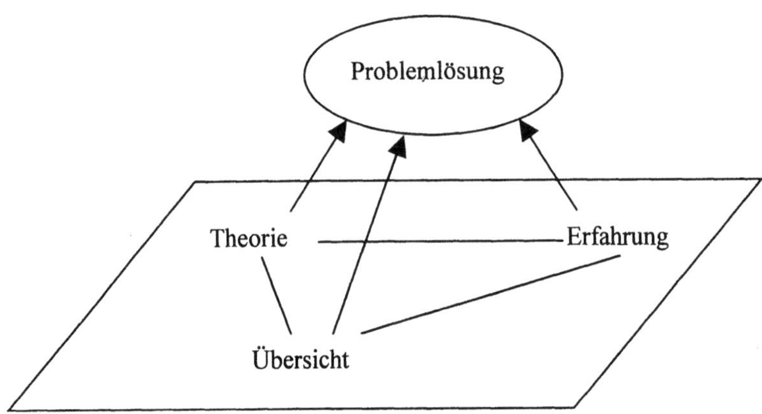

Bild 1.3 Theorie alleine genügt nicht! Die Erfahrung kann erst durch die Anwendung gewonnen werden.

1.2 Übersicht über die Methoden der Signalverarbeitung

Ziel dieses Abschnittes ist es, mit einer Übersicht über die Methoden der Signalverarbeitung eine Motivation für die zum Teil abstrakten Theorien der folgenden Kapitel zu erzeugen. Die hier vorgestellten Prinzipien skizzieren den Wald, die folgenden Kapitel behandeln die Bäume. Es geht also keineswegs darum, die gleich folgenden Ausführungen schon jetzt im Detail zu verstehen. Alles, was in diesem Abschnitt behandelt wird, wird später noch exakt betrachtet werden.

Signale (dargestellt durch zeitabhängige Funktionen) werden verarbeitet durch Systeme. Ein System bildet daher ein Eingangssignal $x(t)$ auf ein Ausgangssignal $y(t)$ ab, Bild 1.4.

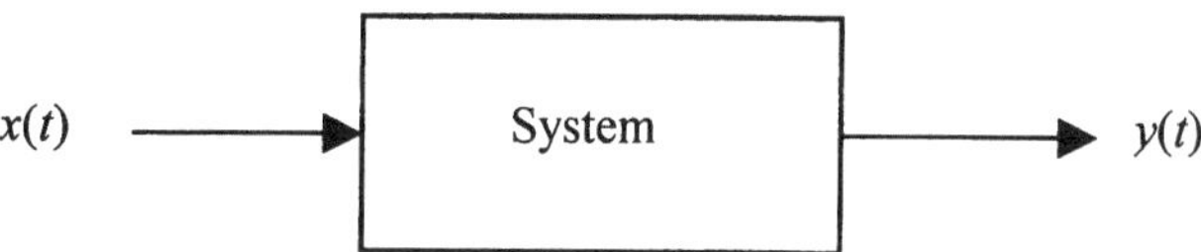

Bild 1.4 System mit Ein- und Ausgangssignal

Die durch das System ausgeführte Abbildung kann beschrieben werden

- durch eine Funktion: $y(t) = f\big(x(t)\big)$ (1.2)

- durch eine Kennlinie, Bild 1.5:

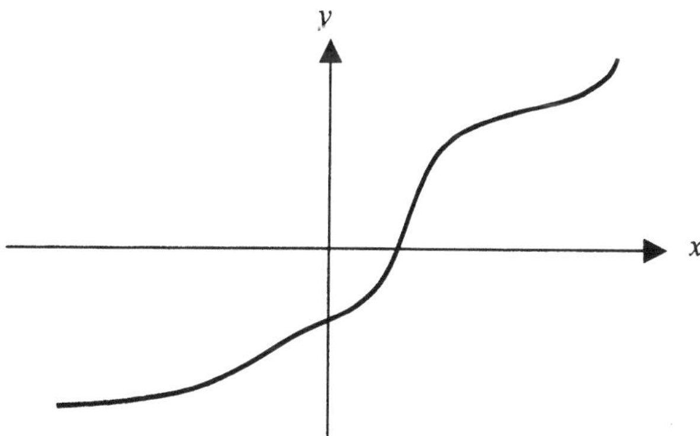

Bild 1.5 Abbildungsvorschrift als Systemkennlinie

Die Kennlinie in Bild 1.5 kann mathematisch beschrieben werden durch eine Potenzreihe:

$$y = b_0 + b_1 \cdot x + b_2 \cdot x^2 + b_3 \cdot x^3 + b_4 \cdot x^4 + ...$$ (1.3)

Die Gleichung (1.3) ist eine Näherung der Funktion (1.2). Diese Näherung kann beliebig genau gemacht werden.

Die Beschreibungen eines Systems durch die Kennlinie bzw. durch die Abbildungsfunktion sind demnach äquivalente Beschreibungsarten. Je nach Fragestellung ist die eine oder die andere Art besser geeignet.

Ein sehr wichtiger Spezialfall ergibt sich aus (1.3), wenn die Koeffizienten b_i alle verschwinden, *ausser* für $i = 1$. Die degenerierte Form von (1.3) lautet dann:

$$y = b \cdot x \qquad\qquad\qquad (1.4)$$

Systeme, die mit einer Gleichung der Form (1.4) beschrieben werden, heissen *linear*. Ist der Koeffizient b zeitunabhängig, so ist das System zusätzlich auch *zeitinvariant*. Solche Systeme sind in der Technik sehr wichtig, sie heissen *LTI-Systeme* (linear time-invariant). Praktisch der gesamte Stoff dieses Buches bezieht sich auf solche LTI-Systeme. Eine mögliche Kennlinie eines LTI-Systems zeigt Bild 1.6.

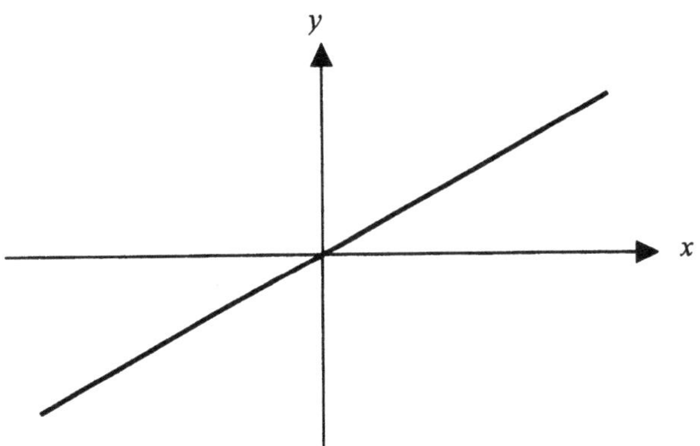

Bild 1.6 Kennlinie eines statischen LTI-Systems

Vorsicht: In der Mathematik heissen Funktionen der Form $y = b_0 + b_1 \cdot x$ linear. In der Systemtheorie muss die Zusatzbedingung $b_0 = 0$ eingehalten sein, erst dann spricht man von linearen Systemen. Die Kennlinie muss also durch den Koordinatennullpunkt gehen, wie in Bild 1.6 gezeigt.

Der grosse „Trick" der linearen Systeme besteht darin, dass sie mathematisch einfach zu beschreiben sind. Der Grund liegt darin, dass bei linearen Systemen das *Superpositionsgesetz* gilt. Dieses besagt, dass ein Signal x aufgeteilt werden kann in Summanden:

$$x = x_1 + x_2$$

Diese Summanden (Teilsignale) können einzeln auf das System mit der Abbildungsfunktion f gegeben werden, es entstehen dadurch zwei Ausgangssignale:

$$y_1 = f(x_1) \qquad y_2 = f(x_2)$$

Die Summe (Superposition) der beiden Ausgangssignale ergibt das Gesamtsignal y. Dasselbe Signal ergibt sich, wenn man das ursprüngliche Eingangssignal x auf das System geben würde:

$$y = y_1 + y_2 = f(x_1) + f(x_2) = f(x_1 + x_2) = f(x) \tag{1.5}$$

Dieses Superpositionsgesetz kann wegen der Assoziativität der Addition auf beliebig viele Summanden erweitert werden:

$$x = x_1 + x_2 + x_3 = (x_1 + x_2) + x_3 = x_1 + (x_2 + x_3)$$

Hätte ein System eine Abbildungsfunktion in der Form $y = b_0 + b_1 \cdot x$ mit $b_0 \neq 0$, so würde das Superpositionsgesetz nicht gelten. Dies lässt sich an einem Zahlenbeispiel einfach zeigen:

Systemkennlinie: $\quad y = 1+x$

Eingänge: $\qquad x_1 = 1 \quad x_2 = 2 \quad x = x_1 + x_2 = 3$

Ausgänge: $\qquad y_1 = 2 \quad y_2 = 3 \quad y = 4 \neq y_1 + y_2 = 2+3 = 5$

Im Zusammenhang mit LTI-Systemen ist es also vorteilhaft, ein kompliziertes Signal darzustellen durch eine Summe von einfachen Signalen. Man nennt dies *Reihenentwicklung*. Gleichung (1.3) zeigt ein Beispiel einer sog. Potenzreihe, welche sehr gut für die Beschreibung von Systemkennlinien geeignet ist. Für die Beschreibung von Signalen bewährt sich hingegen die *Fourier-Reihe* weitaus besser. Bei jeder Reihenentwicklung treten sog. Koeffizienten auf, in Gleichung (1.3) sind dies die Zahlen b_0, b_1, b_2 usw. Hat man sich auf einen Typ einer Reihenentwicklung festgelegt, z.B. auf Fourier-Reihen, so genügt demnach die Angabe der Koeffizienten alleine. Diese sog. Fourier-Koeffizienten beschreiben das Signal vollständig, formal sieht das Signal nun aber ganz anders aus. Die neue Form ist aber oft sehr anschaulich interpretierbar, im Falle der Fourier-Koeffizienten nämlich als *Spektrum*.

Für den Umgang mit LTI-Systemen werden die Signale also zerlegt in einfache Grundglieder, nämlich in harmonische Funktionen. Je nach Art der Signale geschieht dies mit der Fourier-Zerlegung, der Fourier-Transformation, der Laplace-Transformation usw. Alle diese Transformationen sind aber eng miteinander verwandt und basieren auf der Fourier-Transformation. Dieser wird deshalb im Abschnitt 2.3 breiter Raum gewidmet.

> *Bei LTI-Systemen kann aus einem Spezialfall*
> *(z.B. Systemreaktion auf harmonische Signale)*
> *auf den allgemeinen Fall*
> *(Systemreaktion auf ein beliebiges Eingangssignal)*
> *geschlossen werden.*

Die Kennlinie in Bild 1.6 müssen wir noch etwas genauer betrachten. Diese Kennlinie gilt nur dann, wenn sich das Eingangssignal sehr langsam ändert. $x(t)$ könnte z.B. ein Sinus-Signal sehr tiefer Frequenz sein. Wird die Frequenz erhöht, so reagiert der Ausgang wegen der Systemträgheit verzögert, d.h. Ein- und Ausgangssignal sind phasenverschoben und die Kennlinie wird zu einer Ellipse, Bild 1.7.

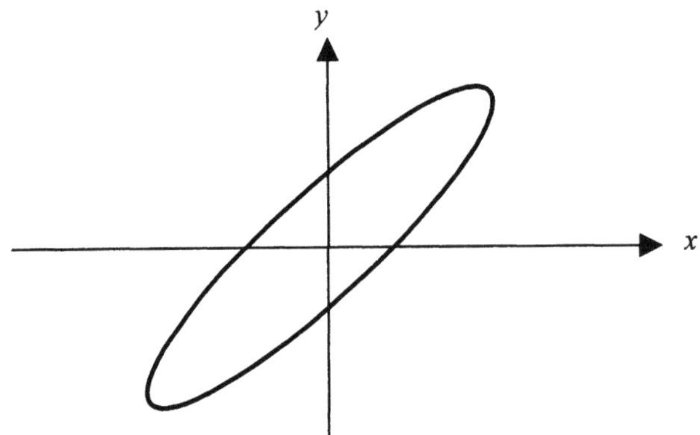

Bild 1.7 Kennlinie eines dynamischen LTI-Systems

In Bild 1.6 ist die Steigung der Kennlinie ein Mass für die Verstärkung des Systems. In Bild 1.7 hingegen steckt die Verstärkung in der Steigung der Halbachse, während die Exzentrizität der Ellipse ein Mass für die Phasenverschiebung ist. Die Ellipse in Bild 1.7 ist nichts anderes als eine Lissajous-Figur.

> *Ein LTI-System reagiert auf ein harmonisches Eingangssignal mit einem ebenfalls harmonischen Ausgangssignal derselben Frequenz.*

Genau aus diesem Grund sind die Fourier-Reihe und die Fourier-Transformation so beliebt für die Beschreibung von LTI-Systemen.

Da das harmonische (d.h. cosinus- oder sinusförmige) Eingangssignal die Grundfunktion der Fourier-Reihenentwicklung darstellt und da bei LTI-Systemen das Superpositionsgesetz gilt, kann auch festgestellt werden:

> *LTI-Systeme reagieren nur auf Frequenzen, die auch im Eingangssignal vorhanden sind.*

Ein LTI-System verändert also ein harmonisches Eingangssignal qualitativ nicht, sondern es ändert lediglich Amplitude und Phase. Dies kann frequenzabhängig erfolgen, d.h. für jede Frequenz muss die Lissajous-Figur nach Bild 1.7 aufgenommen werden. Da von diesen Figuren lediglich je zwei Zahlen interessieren (umrechenbar in Verstärkung und Phasendrehung), kann ein System statt mit zahlreichen Lissajous-Figuren kompakter mit seinem *Frequenzgang* (aufteilbar in *Amplituden- und Phasengang*) dargestellt werden.

Die Phasenverschiebung zwischen Ein- und Ausgangssignal ist die Folge einer Systemträgheit, welche ihrerseits durch die Existenz von Speicherelementen im System verursacht wird. Ein Netzwerk aus Widerständen beispielsweise hat keine Speicherelemente, verursacht also keine Phasendrehungen. Ein Netzwerk aus Widerständen und Kondensatoren hingegen bewirkt eine Phasendrehung. Ein System mit Speichern heisst *dynamisches* System.

Bild 1.8 zeigt einen Spannungsteiler als Beispiel für ein einfaches lineares System ohne Speicher.

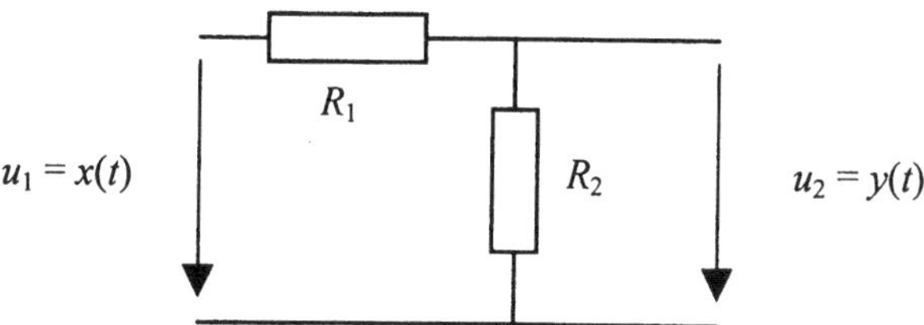

Bild 1.8 Spannungsteiler als statisches LTI-System

Gleichung (1.4) lautet für diesen Fall:

$$y(t) = \underbrace{\frac{R_2}{R_1 + R_2}}_{b} \cdot x(t) \tag{1.6}$$

Der Koeffizient b lässt sich direkt durch die Widerstände bestimmen, b ist darum reell und konstant.

> *Statische LTI-Systeme werden beschrieben durch algebraische*
> *Gleichungen mit konstanten und reellen Koeffizienten.*

Nun betrachten wir ein *dynamisches* System, als Speicher dient eine Kapazität, Bild 1.9.

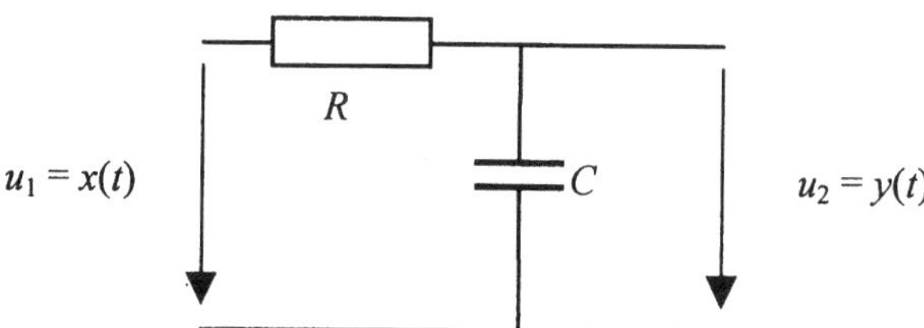

Bild 1.9 RC-Glied als dynamisches LTI-System

Der Strom durch die Kapazität ist gleich dem Strom durch den Widerstand:

$$i_C(t) = C \cdot \frac{du_C(t)}{dt} = C \cdot \frac{du_2(t)}{dt} = i_R(t) = \frac{u_1(t) - u_2(t)}{R}$$

Die Verwendung der allgemeineren Namen x und y statt u_1 und u_2 sowie der Substitution $T = RC$ (Zeitkonstante) ergibt:

$$C \cdot \dot{y}(t) = \frac{1}{R} \cdot \left(x(t) - y(t)\right)$$

$$\frac{1}{R} \cdot y + C \cdot \dot{y} = \frac{1}{R} \cdot x$$

$$y + RC \cdot \dot{y} = x$$

$$y(t) + T \cdot \dot{y}(t) = x(t) \tag{1.7}$$

Berechnet man kompliziertere dynamische Systeme, d.h. solche mit zahlreicheren und verschiedenartigen Speichern, so ergeben sich entsprechend kompliziertere Ausdrücke. Die allgemeine Struktur lautet aber stets:

$$a_0 \cdot y(t) + a_1 \cdot \dot{y}(t) + a_2 \cdot \ddot{y}(t) + ... = b_0 \cdot x(t) + b_1 \cdot \dot{x}(t) + b_2 \cdot \ddot{x}(t) + ... \tag{1.8}$$

Dies ist eine lineare Differentialgleichung. Die Koeffizienten a_i und b_i ergeben sich aus den Netzwerkelementen, sie sind darum reell und konstant. Aus (1.8) gelangt man zu (1.6), indem man die Koeffizienten a_i und b_i für $i > 0$ auf Null setzt und b_0 mit a_0 zu b zusammenfasst. Gleichung (1.8) ist somit umfassender.

> *Dynamische LTI-Systeme werden beschrieben durch lineare Differentialgleichungen mit konstanten und reellen Koeffizienten.*

Differentialgleichungen sind leider nur mit Aufwand lösbar. Mit der Laplace- oder der Fourier-Transformation kann man aber eine lineare Differentialgleichung umwandeln in eine algebraische Gleichung. Allerdings wird diese komplexwertig. Alle Zeitfunktionen $x(t)$, $y(t)$ usw. müssen ersetzt weden durch ihre sog. Bildfunktionen $X(s)$, $Y(s)$ (Laplace) bzw. $X(j\omega)$, $Y(j\omega)$ (Fourier). Alle Ableitungen werden ersetzt durch einen Faktor s (Laplace) bzw. $j\omega$ (Fourier). Aus (1.8) entsteht dadurch im Falle der Laplace-Transformation:

$$a_0 \cdot Y(s) + a_1 \cdot s \cdot Y(s) + a_2 \cdot s^2 \cdot Y(s) + ... = b_0 \cdot X(s) + b_1 \cdot s \cdot X(s) + b_2 \cdot s^2 \cdot X(s) + ... \tag{1.9}$$

Mit Ausklammern von $Y(s)$ und $X(s)$ ergibt sich daraus:

$$Y(s) \cdot \left(a_0 + a_1 \cdot s + a_2 \cdot s^2 + ...\right) = X(s) \cdot \left(b_0 + b_1 \cdot s + b_2 \cdot s^2 + ...\right) \tag{1.10}$$

Dividiert man $Y(s)$ durch $X(s)$, so ergibt sich die *Übertragungsfunktion H(s)*, welche das LTI-System vollständig charakterisiert.

$$H(s) = \frac{Y(s)}{X(s)} = \frac{b_0 + b_1 \cdot s + b_2 \cdot s^2 + ...}{a_0 + a_1 \cdot s + a_2 \cdot s^2 + ...} \qquad (1.11)$$

Im Falle der Fourier-Transformation ist das Vorgehen identisch, es ergibt sich aus der Substitution $s \to j\omega$ der *Frequenzgang H(jω)*, der das LTI-System ebenfalls vollständig beschreibt:

$$H(j\omega) = \frac{Y(j\omega)}{X(j\omega)} = \frac{b_0 + b_1 \cdot j\omega + b_2 \cdot (j\omega)^2 + ...}{a_0 + a_1 \cdot j\omega + a_2 \cdot (j\omega)^2 + ...} \qquad (1.12)$$

> *LTI-Systeme werden im Bildbereich beschrieben durch einen*
> *komplexwertigen Quotienten aus zwei Polynomen in s bzw. jω.*
> *Beide Polynome haben reelle und konstante Koeffizienten.*

Für den einfachen Fall des RC-Gliedes aus Bild 1.9 ergibt sich mit $a_0 = b_0 = 1$ und $a_1 = T$:

Übertragungsfunktion: $H(s) = \dfrac{1}{1 + sT}$ Frequenzgang: $H(j\omega) = \dfrac{1}{1 + j\omega T}$

Dieses Resultat ist bereits aus der komplexen Wechselstromtechnik bekannt. Dort geht es um genau dasselbe: unter Inkaufnahme komplexer Grössen vermeidet man das Lösen der Differentialgleichungen.

Es wurde bereits festgestellt, dass man bei LTI-Systemen vom speziellen auf den allgemeinen Fall schliessen kann. Für die Systembeschreibung benutzt man darum gerne spezielle „Testfunktionen", allen voran den Diracstoss $\delta(t)$. Diesen Stoss kann man sich als sehr schmalen aber dafür sehr hohen Puls vorstellen. Physisch ist $\delta(t)$ nicht realisierbar, mathematisch hat $\delta(t)$ aber sehr interessante Eigenschaften. Regt man ein LTI-System mit $\delta(t)$ an, so ergibt sich ein spezielles Ausgangssignal, nämlich die *Stossantwort h(t)* oder *Impulsantwort*, Bild 1.10.

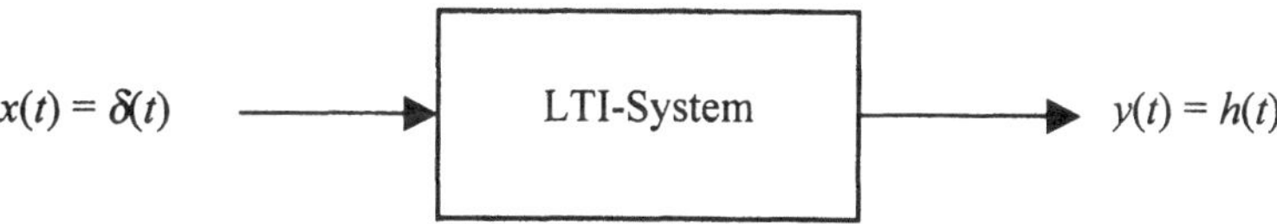

Bild 1.10 Stossantwort $h(t)$ als Reaktion des LTI-Systems auf $\delta(t)$

$h(t)$ beschreibt das LTI-System vollständig, es muss darum mit $h(t)$ auch die Reaktion des LTI-Systems auf eine beliebige Anregung $x(t)$ berechnet werden können. Tatsächlich ist dies möglich, nämlich durch die Faltungsoperation, die mit dem Symbol * dargestellt wird, Bild 1.11. Was die Faltungsoperation genau macht, wird im Abschnitt 2.3.2 behandelt.

$$y(t) = h(t) * x(t) \qquad (1.13)$$

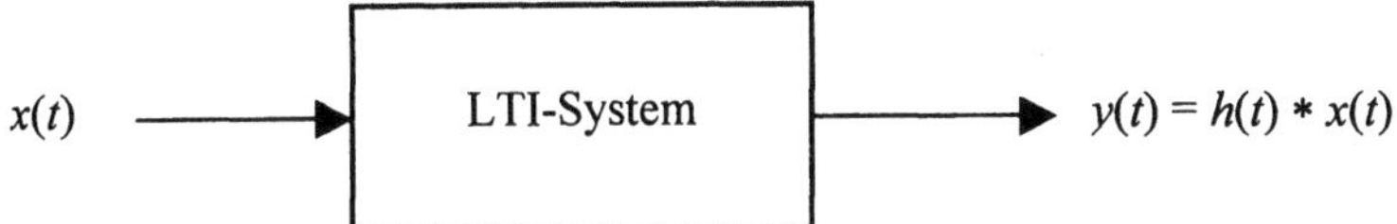

Bild 1.11 Reaktion $y(t)$ des LTI-Systems auf ein beliebiges Eingangssignal $x(t)$

Die Stossantwort $h(t)$ beschreibt das System vollständig, dasselbe gilt auch für die Differentialgleichung, die Übertragungsfunktion $H(s)$ und den Frequenzgang $H(j\omega)$. Zwischen diesen Grössen muss demnach ein Zusammenhang bestehen:

$H(s)$ ist die Laplace-Transformierte von $h(t)$

$H(j\omega)$ ist die Fourier-Transformierte von $h(t)$

Von $H(s)$ gelangt man zu $H(j\omega)$ mit der Substitution $s \rightarrow j\omega$

Die Differentialgleichung und $H(s)$ haben dieselben Koeffizienten, vgl (1.8) und (1.11)

Die Laplace- und die Fourier-Transformation bilden Zeitfunktionen wie z.B. $x(t)$ in Bildfunktionen wie $X(s)$ bzw. $X(j\omega)$ ab. Anstelle von einzelnen Funktionen können auch ganze Gleichungen transformiert werden. Später werden wir sehen, dass aus der Faltungsoperation im Zeitbereich eine normale Produktbildung im Bildbereich wird. Aus (1.13) wird demnach:

$$y(t) = h(t) * x(t) \quad \leftrightarrow \quad \begin{aligned} Y(s) &= H(s) \cdot X(s) \\ Y(j\omega) &= H(j\omega) \cdot X(j\omega) \end{aligned}$$

Löst man dies nach $H(s)$ bzw. $H(j\omega)$ auf, so ergibt sich dasselbe wie in (1.11) bzw. (1.12).

Nun betrachten wir noch den Grund, weshalb die Fourier-Transformation mit all ihren Abkömmlingen so beliebt ist für die Signal- und Systembeschreibung. Ein Grund liegt darin, dass diese Transformation eine Differentialgleichung (1.8) in eine komplexwertige algebraische Gleichung (1.9) überführt. Es gibt aber sehr viele andere Transformationen, die dies auch ermöglichen. Was die Fourier-Transformation speziell auszeichnet ist die Tatsache, dass das Spektrum eine Entwicklung nach harmonischen Funktionen ist. Man beschreibt also jedes Signal als Summe von Bausteinen der Form $e^{j\omega t}$. Mit der Formel von Euler lassen sich daraus auch die Sinus- und Cosinus-Funktionen zusammensetzen.

LTI-Systeme lassen sich mit Differentialgleichungen der Form (1.8) beschreiben. Eine Differentialgleichung bildet eine Funktion (Eingangssignal $x(t)$) in eine andere Funktion (Ausgangssignal $y(t)$) ab. Die *Eigenfunktion* einer Differentialgleichung ist diejenige Funktion, die bei der Abbildung durch die Differentialgleichung ihre Gestalt nicht ändert. Jeder Typ von Differentialgleichung hat eine andere Eigenfunktion. (1.8) ist eine lineare Differentialgleichung und diese haben als Eigenfunktion die harmonische Schwingung. Dies ist sehr rasch gezeigt:

$$\frac{d\, e^{j\omega t}}{dt} = j\omega \cdot e^{j\omega t} \tag{1.14}$$

Die höheren Ableitungen lassen sich auf (1.14) zurückführen. Alle Summanden in (1.8) sind demnach harmonisch mit derselben Frequenz, also ist auch die Summe harmonisch mit der gleichen Frequenz. Dies ist der Grund, weshalb LTI-Systeme nur auf denjenigen Frequenzen reagieren können, die auch im Eingangssignal vorhanden sind.

Die Fourier- und die Laplace-Transformation sind also deshalb so beliebt, weil sie auf den Eigenfunktionen der für die Beschreibung von LTI-Systemen benutzten linearen Differentialgleichung aufbauen.

Den Faktor $j\omega$ in (1.14) findet man übrigens in (1.12) wieder.

Damit sind wir fast am Ende unseres Überblickes angelangt. Folgende Erkenntnisse können festgehalten werden:

- Die Systemtheorie ist mathematisch, abstrakt und universell.

- Wir beschränken uns auf einen (allerdings technisch sehr wichtigen und häufigen) Fall, nämlich die LTI-Systeme.

- LTI-Systeme kann man gleichwertig durch eine lineare Differentialgleichung (Zeitbereich), Stossantwort (Zeitbereich), Übertragungsfunktion (Bildbereich) oder Frequenzgang (Bildbereich) beschreiben.

- Zeit- und Bildbereich sind unterschiedliche Betrachtungsweisen desselben Sachverhaltes. Jede Betrachtungsweise hat ihre Vor- und Nachteile. Am besten arbeitet man mit beiden Varianten.

Für die digitalen Signale und Systeme ergeben sich ganz ähnliche Betrachtungen, für die zum Glück weitgehend mit Analogien gearbeitet werden kann. Auch digitale LTI-Systeme (diese heissen LTD-Systeme: linear time-invariant discrete) werden durch die Stossantwort (Zeitbereich) oder den Frequenzgang bzw. die Übertragungsfunktion (Bildbereich) dargestellt. Im Bildbereich ergeben sich wiederum Polynomquotienten mit reellen und konstanten Koeffizienten. Anstelle der Laplace-Transformation wird jedoch die z-Transformation benutzt.

Von zentraler Bedeutung ist das Konzept des Signals. Signale sind mathematische Funktionen, die informationstragende Ein- und Ausgangsgrössen von Systemen beschreiben. Spezielle Signale (nämlich die „kausalen" und „stabilen" Signale) werden benutzt zur Beschreibung der Systeme, gemeint sind die bereits erwähnten Stossantworten. Die Eigenschaften „kausal" und „stabil" sind nur bei Systemen sinnvoll, nicht bei Signalen. Da Stossantworten ein LTI-System vollständig beschreiben, treten sie stellvertretend für die Systeme auf. LTI-Systeme sind in ihrer mathematischen Darstellung also lediglich eine Untergruppe der Signale.

Des weitern sind Filter nichts anderes als eine Untergruppe der LTI-Systeme. Es lohnt sich, diese Hierarchie ständig vor Augen zu halten, damit die Querbeziehungen zwischen den nachfolgenden Kapiteln entdeckt werden.

Bis jetzt haben wir stets von deterministischen Signalen wie z.B. harmonischen Funktionen gesprochen. Leider haben diese keinerlei Informationsgehalt, wegen ihrer Determiniertheit ist ihr Verlauf ja sogar vorhersagbar. Für die Informationsübertragung sind also zufällige (stochastische) Signale notwendig. Ebenso sind die meisten Störsignale zufälliger Natur, nämlich rauschartig. In den Kapiteln 6 und 7 betrachten wir die Zufallssignale und die Reaktion von Systemen auf diese.

Die Signalverarbeitung mit LTI-Systemen bzw. LTD-Systemen hat zwei Aufgaben zu lösen:

- *Syntheseproblem:* Gegeben ist eine gewünschte Abbildungsfunktion. Bestimme die Koeffizienten a_i und b_i (Gl. (1.11) oder (1.12)) des dazu geeigneten Systems.

- *Analyseproblem:* Gegeben ist ein System, charakterisiert durch seine Koeffizienten a_i und b_i. Bestimme das Verhalten dieses Systems (Frequenzgang, Stossantwort, Reaktion auf ein bestimmtes Eingangssignal usw.).

Beide Aufgaben werden mit Rechnerunterstützung angepackt. Dazu gibt es verschiedene Softwarepakete, die speziell für die Signalverarbeitung geeignet sind. Dank der Rechnerunterstützung und der graphischen Resultatausgabe können umfangreiche Aufgabenstellungen rasch gelöst und die Resultate einfach verifiziert werden. Diese Visualisierung ermöglicht auch einen intuitiven Zugang zur Theorie. Die Mathematik wird benutzt zur Herleitung und zum Verständnis der Theorie, das effektive Rechnen geschieht nur noch auf dem Computer.

Für die Signalverarbeitung ist das Syntheseproblem gelöst, wenn die Koeffizienten bekannt sind. Die Signalverarbeitung beschäftigt sich also nur mit Algorithmen, deren Tauglichkeit z.B. mit MATLAB verifiziert wird. Das technische Problem ist allerdings erst dann gelöst, wenn diese Algorithmen implementiert sind, d.h. auf einer Maschine in Echtzeit abgearbeitet werden. Diese Implementierung wird in diesem Buch nur am Rande behandelt. Zur Implementierung eines Algorithmus muss auf Fächer wie Elektronik, Schaltungstechnik, Digitaltechnik, Programmieren usw. zurückgegriffen werden. Dazu ein Beispiel: Ein Nachrichtentechniker benötigt irgendwo ein Bandpassfilter. Er *spezifiziert* dieses Filter und übergibt die Aufgabe dem Signalverarbeitungs-Spezialisten. Dieser *dimensioniert* die Koeffizienten und übergibt sein Resultat dem Digitaltechniker. Dieser *implementiert* das Filter, indem er eine Printkarte mit einem DSP (digitaler Signalprozessor) entwickelt, das Programm für den DSP schreibt und das Endergebnis austestet. Es ist klar, dass nicht unbedingt drei Personen damit beschäftigt sind, genausogut kann dies auch ein einziger universeller Ingenieur ausführen. Wesentlich ist, dass die Tätigkeiten Spezifizieren, Dimensionieren, Analysieren, Implementieren und Verifizieren grundsätzlich verschiedene Aufgaben darstellen, die in der Praxis kombiniert auftreten. In diesem Buch geht es primär um die Synthese (Dimensionierung) und die Analyse.

Dieses Buch umfasst neun Kapitel, die jedoch nicht in der angegebenen Reihenfolge durchgearbeitet werden müssen. Tabelle 1.1 gibt eine Übersicht über die Abhängigkeiten der einzelnen Kapitel. Wir haben festgestellt, dass Filter spezielle Systeme sind und dass Systeme wie spezielle (nämlich kausale) Signale behandelt werden. Weiter haben wir festgehalten, dass die digitale Theorie aus der analogen Theorie herauswächst. Damit ergeben sich folgende Regeln für die Voraussetzungen der einzelnen Kapitel:

- „System" kommt erst nach „Signal"

- „Filter" kommt erst nach „System"

- „digital" kommt erst nach „analog"

- Die Kapitel 6, 7 bzw. 8, 9 sind unabhängig voneinander lesbar.

Dies ermöglicht verschiedene sinnvolle Reihenfolgen für das Durcharbeiten dieses Buches, z.B.

- vorgegebene Reihenfolge, d.h. Kapitel 1 ... 10

- Akzent auf Signale - Systeme - Filter: 1 2 4 6 - 3 5 7 - 8 9 - 10

- Akzent auf analog - digital - stochastisch: 1 2 3 8 - 4 5 9 - 6 7 - 10

Tabelle 1.1 Aufbau des Buches und innere Voraussetzungen der einzelnen Kapitel

Kapitel Nr.	Voraussetzung: Kapitel Nr.
1 Einführung	–
2 Analoge Signale	1
3 Analoge Systeme	1, 2
4 Digitale Signale	1, 2
5 Digitale Systeme	1, 2, 3, 4
6 Zufällige Signale	1, 2, 4
7 Reaktion von Systemen auf Zufallssignale	1, 2, 3, 4, 5, 6
8 Analoge Filter	1, 2, 3
9 Digitale Filter	1, 2, 3, 4, 5, 8
10 Einige weiterführende Ausblicke	1 … 9

2 Analoge Signale

Ein grundlegendes Hilfsmittel für die Beschreibung analoger sowie digitaler Signale ist die Darstellung des Spektrums. Dieses zeigt die *spektrale* oder *frequenzmässige Zusammensetzung* eines Signals. Das Spektrum ist eine Signaldarstellung im *Frequenzbereich* oder *Bildbereich* anstelle des ursprünglichen *Zeitbereiches* oder *Originalbereichs*. Die beiden Darstellungen sind durch eine eineindeutige (d.h. umkehrbare) mathematische Abbildung ineinander überführbar. Diese Umkehrbarkeit bedeutet, dass sich durch diese sogenannte „Transformation in den Frequenzbereich" der Informationsgehalt eines Signals nicht ändert, das Signal wird nur anders dargestellt. Häufig ist ein Signal im Bildbereich bedeutend einfacher zu interpretieren und zu bearbeiten als im Zeitbereich.

Es gibt nun verschiedene solche Transformationen, die Auswahl erfolgt nach dem Typ des zu transformierenden Signals. Vorgängig müssen wir darum die Signale klassieren.

2.1 Klassierung der Signale

2.1.1 Unterscheidung kontinuierlich - diskret

Wie bereits besprochen, beschränken wir uns auf eindimensionale Signale und schreiben diese als Funktionen mit der Zeit als Argument und einem dimensionslosen Wert. Da sowohl die Zeit- als auch die Wertachse nach den Kriterien kontinuierlich bzw. diskret unterteilt werden können, ergeben sich vier Signalarten, Bilder 2.1 und 2.2.

Kontinuierlich bedeutet, dass das Signal zu jedem Zeitpunkt definiert ist und jede Stelle auf der Wertachse annehmen kann. Definitions- bzw. Wertebereich entsprechen somit der Menge der reellen Zahlen. *Quantisiert* oder *diskret* heisst, dass das Signal nur bestimmte (meist äquidistante) Stellen einnehmen kann. Ein *wertdiskretes* Spannungssignals ist z.B. nur in Schritten von 1 mV änderbar. Ein *zeitdiskretes* oder *abgetastetes* Signal existiert nur zu bestimmten Zeitpunkten, z.B. nur auf die vollen Millisekunden.

Für die theoretische Beschreibung ist die Wertquantisierung meist von untergeordneter Bedeutung. Erst bei der Realisierung von Systemen treten durch die Quantisierung Effekte auf, die berücksichtigt werden müssen. Deshalb wird in der Literatur meistens mit abgetasteten Signalen gearbeitet und die Amplitudenquantisierung (wenn überhaupt) separat berücksichtigt. Konsequenterweise müsste man von zeitdiskreter Signalverarbeitung statt digitaler Signalverarbeitung sprechen, vgl. Titel von [Opp95]. Im vorliegenden Buch wird die Quantisierung erst im Abschnitt 5.10 behandelt, vorgängig wird aber dem lockeren Sprachgebrauch entsprechend nicht genau unterschieden zwischen abgetasteten (zeitdiskreten) und digitalen (zeit- *und* wertdiskreten) Signalen. Die Analog-Digital-Wandlung von Signalen umfasst nach Bild 2.1 also *zwei* Quantisierungen.

Digitale Signale werden in einem Rechner dargestellt als Zahlenreihen (Sequenzen). Zeichnerisch werden sie als Treppenkurve oder als Folge von schmalen Pulsen mit variabler Höhe dargestellt. Das quantisierte Signal in Bild 2.1 c) ist ebenfalls eine Treppenkurve. Der Unterschied zum digitalen Signal liegt darin, dass die Wertwechsel zu beliebigen Zeitpunkten auftreten können. Diese beiden Signale haben darum unterschiedliche Eigenschaften.

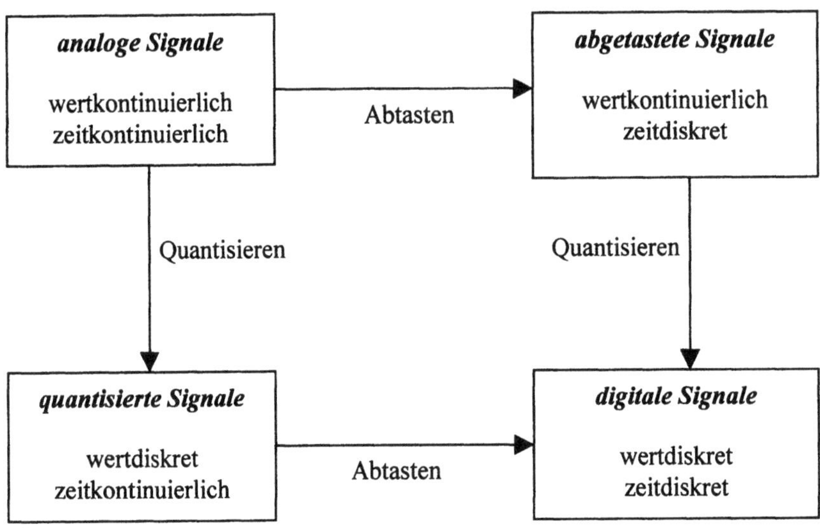

Bild 2.1 Klassierung der Signale nach dem Merkmal kontinuierlich - diskret

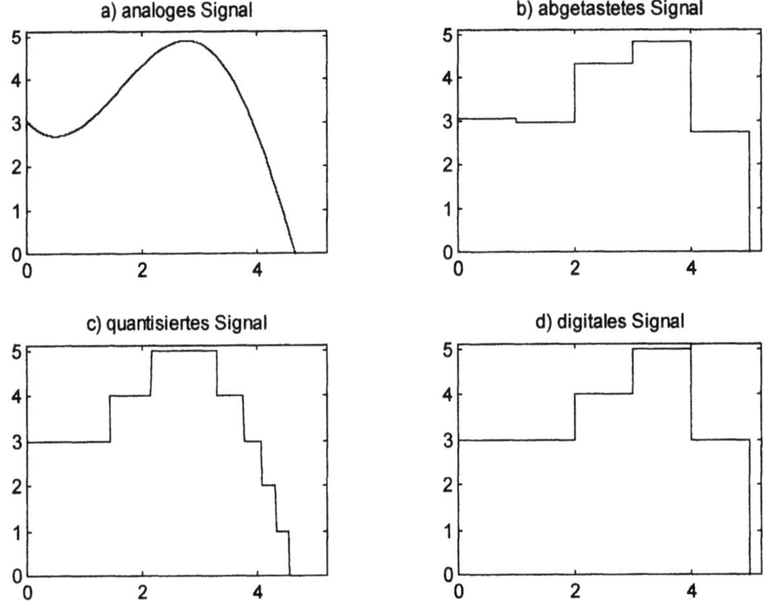

Bild 2.2 Beispiele zu den Signalklassen aus Bild 2.1

Falls die Quantisierung genügend fein ist (genügende Anzahl Abtastwerte und genügend feine Auflösung in der Wertachse), so präsentiert sich ein digitales Signal in der Treppenkurvendarstellung dem Betrachter wie ein analoges Signal. Ursprünglich analoge Signale können darum digital dargestellt und verarbeitet werden (Anwendung: z.B. Compact Disc).

Abgetastete Signale mit beliebigen Amplitudenwerten werden in der CCD-Technik (Charge Coupled Device) und in der SC-Technik (Switched Capacitor) verwendet. Sie werden mathematisch gleich beschrieben wie die digitalen Signale, ausser dass keine Amplitudenquantisierung zu berücksichtigen ist. In der Theorie liegt also der grosse Brocken in der Zeitquantisierung, während die Wertquantisierung nur noch einen kleinen Zusatz darstellt, der in diesem Buch im Abschnitt 5.10 enthalten ist.

2.1.2 Unterscheidung deterministisch - stochastisch

Der Verlauf *deterministischer Signale* ist vorhersagbar. Sie gehorchen also einer Gesetzmässigkeit, z.B. einer mathematischen Formel. Periodische Signale sind deterministisch, denn nach Ablauf einer Periode ist der weitere Signalverlauf bestimmt. Deterministische Signale sind oft einfach zu beschreiben und auch einfach zu erzeugen. Diese Signale (insbesondere periodische) werden darum häufig in der Messtechnik und in der Systemanalyse benutzt.

Stochastische Signale (= Zufallssignale) weisen einen nicht vorhersagbaren Verlauf auf. Dies erschwert ihre Beschreibung, man behilft sich mit der Angabe von statistischen Kenngrössen wie Mittelwert, Effektivwert, Amplitudenverteilung usw. Nur Zufallssignale können Träger von unbekannter Information sein (*konstante und periodische Signale tragen keine Information!*). Diese Tatsache macht diese Signalklasse vor allem in der Nachrichtentechnik wichtig. Störsignale gehören häufig auch zu dieser Signalklasse (Rauschen). Bleiben die statistischen Kennwerte eines Zufallssignales konstant, so spricht man von einem *stationären Zufallssignal*. Die Kapitel 6 und 7 befassen sich mit den Zufallssignalen.

2.1.3 Unterscheidung Energiesignale - Leistungssignale

Ein Spannungssignal $u(t)$ genüge folgender Bedingung: $\qquad |u(t)| < \infty \qquad\qquad$ (2.1)

Die Annahme der beschränkten Amplitude ist sinnvoll im Hinblick auf die physische Realisierung. Die Leistung, welche dieses Signal in einem Widerstand R umsetzt, beträgt:

$$p(t) = u(t) \cdot i(t) = \frac{u^2(t)}{R}$$

Die normierte Leistung bezieht sich auf $R = 1\ \Omega$ und wird Signalleistung genannt. Normiert man zusätzlich das Spannungssignal auf 1 V, so wird das Signal dimensionslos. Die Zahlenwerte der Momentanwerte bleiben erhalten. Dieses zweifach normierte Signal wird fortan $x(t)$ genannt.

Normierte Signalleistung (Momentanwert):

$$p(t) = x^2(t)$$

(2.2)

In dieser Darstellung kann man nicht mehr unterscheiden, ob $x(t)$ ursprünglich ein Spannungs- oder ein Stromsignal war. Die Zahlenwerte werden identisch, falls $R = 1\ \Omega$ beträgt. Die Dimension ist verloren, eine Dimensionskontrolle ist nicht mehr möglich.

Die *normierte Signalenergie* ergibt sich aus der Integration über die Zeit:

Normierte Signalenergie:

$$W = \int_{-\infty}^{\infty} p(t)\,dt = \int_{-\infty}^{\infty} x^2(t)\,dt$$

(2.3)

Zwei Fälle müssen unterschieden werden:

a) $W = \infty$, $P < \infty$ unendliche Signalenergie, endliche mittlere Signalleistung: *Leistungssignale*

Wegen (2.1) bedeutet dies, dass $x(t)$ über einen unendlich langen Abschnitt der Zeitachse existieren muss, $x(t)$ ist ein *zeitlich unbegrenztes Signal*. Alle periodischen Signale gehören in diese Klasse. Auch nichtperiodische Signale können zeitlich unbegrenzt sein, z.B. Rauschen.

Wird ein zeitlich unbegrenztes Signal während einer bestimmten Beobachtungszeit T_B erfasst, so steigt mit T_B auch die gemessene Energie über alle Schranken. Die Energie pro Zeiteinheit, also die Leistung, bleibt jedoch auf einem endlichen Wert. Bei vielen Signalen wird diese Leistung sogar mit steigendem T_B auf einen konstanten Wert konvergieren, z.B. bei periodischen Signalen und stationären stochastischen Signalen. Diese Signale heissen darum *Leistungssignale*. Die mittlere Leistung berechnet sich nach Gleichung (2.4).

Mittlere Signalleistung:

$$P = \lim_{T_B \to \infty} \frac{1}{T_B} \int_{-\frac{T_B}{2}}^{\frac{T_B}{2}} x^2(t)\,dt$$

(2.4)

b) $W < \infty$, $P \to 0$: endliche Signalenergie, verschwindende Signalleistung: *Energiesignale*

Diese Signale sind entweder zeitlich begrenzt (z.B. ein Einzelpuls) oder ihre Amplituden klingen ab (z.B. ein Ausschwingvorgang). „Abklingende Amplitude" kann dahingehend interpretiert werden, dass unter einer gewissen Grenze das Signal gar nicht mehr erfasst werden kann, man spricht von pseudozeitbegrenzten oder *transienten Signalen*. Etwas vereinfacht kann man darum sagen, dass alle Energiesignale *zeitlich begrenzt* sind.

Ist die Beobachtungszeit T_B gleich der Existenzdauer des Signals, so steigt bei weiter wachsendem T_B die gemessene Energie nicht mehr an. Die gemittelte Energie pro Zeiteinheit, also die gemittelte Leistung, fällt jedoch mit weiter wachsendem T_B auf Null ab. Diese Signale heissen darum *Energiesignale*.

Beispiel: Die Energie des Rechteckpulses in Bild 2.3 beträgt:
$$W = \int_{-\tau/2}^{\tau/2} A^2 dt = A^2 \cdot \tau$$

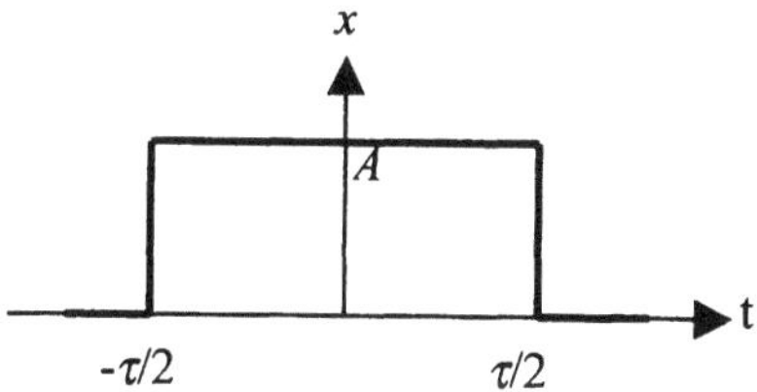

Bild 2.3 Rechteckpuls als Beispiel eines Energiesignales

Beispiel: Die Energie des in Bild 2.4 gezeigten abklingenden e-Pulses $x(t) = \varepsilon(t) \cdot A \cdot e^{-\frac{t}{\tau}}$ beträgt ($\varepsilon(t)$ ist die Sprungfunktion):

$$W = \int_{-\infty}^{\infty} x^2(t)dt = \int_{-\infty}^{\infty} \left(\varepsilon(t) \cdot A \cdot e^{-\frac{t}{\tau}} \right)^2 dt = \int_{0}^{\infty} A^2 \cdot e^{-\frac{2t}{\tau}} dt = \left[A^2 \cdot e^{-\frac{2t}{\tau}} \cdot \frac{-\tau}{2} \right]_{0}^{\infty} = A^2 \cdot \frac{\tau}{2}$$

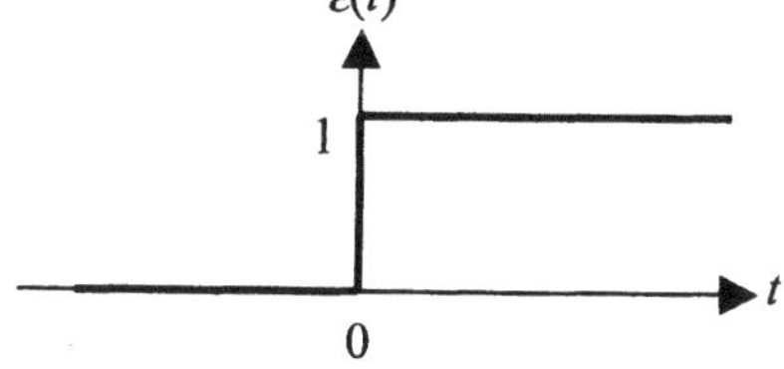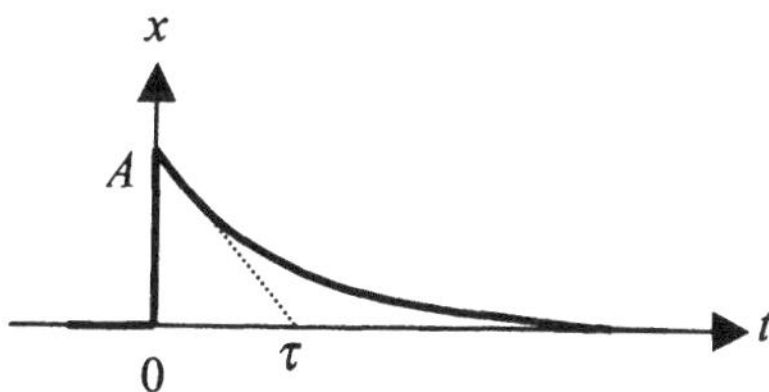

Bild 2.4 Links: Sprungfunktion oder Heaviside-Funktion, rechts: abklingender Exponentialpuls

☐

Die Einteilung nach den Kriterien periodisch, transient und stochastisch erfolgt in der Praxis etwas willkürlich aufgrund von Annahmen über den Signalverlauf *ausserhalb* der Beobachtungszeit. Bezeichnet man ein Signal als deterministisch oder stationär, so ist dies Ausdruck der Vermutung (oder Hoffnung!), dass der beobachtete Signalausschnitt das gesamte Signal vollständig beschreibt. Im Gegensatz dazu begnügt man sich bei stochastischen Signalen damit, den beobachteten Signalausschnitt lediglich als Beispiel (Muster) für das Gesamtsignal zu behandeln. Mit genügend vielen solchen Beispielen lassen sich die charakteristischen Grössen des Zufallssignales (nämlich die statistischen Kennwerte wie Mittelwert, Streuung usw.) schätzen.

Genau betrachtet sind periodische Signale mathematische Konstrukte und physisch gar nicht realisierbar. Ein harmonisches Signal (Sinus- oder Cosinusfunktion) müsste ja vom Urknall bis zur Apokalypse existieren. Mathematisch haben aber die harmonischen Signale sehr schöne Eigenschaften, auf die man nicht verzichten möchte. Im mathematischen Modell benutzt man sie deshalb trotz ihrer fehlenden Realisierbarkeit und geniesst das einfachere Modell. Wir werden noch sehen, dass die Resultate trotzdem sehr gut brauchbar sind. Später werden wir als weiteres Beispiel einer nicht realisierbaren aber trotzdem häufig benutzten Funktion den Diracstoss $\delta(t)$ kennen lernen.

2.2 Die Fourier-Reihe

2.2.1 Einführung

Die Fourier-Reihe wird als bereits bekannt vorausgesetzt. In diesem Kapitel werden deswegen nur die Gleichungen zusammengefasst und im Hinblick auf ihre Verwendung zur Signalbeschreibung interpretiert. Daraus ergeben sich verschiedene Schreibweisen für die Fourier-Reihe, wovon sich die komplexe Notation als die weitaus am besten geeignete Darstellung erweisen wird.

Vorerst sollen aber einige generelle Punkte zur Reihenentwicklung erörtert werden. Dabei wird das Prinzip der Orthogonalität näher beleuchtet. Detailliertere Ausführungen finden sich in [Höl86] und [Ste94].

Eine Reihenentwicklung ist die Darstellung einer (komplizierten) Funktion durch die Summe von (einfachen) Ersatzfunktionen. Der Zweck liegt darin, dass lineare mathematische Umformungen (Addition, Differentiation, Integration usw.) an den Ersatzfunktionen statt an der Originalfunktion ausgeführt werden können nach dem Motto: „Lieber zehn Mal eine einfache Berechnung als ein einziges Mal eine komplizierte!".

Bei der Berechnung von linearen Systemen (und diese werden sehr häufig betrachtet) lässt sich aufgrund des wegen der Linearität gültigen Superpositionsgesetzes auf sehr elegante Art die Reihendarstellung des Ausgangssignales aus der Reihendarstellung des Eingangssignales erhalten. Allerdings ist eine Reihendarstellung nur dann hilfreich, wenn

- die Ersatzfunktionen selber einfach sind (damit wird die mathematische Behandlung einfach) und

- die Parameter der Ersatzfunktionen einfach berechnet werden können (dadurch lässt sich die Reihe einfach aufstellen).

Eine Reihendarstellung ist eine Approximation, die bei unendlich vielen Reihengliedern exakt wird, sofern die Reihe konvergiert. In der Praxis können natürlich nur endlich viele Glieder berücksichtigt werden. Dann soll die Approximation wenigstens im Sinne des minimalen Fehlerquadrates erfolgen.

Falls als Ersatzfunktionen ein System *orthogonaler Funktionen* benutzt wird, so lässt sich diese Bedingung erfüllen. Darüberhinaus werden die Parameter entkoppelt, also unabhängig voneinander berechenbar. Dies bedeutet, dass für eine genauere Approximation einfach weitere Reihenglieder berechnet werden können, ohne die Parameter der bisher benutzten Glieder modifizieren zu müssen.

Unter einem System orthogonaler Funktionen versteht man eine unendliche Folge von Funktionen $f_i(t)$, $i = 1 \ldots \infty$, welche die Orthogonalitätsrelation erfüllen:

$$\int_a^b f_m(t) \cdot f_n(t) dt = \begin{cases} 0 & \text{für} \quad m \neq n \\ K \neq 0 & \text{für} \quad m = n \end{cases} \tag{2.5}$$

Im Falle von $K = 1$ heisst das System *orthonormiert*. Kann der Approximationsfehler beliebig klein gemacht werden, so heisst das Orthogonalsystem *vollständig*.

Alle Paare von Sinus- und Cosinus- Funktionen bilden ein vollständiges Orthogonalsystem, falls ihre Frequenzen ein ganzzahliges Vielfaches einer gemeinsamen Grundfrequenz sind. Es gibt noch zahlreiche weitere Funktionengruppen, die ebenfalls ein vollständiges Orthogonalsystem bilden, z.B. die $\sin(x)/x$-Funktionen, Walsh-Funktionen, Besselfunktionen usw.

Nicht jede Ersatzfunktion eignet sich gleich gut zur Approximation einer Originalfunktion. Eine Sinusfunktion beispielsweise kann durch eine Potenzreihe dargestellt werden, dazu werden aber unendlich viele Glieder benötigt. Hingegen ist eine Entwicklung in eine Fourier-Reihe bereits mit einem einzigen Glied exakt. Eine Rechteckfunktion jedoch braucht unendlich viele Glieder in der Fourier-Reihe, aber nur ein einziges in einer Reihe von Walsh-Funktionen.

Die LTI-Systeme werden durch Differentialgleichungen des Typs (1.8) beschrieben, welche harmonische Funktionen als Eigenfunktionen aufweisen (Eigenfunktionen werden durch das System nicht „verzerrt"). Für solche Systeme ist die Fourier-Reihe geradezu massgeschneidert. Aus demselben Grund wird z.B. in der Geometrie ein Quader zweckmässigerweise mit kartesischen Koordinaten beschrieben und nicht etwa mit Kugelkoordinaten.

Die Fourier-Reihe ist zudem angepasst für die Anwendung auf periodische Funktionen, welche häufig in der Technik eingesetzt werden. Und letztlich lassen sich die Fourier-Koeffizienten bequem als Spektrum interpretieren. Aus diesen Gründen hat die Fourier-Reihe (und auch die Fourier-Transformation) in der Technik eine herausragende Bedeutung erlangt.

Eigenschaften der Fourier-Reihe:

- Ein stetiges periodisches Signal $x(t)$ wird durch die Fourier-Reihe beliebig genau approximiert, die Reihe kann aber unendlich lange sein. Wieviele Reihenglieder und somit Koeffizienten notwendig sind, hängt von den Eigenschaften von $x(t)$ ab, nämlich von dessen Bandbreite.

- Wird die Reihe vorzeitig abgebrochen (endliche Reihe), so ergibt sich wegen der Orthogonalität wenigstens eine Approximation nach dem minimalen Fehlerquadrat.

- Weist das Signal $x(t)$ Sprungstellen auf, so tritt das sog. Gibb'sche Phänomen auf: neben den Sprungstellen oszilliert die Reihensumme mit einem maximalen Überschwinger von ca. 9%, an den Sprungstellen selber ergibt sich der arithmetische Mittelwert zwischen links- und rechtsseitigem Grenzwert. Mit dem Gibb'schen Phänomen werden wir uns erst wieder im Zusammenhang mit den transversalen Digitalfiltern im Abschnitt 9.2.3 herumschlagen.

- Die Koeffizienten der Fourier-Reihe sind einfach zu berechnen und sie sind voneinander unabhängig.

- Die Fourier-Koeffizienten beschreiben das Signal $x(t)$ vollständig, formal sieht das Signal aber ganz anders aus. Die neue Form ist sehr anschaulich interpretierbar als Spektrum, d.h. als Inventar der in $x(t)$ enthaltenen Frequenzen.

2.2.2 Sinus- / Cosinus-Darstellung

Eine *periodische* Funktion $x(t)$ mit der Periodendauer T_P kann in eine Fourier-Reihe entwickelt werden:

$$
\begin{aligned}
x(t) &= \frac{a_0}{2} + \sum_{k=1}^{\infty} \left(a_k \cdot \cos(k\omega_0 t) + b_k \cdot \sin(k\omega_0 t) \right) \\
a_k &= \frac{2}{T_P} \int_0^{T_P} x(t) \cdot \cos(k\omega_0 t)\, dt \\
b_k &= \frac{2}{T_P} \int_0^{T_P} x(t) \cdot \sin(k\omega_0 t)\, dt \\
T_P &= \frac{1}{f_0} = \frac{2\pi}{\omega_0} = \text{Grundperiode von } x(t)
\end{aligned}
\tag{2.6}
$$

Für die Berechnung der Koeffizienten muss über eine ganze Periode von $x(t)$ integriert werden. Es ist jedoch egal, wo der Startpunkt der Integration liegt.

Die geraden Anteile von $x(t)$ bestimmen die Cosinus-Glieder, die ungeraden Anteile die Sinus-Glieder.

Vor dem Summationszeichen der ersten Gleichung in (2.6) steht gerade das arithmetische Mittel von $x(t)$. Dies entspricht dem Gleichanteil von $x(t)$, auch *DC-Wert* genannt (DC = direct current, Gleichstrom).

2.2.3 Betrags- / Phasen-Darstellung

Die Betrags- / Phasen-Darstellung kann aus der Darstellung (2.6) berechnet werden:

$$
\begin{aligned}
x(t) &= \frac{A_0}{2} + \sum_{k=1}^{\infty} A_k \cdot \cos(k\omega_0 t + \varphi_k) \\
A_k &= \sqrt{a_k^2 + b_k^2} \\
\varphi_k &= -\arctan\frac{b_k}{a_k} + n\pi
\end{aligned}
\tag{2.7}
$$

Diese Form ist äquivalent zur Darstellung (2.6), sie ist aber meist anschaulicher interpretierbar. Man spricht von einem *Betragsspektrum* oder *Amplitudenspektrum* (Folge der A_k) und einem *Phasenspektrum* (Folge der φ_k).

Die Phasenwinkel φ_k sind aufgrund der Eigenschaften der arctan-Funktion nicht eindeutig bestimmbar. Aus den Vorzeichen von a_k und b_k kann man jedoch den Quadranten für φ_k angeben.

Nun betrachten wir nur eine einzelne harmonische Schwingung $x(t)$ mit der Amplitude (Spitzenwert) A und der Kreisfrequenz ω. Mit den Additionstheoremen der Goniometrie kann man schreiben:

$$\begin{aligned} x(t) &= A \cdot \cos(\omega t + \varphi) \\ &= A \cdot \cos(\omega t) \cdot \cos(\varphi) - A \cdot \sin(\omega t) \cdot \sin(\varphi) \\ &= a \cdot \cos(\omega t) + b \cdot \sin(\omega t) \end{aligned} \tag{2.8}$$

Aus dem Koeffizientenvergleich ergeben sich gerade die Umrechnungsformeln für den Übergang auf die Sinus- / Cosinus - Darstellung:

$$\boxed{\begin{aligned} a_k &= A_k \cdot \cos(\varphi_k) \\ b_k &= -A_k \cdot \sin(\varphi_k) \end{aligned}} \tag{2.9}$$

Anmerkung: Alternative Formen von (2.7) verwenden die Sinusfunktion anstelle des Cosinus, entsprechend müssen auch die φ_k modifiziert werden. Der Vorteil dabei ist der, dass bei Gliedern ohne Phasenverschiebung der Funktionswert für $t = 0$ verschwindet. Damit kann eine Systemanregung ohne Sprungstelle einfacher beschrieben werden. Demgegenüber hat die Form (2.7) den Vorzug der grossen Ähnlichkeit zur Projektion eines Zeigers auf die reelle Achse, was an die Zeigerdiagramme der allgemeinen Elektrotechnik erinnert.

$\square$

2.2.4 Komplexe Darstellung

Unter Verwendung der Euler'schen Formel $\quad \cos(x) = \dfrac{1}{2}\left(e^{jx} + e^{-jx}\right)\quad$ wird (2.8) zu:

$$\begin{aligned} x(t) &= \frac{A}{2}\left(e^{j(\omega t + \varphi)} + e^{-j(\omega t + \varphi)}\right) = \frac{A}{2}\left(e^{j\omega t} \cdot e^{j\varphi} + e^{-j\omega t} \cdot e^{-j\varphi}\right) \\ &= \underline{c} \cdot e^{j\omega t} + \underline{c}^* \cdot e^{-j\omega t} \end{aligned} \tag{2.10}$$

mit:

$$\begin{aligned} \underline{c} &= \frac{A}{2} \cdot e^{j\varphi} = \frac{A}{2}(\cos\varphi + j\sin\varphi) = \frac{1}{2}(a - jb) \\ \underline{c}^* &= \frac{A}{2} \cdot e^{-j\varphi} \end{aligned} \tag{2.11}$$

Eine harmonische Schwingung lässt sich demnach gemäss (2.10) in der komplexen Ebene darstellen als Summe zweier *konjugiert komplexer* Zeiger, wobei der eine im Gegenuhrzeigersinn rotiert (Kreisfrequenz ω) und der andere im Uhrzeigersinn kreist (Kreisfrequenz $-\omega$). Die Summe der beiden Zeiger ist stets reell, da die Koeffizienten $\underline{c}$ und $\underline{c}^*$ konjugiert komplex zueinander sind. Gegenüber (2.7) ist die Länge der Zeiger halbiert. Setzt man in (2.11) für a und b die Ausdrücke aus (2.6) ein, so ergibt sich:

$$\underline{c} = \frac{1}{T_P} \int\limits_{-T_P/2}^{T_P/2} [(x(t)(\cos(k\omega_0 t) - j\sin(k\omega_0 t))]dt = \frac{1}{T_P} \int\limits_0^{T_P} x(t)e^{-jk\omega_0 t}\, dt \tag{2.12}$$

Erweitert man diese Umformung von einer einzelnen harmonischen Schwingung nach (2.8) auf eine ganze Reihe nach (2.7), so ergibt sich die Fourier-Reihe in komplexer Darstellung. Dabei werden die Koeffizienten mit (2.12) bestimmt.

$$\boxed{\begin{aligned} x(t) &= \sum_{k=-\infty}^{\infty} \underline{c}_k \cdot e^{jk\omega_0 t} \\ \underline{c}_k &= \frac{1}{T_P} \int\limits_0^{T_P} x(t) \cdot e^{-jk\omega_0 t}\, dt \end{aligned}} \tag{2.13}$$

Das Integrationsintervall muss genau eine Periode überstreichen, der Startzeitpunkt ist egal.

Diese Darstellung ist kompakter als die bisherigen, insbesondere entfällt die Spezialbehandlung des Gleichgliedes a_0. Der Hauptvorteil zeigt sich aber erst beim Übergang auf die Fourier-Transformation, indem sich dort eine fast gleichartige Schreibweise ergibt.

Formal (nicht physisch!) treten nun negative Frequenzen auf, was für eine anschauliche Vorstellung Schwierigkeiten bereitet. Man spricht von *zweiseitigen Spektren*. Diese eignen sich vor allem für theoretische Betrachtungen, während die einseitigen Spektren messtechnisch direkt zu erfassen sind (selektive Voltmeter).

Für die Koeffizienten gilt:

$$\underline{c}_k = \frac{1}{T_P} \int\limits_0^{T_P} x(t)e^{-jk\omega_0 t}\, dt = \frac{1}{T_P} \int\limits_0^{T_P} x(t) \cdot \left(\cos(k\omega_0 t) - j\cdot\sin(k\omega_0 t)\right)dt$$

$$\underline{c}_{-k} = \frac{1}{T_P} \int\limits_0^{T_P} x(t)e^{jk\omega_0 t}\, dt = \frac{1}{T_P} \int\limits_0^{T_P} x(t) \cdot \left(\cos(k\omega_0 t) + j\cdot\sin(k\omega_0 t)\right)dt = \underline{c}_k^*$$

> *Reelle Zeitsignale haben in der zweiseitigen Darstellung*
> *ein konjugiert komplexes Spektrum, d.h.*
> *der Realteil ist gerade und der Imaginärteil ist ungerade,*
> *der Amplitudengang ist gerade und der Phasengang ist ungerade.*

Die vektorielle Summe von je zwei mit gleicher Frequenz, aber mit inverser Startphase und entgegengesetztem Drehsinn rotierenden Zeigern ergibt eine reelle Grösse. Für alle Frequenzen kann dank den konjugiert komplexen Fourier-Koeffizienten eine solche Paarung vorgenommen werden, ausser für das Gleichglied. Letzteres hat aber bereits einen reellen Wert. Demzufolge muss auch die Summe der gesamten Reihe reellwertig sein, Bild 2.5. Mathematisch kann dies aus (2.13) hergeleitet werden:

$$x(t) = \sum_{k=-\infty}^{\infty} \underline{c}_k e^{jk\omega_0 t} = \underbrace{\underline{c}_0}_{\frac{a_0}{2}} + \sum_{k=1}^{\infty} \left[\underbrace{\underline{c}_k e^{jk\omega_0 t}}_{\substack{\text{Zeiger} \\ \text{linksdrehend}}} + \underbrace{\underline{c}_k^* e^{-jk\omega_0 t}}_{\substack{\text{Zeiger} \\ \text{rechtsdrehend}}} \right]$$

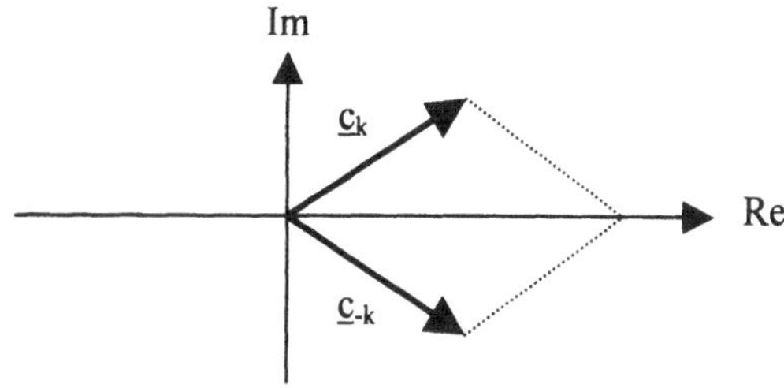

Bild 2.5 Jedes konjugiert komplexe Zeigerpaar summiert sich zu einem reellen Zeiger

Die Umrechnungsformeln zwischen den verschiedenen Darstellungen lauten:

$$\begin{aligned} a_k &= \underline{c}_k + \underline{c}_{-k} = 2 \cdot \text{Re}(\underline{c}_k) \\ b_k &= j(\underline{c}_k - \underline{c}_{-k}) = -2 \cdot \text{Im}(\underline{c}_k) \end{aligned} \qquad (2.14)$$

$$\begin{aligned} \underline{c}_k &= \frac{1}{2}(a_k - jb_k) \\ \underline{c}_{-k} &= \frac{1}{2}(a_k + jb_k) \end{aligned} \qquad (2.15)$$

$$\begin{aligned} A_k &= 2\sqrt{\underline{c}_k \cdot \underline{c}_{-k}} = 2|\underline{c}_k| = 2|\underline{c}_{-k}| \\ \varphi_k &= \arg(\underline{c}_k) = \arctan\frac{\text{Im}(\underline{c}_k)}{\text{Re}(\underline{c}_k)} \end{aligned} \qquad (2.16)$$

$$\begin{aligned} \underline{c}_k &= \frac{A_k}{2}e^{j\varphi_k} \\ \underline{c}_{-k} &= \frac{A_k}{2}e^{-j\varphi_k} \end{aligned} \qquad (2.17)$$

Allen Umrechnungsformeln ist gemeinsam, dass nur Koeffizienten der gleichen Frequenzen (in komplexer Darstellung auch der entsprechenden negativen Frequenz) miteinander verrechnet werden. Dies hat seine Ursache in der Orthogonalität der harmonischen Funktionen.

Betrachtet man nur die Folge der Koeffizienten, so ergibt sich das Fourier-Reihen-Spektrum. Dieses ist in jedem Falle ein Linienspektrum, also ein diskretes Spektrum. Allgemein gilt:

> *Periodische Signale haben ein diskretes Spektrum*
> *mit dem Linienabstand $\Delta f = 1/\text{Periodendauer}$.*

Beispiel: Das Signal $x(t) = A \cdot \sin \omega t$ mit $\omega = 2\pi \cdot 1000$ Hz soll als Fourier-Spektrum in allen drei Varianten dargestellt werden, Bild 2.6

Sinus-/Cosinus-Darstellung:

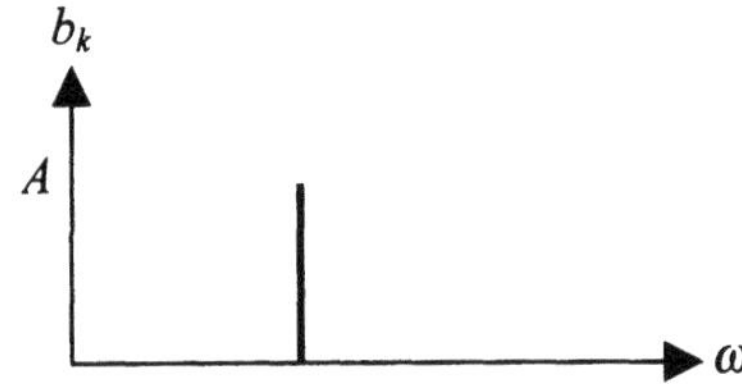

Betrags/Phasen-Darstellung:

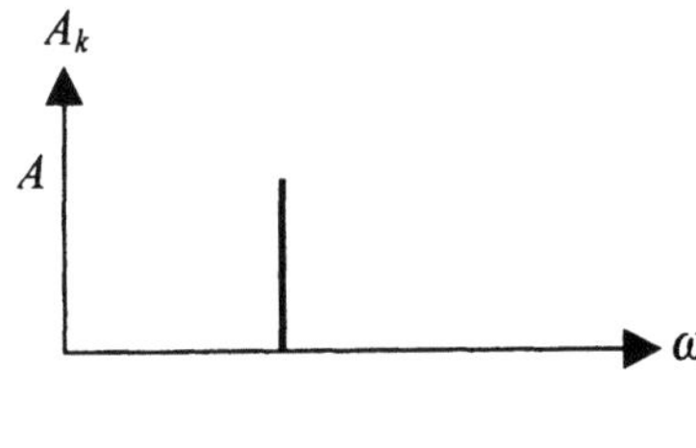

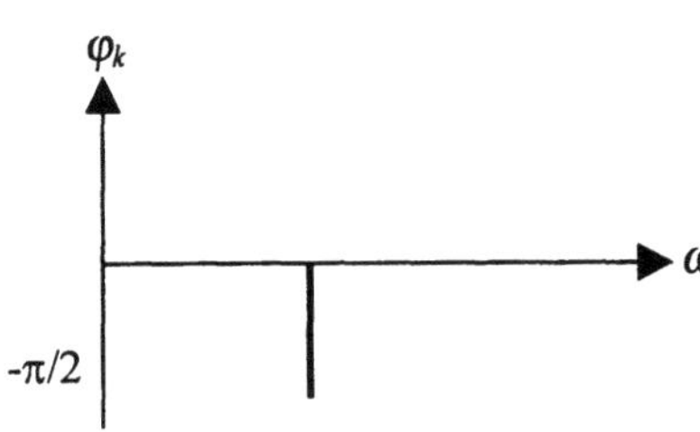

Komplexe Darstellung (Real- und Imaginärteil):

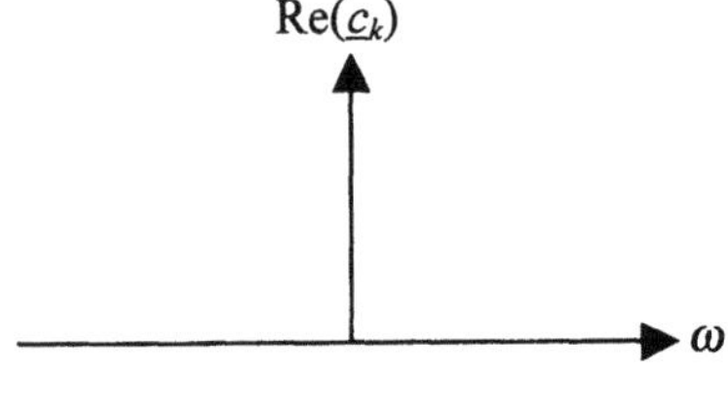

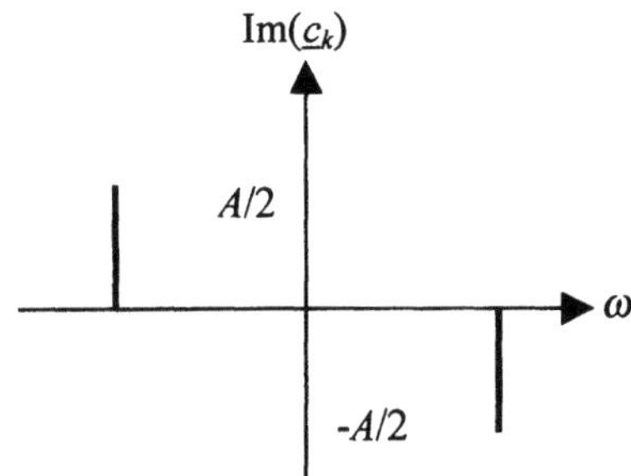

Komplexe Darstellung (Betrag und Phase):

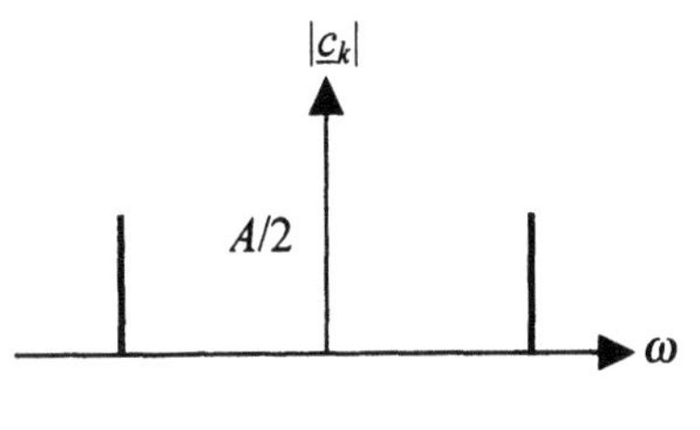

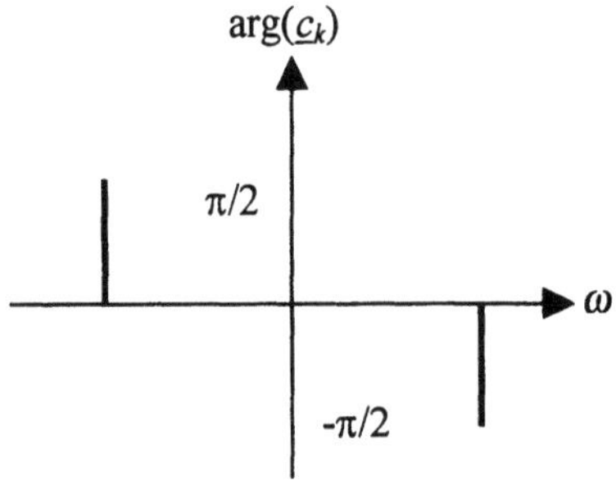

Bild 2.6 Darstellungsarten des Fourier-Reihen-Spektrums (Koeffizienten) der Sinus-Funktion

Da das Signal $x(t)$ harmonisch ist, kommt nur gerade eine Frequenz vor. Mit den Gleichungen (2.6) liesse sich a_1 und b_1 berechnen. Wir wissen aber schon ohne Rechnung, dass a_1 verschwinden wird, da $x(t)$ eine ungerade Funktion ist. Demnach muss b_1 den Wert A haben. Die Auswertung der Gleichung (2.6) ergibt dasselbe, was vom Leser selber überprüft werden kann. Die anderen Koeffizienten A_1, φ_1 und $\underline{c}_1$, $\underline{c}_{-1}$ lassen sich z.B. mit (2.15) und (2.17) berechnen, was bei diesem Trivialbeispiel jedoch nicht nötig ist.

Bild 2.6 zeigt, dass in jedem Fall *zwei* Graphen notwendig sind, um das Spektrum vollständig darzustellen. Manchmal interessiert man sich nicht für die Phase, in diesem Fall genügt eines der Betragsspektren (zweite Zeile links oder letzte Zeile links).

Was würde passieren, wenn statt der Sinusfunktion die Cosinusfunktion dargestellt würde? Der Graph von b_k bliebe leer, dafür würde eine Linie im Graphen von a_k erscheinen. Derselbe Austausch würde beim komplexen Spektrum in der Real-/Imaginärteil-Darstellung stattfinden. Bei den beiden Betrags-/Phasenspektren würden hingegen nur die Phasen ändern. Offensichtlich sind die Betragsspektren unabhängig von einer zeitlichen Verschiebung des Signals, wir werden dies im Abschnitt 2.3 noch beweisen.

$\square$

Beispiel: Eine periodische Funktion mit Pulsen der Breite τ, Höhe A und Periode T_P soll in eine komplexe Fourier-Reihe entwickelt werden, Bild 2.7.

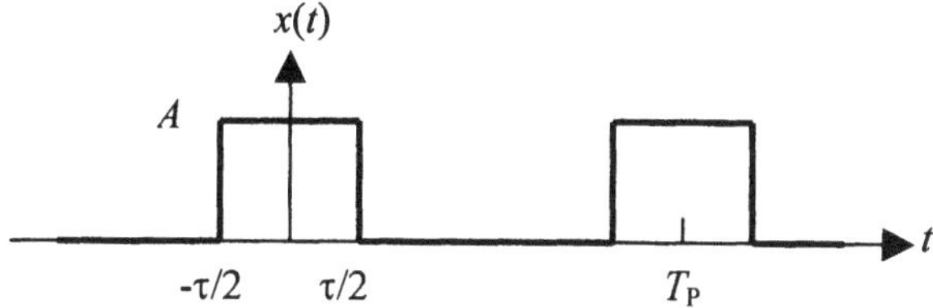

Bild 2.7 Pulsreihe als periodische Funktion

Mit Gleichung (2.13) ergibt sich:

$$\underline{c}_k = \frac{1}{T_P}\int_0^{T_P} x(t)e^{-jk\omega_0 t}\,dt = \frac{1}{T_P}\int_{-T_P/2}^{T_P/2} x(t)e^{-jk\omega_0 t}\,dt = \frac{1}{T_P}\int_{-\tau/2}^{\tau/2} Ae^{-jk\omega_0 t}\,dt$$

$$= \frac{A}{T_P}\cdot\frac{1}{-jk\omega_0}\cdot\left[e^{-jk\omega_0 t}\right]_{-\tau/2}^{\tau/2} = \frac{A}{T_P}\cdot\frac{1}{-jk\omega_0}\cdot\left[e^{-jk\omega_0\tau/2} - e^{jk\omega_0\tau/2}\right]$$

Nun benutzen wir die Formel von Euler:

$$\underline{c}_k = \frac{A}{T_P}\cdot\frac{1}{-jk\omega_0}\cdot\left[\cos(-k\omega_0\tau/2) + j\sin(-k\omega_0\tau/2) - \cos(k\omega_0\tau/2) - j\sin(k\omega_0\tau/2)\right]$$

$$= \frac{A}{T_P}\cdot\frac{1}{-jk\omega_0}\cdot\left[-2j\sin(k\omega_0\tau/2)\right] = \frac{2A}{T}\cdot\frac{1}{k\omega_0}\cdot\sin(k\omega_0\tau/2)$$

Jetzt erfolgt noch eine Umformung auf die Form $\sin(x)/x$:

$$\underline{c}_k = \frac{A \cdot \tau}{T_P} \cdot \frac{\sin(k\omega_0\tau/2)}{k\omega_0\tau/2} = \frac{A \cdot \tau}{T_P} \cdot si\left(\frac{k\omega_0\tau}{2}\right) \tag{2.18}$$

$si(x)$ ist die abgekürzte Schreibweise für $\sin(x)/x$.

Interpretation:

- Das Zeitsignal ist periodisch, deshalb ist die Frequenzvariable diskret (Linienspektrum).

- Das Spektrum ist reell, da die Zeitfunktion gerade ist. Damit ist das Spektrum aber auch konjugiert komplex, was für alle reellen Zeitfunktion gelten muss.

- Die Enveloppe des Spektrums gehorcht einem $\sin(x)/x$ - Verlauf. Die Nullstellen der Enveloppe liegen bei folgenden Frequenzen ($k \cdot \omega_0$ wird durch die kontinuierliche Variable ω ersetzt):

$$\omega\tau/2 = n\pi \quad \rightarrow \quad 2\pi f\tau/2 = n\pi \quad \rightarrow \quad f = n \cdot \frac{1}{\tau} \; ; \quad |n| > 1$$

  Es ergeben sich also äquidistante Nullstellen im Abstand $1/\tau$.

  Je schmaler die Pulse, desto breiter ihr Spektrum!

- Für den Spezialfall $\tau = T_P/2$ ergibt sich die unipolare Rechteckfunktion. Berücksichtigt man noch, dass $\omega_0 = 2\pi f_0 = 2\pi/T_P$, so ergibt sich aus (2.18):

$$\underline{c}_k = \frac{A}{2} \cdot si\left(\frac{k\pi}{2}\right) \quad \Rightarrow \quad |\underline{c}_k| = \begin{cases} \dfrac{A}{2} \; ; \; k = 0 \\[2mm] \dfrac{A}{\pi} \cdot \dfrac{1}{k} \;\; ; \;\; k \text{ ungerade} \\[4mm] 0 \; ; \; k \text{ gerade} \neq 0 \end{cases} \tag{2.19}$$

  Die Rechteckfunktion hat nur ungeradzahlige Harmonische!

  Diese nehmen mit $1/k$ ab (k = Ordnungszahl).

Die geradzahligen Harmonischen verschwinden, weil sie im Abstand $2/T_P = 1/\tau$ auftreten, sie fallen darum gerade in die Nullstellen der Enveloppe.

Für $k = 0$ ergibt sich der Gleichstromanteil zu $A/2$. Dazu wird folgende Beziehung benutzt:

$$\lim_{x \to 0} \frac{\sin(x)}{x} = 1 \tag{2.20}$$

- Subtrahiert man von $x(t)$ in Bild 2.7 die Konstante $A/2$, so ergibt sich die bipolare, gleichstromfreie Rechteckfunktion. Im Fourier-Spektrum ändert sich dadurch lediglich der Koeffizient mit der Ordnungszahl Null.

$\square$

In der Praxis rechnet man die Gleichung (2.13) natürlich möglichst nicht aus, sondern beruft sich auf Tabellen in mathematischen Formelsammlungen. Dabei muss man sich stets darüber im klaren sein, ob die Tabellen die Spitzenwerte oder Effektivwerte wiedergeben (Faktor $\sqrt{2}$ Unterschied) und ob das einseitige oder das zweiseitige Spektrum gemeint ist (Faktor 2).

2.2.5 Das Theorem von Parseval für Leistungssignale

Früher haben wir festgehalten, dass die Spektraldarstellung eines Signals gleichwertig ist wie seine Darstellung als Zeitfunktion. Da periodische Signale Leistungssignale sind, haben sie eine endliche mittlere Signalleistung, die demnach sowohl aus der Zeitfunktion als auch aus dem Sortiment der Fourier-Koeffizienten berechenbar sein müsste. Dies ist die Aussage des Theorems von Parseval.

In Anlehnung an (2.4) beträgt die mittlere Leistung:

$$P = \frac{1}{T_P}\int_{-\frac{T_P}{2}}^{\frac{T_P}{2}} x^2(t)\,dt = \frac{1}{T_P}\int_0^{T_P} x^2(t)\,dt = \frac{1}{T_P}\int_0^{T_P}\underline{x}(t)\cdot\underline{x}^*(t)\,dt \tag{2.21}$$

Im zweiten Teil von (2.21) wurde das Zeitsignal als komplexwertig angenommen. Solche Funktionen können durchaus in eine Fourier-Reihe entwickelt werden, allerdings ist das zweiseitige Spektrum dann nicht mehr konjugiert komplex.

Aus (2.13) ist ersichtlich, wie man von der Fourier-Reihe von $\underline{x}(t)$ zu derjenigen von $\underline{x}^*(t)$ gelangt: man setzt die konjugiert komplexen Koeffizienten ein und wechselt das Vorzeichen des Exponenten.

$$\underline{x}^*(t) = \sum_{k=-\infty}^{\infty}\underline{c}_{-k}^* e^{-jk\omega_0 t}$$

Eingesetzt in (2.21):

$$P = \frac{1}{T_P}\int_0^{T_P} x(t)\cdot\sum_{k=-\infty}^{\infty}\underline{c}_{-k}^* e^{-jk\omega_0 t}\,dt - \sum_{k=-\infty}^{\infty}\underline{c}_k^*\left[\frac{1}{T_P}\int_0^{T_P} x(t)e^{-jk\omega_0 t}\,dt\right]$$

$$= \sum_{k=-\infty}^{\infty}\underline{c}_k^*[\underline{c}_k] = \sum_{k=-\infty}^{\infty}|\underline{c}_k|^2$$

Damit ergibt sich die *Parsevalsche Gleichung für periodische Signale*:

$$\boxed{P = \frac{1}{T_P}\int_0^{T_P}|x(t)|^2\,dt = \sum_{k=-\infty}^{\infty}|\underline{c}_k|^2} \tag{2.22}$$

Diese Gleichung sagt aus, dass die Signalleistung im Zeitbereich identisch ist mit der Signalleistung im Frequenzbereich. In der mathematischen Verallgemeinerung ist das Theorem von Parseval nichts anderes als die Vollständigkeitsrelation.

Beispiel: Wir nehmen das Signal aus Bild 2.7, setzen als Beispiel $\tau = T_P/2$ und berechnen die Signalleistung im Zeitbereich mit dem linken Teil von (2.22):

$$P = \frac{1}{T_P} \int\limits_{0}^{T_P} |x(t)|^2 \, dt = \frac{1}{T_P} \int\limits_{-T_P/4}^{T_P/4} A^2 \, dt = \frac{A^2}{2}$$

Im Frequenzbereich muss sich dieselbe Leistung ergeben. Mit dem rechten Teil von (2.22) und (2.19) sowie der Symmetrie der Koeffizienten ergibt sich:

$$P = \sum_{k=-\infty}^{\infty} |\underline{c}_k|^2 = |\underline{c}_0|^2 + 2 \cdot \sum_{k=1}^{\infty} |\underline{c}_k|^2 = \frac{A^2}{4} + \frac{2A^2}{\pi^2} \cdot \left(\frac{1}{1^2} + \frac{1}{3^2} + \frac{1}{5^2} + \ldots \right) \overset{?}{=} \frac{A^2}{2}$$

$$\frac{1}{2} + \frac{4}{\pi^2} \cdot \left(\frac{1}{1^2} + \frac{1}{3^2} + \frac{1}{5^2} + \ldots \right) \overset{?}{=} 1 \quad \Rightarrow \quad \left(\frac{1}{1^2} + \frac{1}{3^2} + \frac{1}{5^2} + \ldots \right) \overset{?}{=} \frac{\pi^2}{8}$$

Die letzte Reihenentwicklung lässt sich tatsächlich in den Mathematikbüchern finden.

$\square$

2.3 Die Fourier-Transformation (FT)

Dieser Abschnitt ist wohl der wichtigste für das Verständnis des gesamten Buches. Je nach Signalart (periodisch - aperiodisch, kontinuierlich - abgetastet) benutzt man eine andere Spektraltransformation, die aber alle auf der Fourier-Transformation beruhen. Die nachstehend abgeleiteten Eigenschaften gelten in ähnlicher Form für alle Transformationen, also auch für die bereits beschriebenen Fourier-Reihen-Koeffizienten sowie für die digitalen Varianten.

2.3.1 Herleitung des Amplitudendichtespektrums

Auf aperiodische Signale kann man die Fourier-Reihentwicklung nicht direkt anwenden. Man kann jedoch als Kunstgriff in (2.13) die Periode T_P gegen ∞ streben lassen. Dieser Grenzübergang ist gestattet, falls $x(t)$ absolut integrierbar ist, d.h. falls gilt:

$$\int\limits_{-\infty}^{\infty} |x(t)| \, dt < \infty \tag{2.23}$$

Für viele Energiesignale sowie für die später zur Systembeschreibung benutzten Impulsantworten stabiler Systeme trifft diese Voraussetzung zu. Für periodische Signale ist die Voraussetzung nicht erfüllt, glücklicherweise ist (2.23) hinreichend, aber nicht notwendig, d.h. die Konvergenzbedingung (2.23) ist etwas zu scharf formuliert. Mit einem weiteren Kunstgriff, nämlich unter Einsatz der bereits einmal erwähnten Diracstösse, gelingt es auch, periodische Signale der Fourier-Transformation zu unterziehen.

Ein Fourier-Reihen-Spektrum (d.h. das Sortiment der Koeffizienten) ist ein Linienspektrum. Der Abstand der Linien beträgt $f_0 = 1/T_P$ auf der Frequenzachse (bzw. $\omega_0 = 2\pi f_0$ auf der Kreisfrequenzachse). Mit grösser werdender Periodendauer rücken die Spektrallinien demnach näher zusammen. Im Grenzfall $T_P \to \infty$ verschmelzen sie zu einem *kontinuierlichen Spektrum*, dem *Fourier-Spektrum*.

Bei der folgenden Herleitung der Fourier-Transformation, bei der es nur um das Aufzeigen der Verwandtschaft zu den Fourier-Reihen-Koeffizienten geht, gehen wir aus von der komplexen Darstellung der Fourier-Reihe nach (2.13):

$$x(t) = \sum_{k=-\infty}^{\infty} \underline{c}_k e^{jk\omega_0 t} \quad mit \quad \underline{c}_k = \frac{1}{T_P} \int_0^{T_P} x(t) e^{-jk\omega_0 t}\, dt$$

Nun setzen wir die Koeffizienten nach der rechten Gleichung in die Reihe ein (eckige Klammer). Dabei müssen wir wegen der Eindeutigkeit die Integrationsvariable umbenennen. Zudem verschieben wir das Integrationsintervall um die halbe Periodenlänge:

$$x(t) = \sum_{k=-\infty}^{\infty} \left[\frac{\omega_0}{2\pi} \int_{-\frac{T_P}{2}}^{\frac{T_P}{2}} x(\tau) e^{-jk\omega_0 \tau}\, d\tau \right] e^{jk\omega_0 t}$$

$$x(t) = \frac{1}{2\pi} \sum_{k=-\infty}^{\infty} \left[\int_{-\frac{T_P}{2}}^{\frac{T_P}{2}} x(\tau) e^{-jk\omega_0 \tau}\, d\tau \right] e^{jk\omega_0 t} \cdot \omega_0$$

Der Grenzübergang $T_P \to \infty$ bewirkt die Übergänge $\omega_0 \to d\omega \to 0$ und $k\omega_0 \to \omega$.

$$x(t) = \frac{1}{2\pi} \lim_{d\omega \to 0} \sum_{k=-\infty}^{\infty} \left[\int_{-\infty}^{\infty} x(\tau) e^{-j\omega\tau}\, d\tau \right] e^{j\omega t}\, d\omega$$

Die Summation wird zu einem uneigentlichen Integral:

$$x(t) = \frac{1}{2\pi} \int_{-\infty}^{\infty} \left[\int_{-\infty}^{\infty} x(\tau) e^{-j\omega\tau}\, d\tau \right] e^{j\omega t}\, d\omega$$

Der Ausdruck in der eckigen Klammer wird als $X(j\omega)$ bezeichnet und separat geschrieben. Dadurch kann wiederum t statt τ verwendet werden. $X(j\omega)$ heisst *Fourier-Transformierte* von $x(t)$.

$$\boxed{ X(j\omega) = \int_{-\infty}^{\infty} x(t) \cdot e^{-j\omega t}\, dt } \qquad (2.24)$$

$$\boxed{ x(t) = \frac{1}{2\pi} \int_{-\infty}^{\infty} X(j\omega) \cdot e^{j\omega t}\, d\omega } \qquad (2.25)$$

Diese beiden Gleichungen gehören zu den grundlegendsten Beziehungen der Systemtheorie. (2.24) heisst *Fourier-Transformation* (FT) und beschreibt die Abbildung vom Zeitbereich (Funktion $x(t)$) in den Frequenzbereich (Funktion $X(j\omega)$). (2.25) heisst *inverse Fourier-Transformation* (IFT) und beschreibt die Abbildung vom Frequenzbereich in den Zeitbereich.

$X(j\omega)$ entspricht den Fourier-Koeffizienten $\underline{c}_k$ und ist im Allgemeinen komplexwertig. Ein Vergleich von (2.24) mit (2.13) zeigt die enge Verwandtschaft.

Falls $x(t)$ dimensionslos ist, so hat $X(j\omega)$ gemäss (2.24) die Dimension „Amplitude mal Zeit" oder „Amplitude pro Frequenz". Es handelt sich also um eine *Amplitudendichte*. Ist $x(t)$ ein Spannungssignal, so hat $X(j\omega)$ die Dimension Vs oder V/Hz. Dies ist dadurch erklärbar, dass in (2.13) die Fourier-Koeffizienten $\underline{c}_k$ durch den Grenzübergang $T_\mathrm{P} \to \infty$ zu Null werden. Man betrachtet deshalb nicht die *verschwindende* „Amplitude auf einer Frequenz" (also $\underline{c}_k$), sondern die *endliche* „Amplitude in einem Frequenzintervall $d\omega$", (also eben diese Amplitudendichte $X(j\omega)$). Analogie aus der Mechanik: wird eine Eisenstange in fortwährend dünnere Scheiben zersägt, so strebt die Masse einer einzelnen Scheibe gegen Null, die Dichte bleibt jedoch konstant.

Anmerkung 1: Häufig wird die Fourier-Transformation gemäss (2.24) selbständig definiert und nicht wie dargestellt aus den Fourier-Reihen-Koeffizienten hergeleitet. Eine interessante Variante beschreitet den umgekehrten Weg: ausgehend von der Fourier-Transformation werden über die Poisson'sche Summenformel die Fourier-Reihen-Koeffizienten hergeleitet [Fli91], obwohl historisch gesehen die Fourier-Reihe zuerst bekannt war.

Anmerkung 2: Die Schreibweise der Fourier-Transformation ist Varianten unterworfen. Oft sieht man die Form:

$$X(f) = \int_{-\infty}^{\infty} x(t) \cdot e^{-j2\pi ft}\, dt \qquad\qquad x(t) = \int_{-\infty}^{\infty} X(f) \cdot e^{j2\pi ft}\, df$$

Diese Form hat den Vorteil der Symmetrie zwischen Hin- und Rücktransformation. Hier wird die aufsummierte Amplitudendichte im Frequenzintervall df betrachtet, in (2.24) die aufsummierte Amplitudendichte im Intervall $d\omega = 2\pi \cdot df$. Der Unterschied liegt lediglich in einer Konstanten 2π, somit ist der Informationsgehalt wie auch die Aussagekraft beider Formen gleichwertig. Vorteilhaft an der Form (2.24) ist hingegen, dass die Argumente der trigonometrischen Funktionen direkt eingesetzt werden können. Wichtig ist einzig, dass eine Hin- und danach eine Rücktransformation wieder auf das ursprüngliche Signal führen. Dies ergab die Motivation zu einer weiteren Schreibweise, die beide Vorteile kombiniert und v.a. in der Physik gebräuchlich ist:

$$X(j\omega) = \frac{1}{\sqrt{2\pi}} \int_{-\infty}^{\infty} x(t) \cdot e^{-j\omega t}\, dt \qquad\qquad x(t) = \frac{1}{\sqrt{2\pi}} \int_{-\infty}^{\infty} X(j\omega) \cdot e^{j\omega t}\, d\omega$$

In diesem Buch wird ausschliesslich die Darstellung nach (2.24) benutzt.

Anmerkung 3: Man könnte genausogut $X(\omega)$ schreiben statt $X(j\omega)$. Die zweite Variante gibt etwas mehr Schreibarbeit, verdeutlicht aber die Verwandtschaft zur Laplace-Transformation (vgl. später). Puristen müssten eigentlich $\underline{X}(j\omega)$ schreiben, denn Spektralfunktionen sind i.A. komplexwertig. Bequemlichkeitshalber wird aber durchwegs auf das Unterstreichen verzichtet.

$\square$

Die Gleichung (2.24) überführt ein Signal vom Zeitbereich in den Frequenzbereich. $x(t)$ und $X(j\omega)$ bilden eine sog. *Korrespondenz*, wofür die symbolische Schreibweise

$$x(t) \quad \circ\!-\!\circ \quad X(j\omega)$$

benutzt wird. Dieselbe Schreibweise wird auch für die Laplace- und z-Transformation gebraucht. Aufgrund der Argumente ($j\omega$, s oder z) sowie aus dem Zusammenhang ist stets klar, um welche Transformation es sich handelt. Manchmal wird der Punkt auf der Seite des Bildbereiches noch zusätzlich ausgefüllt.

$X(j\omega)$ ist eine komplexwertige Funktion und kann auf mehrere Arten geschrieben werden, indem (wie auch in Bild 2.6) der Realteil und der Imaginärteil oder der Betrag und die Phase verwendet werden:

$$X(j\omega) = \mathrm{Re}\big(X(j\omega)\big) + j \cdot \mathrm{Im}\big(X(j\omega)\big) = \big|X(j\omega)\big| \cdot e^{j \, \arg(X(j\omega))}$$

$$\big|X(j\omega)\big| = \sqrt{\big[\mathrm{Re}(X(j\omega))\big]^2 + \big[\mathrm{Im}(X(j\omega))\big]^2}$$

$$\arg\big(X(j\omega)\big) = \begin{cases} \arctan\dfrac{\mathrm{Im}(X(j\omega))}{\mathrm{Re}(X(j\omega))} & \textit{für} \quad \mathrm{Re}\big(X(j\omega)\big) > 0 \\[2ex] \arctan\dfrac{\mathrm{Im}(X(j\omega))}{\mathrm{Re}(X(j\omega))} + \pi & \mathrm{Re}\big(X(j\omega)\big) < 0 \end{cases}$$

Beispiel: Wie lautet das Spektrum des abklingenden Exponentialpulses in Bild 2.8?

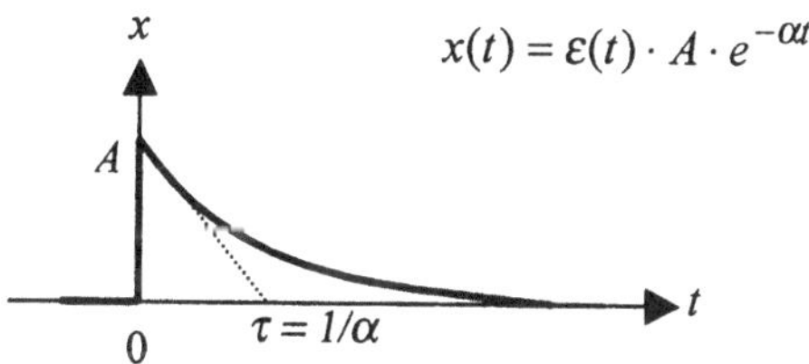

Bild 2.8 Kausaler, abklingender Exponentialpuls (Kopie von Bild 2.4 rechts), τ = Zeitkonstante

$$X(j\omega) = \int\limits_{-\infty}^{\infty} x(t) \cdot e^{j\omega t} \, dt = \int\limits_{0}^{\infty} A \cdot e^{-\alpha t} \cdot e^{j\omega t} \, dt = A \cdot \int\limits_{0}^{\infty} e^{-(\alpha - j\omega)t} \, dt$$

$$= \frac{-A}{a + j\omega} \cdot \Big[e^{-(\alpha + j\omega)t} \Big]_{0}^{\infty} = \frac{-A}{a + j\omega} \cdot [0 - 1] = \frac{A}{a + j\omega}$$

$$X(j\omega) = \underbrace{\frac{A}{a + j\omega}}_{\substack{\text{komplexwertige} \\ \text{Funktion}}} = \underbrace{\frac{\alpha A}{\alpha^2 + \omega^2}}_{\text{Realteil}} - j \cdot \underbrace{\frac{\omega A}{\alpha^2 + \omega^2}}_{\text{Imaginärteil}} = \underbrace{\frac{A}{\sqrt{\alpha^2 + \omega^2}}}_{\text{Betrag}} \cdot \underbrace{e^{-j \arctan\left(\frac{\omega}{\alpha}\right)}}_{\text{Phase}} \tag{2.26}$$

Im Realteil kommt nur ω^2 vor, es handelt sich also um eine gerade Funktion. Der Imaginärteil ist ungerade und $X(j\omega)$ somit konjugiert komplex, wie bei allen reellen Zeitfunktionen.

Beispiel: Wie lautet das Fourier-Spektrum des Rechteckpulses nach Bild 2.9?

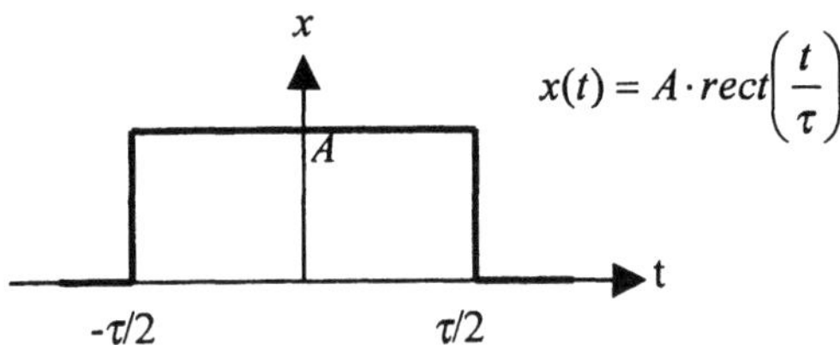

Bild 2.9 Rechteckpuls (Kopie von Bild 2.3)

Mit Gleichung (2.24) und der Formel von Euler ergibt sich:

$$X(j\omega) = \int_{-\infty}^{\infty} x(t) \cdot e^{-j\omega t}\, dt = A \cdot \int_{-\tau/2}^{\tau/2} e^{-j\omega t}\, dt = \frac{A}{-j\omega} \cdot \left[e^{-j\omega t} \right]_{-\tau/2}^{\tau/2}$$

$$= \frac{A}{-j\omega} \cdot \left[e^{-j\omega\tau/2} - e^{j\omega\tau/2} \right] = \frac{A}{-j\omega} \cdot \left[-2j \cdot \sin\frac{\omega\tau}{2} \right] = \frac{2A}{\omega} \cdot \sin\frac{\omega\tau}{2}$$

$$X(j\omega) = A \cdot \tau \cdot \frac{\sin\dfrac{\omega\tau}{2}}{\dfrac{\omega\tau}{2}} = A \cdot \tau \cdot si\left(\frac{\omega\tau}{2}\right) \tag{2.27}$$

Der Vergleich mit (2.18) zeigt eine auffallende Ähnlichkeit mit den Fourier-Koeffizienten der Pulsreihe. Unterschiedlich ist aber die Dimension: handelt es sich um Spannungssignale, d.h. $[A]$ = V, so haben die Fourier-Koeffizienten ebenfalls die Dimension V. Die Fourier-Transformierte hingegen hat die Dimension Vs = V/Hz, es handelt sich ja um eine spektrale *Dichte*. Ein zweiter Unterschied betrifft die Frequenzvariable: bei der Reihe ist sie diskret, bei der Transformation kontinuierlich. Ansonsten gelten die Interpretationen von (2.18) auch für (2.27).

□

Was passiert mit $X(j\omega)$, wenn statt der Originalfunktion $x(t)$ die um τ verschobene Funktion $x(t-\tau)$ transformiert wird? Die verschobene Funktion wird in (2.24) eingesetzt:

$$x(t - \tau) \quad \circ\!\!-\!\!\circ \quad \int_{-\infty}^{\infty} x(t - \tau)e^{-j\omega t}\, dt$$

Nun folgt eine Substitution: $t-\tau \to T$:

$$x(T) \quad \circ\!\!-\!\!\circ \quad \int_{-\infty}^{\infty} x(T)e^{-j\omega(T+\tau)}\, dT = \int_{-\infty}^{\infty} x(T)e^{-j\omega T} e^{-j\omega\tau}\, dT$$

$$= \left[\int_{-\infty}^{\infty} x(T)e^{-j\omega T}\, dT \right] e^{-j\omega\tau} = X(j\omega) \cdot e^{-j\omega\tau}$$

Dies ist die Aussage des *Verschiebungssatzes*:

> *Wird eine Zeitfunktion x(t) um τ verschoben, so wird das ursprüngliche*
> *Spektrum X(jω) mit $e^{-j\omega\tau}$ multipliziert.*

Dieselbe Beziehung ergibt sich übrigens auch als Anforderung an verzerrungsfreie Übertragungssysteme, vgl. Abschnitt 3.13.

$$x(t) \quad \circ\!\!-\!\!\circ \quad X(j\omega) \qquad \Leftrightarrow \qquad x(t-\tau) \quad \circ\!\!-\!\!\circ \quad X(j\omega)\cdot e^{-j\omega\tau} \tag{2.28}$$

Der Betrag eines komplexen Produktes ist gleich dem Produkt der Beträge der einzelnen Faktoren. Der Betrag des Faktors $e^{j\omega\tau}$ ist 1, woraus folgt:

> *Eine Zeitverschiebung ändert nur das Phasenspektrum,*
> *nicht aber das Amplitudenspektrum!*

Dies ist eine sehr vorteilhafte Eigenschaft der Fourier-Transformation. $\tau > 0$ bedeutet eine Signalverzögerung (Verschiebung nach rechts), $\tau < 0$ eine Vorverschiebung.

Wie ändert sich die Zeitfunktion $x(t)$, wenn ihr Spektrum $X(j\omega)$ um die Frequenz W geschoben wird?

$$x(t) \quad \circ\!\!-\!\!\circ \quad X(j\omega) \qquad \Leftrightarrow \qquad x(t)\cdot e^{jWt} \quad \circ\!\!-\!\!\circ \quad X\big(j(\omega-W)\big) \tag{2.29}$$

Dies ist der *Frequenzverschiebungssatz* oder *Modulationssatz*. Er besagt, dass die (üblicherweise reelle) Zeitfunktion durch die Frequenzverschiebung *komplex* wird. Zum Beweis wird die rechte Seite von (2.29) in (2.24) eingesetzt und so in den Frequenzbereich transformiert. Dabei wird die Substitution $\omega-W \rightarrow v$ vorgenommen.

$$\int_{-\infty}^{\infty} x(t)e^{jWt}e^{-j\omega t}\,dt = \int_{-\infty}^{\infty} x(t)e^{-j(\omega-W)t}\,dt = \int_{-\infty}^{\infty} x(t)e^{-j(v)t}\,dt = X(jv) = X\big(j(\omega-W)\big)$$

In der Nachrichtentechnik wird dieser Frequenzverschiebungssatz bei der Beschreibung der Modulationsverfahren ausgiebig benutzt.

Eigentlich ist dieser Satz der Grund dafür, dass man vorteilhafterweise mit zweiseitigen Spektren arbeitet und nicht nur mit den anschaulicheren positiven Frequenzen, vgl. Bild 2.6.

2.3.2 Die Faltung

Die Faltung ist eine der Multiplikation verwandte Rechenvorschrift für zwei Funktionen. Sie muss an dieser Stelle eingeführt werden, ihre Nützlichkeit wird sich erst später bei der Systembeschreibung zeigen.

Die Faltung (engl. *convolution*) zweier Signale $x_1(t)$ und $x_2(t)$ ist definiert als:

$$y(t) = x_1(t) * x_2(t) = \int_{-\infty}^{\infty} x_1(\tau) \cdot x_2(t - \tau)\, d\tau \qquad (2.30)$$

Das Faltungsintegral (auch *Duhamel-Integral* genannt) wird so häufig gebraucht, dass dafür die abgekürzte Schreibweise mit dem Sternsymbol eingeführt wurde.

Rezept für die Durchführung der Faltung:

1. Zeitvariable t durch τ ersetzen

2. $x_2(\tau)$ an der y-Achse spiegeln (falten!), dies ergibt $x_2(-\tau)$

3. $x_2(-\tau)$ um $t = -\infty$ nach *rechts* verschieben (wegen des Minuszeichens geht dies zeichnerisch nach *links*!), dies ergibt $x_2(t-\tau)$

4. $x_1(\tau)$ und $x_2(t-\tau)$ miteinander multiplizieren

5. Dieses Produkt über alle τ integrieren, ergibt $y(-\infty)$, d.h. einen einzigen Funktionswert von $y(t)$

6. t von $-\infty$ bis $+\infty$ variieren, d.h. $x_2(t-\tau)$ zeichnerisch nach rechts wandern lassen und jeweils die Schritte 1 bis 5 ausführen, dies ergibt das Signal $y(t)$, d.h. die restlichen Funktionswerte.

Beispiel: Wie lautet die Faltung der Funktion rect (Bild 2.9) mit sich selber? Wir halten uns an das Rezept und nennen die Integrationsvariable τ, deshalb schreiben wir T für die Breite des Rechtecks. Es lohnt sich, die Faltung anhand einer Skizze auszuführen, Bild 2.10.

Wir zeichnen die Funktion $x_1(\tau)$ (ausgezogene Linie in Bild 2.10) und die gespiegelte (das sieht man bei diesem Beispiel nicht) sowie die weit nach links verschobene Funktion $x_2(t-\tau)$ (gestrichelte Linie in Bild 2.10, oberste Zeile).

Gemäss Punkt 4 des Rezeptes müssen wir die beiden Funktionen multiplizieren und die Fläche unter dem Produkt bestimmen. Da sich die beiden zeitbegrenzten Funktionen nicht überlappen gibt es keine gemeinsame Fläche und $y(-\infty)$ ist Null.

Nun verschieben wir die gestrichelte Funktion nach rechts und bestimmen wiederum die Fläche unter dem Produkt. Dies wird erst dann interessant, wenn $t = -T$ ist, Bild 2.10 zweitoberste Zeile. $y(-T)$ ist noch Null, beginnt ab jetzt aber zu steigen (unterste Zeile). Wir schieben die gestrichelte Funktion weiter nach rechts, der überlappende Flächenanteil trägt zu $y(t)$ bei, allerdings müssen die beiden Funktionen zuvor noch miteinander multipliziert werden, Bild 2.10 zweitletzte Zeile.

$y(t)$ steigt somit (in diesem Beispiel!) linear an und erreicht bei $t = 0$ den maximalen Wert, weil sich hier die beiden Funktionen maximal überlappen.

Die unterste Zeile zeigt das Faltungsresultat. Bei $t = 0$ beträgt der Wert $A^2 \cdot T$. Bei einer weiteren Rechtsverschiebung läuft die gestrichelte Funktion wieder aus $x_1(\tau)$ heraus, es ergeben sich die symmetrischen Verhältnisse wie früher. Bei $t = T$ schliesslich gibt es keine gemeinsame Fläche mehr.

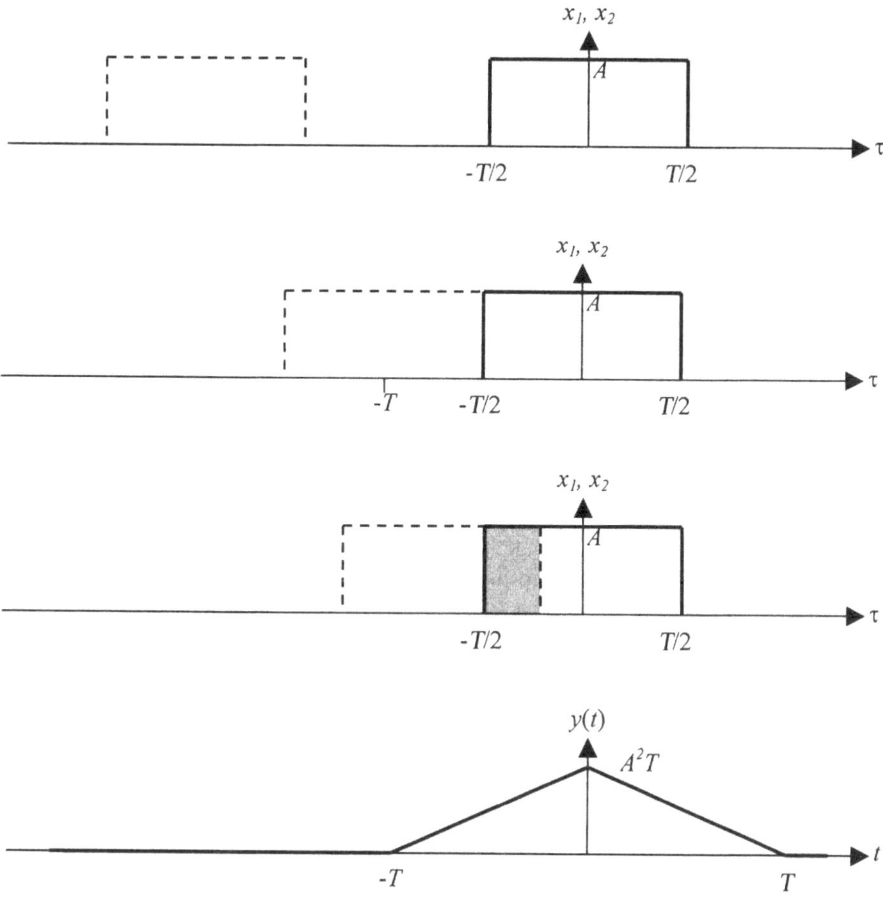

Bild 2.10 Hilfsskizze zur Faltung

Das Beispiel zeigt:

> *Faltet man zwei zeitbegrenzte Signale miteinander, so ist die Zeitdauer des Faltungsproduktes gleich der Summe der Zeitdauern der beiden Eingangssignale.*

Nun betrachten wir den Faltungsvorgang im Frequenzbereich. Dazu setzen wir (2.30) in (2.24) ein:

$$Y(j\omega) = \int\limits_{-\infty}^{\infty} y(t)e^{-j\omega t}\,dt = \int\limits_{-\infty}^{\infty}\int\limits_{-\infty}^{\infty} x_1(\tau)\cdot x_2(t-\tau)d\tau\cdot e^{-j\omega t}\,dt$$

Nun tauschen wir die Reihenfolge der Integrationen und wenden den Verschiebungssatz (2.28) an:

$$Y(j\omega) = \int\limits_{-\infty}^{\infty} x_1(\tau)\left[\int\limits_{-\infty}^{\infty} x_2(t-\tau)\cdot e^{-j\omega t}\,dt\right]d\tau = \int\limits_{-\infty}^{\infty} x_1(\tau)\left[X_2(j\omega)\cdot e^{-j\omega\tau}\right]d\tau$$

$$= X_2(j\omega)\cdot \int\limits_{-\infty}^{\infty} x_1(\tau)\cdot e^{-j\omega\tau}\,d\tau = X_1(j\omega)\cdot X_2(j\omega)$$

$$\boxed{\,x_1(t) * x_2(t) = x_2(t) * x_1(t) \quad \circ\!\!-\!\!\circ \quad X_1(j\omega)\cdot X_2(j\omega)\,} \qquad (2.31)$$

> *Eine Faltung im Zeitbereich entspricht einer*
> *Multiplikation im Frequenzbereich (und umgekehrt).*

> *Die Faltung ist kommutativ.*

Die wichtige Korrespondenz (2.31) wird *Faltungstheorem* genannt. Es zeigt einen auf den ersten Blick aufwendigen Weg zur Berechnung der Faltung: Fourier-Transformation der Signale - Produktbildung - Rücktransformation. Bei digitalen Signalen ist dieser „schnelle Faltung" genannte Umweg oft vorteilhaft, da mit der schnellen Fourier-Transformation (FFT, fast fourier transform) die Hin- und Rücktransformation sehr effizient und darum schnell vollzogen werden können, vgl. Abschnitt 4.3.4.

Mit dem Faltungstheorem lassen sich auch neue Korrespondenzen berechnen. Zum Beispiel ergibt die Faltung von zwei gleich langen Rechteckpulsen eine Dreiecksfunktion, abgekürzt geschrieben als tri(x), Bild 2.10. Das Spektrum der Dreiecksfunktion hat demnach einen $si^2(x)$-Verlauf.

Aus der Assoziativität der skalaren Multiplikation folgt das *Assoziativgesetz für die Faltung*:

$$\left[x_1(t) * x_2(t)\right] * x_3(t) = x_1(t) * \left[x_2(t) * x_3(t)\right]$$

Und aus der Linearität der Integration folgt das *Distributivgesetz für die Faltung*:

$$x_1(t) * \left[x_2(t) + x_3(t)\right] = x_1(t) * x_2(t) + x_1(t) * x_3(t)$$

Genauso kann man mit einer Faltung im Frequenzbereich vorgehen. Aufgrund der Symmetrie von (2.24) und (2.25) ergibt sich eine Multiplikation im Zeitbereich.

$$Y(j\omega) = X_1(j\omega) * X_2(j\omega) = \int\limits_{-\infty}^{\infty} X_1(jv) \cdot X_2\big(j(\omega - v)\big) dv$$

Einsetzen in der Formel für die inverse Fourier-Transformation (2.25) und Anwenden des Modulationssatzes (2.27) ergibt:

$$y(t) = \frac{1}{2\pi} \int\limits_{-\infty}^{\infty} \int\limits_{-\infty}^{\infty} X_1(jv) \cdot X_2\big(j(\omega - v)\big) dv \; e^{j\omega t} d\omega$$

$$= \int\limits_{-\infty}^{\infty} X_1(jv) \cdot \left[\frac{1}{2\pi} \int\limits_{-\infty}^{\infty} X_2\big(j(\omega - v)\big) e^{j\omega t} d\omega \right] dv$$

$$= \int\limits_{-\infty}^{\infty} X_1(jv) \cdot \left[x_2(t) e^{jvt} \right] dv = x_2(t) \cdot \int\limits_{-\infty}^{\infty} X_1(jv) e^{jvt} dv = x_2(t) \cdot 2\pi \cdot x_1(t)$$

Faltungstheorem im Frequenzbereich:

$$\boxed{X_1(j\omega) * X_2(j\omega) \quad \circ\!\!-\!\!\circ \quad 2\pi \cdot x_1(t) \cdot x_2(t)} \qquad (2.32)$$

2.3.3 Das Rechnen mit der Delta-Funktion

Ein Hauptproblem bei der Anwendung der Fourier-Transformation besteht darin, dass das Fourier-Integral (2.24) konvergieren muss. Die Bedingung (2.23) ist dazu hinreichend, gestattet aber nur die Transformation von Energiesignalen. Die Laplace-Transformation (Abschnitt 2.4) umgeht diese Schwierigkeit mit einer zusätzlichen Dämpfung bei der Transformationsvorschrift.

Eine andere Umgehungsmöglichkeit besteht darin, die δ-Funktion (*Deltafunktion*) zu verwenden. Zu Ehren des Mathematikers Dirac heisst sie auch *Diracfunktion*. Die Deltafunktion ist eigentlich keine Funktion, sondern eine *Distribution*, d.h. eine verallgemeinerte Funktion. Dies bedeutet, dass ein Funktionswert sich nicht durch Einsetzen eines Arguments ergibt, sondern durch Ausführen einer Rechenvorschrift. Es gibt mehrere Möglichkeiten, die Deltafunktion zu definieren, eine Variante lautet:

$$\boxed{\begin{aligned} &\delta(t) = 0 \quad \textit{für} \quad t \neq 0 \\ &\int\limits_{-\infty}^{\infty} \delta(t) dt = 1 \\ &\text{Für } t = 0 \text{ ist der Funktionswert unbestimmt!} \end{aligned}} \qquad (2.33)$$

Die folgende graphische Interpretation der Deltafunktion ist zwar nicht ganz korrekt, dafür aber anschaulich und für unsere Zwecke durchaus brauchbar: eine Diracfunktion ist ein Rechteckpuls (vorerst noch) der Fläche 1 (Bild 2.11, links), wobei ein Grenzübergang $\varepsilon \to 0$ gemacht wird. Als Symbol wird ein Pfeil gezeichnet, dessen Länge der Fläche des Rechtecks proportional ist. Aus dieser geometrischen Deutung ergeben sich die auch gebräuchlichen Ausdrücke *Deltastoss* und *Diracstoss*.

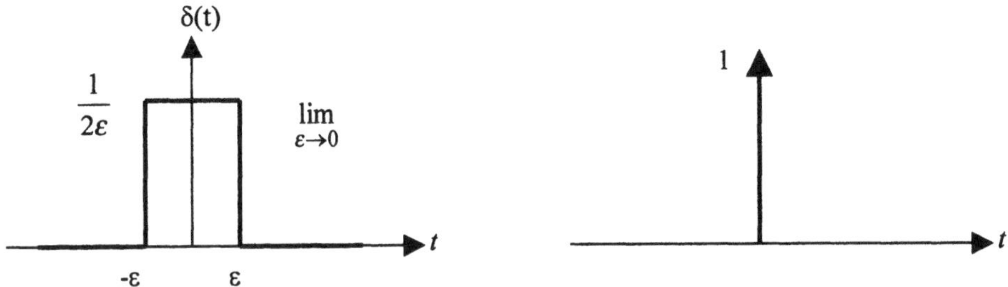

Bild 2.11 Angenäherter Diracstoss (links) und das Symbol der δ-Funktion

Die für die exakte Beschreibung von verallgemeinerten Funktionen notwendige Distributionentheorie ersparen wir uns, da wir nur den Deltastoss benutzen werden und dazu einige wenige Rechenregeln genügen. Eine tiefer gehende Darstellung findet sich z.B. in [Unb96].

Die Definitionsgleichung (2.33) kann dahingehend interpretiert werden, dass die Deltafunktion nur dort „existiert", wo ihr Argument verschwindet. Der Diracpuls an der Stelle t_0 kann also auf zwei Arten dargestellt werden:

$$\boxed{\delta(t - t_0) = \delta(t_0 - t)} \tag{2.34}$$

Nun betrachten wir das Integral

$$\int_{-\infty}^{\infty} x(t) \cdot \delta(t - t_0)\,dt = \int_{-\infty}^{\infty} x(t) \cdot \delta(t_0 - t)\,dt = ?$$

Der Integrand ist ein Produkt, wobei einer der Faktoren (nämlich der Diracstoss) ausser bei $t = t_0$ stets verschwindet. Der andere Faktor (nämlich $x(t)$) hat darum nur bei $t = t_0$ einen Einfluss auf das Produkt. Das Produkt und damit auch obiges Integral kann deshalb anders geschrieben werden:

$$\int_{-\infty}^{\infty} x(t) \cdot \delta(t - t_0)\,dt = \int_{-\infty}^{\infty} x(t_0) \cdot \delta(t - t_0)\,dt = x(t_0) \cdot \underbrace{\int_{-\infty}^{\infty} \delta(t - t_0)\,dt}_{=1} = x(t_0)$$

$$\boxed{\int_{-\infty}^{\infty} x(t) \cdot \delta(t - t_0)\,dt = \int_{-\infty}^{\infty} x(t) \cdot \delta(t_0 - t)\,dt = x(t_0)} \tag{2.35}$$

Die wichtige Eigenschaft (2.35) heisst *Ausblendeigenschaft des Diracstosses.*

Beispiel: Wir benutzen die Ausblendeigenschaft und setzen $t_0 = 0$:

$$\int_{-\infty}^{\infty} x(t) \cdot \delta(t)dt = x(0)$$

Nun setzen wir $x(t) \equiv 1$ und es ergibt sich die Definitionsgleichung von $\delta(t)$: $\int_{-\infty}^{\infty} \delta(t)dt = 1$

$\Box$

Da der Integrand in (2.35) nur in einem kurzen Moment bei t_0 existiert, kann man diesen alleine betrachten:

$$\boxed{x(t) \cdot \delta(t - t_0) = x(t_0) \cdot \delta(t - t_0)} \tag{2.36}$$

Beispiel: $(t-1)^2 \cdot \delta(t-1) = 0^2 \cdot \delta(t-1) = 0$

$x(t) = (t-1)^2$ ist eine Parabel mit dem Scheitelpunkt bei $t = 1$, also dort, wo der Diracstoss ist. An dieser Stelle ist $x(t) = 0$, an allen andern Stellen ist $\delta(t) = 0$, darum verschwindet das Produkt für alle t.

$\Box$

Beispiel: $e^{-t} \cdot \delta(t) = e^{-0} \cdot \delta(t) = 1 \cdot \delta(t) = \delta(t)$

$\Box$

Mit der Ausblendeigenschaft (2.35) kann man das Spektrum des Diracstosses berechnen:

$$\delta(t) \quad \circ\!\!-\!\!\circ \quad \int_{-\infty}^{\infty} \delta(t) \cdot e^{-j\omega t}\,dt = \int_{-\infty}^{\infty} \delta(t) \cdot \underbrace{e^{-j\omega 0}}_{=1}\,dt = \int_{-\infty}^{\infty} \delta(t)dt = 1$$

$$\boxed{\delta(t) \quad \circ\!\!-\!\!\circ \quad 1} \tag{2.37}$$

$$\boxed{\textit{Der Diracstoss enthält alle Frequenzen!}}$$

Diese Eigenschaft des Diracstosses ist ein wichtiger Grund für seine breite Anwendung in der Systemtheorie. Praktisch ist ein unendlich breites Spektrum natürlich nicht möglich, mathematisch hingegen sehr elegant nutzbar.

(2.37) kann man auch aus Bild 2.11 links herleiten. Das Spektrum des Rechteckpulses kennen wir aus Gleichung (2.27), die sich auf Bild 2.9 bezieht. Kombiniert ergibt sich bei der Breite τ und der Höhe $A = 1/\tau$:

$$\delta(t) \approx \lim_{\tau \to 0}\left(\tau \cdot rect\left(\frac{t}{\tau}\right)\right) \quad \circ\!\!-\!\!\circ \quad \lim_{\tau \to 0}\left(si\left(\frac{\omega\tau}{2}\right)\right) = 1$$

Aus (2.33) ergibt sich die *Dimension des Diracstosses: s^{-1}*, denn andernfalls wäre das ausgewertete Integral nicht dimensionslos.

Aus der Distributionentheorie folgt, dass das *Produkt von Diracstössen nicht definiert* ist.

Aus (2.37) und der Fourier-Rücktransformation (2.25) lässt sich eine weitere Beschreibung für die Deltafunktion angeben:

$$\delta(t) = \frac{1}{2\pi} \int\limits_{-\infty}^{\infty} e^{j\omega t}\, d\omega \tag{2.38}$$

Das Integral in Gleichung (2.35) lässt sich durch die Substitutionen $t \to \tau$, $t_0 \to t$, $x \to x_1$ und $\delta \to x_2$ in das Faltungsintegral (2.30) überführen. Dies ergibt die wichtigen Beziehungen:

$$\int\limits_{-\infty}^{\infty} x(t) \cdot \delta(t - t_0)dt = x(t) * \delta(t - t_0) = x(t - t_0)$$

$$\boxed{\begin{aligned} x(t) * \delta(t) &= x(t) \\ x(t) * \delta(t - t_0) &= x(t - t_0) \end{aligned}} \tag{2.39}$$

$$\boxed{\begin{aligned} &\textit{Der Diracstoss ist das Neutralelement der Faltung!} \\[2mm] &\textit{Die Faltung von x(t) mit dem verschobenen Diracstoss bewirkt lediglich} \\ &\textit{eine Zeitverschiebung von x(t).} \end{aligned}}$$

Die erste Aussage von (2.39) führt mit $x(t) \equiv 1$ wieder auf die Definitionsgleichung des Diracstosses (2.33):

$$1 \equiv x(t) = x(t) * \delta(t) = \int\limits_{-\infty}^{\infty} x(t - \tau) \cdot \delta(\tau)d\tau = \int\limits_{-\infty}^{\infty} 1 \cdot \delta(\tau)d\tau = \int\limits_{-\infty}^{\infty} \delta(\tau)d\tau = 1$$

Die zweite Aussage lässt sich einfach beweisen mit den Gleichungen (2.28), (2.31) und (2.37):

$$x(t) * \delta(t - t_0) \quad \circ\!\!-\!\!\circ \quad X(\omega) \cdot 1 \cdot e^{-j\omega t_0} \quad \circ\!\!-\!\!\circ \quad x(t - t_0)$$

Eine Zeitdehnung von $\delta(t)$ kompensiert sich in der Amplitude, damit das Integral den Wert 1 behält (der Beweis folgt im Abschnitt 2.3.5):

$$\boxed{\delta(at) = \frac{1}{|a|} \cdot \delta(t)} \tag{2.40}$$

Die Gleichungen (2.24) und (2.25) lassen auf eine Symmetrie zwischen Zeit- und Frequenzbereich schliessen. Diese Eigenschaft kann man ausnutzen, um neue Korrespondenzen zu berechnen: Die Transformierte des Deltastosses ist eine Konstante. Wie lautet nun die Transformierte einer Konstanten?

$$x(t) \equiv 1 \quad \circ\!\!-\!\!\circ \quad X(\omega) = \int\limits_{-\infty}^{\infty} e^{-j\omega t}\,dt \tag{2.41}$$

Dieses uneigentliche Integral kann man nicht auf klassische Art auswerten, also wenden wir einen Trick an: Wir vertauschen in (2.38) t und ω:

$$\delta(\omega) = \frac{1}{2\pi} \int\limits_{-\infty}^{\infty} e^{j\omega t}\,dt$$

Bis auf das Vorzeichen im Exponenten stimmt dies mit der Form von (2.41) überein. Wir wechseln dieses Vorzeichen und setzen in (2.34) $t_0 = 0$, d.h. wir nutzen $\delta(t) = \delta(-t)$ aus:

$$\delta(-\omega) = \frac{1}{2\pi} \int\limits_{-\infty}^{\infty} e^{-j\omega t}\,dt = \delta(\omega) \quad \Rightarrow \quad 2\pi \cdot \delta(\omega) = \int\limits_{-\infty}^{\infty} e^{-j\omega t}\,dt \quad \circ\!\!-\!\!\circ \quad 1$$

Nun können wir die gesuchte Korrespondenz angeben:

$$\boxed{1 \quad \circ\!\!-\!\!\circ \quad 2\pi \cdot \delta(\omega)} \tag{2.42}$$

Jetzt können wir auch überprüfen, ob eine Hin- und Rücktransformation wieder auf das ursprüngliche Signal führt. Dazu setzen wir in (2.25) die Gleichung (2.24) ein, wobei wir bei letzterer die Integrationsvariable t durch τ ersetzen, da t bereits besetzt ist:

$$x(t) = \frac{1}{2\pi} \int\limits_{-\infty}^{\infty} [X(j\omega)] \cdot e^{j\omega t}\,d\omega = \frac{1}{2\pi} \int\limits_{-\infty}^{\infty} \left[\int\limits_{-\infty}^{\infty} x(\tau) \cdot e^{-j\omega\tau}\,d\tau \right] \cdot e^{j\omega t}\,d\omega$$

Nun wird die Reihenfolge der Integrationen vertauscht und $x(\tau)$ vor das innere Integral geschrieben, da $x(\tau)$ unabhängig von ω ist. Dies führt auf das Faltungsintegral (2.39):

$$x(t) = \frac{1}{2\pi} \int\limits_{-\infty}^{\infty} \int\limits_{-\infty}^{\infty} x(\tau) \cdot e^{-j\omega\tau} \cdot e^{j\omega t}\,d\omega d\tau = \frac{1}{2\pi} \int\limits_{-\infty}^{\infty} x(\tau) \int\limits_{-\infty}^{\infty} e^{-j\omega\tau} \cdot e^{j\omega t}\,d\omega d\tau$$

$$= \int\limits_{-\infty}^{\infty} x(\tau) \cdot \underbrace{\frac{1}{2\pi} \int\limits_{-\infty}^{\infty} e^{j\omega(t-\tau)}\,d\omega}_{\delta(t-\tau)\ \text{nach (2.40)}} d\tau = \int\limits_{-\infty}^{\infty} x(\tau) \cdot \delta(t-\tau)\,d\tau = x(t) * \delta(t) = x(t)$$

2.3.4 Die Fourier-Transformation von periodischen Signalen

Die Bedingung (2.23) gibt ein Kriterium für die Existenz der Fourier-Transformierten. Tatsächlich ist diese Bedingung zu restriktiv, also hinreichend, aber nicht notwendig. Mit Hilfe der Deltafunktion wird es nun möglich, auch periodische Signale (also Leistungssignale) zu transformieren. Dies bedeutet aber auch, dass zwischen den Koeffizienten der Fourier-Reihe und der Fourier-Transformierten eines periodischen Signals ein enger Zusammenhang bestehen muss.

Periodische Signale haben ein Linienspektrum, das durch die Koeffizienten der Fourier-Reihe beschrieben wird. Das diskrete Spektrum ist eine Folge der Periodizität und nicht der Beschreibungsart. Ein Fourier-Spektrum nach (2.24) ist hingegen kontinuierlich. Dank der Ausblendeigenschaft des Diracstosses können aber nun bestimmte Linien herausgefiltert werden. Somit lassen sich die Eigenschaften des periodischen Signals (diskretes Spektrum) mit den Eigenschaften der Beschreibungsart (kontinuierliches Spektrum) kombinieren. Dies ist ein zweiter wichtiger Grund für die breite Anwendung des Diracstosses in der Systemtheorie.

Aus (2.42) und mit Hilfe des Modulationssatzes (2.29) erhält man für $x(t) = 1$:

$$x(t) \cdot e^{j\omega_0 t} \quad \circ\!\!-\!\!\circ \quad X\big(j(\omega - \omega_0)\big)$$

$$e^{j\omega_0 t} \quad \circ\!\!-\!\!\circ \quad 2\pi \cdot \delta(\omega - \omega_0) \tag{2.43}$$

Mit Hilfe der Eulerschen Formeln und durch Ausnutzen der Linearität der Fourier-Transformation (d.h. Anwendung des Superpositionsgesetzes) folgt:

$$\cos(\omega_0 t) = \frac{1}{2}\big(e^{j\omega_0 t} + e^{-j\omega_0 t}\big) \quad \circ\!\!-\!\!\circ \quad \pi\big[\delta(\omega + \omega_0) + \delta(\omega - \omega_0)\big]$$

$$\sin(\omega_0 t) = \frac{1}{2j}\big(e^{j\omega_0 t} - e^{-j\omega_0 t}\big) \quad \circ\!\!-\!\!\circ \quad j\pi\big[\delta(\omega + \omega_0) - \delta(\omega - \omega_0)\big] \tag{2.44}$$

Da das Fourier-Spektrum im Allgemeinen komplexwertig ist, sind für die graphische Darstellung zwei Zeichnungen notwendig, dies wurde schon mit Bild 2.6 an den Koeffizienten der Fourier-Reihe demonstriert. Bild 2.12 zeigt die Fourier-Spektren der Cosinus- und der Sinus-Funktion. Hier handelt es sich um die Fourier-Transformation, entsprechend besteht das Spektrum aus Diracstössen. In Bild 2.6 sind Koeffizienten der Fourier-Reihe dargestellt, dort handelt es sich darum um Linien.

Die Dimension der Fourier-Koeffizienten ist dieselbe wie diejenige des zugehörigen Zeitsignales, also z.B. Volt. Bei normierten Signalen ist die Dimension 1. Die Fourier-Transformierte hingegen hat die Dimension V/Hz = Vs, bei normierten Signalen 1/Hz = s.

Der Diracstoss im Zeitbereich $\delta(t)$ hat wie bereits erwähnt die Dimension 1/s. Der Diracstoss im Frequenzbereich $\delta(\omega)$ hat entsprechend die Dimension $1/\omega$ = 1/Hz = s, also genau richtig für die Darstellung im Fourier-Spektrum. Mit den Diracstössen gelingt es also, eine unendliche

Amplitudendichte (wie sie bei periodischen Signalen auf diskreten Frequenzen vorkommt) zwanglos im Fourier-Spektrum darzustellen.

Fourier-Transformierte des Cosinus:

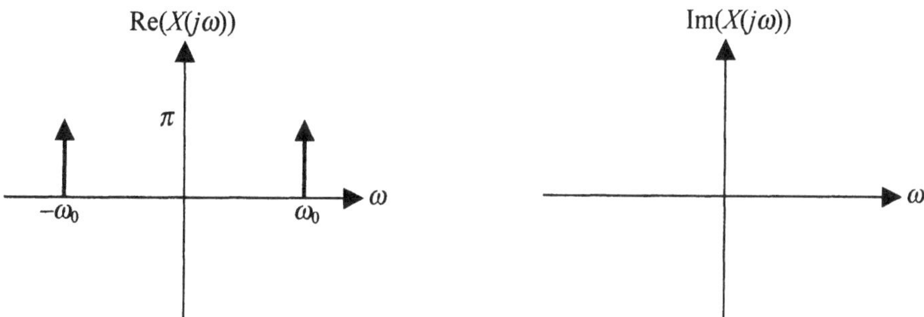

Fourier-Transformierte des Sinus:

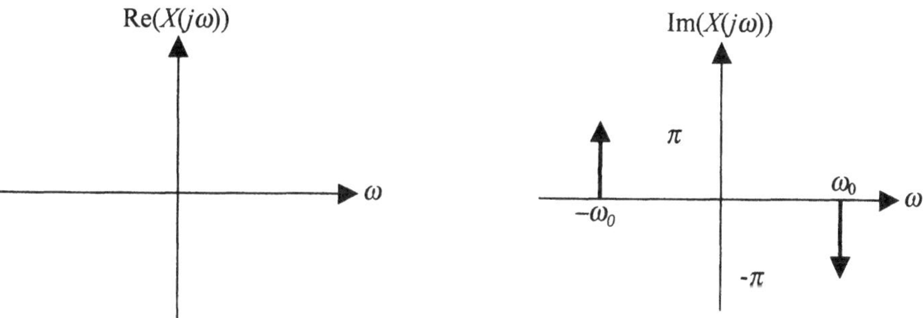

Bild 2.12 Darstellung der komplexen Spektren des Cosinus (oben) und des Sinus (unten)

Nun können wir die Fourier-Transformation eines beliebigen periodischen Signals $x_P(t)$ angeben. Sei $x(t)$ ein zeitbegrenztes Signal, das von $t = 0$ bis $t = T_P$ existiert. Durch periodische Fortsetzung von $x(t)$ mit T_P entsteht das Signal $x_P(t)$. Die Fourier-Koeffizienten von $x_P(t)$ lauten nach (2.13):

$$\underline{c}_k = \frac{1}{T_P} \int_0^{T_P} x_P(t) e^{-jk\omega_0 t}\, dt = \frac{1}{T_P}\left[\int_0^{T_P} x(t) e^{-jk\omega_0 t}\, dt\right]$$

Die Integration überstreicht eine Periode und kann darum über $x(t)$ oder $x_P(t)$ erfolgen. Betrachtet man nun die Fourier-Transformation des zeitlich beschränkten Signals $x(t)$:

$$X(j\omega) = \int_{-\infty}^{\infty} x(t) e^{-j\omega t}\, dt = \int_0^{T_P} x(t) e^{-j\omega t}\, dt$$

und vergleicht mit der eckigen Klammer weiter oben, so findet man die Beziehung zwischen der Fourier-Transformierten $X(j\omega)$ des zeitlich beschränkten Signals $x(t)$ und den Fourier-Koeffizienten seiner periodischen Fortsetzung $x_P(t)$:

$$\boxed{\underline{c}_k = \frac{1}{T_P} \cdot X(jk\omega_0)} \tag{2.45}$$

Auch hier sieht man wieder, dass die Fourier-Koeffizienten und die Fourier-Transformierte nicht dieselbe Dimension haben.

Gleichung (2.45) eröffnet eine Alternative zur Bestimmung der Fourier-Koeffizienten: man berechnet die Fourier-Transformierte einer einzigen Periode und wendet (2.45) an.

Beispiel: Ein Vergleich der Fourier-Koeffizienten der Pulsreihe (Gleichung (2.18)) mit der Fourier-Transformierten des Rechteckpulses (2.27) zeigt die Gültigkeit von (2.45).

Bild 2.13 walzt dieses Beispiel noch weiter aus. Dort sehen wir das kontinuierliche Spektrum des Einzelpulses und das diskrete Spektrum der Pulsreihe, gezeichnet sind die Beträge. Diese wurden normiert, so dass der Maximalwert stets 1 ergibt, damit die Kurven besser vergleichbar sind.

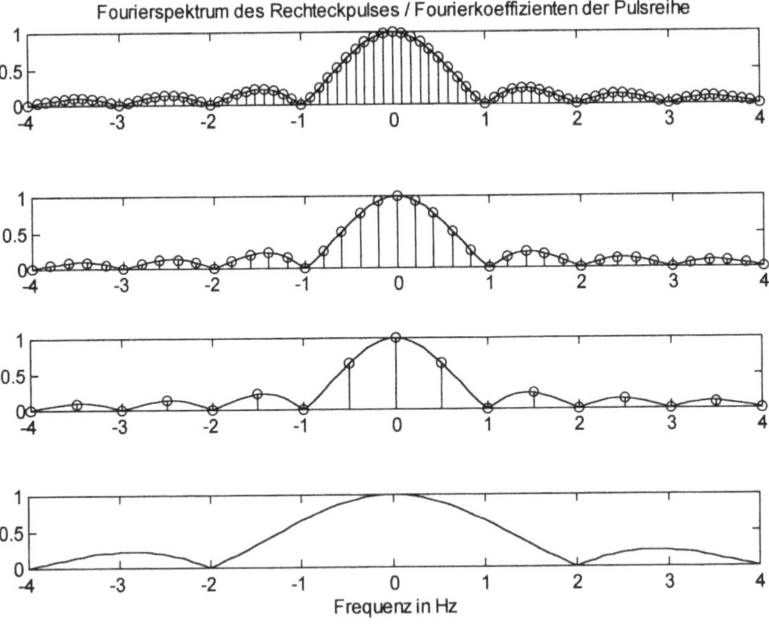

Bild 2.13 Betragsspektren des Rechteckpulses (kontinuierliche Linie) und der Pulsreihe (diskrete Linien)

Wir betrachten zuerst die oberen drei Teilbilder von Bild 2.13. Dort hatten die Pulse stets eine Dauer von 1 Sekunde. Das Fourier-Spektrum hat nach (2.27) einen sin(x)/x - Verlauf, wobei die Nullstellen auftreten bei:

$$\sin\left(\frac{\omega\tau}{2}\right) = 0 \quad \rightarrow \quad \frac{\omega\tau}{2} = k\pi \quad \rightarrow \quad \omega = \frac{k \cdot 2\pi}{\tau} \quad \rightarrow \quad f = \frac{k}{\tau} ; k = \pm 1, \pm 2, \pm 3, \ldots$$

Im Bild sieht man schön die Nullstellen bei 1 Hz, 2 Hz usw. Bei den negativen Frequenzen verläuft der Betrag des Spektrums achsensymmetrisch.

> *Ein Puls von 1 s Dauer hat im Spektrum die erste Nullstelle bei 1 Hz.*
> *Ein Puls von 1 ms Dauer hat im Spektrum die erste Nullstelle bei 1 kHz.*

Die senkrechten Linien mit dem kleinen Kreis an der Spitze in Bild 2.13 symbolisieren die Fourier-Koeffizienten. Im obersten Bild haben diese einen Abstand von 0.1 Hz. Das Zeitsignal besteht nämlich aus einer Pulsreihe, wobei die Pulse 1 s Dauer und 9 s Abstand haben. Die Periode beträgt demnach 10 s und der Kehrwert davon ist der Linienabstand der Fourier-Koeffizienten.

Im zweitobersten Teilbild wurde der Abstand zwischen den Pulsen auf 4 s verkürzt, die Periode beträgt somit noch 5 Sekunden und der Linienabstand 0.2 Hz. Die Pulsdauer blieb unverändert bei 1 s, deshalb ist die Enveloppe, d.h. die Fourier-Transformierte eines einzelnen Pulses, unverändert.

Im dritten Teilbild beträgt die Pulsdauer 1 s und der Abstand 1 s, demnach ergibt sich eine Periode von 2 Hz und ein Linienabstand von 0.5 Hz. Dies ist genau der Fall der Gleichung (2.19) und man sieht jetzt sehr schön, weshalb neben $\underline{c}_0$ nur noch die ungeraden Koeffizienten auftreten.

Die Linie bei $f = 0$ gibt den DC-Wert (arithmetisches Mittel) an. Diese Linie müsste sich eigentlich bei konstanter Pulsdauer mit dem Pulsabstand ändern (alle andern übrigens auch, in (2.45) kommt ja der Faktor $1/T_P$ vor). Wegen der Normierung auf den DC-Wert bleibt die Grösse im Bild 5.13 jedoch erhalten.

Das unterste Teilbild schliesslich zeigt die Fourier-Transformierte eines Rechteckpulses von 0.5 s Dauer. Gemäss den obigen Merksätzen liegt die erste Nullstelle bei 2 Hz.

Die Darstellung der negativen Frequenzen ist wenig spektakulär, da die Spektren reeller Signale stets konjugiert komplex sind. Man darf durchaus nur die positive Frequenzachse darstellen, muss aber unbedingt klarstellen, ob ein einseitig gezeichnetes komplexes Spektrum oder ein einseitiges Betrags-/Phasenspektrum vorliegt. Ansonsten kann sich ein Fehler um den Faktor 2 einschleichen. Berechnungen (v.a. im Zusammenhang mit dem Modulationssatz) sollte man aber stets im zweiseitigen Spektrum durchführen.

□

Ausgehend von der komplexen Fourier-Reihe nach (2.13) kann man mit (2.43) und Ausnutzung der Linearität schreiben:

$$x_p(t) = \sum_{k=-\infty}^{\infty} \underline{c}_k\, e^{jk\omega_0 t} \quad \circ\!\!-\!\!\circ \quad X_p(j\omega) = 2\pi \sum_{k=-\infty}^{\infty} \underline{c}_k\, \delta(\omega - k\omega_0)$$

Wegen der Deltastösse ergibt sich erwartungsgemäss ein Linienspektrum. Mit (2.45) ergibt sich:

$$X_p(j\omega) = 2\pi \cdot \sum_{k=-\infty}^{\infty} \underline{c}_k \cdot \delta(\omega - k\omega_0) = \frac{2\pi}{T} \sum_{k=-\infty}^{\infty} X(jk\omega_0) \cdot \delta(\omega - k\omega_0)$$

Wegen (2.36) kann man genausogut schreiben:

$$X_p(j\omega) = \frac{2\pi}{T} \sum_{k=-\infty}^{\infty} X(j\omega) \cdot \delta(\omega - k\omega_0) = \omega_0 \cdot X(j\omega) \cdot \sum_{k=-\infty}^{\infty} \delta(\omega - k\omega_0)$$

$$\boxed{X_p(j\omega) = 2\pi \cdot \sum_{k=-\infty}^{\infty} \underline{c}_k \cdot \delta(\omega - k\omega_0) = \omega_0 \cdot X(j\omega) \cdot \sum_{k=-\infty}^{\infty} \delta(\omega - k\omega_0)} \qquad (2.46)$$

$$\boxed{\begin{array}{c} \textit{Wird ein Signal periodisch fortgesetzt,} \\ \textit{so wird sein Spektrum abgetastet.} \end{array}}$$

Diese Tatsache erkennt man schon in Bild 2.13.

Nun betrachten wir eine unendliche Folge von identischen Deltastössen im Zeitbereich, der Abstand zwischen zwei Stössen sei T_P . Dieses Signal entsteht aus dem einzelnen Deltastoss $\delta(t)$ durch periodische Fortsetzung mit T_P und heisst darum $\delta_P(t)$. Das Spektrum kann man aufgrund (2.46) sofort angeben:

$$\boxed{\delta_P(t) = \sum_{k=-\infty}^{\infty} \delta(t - kT_P) \quad \circ\!\!-\!\!\circ \quad \omega_0 \cdot \sum_{k=-\infty}^{\infty} \delta(\omega - k\omega_0) = \omega_0 \cdot \delta_P(\omega) \, ; \quad \omega_0 = \frac{2\pi}{T}} \quad (2.47)$$

$$\boxed{\textit{Eine Diracstossfolge hat als Spektrum eine Diracstossfolge!}}$$

Diese Aussage ist das Bindeglied zwischen der kontinuierlichen und der diskreten Systemtheorie.

Funktionen, die im Zeit- wie im Bildbereich denselben Verlauf haben, nennt man *selbstreziprok*. Auch der Gauss-Impuls hat diese Eigenschaft und spielt genau deswegen bei der Wavelet-Transformation eine Rolle (dies ist eine neue Transformation mit wachsender Bedeutung).

Gleichung (2.46) beschreibt das Spektrum $X_P(j\omega)$ der periodischen Funktion $x_P(t)$ als Produkt von zwei Spektren, nämlich $X(j\omega)$ (Fourier-Transformierte einer einzigen Periode) und $\delta_P(\omega)$ (periodische Diracstossfolge im Frequenzbereich). Nach dem Faltungstheorem (2.31) muss das Zeitsignal $x_P(t)$ entstehen durch Falten von $x(t)$ (eine einzige Periode!) mit der Rücktransformierten von $\delta_P(\omega)$. Letztere ist die Diracstossfolge $\delta_P(t)$ im Zeitbereich.

Periodische Fortsetzung in T_P durch Faltung mit der δ_P-Folge ($x(t)$ ist *eine* Periode von $x_P(t)$):

$$\boxed{x_p(t) = x(t) * \delta_P(t) = x(t) * \sum_{k=-\infty}^{\infty} \delta(t - kT)} \qquad (2.48)$$

Aus (2.39) wissen wir, dass die Faltung mit einem Deltastoss die Originalfunktion auf der Zeitachse verschiebt. Die Superposition von unendlich vielen solchen Faltungen entspricht wegen des Distributivgesetzes der Faltungsoperation einer Faltung mit der Deltastossfolge und führt somit zu der erwarteten periodischen Fortsetzung.

Anwendung des Diracstosses und der Diracstoss-Folge:

Multiplikation mit Diracstoss	=	*einen Funktionswert aussieben*
Multiplikation mit Diracstossfolge	=	*Funktion abtasten*
Falten mit Diracstoss	=	*Funktion verschieben*
Falten mit Diracstossfolge	=	*Funktion periodisch fortsetzen*

Bemerkung zur Faltung mit dem Diracstoss: $x(t)*\delta(t-t_0)$ verschiebt die Funktion um t_0. Für $t_0 = 0$ wird die Funktion um 0 verschoben, also unverändert belassen. $\delta(t)$ ist das Neutralelement der Faltung!

Falten von $x(t)$ mit der Diracstossfolge heisst periodisches Fortsetzen. Im Frequenzbereich bedeutet dies die Produktbildung der Spektren. Da das Spektrum der Diracstossfolge wiederum eine Diracstossfolge ist, bedeutet diese Produktbilung ein Abtasten. Periodische Signale haben deshalb ein diskretes Spektrum, vgl. Bild 2.13. Mathematisch fomuliert ergibt sich wieder exakt (2.46):

$$x(t) \quad \circ\!\!-\!\!\circ \quad X(j\omega) \quad ; \quad \sum_{k=-\infty}^{\infty}\delta(t-kT) \quad \circ\!\!-\!\!\circ \quad \omega_0 \cdot \sum_{k=-\infty}^{\infty}\delta(\omega-k\omega_0)$$

$$x_p(t) = x(t) * \sum_{k=-\infty}^{\infty}\delta(t-kT) \quad \circ\!\!-\!\!\circ \quad X_p(j\omega) = X(j\omega)\cdot\omega_0 \cdot \sum_{k=-\infty}^{\infty}\delta(\omega-k\omega_0)$$

Periodisches Fortsetzen heisst Abtasten des Spektrums. Wird ein Diracstoss $\delta(t)\circ\!\!-\!\!\circ 1$ periodisch fortgesetzt, so werden aus der Konstanten im Spektrum periodisch Abtastwerte entnommen. Es ergibt sich darum auch im Bildbereich eine Diracstossfolge.

Solche bildliche Interpretationen auf eher intuitiver Basis sind sehr nützlich für *qualitative* Überlegungen. Die dabei unterschlagenen Faktoren (häufig 2π oder T_P) enthalten keine Information, weil sie konstant sind.

2.3.5 Die Eigenschaften der Fourier-Transformation

Oft ist es mühsam, das Fourier-Integral (2.24) auszuwerten. Die meisten Überlegungen lassen sich aber durchführen mit der Kenntnis der Korrespondenzen einiger Elementarfunktionen, kombiniert mit den nachstehenden Eigenschaften der Fourier-Transformation.

Die Betrachtung dieser Eigenschaften führt direkt auf zahlreiche neue Korrespondenzen, darüberhinaus vertieft sich das Verständnis für die Fourier-Transformation und schliesslich können wir die Erkenntnisse bei der Fourier-Transformation für Abtastsignale (FTA, Abschnitt 4.2) und der diskreten Fourier-Transformation (DFT, Abschnitt 4.3) übernehmen.

a) Linearität

Die Fourier-Transformation ist eine lineare Abbildung, d.h. das Superpositionsgesetz darf angewandt werden. Sind $x_1(t)$ und $x_2(t)$ zwei Signale, $X_1(j\omega)$ und $X_2(j\omega)$ deren Spektren sowie k_1 und k_2 zwei Konstanten, so gilt:

$$\boxed{\quad k_1 \cdot x_1(t) + k_2 \cdot x_2(t) \quad \circ\!\!-\!\!\circ \quad k_1 \cdot X_1(\omega) + k_2 \cdot X_2(\omega) \quad}$$
(2.49)

Natürlich gilt dies auch für mehr als nur zwei Summanden.

b) Dualität

Da die Abbildungen (2.24) und (2.25) sehr ähnlich sind, besteht eine Dualität bzw. Symmetrie zwischen Hin- und Rücktransformation.

In (2.25) substituieren wir $t \to \tau$ und $\omega \to v$:

$$x(\tau) = \frac{1}{2\pi} \int_{-\infty}^{\infty} X(jv)e^{jv\tau} dv$$

Nun ersetzen wir $v \to t$ und $\tau \to -\omega$:

$$2\pi \cdot x(-\omega) = \int_{-\infty}^{\infty} X(t)e^{-j\omega t} dt$$

Der Ausdruck rechts ist wiederum ein Fourier-Integral.

Folgerung: Stellen zwei Funktionen $x(t)$ und $X(j\omega)$ ein Fourier-Paar dar, so bilden $X(t)$ und $2\pi\, x(-j\omega)$ ebenfalls ein Fourier-Paar (*duale Korrespondenz*).

Anmerkung: Hier wäre es konsistenter, man würde die Spektralfunktionen mit $X(\omega)$ bezeichnen und nicht mit $X(j\omega)$. Der zweite Ausdruck betont aber die Verwandtschaft mit der Laplace-Transformation (Abschnitt 2.4) und wird deshalb meistens bevorzugt.

Im Allgemeinen ist $X(j\omega)$ komplex, d.h. die duale Korrespondenz bezieht sich auf ein komplexes Zeitsignal. Bei geradem $x(t)$ ergibt sich aber ein reelles $X(j\omega)$ und somit sofort eine neue Korrespondenz.

$$\boxed{\quad x(t) \quad \circ\!\!-\!\!\circ \quad X(j\omega) \qquad \Leftrightarrow \qquad X(t) \quad \circ\!\!-\!\!\circ \quad 2\pi \cdot x(-j\omega) \quad}$$
(2.50)

Beispiel: $\quad \underbrace{\delta(t) \quad \circ\!\!-\!\!\circ \quad 1}_{(2.37)} \qquad \Leftrightarrow \qquad \underbrace{1 \quad \circ\!\!-\!\!\circ \quad 2\pi \cdot \delta(-\omega) = 2\pi \cdot \delta(\omega)}_{\text{Gleichung (2.42)}}$

$\Box$

Diese Symmetrie hat noch andere, weitreichende Konsequenzen. Da ein periodisches Signal ein diskretes (abgetastetes) Spektrum hat, hat umgekehrt ein abgetastetes (zeitdiskretes) Zeitsignal ein periodisches Spektrum. Dies ist genau der Fall der digitalen Signale. Die intensive Auseinandersetzung mit der Fourier-Transformation lohnt sich also, weil die Erkenntnisse später wieder benutzt werden.

c) Zeitskalierung (Ähnlichkeitssatz)

$$\boxed{\; x(t) \circ\!\!-\!\!\circ X(j\omega) \quad \Leftrightarrow \quad x(at) \;\; \circ\!\!-\!\!\circ \; \frac{1}{|a|} \cdot X\left(j\frac{\omega}{a}\right) \;}$$
(2.51)

Beispiel: Lässt man ein Tonbandgerät bei der Wiedergabe schneller laufen als bei der Aufnahme (Zeitstauchung), so tönt die Aufnahme höher.

□

Herleitung von (2.51): In (2.24) ersetzen wir $a\,t \rightarrow \tau$ und $dt \rightarrow d\tau/a$:

$$x(at) \;\; \circ\!\!-\!\!\circ \;\; \int_{t=-\infty}^{\infty} x(at) \cdot e^{-j\omega t}\, dt = \int_{\tau=-\infty}^{\infty} x(\tau) \cdot e^{-j\frac{\omega}{a}\tau} \cdot \frac{1}{a}\, d\tau = \frac{1}{a} \cdot X\left(j\frac{\omega}{a}\right)$$

Für negative a ergeben sich Vorzeichenwechsel. Die gemeinsame Schreibweise ergibt die Form in (2.51) mit $|a|$.

Beispiel: $\quad \delta(at) \;\; \circ\!\!-\!\!\circ \;\; \frac{1}{|a|} \cdot 1\left(\frac{\omega}{a}\right) = \frac{1}{|a|} \;\; \circ\!\!-\!\!\circ \;\; \frac{1}{|a|} \cdot \delta(t)$

Damit ist der Beweis für (2.40) nachgeliefert.

□

Als Spezialfall von (2.51) für *reellwertige* Zeitsignale (diese haben zwangsläufig ein konjugiert komplexes Spektrum) und $a = -1$ ergibt sich:

$$\boxed{\; x(t) \;\; \circ\!\!-\!\!\circ \;\; X(j\omega) \quad \Leftrightarrow \quad x(-t) \;\; \circ\!\!-\!\!\circ \;\; X(-j\omega) = X^*(j\omega) \;}$$
(2.52)

$$\boxed{\textit{Das Spiegeln des Zeitsignales bewirkt, dass das Spektrum} \atop \textit{den konjugiert komplexen Wert annimmt.}}$$

d) Frequenzskalierung

In (2.51) setzen wir $a = 1/b$ und lösen nach X auf:

$$\boxed{\; X(j\omega) \;\; \circ\!\!-\!\!\circ \;\; x(t) \quad \Leftrightarrow \quad X(bj\omega) \;\; \circ\!\!-\!\!\circ \;\; \frac{1}{|b|} \cdot x\left(\frac{t}{b}\right) \;}$$
(2.53)

e) Zeit-Bandbreite-Produkt

Offensichtlich sind Zeit- und Frequenzskalierung nicht unabhängig voneinander. Normiert man die Zeitvariable auf (ein positives) t_n

$$x\!\left(\frac{t}{t_n}\right) \quad \circ\!\!-\!\!\circ \quad t_n \cdot X\!\left(j\omega t_n\right)$$

so wird automatisch die Frequenzvariable auf ω_n normiert:

$$x(t\omega_n) \quad \circ\!\!-\!\!\circ \quad \frac{1}{\omega_n} \cdot X\!\left(j\frac{\omega}{\omega_n}\right)$$

Ein Vergleich der letzten beiden Gleichungen zeigt, dass nur eine der beiden Normierungsgrössen frei wählbar ist.

$$t_n = \frac{1}{\omega_n}$$

Bei Signalen definiert man oft eine Existenzdauer τ und eine Bandbreite B (es sind verschiedene Definitionen im Gebrauch). Streckt man nun beispielsweise die Zeitachse, so wird die Frequenzachse entsprechend gestaucht. Das Produkt aus τ und B bleibt von der Streckung unverändert, es ist nur abhängig von der Signal*form* und von der für die Bandbreite B benutzten Definition. Dies ist auch plausibel, denn wenn ein Signal im Zeitbereich gestaucht wird, so werden seine Änderungen abrupter und damit steigt sein Gehalt an hohen Frequenzen.

Anmerkung: Zeitlich beschränkte Signale haben stets ein theoretisch unendlich breites Spektrum. Praktisch fällt dieses ab und ist über einer gewissen Frequenz vernachlässigbar. Dieses „gewiss" ist aber eine Frage der Definition, z.B. nimmt man die 3 dB-Grenzfrequenz, d.h. die Frequenz mit der halben Leistungsdichte gegenüber dem Maximum. Eine Bandbreitenangabe macht darum nur dann einen Sinn, wenn man auch die benutzte Definition deklariert.

$\square$

Es hat sich eingebürgert, als Bandbreite den belegten Spektralbereich auf der *positiven Frequenz*achse (nicht ω-Achse!) zu bezeichnen. Die Dimension von B ist demnach Hz.

Beispiel: Wir nehmen wieder den Rechteckpuls aus Bild 2.9 und definieren die Bandbreite als diejenige Frequenz, bei der die erste Nullstelle im Spektrum auftritt (Breite der sog. Hauptkeule). Die Bandbreite beträgt demnach B = $1/\tau$, vgl. auch Bild 2.13. Das Zeit-Bandbreiteprodukt des Pulses beträgt demnach 1.

$\square$

Beispiel: In Bild 1.9 haben wir das RC-Glied eingeführt. Für den Frequenzgang $H(j\omega)$ ergab sich:

$$H(j\omega) = \frac{1}{1 + j\omega RC} = \frac{1}{RC} \cdot \frac{1}{\dfrac{1}{RC} + j\omega}$$

Die Rücktransformierte dieses Spektrums heisst Stossantwort $h(t)$ (diese Begriffe werden im Kapitel 3 genau eingeführt):

$$h(t) = \varepsilon(t) \cdot \frac{1}{RC} \cdot e^{-\frac{t}{RC}} = \begin{cases} \frac{1}{RC} \cdot e^{-\frac{t}{RC}} & ; \quad t \geq 0 \\ \\ 0 & ; \quad t < 0 \end{cases}$$

Die Herleitung dieser Korrespondenz haben wir bereits bei Bild 2.8 erledigt, wir müssen lediglich in (2.26) $\alpha = 1/RC = A$ setzen. (Damit erhält $h(t)$ die sonderbare Dimension 1/s, wir werden aber im Kapitel 3 sehen, dass dies schon seine Richtigkeit hat.)

Die Stossantwort klingt ab, dauert aber theoretisch unendlich lange. Wir legen darum willkürlich fest, dass die Dauer τ der Stossantwort solange sei, bis sie um den Faktor $1/e$ abgeklungen ist:

$$h(\tau) = \frac{1}{e} \cdot h(0) = \frac{1}{e} \cdot \frac{1}{RC} = \frac{1}{RC} \cdot e^{-\frac{\tau}{RC}} \quad \Rightarrow \quad e^{-1} = e^{-\frac{\tau}{RC}} \quad \Rightarrow \quad \tau = RC$$

Aus dieser Beziehung erklärt sich auch der Name Zeitkonstante für das Produkt $R{\cdot}C$.

Ebenso legen wir fest, dass die Bandbreite dort endet, wo die Leistung gegenüber dem Gleichstromwert (DC-Wert) auf die Hälfte abgeklungen ist. Diese Frequenz heisst Grenzfrequenz f_{Gr} bzw. ω_{Gr} und entspricht der oben erwähnten 3 dB-Bandbreite. Die Leistung ergibt sich aus dem Betragsquadrat des Spektrums:

$$\left| H(j\omega_{Gr}) \right|^2 = \frac{1}{\left| 1 + j\omega_{Gr}RC \right|^2} = \frac{1}{2} \cdot \left| H(j0) \right|^2 = \frac{1}{2} \quad \Rightarrow \quad 2 = 1 + (\omega_{Gr}RC)^2 \quad \Rightarrow \quad \omega_{Gr} = \frac{1}{RC}$$

Das Zeit-Bandbreiteprodukt beträgt somit: $\quad \tau \cdot \omega_{Gr} = RC \cdot \frac{1}{RC} = 1$

Das Zeit-Bandbreite-Produkt ist also unabhängig von der Zeitkonstanten RC! Hätten wir andere Definitionen für die Dauer und die Bandbreite benutzt, so hätte das Produkt natürlich eine andere, aber immer noch konstante Zahl ergeben.

$\square$

Selbstverständlich ist man bestrebt, geschmacksunabhängige und allgemeingültige Definitionen der Bandbreite und der Zeitdauer zu formulieren. Man kann zeigen, dass der Gauss-Impuls dasjenige Signal mit dem kleinsten Zeit-Bandbreiteprodukt ist [Unb96], [Mil97].

In der Übertragungstheorie findet das Zeit-Bandbreiteprodukt einen wichtigen Niederschlag. Die über einen Kanal mit der Bandbreite B in der Zeit T übertragbare Informationsmenge I in bit beträgt nämlich:

$$I = T \cdot B \cdot \log_2\left(1 + \frac{P_S}{P_N}\right) \tag{2.54}$$

Dabei bedeuten P_S die Signalleistung und P_N die Störleistung (N = noise, Geräusch) und der Quotient P_S/P_N heisst *Signal-Rausch-Abstand*. Eine gegebene Informationsmenge kann demnach entweder in kurzer Zeit über einen breitbandigen Kanal oder in langer Zeit über einen schmalbandigen Kanal übertragen werden. Ausführlicheres findet man in [Mey99].

Periodische Signale haben als Spektrum ein Arsenal von Diracstössen, Gleichung (2.46). Die Bandbreite dieser Signale verschwindet also, nach (2.54) kann man damit also gar keine Information übertragen. Dies haben wir bereits im Abschnitt 1.2 festgehalten.

Aus obigen Erwägungen folgt:

> *Kurz dauernde Signale haben breite Spektren.*
> *Ein schmales Spektrum bedeutet eine lange Signaldauer.*

Die Umkehrung gilt *nicht*, ein lange andauerndes Signal kann ein breites Spektrum haben, z.B. Rauschen. Hingegen kann obiger Merksatz etwas verallgemeinert werden:

> *Schnell ändernde Signale haben ein breites Spektrum.*

Eine Konsequenz ergibt sich bei der Spektralanalyse, also der Messung eines Spektrums: möchte man eine feine Frequenzauflösung, so erfordert dies eine lange Messzeit.

> *Das Zeit-Bandbreite-Produkt ist die*
> *Unschärferelation der Signalverarbeitung!*

f) Zeitverschiebung

Diese Eigenschaft haben wir bereits hergeleitet, nachstehend ist deshalb nur (2.28) wiederholt:

$$x(t) \quad \circ\!\!-\!\!\circ \quad X(j\omega) \qquad \Leftrightarrow \qquad x(t-\tau) \quad \circ\!\!-\!\!\circ \quad X(j\omega) \cdot e^{-j\omega\tau}$$

g) Frequenzverschiebung (Modulationssatz)

Auch der Modulationssatz ist uns bereits aus (2.29) bekannt. In diesem Abschnitt sollen jedoch alle Eigenschaften der Fourier-Transformation aufgelistet sein.

$$x(t) \quad \circ\!\!-\!\!\circ \quad X(j\omega) \qquad \Leftrightarrow \qquad x(t) \cdot e^{jWt} \quad \circ\!\!-\!\!\circ \quad X(j(\omega-W))$$

Beispiel: Wie sieht das Spektrum eines kurzen Tones aus? Dies könnte zum Beispiel ein Morsesignal sein. In der Nachrichtentechnik heissen diese Signale ASK-Signale (Amplitude-Shift-Keying). Sie entstehen, indem ein harmonischer Oszillator ein- und ausgeschaltet wird. Mathematisch lässt sich dies beschreiben als Multiplikation einer harmonischen Schwingung mit einem Rechtecksignal:

$$x(t) = A \cdot \cos(\omega_0 t) \cdot rect\left(\frac{t}{\tau}\right) = \begin{cases} A \cdot \cos(\omega_0 t) & ; \quad |t| \le \dfrac{\tau}{2} \\ 0 & ; \quad \text{sonst} \end{cases} \qquad (2.55)$$

rect(t/τ) bezeichnet den Rechteckpuls der Breite τ und der Höhe 1, wie er auch in Bild 2.9 gezeigt ist. Das Spektrum dieses Pulses hat einen $\sin(x)/x$-Verlauf, Gleichung (2.27). Die Cosinus-Funktion kann man nach Euler durch zwei komplexe Exponentialfunktionen ersetzen:

$$\cos(\omega_0 t) = 0.5 \cdot e^{j\omega_0 t} + 0.5 \cdot e^{-j\omega_0 t}$$

Demnach besagen (2.55) und der Modulationssatz (2.29), dass das Spektrum des Pulses einer zweifachen Frequenzverschiebung nach $+\omega_0$ und $-\omega_0$ unterzogen wird. Dasselbe Resultat erhält man auch, wenn man die Spektren faltet anstatt die Zeitfunktionen multipliziert. Das Spektrum des Cosinus ist in Bild 2.12 gezeigt, es handelt sich um zwei Diracstösse. Falten mit dem Diracstoss bedeutet verschieben. Bild 2.14 zeigt die Zeitverläufe und die Spektren.

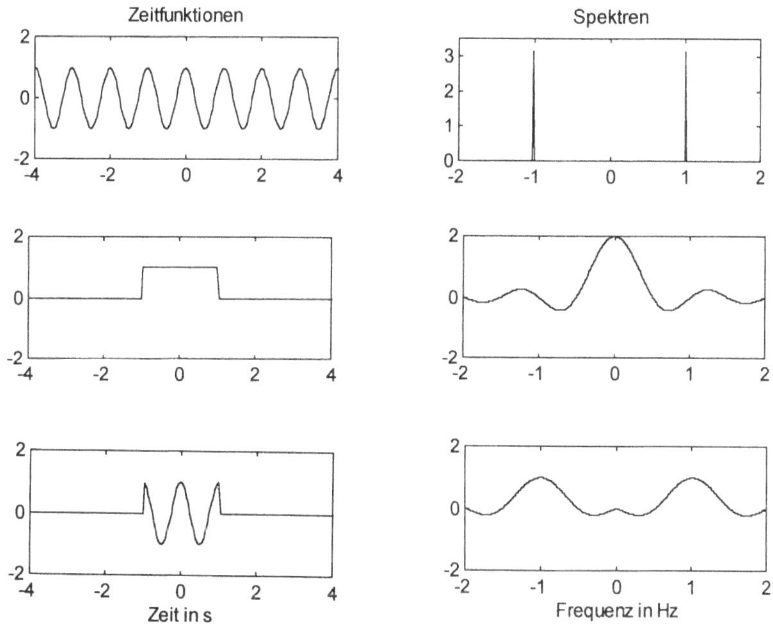

Bild 2.14 Zeitfunktionen und Spektren für den modulierten Rechteckpuls

Nach dieser qualitativen Überlegung ist die quantitative Rechnung rasch ausgeführt. Wir nehmen Gleichung (2.27) und schieben den $\sin(x)/x$-Puls, indem wir die Frequenzvariable ω durch $\omega+\omega_0$ bzw. $\omega-\omega_0$ ersetzen. Die Diracstösse haben wegen (2.44) das Gewicht π, zusätzlich muss noch der Faktor 2π aus (2.32) berücksichtigt werden. Es ergibt sich nach dem Kürzen:

$$X(j\omega) = \frac{A \cdot \tau}{2} \cdot \left[\frac{\sin\frac{(\omega - \omega_0)\tau}{2}}{\frac{(\omega - \omega_0)\tau}{2}} + \frac{\sin\frac{(\omega + \omega_0)\tau}{2}}{\frac{(\omega + \omega_0)\tau}{2}} \right] = \frac{A \cdot \tau}{2} \cdot \left[si\frac{(\omega - \omega_0)\tau}{2} + si\frac{(\omega + \omega_0)\tau}{2} \right]$$

Dieses Resultat kann man mit einer Grenzwertbetrachtung kontrollieren. Lässt man ω_0 gegen Null streben, so ergibt sich wieder das Spektrum des Rechteckpulses nach (2.27):

$$X(j\omega) = A \cdot \tau \cdot si\left(\frac{\omega\tau}{2}\right)$$

Lässt man τ gegen Unendlich streben, so muss sich das Spektrum des Cosinus ergeben, d.h. die beiden $\sin(x)/x$-Pulse in Bild 2.14 rechts unten schrumpfen zu Diracstössen. Dies ist tatsächlich der Fall, allerdings wird für die Rechnung etwas Distributionentheorie benötigt, weshalb wir hier auf deren Ausführung lieber verzichten.

$\square$

h) Differentiation im Zeitbereich

$$\boxed{\frac{d}{dt}x(t) \quad \circ\!\!-\!\!\circ \quad j\omega \cdot X(j\omega)} \qquad (2.56)$$

Zum Beweis verwenden wir (2.25):

$$\frac{d}{dt}x(t) = \frac{d}{dt}\frac{1}{2\pi}\int\limits_{-\infty}^{\infty}X(j\omega)\cdot e^{j\omega t}\,d\omega = \frac{1}{2\pi}\int\limits_{-\infty}^{\infty}X(j\omega)\frac{d}{dt}e^{j\omega t}\,d\omega$$

$$= \frac{1}{2\pi}\int\limits_{-\infty}^{\infty}X(j\omega)\cdot j\omega\cdot e^{j\omega t}\,d\omega = \frac{1}{2\pi}\int\limits_{-\infty}^{\infty}\left[j\omega\cdot X(j\omega)\right]e^{j\omega t}\,d\omega$$

Aus der Ableitung wird ein komplexes Produkt. Aus einer Differentialgleichung wird entsprechend durch die Fourier-Transformation eine komplexe algebraische Gleichung. Dies eröffnet die Möglichkeit, Differentialgleichungen (wie sie bei LTI-Systemen auftreten!) durch einen bequemeren Umweg zu lösen, vgl. Abschnitt 1.2 und Kapitel 3.

Die Differentiation eines Signales betont dessen Änderungen. Früher haben wir festgehalten, dass schnell ändernde Signale ein breites Spektrum haben. Der Faktor $j\omega$ in (2.56) ist genau dafür zuständig, die hohen Frequenzen zu betonen. Eine ähnliche Wirkung hat auch ein Hochpassfilter, d.h. ein System, das hohe Frequenzen passieren lässt und tiefe Frequenzen sperrt. Umgekehrt wirkt die Integration ähnlich wie ein Tiefpassfilter.

i) Integration im Zeitbereich

Dazu müssen wir vorgängig die Spektren der Signumfunktion $\text{sgn}(t)$ und der Sprungfunktion $\varepsilon(t)$ herleiten:

$$\text{sgn}(t) = \begin{cases} -1 \\ 1 \end{cases} \quad f\ddot{u}r \quad \begin{matrix} t < 0 \\ t > 0 \end{matrix} \qquad (2.57)$$

$$\varepsilon(t) = \begin{cases} 0 \\ 1 \end{cases} \quad f\ddot{u}r \quad \begin{matrix} t < 0 \\ t > 0 \end{matrix} \qquad (2.58)$$

Bei $t = 0$ gibt es eine Sprungstelle, gemäss der Distributionentheorie ist dort die Ableitung gleich einem Diracstoss, dessen Gewicht der Sprunghöhe entspricht (im Fall von $\text{sgn}(t)$ also 2). Mit (2.56) und (2.37) können wir die Transformation in den Bildbereich ausführen:

$$\frac{d}{dt}\mathrm{sgn}(t) = 2\cdot\delta(t) \quad \circ\!\!-\!\!\circ \quad j\omega\cdot F\{\mathrm{sgn}(t)\} = 2 \quad \Rightarrow \quad F\{\mathrm{sgn}(t)\} = \frac{2}{j\omega}$$

Es ergibt sich die Korrespondenz:

$$\mathrm{sgn}(t) \quad \circ\!\!-\!\!\circ \quad \frac{2}{j\omega} \tag{2.59}$$

Die Sprungfunktion $\varepsilon(t)$ kann man durch $\mathrm{sgn}(t)$ ausdrücken:

$$\varepsilon(t) = \frac{1}{2} + \frac{1}{2}\mathrm{sgn}(t) \quad \circ\!\!-\!\!\circ \quad \pi\cdot\delta(\omega) + \frac{1}{j\omega} \tag{2.60}$$

Für die Sprungfunktion gilt:

$$\frac{d\varepsilon(t)}{dt} = \delta(t) \tag{2.61}$$

Die Sprunghöhe ist ja nur halb so gross wie bei der Signum-Funktion, der DC-Offset geht durch die Ableitung verloren. Diese Ableitung kann man geometrisch herleiten, indem man $\varepsilon(t)$ annähert durch eine Rampe, Bild 2.15. Während der Steigung der Rampe beträgt die Steilheit $1/b$ (Teilbilder links). Lässt man nun b gegen Null streben, so entsteht oben die Schrittfunktion, unten hingegen das Bild 2.11, das wir schon als Annäherung für $\delta(t)$ kennengelernt haben.

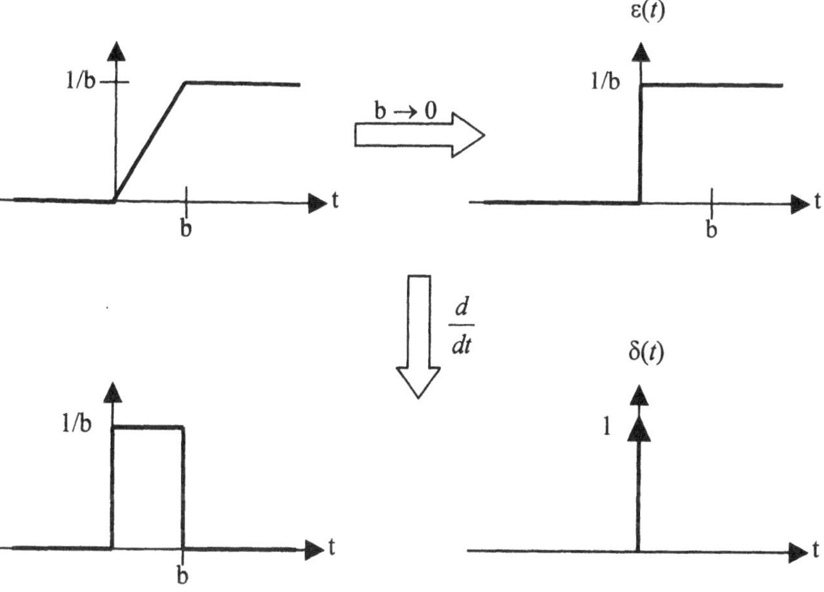

Bild 2.15 Graphische Annäherung an $\varepsilon(t)$ und $\delta(t)$

Mit der Deltafunktion kann man nun auch unstetige Funktionen differenzieren, indem man diese durch kontinuierliche Funktionen und die Sprungfunktion superponiert.

Beispiel: Rechteckpuls der Höhe 3 und der Breite 2 von $t = 0$ bis $t = 2$. Diesen Puls kann man folgendermassen superponieren und ableiten:

$$x(t) = 3 \cdot \varepsilon(t) - 3 \cdot \varepsilon(t-2) \quad \Rightarrow \quad \dot{x}(t) = 3 \cdot \delta(t) - 3 \cdot \delta(t-2)$$

$\square$

Die Sprungfunktion gestattet auch den Umgang mit kausalen Funktionen (allgemeiner: mit Funktionen, die irgendwann ein- oder ausgeschaltet werden), ohne dass für t eine Fallunterscheidung notwendig ist.

Beispiel: kausaler Sinus. Diese Funktion hat einen „Knick", benötigt also bei konventioneller Differentiation eine Fallunterscheidung:

$$x(t) = \begin{cases} 0 & ; \quad t < 0 \\ \sin(\omega t); & t \geq 0 \end{cases} \quad \Rightarrow \quad \dot{x}(t) = \begin{cases} 0 & ; \quad t < 0 \\ \omega \cdot \cos(\omega t) & ; \quad t \geq 0 \end{cases}$$

Mit Hilfe der Sprungfunktion lautet dasselbe:

$$x(t) = \varepsilon(t) \cdot \sin(\omega t)$$

Die Ableitung geschieht nun mit Hilfe der Produktregel:

$$\dot{x}(t) = \dot{\varepsilon}(t) \cdot \sin(\omega t) + \varepsilon(t) \cdot \omega \cdot \cos(\omega t) = \delta(t) \cdot \sin(\omega t) + \varepsilon(t) \cdot \omega \cdot \cos(\omega t)$$

Einmal mehr hilft die Ausblendeigenschaft:

$$\dot{x}(t) = \delta(t) \cdot \sin(\omega t) + \varepsilon(t) \cdot \omega \cdot \cos(\omega t) = \underbrace{\delta(t) \cdot \sin(0)}_{0} + \varepsilon(t) \cdot \omega \cdot \cos(\omega t)$$

$\square$

Nun endlich können wir die Integration betrachten, die auch als Faltung geschrieben werden kann ($\varepsilon(t-\tau)$ ist gespiegelt und schaltet bei $t = \tau$ auf 0):

$$\int\limits_{-\infty}^{t} x(\tau)d\tau = \int\limits_{-\infty}^{\infty} x(\tau)\varepsilon(t-\tau)d\tau = x(t) * \varepsilon(t) \;\; \circ\!\!-\!\!\circ \;\; X(j\omega)\left[\frac{1}{j\omega} + \pi\delta(\omega)\right] = \frac{X(j\omega)}{j\omega} + \pi \cdot X(j\omega) \cdot \delta(\omega)$$

$X(j\omega) \cdot \delta(\omega)$ kann man als $X(0) \cdot \delta(\omega)$ schreiben (Ausblendeigenschaft) und es ergibt sich:

$$\boxed{\int\limits_{-\infty}^{t} x(\tau)\,d\tau = x(t) * \varepsilon(t) \quad \circ\!\!-\!\!\circ \quad \frac{X(j\omega)}{j\omega} + \pi \cdot X(0) \cdot \delta(\omega)} \qquad (2.62)$$

Wenn also $x(t)$ nicht DC-frei ist, enthält das Spektrum des Integrals einen Diracstoss bei $\omega = 0$.

Eine Bemerkung für Theorie-Interessierte und für Leser, die sich an den Zauberkünsten der Deltafunktion ergötzen können: Die obige Schreibweise der Integration als Faltung mit der Sprungfunktion lässt sich etwas umformen:

$$\int\limits_{-\infty}^{t} x(\tau)d\tau = \int\limits_{-\infty}^{\infty} x(\tau)\cdot \varepsilon(t-\tau)d\tau = x(t) * \varepsilon(t) = x(t) * \int\limits_{-\infty}^{t} \delta(\tau)d\tau$$

Eine Faltung mit $\delta(t)$ bedeutet Identität. Eine Faltung mit dem Integral von $\delta(t)$ (also $\varepsilon(t)$) bedeutet Integration. In Analogie dazu und mit der Distributionentheorie tatsächlich herleitbar folgt der Schluss, dass eine Faltung mit der Ableitung von $\delta(t)$ die Ableitung darstellt:

$$\int\limits_{-\infty}^{t} x(\tau)d\tau = x(t) * \int\limits_{-\infty}^{t} \delta(\tau)d\tau$$

$$x(t) = x(t) * \delta(t)$$

$$\dot{x}(t) = x(t) * \dot{\delta}(t)$$

$\square$

j) Symmetrie

Das Zeitsignal $x(t)$ darf komplex sein, mathematisch bietet dies keinerlei Probleme. In einigen modernen Anwendungen arbeitet man tatsächlich mit komplexen Zeitsignalen, wobei diese praktisch dargestellt werden in Form von zwei reellen Signalen, nämlich Real- und Imaginärteil, vgl. Abschnitt 10.2.

Meistens ist $x(t)$ jedoch reell, wobei wir bereits festgestellt haben, dass sich dann ein konjugiert komplexes Spektrum ergibt. Diese Überlegungen wurden schon bei der Fourier-Reihe durchgeführt, aufgrund der Verwandtschaft gelten sie auch für die Fourier-Transformation sowie für die Transformationen der digitalen Signale. Insgesamt ergibt sich die Tabelle 2.1. Diese Eigenschaften werden so oft benutzt, das sich ein Auswendiglernen lohnt.

Tabelle 2.1 Symmetrien der Fourier-Transformation

Zeitsignal $x(t)$	Spektrum $X(j\omega)$
reell	konjugiert komplex
reell und ungerade	imaginär und ungerade
reell und gerade	reell und gerade
imaginär und gerade	imaginär und gerade
imaginär und ungerade	reell und ungerade
konjugiert komplex	reell

Beispiel: Jede reelle Funktion $x(t)$ lässt sich aufspalten in zwei Summanden, nämlich in einen geraden Anteil $x_g(t)$ und einen ungeraden Anteil $x_u(t)$:

$$x(t) = x_g(t) + x_u(t) \quad \text{mit} \quad \begin{aligned} x_g(t) &= \frac{1}{2}\cdot\left[x(t) + x(-t)\right] \\ x_u(t) &= \frac{1}{2}\cdot\left[x(t) - x(-t)\right] \end{aligned} \qquad (2.63)$$

Der Beweis erfolgt durch blosses Einsetzen.

Wir führen die Fourier-Transformation aus und benutzen dazu noch die Formel von Euler:

$$X(j\omega) = \int\limits_{-\infty}^{\infty} x(t)\cdot e^{-j\omega t}\,dt = \int\limits_{-\infty}^{\infty}\left[x_g(t) + x_u(t)\right]\cdot\left[\cos(\omega t) - j\sin(\omega t)\right]dt$$

$$= \underbrace{\int\limits_{-\infty}^{\infty} x_g(t)\cos(\omega t)\,dt}_{\substack{\mathrm{Re}(X(j\omega)) \\ \text{gerade in }\omega}} - j\cdot\underbrace{\int\limits_{-\infty}^{\infty} x_u(t)\sin(\omega t)\,dt}_{\substack{\mathrm{Im}(X(j\omega)) \\ \text{ungerade in }\omega}} - j\cdot\underbrace{\int\limits_{-\infty}^{\infty} x_g(t)\sin(\omega t)\,dt}_{0} + \underbrace{\int\limits_{-\infty}^{\infty} x_u(t)\cos(\omega t)\,dt}_{0}$$

Dies führt auf die bereits von den Fourier-Koeffizienten bekannten Beziehungen:

$$x(t) \circ\!\!-\!\!\circ X(j\omega)$$
$$x(t) = x_g(t) + x_u(t) \quad \Leftrightarrow \quad x_g(t) \circ\!\!-\!\!\circ \mathrm{Re}(X(j\omega))$$
$$x_u(t) \circ\!\!-\!\!\circ \mathrm{Im}(X(j\omega))$$

$\Box$

2.3.6 Das Theorem von Parseval für Energiesignale

Im Gegensatz zu Abschnitt 2.2.5 verknüpfen wir jetzt die Signal*energien* im Zeit- und Frequenzbereich. Nach (2.3) beträgt die Energie:

$$W = \int\limits_{-\infty}^{\infty} x^2(t)\,dt = \int\limits_{-\infty}^{\infty} x(t)\cdot x(t)\,dt = \int\limits_{-\infty}^{\infty} x(t)\cdot\left[\frac{1}{2\pi}\int\limits_{-\infty}^{\infty} X(j\omega)e^{j\omega t}\,d\omega\right]dt$$

Wir vertauschen die Reihenfolge der Integrationen und schreiben die zeitunabhängige Spektralfunktion $X(j\omega)$ vor das Integralzeichen. In der eckigen Klammer erscheint wegen (2.52) gerade $X^*(j\omega)$.

$$W = \frac{1}{2\pi}\int\limits_{-\infty}^{\infty} X(j\omega)\cdot\left[\int\limits_{-\infty}^{\infty} x(t)e^{j\omega t}\,dt\right]d\omega = \frac{1}{2\pi}\int\limits_{-\infty}^{\infty} X(j\omega)\cdot X^*(j\omega)\,d\omega = \frac{1}{2\pi}\int\limits_{-\infty}^{\infty}\left|X(j\omega)\right|^2 d\omega$$

Somit lautet das Parsevaltheorem für Energiesignale:

$$W = \int_{-\infty}^{\infty} x^2(t)\,dt = \frac{1}{2\pi} \int_{-\infty}^{\infty} |X(j\omega)|^2\,d\omega \qquad (2.64)$$

Dimensionsüberlegung für ein Spannungssignal:

$$\left[|X(j\omega)|^2\right] = \frac{V^2}{Hz^2} = \frac{V^2 s}{Hz} = \frac{VAs}{Hz} \cdot \frac{V}{A} = \frac{Ws}{Hz} \cdot 1\ \Omega \qquad \textit{normiertes}\ \text{Energie}\textit{dichte}\text{spektrum!}$$

Die Integration über die Frequenz in (2.64) ergibt die totale Energie am Widerstand von 1 Ω.

Beispiel: Als Korrespondenzpaar betrachten wir wiederum das RC-Glied:

$$H(j\omega) = \frac{1}{1 + j\omega\tau} \quad \circ\!\!-\!\!\circ \quad h(t) = \varepsilon(t) \cdot \frac{1}{\tau} \cdot e^{-\frac{t}{\tau}}\ ; \quad \tau = RC = \text{Zeitkonstante}$$

Im Frequenzbereich beträgt die Energie (die Stammfunktion findet man in Formelsammlungen):

$$W = \frac{1}{2\pi} \cdot \int_{-\infty}^{\infty} \left|\frac{1}{1 + j\omega\tau}\right|^2 d\omega = \frac{1}{2\pi} \cdot \int_{-\infty}^{\infty} \frac{1}{|1 + j\omega\tau|^2}\,d\omega = \frac{1}{2\pi} \cdot \int_{-\infty}^{\infty} \frac{1}{1 + \omega^2\tau^2}\,d\omega$$

$$= \frac{1}{2\pi\tau^2} \cdot \int_{-\infty}^{\infty} \frac{1}{\frac{1}{\tau^2} + \omega^2}\,d\omega = \frac{1}{2\pi\tau^2} \cdot \left[\tau \cdot arctg(\omega\tau)\right]_{-\infty}^{\infty} = \frac{1}{2\pi\tau^2} \cdot \left[\tau\frac{\pi}{2} + \tau\frac{\pi}{2}\right] = \frac{1}{2\tau}$$

Im Zeitbereich ergibt die Rechnung dasselbe, wir haben dies bei Bild 2.4 bereits ausgeführt.

$\square$

Beispiel: Die Energie des Rechteckpulses haben wir bei Bild 2.3 berechnet:

$$W = A^2 \cdot \tau$$

Das Spektrum dieses Pulses wird durch Gleichung (2.27) beschrieben. Diese Spektralfunktion kann man durchaus in (2.64) einsetzen, allerdings macht die Lösung des Integrals erhebliche Schwierigkeiten und erfordert höhere Mathematik. Im Zeitbereich hingegen ist die Berechnung einfach durchführbar.

$\square$

2.3.7 Tabelle einiger Fourier-Korrespondenzen

Zeitfunktion $x(t)$	Spektralfunktion $X(j\omega)$
$\delta(t)$	1
1	$2\pi \cdot \delta(\omega)$
$\mathrm{sgn}(t)$	$2/j\omega$
$\varepsilon(t)$	$\pi \cdot \delta(\omega) + \dfrac{1}{j\omega}$
$\lvert t \rvert$	$-2/\omega^2$
t^n	$2\pi \cdot j^n \cdot \dfrac{d^n}{d\omega^n}\delta(\omega)$
$e^{-a\lvert t \rvert}$	$\dfrac{2a}{\omega^2 + a^2}$
$\varepsilon(t) \cdot e^{-at}$	$\dfrac{1}{j\omega + a}$
$\varepsilon(t) \cdot e^{-at} \cdot \dfrac{t^{n-1}}{(n-1)!}$	$\dfrac{1}{(j\omega + a)^n}$
$e^{j\omega_0 t}$	$2\pi \cdot \delta(\omega - \omega_0)$
$\cos(\omega_0 t)$	$\pi \cdot [\delta(\omega + \omega_0) + \delta(\omega - \omega_0)]$
$\sin(\omega_0 t)$	$j\pi \cdot [\delta(\omega + \omega_0) - \delta(\omega - \omega_0)]$
$rect\left(\dfrac{t}{T}\right)$ Rechteck, Breite T, Höhe 1	$T \cdot \dfrac{\sin\left(\dfrac{\omega T}{2}\right)}{\dfrac{\omega T}{2}} = T \cdot si\left(\dfrac{\omega T}{2}\right)$
$tri\left(\dfrac{t}{T}\right)$ Dreieckspuls, Breite $2T$, Höhe 1	$T \cdot si^2\left(\dfrac{\omega T}{2}\right)$
$si(\omega_0 t) = \dfrac{\sin(\omega_0 t)}{\omega_0 t}$	$\dfrac{\pi}{\omega_0} \cdot rect\left(\dfrac{\omega}{2\omega_0}\right)$
$\displaystyle\sum_{n=-\infty}^{\infty} \delta(t - nT)$	$\omega_0 \cdot \displaystyle\sum_{n=-\infty}^{\infty} \delta(\omega - n\omega_0) \quad ; \quad \omega_0 = \dfrac{2\pi}{T}$

2.4 Die Laplace-Transformation (LT)

2.4.1 Wieso eine weitere Transformation?

Die Fourier-Transformation (FT) hat die Einschränkung, dass das Integral (2.24) nicht für alle Funktionen konvergiert. Mit Hilfe der Deltafunktion konnte der Anwendungsbereich der Fourier-Transformation wenigstens auf die Leistungssignale ausgeweitet werden. Die Laplace-Transformation (LT) kann man als analytische Fortsetzung der Fourier-Transformation auffassen, indem die Frequenzvariable nicht mehr imaginär ($j\omega$), sondern komplex ($s = \sigma + j\omega$) angesetzt wird. Der Gewinn ist derselbe wie beim Einführen der Deltafunktion: dank dem Dämpfungsfaktor $e^{-\sigma t}$ kann die Konvergenz des Integrals (2.24) erzwungen werden.

Darüberhinaus bietet die Laplace-Transformation weitere Vorteile, indem sie für die Beschreibung kausaler Systeme massgeschneidert ist (Pol-Nullstellen-Schema, vgl. Abschnitt 3.6). Schliesslich ist die Rücktransformation einer Laplace-Transformierten einfacher als diejenige einer Fourier-Transformierten, da bei ersterer die Residuenrechnung angewandt werden kann. In der Praxis umgeht man die Schwierigkeiten bei beiden Rücktransformationen jedoch meistens dadurch, dass man mit Tabellen arbeitet. Bei der Fourier-Transformation erspart man sich die Rücktransformation manchmal überhaupt und bleibt im Bildbereich, da dieser im Gegensatz zur Laplace-Transformation sehr anschaulich als Spektrum interpretierbar ist.

Die Frage, ob nun die Laplace- oder die Fourier-Transformation besser sei, ist demnach falsch gestellt. Viel besser ist die Frage, welche Transformation für welche Anwendung besser ist. Eine einfache Antwort lautet: Die Laplace-Transformation ist besser geeignet für die Systembeschreibung, für die spektrale Darstellung eines Signals ist hingegen die Fourier-Transformation vorzuziehen.

Wir werden sehen, dass für kausale und stabile Signale (d.h. Stossantworten von Systemen) die beiden Beschreibungsarten gleichwertig und einfach ineinander überführbar sind.

2.4.2 Definition der Laplace-Transformation und Beziehung zur FT

In (2.24) ersetzen wir die imaginäre Grösse $j\omega$ durch die komplexe Grösse $s = \sigma + j\omega$. Wir erhalten so die *zweiseitige Laplace-Transformation*:

$$x(t) \quad \circ\!\!-\!\!\circ \quad X(s) = \int_{-\infty}^{\infty} x(t) \cdot e^{-st}\, dt \tag{2.65}$$

Symbole sowie Grossschreibung im Bildbereich sind gleich wie bei der Fourier-Transformation. Aufgrund der Argumente und des Zusammenhangs sind Verwechslungen ausgeschlossen. Manchmal wird auch p statt s verwendet.

Der Zusammenhang zur Fourier-Transformation wird besser sichtbar, wenn man in (2.65) die Frequenzvariable ausschreibt:

$$X(s) = \int_{-\infty}^{\infty} \left[x(t) \cdot e^{-\sigma t} \right] \cdot e^{-j\omega t}\, dt \tag{2.66}$$

> *Die Laplace-Transformierte von x(t) entspricht der*
> *Fourier-Transformierten von x(t)·e$^{-\sigma t}$.*
>
> *Die Fourier-Transformierte eines Signals ist gleich dessen Laplace-*
> *Transformierten, ausgewertet auf der imaginären Achse.*

Der Faktor $e^{-\sigma t}$ wird zur Konvergenzbildung herangezogen. Damit kann man beispielsweise die Sprungfunktion transformieren, ohne Distributionen benutzen zu müssen.

Häufig treten in der Technik *kausale Signale* auf (Stossantworten, Einschwingvorgänge). Diese verschwinden für $t < 0$. Aus Gründen, die später erläutert werden, lohnt es sich, die *einseitige Laplace-Transformation* einzuführen:

$$x(t) \quad \circ\!\!-\!\!\circ \quad X(s) = \int_{0^-}^{\infty} x(t)\cdot e^{-st}\, dt \qquad (2.67)$$

Die untere Integrationsgrenze hat einen infinitesimal kleinen negativen Wert, damit kann man auch Diracstösse bei $t = 0$ transformieren. Die Wahl $t = 0^-$ als untere Grenze ist als Referenzzeit, nicht als absolute Zeit aufzufassen. Jeder andere endliche Wert könnte auch verwendet werden, $t = 0^-$ ergibt lediglich die „schönsten" Korrespondenzen.

Auch Integrale nach (2.65) und (2.67) konvergieren nicht für alle Signale. Streng genommen muss daher für jede Transformierte der Konvergenzbereich mit angegeben werden. Im Falle der zweiseitigen Laplace-Transformation gibt es unterschiedliche Signale mit gleichen Bildfunktionen, jedoch verschiedenen Konvergenzbereichen. Die einseitige Laplace-Transformation vermeidet dank der Beschränkung auf kausale Signale diese Mehrdeutigkeit.

> *Im Falle von kausalen Signalen sind die einseitige*
> *und die zweiseitige Laplace-Transformation identisch.*

Technisch realisierbare Systeme haben stets kausale Impulsantworten, ebenso sind Einschwingvorgänge kausale Signale. Aus diesen Gründen wird praktisch ausschliesslich die einseitige LT verwendet und diese oft schlechthin als Laplace-Transformation bezeichnet.

Stabile Signale sind absolut integrierbar, sie gehorchen der Beziehung (2.23) und die Fourier-Transformation ist ausführbar. Man kann zeigen, dass die Laplace-Transformierte (für ein- und zweiseitige LT) eines stabilen Signals auch für $\sigma = 0$ existiert. Folgerungen:

> *Bei stabilen Signalen kann man durch die Substitution $s \leftrightarrow j\omega$*
> *zwischen FT und zweiseitiger LT wechseln.*

> *Bei stabilen und kausalen Signalen kann man durch die*
> *Substitution $s \leftrightarrow j\omega$ zwischen FT und einseitiger LT wechseln.*

Setzt man in $X(s)$ den Realteil der Frequenzvariablen $\sigma = 0$, so ergibt sich $X(j\omega)$. Nach obigem Merksatz ist dies die Fourier-Transformierte von $x(t)$. Nun ist ersichtlich, weshalb wir $X(j\omega)$ schreiben und nicht einfach $X(\omega)$, vgl. auch Anmerkung 3 zu Gleichung (2.24).

Beispiel: Laplace-Transformierte der Deltafunktion $\delta(t)$:

$$\delta(t) \quad \circ\!\!-\!\!\circ \quad \int_{-\infty}^{\infty}\delta(t)\cdot e^{-st}\,dt = \int_{-\infty}^{\infty}\delta(t)\cdot e^{0}\,dt = \int_{-\infty}^{\infty}\delta(t)\,dt = 1$$

Es ergibt sich dieselbe Korrespondenz wie bei der Fourier-Transformation!

□

Beispiel: Laplace-Transformierte der Sprungfunktion $\varepsilon(t)$, Gleichung (2.58):

$$\varepsilon(t) \quad \circ\!\!-\!\!\circ \quad \int_{-\infty}^{\infty}\varepsilon(t)\cdot e^{-st}\,dt = \int_{0^-}^{\infty}\varepsilon(t)\cdot e^{-st}\,dt = \int_{0^-}^{\infty}e^{-st}\,dt = -\frac{1}{s}\Big[e^{-st}\Big]_{0}^{\infty} = -\frac{1}{s}[0-1] = \frac{1}{s}$$

Voraussetzung: $\sigma > 0$.

Da $\varepsilon(t)$ nicht stabil ist (d.h. nicht abklingt), die Laplace-Transformierte bei $\sigma = 0$ darum nicht existiert, kann man nicht einfach durch die Substitution $s \rightarrow j\omega$ die Fourier-Transformierte erhalten. Letztere konnten wir ja nur unter Zuhilfenahme der Deltafunktion bestimmen, vgl. (2.60). Die LT kommt hingegen ohne diesen Trick aus.

□

Beispiel: Laplace-Transformierte der kausalen, abklingenden Exponentialfunktion:

$$\varepsilon(t)\cdot e^{\alpha t} \quad \circ\!\!-\!\!\circ \quad \int_{-\infty}^{\infty}\varepsilon(t)\cdot e^{\alpha t}\cdot e^{-st}\,dt = \int_{0^-}^{\infty}e^{\alpha t}\cdot e^{-st}\,dt = \int_{0^-}^{\infty}e^{(\alpha-s)t}\,dt = \frac{1}{s-\alpha} \qquad (2.68)$$

Voraussetzung: $\mathrm{Re}(\alpha) < \mathrm{Re}(s)$

Da die Zeitfunktion stabil ist, gelangt man mit der Substitution $s \rightarrow j\omega$ auf die bereits von (2.26) her bekannte Fourier-Korrespondenz.

Setzt man $\alpha = 0$, d.h. verhindert man das Abklingen der Exponentialfunktion, so erhält man erwartungsgemäss die oben hergeleitete Laplace-Korrespondenz der Sprungfunktion.

□

Die Laplace-Bildfunktion $X(s)$ des Zeitsignales $x(t)$ lässt sich in der komplexen s-Ebene so interpretieren, dass über jeder Parallelen $\sigma = $ const. zur imaginären Achse das Fourier-Spektrum von $x(t)\cdot e^{-\sigma t}$ aufgetragen ist.

Die beiden folgenden Bilder demonstrieren diesen Sachverhalt. Bild 2.16 zeigt den Betrag einer komplexwertigen Bildfunktion, aufgetragen über der komplexen Ebene (es handelt sich um die Laplace-Transformierte $H(s)$ der Stossantwort $h(t)$ eines zweipoligen Systems, vgl. Kapitel 3). Für Bild 2.17 wurden alle Betragswerte im positiven Bereich der Dämpfungsachse (σ-Achse) auf Null gesetzt. Nun erscheint der Betrag der Fourier-Transformierten $H(j\omega)$ als Kontur über der $j\omega$-Achse ($\sigma = 0$). In Kapitel 3 werden wir sehen, dass dies nichts anderes ist als der Amplitudengang des zweipoligen Systems.

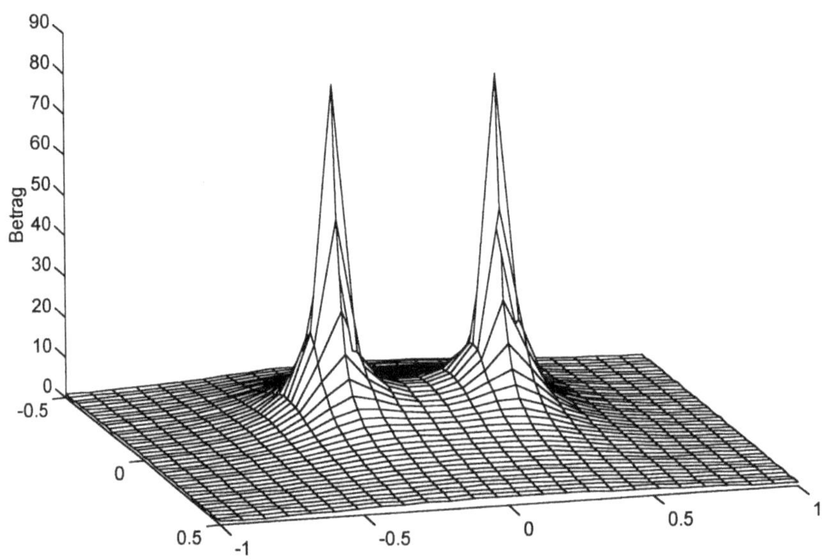

Bild 2.16 Betragsverlauf einer Laplace-Transformierten über der komplexen s-Ebene

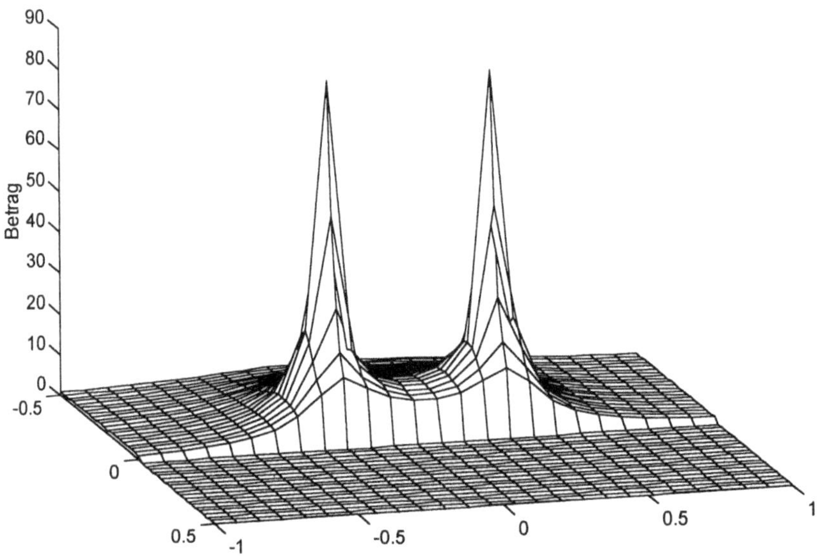

Bild 2.17 Die sichtbare Kontur von $|H(s)|$ über der Frequenzachse ($j\omega$-Achse) entspricht $|H(j\omega)|$.

2.4.3 Die Eigenschaften der Laplace-Transformation

Da die Fourier- und die Laplace-Transformation in den technisch wichtigen Fällen durch eine formale Variablensubstitution ineinander übergehen, sind viele Eigenschaften identisch und brauchen nicht mehr bewiesen zu werden. Darüberhinaus hat die Laplace-Transformation aber ihr alleine vorbehaltene Eigenschaften, nämlich die sog. Anfangs- und Endwertsätze.

Dank nachstehender Eigenschaften lassen sich wie bei der Fourier-Transformation zahlreiche Korrespondenzen aufgrund von „Standard-Korrespondenzen" ableiten. Dies ist meistens der bequemere Weg als die Auswertung des Integrals (2.67).

a) Linearität

$$\boxed{k_1 \cdot x_1(t) + k_2 \cdot x_2(t) \quad \circ\!\!-\!\!\circ \quad k_1 \cdot X_1(s) + k_2 \cdot X_2(s)} \qquad (2.69)$$

Die Linearität erlaubt die Anwendung des Superpositionsgesetzes.

Beispiel: Laplace-Transformierte der *kausalen* Cosinus-Funktion:

Wir setzen in (2.68) $\alpha = j\omega_0$ bzw. $\alpha = -j\omega_0$ und erhalten so zwei neue Korrespondenzen komplexer Zeitsignale:

$$e^{j\omega_0 t} \cdot \varepsilon(t) \quad \circ\!\!-\!\!\circ \quad \frac{1}{s - j\omega_0} \qquad\qquad e^{-j\omega_0 t} \cdot \varepsilon(t) \quad \circ\!\!-\!\!\circ \quad \frac{1}{s + j\omega_0}$$

Nun benutzen wir die Formel von Euler

$$\cos(\omega_0 t) = \frac{1}{2} \cdot \left(e^{j\omega_0 t} + e^{-j\omega_0 t}\right) \quad \Rightarrow \quad \varepsilon(t) \cdot \cos(\omega_0 t) = \frac{\varepsilon(t)}{2} \cdot \left(e^{j\omega_0 t} + e^{-j\omega_0 t}\right)$$

und erhalten nach kurzer Rechnung die gesuchte Korrespondenz:

$$\varepsilon(t) \cdot \cos(\omega_0 t) \quad \circ\!\!-\!\!\circ \quad \frac{s}{s^2 + \omega_0^2} \qquad (2.70)$$

Ganz analog folgt für die Sinus-Funktion:

$$\varepsilon(t) \cdot \sin(\omega_0 t) \cdot \quad \circ\!\!-\!\!\circ \quad \frac{\omega_0}{s^2 + \omega_0^2} \qquad (2.71)$$

Diese beiden Korrespondenzen haben keine Ähnlichkeit zu denjenigen der Fourier-Transformation. Hier handelt es sich um kausale Signale, d.h. $x(t) = 0$ für $t < 0$, bei der Fourier-Transformation sind es jedoch periodische Funktionen, die auch für negative t existieren.

□

b) Verschiebung im Zeitbereich

$$\boxed{x(t) \quad \circ\!\!-\!\!\circ \quad X(s) \quad \Leftrightarrow \quad x(t - T) \quad \circ\!\!-\!\!\circ \quad X(s) \cdot e^{-sT}} \qquad (2.72)$$

Im Gegensatz zur Fourier-Transformation (2.28) ändert sich bei der Laplace-Transformation durch eine Zeitverschiebung leider auch die Betragsfunktion!

Beispiel: Wir suchen die Korrespondenz zur Funktion

$$x(t) = \varepsilon(t) \cdot \sin(\omega_0 t + \varphi_0) \tag{2.73}$$

Hier ist man versucht, φ_0 in eine Zeitverschiebung umzurechnen und den Verschiebungssatz (2.72) anzuwenden. Leider wird das Resultat falsch! Der Leser möge sich anhand einer Skizze verdeutlichen, dass (2.73) keineswegs die verschobene Version von (2.71) ist, denn $\varepsilon(t)$ schaltet bei $t = 0$ von 0 auf 1 und nicht erst später.

Stattdessen wenden wir auf (2.73) das Additionstheorem an:

$$x(t) = \varepsilon(t) \cdot \sin(\omega_0 t + \varphi_0) = \varepsilon(t) \cdot \left[\sin(\omega_0 t) \cdot \underbrace{\cos(\varphi_0)}_{K_1} + \cos(\omega_0 t) \cdot \underbrace{\sin(\varphi_0)}_{K_2} \right]$$

Nun benutzen wir die Linearät (K_1 und K_2 sind Konstanten):

$$X(s) = \frac{\omega_0 \cdot \cos(\varphi_0)}{s^2 + \omega_0^2} + \frac{s \cdot \sin(\varphi_0)}{s^2 + \omega_0^2} = \frac{\omega_0 \cdot \cos(\varphi_0) + s \cdot \sin(\varphi_0)}{s^2 + \omega_0^2}$$

Eine Skizze oder ein Computer-Plot können also sehr hilfreich sein!

□

Beispiel: Wie lautet die Zeitfunktion zu $\quad X(s) = \dfrac{A + B \cdot e^{-sT}}{s + a} \quad$?

Wir schreiben $X(s)$ als Summe

$$X(s) = \frac{A}{s + a} + \frac{B}{s + a} \cdot e^{-sT}$$

und erkennen zwei Exponentialfunktionen, wobei die eine um T verschoben ist:

$$x(t) = \varepsilon(t) \cdot A \cdot e^{-at} + \varepsilon(t - T) \cdot B \cdot e^{-a(t-T)}$$

Man beachte die Argumente der e- und ε-Funktionen!

□

c) Verschiebung im Frequenzbereich

$$\boxed{x(t) \quad \circ\!\!-\!\!\circ \quad X(s) \qquad \Leftrightarrow \qquad x(t) \cdot e^{St} \quad \circ\!\!-\!\!\circ \quad X(s - S)} \tag{2.74}$$

Beispiel: Aus (2.74) ergeben sich weitere Korrespondenzen:

Aus der Sprungfunktion: $\qquad\qquad\qquad\qquad \varepsilon(t) \quad \circ\!\!-\!\!\circ \quad \dfrac{1}{s}$

folgt die kausale Exponentialfunktion: $\qquad \varepsilon(t) \cdot e^{\alpha t} \quad \circ\!\!-\!\!\circ \quad \dfrac{1}{s - \alpha} \qquad$ vgl. (2.68)

□

Beispiel: Bildfunktion der kausalen, gedämpften Sinusfunktion, vgl. (2.71):

$$x(t) = \varepsilon(t) \cdot e^{\alpha t} \cdot \sin(\omega_0 t) \quad \circ\!\!-\!\!\circ \quad \frac{\omega_0}{(s - \alpha)^2 + \omega_0^2} \quad ; \quad \alpha < 0$$

$\square$

d) Ähnlichkeitssatz

$$x(at) \quad \circ\!\!-\!\!\circ \quad \frac{1}{a} X\!\left(\frac{s}{a}\right) \quad ; \quad a > 0 \tag{2.75}$$

Zeit- und Frequenzskalierung sind auch hier nicht unabhängig voneinander und beide in obiger Gleichung enthalten. Für die einseitige Laplace-Transformation muss a positiv sein (Rechtsverschiebung), darum entfällt gegenüber den Gleichungen (2.51) und (2.53) die Betragsbildung.

e) Differentiation im Zeitbereich

$$\frac{dx(t)}{dt} \quad \circ\!\!-\!\!\circ \quad s \cdot X(s) - x(0^-) \tag{2.76}$$

Bei kausalen Signalen verschwindet der linksseitige Grenzwert der Zeitfunktion. Es bleibt damit nur der erste Summand im Bildbereich. $x(0^-)$ beschreibt bei der Berechnung von Systemreaktionen die Anfangsbedingung. Dies begründet den Vorteil der Laplace-Transformation bei der Berechnung von Einschaltvorgängen.

Beispiele:

$$\frac{d}{dt}\left[\varepsilon(t) \cdot e^{\alpha t}\right] \quad \circ\!\!-\!\!\circ \quad s \cdot \frac{1}{s - \alpha} - 0 = \frac{s}{s - \alpha}$$

$$\dot{\delta}(t) \quad \circ\!\!-\!\!\circ \quad s \cdot 1 - 0 = s$$

$\square$

Für die zweite Ableitung gilt:

$$\frac{d^2 x(t)}{dt^2} \quad \circ\!\!-\!\!\circ \quad s^2 \cdot X(s) - s \cdot x(0^-) - \frac{dx(0^-)}{dt} \tag{2.77}$$

Höhere Ableitungen erhält man durch fortgesetztes Anwenden des Differentiationssatzes. Wiederum können die Anfangsbedingungen eingesetzt werden.

f) Differentiation im Frequenzbereich

$$\frac{dX(s)}{ds} \quad \circ\!\!-\!\!\circ \quad (-t)\cdot x(t)$$

$$\frac{d^n X(s)}{ds^n} \quad \circ\!\!-\!\!\circ \quad (-t)^n \cdot x(t) \quad ; \quad n = 0,1,2,\dots$$

$$(2.78)$$

g) Integration im Zeitbereich

$$\int\limits_{0^-}^{t} x(\tau)\,d\tau \quad \circ\!\!-\!\!\circ \quad \frac{1}{s}\cdot X(s)$$

$$(2.79)$$

Beispiele:

$$\int \dot{\delta}(t)\,dt \quad \circ\!\!-\!\!\circ \quad \frac{1}{s}\cdot s = 1 \quad \circ\!\!-\!\!\circ \quad \delta(t) \qquad \text{Puls}$$

$$\int \delta(t)\,dt \quad \circ\!\!-\!\!\circ \quad \frac{1}{s}\cdot 1 = \frac{1}{s} \quad \circ\!\!-\!\!\circ \quad \varepsilon(t) \qquad \text{Sprung}$$

$$\int \varepsilon(t)\,dt \quad \circ\!\!-\!\!\circ \quad \frac{1}{s}\cdot\frac{1}{s} = \frac{1}{s^2} \quad \circ\!\!-\!\!\circ \quad r(t) \qquad \text{Rampe}$$

□

h) Erster Anfangswertsatz: Wert von x(t) im Nullpunkt

$$x(0^+) = \lim_{s\to\infty} s\cdot X(s)$$

$$(2.80)$$

Beispiel (vgl. Bild 2.8 mit $A = 1$):

Zeitbereich: $x(t) = \varepsilon(t)\cdot e^{\alpha t} \quad \rightarrow \quad x(0) = 1$

Bildbereich: $X(s) = \dfrac{1}{s-\alpha} \quad \rightarrow \quad \lim\limits_{s\to\infty} s\cdot X(s) = \lim\limits_{s\to\infty}\dfrac{s}{s-\alpha} = 1$

□

i) Zweiter Anfangswertsatz: Steigung im Nullpunkt

$$\frac{dx(0^+)}{dt} = \lim_{s\to\infty}\left(s^2\cdot X(s) - s\cdot x(0^+)\right)$$

$$(2.81)$$

Beispiel: (vgl. Bild 2.8 mit $A = 1$):

$$\text{Zeitbereich:} \qquad x(t) = \varepsilon(t) \cdot e^{\alpha t} \quad \rightarrow \quad \dot{x}(t) = \alpha \cdot e^{\alpha t} \quad \rightarrow \quad \dot{x}(0) = \alpha$$

$$\text{Bildbereich:} \qquad \lim_{s \to \infty} \left(\frac{s^2}{s - \alpha} - s \cdot 1 \right) = \lim_{s \to \infty} \left(\frac{s^2 - s(s - \alpha)}{s - \alpha} \right) = \lim_{s \to \infty} \left(\frac{\alpha s}{s - \alpha} \right) = \alpha$$

α ist also die Steigung der Tangente an $x(t)$ bei $t = 0$. Wann kreuzt diese Tangente $ta(t)$ die t-Achse?

$$ta(t) = 1 + \alpha \cdot t = 0 \qquad \Rightarrow \qquad t = -\frac{1}{\alpha} = \tau$$

In Bild 2.8 ist diese Tangente eingetragen (hier ist $A = 1$ und $\alpha < 0$, τ also positiv).

$\square$

j) Endwertsatz

$$\boxed{\lim_{t \to \infty} x(t) = \lim_{s \to 0} s \cdot X(s)} \tag{2.82}$$

Beispiel: (vgl. Bild 2.8 mit $A = 1$):

$$\text{Zeitbereich:} \qquad x(t) = \varepsilon(t) \cdot e^{\alpha t} \; ; \alpha < 0 \quad \rightarrow \quad x(\infty) = 0$$

$$\text{Bildbereich:} \qquad \lim_{s \to 0} s \cdot \frac{1}{s - \alpha} = 0$$

$\square$

Beispiel:

$$\text{Zeitbereich:} \qquad x(t) = \varepsilon(t) \quad \rightarrow \quad x(\infty) = 1$$

$$\text{Bildbereich:} \qquad \lim_{s \to 0} s \cdot \frac{1}{s} = 1$$

$\square$

Mit obigen Anfangswertsätzen und dem Endwertsatz kann man

- Anfangswert
- Anfangssteigung
- Endwert

von $h(t)$ (Stossantwort oder Impulsantwort) und von $g(t)$ (Schrittantwort oder Sprungantwort) bestimmen. Näheres folgt im Kapitel 3.

k) Faltungstheorem (Beweis analog wie für Gleichung (2.31))

$$\boxed{x_1(t) * x_2(t) \quad \circ\!\!-\!\!\circ \quad X_1(s) \cdot X_2(s)} \tag{2.83}$$

Bild 2.18 zeigt zur Veranschaulichung die Oszillogramme (Realteile!) der allgemeinen harmonischen Funktion $\underline{x}(t) = \varepsilon(t) \cdot e^{st}$ für verschiedene Punkte der s-Ebene. Punkte auf der $j\omega$-Achse entsprechen ungedämpften harmonischen Schwingungen, während Punkte in der linken Halbebene gedämpfte Schwingungen und Punkte in der rechten Halbebene anschwellende (instabile) Schwingungen darstellen. Monotone (d.h. nicht oszillierende) Signale liegen auf der reellen Achse ($f = 0$).

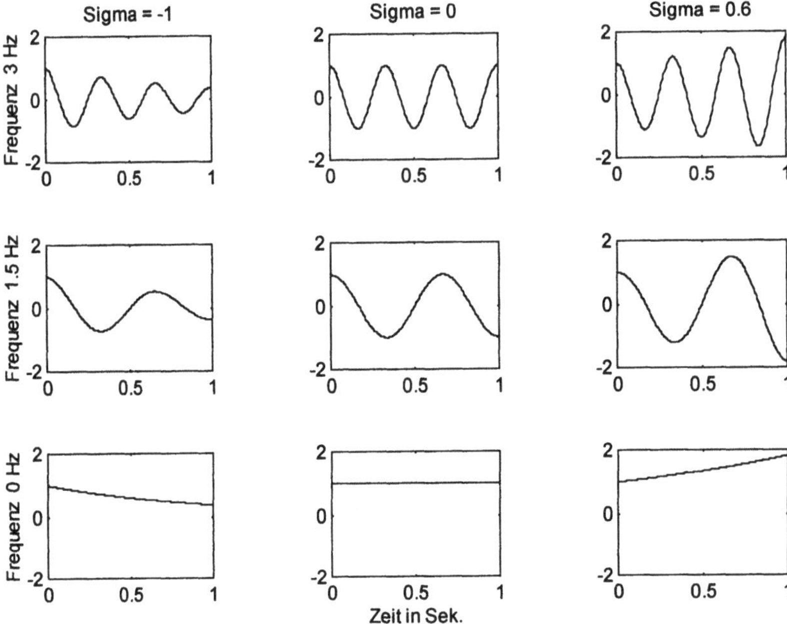

Bild 2.18 Oszillogramme (Realteile) von $\underline{x}(t) = \varepsilon(t) \cdot e^{st}$ für verschiedene Punkte der komplexen s-Ebene. Die unterste Bildreihe liegt auf der reellen Achse (σ-Achse), die mittlere Kolonne auf der imaginären Achse ($j\omega$-Achse). Die Enveloppen der Kurven in den oberen beiden Reihen entsprechen gerade den Kurven in den untersten Bildern.

2.4.4 Die inverse Laplace-Transformation

Die Rücktransformation kann man mit dem Umkehrintegral vornehmen:

$$x(t) = \frac{1}{2\pi j} \int_{\sigma-j\infty}^{\sigma+j\infty} X(s) \cdot e^{st}\, ds \tag{2.84}$$

Der Integrationsweg muss im Konvergenzbereich von $X(s)$ verlaufen. Die Berechnung dieses Integrals ist mühsam und wird umgangen, indem man mit Tabellen arbeitet.

Die meisten technischen Systeme (nämlich die linearen Systeme mit konzentrierten Elementen) lassen sich im Bildbereich beschreiben durch eine gebrochen rationale Funktion, also durch einen Quotienten von zwei Polynomen in s, vgl. (1.11). Solch ein Quotient lässt sich aufspalten in Partialbrüche, die wegen der Linearität der Laplace-Transformation einzeln zurücktransformiert werden dürfen. Dies geschieht mit dem Residuensatz von Cauchy, in der Praxis ebenfalls mit Tabellen [Grü01], [Unb96].

Für die Anwendung genügt es also meistens, die Rücktransformation von Partialbrüchen mit Hilfe von Tabellen vorzunehmen. Bei der Systembeschreibung im Kapitel 3 werden wir näher darauf eingehen.

2.4.5 Tabelle einiger Laplace-Korrespondenzen (einseitige Transformation)

Zeitfunktion $x(t)$	Bildfunktion $X(s)$	Konvergenzbereich
$\delta(t)$	1	alle s
$\varepsilon(t)$	$\dfrac{1}{s}$	$\mathrm{Re}(s) > 0$
$\varepsilon(t) \cdot t$	$\dfrac{1}{s^2}$	$\mathrm{Re}(s) > 0$
$\varepsilon(t) \cdot t^n$	$\dfrac{n!}{s^{n+1}}$	$\mathrm{Re}(s) > 0$
$\varepsilon(t) \cdot e^{-at}$	$\dfrac{1}{s+a}$	$\mathrm{Re}(s) > -\mathrm{Re}(a)$
$\varepsilon(t) \cdot t \cdot e^{-at}$	$\dfrac{1}{(s+a)^2}$	$\mathrm{Re}(s) > -\mathrm{Re}(a)$
$\varepsilon(t) \cdot t^n \cdot e^{-at}$	$\dfrac{n!}{(s+a)^{n+1}}$	$\mathrm{Re}(s) > -\mathrm{Re}(a)$
$\varepsilon(t) \cdot \cos(\omega_0 t)$	$\dfrac{s}{s^2 + \omega_0^2}$	$\mathrm{Re}(s) > 0$
$\varepsilon(t) \cdot \sin(\omega_0 t)$	$\dfrac{\omega_0}{s^2 + \omega_0^2}$	$\mathrm{Re}(s) > 0$
$\varepsilon(t) \cdot \dfrac{\sin(\omega t)}{t}$	$\arctan(\omega / s)$	$\mathrm{Re}(s) > 0$

3 Analoge Systeme

3.1 Klassierung der Systeme

Ein System transformiert ein Eingangssignal $x(t)$ in ein Ausgangssignal $y(t)$, Bild 3.1. Mehrdimensionale Systeme haben mehrere Ein- und Ausgangssignale.

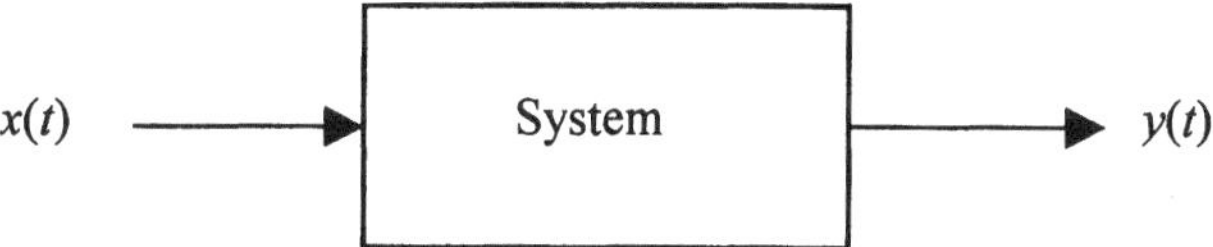

Bild 3.1 Systemdarstellung als Blackbox

Die Transformation oder Abbildung von $x(t)$ nach $y(t)$ wird durch eine Funktion beschrieben:

$$y(t) = f\{x(t)\} \tag{3.1}$$

Die Eigenschaften des Systems widerspicgeln sich in der Systemfunktion f und bestimmen damit das anzuwendende mathematische Instrumentarium, vgl. Abschnitt 1.2: lineare Systeme werden durch lineare Funktionen beschrieben, Systeme mit Energiespcichern durch Differentialgleichungen usw. Der innere Aufbau des Systems ist oft nicht von Interesse, sondern nur das durch die Abbildung f beschriebene von aussen sichtbare Verhalten.

3.1.1 Linearität

Die bei weitem wichtigste Klasse wird durch die *linearen Systeme* gebildet, auf diese konzentriert sich auch dieses Buch. Bei linearen Systemen gilt das *Verstärkungsprinzip* (3.2) sowie das *Superpositionsgesetz* (3.3), welche zusammengefasst die *Linearitätsrelation* (3.4) ergeben:

$$y(t) = f\{x(t)\} \quad \Rightarrow \quad f\{k \cdot x(t)\} = k \cdot f\{x(t)\} \tag{3.2}$$

$$\begin{aligned} y_1(t) &= f\{x_1(t)\} \\ y_2(t) &= f\{x_2(t)\} \end{aligned} \quad \Rightarrow \quad f\{x_1(t) + x_2(t)\} = f\{x_1(t)\} + f\{x_2(t)\} \tag{3.3}$$

$$\left.\begin{array}{l} y_1(t) = f\{x_1(t)\} \\ y_2(t) = f\{x_2(t)\} \\ k_1, k_2 = const. \end{array}\right\} \quad \Rightarrow \quad f\{k_1 \cdot x_1(t) + k_2 \cdot x_2(t)\} = k_1 \cdot f\{x_1(t)\} + k_2 \cdot f\{x_2(t)\} \qquad (3.4)$$

> *Bei linearen Systemen ist die Abbildung einer Linearkombination*
> *von Eingangssignalen identisch mit der gleichen Linearkombination*
> *der zugehörigen Ausgangssignale.*

Sowohl Integration als auch Differentiation sind lineare Operationen:

Verstärkungsprinzip: $\qquad \int k \cdot x(t)\, dt = k \cdot \int x(t)\, dt$

Superpositionsgesetz: $\qquad \int x_1(t)\, dt + \int x_2(t)\, dt = \int [x_1(t) + x_2(t)]\, dt$

In der Praxis arbeitet man sehr oft mit linearen Systemen. Bei genauer Betrachtung sind jedoch keine Systeme ideal linear. Ein Verstärker kann beispielsweise übersteuert werden, Widerstände ändern durch Eigenerwärmung signalabhängig ihren Wert, Spulenkerne geraten in die Sättigung usw. Wird z.B. ein Verstärker als lineares System beschrieben, so findet man in der mathematischen Formulierung keine Beschränkung der Signalamplitude mehr.

Lineare Systeme sind also im Grunde genommen nur idealisierte Modelle, deren Resultate aber oft für die praktische Umsetzung anwendbar sind. Eine weitere idealisierende Annahme ist die der Zeitinvarianz, Abschnitt 3.1.2. Lineare und zeitinvariante Systeme (korrekter wäre die Bezeichnung Modelle) nennt man LTI-Systeme (LTI = linear time invariant).

Für die Beschreibung der LTI-Systeme steht ein starkes mathematisches Instrumentarium zur Verfügung. Falls man aber tatsächlich Nichtlinearitäten berücksichtigen muss, wird der mathematische Aufwand rasch prohibitiv hoch. Man behilft sich in diesem Falle mit Simulationen auf dem Rechner, da die starken Bildbereichsmethoden mit Hilfe der Laplace- und Fourier-Transformation nicht benutzbar sind. Diese Simulationstechnik ist jedoch nicht Gegenstand dieses Buches.

Oft versucht man, „schwach nichtlineare" Systeme als LTI-Systeme darzustellen, um so auf die starken mathematischen Methoden der linearen Welt zurückgreifen zu können. Man stellt das ursprüngliche nichtlineare System also durch ein lineares Modell dar, das jedoch nur in einem bestimmten Arbeitsbereich brauchbare Resultate liefern kann. Diese Linearisierung im Arbeitspunkt wird z.B. zur Ermittlung der Kleinsignalersatzschaltung eines Transistors angewandt: Der Zusammenhang zwischen Basis-Emitter-Spannung und Kollektorstrom ist exponentiell. Im Arbeitspunkt wird die Tangente an die Exponentialkurve gelegt. Diese Tangente beschreibt in der näheren Umgebung des Arbeitspunktes (daher der Name *Kleinsignal-*ersatzschaltbild) die effektive Kennlinie genügend genau, Bild 3.2. Allerdings geht diese Tangente nicht durch den Ursprung wie in Gleichung (1.4) verlangt, sondern gehorcht der Beziehung

$$y = b_0 + b_1 \cdot x \qquad (3.5)$$

Betrachtet man aber als Anregung nicht die gesamte Eingangsgrösse, sondern nur die *Abweichung* vom Arbeitspunkt ($x = 12.5$ im Bild 3.2) und als Reaktion nicht das gesamte Ausgangssignal, sondern nur die Abweichung vom Arbeitspunkt ($y = 3.5$ im Bild 3.2), so entspricht dies einer Koordinatentransformation dergestalt, dass der Arbeitspunkt im Ursprung liegt und die Ersatzgerade wie in Bild 1.6 durch den Ursprung geht.

Mathematiker nennen Funktionen mit der Gleichung (3.5) linear. Für lineare Systeme muss jedoch (1.4) gelten. Letztere Eigenschaft sollte eigentlich besser „Proportionalität" anstelle „Linearität" heissen. Allerdings hat sich diese Bezeichnung nicht eingebürgert, stattdessen spricht man manchmal bei Kurven nach (3.5) von „differentieller Linearität". Fortan gilt für uns: lineare Systeme bewirken Abbildungen nach (1.4).

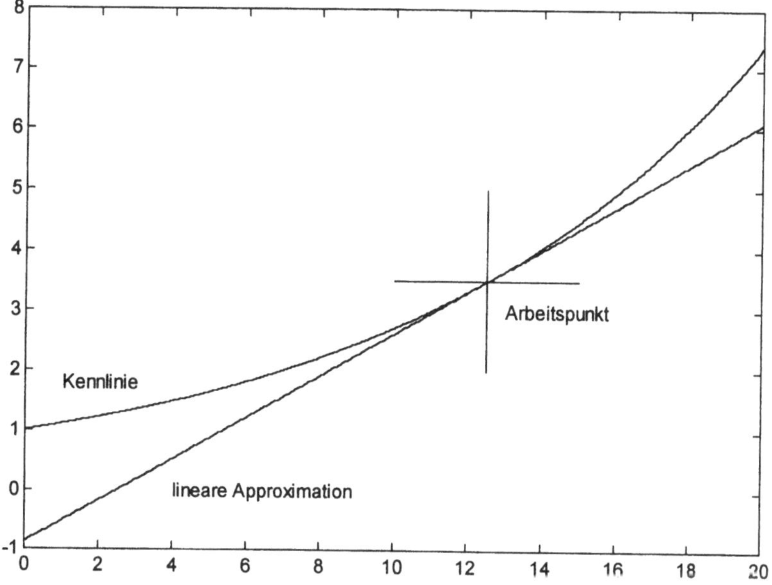

Bild 3.2 Lineare Approximation im Arbeitspunkt für eine nichtlineare Systemkennlinie

Dank der Linearität kann man z.B ein periodisches Eingangssignal in eine Fourier-Reihe zerlegen, für die einzelnen Glieder separat die Ausgangssignale berechnen und diese am Schluss superponieren. Folgerung: Kennt man das Systemverhalten bei Anregung durch harmonische Signale, so kennt man für *alle* Eingangssignale die Systemreaktion. Der Trick dabei ist der, dass das Schicksal eines harmonischen Signals beim Durchlaufen eines LTI-Systems viel einfacher berechnet werden kann als die Verformung eines komplizierten Signals, denn harmonische Signale sind Eigenfunktionen von LTI-Systemen. Mit der Superposition wird also der komplizierte Fall auf den einfachen zurückgeführt. Aus dem Superpositionsgesetz folgt:

> *Regt man ein lineares System mit einem harmonischen Signal der Frequenz ω_0 an, so kann es nur mit einem harmonischen Signal derselben Frequenz ω_0 reagieren.*
> *Ein lineares System erzeugt keine „neuen" Frequenzen.*

Allerdings kann ein lineares System Frequenzen unterdrücken ($\rightarrow$ Filter).

Ein lineares System wird durch eine lineare mathematische Abbildung beschrieben. Lineare Operationen sind:

- Summation $\qquad\qquad\qquad y(t) = \pm x_1(t) \pm x_2(t)$

- Proportionalität (Verstärkung) $\quad y(t) = k \cdot x(t)$

- Totzeit (Verzögerung) $\qquad\quad y(t) = x(t-\tau)$

- Differentiation

- Integration

- Faltung

- Fourier- und Laplace-Transformation

Die Multiplikation von zwei Signalen (Funktionen) $y(t) = x_1(t) \cdot x_2(t)$ ist hingegen eine nichtlineare Operation!

> *Entsteht ein System durch lineare Verknüpfung linearer Teilsysteme,*
> *so ist auch das Gesamtsystem linear.*

Für Elektroingenieure etwas bodennäher ausgedrückt: Jede Zusammenschaltung von ohm'schen Widerständen (Proportionalität), Induktivitäten (Integration bzw. Differentiation, je nach Definition der Ein- und Ausgangsgrösse), Kapazitäten (Differentiation bzw. Integration) und Verstärkern (Proportionalität) zu einem Netzwerk (Summation) ist linear.

3.1.2 Zeitinvarianz

Zeitinvariante Systeme ändern ihre Eigenschaften im Laufe der Zeit nicht, die Wahl eines Zeitnullpunktes ist somit frei. Zeitvariante Systeme hingegen müssen je nach Zeitpunkt (Betriebszustand) durch andere Gleichungen beschrieben werden. Nur schon aufgrund der Alterung sind alle Systeme zeitvariant, dies wird im Modell jedoch höchst selten berücksichtigt.

Ein zeitvariantes System ist z.B. ein Audio-Verstärker, der ein- und ausgeschaltet wird. Auch die Lautstärkeeinstellung (variable Verstärkung $v(t)$) bedeutet eine Zeitvarianz, es handelt sich dabei um die bereits im letzten Abschnitt erwähnte Multiplikation von zwei Signalen. Für das Ausgangssignal gilt nämlich mit (2.32):

$$y(t) = v(t) \cdot x(t) \quad \circ\!\!-\!\!\circ \quad Y(j\omega) = \frac{1}{2\pi} \cdot V(j\omega) * X(j\omega) \qquad\qquad (3.6)$$

Demnach lässt auch die Zeitvarianz wie die Nichtlinearität neue Frequenzen entstehen! Ändert sich $v(t)$ nur langsam, so ist $V(j\omega)$ schmalbandig und die Bandbreitenvergrösserung durch die Faltungsoperation bleibt nur klein.

3.1.3 Kausale und deterministische Systeme

> *Ein kausales System reagiert erst dann mit einem Ausgangssignal,*
> *wenn ein Eingangssignal anliegt.*
>
> *Die Stossantwort eines kausalen Systems verschwindet für t < 0.*

Technisch realisierbare Systeme sind stets kausal. Die Kausalität ist eine Eigenschaft von *zeit*abhängigen Signalen. In der Bildverarbeitung hingegen ist ein Signal die Helligkeit in Funktion des Ortes. In diesem Zusammenhang ist die Kausalität bedeutungslos, ebenso auch bei der Verarbeitung von bereits gespeicherten Signalen ($\to$ *post-processing*, z.B. in der Sprachverarbeitung und der Seismologie).

Ein deterministisches System reagiert bei gleicher Anfangsbedingung und gleicher Anregung stets mit demselben Ausgangssignal. Im Gegensatz dazu stehen die stochastischen Systeme. Im Abschnitt 2.1.2 haben wir festgestellt, dass deterministische Signale keine Information tragen, die stochastischen *Signale* sind also häufig interessanter. Bei *Systemen* hingegen sind die deterministischen Typen häufiger (Gegenbeispiel: elektronischer Würfel, Zufallszahlengenerator). In der Nachrichtentechnik werden zufällige *Signale* durch deterministische *Systeme* verarbeitet. Ein- und Ausgangssignale sind in diesem Fall stochastisch und können also Information tragen. Der Unterschied zwischen Ein- und Ausgangssignal (also der Einfluss des Systems) ist hingegen deterministisch.

3.1.4 Dynamische Systeme

Ein System heisst dynamisch, wenn sein Ausgangssignal auch von vergangenen Werten des Eingangssignales abhängt. Das System muss somit mindestens ein Speicherelement enthalten. In elektrischen Systemen wirken Kapazitäten und Induktivitäten als Speicher, ein RLC-Netzwerk ist darum ein dynamisches System. Die Beschreibung von dynamischen Systemen erfolgt mit Differentialgleichungen, vgl. auch Abschnitt 1.2.

Bei gedächtnislosen (statischen) Systemen hängt das Ausgangssignal nur vom momentanen Wert des Eingangssignales ab. Beispiel: Widerstandsnetzwerk. Die Beschreibung geschieht mit algebraischen Gleichungen.

3.1.5 Stabilität

Es sind verschiedene Definitionen für die Stabilität im Gebrauch. Eine zweckmässige Definition lautet: Beschränkte Eingangssignale ergeben bei stabilen Systemen stets auch beschränkte Ausgangssignale („BIBO-stabil" = „bounded input - bounded output"):

$$|x(t)| \le A < \infty \quad \Rightarrow \quad |y(t)| \le B < \infty \quad ; \quad A, B \ge 0 \tag{3.7}$$

Aus (1.13) ist bereits bekannt (die genaue Herleitung folgt gleich anschliessend), dass

$$y(t) = h(t) * x(t) \quad \Rightarrow \quad |y(t)| = |h(t) * x(t)| \leq \int_{-\infty}^{\infty} |h(\tau)| \cdot |x(t-\tau)| d\tau$$

Setzt man nun für $x(t)$ den Extremfall ein, so ergibt sich gerade die Bedingung (2.23):

$$|y(t)| \leq A \cdot \int_{-\infty}^{\infty} |h(\tau)| d\tau = B < \infty$$

> *Die Stossantwort h(t) eines stabilen Systems ist absolut integrierbar.*
>
> *Damit existieren auch die Transformierten H(jω) (Frequenzgang)*
> *und H(s) (Übertragungsfunktion).*

Eine wichtige Unterklasse der linearen Systeme sind die *linearen und zeitinvarianten Systeme*. Sie werden *LTI-Systeme* genannt (*l*inear *t*ime-*i*nvariant) und werden im Folgenden ausschliesslich betrachtet.

LTI-Systeme kann man durch eine lineare Differentialgleichung mit konstanten Koeffizienten beschreiben, vgl. (1.8). Allerdings ist das Lösen einer Differentialgleichung mühsam. In den folgenden Abschnitten werden deshalb elegantere Methoden eingeführt: Systembeschreibung mit der Stossantwort bzw. der Übertragungsfunktion anstelle einer Differentialgleichung.

3.2 Die Impulsantwort oder Stossantwort

Wird ein LTI-System mit einem Diracstoss angeregt, so reagiert das System *per Definition* mit der Impulsantwort oder Stossantwort $h(t)$, *falls das System vorher in Ruhe* war (alle internen Speicher leer), Bild 3.3.

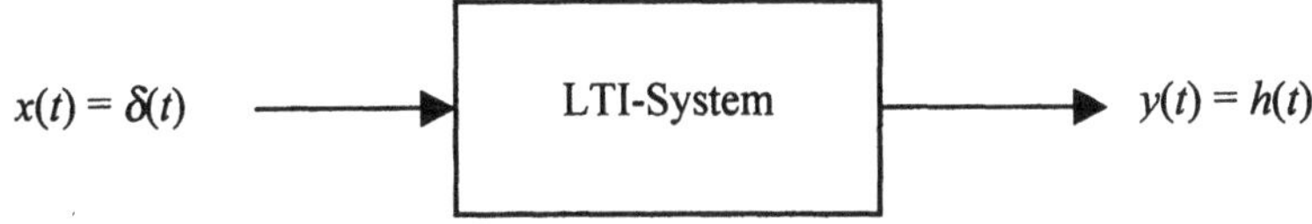

Bild 3.3 Stossantwort $h(t)$ als Reaktion auf die Impulsanregung $\delta(t)$

Die folgende Schreibweise bezeichnet ein Paar von Ein- (links) und Ausgangsgrössen (rechts):

$$\delta(t) \quad \rightarrow \quad h(t)$$

Da dies per Definition gilt, muss (und kann!) dies nicht bewiesen werden. Nun wenden wir die Ausblendeigenschaft (2.36) der Deltafunktion an. Dadurch wirkt von der *Funktion x(t)* lediglich der *Wert* $x(0)$. Dieser stellt das Gewicht von $\delta(t)$ dar und bleibt als konstanter Faktor bei der Abbildung durch das lineare System unverändert:

$$x(t) \cdot \delta(t) = x(0) \cdot \delta(t) \quad \rightarrow \quad x(0) \cdot h(t)$$

Jetzt benutzen wir die Zeitinvarianz, $x(\tau)$ ist wiederum das Gewicht:

$$x(t) \cdot \delta(t - \tau) = x(\tau) \cdot \delta(t - \tau) \quad \rightarrow \quad x(\tau) \cdot h(t - \tau)$$

Schliesslich folgt noch die Superposition von unendlich vielen verschobenen und gewichteten Diracstössen am Eingang bzw. unendlich vielen verschobenen und gewichteten Impulsantworten am Ausgang. Die Superpositionen schreiben wir als Integrale. Diese haben genau die Form des Faltungsintegrals (2.30). Da der Diracstoss das Neutralelement der Faltung ist, ergeben sich besonders einfache Ausdrücke:

$$\int_{-\infty}^{\infty} x(\tau) \cdot \delta(t - \tau)d\tau = x(t) * \delta(t) = x(t) \quad \rightarrow \quad \int_{-\infty}^{\infty} x(\tau) \cdot h(t - \tau)d\tau = x(t) * h(t) \tag{3.8}$$

Damit können wir allgemein das Ausgangssignal eines LTI-Systems angeben:

$$\boxed{y(t) = \int_{-\infty}^{\infty} x(\tau) \cdot h(t - \tau)\, d\tau = x(t) * h(t)} \tag{3.9}$$

> *Das Ausgangssignal eines LTI-Systems bei beliebiger Anregung entsteht durch die Faltung des Eingangssignales mit der Stossantwort dieses Systems.*

Da die meisten Filter als LTI-Systeme realisiert werden, ergibt sich das Wortspiel „Jedes Filter ist ein Falter".

Die Gleichung (3.9) stellt eine grundlegende Beziehung der Systemtheorie dar. Da sie für alle Eingangssignale gilt, folgt:

> *Die Impulsantwort $h(t)$ eines LTI-System enthält sämtliche Informationen über dessen Übertragungsverhalten.*
>
> *Mit der Impulsantwort $h(t)$ ist ein LTI-System vollständig beschrieben.*

Setzt man für $x(t)$ in (3.9) $\delta(t)$ ein, so ergibt sich mit (2.39) für $y(t)$ erwartungsgemäss die Impulsantwort $h(t)$:

$$y(t) = \int_{-\infty}^{\infty} \delta(\tau) \cdot h(t-\tau)d\tau = \delta(t) * h(t) = h(t) \tag{3.10}$$

Die Dimension des Diracstosses ist s^{-1}. Bei einem System, das die Dimension nicht ändert, haben Ein- und Ausgangssignal dieselbe Dimension, deshalb hat $h(t)$ ebenfalls die Dimension s^{-1}.

Wegen der kommutativen Eigenschaft der Faltung reagiert ein System mit der Impulsantwort $h(t)$ auf eine Anregung $x(t)$ genau gleich wie ein System mit der Impulsantwort $x(t)$ auf eine Anregung $h(t)$. Man kann also *nicht unterscheiden* zwischen der Beschreibung von Signalen und Systemen. Man spricht darum Signalen auch Eigenschaften wie Stabilität oder Kausalität zu, die eigentlich nur für Systeme sinnvoll sind. Wegen dieser Äquivalenz kann man Aussagen wie das konstante Zeit-Bandbreite-Produkt, das Parseval'sche Theorem usw. direkt von Signalen auf Systeme übertragen.

Schon früher haben wir festgestellt, dass die harmonischen Funktionen sog. Eigenfunktionen der LTI-Systeme darstellen. Daraus haben wir gefolgert, dass LTI-Systeme auf eine harmonische Anregung mit einem harmonischen Ausgangssignal derselben Frequenz antworten. Ferner haben wir uns gemerkt, dass das Ausgangssignal eines LTI-Systems nur Frequenzen enthalten kann, die auch im Eingangssignal vorhanden sind. Wenn man also alles über ein LTI-System erfahren möchte, so muss man sein Verhalten bei allen Frequenzen untersuchen. Oben wurde erwähnt, dass $h(t)$ die gesamte Information über das Abbildungsverhalten (nicht aber über den inneren Aufbau!) eines LTI-Systems enthält. Daraus folgt, dass das Anregungssignal $\delta(t)$ sämtliche Frequenzen enthalten muss, was gemäss (2.37) auch tatsächlich der Fall ist.

Die Berechnung der Systemreaktion mit Hilfe des Faltungsintegrals wollen wir an einem einfachen Beispiel zeigen. Dasselbe Beispiel wird uns auch bei allen anderen Methoden dienen.

Beispiel: Wir betrachten das RC-Glied nach Bild 3.4. Dieses System werden wir später als Tiefpass 1. Ordnung bezeichnen und wir kennen es bereits aus Bild 1.9. Die Stossantwort ist uns aus Bild 2.8 bekannt.

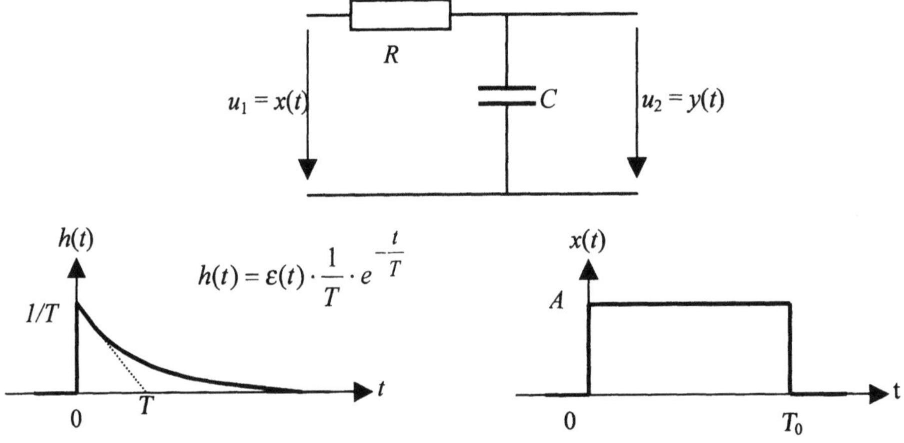

Bild 3.4 RC-Glied (Tiefpass 1. Ordnung) als Systembeispiel (oben), zugehörige Stossantwort $h(t)$ (unten links) und Eingangssignal $x(t)$ (unten rechts)

Wir berechnen das Faltungsintegral nach dem Rezept im Abschnitt 2.3.2. Wir verschieben die gespiegelte Version von h(t) über der τ-Achse, Bild 3.5 dient als Überlegungshilfe.

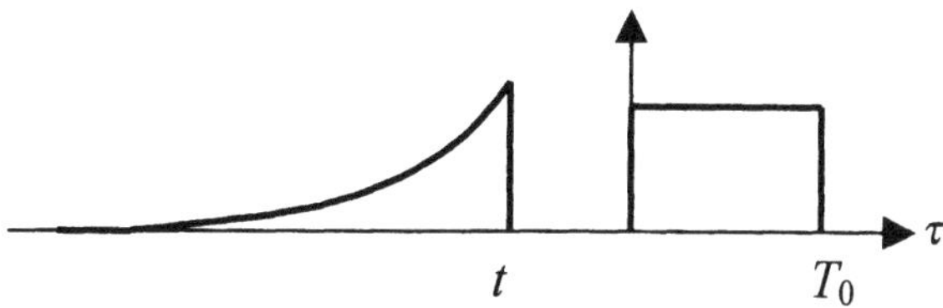

Bild 3.5 Hilfsskizze für die Faltung für $t < 0$

Für $t < 0$ ergibt sich keine Überlappung der Flächen, somit gilt für das Faltungsintegral:

$$y(t) = 0 \quad ; \quad t < 0 \tag{3.11}$$

Für $0 \le t \le T_0$ gilt Bild 3.6:

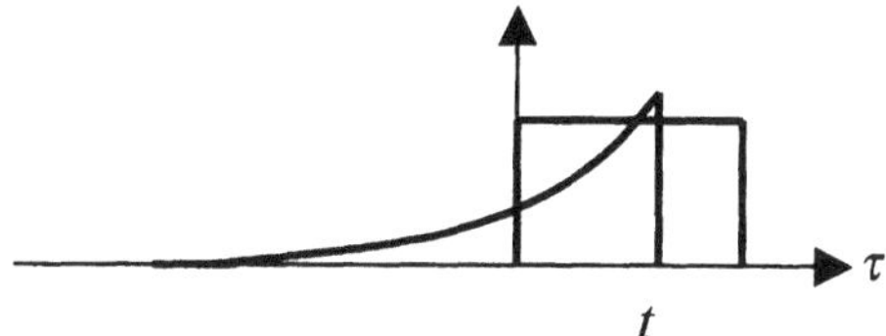

Bild 3.6 Hilfsskizze für die Faltung für $0 \le t \le T_0$

Wir müssen das Faltungsintegral nur im Bereich 0 bis t auswerten und erhalten:

$$y(t) = \int_0^t x(\tau) \cdot h(t-\tau)\,d\tau = \int_0^t A \cdot \frac{1}{T} \cdot e^{-\frac{t-\tau}{T}}\,d\tau = \frac{A}{T} \cdot e^{-\frac{t}{T}} \cdot \int_0^t e^{\frac{\tau}{T}}\,d\tau \tag{3.12}$$

$$y(t) = \frac{A}{T} \cdot e^{-\frac{t}{T}} \cdot \left[T \cdot e^{\frac{\tau}{T}} \right]_0^t = A \cdot e^{-\frac{t}{T}} \cdot \left[e^{\frac{t}{T}} - 1 \right]$$

$$y(t) = A \cdot \left(1 - e^{-\frac{t}{T}} \right) \quad ; \quad 0 \le t \le T_0 \tag{3.13}$$

Schliesslich bleibt noch der Bereich $t \ge T_0$, Bild 3.7. Hier müssen wir das Faltungsintegral im Bereich 0 bis T_0 auswerten, was ansonsten fast gleich aussieht wie oben:

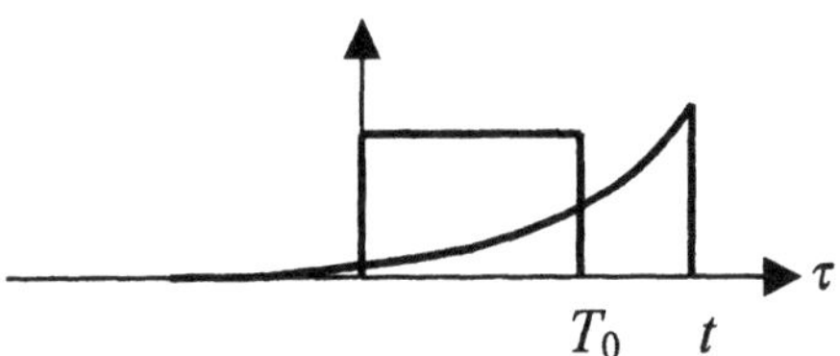

Bild 3.7 Hilfsskizze für die Faltung für $t \geq T_0$

$$y(t) = \int\limits_0^{T_0} x(\tau) \cdot h(t-\tau)\, d\tau = \int\limits_0^{T_0} A \cdot \frac{1}{T} \cdot e^{-\frac{t-\tau}{T}}\, d\tau = \frac{A}{T} \cdot e^{-\frac{t}{T}} \cdot \int\limits_0^{T_0} e^{\frac{\tau}{T}}\, d\tau \qquad (3.14)$$

$$y(t) = \frac{A}{T} \cdot e^{-\frac{t}{T}} \cdot \left[T \cdot e^{\frac{\tau}{T}} \right]_0^{T_0} = A \cdot e^{-\frac{t}{T}} \cdot \left[e^{\frac{T_0}{T}} - 1 \right] \quad ; \quad t \geq T_0 \qquad (3.15)$$

Mit (3.11), (3.13) und (3.15) ist nun unsere Lösung komplett. Bild 3.8 zeigt das Resultat graphisch.

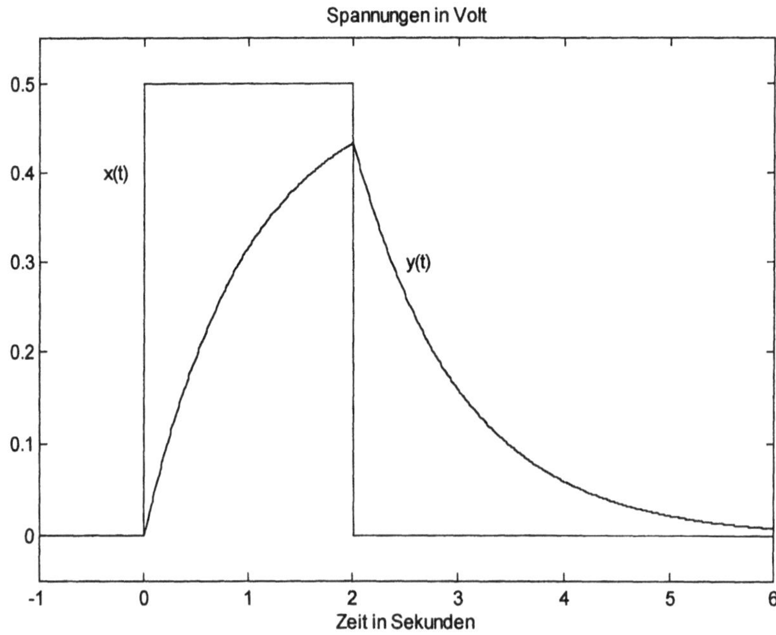

Bild 3.8 Reaktion des RC-Gliedes auf einen Rechteckpuls nach Bild 3.4 ($A = 0.5$ V, $T = 1$ s, $T_0 = 2$ s)

Für $t = 0$ ergeben sowohl (3.11) als auch (3.13) $y = 0$. Für $t = T_0$ ergeben (3.13) und auch (3.15)

den Wert: $y(T_0) = A \cdot \left(1 - e^{-\frac{T_0}{T}} \right)$. Es handelt sich also stets um kontinuierliche Übergänge.

Dies ist zu erwarten, denn über einer Kapazität darf die Spannung nie springen, Bild 3.4 oben.

□

Da für Bild 3.8 bereits ein Rechenprogramm vorliegt, spielen wir mit diesem ein wenig herum. Wir untersuchen die Auswirkung einer Verkürzung der Dauer T_0 des Rechteckpulses. Damit die Energie des Eingangssignales nicht verschwindet, kompensieren wir die Reduktion der Breite mit einer Vergrösserung der Höhe A, die Fläche des Pulses bleibt also stets 1. Wir machen damit nichts anderes als die Annäherung an den Grenzübergang Bild 2.11, d.h. wir erwarten als Systemreaktion die Impulsantwort. Bild 3.9 zeigt die Resultate:

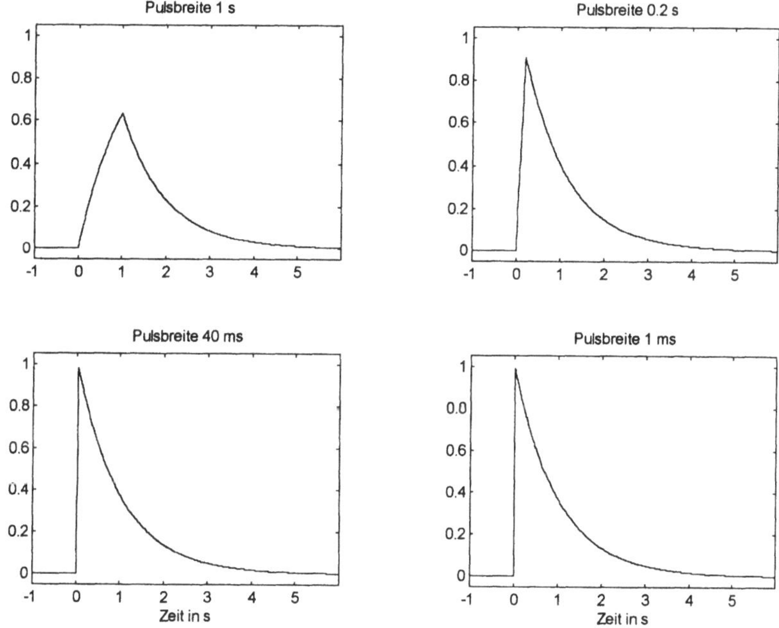

Bild 3.9 Gleiches System wie in Bild 3.8, jedoch verkürzte Anregungspulse mit konstanter Energie

Im Teilbild oben links in Bild 3.9 ist der Puls gegenüber Bild 3.8 halb so breit und doppelt so hoch. Da die Zeitkonstante des Systems unverändert ist, geht der Anstieg nicht mehr in den flachen Teil über. Bei den nächsten Teilbildern wurden die Pulse zusehends verkürzt und erhöht. Die unteren beiden Teilbilder sehen praktisch gleich aus und entsprechen gerade der Impulsantwort, vgl. Bild 3.4 mit $T = 1$ s.

Offensichtlich spielt die Breite des Pulses keine Rolle mehr, sobald sie genügend klein gegenüber der Zeitkonstanten des Systems ist. Diese Feststellung ist z.B. wichtig, um bei Simulationsprogrammen das Integrationsintervall korrekt einzustellen: ist es zu gross, so werden die Resultate falsch, ist es zu klein, so verschleudert man Rechenzeit.

Die unteren beiden Teilbilder in 3.9 zeigen noch etwas mehr: der Ausgang ist offensichtlich nicht mehr vom Eingang abhängig, sondern nur noch vom System selber. Dies muss natürlich so ein, denn sonst könnte $h(t)$ gar nicht eine universelle und vollständige Beschreibung des Systems sein.

Die Stossantwort $h(t)$ des RC-Gliedes aus Bild 3.4 weist also bei $t = 0$ eine Sprungstelle auf. Oben wurde aber bemerkt, dass die Spannung über einer Kapazität nicht springen kann. Dies sind widersprüchliche Aussagen, die aufgrund der speziellen Eigenschaften von $\delta(t)$ zustande kommen. Der Diracstoss schnellt in unendlich kurzer Zeit auf einen unendlich hohen (jedoch nicht definierten!) Wert. Die Spannung über der Kapazität ändert sich deshalb ebenfalls unendlich schnell, was in den Zeitverläufen als Sprung erscheint. Physisch ist dieser Sprung jedoch unmöglich, was überhaupt nicht tragisch ist, da $\delta(t)$ ja physisch auch nicht realisierbar ist. Mathematisch ergibt sich aber mit Hilfe von $\delta(t)$ eine kompakte Theorie, weshalb man diese Interpretationsschwierigkeiten gerne in Kauf nimmt. Die im Abschnitt 3.4 behandelte Sprungantwort $g(t)$ ist eine zu $h(t)$ äquivalente Systembeschreibung, die diese Interpretationsschwierigkeiten umgeht und daher vor allem für die Messtechnik interessant ist.

Beispiel: Wir betrachten nochmals die Aufgabe aus Bild 3.4, lösen aber anstelle des Faltungsintegrales die Differentialgleichung. Diese haben wir bereits im Kapitel 1 aufgestellt, Gleichung (1.7):

$$y(t) + T \cdot \dot{y}(t) = x(t) \tag{3.16}$$

Eine Lösung der homogenen Differentialgleichung findet man mit dem bekannten exponentiellen Ansatz:

$$y_h(t) + T \cdot \dot{y}_h(t) = 0 \quad \Rightarrow \quad y_h(t) = e^{-\frac{t}{T}} \quad ; \quad \dot{y}_h(t) = -\frac{1}{T} \cdot e^{-\frac{t}{T}} \tag{3.17}$$

Eingesetzt in (3.16) ergibt dies wie verlangt:

$$y_h(t) + T \cdot \dot{y}_h(t) = e^{-\frac{t}{T}} + T \cdot \left[-\frac{1}{T} \cdot e^{-\frac{t}{T}} \right] = 0 \tag{3.18}$$

Für die partikuläre Lösung machen wir ebenfalls einen Ansatz:

$$y_p(t) = k(t) \cdot e^{-\frac{t}{T}} = k(t) \cdot y_h(t) \quad ; \quad \dot{y}_p(t) = \dot{k}(t) \cdot y_h(t) + k(t) \cdot \dot{y}_h(t) \tag{3.19}$$

Eingesetzt in (3.16):

$$x(t) = y_p(t) + T \cdot \dot{y}_p(t) = k(t) \cdot y_h(t) + T \cdot \dot{k}(t) \cdot y_h(t) + T \cdot k(t) \cdot \dot{y}_h(t)$$

$$= k(t) \cdot \underbrace{\left[y_h(t) + T \cdot \dot{y}_h(t) \right]}_{= 0 \text{ wegen } (3.18)} + T \cdot \dot{k}(t) \cdot y_h(t) = T \cdot \dot{k}(t) \cdot y_h(t)$$

Auflösen nach $k(t)$ und Einsetzen von (3.17):

$$\dot{k}(t) = \frac{x(t)}{T \cdot y_h(t)} = \frac{1}{T} \cdot e^{\frac{t}{T}} \cdot x(t) \quad \Rightarrow \quad k(t) = \frac{1}{T} \cdot \int_{-\infty}^{t} e^{\frac{\tau}{T}} \cdot x(\tau)\, d\tau \tag{3.20}$$

Dies können wir nun in (3.19) einsetzen:

$$y_p(t) = \frac{1}{T} \cdot e^{-\frac{t}{T}} \cdot \int\limits_{-\infty}^{t} e^{\frac{\tau}{T}} \cdot x(\tau)\, d\tau = \frac{1}{T} \cdot e^{-\frac{t}{T}} \cdot \int\limits_{0}^{t} e^{\frac{\tau}{T}} \cdot x(\tau)\, d\tau + \underbrace{y_p(0)}_{=0} \tag{3.21}$$

Es gilt: $y_p(0) = 0$, da das System für $t < 0$ nie angeregt war, d.h. $x(t) = 0$. Im Intervall $0 \le t \le T_0$ gilt $x(t) = A$:

$$y_p(t) = \frac{A}{T} \cdot e^{-\frac{t}{T}} \cdot \int\limits_{0}^{t} e^{\frac{\tau}{T}}\, d\tau \tag{3.22}$$

Gleichung (3.22) ist identisch mit (3.12), die Auswertung des Integrals können wir uns also sparen, das Resultat zeigt (3.13).

Für $t > T_0$ gilt die homogene Differentialgleichung. Mit dem Lösungsansatz aus (3.17):

$$y(t) = K \cdot y_h(t) = K \cdot e^{-\frac{t}{T}} \tag{3.23}$$

Wir brauchen die Konstante K, um eine Lösungsschar darzustellen. Aus dieser Schar lesen wir diejenige Funktion aus, welche die Anfangsbedingung erfüllt. Diese erhalten wir aus (3.13), indem wir dort $t = T_0$ setzen:

$$y(T_0) = A \cdot \left(1 - e^{-\frac{T_0}{T}} \right)$$

(3.23) ergibt für $t = T_0$:

$$y(T_0) = K \cdot e^{-\frac{T_0}{T}} = A \cdot \left(1 - e^{-\frac{T_0}{T}} \right) \quad \Rightarrow \quad K = A \cdot \left(e^{\frac{T_0}{T}} - 1 \right)$$

Eingesetzt in (3.23) erhalten wir dasselbe wie in (3.15):

$$y(t) = A \cdot \left(e^{\frac{T_0}{T}} - 1 \right) \cdot e^{-\frac{t}{T}}$$

Das Lösen der Differentialgleichung führt also auf dasselbe Resultat wie das Lösen des Faltungsintegrales.

Nun machen wir dasselbe wie in Bild 3.9: wir ersetzen in (3.16) $x(t)$ durch $\delta(t)$. Aus (3.21) wird dann:

$$y(t) = \frac{1}{T} \cdot e^{-\frac{t}{T}} \cdot \int\limits_{-\infty}^{t} e^{\frac{\tau}{T}} \cdot \delta(\tau)\, d\tau$$

Nun benutzen wir die Ausblendeigenschaft des Diracstosses:

$$y(t) = \frac{1}{T} \cdot e^{-\frac{t}{T}} \cdot \int\limits_{-\infty}^{t} \underbrace{e^{\frac{0}{T}}}_{1} \cdot \delta(\tau)\, d\tau = \frac{1}{T} \cdot e^{-\frac{t}{T}} \cdot \underbrace{\int\limits_{-\infty}^{t} \delta(\tau)\, d\tau}_{=1 \text{ für } t>0} = \frac{1}{T} \cdot e^{-\frac{t}{T}} = h(t)$$

3.3 Der Frequenzgang und die Übertragungsfunktion

Der überwiegende Anteil der LTI-Systeme, nämlich diejenigen mit konzentrierten Parametern (Elementen), werden beschrieben durch lineare Differentialgleichungen mit konstanten Koeffizienten, Gleichung (1.8). Die komplexen Exponentialfunktionen bilden die *Eigenfunktionen* dieser Differentialgleichungen (vgl. Abschnitt 1.2), d.h. sie werden beim Durchgang durch das System nicht verformt. Dies bedeutet, dass ein LTI-System auf die Anregung mit einer harmonischen Funktion mit einer ebenfalls harmonischen Antwort derselben Frequenz reagiert. Das LTI-System verändert also lediglich die Amplitude und den Phasenwinkel, nicht aber die Frequenz ω.

Das harmonische Signal

$$x(t) = \hat{A} \cdot \cos(\omega t + \varphi)$$

kann man als Realteil eines komplexwertigen Signales auffassen:

$$x(t) = \mathrm{Re}\big(\underline{x}(t)\big) = \mathrm{Re}\Big(\hat{A} \cdot e^{j(\omega t + \varphi)}\Big) = \mathrm{Re}\Big(\hat{A} \cdot e^{j\varphi} \cdot e^{j\omega t}\Big) = \mathrm{Re}\Big(\underline{A}_x \cdot e^{j\omega t}\Big) = \hat{A} \cdot \cos(\omega t + \varphi)$$

Wir betrachten nun komplexwertige Signale:

$$\underline{x}(t) = \underline{A}_x \cdot e^{j\omega t} \tag{3.24}$$

Diese Beschreibung ist universeller, denn die reellwertigen Signale sind als Spezialfall in (3.24) enthalten. Zudem gilt die Theorie der Fourier- und Laplace-Transformation auch für komplexwertige Signale.

In der komplexen Amplitude $\underline{A}_x$ in (3.24) steckt die Amplitude $\hat{A}$ und die Anfangsphase φ (Nullphase) der harmonischen Anregungssignale $x(t)$ bzw. $\underline{x}(t)$. Es handelt sich also um dieselbe Methode, die auch in der komplexen Wechselstromtheorie benutzt wird.

Das Ausgangssignal eines Systems errechnet sich mit Hilfe des Faltungsintegrals (3.9):

$$\underline{y}(t) = \int_{-\infty}^{\infty} h(\tau) \cdot \underline{x}(t-\tau)\,d\tau = \int_{-\infty}^{\infty} h(\tau) \cdot \underline{A}_x \cdot e^{j\omega(t-\tau)}\,d\tau = \int_{-\infty}^{\infty} h(\tau) \cdot \underline{A}_x \cdot e^{j\omega t} \cdot e^{-j\omega\tau}\,d\tau$$

$$= \underbrace{\underline{A}_x \cdot e^{j\omega t}}_{\underline{x}(t)} \cdot \underbrace{\int_{-\infty}^{\infty} h(\tau) \cdot e^{-j\omega\tau}\,d\tau}_{H(j\omega)} = \underbrace{\underline{A}_x \cdot H(\omega)}_{\underline{A}_y} \cdot e^{j\omega t}$$

$$\boxed{\underline{x}(t) = \underline{A}_x \cdot e^{j\omega t} \quad \Rightarrow \quad \underline{y}(t) = \underline{A}_y \cdot e^{j\omega t} = \underline{x}(t) \cdot H(j\omega) \quad ; \quad \underline{A}_y = \underline{A}_x \cdot H(j\omega)} \tag{3.25}$$

Achtung: *Diese einfachen Zusammenhänge gelten nur bei harmonischer Anregung und im stationären Zustand!* Das Ausgangssignal $\underline{y}(t)$ hat demnach gegenüber $\underline{x}(t)$ nur eine andere komplexe Amplitude, die Frequenz ist gleich. In der Wechselstromtechnik macht man mit der komplexen Rechnungsmethode (Zeigerdarstellung) von dieser Beziehung ausgiebig Gebrauch.

$H(j\omega)$ ist komplexwertig und zeitunabhängig und heisst *Frequenzgang* des LTI-Systems. Bequemlichkeitshalber schreibt man $H(j\omega)$ statt $\underline{H}(j\omega)$. $H(j\omega)$ ist der Eigenwert zur Eigenfunktion

$e^{j\omega t}$ und beschreibt die Änderung der komplexen Amplitude (Verstärkung und Phasendrehung) des harmonischen Eingangssignales der Kreisfrequenz ω beim Durchlaufen des LTI-Systems.

Von den komplexen Signalen $\underline{x}(t)$ und $\underline{y}(t)$ gelangt man auf zwei Arten zu den reellen Signalen $x(t)$ und $y(t)$:

- Realteilbildung: dies ist die Methode der Drehzeiger aus der komplexen Wechselstromtechnik.

- Addition eines konjugiert komplexen Signales: dies geschieht bei der Signaldarstellung durch die komplexe Fourier-Reihe nach (2.13). Auch die Formeln von Euler (2.44) nutzen diese Idee aus. Wegen der Linearität der Laplace- und Fourier-Transformation ist diese Superposition einfach auszuführen.

Tatsächlich kann man die Koeffizienten $\underline{A}_x$ und $\underline{A}_y$ in (3.25) als komplexe Fourier-Koeffizienten auffassen. Da die Signale harmonisch sind, reduziert sich die Fourier-Reihe auf ein einziges Paar von Gliedern.

Somit ist klar, was man mit nichtharmonischen aber periodischen Signalen macht: man zerlegt sie in eine Fourier-Reihe und berechnet die Fourier-Koeffizienten des Ausgangssignales mit Gleichung (3.25), wobei man $H(j\omega)$ für jeden Koeffizienten an der entsprechenden Stelle (Kreisfrequenz ω) auswerten muss. Dies ist nichts anderes als die Anwendung des Superpositionsgesetzes.

Bei nichtperiodischen Signalen berechnet man nicht die Fourier-Koeffizienten, sondern die Fourier-Transformierten, (3.25) wird dann zu

$$Y(j\omega) = X(j\omega) \cdot H(j\omega) \tag{3.26}$$

Dahinter steckt die Tatsache, dass auch die Fourier-Rücktransformation (wie die Fourier-Reihenentwicklung) eine Entwicklung in eine unendliche orthogonale Summe von harmonischen Komponenten darstellt. Diese Orthogonalität lässt sich überprüfen mit (2.5):

$$\int_{-\infty}^{\infty} e^{j\omega_0 t} \cdot e^{-j\omega t}\, dt \overset{?}{=} 0 \quad \textit{für} \quad \omega \neq \omega_0$$

Das negative Vorzeichen im Exponenten wurde willkürlich eingeführt. Es ändert nichts an der Gleichung, da ω selber ja auch negativ werden kann. Mit der gewählten Schreibweise erkennt man aber eine Fourier-Transformation, die entsprechende Korrespondenz kennen wir aus (2.43), und mit der Ausblendeigenschaft von $\delta(\omega)$ erkennt man sofort das gewünschte Resultat:

$$\int_{-\infty}^{\infty} e^{j\omega_0 t} \cdot e^{-j\omega t}\, dt = 2\pi \cdot \delta(\omega - \omega_0) = 0 \quad \textit{für} \quad \omega \neq \omega_0$$

Gleichung (3.26) kann man auch anders herleiten: Für beliebige Signale gilt (3.9) und mit dem Faltungstheorem (2.31) kann man diese Beziehung im Frequenzbereich darstellen. Es ergibt sich wiederum:

$$\boxed{y(t) = x(t) * h(t) \quad \circ\!\!-\!\!\circ \quad Y(j\omega) = X(j\omega) \cdot H(j\omega)} \tag{3.27}$$

Nun hat $H(j\omega)$ eine erweiterte Bedeutung gegenüber (3.25), indem beliebige Eingangssignale zugelassen sind. Allerdings schreibt man nicht mehr das Eingangssignal selber, sondern seine Entwicklung in (Superposition aus) harmonische(n) und orthogonale(n) Komponenten, also seine Fourier-Transformierte.

$H(j\omega)$ heisst *Frequenzgang* eines Systems und ist bei reellen Stossantworten konjugiert komplex. Der Betrag von $H(j\omega)$ heisst *Amplitudengang*, das Argument heist *Phasengang*.

Auf dieselbe Art kann man ausgehend von (2.83) das Ausgangssignal berechnen, indem man mit der Laplace-Transformierten anstelle der Fourier-Transformierten rechnet. Es ergibt sich:

$$Y(s) = X(s) \cdot H(s) \qquad\qquad\qquad (3.28)$$

$H(s)$ heisst *Systemfunktion* oder *Übertragungsfunktion*. Konvergieren alle Funktionen in Gleichung (3.28) auf der $j\omega$-Achse, so kann man mit der Substitution $s \leftrightarrow j\omega$ zwischen (3.27) und (3.28) hin- und herwechseln. $h(t)$ ist bei kausalen Systemen per Definition ebenfalls kausal. Ist auch $x(t)$ kausal, so benutzt man die einseitige Laplace-Transformation, die massgeschneidert ist für die Berechnung von Einschwingvorgängen.

(3.28) hat gegenüber (3.27) den Vorteil, dass man auch mit Funktionen arbeiten kann, die wohl eine Laplace-Transformierte, jedoch keine Fourier-Transformierte besitzen. Zudem werden häufig die Ausdrücke in (3.28) einfacher, indem keine Deltafunktionen auftreten (z.B. beim Einheitsschritt $\varepsilon(t)$ als Systemanregung). (3.27) hat dafür den grossen Vorteil der anschaulicheren Interpretation als Frequenzgang.

> *Frequenzgang $H(j\omega)$ und Stossantwort $h(t)$ eines LTI-Systems*
> *bilden eine Fourier-Korrespondenz.*
>
> *Übertragungsfunktion $H(s)$ und Stossantwort $h(t)$ eines LTI-Systems*
> *bilden eine Laplace-Korrespondenz.*

Wir benutzen als Formelzeichen $H(s)$, $H(j\omega)$ und $h(t)$ für Übertragungsfunktion, Frequenzgang und Stossantwort. In der Literatur wird dies nicht einheitlich gehandhabt, man findet auch $G(s)$, $G(j\omega)$ und $g(t)$.

Da die Impulsantwort ein LTI-System vollständig beschreibt und über eine ein-eindeutige Transformation mit der Übertragungsfunktion verknüpft ist, beschreibt auch letztere das LTI-System vollständig. Die Zeitbereichsmethoden (Lösen der DG oder des Faltungsintegrals) und die Frequenzbereichsmethoden (Lösen der komplexen algebraischen Gleichung im Laplace- oder Fourier-Bereich) sind demnach ebenfalls gleichwertig, aber selten gleich praktisch.

Der grosse Trick besteht eigentlich in der Tatsache, dass Exponentialfunktionen Eigenfunktionen von LTI-Systemen (und damit auch von der Faltungsoperation!) sind. Die Konsequenz daraus ist das Faltungstheorem (3.27) bzw. (2.31). Darüberhinaus bilden die Exponentialfunktionen ein vollständiges Orthogonalsystem, sie sind darum bestens zur Reihendarstellung von Signalen geeignet (Fourier-Koeffizienten bzw. Fourier- oder Laplace-Transformation). Die

Darstellung von LTI-Systemen durch den Frequenzgang bzw. die Übertragungsfunktion und die Darstellung der Signale durch ihre Bildfunktionen (Spektren) stellt darum eine sehr vorteilhafte Kombination dar.

Beispiel: Der Frequenzgang des RC-Gliedes nach Bild 1.9 oder Bild 3.4 lässt sich mit komplexer Rechnung bestimmen, indem das RC-Glied als Spannungsteiler interpretiert wird.

Mit $T = RC$ (Zeitkonstante) gilt:

$$H(j\omega) = \frac{Y(j\omega)}{X(j\omega)} = \frac{\dfrac{1}{j\omega C}}{R + \dfrac{1}{j\omega C}} = \frac{\dfrac{1}{j\omega C}}{\dfrac{j\omega RC + 1}{j\omega C}} = \frac{1}{1 + j\omega T} \tag{3.29}$$

Die Übertragungsfunktion erhält man durch die Substitution $j\omega \to s$:

$$H(s) = \frac{1}{1 + sT} \tag{3.30}$$

Als Variante kann man auch von der Differentialgleichung (3.16) bzw. (1.7) ausgehen, diese nach (2.76) in den Laplace-Bereich transformieren und nach $Y(s)/X(s) = H(s)$ auflösen:

$$y(t) + T \cdot \dot{y}(t) = x(t) \quad \circ\!\!-\!\!\bullet \quad Y(s) + T \cdot s \cdot Y(s) = X(s) \quad \Rightarrow \quad H(s) = \frac{Y(s)}{X(s)} = \frac{1}{1 + sT}$$

Die Stossantwort des RC-Gliedes ergibt sich aus der Fourier-Rücktransformation von (3.29) oder der Laplace-Rücktransformation von (3.30). Für beide Varianten haben wir die Korrespondenzen bereits hergeleitet (Abschnitt 2.3.5 e) bzw. 2.4.2):

$$h(t) = \frac{1}{T} \cdot e^{-\frac{t}{T}} \cdot \varepsilon(t) \tag{3.31}$$

□

Es gelten folgende Aussagen:

	Zeitbereich	Bildbereich
allgemein	$y(t) = x(t) * h(t)$	$Y(j\omega) = X(j\omega) \cdot H(j\omega)$
speziell für $x(t) = \delta(t)$	$y(t) = \delta(t) * h(t) = h(t)$	$Y(j\omega) = 1 \cdot H(j\omega) = H(j\omega)$

Da 1 das Neutralelement der Multiplikation ist und zugleich auch das Spektrum des Diracstosses, muss der Diracstoss das Neutralelement der Faltung sein. Dies ist uns ja bereits bekannt.

Beispiel: Einmal mehr lösen wir die Aufgabe aus Bild 3.4, diesmal mit Hilfe der Fourier-Transformation und Gleichung (3.27). $H(j\omega)$ kennen wir aus (3.29), $X(j\omega)$ bestimmen wir aus (2.27) und dem Verschiebungssatz:

$$Y(j\omega) = X(j\omega) \cdot H(j\omega) = A \cdot T_0 \cdot \frac{\sin\left(\dfrac{\omega T_0}{2}\right)}{\dfrac{\omega T_0}{2}} \cdot e^{-j\omega \frac{T_0}{2}} \cdot \frac{1}{1 + j\omega T}$$

Wir kürzen T_0 und schreiben die Sinusfunktion mit der Formel von Euler (2.44):

$$Y(j\omega) = 2A \cdot \frac{1}{\omega} \cdot \frac{1}{1+j\omega T} \cdot \frac{1}{2j} \cdot \left[e^{j\frac{\omega T_0}{2}} - e^{-j\frac{\omega T_0}{2}} \right] \cdot e^{-j\omega\frac{T_0}{2}}$$

$$Y(j\omega) = A \cdot \frac{1}{j\omega} \cdot \frac{1}{1+j\omega T} \cdot \left[1 - e^{-j\omega T_0} \right] = \underbrace{A \cdot \frac{1}{j\omega} \cdot \frac{1}{1+j\omega T}}_{D(j\omega)} - \underbrace{A \cdot \frac{1}{j\omega} \cdot \frac{1}{1+j\omega T} \cdot e^{-j\omega T_0}}_{E(j\omega)}$$

Wir erkennen, dass $D(j\omega)$ und $E(j\omega)$ im Zeitbereich bis auf eine Verschiebung um T_0 identisch sind. Es genügt deshalb, $D(j\omega)$ in den Zeitbereich zu transformieren. Wir stellen $D(j\omega)$ mit einer Partialbruchzerlegung als Summe dar und können danach wegen der Linearität der Fourier-Transformation die Summanden einzeln zurück in den Zeitbereich transformieren.

$$D(j\omega) = \frac{A}{j\omega} \cdot \frac{1}{1+j\omega T} = \frac{K_1}{j\omega} + \frac{K_2}{1+j\omega T} \qquad (3.32)$$

$$A = K_1 \cdot (1+j\omega T) + K_2 \cdot j\omega = K_1 + j\omega \cdot \underbrace{(K_1 T + K_2)}_{=0,\,\text{da A reell}} = K_1$$

$$0 = K_1 T + K_2 = AT + K_2 \quad \Rightarrow \quad K_2 = -AT$$

$$D(j\omega) = \frac{A}{j\omega} - \frac{AT}{1+j\omega T} = \frac{A}{j\omega} - \frac{A}{\dfrac{1}{T}+j\omega}$$

Nun setzen wir die Korrespondenzen (2.59) und (2.26) ein:

$$d(t) = \frac{A}{2} \cdot \mathrm{sgn}(t) - A \cdot e^{-\frac{t}{T}} \cdot \varepsilon(t)$$

Jetzt können wir die gesamte Zeitfunktion durch Superposition angeben:

$$y(t) = \frac{A}{2} \cdot \mathrm{sgn}(t) - A \cdot e^{-\frac{t}{T}} \cdot \varepsilon(t) - \frac{A}{2} \cdot \mathrm{sgn}(t - T_0) + A \cdot e^{-\frac{t-T_0}{T}} \cdot \varepsilon(t - T_0) \qquad (3.33)$$

Mit einer Skizze möge der Leser diese vier Teilfunktionen zusammensetzen und mit Bild 3.8 vergleichen. Algebraisch lässt sich das Resultat einfacher darstellen mit einer Fallunterscheidung für t. $\mathrm{sgn}(t)$ und $\varepsilon(t)$ lassen sich dann ersetzen durch die Konstanten -1, 0 oder 1.

- $t < 0$: $\qquad y(t) = -\dfrac{A}{2} - 0 + \dfrac{A}{2} + 0 = 0$

- $0 < t < T_0$: $\qquad y(t) = \dfrac{A}{2} - A \cdot e^{-\frac{t}{T}} + \dfrac{A}{2} + 0 = A \cdot \left(1 - e^{-\frac{t}{T}} \right)$

- $t > T_0$: $\qquad y(t) = \dfrac{A}{2} - A \cdot e^{-\frac{t}{T}} - \dfrac{A}{2} + A \cdot e^{-\frac{t-T_0}{T}} = A \cdot e^{-\frac{t}{T}} \cdot \left(e^{\frac{T_0}{T}} - 1 \right)$

Dies entspricht genau den Gleichungen (3.11), (3.13) und (3.15).

Die Schwierigkeit bei der Bildbereichsmethode besteht offensichtlich in der Rücktransformation. Dazu trainingshalber noch eine Variante zu (3.32): Den Faktor $1/j\omega$ können wir auch auffassen als Integration im Zeitbereich:

$$D(j\omega) = \frac{A}{j\omega} \cdot \frac{1}{1+j\omega T} \quad \Rightarrow \quad \dot{D}(j\omega) = \frac{A}{1+j\omega T} \quad \circ\!\!-\!\!\bullet \quad \dot{d}(t) = \frac{A}{T} \cdot e^{-\frac{t}{T}} \cdot \varepsilon(t)$$

$$d(t) = \int_{-\infty}^{t} \frac{A}{T} \cdot e^{-\frac{\tau}{T}} \cdot \varepsilon(\tau)\, d\tau = \int_{0}^{t} \frac{A}{T} \cdot e^{-\frac{\tau}{T}}\, d\tau = \frac{A}{T} \cdot (-T) \cdot e^{-\frac{\tau}{T}} \Big|_{0}^{t} = A \cdot \left(1 - e^{-\frac{t}{T}}\right) \quad ; \quad t > 0$$

Für die verschobene Funktion gilt entsprechend:

$$e(t) = A \cdot \left(1 - e^{-\frac{t-T_0}{T}}\right) \quad ; \quad t > T_0$$

$\square$

Mit Hilfe der Fourier-Transformation ist es also möglich (aber nicht immer einfach), die Reaktion eines LTI-Systems auf beliebige Anregungen zu berechnen. Häufig wird behauptet, dass dies ausschliesslich mit der Laplace-Transformation möglich sei, während die Fourier-Transformation nur den eingeschwungenen Zustand bei harmonischer Anregung liefere. Dies ist offensichtlich falsch. Der Grund für diese Behauptungen liegt vermutlich im vielen Training mit der komplexen Wechselstromtechnik unter Ausnutzung von (3.25). Im Beispiel oben sind wir aber von (3.27) ausgegangen. Dasselbe Beispiel lässt sich natürlich auch mit der Laplace-Transformation und (3.28) ausführen, was dem Leser als Eigenarbeit ans Herz gelegt sei.

Bild 2.16 zeigt den Betragsverlauf der Laplace-Transformierten $H(s)$ eines Systems zweiter Ordnung. Bei allen stabilen und kausalen LTI-Systemen kann man durch blosse Substitution $s \rightarrow j\omega$ von $H(s)$ (einseitige Laplace-Transformierte) auf den Frequenzgang $H(j\omega)$ (zweiseitige Fourier-Transformierte) wechseln. Dies ist in Bild 2.17 gezeigt: die Kontur von $|H(s)|$ über der Frequenzachse ist gleich $|H(j\omega)|$, also gleich dem Amplitudengang. Bei reellen Systemen ist auch die Stossantwort reell, nach Tabelle 2.1 muss also der Frequenzgang konjugiert komplex sein und der Amplitudengang ist somit gerade in ω. Auch dies ist aus Bild 2.17 ersichtlich.

Die Schrittantwort $h(t)$, der Frequenzgang $H(j\omega)$ und die Übertragungsfunktion $H(s)$ sind vollständige und gleichwertige Beschreibungen eines LTI-Systems. Im Abschnitt 3.12.4 werden wir der Frage nachgehen, wie man diese Grössen an einem realen System messen kann.

Die Stossantwort hat die Schwierigkeit der physischen Realisierbarkeit, da der Diracstoss $\delta(t)$ nur näherungsweise erzeugbar ist. Weiter ergeben sich Interpretationsschwierigkeiten, als Beispiel dient die bereits besprochene Stossantwort des RC-Gliedes, die ja physisch nicht springen kann. Auf der anderen Seite ergibt sich mit Hilfe der Stossantwort eine mathematisch prägnante Systembeschreibung und die Fourier-Transformierte $H(j\omega)$ ist sehr anschaulich als Frequenzgang interpretierbar. Die Übertragungsfunktion $H(s)$ hat diese Anschaulichkeit nicht, ist aber mathematisch oft einfacher handhabbar als der Frequenzgang.

3.4 Die Schrittantwort oder Sprungantwort

Die Schrittantwort $g(t)$ ist eine zu $h(t)$ alternative Systembeschreibung, die im Gegensatz zur Stossantwort messtechnisch einfach zu bestimmen ist. Als Systemanregung dient nun nicht mehr der Diracstoss $\delta(t)$, sondern der Einheitsschritt $\varepsilon(t)$ nach (2.58) oder (3.34). Die Systemreaktion heisst *Schrittantwort* oder *Sprungantwort g(t)*. Eine Sprungfunktion (das ist ein verstärkter Einheitsschritt) lässt sich mit wenig Aufwand realisieren und eine Systemübersteuerung kann leicht verhindert werden. Ferner besteht ein einfacher Zusammenhang zwischen der Sprungantwort und der Stossantwort. Der Frequenzgang eines LTI-Systems lässt sich darum einfacher mit einer Sprunganregung anstelle einer Impulsanregung messtechnisch bestimmen. Für die Systemtheorie ist die Stossantwort wichtiger als die Sprungantwort, da Fourier- und Laplace-Transformierte von $\delta(t)$ den Wert 1 haben. Für die Regelungstechnik und die Messtechnik ist hingegen die Sprungantwort oft praktischer und darum interessanter.

$$\varepsilon(t) = \begin{cases} 0 \\ 1 \end{cases} \; f\ddot{u}r \quad \begin{array}{l} t < 0 \\ t > 0 \end{array} \tag{3.34}$$

Die Faltung eines Einheitssprunges mit einem Diracstoss ergibt wegen (2.39) den unveränderten Einheitssprung. Das Faltungsintegral lautet ausgeschrieben:

$$\varepsilon(t) = \varepsilon(t) * \delta(t) = \int_{-\infty}^{\infty} \delta(\tau)\varepsilon(t-\tau)d\tau \tag{3.35}$$

Da $\varepsilon(t-\tau)$ für $\tau > t$ den Wert 0 aufweist, kann man auch schreiben:

$$\varepsilon(t) = \int_{-\infty}^{t} \delta(\tau)d\tau$$

Der Einheitssprung ergibt sich also aus der laufenden Integration des Diracstosses, was nichts anderes als die Umkehrung von (2.61) ist und auch aus der „Flächeninterpretation" der Integration folgt, Bild 2.11:

$$\boxed{\;\varepsilon(t) = \int_{-\infty}^{t} \delta(\tau)d\tau \qquad \frac{d}{dt}\varepsilon(t) = \delta(t)\;} \tag{3.36}$$

Ersetzt man in (3.35) $\delta(t)$ durch eine beliebige Funktion $x(t)$, so ergibt sich wie schon in Gleichung (2.62) festgestellt:

$$\boxed{\;x(t) * \varepsilon(t) = \int_{-\infty}^{t} x(\tau)d\tau\;} \tag{3.37}$$

Regt man ein LTI-System mit einem Diracstoss $\delta(t)$ an, so reagiert es per Definition mit der Stossantwort $h(t)$. Regt man das System mit dem laufenden Integral über $\delta(t)$ an (also nach (3.36) mit einem Einheitsschritt), so reagiert es wegen des Superpositionsgesetzes mit dem laufenden Integral über $h(t)$, genannt *Schrittantwort* $g(t)$. Da $h(t)$ kausal ist, darf man die untere Integrationsgrenze anpassen. Mit (2.79) erfolgt die Transformation in den Laplace-Bereich.

$$\boxed{\quad g(t) = \int_0^t h(\tau)d\tau \quad \circ\!\!-\!\!\circ \quad G(s) = \frac{1}{s} \cdot H(s) \quad} \tag{3.38}$$

Zur Kontrolle erinnern wir uns an die Laplace-Transformierte von $\varepsilon(t)$:

$$\varepsilon(t) \quad \circ\!\!-\!\!\circ \quad \int_0^\infty 1 \cdot e^{-st} dt = \frac{1}{s} \tag{3.39}$$

Setzt man (3.39) in (3.28) anstelle $X(s)$ ein, so ergibt sich für $Y(s)$ gerade $G(s)$ aus (3.38).

Mit dem Endwertsatz der Laplace-Transformation (2.82) kann man sehr einfach den Endwert der Sprungantwort (nach Abklingen des Einschwingvorganges) berechnen. Kombiniert man (3.38) mit (2.82), so erhält man:

$$\boxed{\quad \lim_{t\to\infty} g(t) = \lim_{s\to 0} H(s) \quad} \tag{3.40}$$

Die Fourier-Transformierte von $\varepsilon(t)$ existiert zwar, allerdings kommt darin ein Diracstoss im Frequenzbereich vor (2.60). Zudem ist $G(j\omega)$ nicht anschaulich interpretierbar. Im Zusammenhang mit der Sprungantwort rechnet man darum praktisch nur im Laplace-Bereich.

Beispiel: Wie lautet die Schrittantwort des RC-Gliedes nach Bild 1.9 bzw. Bild 3.4?

Aus (3.30) kennen wir die Übertragungsfunktion, berechnen mit (3.38) $G(s)$, welches wir in Partialbrüche zerlegen und gliedweise in den Zeitbereich transformieren:

$$H(s) = \frac{1}{1+sT} \quad \Rightarrow \quad G(s) = \frac{1}{s} \cdot \frac{1}{1+sT} = \frac{1}{s} - \frac{1}{\frac{1}{T}+s}$$

$$g(t) = \varepsilon(t) - \varepsilon(t) \cdot e^{-\frac{t}{T}} = \left(1 - e^{-\frac{t}{T}}\right) \cdot \varepsilon(t)$$

Zur Kontrolle wenden wir noch direkt die linke Seite von (3.38) an:

$$g(t) = \int_0^t h(\tau)\,d\tau = \frac{1}{T} \cdot \int_0^t e^{-\frac{\tau}{T}}\,d\tau = \varepsilon(t) \cdot \frac{1}{T} \cdot (-T) \cdot \left[e^{-\frac{\tau}{T}}\right]_0^t = \varepsilon(t) \cdot (-1) \cdot \left[e^{-\frac{t}{T}} - 1\right]$$

$$g(t) = \left(1 - e^{-\frac{t}{T}}\right) \cdot \varepsilon(t) \tag{3.41}$$

(3.41) gleicht stark (3.13). Dies muss so sein, da nach Bild 3.4 im Bereich $0 < t < T_0$ ein um A verstärkter Schritt am System anliegt und das System wegen seiner Kausalität noch nicht wissen kann, dass bei $t = T_0$ die Anregung wieder verschwindet. Dies bringt uns auf die Idee einer weiteren Variante, die Aufgabe aus Bild 3.4 zu lösen.

☐

Beispiel: Wir fassen den Anregungspuls in Bild 3.4 als Überlagerung von zwei Schrittfunktionen auf:

$$x(t) = A \cdot \varepsilon(t) - A \cdot \varepsilon(t - T_0)$$

und berechnen die Systemreaktion als Superposition von zwei Schrittantworten nach (3.41):

$$y(t) = A \cdot \left(1 - e^{-\frac{t}{T}} \right) \cdot \varepsilon(t) - A \cdot \left(1 - e^{-\frac{t-T_0}{T}} \right) \cdot \varepsilon(t - T_0)$$

Für $t < 0$ sind beide ε-Funktionen ausgeschaltet, d.h. $y(t) = 0$ wie bei (3.11). Für $0 < t < T_0$ wirkt nur der erste Summand, was direkt (3.13) ergibt. Für $t > T_0$ kann man beide ε-Funktionen durch 1 ersetzen und erhält (3.15):

$$y(t) = A \cdot \left(1 - e^{-\frac{t}{T}} \right) - A \cdot \left(1 - e^{-\frac{t-T_0}{T}} \right) = A - A \cdot e^{-\frac{t}{T}} - A + A \cdot e^{-\frac{t}{T}} \cdot e^{\frac{T_0}{T}}$$

$$= A \cdot e^{-\frac{t}{T}} \cdot \left(e^{\frac{T_0}{T}} - 1 \right) \quad ; \quad t > T_0$$

☐

Beispiel: Wie lange dauert die Anstiegszeit der Sprungantwort des RC-Tiefpasses nach Bild 3.4? Diese Zeitspanne ist definitionsbedürftig, da sich die Sprungantwort nach Bild 3.8 asymptotisch dem Endwert 1 nähert. Wir nehmen deshalb folgende Definition: die Anstiegszeit sei diejenige Zeitdauer, die $g(t)$ benötigt, um von 10% seines Endausschlages auf 90% seines Endausschlages zu steigen. Diese Definition wird übrigens in der Praxis häufig benutzt, deshalb haben die meisten Oszilloskope auf ihrer Skala Linien für 10% und 90%.

Wir wissen aus (3.41), dass $g(\infty) = 1$. Wir definieren folgende Variablen: $T_A = t_2 - t_1$

$$g(t_1) = 1 - e^{-\frac{t_1}{T}} = 0{,}1 \quad \Rightarrow \quad e^{-\frac{t_1}{T}} = 0{,}9 \quad \Rightarrow \quad t_1 = -T \cdot \ln(0{,}9)$$

$$g(t_2) = 1 - e^{-\frac{t_2}{T}} = 0{,}9 \quad \Rightarrow \quad e^{-\frac{t_2}{T}} = 0{,}1 \quad \Rightarrow \quad t_2 = -T \cdot \ln(0{,}1)$$

$$T_A = t_2 - t_1 = -T \cdot \ln(0{,}1) + T \cdot \ln(0{,}9) = T \cdot \ln(9) \approx 2{,}2 \cdot T$$

Im Abschnitt 2.3.5 e) haben wir $1/T = 1/RC$ als Grenzkreisfrequenz ω_{Gr} bezeichnet. Setzen wir dies oben ein, so ergibt sich:

$$T_A \approx 2{,}2 \cdot T = 2{,}2 \cdot \frac{1}{\omega_{Gr}} = 2{,}2 \cdot \frac{1}{2\pi \cdot f_{Gr}} = \frac{2{,}2}{2\pi} \cdot \frac{1}{f_{Gr}} \approx \frac{1}{3 \cdot f_{Gr}} \quad \Rightarrow \quad T_A \cdot f_{Gr} \approx \frac{1}{3}$$

Dies ist natürlich dieselbe Aussage wie beim Zeit-Bandbreite-Produkt: Schnell ändernde Signale (steile Flanken) bedeuten eine grosse Bandbreite.

☐

Möchte man die Sprungantwort messen, so braucht man keineswegs einen Schritt mit unendlich steiler Flanke als Systemanregung. Es genügt, wenn die Steilheit der Anregung deutlich grösser ist als die Steilheit der Sprungantwort des Systems. Analogie: man kann mit obigem Beispiel die Steilheit überschlagsmässig in die Bandbreite umrechnen und weiss damit, bis zu welcher Frequenz das System durchlässig ist. Möchte man den Frequenzgang messen, so muss man auch nicht mit viel höheren Frequenzen das System untersuchen. Genauso haben wir bei Bild 3.9 gesehen, dass der Diracstoss nicht perfekt realisiert werden muss, um die Stossantwort zu messen. Natürlich sind diese drei Überlegungen mathematisch gekoppelt und beinhalten letztlich ein- und dieselbe Aussage.

Beim RC-Glied haben wir gesehen, dass die Sprungantwort nicht springt, Bild 3.8. Es gibt aber andere Systeme, bei denen der Ausgang sprungfähig ist. Diese Eigenschaft können wir uns allgemein überlegen. Sie kommt übrigens nicht nur bei der reinen Sprungantwort zum Tragen, sondern bei allen unstetigen Eingangssignalen. Diese kann man nämlich superponieren aus stetigen Signalen und Sprungfunktionen.

Für ein LTI-Systems mit konzentrierten Elementen lautet $H(s)$ allgemein (vgl. (1.11)):

$$H(s) = \frac{b_0 + b_1 \cdot s + b_2 \cdot s^2 + ... + b_m \cdot s^m}{a_0 + a_1 \cdot s + a_2 \cdot s^2 + ... + a_n \cdot s^n} \tag{3.42}$$

Den Frequenzgang erhält man bei stabilen Systemen durch die Substitution $s \to j\omega$, vgl. (1.12):

$$H(j\omega) = \frac{b_0 + b_1 \cdot j\omega + b_2 \cdot (j\omega)^2 + ... + b_m \cdot (j\omega)^m}{a_0 + a_1 \cdot j\omega + a_2 \cdot (j\omega)^2 + ... + a_n \cdot (j\omega)^n} \tag{3.43}$$

Für hohe Frequenzen werden die hohen Potenzen von $(j\omega)$ dominant:

$$\lim_{\omega \to \infty} H(j\omega) = \frac{b_m \cdot (j\omega)^m}{a_n \cdot (j\omega)^n} = \frac{b_m}{a_n} \cdot (j\omega)^{m-n} = \frac{b_m}{a_n} \cdot \frac{1}{(j\omega)^{n-m}} \tag{3.44}$$

Bei stabilen Systemen darf dieser Grenzwert nicht beliebig wachsen, d.h. $m-n \le 0$

> *Bei stabilen Systemen darf in H(jω) und auch in H(s) der Zählergrad den Nennergrad nicht übersteigen. (Diese Bedingung ist notwendig aber noch nicht hinreichend.)*

Nun gehen wir zurück zu unserer Frage: was passiert mit der Sprungantwort bei $t = 0$? Wir nehmen dazu die Anfangswertsätze (2.80) und (2.81) zu Hilfe und sehen dort, dass genau der Grenzwert (3.44) massgebend ist. Wir schreiben darum für unsere Überlegung $H(s)$ nur noch vereinfacht auf, indem wir nur das Glied mit der höchsten Potenz berücksichtigen. Weiter setzen wir $b_m/a_n = 1$, da wir im Moment nicht wissen wollen um wieviel, sondern nur ob der Systemausgang springt.

$$H(s) = \frac{b_m}{a_n} \cdot s^{m-n} \quad \Rightarrow \quad H(s) = s^{m-n} = \frac{1}{s^{n-m}} \quad ; \quad n \ge m \tag{3.45}$$

Nun berechnen wir aus $G(s)$ mit dem Anfangswertsatz (2.80) $g(0)$:

$$G(s) = \frac{1}{s} \cdot H(s)$$

$$\lim_{t \to 0} g(t) = \lim_{s \to \infty} s \cdot G(s) = \lim_{s \to \infty} s \cdot \frac{1}{s} \cdot H(s) = \lim_{s \to \infty} H(s) = \lim_{s \to \infty} \frac{1}{s^{n-m}} \qquad (3.46)$$

Für die erste Ableitung gilt mit (2.76):

$$\dot{g}(t) = h(t) \quad \circ\!\!-\!\!\bullet \quad s \cdot G(s) = H(s)$$

$$\lim_{t \to 0} \dot{g}(t) = \lim_{s \to \infty} s^2 \cdot G(s) = \lim_{s \to \infty} s^2 \cdot \frac{1}{s} \cdot H(s) = \lim_{s \to \infty} s \cdot H(s) = \lim_{s \to \infty} \frac{1}{s^{n-m-1}} \qquad (3.47)$$

Nun haben wir mit den Gleichungen (3.46) und (3.47) die Grundlagen beieinander, um das Verhalten von $g(t)$ im Zeitnullpunkt abzuschätzen. Dabei gehen wir davon aus, dass $g(t) = 0$ und auch $\dot{g}(t) = 0$ für $t < 0$ gilt (Kausalität). Tabelle 3.1 zeigt die Bedingungen:

Tabelle 3.1 Einfluss des Zählergrades m und des Nennergrades n der Übertragungsfunktion $H(s)$ auf das Verhalten der Schrittantwort $g(t)$ im Zeitnullpunkt (rechtsseitige Grenzwerte)

Verhalten von $g(t)$ im Zeitnullpunkt:	weich	Knick	Sprung
Wert von $g(t = 0^+)$	$g(0^+) = 0$	$g(0^+) = 0$	$g(0^+) \neq 0$
Steigung von $g(t = 0^+)$	$\dot{g}(0^+) = 0$	$\dot{g}(0^+) \neq 0$	beliebig
$n{-}m$ Nennergrad – Zählergrad	$n - m > 1$	$n - m = 1$	$n - m = 0$
Trivialbeispiel für $H(s)$	$H(s) = \dfrac{1}{s^2}$	$H(s) = \dfrac{1}{s}$	$H(s) = 1$

Ein Beispiel für ein sprungfähiges System ist ein reines Widerstandsnetzwerk wie der Spannungsteiler in Bild 1.8. Ein Beispiel für ein „knickendes" System ist das RC-Glied nach Bild 3.4, von dessen Sprungantwort der Anfangsteil aus Bild 3.8 ersichtlich ist.

Beispiel: Wir bestimmen die Stoss- und Schrittantwort des Hochpasses 1. Ordnung mit der Übertragungsfunktion

$$H_{HP}(s) = \frac{s/\omega_0}{1 + \dfrac{1}{\omega_0} \cdot s} \qquad (3.48)$$

Die Realisierung erfolgt z.B. mit einem RC-Spannungsteiler wie in Bild 1.9, jedoch mit vertauschten Positionen der beiden Elemente. Wir wählen $\omega_0 = 2\pi \cdot 1000 \text{ s}^{-1}$, was eine Grenzfrequenz von 1000 Hz ergibt. Wir lösen die Aufgabe mit dem Rechner, Hinweise dazu finden sich im Anhang. Bild 3.10 zeigt die Resultate.

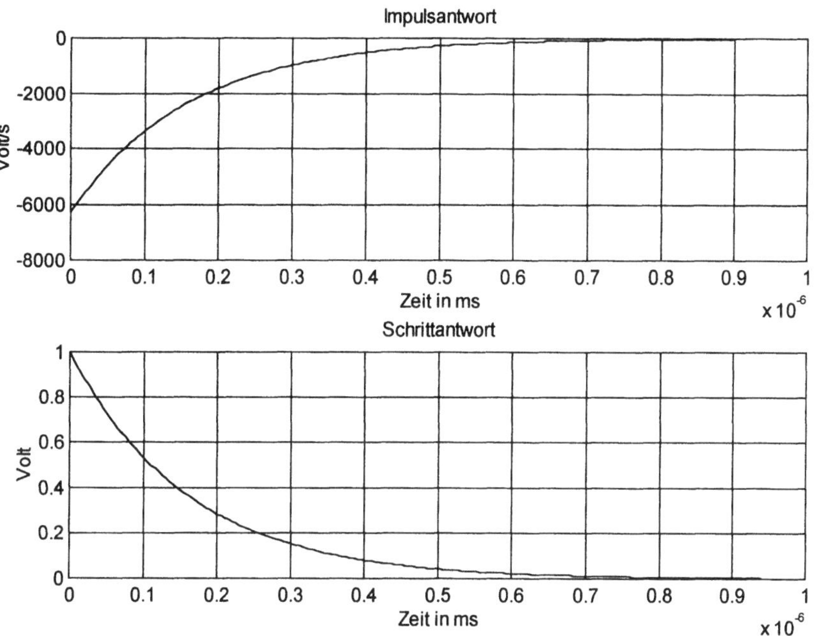

Bild 3.10 Numerisch bestimmte Stoss- und Sprungantwort des Hochpasses 1. Ordnung

Die Schrittantwort springt, dies ist in Übereinstimmung mit Tabelle 3.1. Seltsam mutet aber an, dass die Impulsantwort negativ ist. Dieser Hochpass „schlägt" also entgegen seiner Anregung aus. Noch seltsamer ist die positive Schrittantwort, die ja das Integral der Stossantwort sein sollte. Die gezeichnete Stossantwort hat aber nur „negative" Flächen. Wir beschreiten deshalb auch noch den analytischen Weg und berechnen $g(t)$. Dazu bestimmen wir zuerst $h(t)$ durch Rücktransformation von $H(s)$ aus (3.48). Dieses $H(s)$ gleicht bis auf den Faktor s der Übertragungsfunktion des Tiefpasses 1. Ordnung aus (3.30). Wir ersetzen darum ω_0 durch $1/T$ und differenzenzieren gemäss (2.76) die Stossantwort des Tiefpasses (3.31):

$$h_{HP_1}(t) = \frac{d}{dt} h_{TP1}(t) = \frac{d}{dt} \omega_0 \cdot \left(\varepsilon(t) \cdot e^{-\omega_0 t} \right) = \omega_0 \cdot \left[\delta(t) \cdot e^{-\omega_0 t} + \varepsilon(t) \cdot (-\omega_0) \cdot e^{-\omega_0 t} \right]$$
$$= \omega_0 \cdot \left[\delta(t) \cdot e^0 - \varepsilon(t) \cdot \omega_0 \cdot e^{-\omega_0 t} \right] = \omega_0 \cdot \delta(t) - h_{TP_1}(t) \tag{3.49}$$

Bild 3.11 zeigt die beiden Stossantworten.

Nun ist die Sache klar: Integriert man $h_{HP_1}(t)$, um die Schrittantwort des Hochpasses zu erhalten, so erhält man wegen des Diracstosses im Zeitnullpunkt bereits einen positiven Flächenanteil. Viele Programme können mit diesem Diracstoss nicht richtig umgehen, trotzdem ist die Computergraphik in Bild 3.10 oben korrekt, aber eben etwas interpretationsbedürftig. Ein Oszilloskop zeigt übrigens dasselbe Bild wie die Computersimulation. An diesem Beispiel erkennt man, dass der Einsatz von Computern zwar sehr hilfreich und angenehm ist, dass man sich aber trotzdem nicht dispensieren kann von Kenntnissen der Theorie.

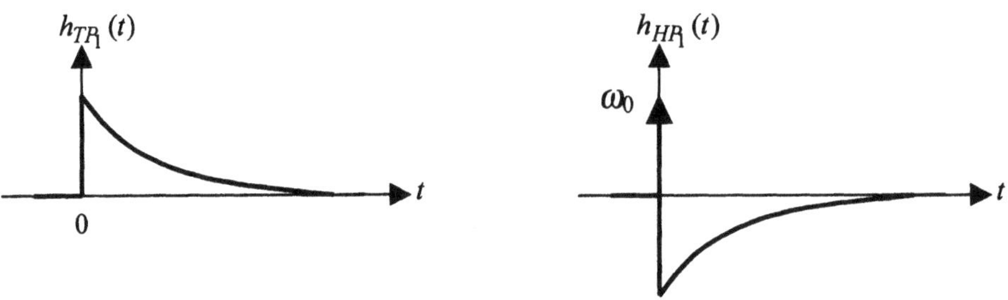

Bild 3.11 Analytisch bestimmte Stossantworten des Tiefpasses 1. Ordnung (links) und des Hochpasses
1. Ordnung (rechts)

3.5 Kausale Systeme

Die Stossantwort $h(t)$ ist bei realisierbaren Systemen eine kausale Funktion. Es lohnt sich deshalb, die Fourier-Transformation von kausalen Signalen, d.h. den Frequenzgang von kausalen Systemen, genauer zu betrachten.

Jedes Signal $x(t)$ (auch ein akausales) lässt sich in einen geraden Anteil $x_g(t)$ und einen ungeraden Anteil $x_u(t)$ aufspalten:

$$x(t) = \underbrace{\frac{x(t)}{2} + \frac{x(-t)}{2}}_{x_g(t)} + \underbrace{\frac{x(t)}{2} - \frac{x(-t)}{2}}_{x_u(t)} \tag{3.50}$$

Im Falle kausaler Signale gilt $x(-t) = 0$ für $t > 0$. Für $t > 0$ vereinfacht sich demnach (3.50) zu:

$$x(t) = 2 \cdot x_g(t) = 2 \cdot x_u(t) \quad \textit{für} \quad t > 0,\ x(t)\ \text{kausal} \tag{3.51}$$

Bild 3.12 zeigt ein Beispiel.

Bei kausalen Signalen besteht also ein Zusammenhang zwischen geradem und ungeradem Anteil. Nach den Symmetrieeigenschaften der Fourier-Transformation (Abschnitt 2.3.5 j, Tabelle 2.1) besteht darum auch ein Zusammenhang zwischen Real- und Imaginärteil des Spektrums. Bei minimalphasigen Systemen ist dieser Zusammenhang eindeutig und heisst *Hilbert-Transformation*. (Die Erklärung des Ausdruckes „minimalphasig" folgt im Abschnitt 3.6). Die Hilbert-Transformation ist v.a. in der Nachrichtentechnik nützlich. Genaueres folgt im Abschnitt 10.2, hier begnügen wir uns mit der Erkenntnis:

> *Bei kausalen Systemen sind Real- und Imaginärteil*
> *des Frequenzganges voneinander abhängig.*

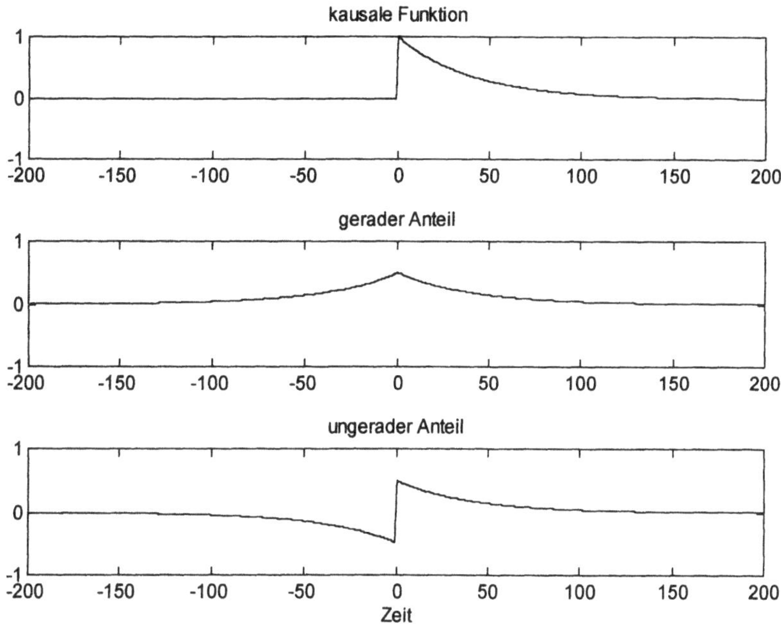

Bild 3.12 Aufteilung eines kausalen Signales in geraden und ungeraden Anteil. Für $t > 0$ gilt (3.51)

3.6 Pole und Nullstellen

3.6.1 Einführung

Netzwerke, die aus *endlich vielen konzentrierten* linearen Bauteilen bestehen (im Gegensatz zu Netzwerken mit verteilten Elementen wie z.B. HF-Leitungen), haben eine *gebrochen rationale* Übertragungsfunktion $H(s)$. Dieses $H(s)$ ist darstellbar als *Polynomquotient* mit *reellen* Koeffizienten a_i bzw. b_i. Im Abschnitt 1.2 haben wir dies bereits an einem einfachen Beispiel gesehen, vgl. Bild 1.9 und Gleichungen (1.8) bis (1.11). Gleichung (3.52) zeigt die allgemeine Form von $H(s)$, wie sie bei einem System höherer Ordnung auftritt. Der Grad n des Nennerpolynoms in (3.52) gibt die Ordnung des Systems an. Bei stabilen Systemen kann man in (3.52) einfach $s = j\omega$ setzten und erhält so den Frequenzgang $H(j\omega)$, vgl. (1.12).

$$H(s) = \frac{Y(s)}{X(s)} = \frac{b_0 + b_1 \cdot s + b_2 \cdot s^2 + \dots}{a_0 + a_1 \cdot s + a_2 \cdot s^2 + \dots} = \frac{\displaystyle\sum_{i=0}^{m} b_i \cdot s^i}{\displaystyle\sum_{i=0}^{n} a_i \cdot s^i} \qquad (3.52)$$

Die Variable s ist komplex, darum sind auch die Übertragungsfunktion $H(s)$, das Zählerpolynom $Y(s)$ und das Nennerpolynom $X(s)$ komplexwertig. Die Nullstellen des Zählerpolynoms sind auch die Nullstellen von $H(s)$. Die Nullstellen des Nennerpolynoms sind die Pole von $H(s)$. Bei einem Pol nimmt $H(s)$ einen unendlich grossen Wert an (Division durch Null), die Lage der Pole bestimmt darum die Stabilität des Systems. Zudem haben wir bereits mit Hilfe von Gleichung (3.44) hergeleitet, dass der Zählergrad den Nennergrad nicht übersteigen darf.

> *Ein System ist dann stabil, wenn $m \leq n$ (Zählergrad kleiner oder gleich Nennergrad) und alle Pole von H(s) in der offenen linken Halbebene liegen.*

Beispiel: Das RC-Glied nach Bild 3.4 mit der Übertragungsfunktion nach Gleichung (3.30) hat keine Nullstellen und einen einzigen Pol bei $s = -1/T$, es ist somit stabil. Diese Stabilität erkennt man auch daran, dass die Stossantwort abklingt, Bild 3.4 unten links. Im Abschnitt 3.1.5 haben wir die Stabilität damit erklärt, dass bei beschränkter Anregung auch die Reaktion beschränkt sein muss. Die Stossantwort als Reaktion auf eine Anregung mit beschränkter Zeitdauer und beschränkter Energie muss deshalb bei stabilen Systemen abklingen. Ebenso muss die Schrittantwort gegen einen endlichen Wert konvergieren, was für das RC-Glied mit (3.41) ja auch erfüllt ist.

□

Anmerkung: Bevor man den obenstehenden Merksatz anwendet, muss man gemeinsame Nullstellen des Zählers und des Nenners von $H(s)$ kürzen. So ist beispielsweise das System

$$H(s) = \frac{1 - sT}{1 - s^2 T^2} = \frac{1 - sT}{(1 + sT) \cdot (1 - sT)} = \frac{1}{1 + sT}$$

stabil, obwohl es in den beiden linken Schreibarten scheinbar einen Pol bei $s = 1/T$ aufweist.

□

Anmerkung: Pole auf der $j\omega$-Achse liegen nicht mehr in der *offenen* linken Halbebene. Systeme mit *einfachen* solchen Polen werden manchmal als bedingt stabil bezeichnet. Der Integrator z.B. hat nach Gleichung (2.76) die Übertragungsfunktion

$$H(s) = \frac{1}{s}$$

und somit einen einfachen Pol bei $s = 0$. Für die Stossantwort gilt demnach $h(t) = \varepsilon(t)$, d.h. die Stossantwort klingt nicht mehr ab. Sie schwillt aber auch nicht an, dies geschieht erst bei Polen in der rechten s-Halbebene, die deshalb zu den instabilen Systemen gehören, vgl. auch Bild 2.18.

□

Bei stabilen Systemen müssen alle Nullstellen des Nennerpolynoms von (3.52) in der offenen linken Halbebene liegen, d.h. negative Realteile haben. Polynome mit dieser Eigenschaft nennt man *Hurwitz-Polynome*. Notwendige (aber *nur* bei Systemen 1. und 2. Ordnung auch hinreichende) Bedingung für ein Hurwitz-Polynom ist, dass alle Koeffizienten vorkommen und alle dasselbe Vorzeichen haben.

Die Nullstellen von $H(s)$ dürfen auch in der rechten Halbebene liegen.

Die Polynome $Y(s)$ und $X(s)$ in (3.52) kann man durch Nullstellen-Abspaltung in Faktoren zerlegen, wie das bei der ersten Anmerkung oben bereits gemacht wurde:

$$H(s) = \frac{b_m}{a_n} \cdot \frac{(s - s_{N1})(s - s_{N2})...(s - s_{Nm})}{(s - s_{P1})(s - s_{P2})...(s - s_{Pn})} = \frac{b_m}{a_n} \cdot \frac{\prod\limits_{i=1}^{m}(s - s_{Ni})}{\prod\limits_{i=1}^{n}(s - s_{Pi})} \quad ; \quad m \le n \qquad (3.53)$$

Die s_{Ni} sind die komplexen Koordinaten der Nullstellen, die s_{Pi} sind die komplexen Koordinaten der Pole von $H(s)$. Das *Pol-Nullstellen-Schema* (PN-Schema) von $H(s)$ entsteht dadurch, dass man in der komplexen s-Ebene die Pole von $H(s)$ durch Kreuze und die Nullstellen durch Kreise markiert, Bild 3.13.

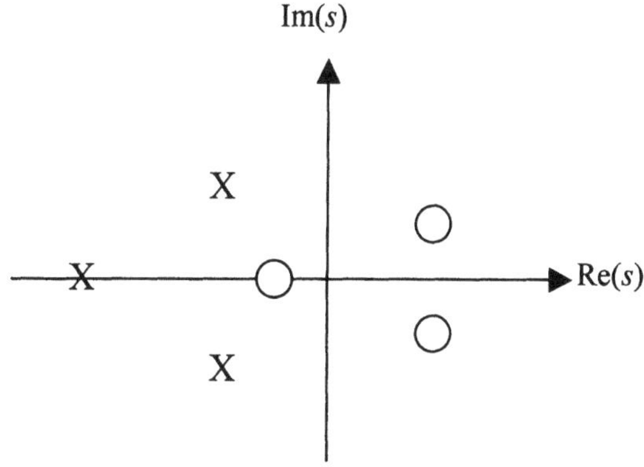

Bild 3.13 PN-Schema eines stabilen Systems 3. Ordnung

Die Pole und Nullstellen können mehrfach an derselben Stelle auftreten. Da $Y(s)$ und $X(s)$ in (3.52) Polynome mit reellen Koeffizienten sind, sind die Nullstellen und die Pole entweder reell oder sie treten als konjugiert komplexe Paare auf.

Das PN-Schema ist symmetrisch zur reellen Achse.

Durch das PN-Schema ist H(s) bis auf den konstanten und reellen Faktor b_m/a_n bestimmt.

Dieser Faktor kann positiv oder negativ sein. Da er konstant ist, hat er quantitative und nicht qualitative Bedeutung. Das PN-Schema sagt darum sehr viel über das zugehörige System aus. Dies ist einer der Gründe, weshalb man Systeme gerne mit der Übertragungsfunktion $H(s)$ beschreibt statt mit dem Frequenzgang $H(j\omega)$.

3.6.2 Amplitudengang, Phasengang und Gruppenlaufzeit

LTI-Systeme beschreibt man im Zeitbereich durch die Stossantwort $h(t)$ oder die Sprungantwort $g(t)$ oder im Bildbereich durch die Übertragungsfunktion $H(s)$ oder den Frequenzgang $H(j\omega)$. Der Frequenzgang hat gegenüber der Übertragungsfunktion den Vorteil der einfacheren Interpretierbarkeit. Oft arbeitet man nicht mit dem komplexwertigen $H(j\omega)$, sondern mit den daraus abgeleiteten reellwertigen Funktionen Amplitudengang (Betrag von $H(j\omega)$), Phasengang (Argument von $H(j\omega)$) und frequenzabhängige Gruppenlaufzeit $\tau_{\mathrm{Gr}}(\omega)$.

Systeme mit reeller Stossantwort (das sind die üblichen, physisch realisierbaren LTI-Systeme), haben zwangsläufig einen konjugiert komplexen Frequenzgang, vgl. Tabelle 2.1:

$$H(j\omega) = \mathrm{Re}\big(H(j\omega)\big) + j\,\mathrm{Im}\big(H(j\omega)\big)$$

$$\mathrm{Re}\big(H(j\omega)\big) = \mathrm{Re}\big(H(-j\omega)\big) \qquad \text{und} \qquad \mathrm{Im}\big(H(j\omega)\big) = -\mathrm{Im}\big(H(-j\omega)\big)$$

$$\big|H(j\omega)\big| = \sqrt{\big[\mathrm{Re}\big(H(j\omega)\big)\big]^2 + \big[\mathrm{Im}\big(H(j\omega)\big)\big]^2} \qquad \arg(H(j\omega)) = \arctan\frac{\mathrm{Im}\big(H(j\omega)\big)}{\mathrm{Re}\big(H(j\omega)\big)}$$

> *Der Amplitudengang ist eine gerade Funktion,*
> *der Phasengang ist eine ungerade Funktion.*

Bei $\omega = 0$ hat die Phase den Wert 0 oder $\pm\pi$. Im zweiten Fall ist das System invertierend.

Beschreibt man ein System mit der Übertragungsfunktion $H(s)$, so kann man aufgrund der Lage der Pole und der Nullstellen von $H(s)$ auf einfache und anschauliche Art Rückschlüsse auf den Frequenzgang $H(j\omega)$ des Systems sowie auf die daraus abgeleiteten Funktionen ziehen. Diese Methode betrachten wir in diesem Abschnitt.

Der komplexwertige Frequenzgang $H(j\omega)$ lässt sich aufteilen in Real- und Imaginärteil (dies entspricht der Darstellung in kartesischen Koordinaten) oder anschaulicher in Amplituden- und Phasengang (was der Darstellung in Polarkoordinaten entspricht). Mit der Substitution $s \rightarrow j\omega$ wird aus (3.53):

$$H(j\omega) = \big|H(j\omega)\big| \cdot e^{j\,\arg(H(j\omega))} = K \cdot \frac{(j\omega - s_{N1})(j\omega - s_{N2})...(j\omega - s_{Nm})}{(j\omega - s_{P1})(j\omega - s_{P2})...(j\omega - s_{Pn})} \tag{3.54}$$

Die einzelnen komplexwertigen Faktoren in (3.54) lassen sich in Polarkoordinaten schreiben:

$$(j\omega - s_{Nm}) = \big|j\omega - s_{Nm}\big| \cdot e^{j\varphi_{Nm}}$$

$$H(j\omega) = |K| \cdot \frac{\big|j\omega - s_{N1}\big| \cdot \big|j\omega - s_{N2}\big| \cdot ... \cdot \big|j\omega - s_{Nm}\big|}{\big|j\omega - s_{P1}\big| \cdot \big|j\omega - s_{P2}\big| \cdot ... \cdot \big|j\omega - s_{Pn}\big|} \cdot \frac{e^{j(\varphi_{N1} + \varphi_{N2} + ... + \varphi_{Nm})}}{e^{j(\varphi_{P1} + \varphi_{P2} + ... + \varphi_{Pn})}}$$

$$H(j\omega) = |K| \cdot \underbrace{\frac{|j\omega - s_{N1}| \cdot |j\omega - s_{N2}| \cdot \ldots \cdot |j\omega - s_{Nm}|}{|j\omega - s_{P1}| \cdot |j\omega - s_{P2}| \cdot \ldots \cdot |j\omega - s_{Pn}|}}_{Amplitude} \cdot \underbrace{e^{j(\varphi_{N1} + \ldots + \varphi_{Nm} - \varphi_{P1} - \ldots - \varphi_{Pn} + k\pi)}}_{Phase}$$

(3.55)

Eine Änderung der Phase um ein geradzahliges Vielfaches von 2π ändert $H(j\omega)$ nicht. Zudem kann der Faktor $K = b_m/a_n$ positiv oder negativ sein. Die Phase ist darum nur bis auf ganzzahlige Vielfache von π bestimmt.

Um Gleichung (3.55) graphisch aus dem PN-Schema zu deuten, unterscheiden wir drei Fälle: Pol in der linken Halbebene, Nullstelle in der linken Halbebene und schliesslich Nullstelle in der rechten Halbebene. Pole in der rechten Halbebene brauchen wir nicht zu untersuchen, da das entsprechende System instabil wäre und darum nicht einfach s durch $j\omega$ ersetzt werden dürfte.

- Fall 1: Pol in der linken Halbebene: $\underline{s}_P = -|a| + jb$ (Bild 3.14)

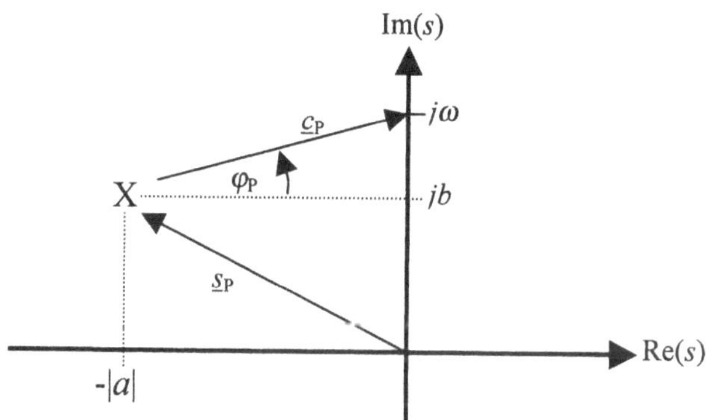

Bild 3.14 Einfluss eines Poles auf den Frequenzgang

Den Frequenzgang erhält man, indem man $H(s)$ auf der $j\omega$-Achse auswertet. Stellvertretend für diese Achse ist in Bild 3.14 ein variabler (vertikal verschiebbarer) Punkt $j\omega$ eingetragen. Der Vektor $\underline{s}_P$ ist der Ortsvektor des Poles X, d.h. die Komponenten dieses Vektors sind die Koordinaten des Poles. Der Hilfsvektor $\underline{c}_P$ verbindet den Pol mit dem Punkt $j\omega$, die Komponenten dieses Vektors sind somit $|a|$ und $(\omega - b)$. Vektoriell geschrieben:

$$\underline{c}_P = j\omega - \underline{s}_P$$

Der Winkel φ_P in Bild 3.14 bezeichnet das Argument von $\underline{c}_P$ und bewegt sich von $-\pi/2$ bis $+\pi/2$, wenn ω von $-\infty$ bis $+\infty$ wandert. Nach (3.55) ist der Frequenzgang aufgrund dieses Poles an der Stelle $j\omega$:

$$H(j\omega) = \frac{1}{|j\omega - \underline{s}_P|} \cdot e^{-j\varphi_P} = \frac{1}{|\underline{c}_P|} \cdot e^{-j\arg(\underline{c}_P)} = \frac{1}{\sqrt{a^2 + (\omega - b)^2}} \cdot e^{-j\arctan\frac{\omega - b}{|a|}}$$

$$|H(j\omega)| = \frac{1}{\sqrt{a^2 + (\omega - b)^2}} = \frac{1}{|\underline{c}_P|}$$

$$\arg(H(j\omega)) = -\arctan\frac{\omega - b}{|a|} = -\varphi_P \tag{3.56}$$

Für das Argument müsste man eigentlich eine Fallunterscheidung vornehmen für $\omega > b$ und $\omega < b$. Dadurch ergeben sich zwei um 2π unterschiedliche Resultate. Da das PN-Schema aber die Phase ohnehin nur mit einer Unbestimmtheit von $k\pi$ wiedergibt, ersparen wir uns diese Mühe.

Die Interpretation der Formeln (3.56) erfolgt später, kombiniert mit den Resultaten der beiden anderen Fälle.

- Fall 2: Nullstelle in der linken Halbebene: $\underline{s}_N = -|a| + jb$

$$|H(j\omega)| = \sqrt{a^2 + (\omega - b)^2} = |\underline{c}_N|$$

$$\arg(H(j\omega)) = \arctan\frac{\omega - b}{|a|} = \varphi_N \tag{3.57}$$

Auch hier müsste man eigentlich eine Fallunterscheidung für die Phase vornehmen.

- Fall 3: Nullstelle in der rechten Halbebene: $\underline{s}_N = |a| + jb$ (Bild 3.15)

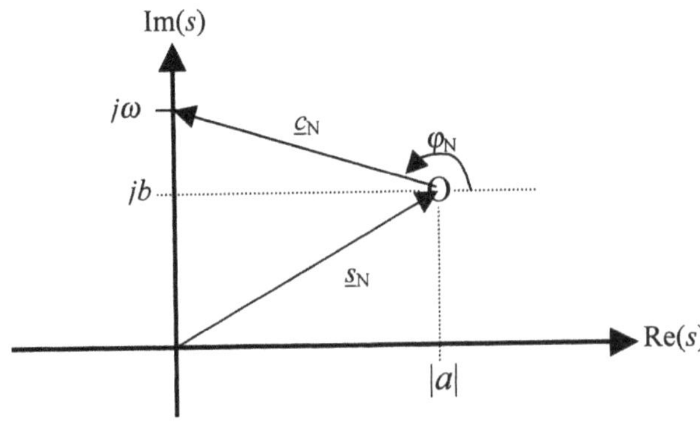

Bild 3.15 Einfluss einer Nullstelle in der rechten Halbebene auf den Frequenzgang

Der Winkel φ_N in Bild 3.15 bezeichnet das Argument von $\underline{c}_N$ und bewegt sich von $+3\pi/2$ bis $+\pi/2$, wenn ω von $-\infty$ bis $+\infty$ wandert.

$$|H(j\omega)| = \sqrt{a^2 + (\omega - b)^2} = |\underline{c}_N|$$

$$\arg(H(j\omega)) = \pi - \arctan\frac{\omega - b}{|a|} = \varphi_N \tag{3.58}$$

Die Gleichungen (3.56), (3.57) und (3.58) ergeben zusammengefasst:

> *Der Amplitudengang eines LTI-Systems an der Stelle $j\omega$ ist gleich dem Produkt der Längen der Verbindungsstrecken von $j\omega$ zu den Nullstellen, dividiert durch das Produkt der Längen der Verbindungsstrecken von $j\omega$ zu den Polen.*

Amplitudengang:

$$\left|H(j\omega)\right| = |K| \cdot \frac{\displaystyle\prod_{i=0}^{m}\left|\underline{c}_{Ni}\right|}{\displaystyle\prod_{i=0}^{n}\left|\underline{c}_{Pi}\right|} \tag{3.59}$$

> *Der Einfluss der Pole und Nullstellen ist umso grösser, je näher diese an der $j\omega$-Achse liegen.*

Phasengang:

$$\arg\!\left(H(j\omega)\right) = \sum_{i=1}^{m}\varphi_{Ni} - \sum_{i=1}^{n}\varphi_{Pi} + k \cdot \pi \tag{3.60}$$

Der konstante und reelle Faktor K in (3.59) ist aus dem PN-Schema nicht ableitbar. Die konstante und ganze Zahl k in (3.60) ist aus dem PN-Schema ebenfalls nicht ersichtlich. Aus (3.58) folgt:

> *Eine Nullstelle auf der $j\omega$-Achse bewirkt einen Phasensprung um π.*

Mehrfache Pole und Nullstellen behandelt man wie mehrere separate Pole und Nullstellen.

Die *Gruppenlaufzeit* τ_{Gr} wird häufig in der Nachrichtentechnik benutzt. Sie ist definiert als die negative Ableitung des Phasenganges (Phase in rad!):

$$\tau_{Gr}(j\omega) = -\frac{d}{d\omega}\arg\!\left(H(j\omega)\right) \tag{3.61}$$

(3.61) ist physikalisch nur aussagekräftig für schmalbandige Signale. Als Rechenvorschrift hingegen ist (3.61) stets anwendbar. Die Grösse der Gruppenlaufzeit eines Systems ist ein Mass für die Signalverzögerung, die frequenzabhängige Änderung der Gruppenlaufzeit ist ein Mass für die Signalverzerrungen, vgl. Abschnitt 3.13.

Für die Berechnung der Gruppenlaufzeit muss man nach (3.61) nur den Phasengang betrachten. Aus (3.60) folgt durch Ableiten:

$$\tau_{Gr}(\omega) = -\frac{d}{d\omega}\sum_{i=1}^{m}\varphi_{Ni} + \frac{d}{d\omega}\sum_{i=1}^{n}\varphi_{Pi}$$
(3.62)

φ_{Ni} und φ_{Pi} sind die Steigungen der Hilfsvektoren $\underline{c}_{Ni}$ bzw. $\underline{c}_{Pi}$.

Mühsam, insbesondere für die Bearbeitung mit Hilfe eines Computers, sind die Ableitungen in (3.62). Diese lassen sich zum Glück umgehen. Für die Herleitung nutzen wir aus, dass die Summanden in (3.62) einzeln abgeleitet werden dürfen, denn die Differentiation ist eine lineare Operation. Wir müssen wie oben drei Fälle unterscheiden:

- Fall 1: Pol in der linken Halbebene: $\qquad \underline{s}_P = -|a| + jb$

  Nach (3.56) gilt:

$$\varphi_P = \arctan\frac{\omega - b}{|a|} \qquad \Rightarrow \qquad \frac{d\varphi_P}{d\omega} = \frac{1/|a|}{1+\left(\dfrac{\omega-b}{|a|}\right)^2} = \frac{|a|}{a^2 + (\omega-b)^2}$$

  Mit $\underline{c}_P = j\omega - \underline{s}_P = |a| + j(\omega-b)$ und $|\underline{c}_P|^2 = a^2 + (\omega-b)^2$ wird daraus:

$$\frac{d\varphi_P}{d\omega} = \frac{|a|}{|\underline{c}_P|^2} = \frac{|\mathrm{Re}(\underline{s}_P)|}{|\underline{c}_P|^2} = \frac{-\mathrm{Re}(\underline{s}_P)}{|\underline{c}_P|^2}$$
(3.63)

Die letzte Gleichung in (3.63) gilt deshalb, weil wir einen Pol in der linken Halbebene voraussetzen, $\mathrm{Re}(\underline{s}_P)$ ist also negativ.

- Fall 2: Nullstelle in der linken Halbebene: $\qquad \underline{s}_N = -|a| + jb$

  Es ergibt sich dasselbe wie beim Pol in der linken Halbebene:

$$\frac{d\varphi_N}{d\omega} = \frac{|a|}{|\underline{c}_N|^2} = \frac{|\mathrm{Re}(\underline{s}_N)|}{|\underline{c}_N|^2} = \frac{-\mathrm{Re}(\underline{s}_N)}{|\underline{c}_N|^2}$$
(3.64)

- Fall 3: Nullstelle in der rechten Halbebene: $\qquad \underline{s}_N = |a| + jb$ $\qquad$ (Bild 3.15)

  Nach (3.58) gilt:

$$\varphi_N = \pi - \arctan\frac{\omega - b}{|a|}$$

$$\frac{d\varphi_N}{d\omega} = -\frac{1/|a|}{1+\left(\dfrac{\omega-b}{|a|}\right)^2} = -\frac{|a|}{a^2 + (\omega-b)^2} = -\frac{|a|}{|\underline{c}_N|^2} = -\frac{\mathrm{Re}(\underline{s}_N)}{|\underline{c}_N|^2}$$
(3.65)

Für alle Nullstellen gilt bezüglich der Gruppenlaufzeit also dasselbe Resultat. Dieses kombinieren wir mit (3.63) und setzen in (3.62) ein:

Frequenzabhängige Gruppenlaufzeit:

$$\tau_{Gr}(\omega) = \sum_{i=1}^{m} \frac{\mathrm{Re}(\underline{s}_{Ni})}{\left|\underline{c}_{Ni}\right|^2} - \sum_{i=1}^{n} \frac{\mathrm{Re}(\underline{s}_{Pi})}{\left|\underline{c}_{Pi}\right|^2} = \sum_{i=1}^{m} \frac{\mathrm{Re}(\underline{s}_{Ni})}{\left|j\omega - \underline{s}_{Ni}\right|^2} - \sum_{i=1}^{n} \frac{\mathrm{Re}(\underline{s}_{Pi})}{\left|j\omega - \underline{s}_{Pi}\right|^2} \qquad (3.66)$$

> *Pole in der linken Halbebene erhöhen die Gruppenlaufzeit.*
> *Nullstellen in der rechten Halbebene erhöhen die Gruppenlaufzeit.*
> *Nullstellen in der linken Halbebene verkleinern die Gruppenlaufzeit.*

Der Phasengang eines Systems kann aus dem PN-Schema nur mit einer Unsicherheit von $k\pi$ herausgelesen werden, Gleichung (3.60). Für die Gruppenlaufzeit ist eine Differentiation notwendig, wobei diese Unsicherheit wegfällt.

Der grosse Vorteil von (3.66) liegt darin, dass $\tau_{Gr}(\omega)$ vollständig bestimmt ist und für die Berechnung *keine* Differentiation notwendig ist. Damit ist diese Gleichung sehr gut dazu geeignet, mit einem Rechner ausgewertet zu werden, vgl. Anhang A.4.3. Benötigt werden lediglich die Koordinaten der Pole und Nullstellen, die man direkt aus der Systembeschreibung in der Produktform nach (3.53) herauslesen kann. Liegt die Systembeschreibung als Polynomquotient in der Form von (3.52) vor, so muss man zuerst eine Faktorzerlegung durchführen. Dies lässt sich natürlich mit Hilfe des Computers machen.

Hat man die Produktform nach (3.53), so kann man direkt das PN-Schema zeichnen und erkennt unmittelbar die Stabilität des Systems. Über dem PN-Schema stellt man sich $|H(s)|$ als Zelt vor, wobei bei jedem Pol ein langer Pfosten das Zelttuch hebt und bei jeder Nullstelle das Zelttuch am Boden befestigt ist. Auf diese Art ergibt sich z.B. Bild 2.16, das ein zweipoliges System ohne Nullstellen zeigt. Dies lässt sich aber auch qualitativ vorstellen, ohne dass eine dreidimensionale Zeichnung notwendig ist. Stellt man sich die Kontur über der $j\omega$-Achse vor, so „sieht" man den Frequenzgang, Bild 2.17. Wir üben dies gleich anhand der Filter.

3.6.3 PN-Schemata der Filterarten

Filter sind Systeme, die gewisse Frequenzen des Eingangssignales passieren lassen und andere Frequenzen sperren. Je nach Durchlässigkeit unterscheidet man zwischen Tiefpässen, Hochpässen, Bandpässen und Bandsperren. Etwas spezieller sind die Allpässe, die alle Frequenzen ungewichtet passieren lassen, jedoch die Phase frequenzabhängig beeinflussen. Allpässe dienen v.a. zur Korrektur eines Phasenganges oder als Verzögerungsglieder. Im Kapitel 8 werden solche Filter genauer besprochen.

a) Tiefpass

Ein Tiefpass soll tiefe Frequenzen (auch $\omega = 0$) durchlassen $\rightarrow$ keine Nullstelle bei $s = 0$. Hohe Frequenzen sollen hingegen gedämpft werden $\rightarrow$ Nennergrad $n >$ Zählergrad m (d.h. mehr Pole als Nullstellen). Bild 3.16 a) zeigt das einfachste Beispiel, nämlich das PN-Schema des uns bereits sattsam bekannten RC-Gliedes. (Es gibt auch Tiefpässe mit $m = n$, bei diesen liegen die Nullstellen auf der $j\omega$-Achse bei hohen Frequenzen, vgl. Abschnitt 8.2.)

b) Hochpass

Tiefe Frequenzen (insbesondere $\omega = 0$) sollen gesperrt werden $\rightarrow$ Nullstelle bei $s = 0$ (es sind dort auch mehrfache Nullstellen möglich). Hohe Frequenzen sollen durchgelassen werden, nach (3.44) bedeutet dies $m = n$, d.h. gleichviele Pole wie Nullstellen (mehrfache Pole und Nullstellen werden auch mehrfach gezählt), Bild 3.16 b).

c) Bandpass

Ein Bandpass entsteht aus einem Tiefpass durch Frequenzverschiebung, d.h. der Durchlassbereich wird in Richtung höhere Frequenzen verschoben. Entsprechend wandert auch der Pol in Bild 3.16 nach oben. Da Systeme mit reeller Stossantwort einen konjugiert komplexen Frequenzgang aufweisen, muss das PN-Schema symmetrisch zur reellen Achse sein, d.h. zum nach oben verschobenen Pol muss man noch seinen konjugiert komplexen Partner einführen. Die Frequenzverschiebung vom Tiefpass zum Bandpass bedingt darum eine Verdoppelung der Pole. Damit der Bandpass bei $\omega = 0$ sperrt, braucht es bei $s = 0$ mindestens eine Nullstelle. Hohe Frequenzen dürfen nicht durchgelassen werden, d.h. Zählergrad m < Nennergrad n, Bild 3.16 c).

d) Bandsperre

Bei der Sperrkreisfrequenz ω_0 tritt mindestens eine Nullstelle auf, ebenso bei $s = -j\omega_0$. Da die hohen Frequenzen nicht gesperrt werden dürfen, muss $m = n$ sein, d.h. es braucht gleichviele Pole wie Nullstellen, Bild 3.16 d).

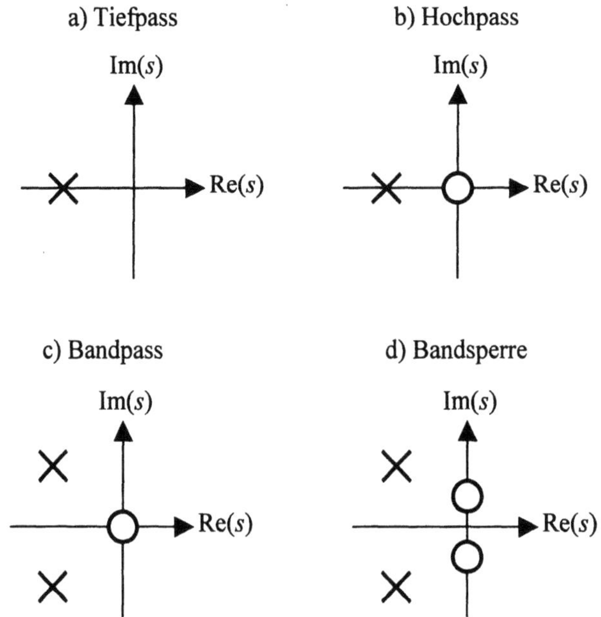

Bild 3.16 PN-Schemata der verschiedenen Filter (tiefstmögliche Systemordnung)

e) Allpass

Der Amplitudengang soll konstant sein, der Phasengang jedoch nicht. In Gleichung (3.59) müssen sich darum die Beträge $|\underline{c}_{Ni}|$ und die $|\underline{c}_{Pi}|$ paarweise kürzen. Man darf nun nicht einfach auf jeden Pol eine Nullstelle setzen, denn so würden sich die Pole und Nullstellen kürzen (anstatt nur deren Beträge) und es würde gelten $H(s) = K$, d.h. der Phasengang bliebe unerwünschterweise konstant. Es gibt aber eine Lösungsmöglichkeit: Pole und Nullstellen liegen symmetrisch zur $j\omega$-Achse, Bild 3.17.

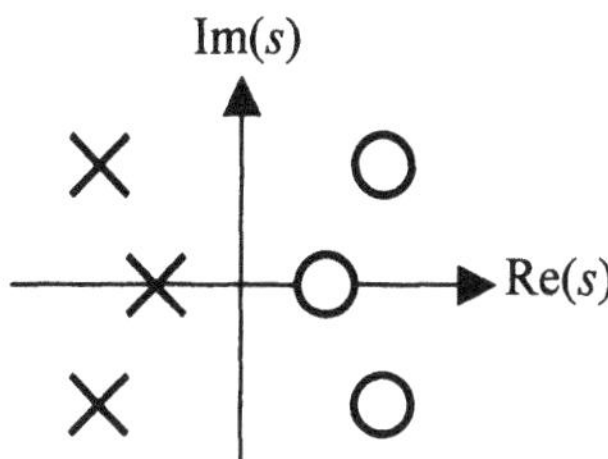

Bild 3.17 PN-Schema eines Allpasses 3. Ordnung

3.6.4 Realisierungsmöglichkeiten

Nicht jedes System ist in der Lage, Pole und Nullstellen beliebig in der s-Ebene zu plazieren. Bild 3.18 zeigt, wo die Pole und Nullstellen bei elektrischen Netzwerken liegen können.

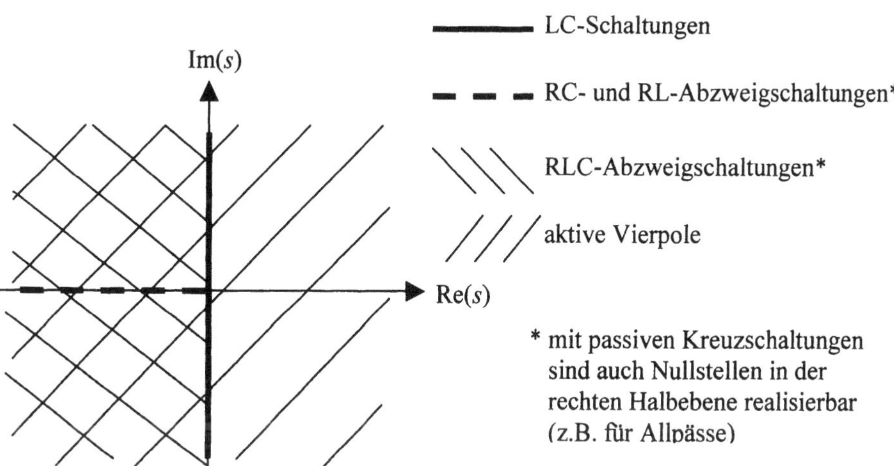

Bild 3.18 Realisierungsmöglichkeiten der verschiedenen PN-Schemata

Die LC-Schaltungen (ideale Reaktanzschaltungen, die nur aus Induktivitäten L und Kapazitäten C zusammengesetzt sind) haben keinerlei Verluste, entsprechend liegen alle Pole auf der $j\omega$-Achse. RC-Schaltungen und RL-Schaltungen verfügen nicht über duale Speicher und sind deshalb nicht schwingungsfähig. Darum liegen die Pole auf der reellen Achse. Zudem sind diese Schaltungen passiv und verlustbehaftet (Widerstände R), deshalb kommt nur die negative reelle Achse in Frage. Die passiven RLC-Schaltungen sind schwingungsfähig und können somit Polpaare bilden (vgl. Abschnitt 3.8), die in der linken Halbebene liegen müssen. Aktive Schaltungen, z.B. realisiert mit Operationsverstärkern, können die Verluste kompensieren und Pole in der rechten Halbebene bilden. Sie sind somit in der Lage, sich aufzuschaukeln und instabil zu werden, vgl. Bild 2.18. Dies ist natürlich kein erstrebenswerter Betriebsfall. Die Operationsverstärker werden aber nicht benutzt, um instabile Systeme zu realisieren, sondern um die Induktivitäten zu eliminieren und die Verluste zu kompensieren. Die Pole liegen also in der linken Halbebene, u.U. nahe an der imaginären Achse.

Die eigentliche Realisierung entspricht nicht dem Akzent dieses Buches. Im Abschnitt 8.4 folgen aber doch noch einige Hinweise am Beispiel der Filter-Implementierung.

3.7 Bodediagramme

Bodediagramme sind ein beliebtes graphisches Hilfsmittel zur Abschätzung von Amplituden- und Phasengängen von LTI-Systemen mit konzentrierten Elementen. Bodediagramme sind damit auf die gleichen Systeme anwendbar wie das PN-Schema. Dieser Abschnitt soll den Zusammenhang der Bodediagramme zur Systemtheorie aufzeigen, es wird also angenommen, dass der Leser sich bereits etwas mit Bodediagrammen auskennt. Diese werden üblicherweise bereits im Grundstudium eingeführt.

Ausgangspunkt unserer Betrachtung ist die Übertragungsfunktion $H(s)$, gegeben in Form eines Polynomquotienten (gebrochen rationale Funktion) nach Gleichung (3.52):

$$H(s) = \frac{Y(s)}{X(s)} = \frac{b_0 + b_1 \cdot s + b_2 \cdot s^2 + ...}{a_0 + a_1 \cdot s + a_2 \cdot s^2 + ...} = \frac{\displaystyle\sum_{i=0}^{m} b_i \cdot s^i}{\displaystyle\sum_{i=0}^{n} a_i \cdot s^i}$$

Nun zerlegt man durch eine Nullstellenabspaltung das Zähler- und das Nennerpolynom in Faktoren und erhält die Form von Gleichung (3.53), die den Ausgangspunkt für das PN-Schema bildet:

$$H(s) = \frac{b_m}{a_n} \cdot \frac{(s - s_{N1})(s - s_{N2})...(s - s_{Nm})}{(s - s_{P1})(s - s_{P2})...(s - s_{Pn})} = \frac{b_m}{a_n} \cdot \frac{\displaystyle\prod_{i=1}^{m}(s - s_{Ni})}{\displaystyle\prod_{i=1}^{n}(s - s_{Pi})}$$

Da die Polynomkoeffizienten b_i rellwertig sind, treten die m Nullstellen s_{N1}, s_{N2} usw. entweder als konjugiert komplexe Paare oder als reellwertige Einzelgänger auf. Dasselbe gilt für die n Pole.

Nun fassen wir die konjugiert komplexen Paare durch eine Multiplikation zusammen, was pro Paar ein Polynom 2. Grades mit *reellen* Koeffizienten ergibt, wobei der Koeffizient des quadratischen Gliedes zwangsläufig den Wert 1 hat.

Wir nehmen einmal an, dass m_2 Paare von Nullstellen und n_2 Paare von Polen auftreten. Die restlichen $m-2 \cdot m_2$ Nullstellen sind reellwertig, es sei m_0 die Anzahl der Nullstellen im Ursprung und m_1 die Anzahl der Nullstellen auf der reellen Achse. Die analoge Bedeutung haben die Zahlen n_0, n_1 und n_2 für die Pole. Nun präsentiert sich $H(s)$ folgendermassen:

$$H(s) = \frac{b_m}{a_n} \cdot \frac{s^{m_0}}{s^{n_0}} \cdot \frac{\displaystyle\prod_{i=1}^{m_1}(s - s_{Ni}) \; \prod_{i=1}^{m_2}\left(s^2 + s\frac{|s_{Ni}|}{Q_{Ni}} + |s_{Ni}|^2\right)}{\displaystyle\prod_{i=1}^{n_1}(s - s_{Pi}) \; \prod_{i=1}^{n_2}\left(s^2 + s\frac{|s_{Pi}|}{Q_{Pi}} + |s_{Pi}|^2\right)} \tag{3.67}$$

Die Parameter Q_{Ni} heissen Nullstellengüten, die Parameter Q_{Pi} heissen Polgüten (vgl. auch Abschnitt 3.8). Aus den linearen und quadratischen Termen klammern wir die Konstanten s_{Ni} bzw. s_{Pi} aus (insgesamt also $m_1+m_2+n_1+n_2$ Zahlen) und fassen alle diese Faktoren und auch b_m/a_n in einer einzigen Konstanten H_0 zusammen. Die Koeffizienten der konstanten Glieder der Teilpolynome werden dadurch gleich 1, diese Darstellung heisst *Normalform*:

$$H(s) = H_0 \cdot s^{m_0 - n_0} \cdot \frac{\displaystyle\prod_{i=1}^{m_1}\left(1 - \frac{s}{s_{Ni}}\right) \; \prod_{i=1}^{m_2}\left(1 + \frac{s}{Q_{Ni} \cdot |s_{Ni}|} + \frac{s^2}{|s_{Ni}|^2}\right)}{\displaystyle\prod_{i=1}^{n_1}\left(1 - \frac{s}{s_{Pi}}\right) \; \prod_{i=1}^{n_2}\left(1 + \frac{s}{Q_{Pi} \cdot |s_{Pi}|} + \frac{s^2}{|s_{Pi}|^2}\right)} \tag{3.68}$$

Somit haben wir das System der Ordnung n aufgeteilt in Teilsysteme maximal 2. Ordnung, zusätzlich liegen alle Polynome in der Normalform vor. Die Form nach (3.68) ist der Ausgangspunkt für die Bodediagramme. Insgesamt kommen nur gerade sechs verschiedene Arten von Teilsystemen vor:

- Konstante H_0

- Integrator bzw. Differentiator der Ordnung $m_0 - n_0$ (Pole und Nullstellen im Ursprung)

- Tiefpässe erster Ordnung (reelle Pole)

- Hochpässe erster Ordnung (reelle Nullstellen)

- Tiefpässe zweiter Ordnung (konjugiert komplexe Polpaare)

- Hochpässe zweiter Ordnung (konjugiert komplexe Nullstellenpaare)

Die Übertragungsfunktion des Gesamtsystems entsteht durch Multiplikation der Übertragungsfunktionen der Teilsysteme (Voraussetzung: rückwirkungsfreie Serieschaltung der Teilsysteme). Rechnet man in der Betrags-/Phasendarstellung (Polarkoordinaten), so muss man die Amplitudengänge multiplizieren und die Phasengänge addieren. Nun stellt man die Amplitudengänge in Dezibel (dB) dar, d.h. in einem relativen und logarithmischen Mass. Jetzt kann man auch die (logarithmierten) Amplitudengänge lediglich addieren, um den Amplitudengang des Gesamtsystems zu erhalten.

Zusätzlich logarithmiert man bei den Bodediagrammen auch noch die Frequenzachse. Dies hat zwei Gründe: erstens ergeben sich in den Bodediagrammen der sechs Grundglieder lineare

Asymptoten (Bild 3.19) und zweitens bleibt die relative Genauigkeit über alle Frequenzen gleich.

Ein Bodediagramm ist also eine graphische Darstellung des Frequenzganges eines Systems, wobei man mit sechs Grundbausteinen das gesamte System zusammensetzt. Dabei wird der Amplitudengang doppelt logarithmisch (Amplitude in dB über einer logarithmischen Frequenzachse) und der Phasengang einfach logarithmisch (lineare Phase über einer logarithmischen Frequenzachse) aufgetragen sind. Die Stärken der Bodediagramme sind:

- Systeme hoher Ordnung werden reduziert auf die Kombination von 6 anschaulichen Grundtypen höchstens 2. Ordnung, Bild 3.19.

- Der Frequenzgang des Gesamtsystems (Bodediagramm) entsteht durch Addition der Teil-Bodediagramme. Dank der linearen Asymptoten ist diese Addition sehr einfach.

- Wegen der logarithmischen Frequenzachse ergibt sich über das ganze Diagramm eine konstante relative Genauigkeit.

- Wird die Frequenzachse normiert (Strecken oder Stauchen der Frequenzachse, Abschnitt 3.11), so bleiben die Kurven bis auf eine horizontale Verschiebung unverändert.

In der Regelungstechnik werden v.a. für Stabilitätsuntersuchungen noch weitere Diagramme verwendet, z.B. Nyquist-Diagramme, Nichols-Diagramme und Wurzelortskurven.

Die Aufteilung eines Systems in ein Produkt von Teilsystemen maximal 2. Ordnung nach Gleichung (3.68) werden wir wieder antreffen bei der Realisierung von aktiven Analogfiltern und rekursiven Digitalfiltern.

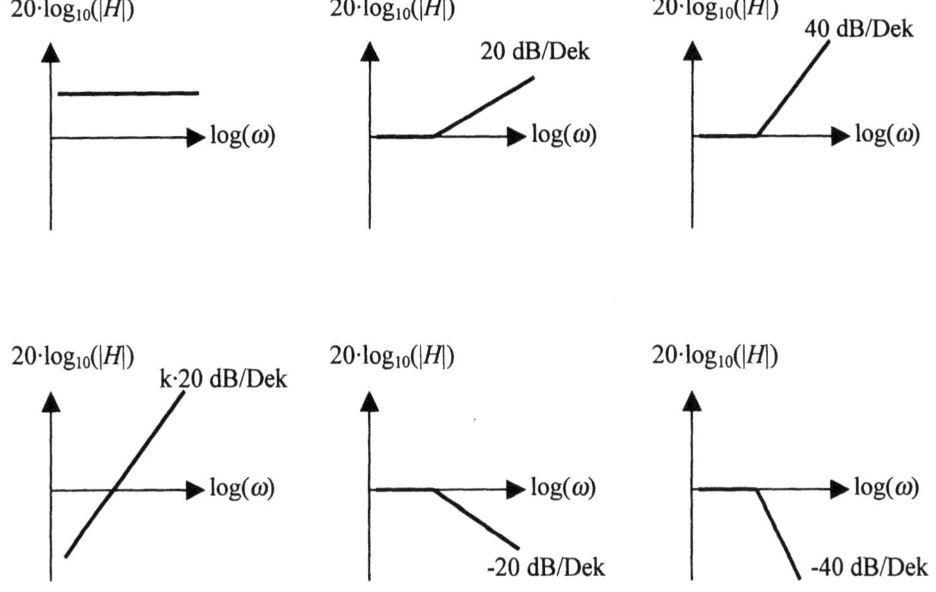

Bild 3.19 Die 6 Grundbausteine der Bodedieagramme (Asymptoten):

konstantes Glied	reelle Nullstelle	konj. kompl. Nullstellen-Paar
Integrator / Differentiator	reeller Pol	konjugiert komplexes Polpaar

Die linearen Asymptoten lassen sich ganz einfach erklären, wir machen dies nur am Tiefpass erster Ordnung (einfacher reeller Pol bei $s_P = -1/T$). Die Übertragungsfunktion lautet:

$$H(s) = \frac{1}{s - s_P} = \frac{1}{s + \dfrac{1}{T}} = \frac{1}{T} \cdot \frac{1}{1 + sT} \tag{3.69}$$

Wir wechseln durch die Substitution $s \to j\omega$ auf den Frequenzgang. Den konstanten Faktor $1/T$ lassen wir der Einfachheit halber weg (durch die blosse Vorgabe des Poles in (3.69) ist diese Konstante ja nicht festgelegt). So erhalten wir wieder Gleichung (3.29):

$$H(j\omega) = \frac{1}{1 + j\omega T}$$

Für kleine ω müssen wir vom Nennerpolynom nur das konstante Glied berücksichtigen, dieses ist stets 1, weil die Polynome für die Bodediagramme immer in Normalform hingeschrieben werden müssen. Dies ergibt in Bild 3.19 unten Mitte den anfänglich horizontalen Verlauf. Weil der Amplitudengang logarithmiert ist, verläuft diese horizontale Asymptote bei 0 dB.

Für grosse ω müssen wir vom Nennerpolynom nur den Summanden mit dem grössten Exponenten berücksichtigen, für den einpoligen Tiefpass also

$$\lim_{\omega \to \infty} |H(j\omega)| = \frac{1}{\omega T}$$

Erhöht man ω um den Faktor 10 (1 Dekade), so verkleinert sich $|H(j\omega)|$ um denselben Faktor 10 (d.h. 20 dB), dies führt zur im Bild 3.19 unten Mitte angegeben Steigung von -20 dB pro Dekade. Weil die Frequenzachse logarithmisch ist, dehnt sich eine Dekade stets über gleich viele Zentimeter aus. Ebenso überstreichen 20 dB stets dieselbe Distanz auf der vertikalen Achse. Beides zusammen führt zu diesen bequemen Asymptoten.

Im Schnittpunkt der beiden Asymptoten ist die Abweichung vom exakten Wert am grössten. Bei unserem einpoligen Tiefpass ist dies bei $\omega = 1/T$:

$$|H(j\omega)| = \left| H\left(\frac{j}{T}\right) \right| = \left| \frac{1}{1 + j} \right| = \frac{1}{\sqrt{2}} \quad \hat{=} \quad -3\,\text{dB}$$

3.8 Systemverhalten im Zeitbereich

Die Lage der Pole und Nullstellen beeinflusst die Übertragungsfunktion und damit auch die Impulsantwort eines Systems. Diesen Einfluss untersuchen wir anhand eines einzelnen Polpaares P_1 und P_2 mit den Koordinaten $(-\sigma_P, \pm j\omega_P)$, Bild 3.20.

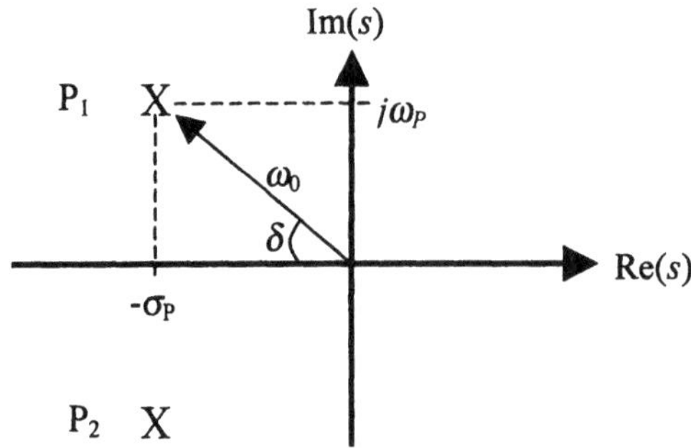

Bild 3.20 Kennzeichnung eines Poles

Wir benutzen folgende Definitionen:

Polfrequenz = Kennfrequenz:
$$\omega_0 = \sqrt{\sigma_P{}^2 + \omega_P{}^2}$$
$$= \text{Abstand des Poles vom Ursprung}$$
(3.70)

Polgüte:
$$Q_P = \frac{\omega_0}{2\sigma_P} = \frac{1}{2\cdot\cos\delta}$$
(3.71)

Je näher ein Pol an der $j\omega$-Achse liegt, desto grösser ist seine Güte und desto grösser sein Einfluss auf den Frequenzgang.

Dämpfungsfaktor:
$$\xi = \frac{\sigma_P}{\omega_0} = \frac{1}{2\cdot Q_P} = \cos\delta$$
(3.72)

Die Pole treten entweder alleine und reell oder als konjugiert komplexes Paar auf. Für jedes Paar kann man deshalb schreiben:

$$p_{1,2} = -\sigma_P \pm j\omega_P$$

$$(s-p_1)\cdot(s-p_2) = (s+\sigma_P-j\omega_P)\cdot(s+\sigma_P+j\omega_P) = s^2 + 2\cdot s\cdot\sigma_P + \underbrace{\sigma_P{}^2 + \omega_P{}^2}_{\omega_0{}^2}$$

$$= s^2 + 2\cdot s\cdot\sigma_P + \omega_0{}^2 = s^2 + s\,\frac{2\sigma_P}{\omega_0}\cdot\omega_0 + \omega_0{}^2 = s^2 + \frac{\omega_0}{Q_P}\cdot s + \omega_0{}^2$$

$$= s^2 + 2\xi\omega_0\cdot s + \omega_0{}^2$$

Ein System mit einem Polpaar hat demnach die Übertragungsfunktion:

$$H(s) = \frac{const.}{(s-p_1)\cdot(s-p_2)} = \frac{K}{1 + \dfrac{2\xi}{\omega_0}\cdot s + \dfrac{1}{\omega_0{}^2}\cdot s^2} = \frac{K}{1 + \dfrac{1}{\omega_0 Q_P}\cdot s + \dfrac{1}{\omega_0{}^2}\cdot s^2}$$
(3.73)

Die beiden letzten Nennerpolynome sind wieder in *Normalform*, d.h. der Koeffizient des konstanten Gliedes ist 1, vgl. auch Gleichung (3.68). Durch ω_0 und Q_P bzw. ξ wird ein Polpaar eindeutig festgelegt:

$$p_{1,2} = -\sigma_P \pm j\omega_P = -\xi\omega_0 \pm j\omega_0\sqrt{1-\xi^2} = -\frac{\omega_0}{2Q_P} \pm j\omega_0\sqrt{1-\frac{1}{4Q_P^2}} \qquad (3.74)$$

Dieselben Beziehungen gelten auch für Pole auf der $j\omega$-Achse ($Q_P = \infty$) und für einzelne reelle Pole ($Q_P = 0.5$). Für die Nullstellen werden analog Nullstellenfrequenzen und Nullstellengüten definiert. Für Nullstellen in der rechten Halbebene ist $Q_N < 0$.

Der Einfluss eines Pol*paares* auf die Stossantwort wird bestimmt, indem der Nenner von $H(s)$ von der Polynomform in die Produktform umgewandelt wird. Damit sind die Koordinaten der Pole und somit auch die Polfrequenzen und Dämpfungen bekannt. Für die Rücktransformation in den Zeitbereich zerlegt man $H(s)$ zuerst in Partialbrüche (die Pole bleiben!), wodurch sich Summanden in der Gestalt von (3.73) ergeben. Diese Summanden werden einzeln in den Zeitbereich transformiert. Es ergibt sich:

$$h(t) = \varepsilon(t) \cdot \underbrace{\frac{\omega_0}{\sqrt{1-\xi^2}}}_{\substack{Anfangs-\\amplitude}} \cdot \underbrace{e^{-\sigma_P t}}_{\substack{abklingende\\Enveloppe\\(D\ddot{a}mpfung)}} \cdot \underbrace{\sin(\omega_P \cdot t)}_{Schwingung} = \varepsilon(t) \cdot \frac{\omega_0^2}{\omega_P} \cdot e^{-\xi\omega_0 t} \cdot \sin\left(\omega_0 \cdot t\sqrt{1-\xi^2}\right)$$

$$(3.75)$$

Zum Beweis von (3.75) benutzen wir die zweitunterste Zeile der Tabelle der Laplace-Korrespondenzen im Abschnitt 2.4.5:

$$\varepsilon(t) \cdot \sin(\omega_P t) \quad \circ\!\!-\!\!\circ \quad \frac{\omega_P}{s^2 + \omega_P^2}$$

Nun wenden wir den Verschiebungssatz (2.74) und die Definitionen (3.72) und (3.70) an:

$$\varepsilon(t) \cdot e^{-\sigma_P t} \cdot \sin(\omega_P t) \quad \circ\!\!-\!\!\circ \quad \frac{\omega_P}{(s+\sigma_P)^2 + \omega_P^2} = \frac{\omega_P}{s^2 + 2\cdot\sigma_P \cdot s + \underbrace{\sigma_P^2 + \omega_P^2}_{\omega_0^2}}$$

$$= \frac{\omega_P}{s^2 + 2\xi\omega_0 s + \omega_0^2} = \frac{\dfrac{\omega_P}{\omega_0^2}}{1 + \dfrac{2\xi}{\omega_0} \cdot s + \dfrac{1}{\omega_0^2} \cdot s^2}$$

$$= \frac{\dfrac{\sqrt{1-\xi^2}}{\omega_0}}{1 + \dfrac{2\xi}{\omega_0} \cdot s + \dfrac{1}{\omega_0^2} \cdot s^2}$$

Nun ändern wir den Zähler des letzten Doppelbruches zu 1 und erhalten tatsächlich die gesuchte Korrespondenz:

$$\varepsilon(t)\cdot\frac{\omega_0}{\sqrt{1-\xi^2}}\cdot e^{-\sigma_P t}\cdot\sin(\omega_P t)\quad\circ\!\!-\!\!\circ\quad\frac{1}{1+\dfrac{2\xi}{\omega_0}\cdot s+\dfrac{1}{\omega_0^{\,2}}\cdot s^2}\tag{3.76}$$

Man erkennt in (3.75), dass das am nächsten bei der imaginären Achse liegende Polpaar wegen der kleinsten Dämpfung eine dominante Rolle spielt. Die Anschauung mit dem Zelttuch und den langen Stangen bei den Polen ergibt dasselbe (vgl. Schluss des Abschnittes 3.6.2).

Ein Polpaar auf der imaginären Achse bewirkt eine konstante Schwingung (vgl. Bild 2.18):

$$\boxed{\begin{array}{c} s_{P_{1,2}}=\pm j\omega_P\quad;\quad \sigma_P=0\quad;\quad \omega_0=\omega_P\quad;\quad Q_P=\infty\quad;\quad \xi=0 \\[2mm] h(t)=const.\cdot\varepsilon(t)\cdot\sin(\omega_P\cdot t) \end{array}}\tag{3.77}$$

Der Beweis folgt durch simples Einsetzen der Grössen der oberen Zeile von (3.77) in (3.75).

Für einen Einzelpol, der zwangsläufig auf der negativen reellen Achse liegt, gilt:

$$\boxed{\begin{array}{c} s_P=-\sigma_P\quad;\quad \omega_P=0\quad;\quad \omega_0=\sigma_P\quad;\quad Q_P=1/2\quad;\quad (\xi=1) \\[2mm] h(t)=const.\cdot\varepsilon(t)\cdot e^{-\sigma_P t} \end{array}}\tag{3.78}$$

Eigentlich ist ξ bei einem Einzelpol nicht definiert, rechnerisch ergibt sich aber 1.

Der Beweis erfolgt mit der Korrespondenz der kausalen Exponentialfunktion:

$$\varepsilon(t)\cdot e^{\alpha t}\quad\circ\!\!-\!\!\circ\quad\frac{1}{s-\alpha}=\frac{1/\alpha}{\dfrac{s}{\alpha}-1}$$

Nun setzen wir $\alpha=s_P=-\sigma_P$ und erhalten aus dem Vergleich mit dem Einzelpol in (3.78) die gesuchte Beziehung.

Beispiel: Wir betrachten das RLC-Glied nach Bild 3.21

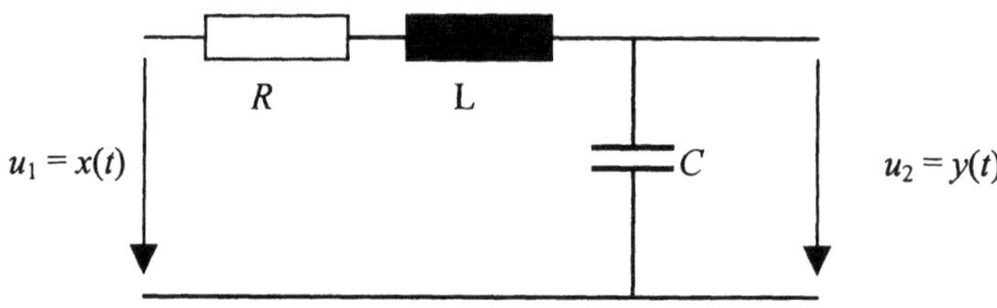

Bild 3.21 RLC-Glied (Tiefpass 2. Ordnung)

$$H(s) = \frac{Y(s)}{X(s)} = \frac{\dfrac{1}{sC}}{R + sL + \dfrac{1}{sC}} = \frac{1}{1 + RC \cdot s + LC \cdot s^2} \tag{3.79}$$

Ein Vergleich mit Gleichung (3.73) ergibt:

Polfrequenz:
$$\omega_0 = \frac{1}{\sqrt{LC}}$$

Dämpfung:
$$\frac{2\xi}{\omega_0} = RC \quad \Rightarrow \quad \xi = \frac{\omega_0 RC}{2} = \frac{R}{2\omega_0 L} = \frac{R}{2} \cdot \sqrt{\frac{C}{L}}$$

Güte:
$$Q_P = \frac{1}{2\xi} = \frac{1}{R} \cdot \sqrt{\frac{L}{C}}$$

Macht man R klein (wenig Verluste), so wird auch ξ klein und ω_0 strebt gegen ω_P.

$\square$

3.9 Spezielle Systeme

3.9.1 Mindestphasensysteme

> *Ein Mindestphasensystem hat keine Nullstellen in der rechten Halbebene.*

Eine andere übliche Bezeichnung für solche Systeme ist *Minimalphasensysteme*. Die Phase nimmt bei ihnen *langsamer* ab als bei Nichtmindestphasensystemen, was aus der Herleitung der Gleichung (3.66) folgt.

Bild 3.22 zeigt links das PN-Schema eines Minimalphasensystem. Für das Nichtminimalphasensystem rechts wurden die Nullstellen an der $j\omega$-Achse gespiegelt.

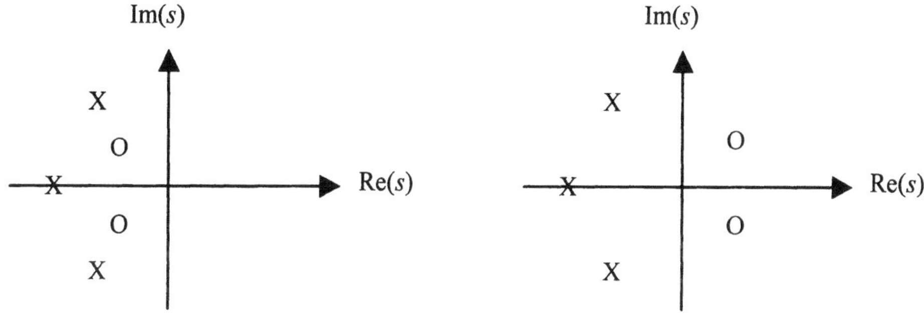

Bild 3.22 PN-Schemata eines Minimalphasensystems (links) und eines daraus konstruierten Nichtminimalphasensystem (rechts).

Die Amplitudengänge der beiden Systeme in Bild 3.22 sind identisch, da durch die Spiegelung der Nullstellen die Längen der gestrichelten Verbindungsstrecken $|\underline{c}_{Ni}|$ nicht verändert werden, vgl. Bild 3.14 oder Bild 3.15.

Für die Phase der beiden Systeme gilt nach (3.60):

$$\arg\bigl(H(j\omega)\bigr) = \varphi_{N1} + \varphi_{N2} - \varphi_{P1} - \varphi_{P2} - \varphi_{P3} + k\pi \tag{3.80}$$

Da das PN-Schema die Phase nur bis auf eine Konstante $k\pi$ angeben kann, betrachtet man besser die Phasen*drehung* entlang der Frequenzachse. In Bild 3.22 setzt man den Punkt $j\omega$ nach $-j\infty$, die Winkel φ_P betragen dann alle $-\pi/2$. Verschiebt man $j\omega$ nach $+j\infty$, so betragen die Winkel φ_P alle $+\pi/2$. Da nach (3.80) die Beiträge der Pole negativ zu werten sind, kann man festhalten: Bewegt man sich auf der Frequenzachse von $-\infty$ nach $+\infty$, so dreht die Phase pro Pol um $-\pi$.

Für die Nullstellen in der linken Halbebene gilt dasselbe: die φ_N drehen von $-\pi/2$ nach $+\pi/2$, vergrössern sich also wie die φ_P um π. Diese Beiträge sind nach (3.80) aber positiv zu werten. Bei den Nullstellen in der rechten Halbebene drehen die Winkel jedoch in der andern Richtung, *verkleinern* sich also um π. Zusammengefasst ergibt sich der Merksatz:

> *Bewegt man sich auf der Frequenzachse von $-\infty$ nach $+\infty$,*
> *so dreht jede Nullstelle in der rechten Halbebene und jeder Pol*
> *in der linken Halbebene die Phase um $-\pi$, jede Nullstelle in der*
> *linken Halbebene (inklusive imaginärer Achse) um $+\pi$.*

Angewandt auf Bild 3.22 heisst dies, dass das minimalphasige System die Phase insgesamt um $-\pi$ dreht. Da der Phasengang eine ungerade Funktion ist, erfolgt diese Drehung von $+\pi/2$ nach $-\pi/2 = -1.57$ rad. Beim nichtminimalphasigen System ergibt sich hingegen eine Phasendrehung um -5π von $+5\pi/2$ nach $-5\pi/2 = -7.85$ rad.

Bild 3.23 zeigt zum Vergleich zwei mit Computerhilfe berechnete Frequenzgänge. Die drei Pole sind bei beiden Systemen identisch und liegen bei -3 und $-2/3 \pm j$, die beiden Nullstellen liegen bei $-0.5 \pm j$ bzw. $+0.5 \pm j$.

Die Signalverzögerung ergibt sich aus der Gruppenlaufzeit, also aus der Ableitung des Phasenganges. Bei Nichtmindestphasensystemen sinkt die Phase stärker als bei Mindestphasensystemen, letztere verursachen demnach weniger Signalverzögerung. Möchte man diese Aussage praktisch anwenden, dann muss man aber den Phasengang genau betrachten, da dieser ja im Allgemeinen nicht linear verläuft und die Gruppenlaufzeit demnach frequenzabhängig ist, Bild 3.23 unten. Auffällig ist dort die stückweise negative Gruppenlaufzeit. Dies ist physikalisch durchaus möglich und ist nicht etwa eine Verletzung der Kausalitätsbedingung.

Die Pole und Nullstellen beeinflussen beide sowohl den Amplitudengang als auch den Phasengang bzw. den Realteil und den Imaginärteil des Frequenzganges $H(j\omega)$. Nur bei Mindestphasensystemen ist dieser Zusammenhang auch eineindeutig und gegeben durch die sog. Hilbert-Transformation. Darauf wurde schon im Abschnitt 3.5 hingewiesen.

Spiegelt man in Bild 3.22 den Punkt $j\omega$ auf $-j\omega$, so tauschen die Verbindungsstrecken zu P_1 und P_2 (Vektoren $\underline{c}_{Pi}$ bzw. $\underline{c}_{Ni}$ in Bild 3.14 bzw. 3.15) ihre Plätze. Dasselbe gilt für ein Nullstellenpaar. Bei reellen Polen oder Nullstellen bleibt die Länge der Verbindungsstrecken durch die Spiegelung gleich. Der Amplitudengang (bestimmt nur durch diese Streckenlängen) ist also eine gerade Funktion. Entsprechend ist die Überlegung für den ungeraden Phasengang: alle

Winkel werden durch die Spiegelung invertiert und somit auch die Phase. Zusammengesetzt heisst dies, dass bei reellen Systemen ($h(t)$ reellwertig) der Frequenzgang konjugiert komplex ist. Auch diese beiden Aussagen sind uns von früher längstens bekannt.

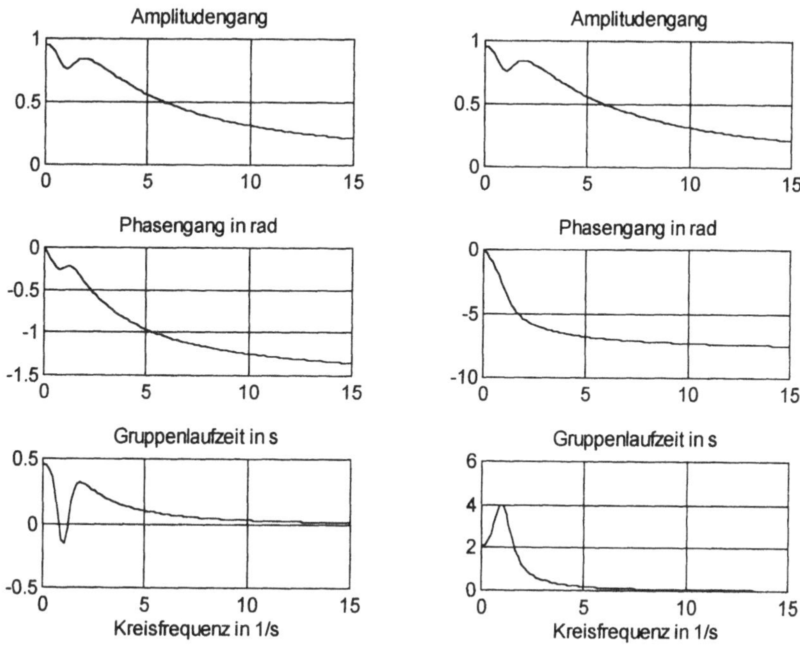

Bild 3.23 Vergleich eines Mindest- (links) mit einem Nichtmindestphasensystem (rechts). Nur der positive Teil der Frequenzachse ist gezeichnet.

3.9.2 Allpässe

Bei Allpässen treten die Pole und Nullstellen in Paaren auf und liegen symmetrisch zur $j\omega$-Achse. Da die Pole nicht in der rechten Halbebene liegen dürfen, müssen alle Nullstellen eines Allpasses in der rechten Halbebene liegen. Die reelle Achse ist nach wie vor Symmetrieachse. Bild 3.24 zeigt ein Beispiel.

Für die symmetrisch liegenden Paare von Polen und Nullstellen gilt:

$$|c_{Pi}| = |c_{Ni}| \quad \Rightarrow \quad |H(j\omega)| = const.$$

Daraus erklärt sich auch der Name: Allpässe lassen alle Frequenzen passieren. Sie beeinflussen aber die Phase und werden z.B. als Entzerrer benutzt (Korrektur von Phasengängen) und auch als Signalverzögerer eingesetzt (frequenzabhängige Gruppenlaufzeit).

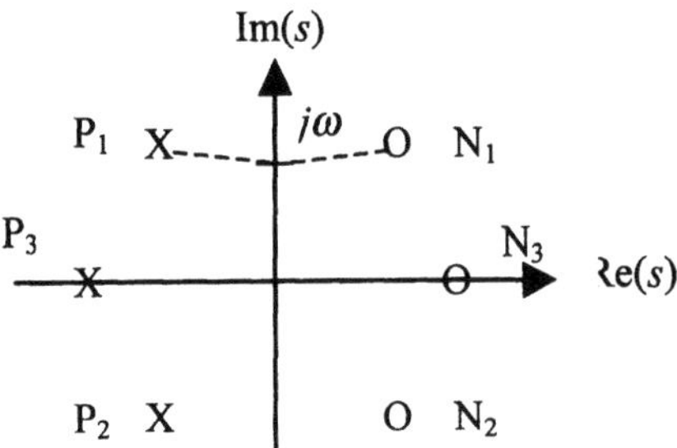

Bild 3.24 Allpass 3. Ordnung

Der Allpass n. Ordnung hat n Pole in der linken Halbebene und somit n Nullstellen in der rechten Halbebene. Die Phase dreht somit entlang der Frequenzachse um $2n\pi$. Von der Frequenz 0 bis zur Frequenz ∞ dreht sie wegen der Symmetrie um die Hälfte:

Allpass n. Ordnung:

$$\begin{aligned} |H(j\omega)| &= const. \\ \arg(H(j\infty)) - \arg(H(j0)) &= -n \cdot \pi \end{aligned}$$

(3.81)

Der Allpass 1. Ordnung hat im PN-Schema nur P_3 und N_3 aus Bild 3.24, die z.B. an den Stellen $\pm s_0$ liegen sollen. Nach (3.66) beträgt die Gruppenlaufzeit:

$$\tau_{Gr}(\omega) = \frac{s_0}{|j\omega - s_0|^2} + \frac{s_0}{|j\omega + s_0|^2} = \frac{s_0}{s_0^2 + \omega^2} + \frac{s_0}{s_0^2 + \omega^2} = \frac{2 \cdot s_0}{s_0^2 + \omega^2}$$

$$\tau_{Gr}(0) = \frac{2}{s_0} \qquad \tau_{Gr}(s_0) = \frac{1}{s_0} = 0.5 \cdot \tau_{Gr}(0) \qquad \tau_{Gr}(\infty) = 0$$

Ein System mit Nullstellen in der rechten Halbebene ist ein Nichtmindestphasensystem. Es heisst auch *allpasshaltig*, da man es (rechnerisch, wegen der Bauteiltoleranzen aber nicht praktisch!) in ein minimalphasiges Teilsystem und einen Allpass aufteilen kann, Bild 3.25. Kaskadiert man die Teilsysteme, so kompensieren sich die neu eingeführten Pole und Nullstellen gegenseitig.

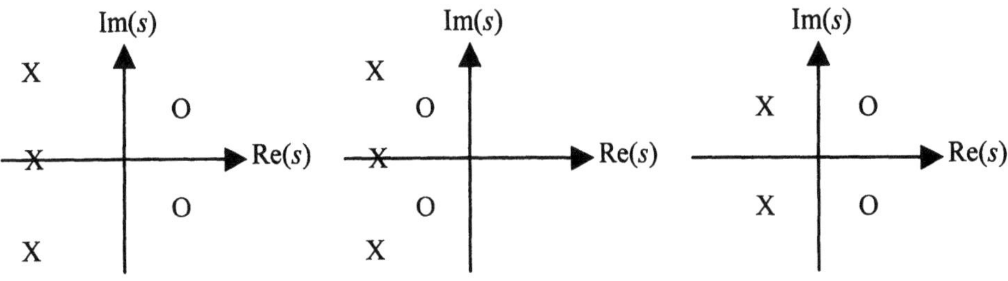

Bild 3.25 Aufteilung eines Nichtmindestphasensystems (links) in ein Mindestphasensystem (Mitte)
und einen Allpass (rechts)

3.9.3 Zweipole

Ein Zweipol oder Eintor ist eine RLC-Schaltung, die man nur an einem einzigen Klemmenpaar betrachtet. Als Ersatzschaltung ergibt sich eine Impedanz oder eine Admittanz, Bild 3.26.

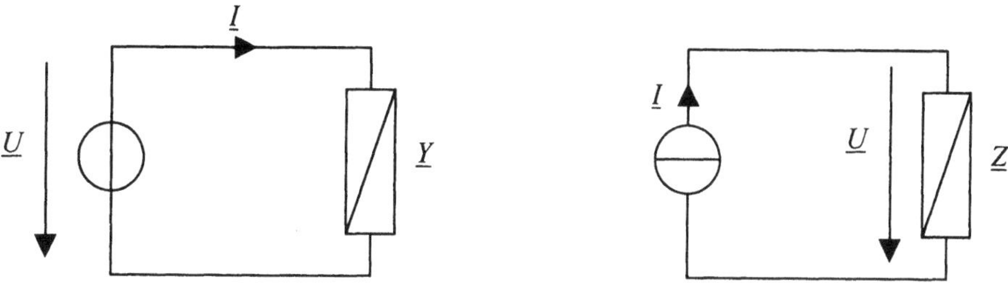

Bild 3.26 Admittanz (links) und Impedanz (rechts)

Die Spannungsquelle in Bild 3.26 links prägt dem Zweipol eine Spannung auf, als Reaktion fliesst ein Strom. Die Übertragungsfunktion hat darum die Gestalt einer Admittanz. Die Stromquelle rechts im Bild erzwingt einen Strom, der Zweipol reagiert mit einer Spannung. Die Übertragungsfunktion hat die Gestalt einer Impedanz.

$$\underline{Y}(s) = \frac{\underline{I}(s)}{\underline{U}(s)} \qquad\qquad \underline{Z}(s) = \frac{\underline{U}(s)}{\underline{I}(s)} = \frac{1}{\underline{Y}(s)}$$

Passive Admittanzen sind stabil, deshalb liegen alle Pole von $\underline{Y}(s)$ in der linken Halbebene. Mit derselben Begründung liegen alle Pole von $\underline{Z}(s)$ in der linken Halbebene. Da $\underline{Y}(s)$ der Kehrwert von $\underline{Z}(s)$ ist, sind die Pole von $\underline{Y}(s)$ gleich den Nullstellen von $\underline{Z}(s)$ und umgekehrt.

> *Zweipole haben nur Pole und Nullstellen in der linken Halbebene.*
> *Zweipole sind Mindestphasensysteme.*

3.9.4 Polynomfilter

Polynomfilter haben keine Nullstellen, in der englischsprachigen Literatur heissen sie deshalb „all-pole-filter". Ihre Übertragungsfunktion hat die Gestalt

$$H(s) = \frac{b_0}{a_0 + a_1 s + a_2 s^2 + \ldots + a_n s^n} \tag{3.82}$$

Ersetzt man s durch $j\omega$, so ergibt sich der Frequenzgang. Für $\omega \to \infty$ wird das Glied $a_n\cdot(j\omega)^n$ dominant. Näherungsweise kann man für den Amplitudengang darum schreiben:

$$|H(j\infty)| \approx \left|\frac{b_0}{a_n}\right| \cdot \frac{1}{\omega^n} \tag{3.83}$$

Rechnet man diesen Wert in Dezibel (dB) um, so ergibt sich:

$$20\cdot\log_{10}|H(j\infty)| \approx 20\cdot\log_{10}\left|\frac{b_0}{a_n}\right| - n\cdot 20\cdot\log_{10}(\omega)$$

Die Asymptote für $\omega \to \infty$ sinkt also mit n mal 20 dB pro Dekade (n mal 6 dB pro Oktave) ab. (1 Dekade = Faktor 10, 1 Oktave = Faktor 2 auf der Frequenzachse). Dieses Verhalten sieht man auch in Bild 3.19 beim reellen Einzelpol und beim konjugiert komplexen Polpaar.

Realisierbar sind Polynomfilter beispielsweise durch LC-Kettenschaltungen. Polynomfilter sind Mindestphasensysteme, da keine Nullstellen auftreten. Die Tiefpass-Approximationen nach Butterworth, Tschebyscheff-I und Bessel (vgl. Abschnitt 8.2) führen auf Polynomfilter.

3.10 Systembeschreibung mit Zustandsvariablen

Mit $h(t)$, $H(s)$, $H(j\omega)$ und $g(t)$ haben wir mehrere gleichwertige, d.h. eineindeutig ineinander umrechenbare Beschreibungsarten von LTI-Systemen kennen gelernt. Welche Variante benutzt wird, hängt davon ab, wie die momentane Fragestellung am anschaulichsten behandelt werden kann. Alle diese Beschreibungsarten geben nur das Übertragungsverhalten des LTI-Systems an und machen keine Annahmen über den inneren Systemaufbau (Input-Output-Betrachtung, Black Box-Beschreibung). Vorausgesetzt wird lediglich, dass vor der Anregung durch einen Diracstoss oder einen Einheitsschritt die systeminternen Speicher leer sind (nur in diesem Fall ist $g(t)$ aus $h(t)$ eindeutig berechenbar). Falls man $H(s)$ bzw. $H(j\omega)$ durch eine gebrochen rationale Funktion (Polynomquotient nach (1.11) bzw. (1.12)) darstellt, so setzt man implizite weiter voraus, dass das LTI-System nur endlich viele konzentrierte Speicherelemente enthält.

Die Systemdarstellung mit Zustandsvariablen ist eine weitere Darstellungsart für dynamische Systeme mit konzentrierten Elementen. V.a. in der Regelungstechnik und bei Systemen mit mehreren Ein- und Ausgängen benutzt man gerne das Zustandskonzept. Es ist überdies auch auf nichtlineare Systeme anwendbar, in diesem Buch betrachten wir dies allerdings nicht. Weiter bietet die Zustandsraumdarstellung numerische Vorteile, d.h. die Computersimulationen werden genauer und stabiler. Genau deswegen rechnen spezielle Programme für die Systemanalyse häufig in der Zustandsdarstellung, auch wenn die Eingabe und die Resultatausgabe in einer andern Form (z.B. als rationales Modell) erfolgen. Dies ist der Grund, weshalb wir hier wenigstens rudimentär die Zustandsdarstellung von LTI-Systemen betrachten.

Die Zustandsvariablen repräsentieren den *inneren* Zustand des betrachteten Systems, nämlich den „Füllstand" der *unabhängigen* Speicher. Man trifft also Annahmen über den Aufbau des System-Modells. Das tatsächliche physische System muss dabei nicht unbedingt so aufgebaut sein, das Modell sollte sich nur gleich verhalten wie das physische Vorbild.

Die Systembeschreibung mittels $H(s)$ impliziert im Zeitbereich eine das Systemverhalten bestimmende Differentialgleichung der Ordnung n, vgl. (1.8). Die Zustandsdarstellung hingegen benutzt stattdessen n Differentialgleichungen erster Ordnung.

Zur Herleitung gehen wir aus von einer gewöhnlichen linearen Differentialgleichung:

$$\frac{d^n x(t)}{dx^n} + a_n \cdot \frac{d^{n-1}x(t)}{dx^{n-1}} + \ldots + a_3 \cdot \ddot{x}(t) + a_2 \cdot \dot{x}(t) + a_1 \cdot x(t) = u(t) \tag{3.84}$$

Nun substituieren wir:

$$\begin{aligned}
x_1 &= x \\
x_2 &= \dot{x} \\
x_3 &= \dot{x}_2 = \ddot{x} \\
&\vdots \\
x_n &= \dot{x}_{n-1} = \frac{d^{n-1}x}{dx^{n-1}}
\end{aligned} \tag{3.85}$$

Und erhalten aus (3.84) das Differentialgleichungs*system*:

$$\begin{aligned}
\dot{x}_1 &= x_2 \\
\dot{x}_2 &= x_3 \\
&\vdots \\
\dot{x}_n &= -a_n \cdot x_n(t) - \ldots - a_2 \cdot x_2(t) - a_1 \cdot x_1(t) + u(t)
\end{aligned} \tag{3.86}$$

In (3.86) bezeichnen die $x_i(t)$ die Zustandsvariablen, und $u(t)$ die Eingangsgrösse. Diese Variablennamen haben sich in der Literatur für die Zustandsdarstellung eingebürgert, wir passen uns deshalb hier an. Ansonsten bezeichnet in diesem Buch $x(t)$ die Eingangsgrösse.

Ein System habe nun p Eingangssignale u_1, u_2, ... , u_p, die in einem Vektor $\mathbf{u(t)}$ zusammengefasst werden. Das System habe weiter q Ausgangssignale y_1, y_2, ... , y_q, die als Vektor $\mathbf{y(t)}$ geschrieben werden. Dazu kommen noch die n Zustandsvariablen, die im Vektor $\mathbf{x(t)}$ zusammengefasst werden:

$$\mathbf{u}(t) = \begin{bmatrix} u_1 \\ u_2 \\ \vdots \\ u_p \end{bmatrix} \quad ; \quad \mathbf{y}(t) = \begin{bmatrix} y_1 \\ y_2 \\ \vdots \\ y_q \end{bmatrix} \quad ; \quad \mathbf{x}(t) = \begin{bmatrix} x_1 \\ x_2 \\ \vdots \\ x_n \end{bmatrix} \tag{3.87}$$

Im Allgemeinen hängen alle Zustandsänderungen $\dot{x}$ von allen aktuellen Zuständen x sowie von allen Eingangssignalen u ab. Ebenso hängen alle Ausgänge y von allen Zuständen x und allen Eingängen u ab. Diese beiden Gleichungssysteme lassen sich in Matrixform kompakt schreiben:

$$\boxed{\begin{aligned}
\dot{\mathbf{x}}(t) &= \mathbf{A} \cdot \mathbf{x}(t) + \mathbf{B} \cdot \mathbf{u}(t) \\
\mathbf{y}(t) &= \mathbf{C} \cdot \mathbf{x}(t) + \mathbf{D} \cdot \mathbf{u}(t)
\end{aligned}} \tag{3.88}$$

In (3.88) bedeuten:

A	Systemmatrix	(n Zeilen, n Spalten)
B	Eingangsmatrix	(n Zeilen, p Spalten)
C	Ausgangsmatrix	(q Zeilen, n Spalten)
D	Durchgangsmatrix	(q Zeilen, p Spalten)
u	Eingangsvektor	(p Zeilen, 1 Spalte)
x	Zustandsvektor	(n Zeilen, 1 Spalte)
y	Ausgangsvektor	(q Zeilen, 1 Spalte)

Bild 3.27 zeigt das zu Gleichung (3.88) gehörende vektorielle Signalflussdiagramm.

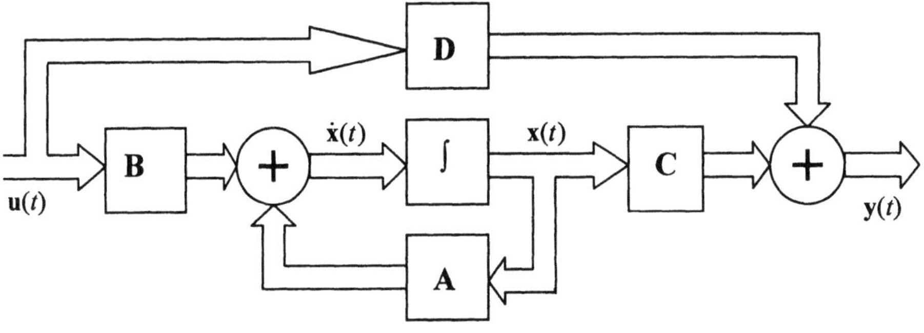

Bild 3.27 Signalflussdiagramm der Zustandsgleichungen (3.88) (vektorielle Darstellung)

> *Kennt man alle Zustände x zu einem beliebigen Zeitpunkt t_0 sowie die Systemanregung u für alle $t \geq t_0$, so kann man die Systemreaktion y für alle $t \geq t_0$ berechnen.*

Die Zustandsgleichungen (3.88) lassen sich im Zeitbereich oder mit Hilfe der Laplace-Transformation lösen. V.a. für die Regelungstechniker ergeben sich auf diese Art sehr nützliche Systembeschreibungen. Eine tiefere Darstellung findet sich z.B. in [Fli91] und in [Unb93].

3.11 Normierung

Physikalische Grössen stellt man üblicherweise als Produkt „Zahlenwert mal Einheit" dar. Vorteile dieser Darstellung sind die absoluten Zahlenwerte und die Möglichkeit der Dimensionskontrolle aller Gleichungen als einfachen Plausibilitätstest. Normierung (nicht zu Verwechseln mit Normung!) bedeutet, dass alle Grössen durch eine *dimensionsbehaftete Bezugsgrösse* dividiert werden. Daraus ergeben sich zwei Konsequenzen:

- Man rechnet nur noch mit dimensionslosen Zahlen. Spannungen, Ströme, Temperaturen usw. haben in normierter Darstellung dieselbe Form.

- Die Wertebereiche der Signale (Funktionen) werden i. A. kleiner. Dies ermöglicht die Verwendung von Tabellenwerken. Beispiel: Systeme gleicher Struktur können für tiefe oder hohe Frequenzen eingesetzt werden. Entsprechend variieren die Werte der Bauteile über viele Dekaden. Durch Normierung auf die Grenzfrequenz (z.B. bei einem Tiefpassfilter) oder auf die Abtastfrequenz (häufiger Fall in der digitalen Signalverarbeitung) ergeben sich identische *normierte* Bauteilwerte.

Der Verlust der Dimension verunmöglicht allerdings eine Dimensionskontrolle.

Die Normierung werden wir im Zusammenhang mit den Filtern ausgiebig anwenden. Eingeführt wird sie schon hier, weil sie ein universelles Hilfsmittel darstellt und nicht nur auf Filter anwendbar ist.

Nachfolgend werden folgende Indizes verwendet:

$\quad$ w = wirkliche Grösse (mit Dimension)

$\quad$ n $\,=$ normierte Grösse (ohne Dimension)

$\quad$ b $\,=$ Bezugsgrösse (mit Dimension)

Normierung auf eine Bezugsfrequenz:

$$\omega_n = \frac{\omega_w}{\omega_b} = \frac{2\pi \cdot f_w}{2\pi \cdot f_b} = \frac{f_w}{f_b} = f_n \qquad\qquad (3.89)$$

> *In frequenznormierter Darstellung muss man Frequenzen und Kreisfrequenzen nicht mehr unterscheiden.*

Normierung auf einen Bezugswiderstand:

$$\underline{Z}_n = \frac{\underline{Z}_w}{R_b} \qquad\qquad (3.90)$$

Die Tabelle 3.2 zeigt die Normierung von Impedanzen. Daraus lernen wir:

> *Frequenzabhängige Impedanzen sind zweifach normiert!*

Normierung auf Bezugsspannung / -Strom:

$$U_n = \frac{U_w}{U_b}$$
$$\qquad\qquad mit \qquad \frac{U_b}{I_b} = R_b \qquad\qquad (3.91)$$
$$I_n = \frac{I_w}{I_b}$$

Tabelle 3.2 Normierung und Entnormierung von Impedanzen

Bauelement	Impedanz	normierte Impedanz	Entnormierung
R_w	R_w	$R_n = \dfrac{R_w}{R_b}$	$R_w = R_n \cdot R_b$
L_w	$j\omega_w \cdot L_w$	$\dfrac{j\omega_w \cdot L_w}{R_b} = j\omega_n \cdot \underbrace{\dfrac{\omega_b \cdot L_w}{R_b}}_{L_n}$ $= j\omega_n \cdot L_n$	$L_w = L_n \cdot \dfrac{R_b}{\omega_b}$
C_w	$\dfrac{1}{j\omega_w \cdot C_w}$	$\dfrac{1}{j\omega_w \cdot C_w R_b} = \dfrac{1}{j\omega_n} \cdot \underbrace{\dfrac{1}{\omega_b \cdot C_w R_b}}_{1/C_n}$ $= \dfrac{1}{j\omega_n} \cdot \dfrac{1}{C_n}$	$C_w = C_n \cdot \dfrac{1}{\omega_b \cdot R_b}$

Auswirkung der Normierung auf Übertragungsfunktionen: Es ist ein Unterschied, ob H_w dimensionslos ist oder nicht:

H_w dimensionslos:

$$H_w = \frac{U_{2w}}{U_{1w}} = \frac{U_{2n} \cdot U_b}{U_{1n} \cdot U_b} = \frac{U_{2n}}{U_{1n}} = H_n = H$$

H_w mit Dimension:

$$H_w = \frac{U_{2w}}{I_{1w}} = \frac{U_{2n} \cdot U_b}{I_{1n} \cdot I_b} = H_n \cdot R_b$$

Normierung auf eine Zeit: Das dimensionslose Produkt $\omega \cdot t$ soll konstant bleiben:

$$\omega_w \cdot t_w = \omega_n \cdot t_n \quad \Rightarrow \quad t_n = \frac{\omega_w}{\omega_n} \cdot t_w = \omega_b \cdot t_w = \frac{t_w}{t_b} \tag{3.92}$$

Damit sind Frequenz- und Zeitnormierung verknüpft:

$$t_b = \frac{1}{\omega_b} \tag{3.93}$$

Dies ist in Übereinklang mit dem Zeit-Bandbreite-Produkt der Fourier-Transformation, Abschnitt 2.3.5 e).

Beispiel: Die normierte Gruppenlaufzeit eines Tiefpasses mit der Grenzfrequenz $f_G = 10$ kHz beträgt 3. Wie gross ist t_{Gr} wirklich?

Bei Tiefpässen ist die Bezugsfrequenz üblicherweise gleich der Grenzfrequenz. Somit gilt:

$$\tau_{Gr_w} = \tau_{Gr_n} \cdot t_b = \tau_{Gr_n} \cdot \frac{1}{\omega_b} = \tau_{Gr_n} \cdot \frac{1}{2\pi \cdot f_b} = \frac{3}{2\pi \cdot 10 \cdot 10^3 \, Hz} = 48 \mu s$$

$\square$

3.12 Übersicht über die Systembeschreibungen

3.12.1 Einführung

In diesem Abschnitt soll eine Übersicht über die verschiedenen Systembeschreibungen gegeben werden. Dabei knüpfen wir an den Abschnitt 1.2 an.

Ein System bildet ein Eingangssignal $x(t)$ in ein Ausgangssignal $y(t)$ ab, Bild 3.28.

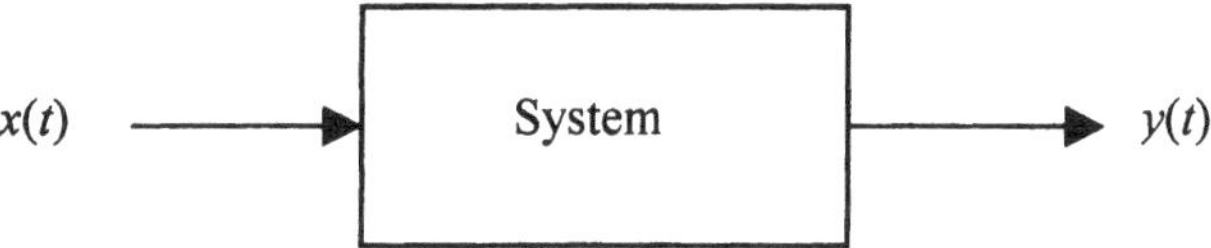

Bild 3.28 System als Abbildung $x(t) \rightarrow y(t)$

Mathematisch beschreiben wir das System, indem wir die Abbildung als Funktion darstellen:

$$y(t) = f\big(x(t)\big)$$

Diese Gleichung sollte nicht zu kompliziert sein und beschreibt darum zweckmässigerweise nur die für die jeweilige Fragestellung relevanten Eigenschaften des Systems. Es handelt sich also um ein *mathematisches Modell* (vgl. Abschnitt 1.1).

Die Eigenschaften des Systems beeinflussen die Art der Funktion f:

* Generell handelt es sich um eine Differentialgleichung, bei einem System mit mehreren Ein- und Ausgangsgrössen um ein System von mehreren gekoppelten Differentialgleichungen.

* Die Anzahl *unabhängiger* Energiespeicher im System bestimmt die Ordnung der Differentialgleichung und des Systems. Die Energiespeicher haben zur Folge, dass die Ausgangsgrösse y nicht nur vom *Wert* des Eingangssignals x abhängt, sondern auch von der zeitlichen *Änderung* dieses Wertes. Die Differentialgleichung lässt sich umformen in eine Integralgleichung, was man dahingehend interpretieren kann, dass y nicht nur vom *momentan* am System anliegenden Wert von x abhängt, sondern auch von seiner *Vorgeschichte* ($\rightarrow$ *dynamische* Systeme).

* Gedächtnislose Systeme (d.h. Systeme ohne Energiespeicher) haben eine Differentialgleichung nullter Ordnung, also eine algebraische Gleichung.

* Systeme mit konzentrierten Elementen (also „klar" abgrenzbaren Komponenten wie Widerstände, Kapazitäten usw.) haben eine gewöhnliche Differentialgleichung. Systeme mit verteilten (engl. „distributed") Elementen (z.B. Hochfrequenz-Leitungen) haben eine partielle Differentialgleichung, d.h. es kommen Ableitungen nach mehreren Variablen vor. Dies deshalb, weil die Grössen im System nicht nur zeit- sondern auch ortsabhängig sind ($\rightarrow$ Wellen).

* Lineare Systeme haben eine lineare Differentialgleichung.

- Lineare, zeitinvariante und gedächtnislose Systeme haben entsprechend eine lineare algebraische Gleichung mit konstanten Koeffizienten: $y(t) = k \cdot x(t)$.

  Beispiel: Widerstandsnetzwerk.

- Systeme, die sich selber überlassen sind, werden durch eine homogene Differentialgleichung beschrieben. Systeme, die von aussen mit einer unabhängigen Quelle (mathematisch heisst dies „Störfunktion") angeregt werden, haben eine inhomogene Differentialgleichung.

- Bei stabilen Systemen klingt der homogene Lösungsanteil ab. Folgerung: Die homogene Lösung beschreibt den Einschwingvorgang (transientes Verhalten, Eigenschwingungen), die partikuläre Lösung beschreibt den stationären Zustand. Letztere hat qualitativ denselben Verlauf wie die Anregung. Ist z.B. x periodisch, so hat y dieselbe Periode.

  Ganz am Schluss des Abschnittes 2.1 haben wir festgestellt, dass periodische Signale streng genommen gar nicht existieren können, da sie vor unendlich langer Zeit hätten eingeschaltet werden müssen. Vereinfachend extrapoliert man ein Signal über den Beobachtungszeitraum hinaus und beschreibt es mathematisch als periodisch. Nun ist klar, weshalb diese Vereinfachung statthaft ist: da bei einem stabilen System die Einschwingvorgänge abklingen, kann man danach nicht mehr feststellen, vor wie langer Zeit das Eingangssignal an das System gelegt wurde. Deshalb darf man auch annehmen, dies sei vor unendlich langer Zeit geschehen. Man gewinnt damit prägnantere mathematische Formulierungen.

- Bei zeitvarianten Systemen hängt f selber von der Zeit ab: $y(t) = f\bigl(x(t),t\bigr)$. Möglicherweise ändern bei der Differentialgleichung nur die Werte der Koeffizienten und nicht etwa die Art und die Ordnung der Differentialgleichung. Zeitinvariante Systeme hingegen haben konstante Koeffizienten.

Je nach Art der Differentialgleichung steht ein mehr oder weniger schlagkräftiges mathematisches Instrumentarium zur Verfügung. „Nette" Systeme sind linear, stabil und zeitinvariant. „Garstige" Systeme hingegen sind nichtlinear und/oder zeitvariant. Nachstehend betrachten wir die auf diese beiden Klassen angewandten Beschreibungsmethoden.

3.12.2 Stabile LTI-Systeme mit endlich vielen konzentrierten Elementen

Für LTI-Systeme (linear time-invariant) gilt das Superpositionsgesetz, d.h. eine komplizierte Eingangsfunktion kann man in eine Summe zerlegen (Reihenentwicklung) und die Summanden einzeln und unabhängig voneinander transformieren. Für die Abbildungsvorschrift ergibt sich eine lineare inhomogene Differentialgleichung mit konstanten Koeffizienten (1.8). Wird diese Differentialgleichung Laplace-transformiert, so ergibt sich (1.9), woraus sich bei endlicher vielen konzentrierten Elementen im System die Übertragungsfunktion $H(s)$ als Polynomquotient bestimmen lässt (1.11).

Für diese Funktionsklassen bestehen starke mathematische Methoden. Man versucht deshalb, möglichst mit solchen LTI-Systemen zu arbeiten, sie treten in der Technik sehr häufig auf.

Die Lösung von (1.8) ist die Superposition von partikulärer und homogener Lösung dergestalt, dass die Anfangs- oder Randbedingungen erfüllt werden. Die homogene Lösung lässt sich finden durch einen exponentiellen oder trigonometrischen Ansatz (Eigenfunktionen). Schwierigkeiten bietet die partikuläre Lösung, da man diese oft nur mit Intuition findet. Bei LTI-

Systemen kann man stattdessen auch ein Faltungsintegral lösen, damit entfällt die Suche nach der partikulären Lösung.

Ein anderes Vorgehen umgeht das Problem, indem die Differentialgleichung vom Originalbereich in einen Bildbereich transformiert wird und dort als komplexe *algebraische* Gleichung erscheint, deren Lösung einfach zu finden ist. Letztere wird anschliessend wieder zurücktransformiert. (Ein analoges Vorgehen ist das Rechnen mit Logarithmen: um die Multiplikation zu vermeiden wird ein Umweg über Logarithmieren - Addieren - Exponentieren eingeschlagen.). Es gibt unendlich viele Transformationen, die eine Differentialgleichung in eine algebraische Gleichung umwandeln. Durchgesetzt haben sich in den Ingenieurwissenschaften die Fourier-Transformation (FT) und die Laplace-Transformation (LT). Falls eine Funktion ein Signal beschreibt, so wendet man meistens die FT an (bei digitalen Signalen die Fourier-Transformation für Abtastsignale (FTA) und die diskrete Fourier-Transformation (DFT)). Beschreibt die Funktion hingegen ein System, so benutzt man häufiger die LT (bei digitalen Systemen die z-Transformation (ZT)). Bild 3.29 zeigt die Verfahren.

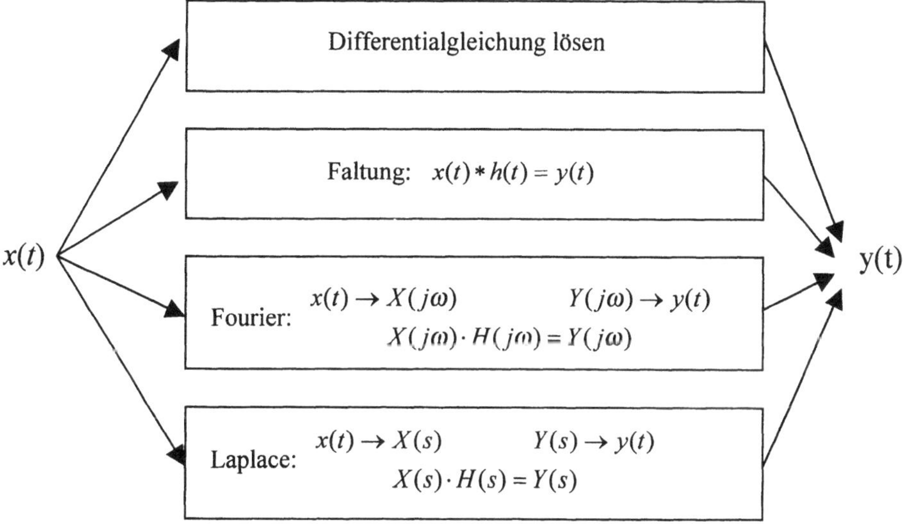

Bild 3.29 Verfahren für die Berechnung der Reaktion $y(t)$ auf die Anregung $x(t)$ bei einem LTI-System

Die FT hat den Vorteil der einfachen Interpretierbarkeit im Frequenzbereich. Man erspart sich deshalb oft die Rücktransformation und arbeitet mit den Spektraldarstellungen weiter.

Die LT ist die analytische Fortsetzung der FT und hat zwei Vorteile: erstens können Funktionen transformiert werden, für die das Fourier-Integral nicht existiert, und zweitens eröffnen sich funktionentheoretische Konzepte, die besonders bei der Beschreibung von Systemfunktionen nützlich sind (PN-Schema). Funktionen, die realisierbare Systeme beschreiben, sind kausal. Man verwendet darum die einseitige LT. Zwischen dieser und der FT existiert eine einfache Umrechnung, nämlich die Substitution $s \leftrightarrow j\omega$. Die Rücktransformation kann problematisch sein, man arbeitet darum oft mit Tabellen. LTI-Systeme haben als Eigenfunktionen Exponentialfunktionen, die FT und die LT sind darum massgeschneidert für die Beschreibung dieser Systeme.

LTI-Systeme mit endlich vielen konzentrierten Elementen haben als Übertragungsfunktion $H(s)$ eine rationale Funktion in s, also einen Quotienten von zwei Polynomen in s mit konstanten Koeffizienten, siehe Gleichungen (1.11) und (1.12). Diese Polynomquotienten können in Partialbrüche zerlegt werden, die Rücktransformation von $H(s)$ erfolgt durch Rücktransformation der einzelnen Summanden (Superposition). Pro Polpaar ergibt sich eine abklingende (bei bedingt stabilen Systemen zumindest nicht anschwellende) e-Funktion, siehe Gleichungen (3.75) bis (3.78). Für den Frequenzgang $H(j\omega)$ gilt dasselbe sinngemäss.

In diesem Buch konzentrieren wir uns auf diese LTI-Systeme mit endlich vielen konzentrierten Elementen. Dasselbe Modell werden wir auch bei den digitalen Systemen benutzen und haben dazu bereits wertvolle Vorarbeit geleistet.

3.12.3 Nichtlineare und/oder zeitvariante Systeme

Für die Behandlung der *nichtlinearen* Systeme fehlen starke Methoden. Es existieren grundsätzlich zwei Auswege:

- *Näherungsverfahren:* Man versucht, die unter 3.12.2 beschriebenen Verfahren auch hier anzuwenden. Dazu muss ein nichtlineares System im Arbeitspunkt linearisiert werden, d.h. die gekrümmte Systemkurve wird durch die Tangente im Arbeitspunkt ersetzt (Entwicklung in eine Taylorreihe mit nur konstantem und linearem Glied). Betrachtet man nur die *Abweichung* vom Arbeitspunkt (Koordinatentransformation), so erscheint das System linear, Bild 3.2. Bei kleinen Aussteuerungen und nur schwachen Nichtlinearitäten ist diese Näherung genügend genau. Sie wird z.B. bei der Beschreibung von Transistoren angewandt ($\rightarrow$ Kleinsignal-Ersatzschaltung).

- *Numerische Methoden:* Man bleibt bei der nichtlinearen Differentialgleichung und löst diese durch numerische Integration. Dieses sehr rechenintensive Vorgehen ist heutzutage durchaus praktikabel, da einerseits die Rechenleistung vorhanden ist und anderseits auch geeignete Programme zur Verfügung stehen, z.B. SIMULINK (ein Zusatz zu MATLAB), ACSL = Advanded Continous Simulation Language u.a. Anwendung findet dieses Verfahren bei stark nichtlinearen Systemen, wo die Linearisierung zu ungenaue Resultate zur Folge hätte.

Zeitvariante Systeme treten zum Beispiel in der Leistungselektronik auf. Die dort eingesetzten Halbleiter sind in erster Näherung entweder voll leitend oder ganz sperrend. Als Ersatzschaltungen dienen deshalb ideale Schalter, welche die Systemstruktur ändern. In beiden Schaltzuständen sind die Systeme näherungsweise linear, pro Systemstruktur ergibt sich eine lineare Differentialgleichung. Das Problem liegt aber in den *Wechseln* der Schaltzustände. Diese Wechsel treten in der Regel auf, bevor die durch den vorherigen Wechsel verursachten Einschwingvorgänge abgeklungen sind. „Stationär" heisst in diesem Falle nicht mehr, dass die Einschwingvorgänge abgeklungen sind, sondern dass die statistischen Eigenschaften der Signale (z.B. Mittelwerte) konstant bleiben. Man arbeitet deshalb im Zeitbereich mit den oben beschriebenen numerischen Methoden.

Die hier besprochenen Modelle dienen zur Lösung einer technischen Aufgabe und nicht etwa zum Verständnis oder gar zur Beherrschung der Natur. Dazu sind unsere Modelle bei weitem zu einfach und deshalb unbrauchbar. Sehr interessant und als Lektüre empfehlenswert ist in diesem Zusammenhang [Stä00].

3.12.4 Bestimmen der Systemgleichung

Hier geht es darum, ein real vorliegendes System messtechnisch zu untersuchen und aus den Resultaten eine der Funktionen $h(t)$, $g(t)$, $H(j\omega)$ oder $H(s)$ zu bestimmen. Die anderen Funktionen lassen sich dann berechnen.

$H(s)$ ist physikalisch schlecht interpretierbar und wird darum nicht direkt gemessen.

Da ein lineares System keine neuen Frequenzen erzeugt, muss man es nur bei den interessierenden Frequenzen anregen.

Messung der Stossantwort h(t):

Die Anregungsfunktion $\delta(t)$ erfüllt nach (2.37) auf ideale Weise die Anforderung, alle Frequenzen zu enthalten. Allerdings ist der Diracstoss physisch nicht realisierbar, auf den ersten Blick ist $h(t)$ also gar nicht direkt messbar. Bei Bild 3.9 haben wir jedoch gesehen, dass wir gar keinen idealen Diracstoss brauchen, sondern lediglich einen im Vergleich zur Zeitkonstanten des Systems kurzen Puls. Eine grosse Zeitkonstante bedeutet nach dem Zeit-Bandbreite-Produkt ein schmalbandiges System. Das Spektrum des kurzen Pulses gehorcht einem $\sin(x)/x$-Verlauf, vgl. (2.27) und Bild 2.13 unten. Dieses Spektrum verläuft bei tiefen Frequenzen flach und ist dort sehr wohl zur Systemanregung geeignet.

Damit ist das Problem allerdings noch nicht gelöst, denn ein kurzer Puls mit beschränkter Amplitude enthält nur wenig Energie, das System wird nur schwach angeregt und die gemessene Stossantwort ist verrauscht und ungenau. Die Pulsamplitude kann man nicht einfach erhöhen, da das zu untersuchende System linear sein muss und auf keinen Fall übersteuert werden darf. Die Messergebnisse lassen sich verbessern, indem man $h(t)$ aus einer Mittelung über zahlreiche Einzelmessungen bestimmt. Damit braucht das gesamte Messprozedere aber mehr Zeit.

Ob der Anregungspuls genügend kurz ist, kann man experimentell überprüfen: ändert man die Pulsbreite, so darf sich das Ausgangssignal nur in der Amplitude ändern (aufgrund der veränderten Anregungsenergie), nicht aber in der Form. Andernfalls würde ja das Ausgangssignal nicht nur vom System, sondern auch vom Eingangssignal abhängen und könnte darum gar nicht die Stossantwort sein.

Zur Überprüfung einer allfälligen Übersteuerung (d.h. Nichtlinearität) variiert man die Amplitude des Eingangssignales und beobachtet wiederum die Systemreaktion. Im linearen Fall ändert sich die Ausgangsamplitude um den gleichen Faktor, die Form jedoch bleibt unverändert.

Messung der Sprungantwort g(t)

Die Messung von $g(t)$ ist einfacher als diejenige von $h(t)$. Als Höhe des Schrittes wählt man nicht etwa 1, sondern macht sie so gross wie möglich, ohne dass eine Übersteuerung des Systems auftritt. Danach kompensiert man im Resultat die geänderte Amplitude. Auf diese Art erhält man genauere, d.h. weniger verrauschte Resultate. Auch hier kann man mehrere Einzelmessungen mitteln.

Der Anstieg des Anregungsschrittes muss nicht unendlich steil, sondern wiederum nur so steil „wie notwendig" sein, d.h. der Bandbreite bzw. der Zeitkonstante des Systems angepasst. Ab einer bestimmten Steilheit verändert eine Vergrösserung derselben das Messresultat nicht mehr. Anstelle eines Schrittes kann man zur Anregung auch einen genügend langen Puls benutzen, d.h. die Pulsdauer muss die Einschwingzeit des Systems übersteigen.

Messung des Frequenzganges H(jω):

Zur direkten Messung von $H(j\omega)$ bestimmt man das Amplitudenverhältnis und die Phasendifferenz harmonischer Ein- und Ausgangssignale bei sämtlichen Frequenzen. Dies ist somit eine direkte Anwendung der Gleichung (3.25). In der Praxis beschränkt man sich auf den interessierenden Frequenzbereich und innerhalb dessen auf bestimmte Frequenzen. Für die dazwischenliegenden Frequenzen interpoliert man $H(j\omega)$. Dieses Verfahren ist etwas langwierig, lässt sich aber mit speziellen Geräten automatisieren (Durchlaufanalysatoren, orthogonale Korrelatoren).

Statt mit harmonischen Signalen kann man mit beliebigen anderen Signalen arbeiten, vorausgesetzt, diese enthalten sämtliche interessierenden Frequenzen. Dabei benutzt man die nach $H(j\omega)$ aufgelöste Gleichung (3.27), berechnet also den Quotienten von zwei gemessenen Spektren. Benutzt man zur Systemanregung einen angenäherten Diracstoss, so reduziert sich die Division der Spektren auf die korrekte Skalierung.

Zunehmend wichtig werden Rauschsignale als Systemanregung, wobei der Frequenzgang aus einem Mittelungsprozess bestimmt wird (→ Korrelationsanalyse, vgl. Abschnitt 7.2). Weisses Rauschen hat wie der Diracstoss ein konstantes Spektrum, vermeidet jedoch die extrem hohe Amplitude. Rauschsignale sind also nicht nur im Zusammenhang mit der Informationsübertragung interessant, sondern auch für die Messtechnik.

Die notwendigen Fourier-Transformationen für die Umrechnung von $h(t)$ in $H(j\omega)$ und umgekehrt kann man numerisch sehr elegant durchführen mit Hilfe der diskreten Fourier-Transformation (DFT) bzw. der sog. schnellen Fourier-Transformation (FFT). Dazu müssen die Messignale aber vorgängig digitalisiert werden. Im Kapitel 4 werden wir diese Methoden betrachten.

Mit den bisher beschriebenen Messverfahren erhält man die Systemfunktionen z.B. in graphischer Form. Nun gehen wir der Frage nach, wie wir zu einem mathematischen Systemmodell kommen. Gesucht sind also z.B. die Koeffizienten des Polynomquotienten (3.52) oder die Koordinaten der Pole und Nullstellen. Die Lösung dieser Frage heisst *Modellierung*.

Beschreibt man ein System in Form einer Messkurve (z.B. mit der graphischen Darstellung des Frequenzganges), so spricht man von *nichtparametrischen Modellen*. Oft möchte man aber das System statt mit einer Messkurve durch eine Gleichung beschreiben (*parametrisches Modell*), um tiefere Einblicke in die Systemeigenschaften zu erhalten. Die Gleichung als mathematisches Modell impliziert eine Systemstruktur. Prinzipiell ist es egal, ob die mathematische Struktur mit der physikalischen Struktur übereinstimmt, wichtig ist lediglich, dass Original und Modell die gleiche Abbildung ausführen. Stimmen die Strukturen aber im Wesentlichen überein, so ergeben sich Modelle mit weniger sowie physikalisch interpretierbaren Parametern.

$H(j\omega)$ enthält die gesamte Systeminformation und ist eine kontinuierliche Funktion mit unendlich vielen Funktionswerten. Man benötigt darum unendlich viele Zahlen, um $H(j\omega)$ und damit das System zu charakterisieren.

Der Polynomquotient (3.52) hat hingegen nur eine endliche Anzahl frei wählbarer Zahlen, nämlich die Koeffizienten a_i und b_i. Daraus kann man aber eindeutig den Frequenzgang $H(j\omega)$ mit seinen unendlich vielen Funktionswerten berechnen.

Somit entsteht die scheinbar widersprüchliche Situation, dass ein- und dasselbe System einerseits durch eine unendliche Anzahl Zahlen (den Frequenzgang) und anderseits durch eine endliche Anzahl Zahlen (die Koeffizienten) eindeutig und vollständig beschreibbar ist. Der Grund liegt darin, dass mit der Schreibweise (3.52) ein System mit *endlich* vielen *konzentrierten* Elementen vorausgesetzt wird.

Diese Einschränkung auf eine endliche Anzahl konzentrierter Elemente kann man als *Parametrisierung* auffassen. Leider haben diese Parameter (d.h. die Koeffizienten von $H(j\omega)$) keine direkte physikalische oder messtechnische Bedeutung. Bei einem RLC-Netzwerk sind beispielsweise die Koeffizienten nur über eine komplizierte Abbildung mit den Werten der Netzwerkelemente verknüpft.

Man hat darum nach Wegen gesucht, $H(j\omega)$ bzw. $H(s)$ bzw. $h(t)$ auf andere Arten zu parametrisieren bzw. zu modellieren. Idealerweise geschieht dies so, dass

* die Anzahl der Parameter möglichst gering wird

* die Parameter eine sinnvolle physikalische Bedeutung haben.

Jede Parametrisierung erfolgt im Zusammenhang mit einer Modellvorstellung des Systems, also aufgrund von Annahmen über den inneren Systemaufbau. Im Gegensatz dazu betrachtet die nichtparametrische Beschreibung (wie die Übertragungsfunktion und der Frequenzgang) das System nur als Blackbox. Parametrisierung bedeutet demnach Verwenden von „a priori-Information", es ist der Schritt vom Sehen zum Erkennen [Bac92]. Mit der Modellierung legt man aufgrund einer angenommenen Systemstruktur die Anzahl der Parameter fest. Wichtig sind die folgenden Varianten der Modellierung:

* *Nichtparametrisches Modell:* Systembeschreibung durch $h(t)$, $g(t)$, $H(j\omega)$, $H(s)$ oder $G(s)$.

* *Rationales Systemmodell:* das ist die mit (1.11) oder (1.12) gewählte Variante. Sie ist auch für digitale Systeme sehr gut anwendbar.

* *Zustandsraummodell:* vgl. Abschnitt 3.10.

* *Eigenschwingungsmodell:* $h(t)$ wird zerlegt in eine Summe von Eigenschwingungen. Übrigens:
  Eigenschwingung = freie Schwingung = Lösung der homogenen Differentialgleichung
  Eigenfunktion   = Anregung, die unverzerrt am Systemausgang erscheint

* *Modalmodell:* aufgrund der Differentialgleichung berechnet man sog. Wellenmodi und superponiert diese. Massgebend sind die Pole von $H(s)$. Für den Fall von einem Polpaar haben wir im Abschnitt 3.8 diese Methode angewandt.

Bei der Modellierung nichtlinearer Systeme sollte der Grad der Nichtlinearität genügend gross gewählt werden. Dieser Grad kann am realen System messtechnisch einfach bestimmt werden: Nichtlineare Systeme erzeugen neue Frequenzen. Ist die Anregung harmonisch mit der Frequenz f_0, so treten am Ausgang die Frequenzen $k{\cdot}f_0$, $k = 0, 1, 2, 3, \ldots$ auf. Man regt demnach das nichtlineare System mit einer reinen Sinusschwingung an und sucht im Spektrum des Ausgangssignals nach der höchsten relevanten Frequenz. Daraus bestimmt man den Faktor k, der gerade den Grad der Nichtlinearität angibt. Beachten muss man dabei, dass Frequenz und Aussteuerung bei dieser Messung repräsentiv sein sollten für den üblichen Betriebsfall des Systems. (Nur bei linearen Systemen hat die Amplitude der Anregung keinen Einfluss auf die Form des Ausgangssignales!)

Nach der Modellierung werden mit der *Identifikation* den einzelnen Parametern Zahlenwerte zugewiesen.

Bei der Parametrisierung einer Kennlinie gibt man eine Gleichung vor, z.B. mit einer Potenzreihe wie in (1.3) mit vorerst noch unbekannten Koeffizienten, welche die Parameter des Modells bilden. Die Kennlinie wird gemessen und die Parameter identifiziert. Letzteres geschieht z.B. mit der Methode der kleinsten Quadrate.

Bild 3.30 zeigt das Prinzip der Parameteridentifikation, vgl. auch Abschnitt 10.3. Das Original und das Modell werden mit demselben Eingangssignal angeregt. Der Optimierer bestimmt die Parameter so, dass die Differenz der Ausgangssignale $y(t)$ und $y'(t)$ möglichst klein wird.

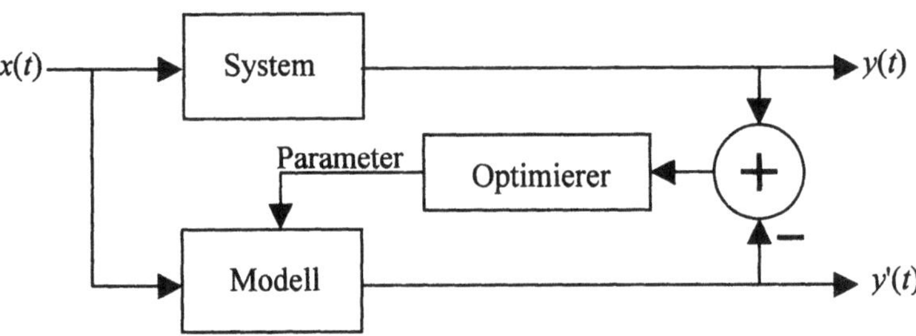

Bild 3.30 Parameteridentifikation

Stimmt die Modellstruktur in etwa mit der Wirklichkeit überein, so kann man im Modell systeminterne Grössen bestimmen, die direkt nicht zugänglich wären. In der Regelungstechnik wird davon Gebrauch gemacht (Zustands-Beobachter).

Ist das Anregungssignal bekannt, so braucht das Modell gar kein Eingangssignal mehr, bzw. das Eingangssignal kann intern im Modell erzeugt werden. y' hängt dann nur noch von den Parametern ab. Dies eröffnet die Möglichkeit, das Signal y durch die Näherung y' und letztere kompakt durch einen Satz von Parametern zu beschreiben. Damit lässt sich eine Datenkompression erreichen. In der Sprachverarbeitung sowie beim digitalen Mobiltelefonsystem (GSM) wird dies mit dem sog. LPC-Verfahren ausgenutzt (linear predictive coding), Abschnitt 10.4.4.

3.12.5 Computergestützte Systemanalyse

Bei der Systemanalyse ist das Modell des Systems gegeben, gesucht ist nun das Verhalten des modellierten Systems. Beispielsweise liegt die Übertragungsfunktion $H(s)$ vor in Form eines Polynomquotienten wie in Gleichung (3.52), inklusive der numerischen Werte für die Koeffizienten. Mit Hilfe geeigneter Computerprogramme berechnet und zeichnet man dann je nach Bedarf Amplitudengang, Phasengang, Gruppenlaufzeit, PN-Schema, Stossantwort, Schrittantwort, Reaktion auf ein beliebiges Eingangssignal usw.

Für dieses Buch wurde dazu MATLAB benutzt, es sind aber auch andere Produkte erhältlich. MATLAB enthält leider und erstaunlicherweise keine Routine für die Berechnung der Gruppenlaufzeit von analogen Systemen. Jedoch kann man die Gleichung (3.66) einfach in MATLAB programmieren (vgl. Anhang A.4.3) und so die Funktionalität dieses Programmpaketes erhöhen. Im Anhang findet sich eine Wegleitung für den Einstieg in MATLAB.

Genau jetzt wäre ein guter Zeitpunkt, sich mit einem solchen Programm vertraut zu machen und es mit Hilfe dieses Buches auszutesten. Dies kann der Leser z.B. durch Nachvollziehen des untenstehenden Beispiels machen. Man benötigt dazu etwas Erfahrung im Umgang mit Personal Computern, Grundkenntnisse im Programmieren, ein geeignetes Programm (MATLAB und andere Produkte sind auch in günstigen und für unsere Zwecke vollauf genügenden Studentenversionen erhältlich) sowie Zeit. Am schmerzlichsten dürfte die Investition der Zeit sein.

Letztlich gewinnt man aber sehr viel Zeit durch den Einsatz des Computers in der Signalverarbeitung, denn die Theorie lässt sich mit Hilfe des Computers dank der Experimentier- und Visualisierungsmöglichkeit besser verstehen. Zudem werden die erarbeiteten Konzepte nur mit Computerunterstützung überhaupt anwendbar, für die Implementation braucht man also ohnehin Software-Unterstützung. Deshalb kann man genausogut bereits in der Lernphase den Computer zu Hilfe ziehen. In den Kapiteln über digitale Signale, Systeme und Filter werden wir noch so häufig Computerbeispiele antreffen, dass man etwas schroff aber berechtigterweise sagen kann, man soll ein Buch über Signalverarbeitung entweder mit Rechnerunterstützung durcharbeiten oder gleich ungelesen weglegen. Also lohnt sich jetzt ggf. ein Unterbruch der Lektüre dieses Buches, um sich in ein Programmpaket für Signalverarbeitung einzuarbeiten.

Beispiel: Wir analysieren ein System, das durch 4 Pole und 3 Nullstellen gegeben ist. Die Pole liegen bei $2 \cdot \pi \cdot (-100 \pm 800j)$ bzw. $2 \cdot \pi \cdot (-100 \pm 1200j)$, das Nullstellenpaar ist bei $2 \cdot \pi \cdot (1000 \pm 4000j)$ und die einzelne Nullstelle liegt im Ursprung. Dazu kommt noch ein Verstärkungsfaktor so, dass die maximale Verstärkung des Systems etwa 1 beträgt. Bild 3.31 zeigt die Plots der Computeranalyse.

Der Amplitudengang zeigt zwei Buckel bei den Frequenzen 800 Hz und 1200 Hz. Dies entspricht den Imaginärteilen der Pole, vgl. Bild 3.20. Die Nullstelle im Ursprung macht sich durch die Nullstelle im Amplitudengang bei der Frequenz 0 Hz bemerkbar. Insgesamt zeigt sich ein Bandpassverhalten, was mit Abschnitt 3.6.3 c) übereinstimmt. Das Nullstellenpaar scheint keinen Einfluss auf den Amplitudengang zu haben, es ist zu weit von der imaginären Achse entfernt. In der Bodediagramm-Darstellung hingegen ist ein Knick bei 4000 Hz feststellbar, dies dank dem grösseren Wertebereich der dB-Skala.

Bei ca. 1200 Hz zeigt der Phasengang einen Sprung um 360° von −180°auf +180°. Dies ist ein sog. „wrap around", d.h. ein Artefakt der Plot-Routine, welche die Phasenverschiebung nur im Bereich ±180° ausgibt. Man muss sich also den Sprung wegdenken und die Phase bei hohen Frequenzen nach 360° gehend vorstellen. Insgesamt dreht die Phase im positiven Frequenzbereich um −450°, d.h. um $2.5 \cdot \pi$ rad. Über die gesamte Frequenzachse von $-\infty$ bis $+\infty$ sind dies wegen des punktsymmetrischen Phasenganges $5 \cdot \pi$ rad. Bei 4 Polen in der linken Halbebene, zwei Nullstellen in der rechten Halbebene und einer Nullstelle auf der $j\omega$-Achse erwarten wir dies auch.

Der Phasengang macht uns etwas stutzig, weil er bei 90° beginnt. Bei der Frequenz 0 Hz muss die Phase entweder 0° oder (bei invertierenden Systemen) 180°oder −180° betragen. Betrachtet man den Phasengang genauer (MATLAB bietet hierzu eine Zoom-Funktion), so sieht man mit Befriedigung, dass bei 0 Hz die Phase 0° beträgt. bei tiefen negativen Frequenzen beträgt die Phase −90°, bei tiefen positiven Frequenzen die abgebildeten +90°. Dieser Phasensprung um 180° kommt durch die Nullstelle im Ursprung zustande und existiert tatsächlich.

Die Gruppenlaufzeit wurde mit der Gleichung (3.66) berechnet. Somit entstehen keine Schwierigkeiten durch die Ableitung des springenden Phasenganges. Der tatsächliche Sprung bei 0 Hz ist für die Gruppenlaufzeit insofern harmlos, als dort der Amplitudengang verschwindet und die Gruppenlaufzeit deshalb gar nicht interessant ist. Beim vorgetäuschten Phasensprung bei 1200 Hz hingegen sollte die Berechnung der Gruppenlaufzeit nicht unnötig irritiert werden.

Die Impulsantwort klingt ab, das System ist demnach stabil, es hat ja nur Pole in der linken Halbebene. Die Schrittantwort klingt ebenfalls auf Null ab, da der Bandpass die DC-Komponente des anregenden Schrittes nicht an den Ausgang übertragen kann.

Die Pole und Nullstellen des soeben untersuchten Systems wurden spielerisch bestimmt. Möchte man konkrete Anforderungen an den Frequenzgang erfüllen, so ist die Plazierung der

Pole und Nullstellen (bzw. die Bestimmung der Koeffizienten in Gleichung (3.52)) keine triviale Aufgabe. Im Kapitel 8 werden wir uns mit dieser Synthese beschäftigen.

Im Anhang A.4.1 befindet sich das Listing eines MATLAB-Programmes, das zur Analyse analoger Systeme geeignet ist.

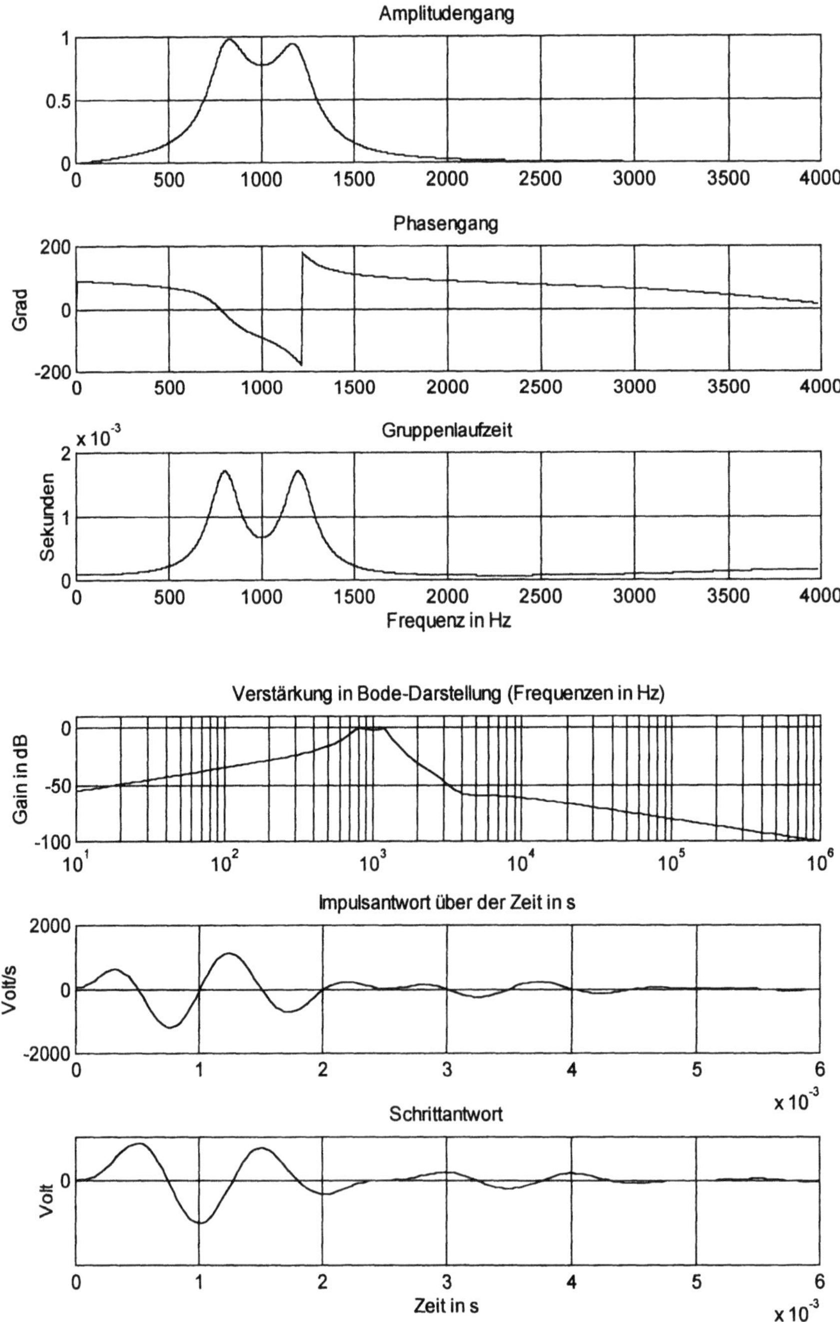

Bild 3.31 Analyse eines Systems (Erläuterungen und Interpretationen im Text)

3.13 Das Übertragungsverhalten von LTI-Systemen

Grundsätzlich unterscheidet man vier verschiedene Typen von Übertragungssystemen: Tiefpass, Bandpass, Hochpass und Bandsperre. Die Namensgebung erfolgt einfach aufgrund der Frequenzlage der Durchlass- und Sperrbereiche, Bild 3.32.

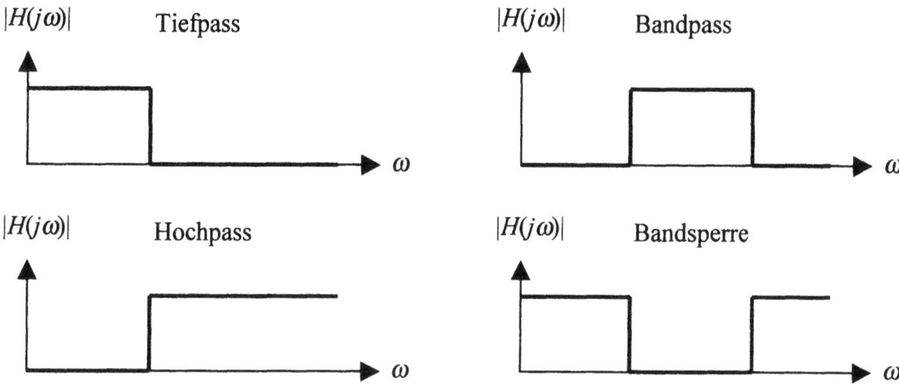

Bild 3.32 Idealisierte einseitige Amplitudengänge der vier grundlegenden Übertragungssysteme (Filter)

Die Theorie der LTI-Systeme bezieht sich auf System*modelle*, also auf mathematische Konzepte. Das Ganze macht natürlich nur dann einen Sinn, wenn die Erkenntnisse praktisch umsetzbar sind. Die Modelle sind normalerweise nur vereinfachte Abbilder der Realität, was einen deutlich geringeren mathematischen Aufwand ermöglicht. Die in Bild 3.32 gezeigten idealisierten Systeme sind aus mehreren Gründen nicht praktisch realisierbar:

- Insbesondere beim Tiefpass ergeben sich Probleme mit der Kausalität.

- Die unendlich steilen Filterflanken sind nur mit unendlich hohem Schaltungsaufwand erreichbar (also schlicht nicht erreichbar).

- Der Amplitudengang ist im Durchlassbereich nicht absolut flach, im Sperrbereich sperrt ein reales System nicht ideal.

- Sowohl Hochpass als auch Bandsperre weisen einen unendlich breiten Durchlassbereich auf. Dies ist physisch unmöglich, nach (2.54) müssten ja solche Systeme eine unendlich grosse Informationsmenge übertragen können. Sowohl analoge Hochpässe (realisiert z.B. mit Operationsverstärkern) als auch digitale Hochpässe sind in Tat und Wahrheit Bandpässe. Wenn man z.B. bei der Musikübertragung oder -Verarbeitung von einem Hochpass spricht, so meint man damit lediglich ein System, dass Frequenzen bis 20 kHz passieren lässt. Das Systemverhalten bei höheren Frequenzen ist egal, da der Mensch solch hohe Frequenzen gar nicht hören kann.

Trotz dieser Einschränkungen kann man aus der Betrachtung idealisierter Systeme einiges lernen, dies soll im vorliegenden Abschnitt geschehen. Im Kapitel 8 werden wir uns dann mit realisierbaren Filterfunktionen beschäftigen.

Ein Kriterium an ein Übertragungssystem ist die *Verzerrungsfreiheit*. Damit meint man, dass Ein- und Ausgangssignale „gleich aussehen". Eine Verstärkung oder Abschwächung K und eine Verzögerung τ werden für die Verzerrungsfreiheit toleriert:

$$y(t) = K \cdot x(t - \tau) \tag{3.94}$$

Im Bildbereich bedeutet dies (Verschiebungssatz (2.72) anwenden):

$$Y(s) = K \cdot X(s) \cdot e^{-s\tau}$$

Daraus lässt sich die Übertragungsfunktion und der Frequenzgang des verzerrungsfreien Systems bestimmen:

$$\boxed{\begin{aligned} H(s) &= K \cdot e^{-s\tau} \\ H(j\omega) &= K \cdot e^{-j\omega\tau} \end{aligned}} \tag{3.95}$$

K kann negativ sein, nämlich bei invertierenden Systemen.

Für den Amplitudengang bedeutet (3.95):

$$\left|H(j\omega)\right| = \left|K \cdot e^{-j\omega\tau}\right| = |K| \cdot \left|e^{-j\omega\tau}\right| = |K|$$

Und für den Phasengang gilt mit $\quad e^{-j\omega t} = \cos(-\omega\tau) + j\sin(-\omega\tau) = \cos(\omega\tau) - j\sin(\omega\tau)$:

$$\arg(H(j\omega)) = \arctan\left(\frac{\operatorname{Im}(H(j\omega))}{\operatorname{Re}(H(j\omega))}\right) = \arctan\left(\frac{-\sin(\omega\tau)}{\cos(\omega\tau)}\right) = \arctan(-\tan(\omega\tau)) = -\omega \cdot \tau$$

Zusammengefasst: Anforderung an verzerrungsfreie Systeme:

$$\boxed{\begin{aligned} \text{Amplitudenbedingung}: \quad & \left|H(j\omega)\right| = |K| = const. \\ \text{Phasenbedingung}: \quad & \arg(H(j\omega)) = -\omega \cdot \tau \end{aligned}} \tag{3.96}$$

Bild 3.33 zeigt den Frequenzgang eines verzerrungsfreien Systems. Für den Winkel α gilt:

$$\tan\alpha = \frac{-\omega_0 \cdot \tau}{\omega_0} = -\tau \tag{3.97}$$

Die Steigung des Phasenganges entspricht also der negativen Laufzeit durch das System.

Intuitiv kann man sich mit der Amplitudenbedingung für verzerrungsfreie Systeme problemlos anfreunden. Schwieriger ist es mit der Phasenbedingung. Ein Zahlenbeispiel mag helfen: Ein Sinussignal von 1 kHz hat eine Periodendauer von 1 ms, ein Sinussignal von 2 kHz hat eine Periodendauer von 0.5 ms. Wird eine „komplizierte" Schwingung, bestehend aus der Summe der beiden Sinussignale gebildet (Fourier-Reihe), und dieses Signal um 0.5 ms verzögert, so bedeutet dies für die 1 kHz-Schwingung eine halbe Periodendauer, also eine Phasendrehung um π. Für die 2 kHz-Schwingung bedeutet dies eine Verzögerung um eine ganze Periode, also eine Phasendrehung um 2π. Dies ist gerade der doppelte Wert gegenüber der 1 kHz-Schwingung, ebenso hat auch die Frequenz den doppelten Wert. Bild 3.34 zeigt die Verhältnisse für zwei Schwingungen mit dem Frequenzverhältnis 1:3. Bei den unteren Teilbildern wurde jede Schwingung um $\pi/2$ geschoben, für eine verzerrungsfreie Verzögerung hätte die höherfrequente Schwingung aber um $3 \cdot \pi/2$ geschoben werden müssen.

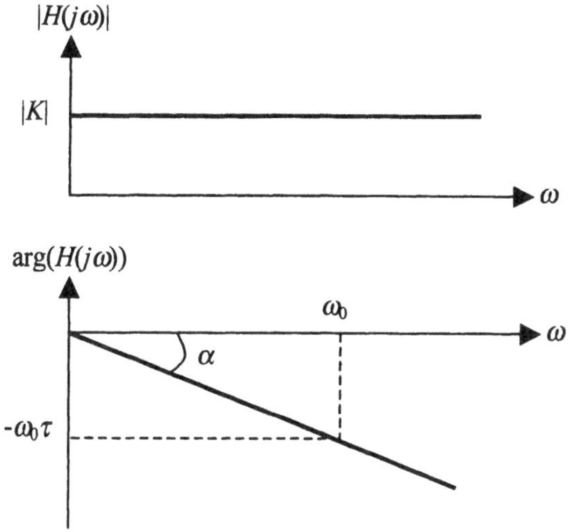

Bild 3.33 Amplituden- und Phasengang eines verzerrungsfreien Systems

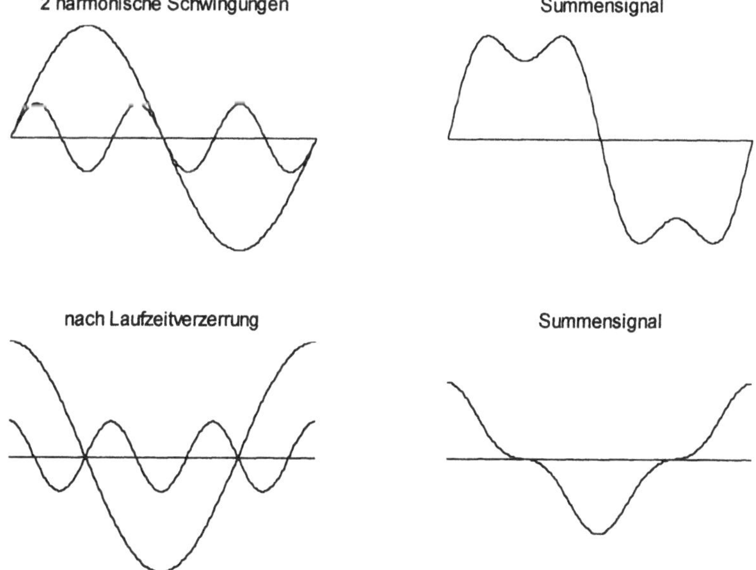

Bild 3.34 Verzerrung durch Verletzung der Phasenbedingung

Anmerkung: Ein verzerrungsfreies System hat einen linearen Phasengang. Ein nichtlinearer Phasengang bewirkt eine Signalverformung, trotzdem ist das System selber linear. Bei einem nichtlinearen System kann man ohnehin gar keinen Frequenzgang und somit auch keinen Phasengang definieren.

□

Für schmalbandige Signale kann man eine Vereinfachung vornehmen. Das Ausgangssignal eines linearen Systems weist nämlich nur Frequenzen auf, die bereits im Eingangssignal vorhanden waren (evtl. auch weniger → Filter). Welche Frequenzen dabei wichtig sind, bestimmt die Anwendung. Eine Stereoanlage z.B. braucht nur im Bereich 20 Hz bis 20 kHz Signale zu übertragen, also ist nur in diesem Bereich die Verzerrungsfreiheit ein Thema.

> *Die Bedingung (3.96) braucht nur für jenen Teil des Frequenzganges erfüllt zu sein, in dem das zu übertragende Signal Frequenzkomponenten aufweist.*

> *Das verzerrungsfreie System hat im interessierenden Frequenzbereich einen konstanten Amplitudengang und einen linear abfallenden Phasengang.*

Ist eine der Bedingungen (3.96) nicht eingehalten, so spricht man von *linearen* Verzerrungen, die noch in Amplitudenverzerrungen und Phasenverzerrungen (= Laufzeitverzerrungen) unterteilbar sind.

Gerade die Stereoanlagen verursachen sehr oft lineare Verzerrungen: die Einstellung der Klangregler beeinflusst den Amplitudengang und nach Abschnitt 3.5 auch den Phasengang. Diese linearen Verzerrungen sind erwünscht, andere Anwendungen hingegen tolerieren keine Verzerrungen.

Anmerkung: Nichtlineare Verzerrungen kommen durch nichtlineare Systeme zustande. Dabei treten im Ausgangssignal neue, nicht im Eingangssignal vorhandene sondern im nichtlinearen System erzeugte Frequenzen auf. Auch diese Verzerrungen sind manchmal erwünscht, z.B. in Frequenzvervielfachern und Modulatoren. Selbstverständlich treten in den LTI-Systemen, d.h. in idealisierten linearen Modellen, keine nichtlinearen Verzerrungen auf.

□

Mit (3.61) wurde die Gruppenlaufzeit eingeführt. Damit ergibt sich:

> *Ein kausales, verzerrungsfreies System hat im interessierenden Frequenzbereich einen konstanten Amplitudengang und eine konstante Gruppenlaufzeit.*

Anmerkung: Gelegentlich wird in der (v.a. deutschsprachigen) Literatur die Phase eines Systems mit umgekehrtem Vorzeichen als hier definiert. Entsprechend entfällt dann das Minuszeichen in (3.61), so dass in beiden Varianten die Gruppenlaufzeit positiv ist.

□

3.13.1 Ideale Tiefpass-Systeme

Bild 3.35 zeigt den zweiseitigen Frequenzgang des idealen Tiefpasses (im Gegensatz dazu zeigt Bild 3.32 oben links den einseitigen Amplitudengang).

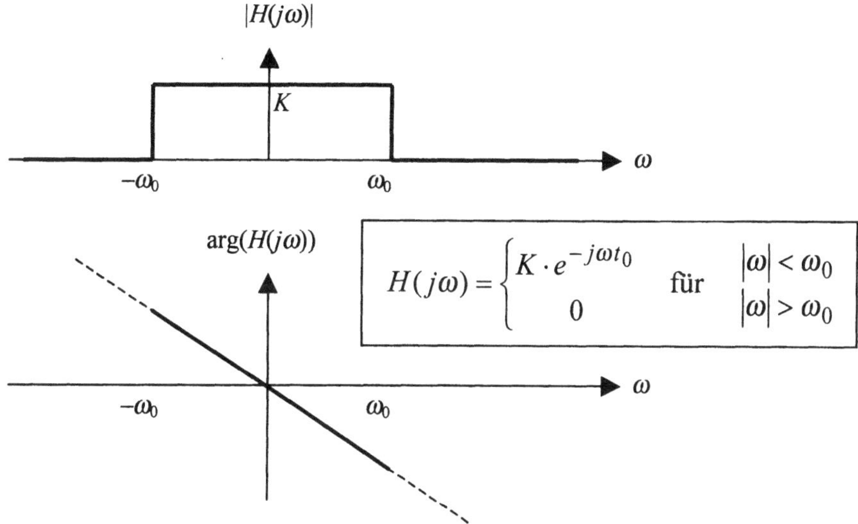

Bild 3.35 Zweiseitiger Frequenzgang des idealen Tiefpasses

Die Stossantwort erhält man durch Fourier-Rücktransformation des Frequenzganges. Wir nehmen vorerst einmal an, die Phase betrage konstant Null, d.h. es handle sich um ein reelles Spektrum. Für die Rücktransformation halten wir uns an Bild 2.9, das den Rechteckpuls im Zeitbereich zeigt. Jetzt wenden wir die Dualität (2.50) an, indem wir $A \to K$, $\tau/2 \to \omega_0$ und $\omega \to t$ substituieren. Damit erhalten wir:

$$h(t) = \frac{1}{2\pi} \cdot \left(K \cdot 2 \cdot \omega_0 \right) \cdot \frac{\sin(\omega_0 \cdot t)}{\omega_0 \cdot t}$$

$$h(t) = \frac{K \cdot \omega_0}{\pi} \cdot si(\omega_0 \cdot t) = K \cdot \frac{\sin(\omega_0 \cdot t)}{\pi \cdot t} \tag{3.98}$$

Bild 3.36 zeigt diese Impulsantwort. Man sieht im oberen Teilbild sofort das Problem: der ideale Tiefpass ist akausal, denn seine Stossantwort beginnt schon für $t < 0$, d.h. bevor überhaupt die Anregung $\delta(t)$ an das System gelangt ist.

Man kann nun auf die Idee kommen, den idealen Tiefpass mit einer Verzögerung um τ zu kombinieren. Die verzögerte Stossantwort $h_d(t)$ (d = delayed) lautet damit:

$$h_d(t) = \frac{K \cdot \omega_0}{\pi} \cdot si(\omega_0 \cdot (t - \tau)) = K \cdot \frac{\sin(\omega_0 \cdot (t - \tau))}{\pi \cdot (t - \tau)} \tag{3.99}$$

Diese Stossantwort ist in Bild 3.36 unten gezeigt. Der Amplitudengang in Bild 3.35 ändert sich durch diese Verzögerung nicht, der Phasengang ist jedoch nicht mehr konstant Null sondern linear fallend. Beide Versionen ergeben somit eine verzerrungsfreie Übertragung.

Die Stossantwort im Bild 3.36 unten ist ebenfalls akausal, das dazugehörende System also nicht realisierbar. Allerdings muss man dies bei genügend grossen Verzögerungen τ nicht mehr so eng sehen, da dann die Anteile von $h_d(t)$ vor dem Zeitnullpunkt so klein werden, dass man sie getrost vernachlässigen kann. Genau dies ist die Idee, die den sog. FIR-Filtern zugrunde liegt. Die FIR-Filter heissen auch Transversalfilter und lassen sich digital sehr einfach realisieren. Wir werden sie im Abschnitt 9.2 detailliert besprechen.

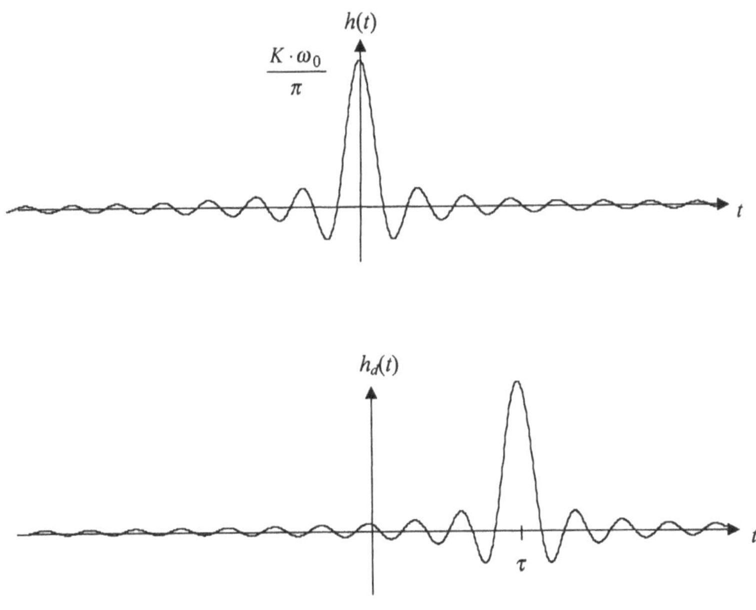

Bild 3.36 Sprungantworten des idealen Tiefpasses (Erklärungen im Text)

Beispiel: Das folgende Beispiel stammt aus der Nachrichtentechnik, die in ihrer heutigen Erscheinung undenkbar ist ohne den breiten Einsatz der Signalverarbeitung.

Digitale Signale stellt man physikalisch dar durch Pulse, Bild 3.37. Konkret handelt es sich hier um ein binäres (zweiwertiges) Basisbandsignal, d.h. das Signal belegt Frequenzen ab 0 Hz.

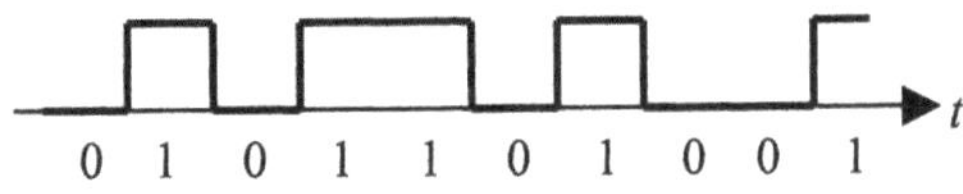

Bild 3.37 Physikalische Darstellung eines digitalen, binären Basisbandsignales

Den Übertragungskanal modellieren wir vorerst als ideales Tiefpassfilter.

Wie sieht nun dieses Digitalsignal nach dem Kanal, d.h. am Empfängereingang aus? Dazu betrachten wir die Pulsfolge in Bild 3.37 als Folge einzelner, zeitversetzter Pulse. Wegen der Linearität superponieren wir die Gesamtreaktion aus den Teilreaktionen auf die einzelnen Pulse. Diese Teilreaktionen wiederum bestehen aus je zwei Sprungantworten, vgl. das Beispiel im Abschnitt 3.4.

Wenn aber die Stossantwort des idealen Tiefpasses wie in Bild 3.36 oszilliert, dann wird dies die Sprungantwort als Integral der Stossantwort (Gl. (3.38)) ebenfalls tun. Die Reaktion des Übertragungskanals auf einen Puls besteht demnach aus einem verformten Impuls, begleitet von starken Vor- und Nachschwingern. Letztere überlagern sich mit der Reaktion auf spätere Pulse, d.h. das Signal am Empfängereingang stellt ein Gemisch aus verschiedenen verformten Pulsen dar. Man nennt dies inter-symbol interference, ein Effekt, der die korrekte Decodierung des Empfangssignales stark erschwert, zuweilen sogar verunmöglicht.

Gesucht ist demnach ein Übertragungskanal, der eine Tiefpasscharakteristik aufweist, aber im Gegensatz zum idealen Tiefpass kausal ist und zudem die starken Nachschwinger vermeidet. Diese Nachschwinger sollten zudem ihre Nulldurchgänge genau in der Mitte der folgenden Pulse haben, denn genau dort wird der Empfänger das Signal abtasten und entscheiden, ob eine 0 oder eine 1 gesendet wurde.

Die Lösung sind sogenannte Nyquistfilter, d.h. Tiefpassfilter mit symmetrischer Flanke. Häufig eingesetzt wird das sog. Cosinus-Filter:

$$|H(j\omega)| = \frac{1}{2} \cdot \left(1 + \cos\left(\frac{\pi \cdot \omega}{\omega_{Gr}}\right)\right) \quad ; \quad \omega_{Gr} = \frac{2\pi}{T_{Puls}} \tag{3.100}$$

Die Phase soll linear sein. Solche Filter sind digital sehr einfach realisierbar, nämlich in Form der Transversalfilter, Abschnitt 9.2. Bild 3.38 zeigt den Amplitudengang und die Stossantwort eines solchen Cosinus-Filters.

Das gezeigte Filter ist dimensioniert für Pulse von 1 ms Dauer. Die Impulsantwort zeigt wie gewünscht Nullstellen bei 1 ms, 2 ms usw. Im Gegensatz zum idealen Tiefpass (Bild 3.36) sind die Vor- und Nachläufer der Impulsantwort deutlich kleiner und klingen viel schneller ab. Beim Cosinus-Filter ist es offensichtlich ohne merkbare Verfälschungen möglich, die Impulsantwort zu beschneiden und nach rechts zu schieben, so dass das Filter kausal wird.

Der Amplitudengang zeigt die symmetrische Flanke, der Symmetriepunkt liegt bei der sogenannten Nyquistfrequenz f_N:

$$f_N = \frac{1}{2 \cdot T_{Puls}} \tag{3.101}$$

Nachteilig gegenüber dem idealen Tiefpassfilter ist die Verdoppelung der Bandbreite. Modifikationen des gezeigten Filters erreichen mit höherem Filteraufwand eine kleinere Bandbreite mit ansonsten unveränderten Eigenschaften.

Weitere Informationen dazu finden sich unschwer in der Literatur über Nachrichtentechnik.

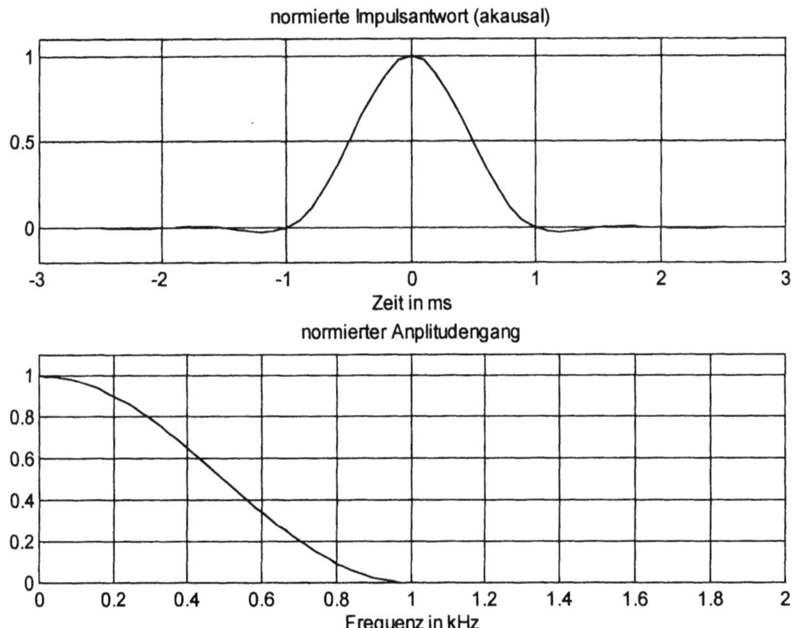

Bild 3.38 Impulsantwort und Amplitudengang (beide normiert auf Maximalwert 1) eines Cosinus-Filters

3.13.2 Ideale Bandpass-Systeme

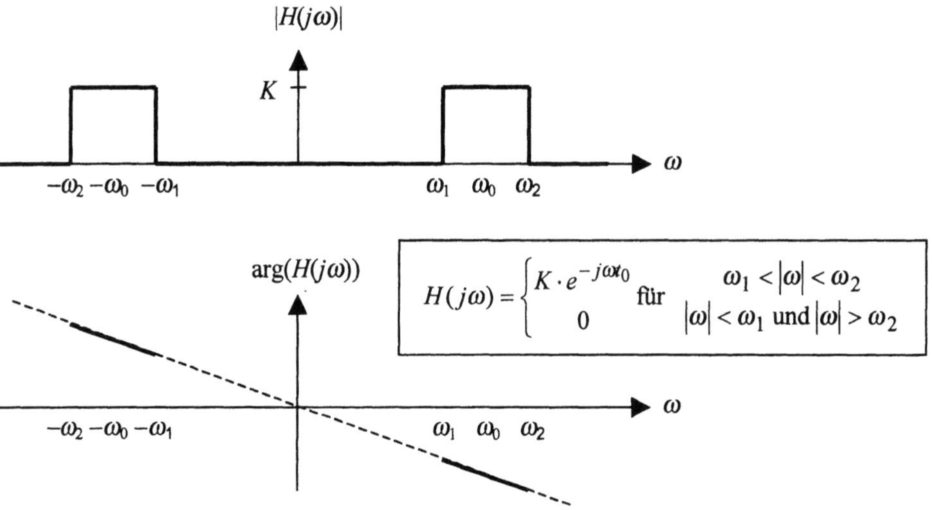

$$H(j\omega) = \begin{cases} K \cdot e^{-j\omega t_0} & \omega_1 < |\omega| < \omega_2 \\ 0 & |\omega| < \omega_1 \text{ und } |\omega| > \omega_2 \end{cases} \text{ für}$$

Bild 3.39 Zweiseitiger Frequenzgang des idealen Bandpasses. Der Phasengang ist nur innerhalb des Durchlassbereiches (dick ausgezogen) relevant.

Bild 3.39 zeigt den Frequenzgang des idealen Bandpasses. Solange ein Signal nur Frequenzanteile innerhalb des Durchlassbereiches des Bandpasses aufweist, erfolgt die Übertragung verzerrungsfrei.

Vergleicht man die Bilder 3.39 und 3.35, so erkennt man, dass sich der Bandpass als Differenz von zwei Tiefpässen realisieren lässt:

$$H_{BP(\omega_2-\omega_1)} = H_{TP(\omega_2)} - H_{TP(\omega_1)} \tag{3.102}$$

Also gilt für die Stossantwort des Bandpasses mit (3.99):

$$h_{BP}(t) = h_{TP(\omega_2)} - h_{TP(\omega_1)} = \frac{K}{\pi \cdot (t-\tau)} \cdot \left[\sin(\omega_2 \cdot (t-\tau)) - \sin(\omega_1 \cdot (t-\tau))\right]$$

$$= \frac{K}{\pi \cdot (t-\tau)} \cdot 2 \cdot \sin\left(\frac{\omega_2-\omega_1}{2} \cdot (t-\tau)\right) \cdot \cos\left(\frac{\omega_2+\omega_1}{2} \cdot (t-\tau)\right)$$

$$h_{BP}(t) = \frac{2 \cdot K}{\pi \cdot (t-\tau)} \cdot \sin\left(\frac{\omega_2-\omega_1}{2} \cdot (t-\tau)\right) \cdot \cos(\omega_0 \cdot (t-\tau)) \tag{3.103}$$

Dasselbe Resultat lässt sich auch anders herleiten: Der Tiefpass mit der Grenzfrequenz $0.5 \cdot (\omega_2-\omega_1)$ hat im zweiseitigen Spektrum bei $\omega = 0$ denselben „Buckel" wie der Bandpass bei ω_0 bzw. $-\omega_0$. Mit dem Modulationssatz (2.29) schieben wir deshalb diesen Buckel des Tiefpasses an die gewünschten Stellen des Bandpasses:

$$h_{BP}(t) = h_{TP}(t) \cdot e^{j\omega_0 t} + h_{TP}(t) \cdot e^{-j\omega_0 t} = h_{TP}(t) \cdot \left(e^{j\omega_0 t} + e^{-j\omega_0 t}\right)$$
$$= 2 \cdot h_{TP}(t) \cdot \cos(\omega_0 t) \tag{3.104}$$

Setzt man nun (3.98) ein und ersetzt überall nach dem Verschiebungssatz t durch $t-\tau$, so erhält man wiederum (3.103).

Aufgrund der Entstehung des Bandpasses aus dem Tiefpass ist klar, dass auch der ideale Bandpass ein akausales System ist. Bild 3.40 zeigt die Stossantwort. Darin erkennt man eine Oszillation mit der Kreisfrequenz ω_0 und die Enveloppe, welche gerade der Stossantwort des idealen Tiefpasses entspricht. Dies folgt direkt aus Gleichung (3.104).

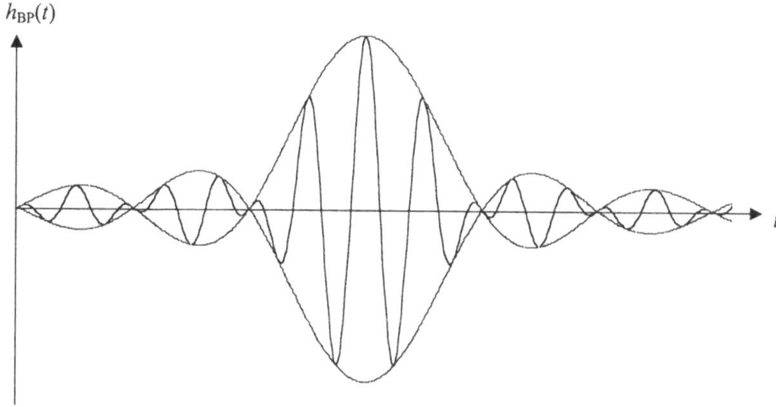

Bild 3.40 Normierte Stossantwort des idealen Bandpasses. Die ebenfalls gezeichnete Enveloppe ist die Stossantwort des idealen Tiefpasses.

4 Digitale Signale

4.1 Einführung

Ursprünglich wurden analoge Signale mit analogen Systemen verarbeitet. Das 1948 von C.E. Shannon publizierte Abtasttheorem zeigte den Weg zur Verarbeitung von analogen Signalen mit Hilfe von digitalen Systemen. Allerdings dauerte es noch Jahrzehnte, bis dieser Weg auch tatsächlich beschritten werden konnte. Digitale Systeme haben einen komplexen Aufbau, d.h. eine praxistaugliche Realisierung (Zuverlässigkeit, Grösse, Energieverbrauch, Geschwindigkeit, Kosten usw.) kommt nur auf Halbleiterbasis in Frage. Der Transistor wurde aber gerade erst ein Jahr vor Shannons Veröffentlichung erfunden (John Bardeen, William Shockley, Walter Brattain). Allerdings konnte parallel zu den Arbeiten an der Halbleitertechnologie auch die Theorie der diskreten Signale und Systeme erarbeitet werden, so dass sofort mit der Verfügbarkeit der ersten integrierten Schaltungen (ca. 1965) ein atemberaubender Siegeszug der Digitaltechnik einsetzte. Seither stimulieren sich Anwendungen und Weiterentwicklung der Mikroelektronik gegenseitig.

Ab ca. 1975 war zunehmend Literatur zum Thema diskrete Signalverarbeitung erhältlich und an den Hochschulen wurden Spezialvorlesungen dazu abgehalten. Heute ist die digitale Signalverarbeitung keine Domäne der Spezialisten mehr, sondern gehört zum Basiswissen der Informationstechnologie.

Die digitale Signalverarbeitung beschäftigt sich mit zeit- *und* amplitudendiskreten Signalen (Bilder 2.1 und 2.2). Üblicherweise behandelt man aber die Amplitudenquantisierung separat ($\rightarrow$ Abschnitt 5.10). Die Theorie der zeitdiskreten aber amplitudenkontinuierlichen Signale wird direkt umgesetzt in der SC-Technik (Switched Capacitors) und der CCD-Technik (Charge Coupled Devices).

Die Hauptvorteile der digitalen gegenüber der analogen Signalverarbeitung sind:

- Störimmunität, hohe Dynamik
- Stabilität
- Reproduzierbarkeit
- Flexibilität

Als Nachteile sind zu erwähnen:

- Geschwindigkeit
- Quantisierungseffekte
- Preis bei einfachen Anwendungen

Diese Vor- und Nachteile werden wir gleich zu Beginn von Kapitel 5 nochmals aufgreifen und näher erörtern. Dort sind die Argumente besser verständlich als hier.

Wenn analoge Signale digital verarbeitet werden sollen, so müssen sie zuerst in einem AD-Wandler (ADC) zeit- und amplitudenquantisiert werden. Nach der Verarbeitung im Prozessor erfolgt im DA-Wandler (DAC) wieder eine Rückwandlung in ein analoges Signal, Bild 4.1. Mit Prozessor ist hier nicht eine einzelne integrierte Schaltung (IC) gemeint, sondern der gesamte Verarbeitungsteil. Oft wird dieser auch als digitales Filter bezeichnet. Am Anfang und am Ende der Kette sind zwei *analoge* Tiefpassfilter, das Anti-Aliasing-Filter (AAF) und das Glättungsfilter anzubringen, deren Funktion und Notwendigkeit später erläutert wird.

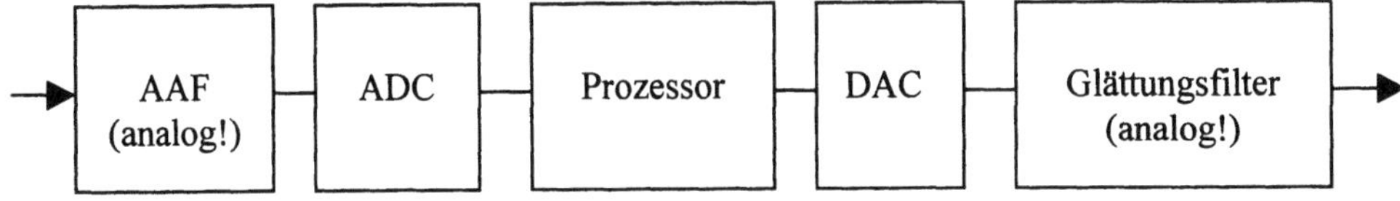

Bild 4.1 Struktur eines digitalen Systems zur Verarbeitung analoger Signale
AAF = Anti-Aliasing-Filter
ADC = Analog-Digital-Converter
DAC = Digital-Analog-Converter

Bei Signalen kleiner Bandbreite ist der Prozessor oft bei weitem nicht ausgelastet. Häufig gibt man darum mehrere Eingangssignale auf dieselbe Verarbeitungseinheit (quasi-paralleler Betrieb). Die dazu notwendigen Multiplexer (Umschalter) für die Eingangssignale können analog (vor dem ADC in Bild 4.1 liegend) oder digital ausgeführt sein. Entsprechendes gilt für die Demultiplexer für die Ausgangssignale. Dieser Multiplexbetrieb ist lediglich eine Frage der Prozessorausnutzung, die auf die Signale angewandten Algorithmen (Rechenabläufe) sind natürlich unabhängig von einer allfälligen Multiplexierung.

Das ursprünglich analoge Signal $x(t)$ wird abgetastet im Zeitabstand oder *Abtastintervall T*, es entsteht das zeitdiskrete Signal $x(nT)$. Dieses Signal wird dargestellt als Folge von (vorläufig noch) reellen Zahlen, d.h. mit *unendlicher* Wortbreite oder Stellenzahl. $x(nT)$ ist also zeitdiskret und amplitudenkontinuierlich. Zur Vereinfachung der Schreibweise wird das meistens konstante Abtastintervall T nicht geschrieben. Die Zahlenfolge repräsentiert das ursprünglich analoge Signal. Genau gleich werden aber auch anders erzeugte Zahlenfolgen dargestellt, die nichts mit einem analogen Signal zu tun haben, beispielsweise rechnerisch erzeugte Folgen aus Simulatoren, Zufallsgeneratoren usw. Man spricht darum allgemeiner nicht mehr von einem Signal, sondern von einer *Sequenz x[n]*. Der Prozessor erhält also eine Eingangssequenz $x[n]$ und erzeugt daraus eine Ausgangssequenz $y[n]$, Bild 4.2.

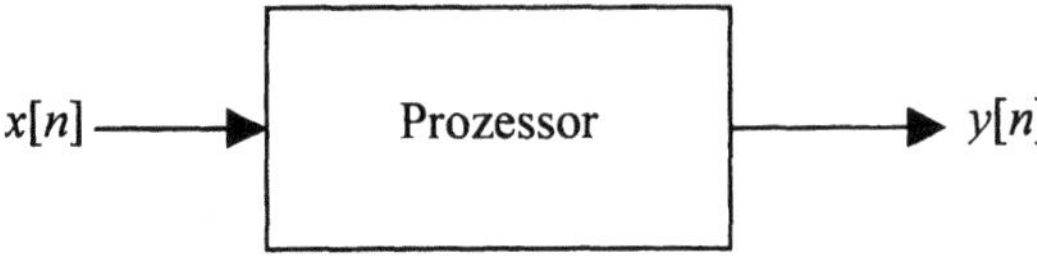

Bild 4.2 Digitaler Prozessor mit Ein- und Ausgangssequenz

In einem Rechner wird eine Sequenz in einem Array oder Vektor abgelegt, n entspricht dann gerade der Zellennummer. Die Abtastwerte können nun aber wegen der beschränkten Wortbreite nur noch eine endliche Genauigkeit aufweisen. Diese Amplitudenquantisierung verfälscht die Signale etwas. Die ganze Theorie dieses Kapitels bezieht sich auf zeit*diskrete* und amplituden*kontinuierliche* Signale. Die Amplitudenquantisierung werden wir erst im Abschnitt 5.10 betrachten.

Aus praktischen Gründen teilt man den Prozessor manchmal auf in einen *Pre-Prozessor* und den eigentlichen Prozessor, Bild 4.3. Dies bringt Vorteile, indem man z.B. bei räumlich distanzierter Signalerfassung und -verarbeitung im Pre-Prozessor eine Datenreduktion durchführt. Z.B. wird im Pre-Prozessor ein Effektivwert berechnet und nur dieser (und nicht die ganze Eingangssequenz) an den Prozessor weitergeleitet. Aus theoretischer Sicht sind die Strukturen der Bilder 4.2 und 4.3 identisch.

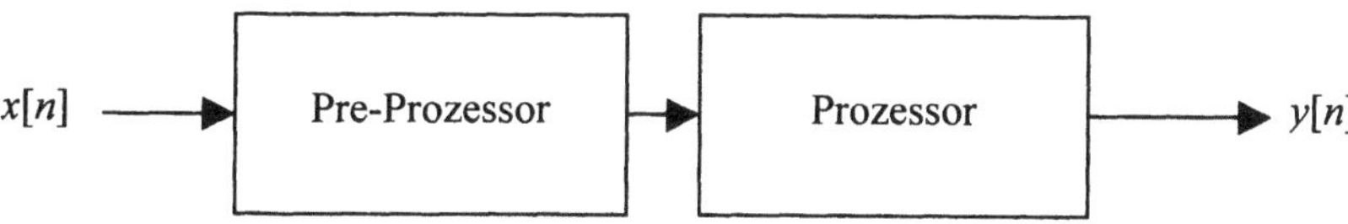

Bild 4.3 Aufteilung der Verarbeitungseinheit in zwei Blöcke

Echtzeitsysteme sind in der Lage, sämtliche anfallenden Daten mit derselben Rate zu verarbeiten. Eine Verzögerungszeit ist dabei aber unvermeidlich. Echtzeit bedeutet also nicht, dass die Verarbeitung schnell ist, sondern nur, dass der Pendenzenberg eines Prozessors nicht anwächst. Die Verzögerungszeit kann aber für kritische Anwendungen bestimmend sein. In der Regelungstechnik beispielsweise verkleinert die Verzögerungszeit die Phasenmarge (Gleichung (2.28)) und bewirkt somit eine Verringerung der Stabilitätsreserve.

Je nach Datenmenge und Anforderung an die Geschwindigkeit realisiert man den Prozessor auf verschiedene Arten, nämlich

- mit Rechnern (universell, aber langsam)

- mit digitalen Signalprozessoren (DSP) (relativ schnell)

- in reiner Hardware (schnell, aber teuer und unflexibel)

Natürlich versucht man, die Hardware-Lösung möglichst zu vermeiden. Neben dem geringeren Preis bieten die Software-Lösungen grössere Flexibilität, einfachere Fehlerbehebung und somit insgesamt kürzere Entwicklungszeit. Die Realisierung von digitalen Systemen werden wir im Abschnitt 5.11 etwas genauer betrachten.

Zum Abschluss dieser Einführung noch dies: analoge und digitale Signalverarbeitung konkurrieren sich gegenseitig nicht, sondern sie ergänzen sich! Auch wenn der Trend klar in Richtung Digitalisierung geht, werden stets analoge Blöcke benötigt, zumindest für die beiden Filter in Bild 5.1. Für Anwendungen in der Hochfrequenztechnik ist die Digitaltechnik noch zu langsam, dies wird noch für einige Zeit die Domäne der analogen Signalverarbeitung bleiben.

4.2 Die Fourier-Transformation für Abtastsignale (FTA)

4.2.1 Einführung

Ein analoges Signal hat sowohl einen kontinuierlichen Wertebereich (Amplitudenachse) als auch einen kontinuierlichen Definitionsbereich (Zeitachse). Durch die Abtastung entsteht daraus ein zeitdiskretes, aber immer noch amplitudenkontinuierliches Signal. Anschliessend wird das Signal gerundet oder quantisiert (damit wird auch die Amplitudenachse diskret) und der erhaltene Wert in einem (meistens binären) Code dargestellt. Auf diese Weise erhält man ein digitales Signal bzw. eine Sequenz.

Praktisch geschieht die Abtastung durch eine Sample&Hold-Schaltung (S&H), die Quantisierung durch einen AD-Wandler (ADC). Oft sind beide Bausteine in einer einzigen integrierten Schaltung vereint. Vor der S&H-Schaltung wird mit einem analogen Tiefpass, dem Anti-Aliasing-Filter (AAF), die Bandbreite des analogen Signals begrenzt (die Begründung folgt im Abschnitt 4.2.4). Die Blöcke AAF, S&H, ADC, DAC und Glättungsfilter bestimmen ausschliesslich die „analogen" Eigenschaften des digitalen Systems wie Drift, Alterung, Genauigkeit usw.

Durch das Quantisieren der Amplitudenachse wird ein Fehler eingeführt, der sich normalerweise als Rauschen bemerkbar macht. Dieses *Quantisierungsrauschen* bedeutet einen irreversiblen Informationsverlust. Mit einer grösseren Wortbreite des ADC kann das Quantisierungsrauschen verkleinert werden, allerdings ergibt sich dann eine erhöhte Datenmenge und damit ein erhöhter Aufwand für die Verarbeitung, Übertragung und Speicherung. Die Anwendung bestimmt die Wortbreite des ADC. In der Praxis beträgt die Wortbreite 8 Bit ($2^8 = 256$ mögliche Amplitudenwerte) für Sprachsignale, 8 bis 12 Bit für Videosignale, 16 Bit ($2^{16} \approx 65'000$ Werte) für Musiksignale und bis zu 24 Bit bei speziellen Anwendungen der Messtechnik, z.B. in der Seismologie.

Die Amplitudenquantisierung wird vorläufig nicht berücksichtigt, darauf werden im Abschnitt 5.10 gesondert eingehen.

Mathematisch beschreibt man die Abtastung als Multiplikation mit einer Diracstossfolge. Praktisch ergibt sich aber durch den S&H eine Treppenkurve (Bild 2.2 b). Letztere wird benötigt, um dem ADC genügend Zeit für die Quantisierung zu verschaffen. Dieses Treppensignal ist nur scheinbar zeitkontinuierlich, da jeweils nur die Signalwerte unmittelbar nach Beginn einer Stufe „überraschend" sind. Danach ist der Signalwert vorhersagbar unveränderlich, trägt also keinerlei Information. In der mathematischen Beschreibung der Abtastung erscheint der S&H darum überhaupt nicht.

4.2.2 Die ideale Abtastung von Signalen

Das analoge Signal $x(t)$ wird multipliziert mit einer Diracstossfolge. Es entsteht das abgetastete, d.h. zeit*diskrete* und wert*kontinuierliche* Signal $x_A(t)$:

$$x_A(t) = x(t) \cdot \sum_{n=-\infty}^{\infty} \delta(t - nT) = \sum_{n=-\infty}^{\infty} x(t) \cdot \delta(t - nT) \tag{4.1}$$

Nun benutzen wir die Ausblendeigenschaft des Diracstosses nach Gleichung (2.36):

$$x_A(t) = \sum_{n=-\infty}^{\infty} x(nT) \cdot \delta(t - nT) \mathrel{\hat{=}} x(nT) = x[n] \qquad (4.2)$$

T heisst *Abtastintervall*, $1/T = f_A$ ist die *Abtastfrequenz*. $x[n]$ *ist eine Folge von gewichteten Diracstössen.* Die Gewichte $x(nT)$ bzw. $x[n]$ heissen auch *Abtastwerte* und entsprechen gerade den Signalwerten von $x(t)$ an den Stellen $t = nT$. Dank der Deltafunktion kann in (4.2) das abgetastete Signal sowohl als zeitkontinuierliche Funktion $x_A(t)$ als auch als zeitdiskrete Sequenz $x[n]$ beschrieben werden. $x_A(t)$ existiert in der Wirklichkeit natürlich nicht, sondern kann physikalisch nur angenähert werden.

Eigentlich müsste man in (4.2) $\{x[n]\}$ schreiben, um die gesamte Folge vom einzelnen Abtastwert mit der Nummer n unterscheiden zu können. Üblicherweise schreibt man einfach $x[n]$ und überlässt es dem Leser, aus dem Zusammenhang die Bedeutung zu erkennen.

Die Abtastung ist linear, aber zeitvariant. Wird z.B. ein Rechteckpuls von 9.5 Sekunden Dauer abgetastet mit $T = 1$ Sekunde, so kommt es auf die Abtastzeitpunkte an, ob 9 oder 10 Abtastwerte von Null verschieden sind.

4.2.3 Das Spektrum von abgetasteten Signalen

Das Spektrum des abgetasteten Signals berechnen wir, indem wir $x_A(t)$ aus (4.2) der altbekannten Fourier-Transformation nach (2.24) unterziehen:

$$X_A(j\omega) = \int_{-\infty}^{\infty} \sum_{n=-\infty}^{\infty} x(nT) \cdot \delta(t - nT) \cdot e^{-j\omega t}\, dt \qquad (4.3)$$

Nun tauschen wir die Reihenfolge von Summation und Integration. $x(nT)$ hängt nur implizite von t ab und kann darum vor das Integralzeichen geschrieben werden, wirkt also für die Fourier-Transformation wie eine Konstante.

$$X_A(j\omega) = \sum_{n=-\infty}^{\infty} \int_{-\infty}^{\infty} x(nT) \cdot \delta(t - nT) \cdot e^{-j\omega t}\, dt = \sum_{n=-\infty}^{\infty} x(nT) \cdot \int_{-\infty}^{\infty} \delta(t - nT) \cdot e^{-j\omega t}\, dt \quad (4.4)$$

Für die Lösung des verbleibenden Integrals benutzen wir die Ausblendeigenschaft des Diracstosses sowie seine Definitionsgleichung (2.33):

$$X_A(j\omega) = \sum_{n=-\infty}^{\infty} x(nT) \cdot \int_{-\infty}^{\infty} \delta(t - nT) \cdot e^{-jn\omega T}\, dt = \sum_{n=-\infty}^{\infty} x(nT) \cdot e^{-jn\omega T} \cdot \underbrace{\int_{-\infty}^{\infty} \delta(t - nT)\, dt}_{=1}$$

$$X_A(j\omega) = \sum_{n=-\infty}^{\infty} x(nT) \cdot e^{-jn\omega T} = \sum_{n=-\infty}^{\infty} x[n] \cdot e^{-jn\omega T} \qquad (4.5)$$

Dasselbe kann man übrigens auch mit einer anderen Anschauung herleiten: wir nehmen den letzten Ausdruck von (4.4):

$$X_A(j\omega) = \sum_{n=-\infty}^{\infty} x(nT) \cdot \int_{-\infty}^{\infty} \delta(t-nT) \cdot e^{-j\omega t}\, dt$$

Das Integral ist die Fourier-Tranformation des verschobenen Diracstosses. Mit dem Verschiebungssatz (2.28) gilt:

$$\delta(t) \quad \circ\!\!-\!\!\circ \quad 1 \quad \Rightarrow \quad \delta(t-nT) \quad \circ\!\!-\!\!\circ \quad e^{-j\omega nT}$$

Setzen wir dies oben ein, erhalten wir wiederum:

$$X_A(j\omega) = \sum_{n=-\infty}^{\infty} x(nT) \cdot e^{-jn\omega T} = \sum_{n=-\infty}^{\infty} x[n] \cdot e^{-jn\omega T}$$

Wir ergötzen uns an einer dritten Variante der Herleitung der wichtigen Gleichung (4.5). Der Zweck dabei ist es, Routine im Umgang mit der Fourier-Transformation zu erhalten, worum wir bei den späteren Herleitungen froh sein werden.

Wir kennen bereits die beiden folgenden Korrspondenzen:

$$\delta(t) \quad \circ\!-\!\circ \quad 1$$

$$\delta(t-nT) \quad \circ\!-\!\circ \quad e^{-jn\omega T}$$

Wegen der Linearität der Fourier-Transformation gilt das Superpositionsgesetz:

$$\sum_{n=-\infty}^{\infty} \delta(t-nT) \quad \circ\!-\!\circ \quad \sum_{n=-\infty}^{\infty} e^{-jn\omega T} \tag{4.6}$$

Die Abtastwerte $x[n]$ wirken wie konstante Koeffizienten, deshalb gelten auch die folgenden Korrespondenzen:

$$x[n] \cdot \delta(t-nT) \quad \circ\!-\!\circ \quad x[n] \cdot e^{-jn\omega T}$$

$$x_A(t) = \sum_{n=-\infty}^{\infty} x[n] \cdot \delta(t-nT) \quad \circ\!-\!\circ \quad \sum_{n=-\infty}^{\infty} x[n] \cdot e^{-jn\omega T} = X_A(j\omega) \tag{4.7}$$

(4.6) ist die Fourier-Transformation der Diracstossfolge. Deren Spektrum haben wir bereits mit (2.47) berechnet. Durch Gleichsetzen der rechten Seiten von (2.47) und (4.6) erhält man einen neuen Ausdruck für die Diracstossfolge im Frequenzbereich (nämlich die Fourier-Reihe im Frequenzbereich!), mit Euler lässt sich noch die Exponentialsumme umformen:

$$\boxed{\; \omega_A \cdot \sum_{n=-\infty}^{\infty} \delta(\omega - n\omega_A) = \sum_{n=-\infty}^{\infty} e^{-jn\omega T} = 1 + 2 \cdot \sum_{n=1}^{\infty} \cos(n\omega T) \quad mit \quad \omega_A = \frac{2\pi}{T} \;} \tag{4.8}$$

Die Gleichungen (4.5) und (4.7) beschreiben das Spektrum des Abtastsignales, dieses ist *periodisch und kontinuierlich*, ω kann jeden Wert annehmen. Die Periode beträgt $\omega_A = 2\pi \cdot f_A = 2\pi/T$:

$$X_A\!\left(j\omega + jk\frac{2\pi}{T}\right) = \sum_{n=-\infty}^{\infty} x[n] \cdot e^{-jn\left(\omega + k\frac{2\pi}{T}\right)T} = \sum_{n=-\infty}^{\infty} x[n] \cdot e^{-jn\omega T} \cdot \underbrace{e^{-jnk2\pi}}_{1} = X_A(j\omega)$$

$$\boxed{X_A\left(j\omega + jk\frac{2\pi}{T}\right) = X_A(j\omega)} \qquad (4.9)$$

Dies ist keineswegs erstaunlich. Wir wissen ja, dass periodische Signale ein diskretes Spektrum haben ($\rightarrow$ Fourier-Reihe). Diese Signale lassen sich demnach durch eine Zahlenfolge im Frequenzbereich (die Fourier-Koeffizienten) vollständig beschreiben. Wegen der Dualität (Abschn. 2.3.5.b), Gleichung (2.50)) folgt unmittelbar, dass ein diskretes Signal ein periodisches Spektrum hat. Letzteres lässt sich darum im Zeitbereich durch eine Zahlenfolge (die Abtastwerte) vollständig darstellen.

> *Diskrete Signale haben ein periodisches Spektrum.*
> *Periodische Signale haben ein diskretes Spektrum.*

Für die Herleitung der Gleichung (4.5) haben wir die ganz normale Fourier-Transformation nach (2.24) angewandt, es handelt sich nicht um eine neue Transformation! Die Periodizität des Spektrums ergibt sich nämlich aufgrund einer *Signal*eigenschaft (abgetastetes Signal), und nicht etwa aufgrund einer *Transformations*eigenschaft. Trotzdem sieht die Transformationsgleichung (4.5) ganz anders aus als (2.24), sie zeigt nämlich eine Summation anstelle eines Integrals. Auch dies ist eine Folge des speziellen Zeitsignales $x_A(t)$, indem dieses nach (4.2) aus einer Folge von gewichteten Diracstössen besteht, welche ihrerseits die Ausblendeigenschaft (2.35) besitzen.

Es gibt gute Gründe (vgl. Abschnitt 4.7), die Abbildung nach (4.5) als eigenständige Transformation zu betrachten, nämlich als *Fourier-Transformation für Abtastsignale (FTA)*.

Da die Frequenzvariable $j\omega$ stets in der Form $e^{j\omega T}$ vorkommt, schreibt man $X(e^{j\omega T})$ anstatt $X_A(j\omega)$. Weiter kürzt man ωT durch Ω ab, bzw. man normiert ω auf f_A:

$$X(e^{j\omega T}) = X(e^{j\Omega}) = \sum_{n=-\infty}^{\infty} x(nT)\cdot e^{-jn\omega T} = \sum_{n=-\infty}^{\infty} x[n]\cdot e^{-jn\Omega} \quad ; \quad \Omega = \omega\cdot T = \frac{\omega}{f_A} \qquad (4.10)$$

Mit dieser Schreibweise verdeutlicht man auch die Periodizität des FTA-Spektrums. Es kommt aber noch ein weiteres Argument dazu: Das Fourier-Spektrum eines kontinuierlichen Signals $x(t)$ bezeichnen wir mit $X(j\omega)$. Man könnte eigentlich genausogut $X(\omega)$ schreiben. Der Grund für die Schreibweise $X(j\omega)$ liegt darin, dass man so die Verwandtschaft zur Laplace-Transformation deutlicher sieht.

Kontinuierliche Signale haben wir mit der Fourier- und der Laplace-Transformation beschrieben. An ihre Stelle treten bei zeitdiskreten Signalen die FTA und die z-Transformation (vgl. Abschnitt 4.6). Zwischen den beiden letztgenannten Transformationen besteht ebenfalls eine enge Verwandtschaft, die mit der Schreibweise $X(e^{j\Omega})$ viel besser zum Ausdruck kommt.

In Gleichung (4.10) sind verschiedene Schreibweisen für die FTA zu finden. Einmal steht $x(nT)$, womit die Folge der gewichteten Diracstössen gemeint ist. Daneben finden wir auch $x[n]$, welches eine Sequenz darstellt. Eine Sequenz ist eine Folge von Zahlen, in unserem Fall stellen diese Zahlen die Abtastwerte und zugleich die Gewichte der erwähnten Diracstösse dar. Beide Varianten sind gleichwertig, wir benutzen fortan meistens die zweite.

Fourier-Transformation für Abtastsignale (FTA):

$$X(e^{j\Omega}) = \sum_{n=-\infty}^{\infty} x[n] \cdot e^{-jn\Omega} \quad ; \quad \Omega = \omega \cdot T = \frac{\omega}{f_A} \tag{4.11}$$

Inverse FTA:

$$x[n] = \frac{T}{2\pi} \int\limits_{-\pi/T}^{\pi/T} X(e^{j\Omega}) \cdot e^{jn\Omega} d\omega \tag{4.12}$$

Die inverse FTA ist nichts anderes als die Fourier-Reihenentwicklung einer (periodischen!) *Spektral*funktion. Die Fourier-Koeffizienten liegen dann im *Zeit*bereich und entsprechen gerade den Abtastwerten.

Um es nochmals klarzustellen: *die FTA ist keine neue Transformation*, wir haben ja lediglich die bekannte Fourier-Transformation auf ein Abtastsignal angewandt. Demzufolge hat die FTA auch die gleichen Eigenschaften wie die Fourier-Transformation (Abschnitt 2.3.5).

Vorsicht ist geboten bei der leider uneinheitlichen Bezeichnung: manchmal wird die FTA als zeitdiskrete Fourier-Transformation bezeichnet und mit FTD abgekürzt. Dies birgt die Gefahr der Verwechslung mit der diskreten Fourier-Transformation, welche mit DFT abgekürzt wird. Die DFT ist aber nicht gleich der FTA, sondern sie entspricht der Abtastung der FTA, vgl. Abschnitt 4.3. Zur besseren Unterscheidung verwenden wir die Abkürzung FTA, obwohl sie nicht verbreitet ist. In der amerikanischen Literatur findet man auch die Bezeichnung DTFT (discrete time fourier transform).

Das Spektrum $X(e^{j\Omega})$ lässt sich noch auf eine weitere Art berechnen: Ausgehend von (4.1) und dem Faltungstheorem im Frequenzbereich (2.32) sowie der Korrespondenz der Diracstossreihe (2.47) wird:

$$x_A(t) = x(t) \cdot \sum_{n=-\infty}^{\infty} \delta(t - nT)$$

$$X(e^{j\Omega}) = \frac{1}{2\pi} \cdot X(j\omega) * \omega_A \cdot \sum_{n=-\infty}^{\infty} \delta(\omega - n\omega_A) = \frac{1}{T} \cdot X(j\omega) * \sum_{n=-\infty}^{\infty} \delta(\omega - n\omega_A)$$

In Worten: Abtasten heisst Multiplizieren mit einer δ-Folge, die Spektren werden also gefaltet. Falten mit einer δ-Folge heisst aber periodisch Fortsetzen:

$$X\!\left(e^{j\Omega}\right) = \frac{1}{T} \cdot \sum_{n=-\infty}^{\infty} X(j\omega - jn\omega_A) = \frac{1}{T} \cdot \sum_{n=-\infty}^{\infty} X\!\left(j\omega - j\frac{n2\pi}{T}\right) \tag{4.13}$$

Damit ist ein direkter Zusammenhang zwischen dem Spektrum $X(j\omega)$ des analogen Signals $x(t)$ und dem Spektrum $X(e^{j\Omega})$ des abgetasteten Signals $x_A(t)$ hergestellt:

> *Wird ein Signal abgetastet, so wird sein Spektrum*
> *periodisch fortgesetzt mit der Abtastfrequenz f_A bzw. ω_A*
> *und gewichtet mit dem Abtastintervall $T = 1/f_A$.*

Diesen Faktor T kann man sich folgendermassen vorstellen: Das Abtast-Halteglied (Sample & Hold) nähert das analoge Signal an durch ein Treppensignal, Bild 2.2 b). Die Fourier-Transformation (FT) des analogen Signals ist eine Integration über das Signal und erfasst somit die Fläche unter dem Signal. Die Fläche des Treppensignals besteht aus der Summe der Flächen der Stufen. Jede Stufe hat die Fläche „Höhe $x[n]$ mal Breite T". Die FTA summiert aber nur die gewichteten Diracstösse, erfasst also nur die Höhen $x[n]$ der Stufen und unterscheidet sich darum um den Faktor T von der Fourier-Transformation. Vergleicht man die Gleichungen der FT nach (2.24) und der IFT (2.25) mit der FTA (4.11) und der IFTA (4.12), so erkennt man, dass bei der IFTA dieser Faktor T wieder eingefügt ist.

Es gibt Autoren, die fügen vorsorglich diesen Faktor T schon in die Summation in (4.2) ein mit der Begründung, dass damit dass abgetastete Signal dieselbe Dimension hat wie das analoge Signal (die Dimension von $\delta(t)$ ist ja s^{-1}). In diesem Fall entfällt der Faktor T bei der IFTA. Dem ist entgegenzuhalten, dass das abgetastete Signal als Folge von gewichteten Diracstössen durchaus eine andere Dimension hat als das analoge Vorbild. Ein akademischer Streit lohnt sich aber nicht, denn Diracstösse sind physikalisch nicht realisierbar, man kann die Dimension darum gar nicht messtechnisch nachvollziehen. Ein *konstanter* Faktor trägt ohnehin gar keine Information, die Aussagekraft der Signale ist also in beiden Fällen identisch. Welche Variante man auch bevorzugt, dieser Faktor T tritt irgendwo störend auf, wir werden ihn noch einige Male antreffen. Man muss also lediglich wissen, welche Variante praktiziert wird, leben kann man mit beiden.

Weil es so schön war, noch eine weitere (und letzte) Art der Herleitung der FTA. Wenn wir schon wissen, dass die Abtastung das Spektrum periodisch fortsetzt, so können wir dies auch mit dem Modulationssatz (2.29) und dem Superpositionsgesetz zeigen:

$$x(t) \cdot e^{j\omega_A t} \quad \circ\!\!-\!\!\circ \quad X(j\omega - j\omega_A)$$

$$\sum_{n=-\infty}^{\infty} x(t) \cdot e^{jn\omega_A t} = x(t) \cdot \sum_{n=-\infty}^{\infty} e^{jn\omega_A t} \quad \circ\!\!-\!\!\circ \quad \sum_{n=-\infty}^{\infty} X(j\omega - jn\omega_A)$$

Nun tauschen wir in (4.8) $\omega_A \leftrightarrow T$ und $\omega \leftrightarrow t$, wir schreiben damit die Diracstossfolge im Zeitbereich als Fourier-Reihe:

$$T \cdot \sum_{n=-\infty}^{\infty} \delta(t - nT) = \sum_{n=-\infty}^{\infty} e^{-jn\omega_A t} = \sum_{n=-\infty}^{\infty} e^{+jn\omega_A t}$$

Wir setzen dies oben ein, worauf wir wieder (4.13) erhalten:

$$x(t) \sum_{n=-\infty}^{\infty} e^{jn\omega_A t} = x(t) \cdot T \sum_{n=-\infty}^{\infty} \delta(t - nT) = T \cdot x_A(t) \quad \circ\!\!-\!\!\circ \quad \sum_{n=-\infty}^{\infty} X(j\omega - jn\omega_A) = T \cdot X_A(j\omega)$$

4.2.4 Das Abtasttheorem

Im Abschnitt 4.2.2 haben wir gesehen, wie durch Abtastung ein analoges Signal in ein zeitdiskretes Signal umgewandelt wird. Diese Abbildung ist eindeutig. Nun betrachten wir den umgekehrten Weg: wie wird aus dem zeitdiskreten Signal wieder das ursprüngliche analoge Signal rekonstruiert? Es wird sich zeigen, dass die Abtastung nur unter bestimmten Bedingungen eine eineindeutige (d.h. umkehrbare) Abbildung darstellt. Dieser Abschnitt 4.2.4 befasst sich mit diesen Bedingungen, während im Abschnitt 4.2.5 der tatsächlichen Rückwandlungsvorgang beschrieben ist.

Das Spektrum des abgetasteten Signals ist nach Gleichung (4.13) die periodische Fortsetzung des Spektrums des kontinuierlichen Signals. Die Periode (Abstand der Teilspektren auf der ω-Achse) beträgt $2\pi/T$. Je kleiner das Abtastintervall T ist, also je grösser die Abtastfrequenz ist, desto weiter liegen die Teilspektren auseinander. Aus dem periodischen Spektrum kann das ursprüngliche kontinuierliche Signal dann wieder rekonstruiert werden, wenn die Grundperiode des Spektrums des abgetasteten Signals keine Überlappungen mit den folgenden Perioden aufweist, Bild 4.4 Mitte. Die Grundperiode ist bis auf den informationslosen Faktor $1/T$ gerade das Spektrum des kontinuierlichen Signals.

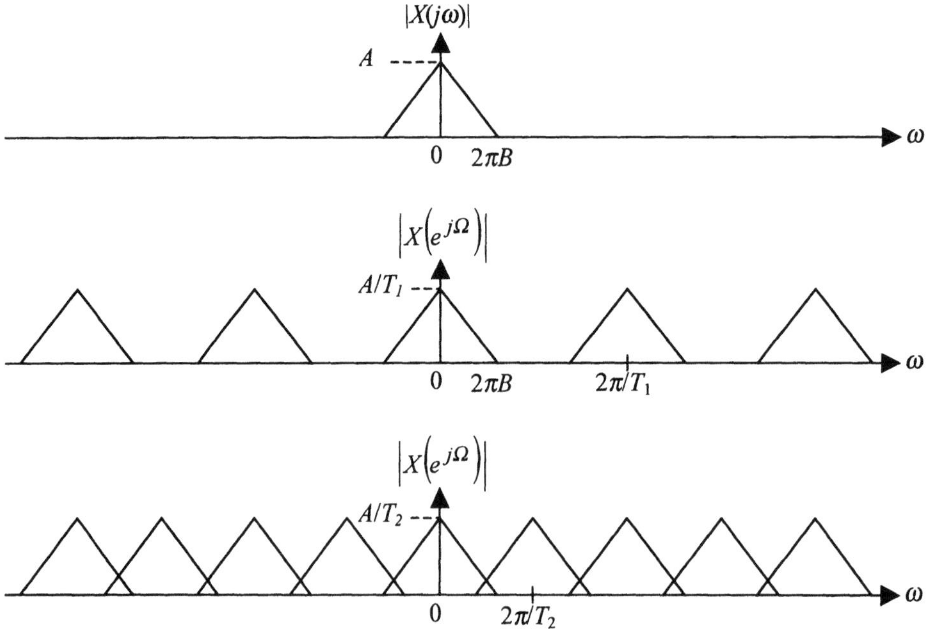

Bild 4.4   Oben: Spektrum eines kontinuierlichen (analogen) Signales
Mitte: Spektrum des mit $f_{A1} = 1/T_1$ abgetasteten Signales → keine Überlappung
unten: Spektrum des mit $f_{A2} = 1/T_2 < 2B$ abgetasteten Signales → Aliasing

Aus Bild 4.4 wird sofort die Bedingung ersichtlich, damit keine Überlappung (engl. „*aliasing*") der Teilspektren auftritt:

> *Ein kontinuierliches Tiefpass-Signal muss mit einer Frequenz*
> *abgetastet werden, die mehr als doppelt so gross ist wie die*
> *höchste im Signal vorkommende Frequenz.*

Ein Tiefpass-Signal (auch Basisbandsignal genannt) hat ein Spektrum mit tiefen Frequenzen und irgend einer oberen Grenze, wie in Bild 4.4 oben gezeichnet. Bei Tiefpass-Signalen entspricht die höchste Frequenz der Bandbreite.

Der Merksatz bedeutet, dass *vor der Abtastung* ein Signal mit einem Tiefpassfilter, dem *Anti-Aliasing-Filter* (AAF), in seiner Bandbreite beschränkt werden muss, Bild 4.1. Das AAF braucht aber nicht unbedingt explizite vor der S&H-Schaltung aufzutreten. Wenn das analoge Signal aufgrund der Quelleneigenschaften bereits bandbegrenzt ist, so kann man auf das Filter verzichten. In jedem Fall muss man aber unbedingt die entsprechende Überlegung anstellen.

Der obige Merksatz kann und soll etwas edler formuliert werden:

> *Ein kontinuierliches Signal der Bandbreite B kann aus seiner*
> *abgetasteten Version (Abtastfrequenz f_A) nur dann fehlerfrei*
> *rekonstruiert werden, wenn $f_A > 2B$ ist.*

Dies ist das *Abtasttheorem* von C.E. Shannon, das auch als *Nyquist-Theorem* bezeichnet wird.

Das Ungleichheitszeichen *muss* sein. Bei genau doppelter Abtastfrequenz können sich Fehler ergeben. Man stelle sich z.B. ein Sinussignal von 1 kHz vor, das mit 2 kHz abgetastet wird. Bei unglücklicher Phasenlage fallen alle Abtaststellen auf die Nulldurchgänge des Sinus und alle Abtastwerte wären Null, unabhängig von der Amplitude des Sinus. Diese Abtastung wäre keineswegs eindeutig. Auch Sinussignale der Frequenz 2 kHz, 4 kHz usw. würden dieselben Abtastwerte liefern.

Nun gehen wir noch auf den kleinen aber feinen Unterschied zwischen den beiden obenstehenden Merksätzen ein. Ein Bandpass-Signal ist bandbegrenzt und hat eine u.U. hohe untere Grenzfrequenz. Ein Tiefpass-Signal hingegen ist ebenfalls bandbegrenzt, hat aber eine tiefe untere Grenzfrequenz. Beim Tiefpass-Signal ist die maximal auftretende Frequenz gleich der Bandbreite, beim Bandpass-Signal hingegen nicht.

Häufig wird das Abtasttheorem mit folgendem Wortlaut rezitiert: „Die Abtastfrequenz muss höher sein als das Doppelte der höchsten Signalfrequenz". Dies ist demnach nur korrekt für Tiefpass-Signale. Erstreckt sich ein Bandpass-Signal z.B. von 80 kHz bis 100 kHz, so würde dieser Satz eine Abtastfrequenz von über 200 kHz verlangen. Tatsächlich genügt aber eine Abtastfrequenz von etwas über 40 kHz.

Früher digitalisierte man fast ausschliesslich Tiefpass-Signale, heute aber zunehmend auch Bandpass-Signale. Deshalb ist es wichtig, sich das Abtasttheorem in seiner korrekten Form zu merken. Im Abschnitt 10.2 werden wir die Abtastung von Bandpass-Signalen genauer betrachten.

Ein bandbegrenztes Signal ist durch die Folge seiner Abtastwerte *vollständig* bestimmt, falls das Abtasttheorem eingehalten wurde. Man braucht also nicht den kompletten Verlauf des analogen Signals zu kennen. Dank der Bandbegrenzung kann das analoge Signal sich nämlich nicht beliebig schnell ändern, zwischen zwei Abtastwerten gibt es darum nur eine einzige Möglichkeit des Signalverlaufes. Das analoge Signal und seine korrekt abgetastete zeitdiskrete Version sind vom Informationsgehalt her absolut gleichwertig. Dies gilt allerdings nur für zeitdiskrete und amplituden*kontinuierliche* Signale. Das durch den Rundungsvorgang im ADC eingeführte Quantisierungsrauschen stellt einen irreversiblen Informationsverlust dar. Diese Rundung ist aber eine Quantisierung der Werte-Achse, während die Abtastung eine Quantisierung der Zeitachse darstellt. Diese beiden Quantisierungen haben nichts miteinander zu tun, bei der AD-Wandlung werden aber beide miteinander eingesetzt.

Wird ein Signal schneller als notwendig abgetastet, so spricht man von *Überabtastung (engl. oversampling)*, im andern Fall von *Unterabtastung*. Überabtastung ist nicht tragisch, ausser dass pro Sekunde mehr Abtastwerte anfallen als notwendig, der Aufwand für deren Verarbeitung, Übertragung und Speicherung ist somit grösser als nötig.

In der Praxis ist die Bandbreite des Signals aus der Anwendung gegeben, daraus wird die untere Grenze der Abtastfrequenz abgeleitet. Mit einem Tiefpassfilter (AAF) wird vor der Abtastung das Signal bandbegrenzt. Dieses Filter hat keinen unendlich steilen Übergangsbereich, deshalb ist eine leichte Überabtastung notwendig. In der Praxis wählt man oft $f_A \approx 2.2 \ldots 2.4 \cdot B$.

Sprachsignale z.B. erstrecken sich von etwa 300 Hz bis 3.4 kHz (diese Frequenzen genügen für eine einwandfreie Verständlichkeit). Beim Telefonnetz werden die Sprachsignale deshalb mit einer Abtastfrequenz von 8 kHz digitalisiert.

Musiksignale reichen von 20 Hz bis 20 kHz (nur das junge und gesunde menschliche Ohr kann bis 20 kHz hören). Bei der Compact-Disc beträgt die Abtastfrequenz 44.1 kHz.

Je höher die Abtastfrequenz gewählt wird, desto einfacher kann das AAF seine Aufgabe erfüllen. Anderseits wird die zu verarbeitende Datenmenge umso geringer, je kleiner die Abtastfrequenz gewählt wird. Die Wahl von f_A ist demnach stets ein Kompromiss.

Die Realisierung der (stets analogen) AAF ist in Kapitel 8 beschrieben.

Falls das Abtasttheorem nicht eingehalten wird, entstehen „Rückfaltungen" oder Alias-Frequenzen. Die Teilspektren in Bild 4.4 unten überlappen sich. Wie das Bild zeigt, entstehen die Fehler zuerst bei den hohen Frequenzen des rekonstruierten Signals. Aus Bild 4.5 ist genauer ersichtlich, welche Frequenzen korrekt und welche falsch abgebildet werden.

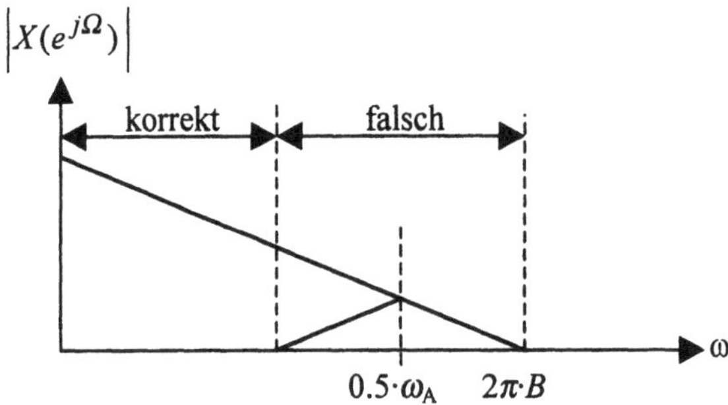

Bild 4.5 Aliasing bei zu tiefer Abtastfrequenz. Anmerkung: die Bandbreite B wird normalerweise auf der Frequenzachse in Hz angegeben und nicht auf der ω-Achse in s^{-1}. Deshalb ist im Bild die Bandbreite mit $2\pi \cdot B$ eingezeichnet.

Aliasing-Effekte entstehen auch bei diskreten optischen Systemen, z.B. bei Stroboskop-Beleuchtungen. Ein weiteres Beispiel sind die Wildwestfilme, wo sich die Speichen der Postkutschen oft scheinbar rückwarts drehen.

4.2.5 Die Rekonstruktion von abgetasteten Signalen (DA-Wandlung)

Die naheliegendste Möglichkeit zur Rekonstruktion zeigt Bild 4.4: man filtert das abgetastete Signal mit einem *analogen* Tiefpass mit der Grenzfrequenz $f_A/2$ und gewichtet es mit dem Faktor T. Übrig bleibt nach dem Filter die Grundperiode des Spektrums, die ja gerade dem Spektrum des ursprünglichen analogen Signals entspricht. Dieses analoge Filter heisst *Glättungsfilter* oder *Rekonstruktionsfilter*, es ist baugleich zum Anti-Aliasing-Filter, Bild 4.1.

Allerdings geht Bild 4.4 davon aus, dass die Abtastwerte durch gewichtete Diracstösse dargestellt werden. In der Praxis kann man die Diracstösse aber nur durch Rechteckpulse nach Bild 2.11 links annähern. Die Auswirkung davon betrachten wir am besten im Spektrum. Dazu benutzen wir die Gleichungen (4.11) für die FTA sowie deren Herleitung (4.6) und (4.7). Als Näherung für $\delta(t)$ verwenden wir $r_\tau(t)$, einen Rechteckpuls der Breite τ und der Höhe $1/\tau$. Die Fläche (das Gewicht) bleibt damit unverändert und ist gleich 1. Das Spektrum von $r_\tau(t)$ beträgt nach (2.27):

$$r_\tau(t) \quad \circ\!\!-\!\!\circ \quad R_\tau(j\omega) = \frac{\sin(\omega\tau/2)}{\omega\tau/2}$$

Ein um nT verschobener und mit $x[n]$ gewichteter Rechteckpuls hat das Spektrum:

$$x[n] \cdot r_\tau(t - nT) \quad \circ\!\!-\!\!\circ \quad x[n] \cdot \frac{\sin(\omega\tau/2)}{\omega\tau/2} \cdot e^{-jn\omega T}$$

Die Superposition einer ganzen Pulsfolge ergibt:

$$\sum_{n=-\infty}^{\infty} x[n] \cdot r_\tau(t - nT) \quad \circ\!\!-\!\!\circ \quad \sum_{n=-\infty}^{\infty} x[n] \cdot \frac{\sin(\omega\tau/2)}{\omega\tau/2} \cdot e^{-jn\omega T} = \sum_{n=-\infty}^{\infty} x[n] \cdot R_\tau(j\omega) \cdot e^{-jn\omega T}$$

$$\sum_{n=-\infty}^{\infty} x[n] \cdot r_\tau(t - nT) \quad \circ\!\!-\!\!\circ \quad R_\tau(j\omega) \cdot \sum_{n=-\infty}^{\infty} x[n] \cdot e^{-jn\omega T} = R_\tau(j\omega) \cdot X\!\left(e^{j\Omega}\right) \qquad (4.14)$$

Wird ein kontinuierliches Signal $x(t)$ mit dem Spektrum $X(j\omega)$ durch Abtastwerte in Form von gewichteten Diracstössen dargestellt, so ergibt sich das FTA-Spektrum $X(e^{j\Omega})$, das die periodische Fortsetzung von $X(j\omega)$ ist. Wird das Signal $x(t)$ hingegen durch Abtastwerte in Form von gewichteten Rechteckpulsen $r_\tau(t)$ dargestellt, so ergibt sich das mit $R_\tau(j\omega)$ gewichtete FTA-Spektrum. Das bedeutet, dass die höheren Perioden des Spektrums zusehends gedämpft werden, Bild 4.6.

Der häufigste Fall bei der DA-Wandlung ist natürlich der, dass $\tau = T$ gesetzt wird, aus $R_\tau(j\omega)$ wird dann $R_T(j\omega)$. Bild 4.6 zeigt genau diesen Fall. Im Zeitbereich ergibt sich nach dem DA-Wandler die bekannte Treppenkurve nach Bild 2.2 d). Dieses Signal ist immer noch zeitdiskret und amplitudenquantisiert. Der DA-Wandler ist also eigentlich kein Wandler, sondern lediglich ein Decoder, der eine wertdiskrete Grösse statt im Binärcode mit k Stellen im 2^k-Code mit 1 Stelle darstellt (k = Wortbreite des DAC).

Das Spektrum des Treppenkurvensignals in Bild 4.6 unten ist „periodisch", die höheren Perioden sind aber schon relativ stark gedämpft. Die erste Nullstelle der Dämpfungsfunktion $R_T(j\omega)$ ist bei $\omega = 2\pi/T$ bzw. $f_A = 1/T$ (im Bild 4.6 bei der Frequenz 2). Durch die starke Dämpfung der höheren Spektralperioden sieht das Treppenkurvensignal schon „ziemlich analog" aus und das Glättungsfilter in Bild 4.1 muss lediglich noch die Kanten runden.

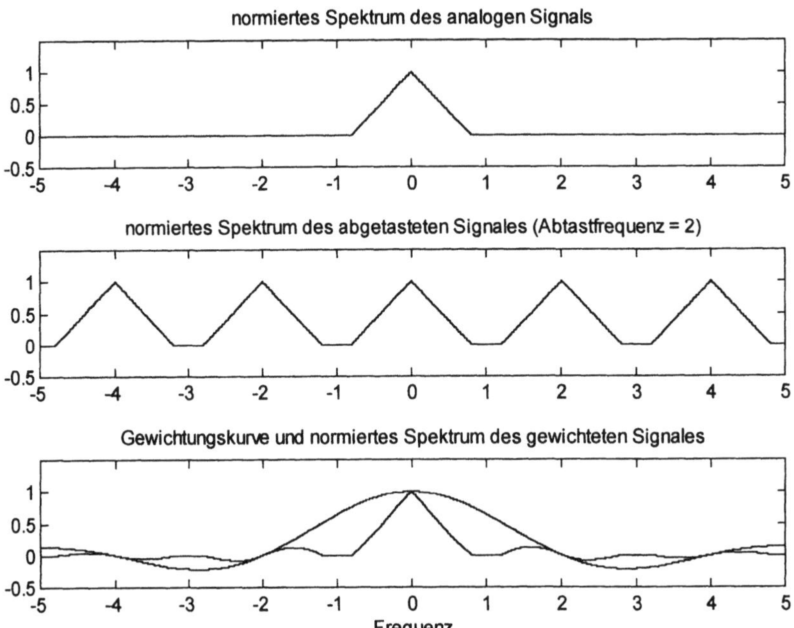

Bild 4.6 Gewichtung des Spektrums bei der DA-Wandlung durch die Darstellung der Abtastwerte mit Rechteckpulsen der Breite T statt mit Diracstössen.

Das Rekonstruktionsfilter stellt also aus gewichteten Diracstössen das ursprüngliche analoge Signal wieder her. Dasselbe macht das Glättungsfilter, welches jedoch von einem Treppenstufensignal ausgeht und deshalb eine einfachere Aufgabe hat als das Rekonstruktionsfilter.

Ein Beispiel aus dem Alltag mag den Effekt verdeutlichen: bei digitalisierten Bildern wird die Bildfläche in Punkte unterteilt und deren Helligkeit quantisiert. Wird mit einem Quadrat der Seitenlänge T abgetastet, so ergibt sich ein „Mosaikbild", d.h. die gesamte Bildfläche ist ausgenutzt, lediglich die Helligkeitsänderungen können nur an bestimmten Stellen auftreten. Dies entspricht einem zweidimensionalen Treppensignal. Aus der Nähe betrachtet ist oft der Bildinhalt nur sehr schwer zu erkennen. Mit einem Tiefpassfilter entfernt man die höheren Perioden des (zweidimensionalen) Spektrums, vermindert also damit die Änderungsgeschwindigkeit der Helligkeit. Damit werden die Kanten gerundet und der Bildinhalt viel einfacher erkennbar. Optische Tiefpassfilterung bedeutet, dass Feinheiten im Bild (die scharfen Kanten!) verloren gehen. Dies kann man ohne Hilfsmittel durchführen, indem man das Bild aus der Ferne betrachtet oder indem man die Augen zusammenkneift.

Die Gewichtung des Spektrums mit $R_T(j\omega)$ beeinflusst auch das Basisbandspektrum (d.h. den Bereich $-f_A/2 \ldots +f_A/2$), was unerwünscht ist. Der maximale Fehler tritt bei $f_A/2$ auf, dort hat das Spektrum nur noch 63% des Sollwertes (-3.9 dB Verstärkungsfehler). Herleitung: nach Bild 4.6 unten fällt die Funktion $R_T(j\omega)$ zu Beginn monoton und hat die erste Nullstellen bei

$$\frac{\omega T}{2} = \pi \quad \Rightarrow \quad \omega = \frac{2\pi}{T} = 2\pi \cdot f_A$$

Bei der halben Abtastfrequenz hat somit der Amplitudengang nicht den Wert 1, sondern:

$$\left| R_T\left(j\frac{\pi}{T} \right) \right| = \frac{\sin(\pi/2)}{\pi/2} = \frac{1}{\pi/2} = \frac{2}{\pi} = 0.636$$

Auch bei der Abtastung (AD-Wandlung) arbeitet man in der Praxis mit Rechteckpulsen statt mit Diracstössen (Sample-Zeit bzw. „Öffnungszeit" des S&H). Somit wird das Spektrum ebenfalls mit $\sin(x)/x$ gewichtet. Allerdings ist die Sample-Zeit im Vergleich zum Abtastintervall meist sehr klein (d.h. die Rechtecke haben die Breite $\tau \ll T$), so dass dieser Effekt vernachlässbar ist. Die Hold-Zeit hat *keinen* Einfluss, da der ADC nur quantisierte Amplitudenwerte an den Prozessor weitergibt und nicht Rechteckflächen.

Eine Kaskade von idealem AAF, ADC mit unendlicher Wortbreite ($\rightarrow$ Quantisierungsrauschen vernachlässigbar), DAC und idealem Glättungsfilter ergibt also nicht mehr das ursprüngliche Signal, auch wenn überhaupt kein Prozessor das Signal manipuliert! Der DAC führt leider die $\sin(x)/x$-Verzerrung ein.

Dieser Effekt ist allerdings deterministisch, er lässt sich also kompensieren. Diese Kompensation geschieht entweder präventiv und digital vor dem DAC oder analog nach dem DAC, z.B. mit der Schaltung nach Bild 4.7.

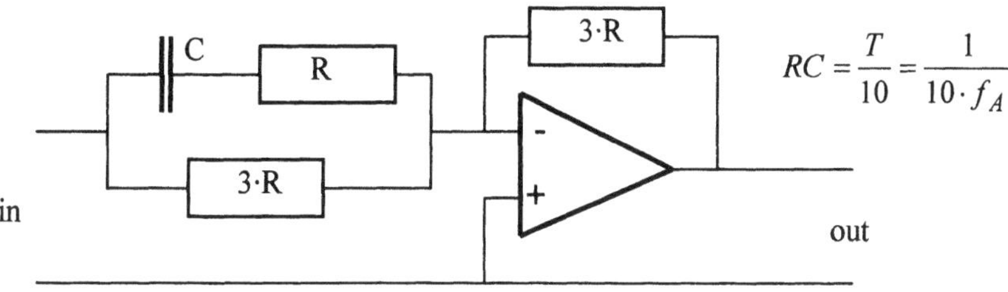

Bild 4.7 Analoger $\sin(x)/x$-Entzerrer als Ergänzung zum Glättungs-Tiefpass

Häufig verzichtet man aber auf diese sog. *$\sin(x)/x$-Entzerrung*. Die Abtastfrequenz bestimmt man aufgrund der Bandbreite des Eingangssignals. Ist das digitale System ein Tiefpassfilter, so ist die Bandbreite des Ausgangssignales kleiner. Somit belegt das Spektrum des Ausgangssignales nur den Anfangsteil des Basisbandes, wo die $\sin(x)/x$-Verzerrung vernachlässigbar ist.

Diese Überlegung führt zu einer andern Abhilfemassnahme: Mit Oversampling z.B. um den Faktor 4 wird das Basisband vervierfacht. Der interessante Teil des Signalspektrums belegt nun nur noch das erste Viertel des Basisbandes und die $\sin(x)/x$-Verzerrung fällt nicht auf. Damit wird aber leider die Prozessorleistung und der Speicherbedarf ebenfalls vervierfacht. Deshalb lässt man das digitale System besser mit der tiefen Abtastfrequenz arbeiten und erhöht die Abtastfrequenz erst unmittelbar vor dem DA-Wandler mit einem digitalen Interpolator (Abschnitt 10.1.3). Diese Methode wird häufig bei den CD-Abspielgeräten angewandt, dort aber irrtümlicherweise als Oversampling bezeichnet. Diese Interpolation eliminiert einerseits die $\sin(x)/x$-Verzerrung, auf der anderen Seite reduziert sie auch die Anforderung an das analoge Glättungssfilter. Macht man die Abtastfrequenz genügend gross, so kann ein einfaches (und einfach integrierbares!) RC-Glied die Funktion des Glättungs-Tiefpasses übernehmen.

Auch auf der Seite des ADC gibt es eine äquivalente Massnahme: mit Oversampling (hier ist der Ausdruck korrekt) reduziert man die Anforderung an das analoge Anti-Aliasing-Filter und erhöht dafür den Aufwand auf der digitalen Seite. Dies ist meistens nicht nur preisgünstiger sondern auch technisch besser. Näheres dazu folgt im Abschnitt 10.1.

4.3 Die diskrete Fourier-Transformation (DFT)

4.3.1 Die Herleitung der DFT

Die FTA nach (4.11) hat dieselbe Beziehung zu den zeitdiskreten Signalen, wie sie die Fourier-Transformation zu den analogen Signalen hat. Leider ist die FTA aber nicht so praxistauglich, da über unendlich viele Abtastwerte summiert wird. Die diskrete Fourier-Transformation (DFT) stellt eine praxistaugliche *Näherung* an die FTA dar. Es wird sich zeigen, dass die DFT der Abtastung der FTA entspricht.

Für die Herleitung der DFT gehen wir von (4.5) aus statt von (4.11), wir benutzen damit lediglich eine andere Schreibweise der FTA. Der Grund ist einfach der, dass wir uns so bereits der Schreibweise der DFT annähern. Aus demselben Grund lassen wir den Faktor j im Argument der Spektralfunktionen weg, diesen haben wir ja auch „künstlich" eingeführt, nur um die Verwandtschaft zur Laplace-Transformation zu betonen.

Beschränkt man sich bei der Auswertung von (4.5) auf endlich viele, nämlich N Abtastwerte, so wird das ursprüngliche Signal nur während einer bestimmten Zeitdauer betrachtet. Dieses „Zeitfenster" heisst *window*, N heisst *Blocklänge*. Das Zeitfenster hat eine Länge von NT Sekunden (T = Abtastintervall). Das Spektrum ändert sich natürlich durch diese Beschränkung, wir schreiben darum $\tilde{X}(\omega)$ statt $X_A(j\omega)$.

$$\tilde{X}(\omega) = \sum_{n=0}^{N-1} x[n] \cdot e^{-jn\omega T} \tag{4.15}$$

Nun schreiben wir $2\pi f$ anstelle von ω :

$$\tilde{X}(2\pi f) = \sum_{n=0}^{N-1} x[n] \cdot e^{-jn2\pi f T} \tag{4.16}$$

Aus N komplexen (meistens aber reellen) Abtastwerten können höchstens N komplexe Amplituden (Spektralwerte) berechnet werden. Mehr ist aufgrund des Informationsgehaltes der N Abtastwerte gar nicht möglich. Die Frequenzachse wird darum diskret (endlich!).

Das Spektrum eines abgetasteten Signals ist periodisch, nach (4.13) beträgt die Periodendauer auf der *Frequenz*achse $f_A = 1/T$. Es ist darum zweckmässig, die N möglichen Frequenzen gleichmässig im Basisband $-0.5 \cdot f_A \ldots +0.5 \cdot f_A$ zu verteilen. Wegen des periodischen Frequenzganges kann man die N Werte genauso gut über das gleich breite Frequenzintervall $0 \ldots f_A$ verteilen. Bei der DFT wählt man die zweite Variante. Der Abstand zwischen zwei möglichen Frequenzen beträgt damit auf der Frequenzachse $f_A/N = 1/NT$, auf der ω-Achse $2\pi/NT$. Die Frequenzvariable in Gleichung (4.16) kann somit diskret geschrieben werden:

$$2\pi \cdot f \quad \rightarrow \quad \frac{2\pi \cdot m}{NT} \quad ; \quad m = 0, 1, 2, \ldots, N-1 \tag{4.17}$$

Nun setzen wir (4.17) in (4.16) ein:

$$\tilde{X}\left(\frac{2\pi \cdot m}{NT}\right) = \sum_{n=0}^{N-1} x[n] \cdot e^{-jn2\pi \frac{m}{NT} T} \tag{4.18}$$

Der Faktor T lässt sich kürzen. Zudem vereinfacht man die Schreibweise, indem als Argument auf der linken Seite nur noch m (die einzige Variable) gesetzt wird. Die Spektralfunktion umfasst jetzt nur noch diskrete Werte in gleichen Abständen, sie ist somit wie die Folge der Abtastwerte eine Sequenz. Deshalb schreibt man $X[m]$ anstelle von $\widetilde{X}(m)$, eine Verwechslung mit der Fourier-Transformierten oder FTA ist somit ausgeschlossen. Damit ist die DFT hergeleitet:

$$\text{Diskrete Fourier-Transformation (DFT):} \qquad \boxed{X[m] = \sum_{n=0}^{N-1} x[n] \cdot e^{-j2\pi\frac{mn}{N}}} \qquad (4.19)$$

$$\text{Inverse DFT (IDFT):} \qquad \boxed{x[n] = \frac{1}{N} \sum_{m=0}^{N-1} X[m] \cdot e^{j2\pi\frac{mn}{N}}} \qquad (4.20)$$

$x[n]$	Folge der Abtastwerte (üblicherweise reell, darf aber komplexwertig sein)
$X[m]$	Folge der komplexen Amplituden (Spektralwerte)
N	Anzahl der Abtastwerte im Zeitfenster = Blocklänge
$n = 0, 1, \dots, N-1$	Nummer der Abtastwerte
$m = 0, 1, \dots, N-1$	Nummer der Spektrallinien, Ordnungszahl

Aufgrund der Herleitung der DFT („Herauspicken" von äquidistanten Spektralwerten aus der FTA) ergibt sich der folgende Merksatz:

> *Das DFT-Spektrum ist die abgetastete Version des*
> *FTA-Spektrums. Es ist diskret und periodisch.*

Das Abtastintervall T erscheint nicht mehr in der DFT-Gleichung. Die Frequenzachse ist nur noch in Ordnungszahlen skaliert. Der physikalische Bezug lässt sich herstellen mit:

$$f = \frac{m}{NT} \qquad\qquad \omega = \frac{2\pi \cdot m}{NT} \qquad\qquad (4.21)$$

Die DFT ist praxistauglich und kann einfach programmiert werden. Die Abtastwerte werden in einen Array (Vektor) abgelegt, n ist die Zellennummer. Die komplexen Amplituden werden in einen gleich langen Array versorgt, dort ist m die Zellennummer. Häufig werden bei Programmiersprachen die Array-Zellen ab 1 numeriert. Die DFT-Gleichung weist aber eine Numerierung ab 0 auf. Man muss sich darum genau überlegen, welche Frequenz in welchem Speicherplatz abgelegt ist.

4.3.2 Die Verwandtschaft mit den komplexen Fourier-Koeffizienten

Das DFT-Spektrum ist ein Linienspektrum mit äquidistanten Linien (Linienabstand = $1/NT$). Dies impliziert, dass die Zeitsequenz periodisch ist (Periode = NT = Länge des Zeitfensters). Der obenstehende Merksatz impliziert dasselbe, da eine Abtastung im einen Bereich eine periodische Fortsetzung im anderen Bereich bedeutet.

Nichtperiodische Zeitsignale haben ein kontinuierliches Spektrum, sie können aber durchaus dem DFT-Algorithmus unterworfen und so „in ein Linienspektrum gezwängt" (d.h. „zwangsperiodisiert") werden. Es ist klar, dass sich in diesem Falle Fehler ergeben. Trotzdem wird auch in solchen Fällen die DFT angewandt, da die numerischen Vorteile die Nachteile überwiegen. Es gibt Methoden, um die Fehler zu verkleinern, der Abschnitt 4.4 beschäftigt sich damit.

Nun untersuchen wir den Zusammenhang zum Linienspektrum der Fourier-Reihe. Dazu gehen wir von einem periodischen Signal $x(t)$ aus, welches man in eine komplexe Fourier-Reihe nach (2.13) entwickeln kann. Um Verwechslungen mit dem Abtastintervall T zu vermeiden, bezeichnen wir die Periodendauer jetzt mit T_P. Ferner schreiben wir für die Ordnungszahl m wie bei der DFT statt k wie in (2.13). Die Folge der Fourier-Koeffizienten lautet dann:

$$\underline{c}_m = \frac{1}{T_P} \cdot \int_0^{T_p} x(t) \cdot e^{-j2\pi \frac{1}{T_P} mt}\, dt \tag{4.22}$$

Im diskreten Fall wird das Integral ersetzt durch eine Riemannsche Summe gemäss den nachstehenden Korrespondenzen:

$$x(t) \rightarrow x(nT) = x[n]$$

$$dt \rightarrow T$$

$$t \rightarrow nT,\, n = 0, 1, \ldots, N{-}1$$

$$T_P \rightarrow NT$$

$$\int \rightarrow \Sigma$$

Aus (4.22) wird eine Reihensumme, wobei man T zweimal kürzen kann:

$$\underline{c}_m = \frac{1}{NT} \cdot \sum_{n=0}^{N-1} x[n] \cdot e^{-j2\pi \frac{1}{NT} mnT} \cdot T = \frac{1}{N} \cdot \sum_{n=0}^{N-1} x[n] \cdot e^{-j2\pi \frac{mn}{N}}$$

Ein Vergleich mit (4.19) ergibt als wichtiges Resultat den Zusammenhang zwischen den komplexen Fourier-Koeffizienten und der DFT:

$$\boxed{\underline{c}_m = \frac{1}{N} \cdot X[m]} \tag{4.23}$$

Voraussetzung: das Abtasttheorem ist eingehalten!

Den gleichen Zusammenhang haben wir mit (2.45) schon im kontinuierlichen Fall angetroffen. Da der konstante Faktor $1/N$ keinerlei Information enthält, ergibt sich der Merksatz:

> *Die Folge der komplexen Fourier-Koeffizienten und das DFT-Spektrum*
> *sind vom Informationsgehalt her absolut gleichwertig!*

Der Faktor $1/N$ bewirkt, dass die Fourier-Koeffizienten unabhängig von der Länge des Zeitfensters sind. Die DFT-Koeffizienten hingegen wachsen mit dem Zeitfenster an. Für die Praxis ist dies etwas gewöhnungsbedürftig, häufig wird darum das Resultat von DFT-Analysatoren vor der Darstellung durch N dividiert. Damit wird die physikalische Interpretation vereinfacht. Einige wenige Lehrbücher (z.B. [Opw92]) definieren deswegen die DFT in leicht abgeänderter Form: der Faktor $1/N$ erscheint bereits in der Hintransformation (4.19), aber dafür nicht mehr in der Rücktransformation (4.20). Damit wird die Äquivalenz zu den Fourier-Koeffizienten betont. Mit der allgemein üblichen Schreibweise (und auch in diesem Buch verwendeten Notation) wird hingegen die Verwandtschaft zur Fourier-Transformation betont.

Das Fourier-Reihenspektrum (d.h. die Folge der Fourier-Koeffizienten) ist ein Linienspektrum, periodisch ist es aber im Allgemeinen nicht ($\to$ *unendliche* Reihe). Das DFT-Spektrum ist auch ein Linienspektrum, es ist aber zusätzlich auch periodisch, die Angabe der ersten Periode genügt somit ($\to$ *endliche* Reihe, Länge N). Die Periode auf der Frequenzachse beträgt $1/T = f_A$ (Abtastfrequenz). Bezogen auf die Ordnungszahl bedeutet dies eine Periode in N. Das bedeutet, dass die Amplituden von $-N/2 \dots 0$ sich wiederholen von $N/2 \dots N$. Das DFT-Spektrum besteht aber nur aus den Linien einer einzigen Periode, numeriert von $0 \dots N$. Die negativen Frequenzen kommen nicht (bzw. um N verschoben) vor, Bild 4.8. Diese Verschiebung ist nur dann fehlerfrei möglich, wenn das Abtasttheorem eingehalten wurde, d.h. die Fourier-Koeffizienten über der halben Abtastfrequenz müssen verschwinden:

$$\underline{c}_m = 0 \quad \text{für} \quad m \cdot f_0 \ge \frac{f_A}{2} \quad (f_0 = \text{Grundfrequenz})$$

In welchem Bereich kann man nun die Ordnungszahl m variieren, ohne dass Frequenzen oberhalb der halben Abtastfrequenz auftreten? Mit $f_0 = 1/NT$ und $f_A = 1/T$ ergibt sich:

$$\frac{m}{NT} < \frac{1}{2T} \quad \Rightarrow \quad m < \frac{N}{2}$$

Wenn also das Abtasttheorem eingehalten wurde, so bleibt die obere Hälfte des DFT-Spektralvektors leer, bzw. sie kann ohne Fehler zu verursachen mit der periodischen Fortsetzung der tieferen Spektrallinien aufgefüllt werden, Bild 4.8.

Aus einer reellen Zeitfolge mit N Abtastwerten können nicht N unabhängige komplexe Amplituden (das sind $2N$ reelle Zahlen!) berechnet werden. Es muss darum im Spektrum eine Abhängigkeit der einzelnen Amplitudenwerte bestehen: es ist konjugiert komplex. Dies entspricht der schon bei der normalen Fourier-Transformation gefundenen Eigenschaft. Da die DFT der Abtastung der FTA entspricht und letztere direkt aus der Fourier-Transformation abgeleitet wurde, gelten zahlreiche Eigenschaften der Fourier-Transformation auch für die FTA und die DFT.

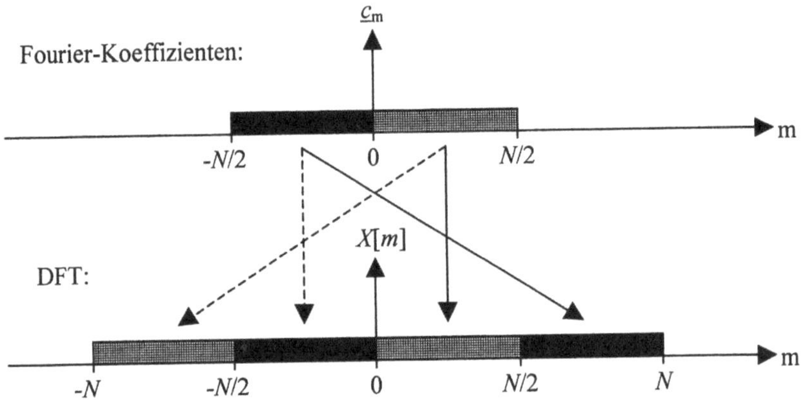

Bild 4.8 Entstehung der DFT durch periodische Fortsetzung einer bandbegrenzten Fourier-Reihe. Bei der DFT wird der Bereich $m = 0 \ldots N$ dargestellt. Zwischen $N/2$ und N sind die „negativen" Frequenzen (schwarz ausgefüllt) dargestellt. Durch periodische Fortsetzung nach links treten sie auch in der gewohnten Lage auf.

Es gibt theoretisch zwei Wege, um von einem beliebigen analogen aber bandbegrenzten Zeitsignal $x(t)$ zum DFT-Spektrum $X[m]$ zu gelangen, Bild 4.9. In der Praxis wird das Zeitsignal abgetastet, N Abtastwerte ausgewählt (Zeitfensterung) und die DFT-Formel angewandt. Dies entspricht dem Weg über die FTA, ohne dass die Zwischenschritte aber sichtbar sind. Bild 4.9 zeigt etwas sehr Schönes: die horizontalen Pfeile bezeichnen dieselbe Operation und zeigen vom kontinuierlichen Zeitbereich in den Frequenzbereich. Die vertikalen Pfeile hingegen bezeichnen auf den ersten Blick unterschiedliche Operationen. Der eine Pfeil ist jedoch im Zeitbereich, der andere im Frequenzbereich, und Abtasten in einem Bereich bedeutet periodisch Fortsetzen im anderen Bereich. Somit bezeichnen auch die vertikalen Pfeile dieselbe Operation und darum führen beide Wege zum selben Ziel. Im Abschnitt 4.7 werden wir diese Betrachtung weiterführen.

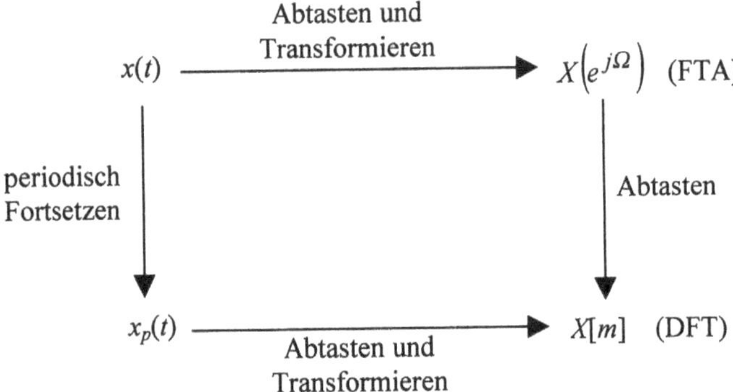

Bild 4.9 Vom bandbegrenzten, kontinuierlichen Zeitsignal zum DFT-Spektrum

4.3.3 Die Eigenschaften der DFT

a) Die DFT ist periodisch in N: X[m+N] = X[m]

$$X[m+N] = \sum_{n=0}^{N-1} x[n]\cdot e^{-j2\pi\frac{(m+N)n}{N}} = \sum_{n=0}^{N-1} x[n]\cdot e^{-j2\pi\frac{mn}{N}} \cdot \underbrace{e^{-j2\pi n\frac{N}{N}}}_{1} = X[m] \tag{4.24}$$

Die DFT ist die Abtastung der FTA, letztere ist ebenfalls periodisch.

*b) Die DFT reeller Zeitsequenzen ist konjugiert komplex: X[N–m] = X[m]**

$$X[N-m] = \sum_{n=0}^{N-1} x[n]\cdot e^{-j2\pi\frac{(N-m)n}{N}} = \sum_{n=0}^{N-1} x[n]\cdot e^{j2\pi\frac{mn}{N}} \cdot \underbrace{e^{-j2\pi n\frac{N}{N}}}_{1} = X[m]^{*} \tag{4.25}$$

c) Die Symmetrieregeln der FR und der FT gelten unverändert   (vgl. Abschnitt 2.3.5.j)

Die DFT und die FTA beruhen letzlich auf der „normalen" Fourier-Transformation. Somit gelten auch deren Regeln: $x[n]$ gerade $\leftrightarrow$ $X[m]$ reell; $x[n]$ ungerade $\leftrightarrow$ $X[m]$ imaginär; usw.

d) Verschiebungssatz

$$x[n-k] \quad \circ\!\!-\!\!\circ \quad X[m]\cdot e^{-j2\pi\frac{k}{N}} \tag{4.26}$$

e) Weitere Merksätze

> *Die DFT entspricht der kontinuierlichen Fourier-Transformation eines bandbegrenzten, periodischen und abgetasteten Signals.*

Die Bandbegrenzung ist eine Folge des Abtasttheorems. Bei der Fourier-Reihe ergibt sich ein Linienspektrum aufgrund des periodischen Zeitsignals. Bei der DFT ergibt sich das Linienspektrum aufgrund der Summation über nur endlich viele Abtastwerte in (4.10). Dies ist ein grundsätzlicher Unterschied! Das Linienspektrum der DFT impliziert ein periodisches Zeitsignal.

> *Die DFT berechnet nicht das Spektrum des Signals im Zeitfenster, sondern das Spektrum von dessen periodischer Fortsetzung.*

Die DFT transformiert eine beliebige Sequenz in ihr Spektrum. Falls die Sequenz aber nicht periodisch ist, ergeben sich Fehler, da durch die periodische Fortsetzung Sprungstellen entstehen, die im ursprünglichen Zeitsignal nicht vorhanden waren. Sowohl Bandbegrenzung als auch Zeitbegrenzung (Beschränkung auf N Abtastwerte) erfolgen mit dem Ziel, die zu verarbeitende Informationsmenge auf einen endlichen Wert zu beschränken. Die erwähnten Fehler dürfen also *nicht* dem DFT-Algorithmus angelastet werden, sondern bilden eine prinzipielle Einschränkung.

f) DFT und endliche Fourier-Reihe

Setzt man (4.23) in (4.20) ein, so ergibt sich die *diskrete* Fourier-Reihe von *x[n]*:

$$x[n] = \sum_{m=-N/2}^{N/2} \underline{c}_m \cdot e^{j2\pi\frac{mn}{N}} \tag{4.27}$$

x[n] kann interpoliert werden, man erhält dadurch wieder eine kontinuierliche, aber bandbegrenzte Funktion *x(t)* (*n* wird ersetzt durch *t/T*):

$$x(t) = \sum_{m=-N/2}^{N/2} \underline{c}_m \cdot e^{j2\pi\frac{mt}{NT}} = \frac{1}{N} \sum_{m=-N/2}^{N/2} X[m] \cdot e^{j2\pi\frac{mt}{NT}} \tag{4.28}$$

Dies ist die Signal-Rekonstruktion aus dem DFT-Spektrum durch eine *endliche* Fourier-Reihe.

g) Inverse DFT

Die IDFT nach (4.20) kann man anders darstellen:

$$x[n] = \frac{1}{N} \sum_{m=0}^{N-1} X[m] \cdot e^{j2\pi\frac{mn}{N}} = \frac{j}{N} \sum_{m=0}^{N-1} -j \cdot X[m] \cdot e^{j2\pi\frac{mn}{N}}$$

$$= \frac{j}{N} \left[\sum_{m=0}^{N-1} j \cdot X[m]^* \cdot e^{-j2\pi\frac{mn}{N}} \right]^*$$

Die IDFT lässt sich damit auf die DFT zurückführen:

$$IDFT\{X[m]\} = \frac{j}{N} \cdot \left[DFT\{j \cdot X[m]^*\} \right]^* \tag{4.29}$$

Nun berücksichtigen wir noch den Zusammenhang

$$X = X_r + j \cdot X_i \;\; \Rightarrow \;\; X^* = X_r - j \cdot X_i \;\; \Rightarrow \;\; j \cdot X^* = j \cdot X_r + X_i$$

und erhalten ein auch für digitale Signalprozessoren (DSP) geeignetes Rezept für die IDFT:

- In $X[m]$ Real- und Imaginärteil tauschen
- DFT durchführen (natürlich mit dem FFT-Algorithmus von Abschnitt 4.3.4)
- Im Ergebnis Real- und Imaginärteil tauschen
- Normieren auf $1/N$ (oft ist N eine Zweierpotenz, d.h. diese Normierung ist lediglich eine Verschiebung um $\log_2(N)$ Bit)

h) Die DFT als Näherung an die FT

Gleichung (4.13) zeigt den Zusammenhang zwischen der FTA und der Fourier-Transformation. Die höheren Perioden der FTA enthalten keine neue Information. Betrachten wir nur die 1. Periode, so können wir schreiben:

$$X\left(e^{j\Omega}\right) = \frac{1}{T} \cdot X(j\omega)$$

Wird $X(e^{j\Omega})$ abgetastet, so ergibt sich die DFT und damit:

$$X[m] \approx \frac{1}{T} \cdot X\left(j\frac{2\pi m}{NT}\right) \tag{4.30}$$

Die Näherung stimmt umso besser, je kleiner T ist.

i) Das Theorem von Parseval

$$\sum_{n=0}^{N-1} |x[n]|^2 = \frac{1}{N} \cdot \sum_{m=0}^{N-1} |X[m]|^2 \tag{4.31}$$

Der Beweis folgt aufgrund (2.22):

$$P = \frac{1}{T_P} \int_0^{T_P} |x(t)|^2 \, dt = \sum_{k=-\infty}^{\infty} |\underline{c}_k|^2$$

Für abgetastete Signale ersetzen wir das Integral durch die Riemannsche Summe (T_P = Periodendauer, T = Abtastintervall):

$$P = \frac{1}{NT} \cdot \sum_{n=-\infty}^{\infty} |x(nT)|^2 \cdot T = \frac{1}{N} \cdot \sum_{n=-\infty}^{\infty} |x[n]|^2 \overset{?}{=} \sum_{k=-\infty}^{\infty} |\underline{c}_k|^2$$

Nun berücksichtigen wir, dass das Signal bandbegrenzt sein muss, damit die DFT überhaupt sinnvoll anwendbar ist, d.h. n und k variieren nur noch von 0 bis $N-1$. Weiter benutzen wir Gleichung (4.23):

$$P = \frac{1}{N} \cdot \sum_{n=0}^{N-1} |x[n]|^2 \overset{?}{=} \sum_{k=0}^{N-1} |\underline{c}_k|^2 = \frac{1}{N^2} \cdot \sum_{m=0}^{N-1} |X[m]|^2 \ \Rightarrow \ \sum_{n=0}^{N-1} |x[n]|^2 = \frac{1}{N} \cdot \sum_{m=0}^{N-1} |X[m]|^2$$

Beispiel: Wir berechnen die DFT der Sequenz $x[n] = [10,\ 10,\ 10,\ 10,\ 0,\ 0,\ 0,\ 0]$

$X[0]$ stellt den linearen Mittelwert (DC-Wert) dar, allerdings modifiziert nach (4.23):

$$c_0 = \frac{40}{8} = 5 \ \Rightarrow \ X[0] = N \cdot c_0 = 8 \cdot 5 = 40$$

Dasselbe erhält man auch mit (4.19) für $m = 0$ und $N = 8$:

$$X[0] = \sum_{n=0}^{7} x[n] \cdot e^{-j2\pi\frac{0 \cdot n}{8}} = \sum_{n=0}^{7} x[n] = 10 + 10 + 10 + 10 + 0 + 0 + 0 + 0 = 40$$

Für $m = 1$ ergibt sich:

$$X[1] = \sum_{n=0}^{7} x[n] \cdot e^{-j2\pi\frac{1 \cdot n}{8}} = 10 \cdot \sum_{n=0}^{3} e^{-j\frac{\pi}{4} \cdot n} = 10 \cdot \left(1 + e^{-j\frac{\pi}{4}} + e^{-j\frac{\pi}{2}} + e^{-j\frac{3\pi}{4}} \right)$$

$$= 10 \cdot \left(1 + (1/\sqrt{2} - j/\sqrt{2}) - j - (1/\sqrt{2} + j/\sqrt{2}) \right) = 10 \cdot \left(1 - j(1 + \sqrt{2}) \right) = 10 - j \cdot 24.14$$

Damit folgt sogleich:

$$X[7] = x[1]^{*} = 10 + j \cdot 24.14$$

Für $m = 2$ ergibt sich:

$$X[2] = \sum_{n=0}^{7} x[n] \cdot e^{-j2\pi\frac{2 \cdot n}{8}} = 10 \cdot \sum_{n=0}^{3} e^{-j\frac{\pi}{2} \cdot n} = 10 \cdot \left(1 + e^{-j\frac{\pi}{2}} + e^{-j\pi} + e^{-j\frac{3\pi}{2}} \right)$$

$$= 10 \cdot \left(1 - j - 1 + j \right) = 0$$

Dies war zu erwarten, es handelt sich ja um eine Rechteckfolge im Zeitbereich. Es gilt auch $X[4] = 0$ und $X[6] = X[2]^{*} = 0$. Ferner ist $X[3] = 10 - j \cdot 4.14$ und $X[5] = X[3]^{*} = 10 + j \cdot 4.14$.

$\square$

Beispiel: Wir rekonstruieren eine Abtastfolge durch eine Fourier-Reihe bzw. eine IDFT. Dazu nehmen wir eine reelle Spektralfolge $X[m] = [2,\ 1,\ 0,\ 0,\ 1]$ und rechnen um auf die komplexen Fourier-Koeffizienten. Die Abbildung zeigt die Interpretation, vgl. Bild 4.8.

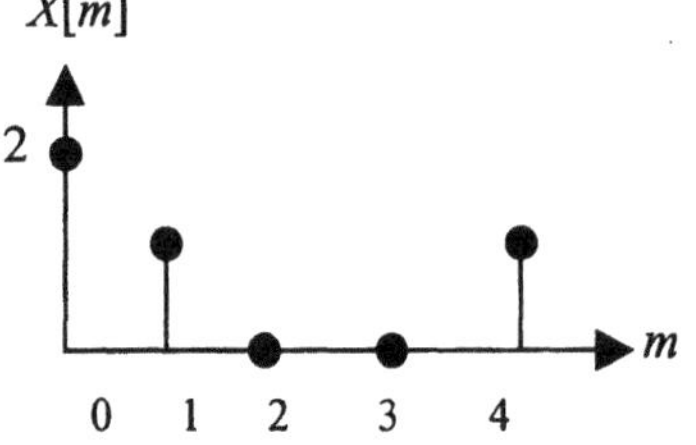
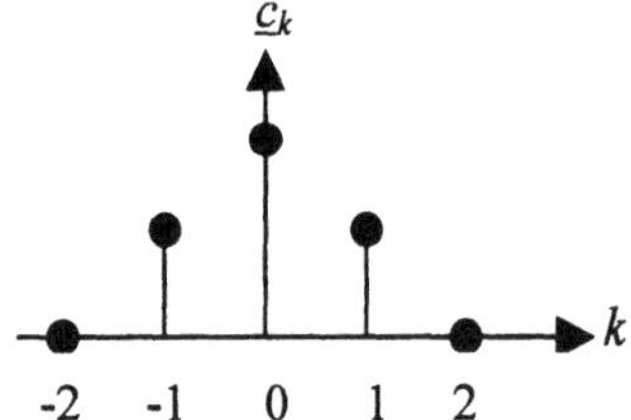

Damit folgt für die Fourier-Koeffizienten: $\underline{c}_{-1} = 1/5$ $\underline{c}_0 = 2/5$ $\underline{c}_1 = 1/5$

Somit lautet die Fourier-Reihe:

$$x(t) = \frac{1}{5} \cdot e^{-j\omega_0 t} + \frac{2}{5} + \frac{1}{5} \cdot e^{j\omega_0 t} = \frac{2}{5} + \frac{2}{5} \cdot \cos(\omega_0 t) \quad ; \quad \omega_0 = \frac{2\pi}{NT}$$

Natürlich ist dieses Signal gerade, das Spektrum ist ja reell.

Die Abtastwerte, die zum betrachteten DFT-Spektrum gehören, erhält man durch die Substitution $t \rightarrow nT$:

$$x[n] = \frac{2}{5}\left(1 + \cos\left(\frac{2\pi}{NT} \cdot nT\right)\right) = \frac{2}{5}\left(1 + \cos\left(\frac{2\pi \cdot n}{5}\right)\right)$$

Die Zahlenwerte lauten:

$$x[0] = 0.8 \quad x[1] = 0.5236 \quad x[2] = 0.0764 \quad x[3] = 0.0764 \quad x[4] = 0.5236$$

Mit der IDFT erhält man dieselben Werte.

Natürlich rechnet man in der Praxis die DFT mit dem Computer aus. Das Beispiel soll lediglich die Mechanismen verdeutlichen.

□

Beispiel: Wir betrachten den Zusammenhang zwischen der DFT und der FTA am Beispiel der beiden Sequenzen:

$$x_1[n] = [1, 1, 1, 1, 1] \qquad \text{für } n = [-2, -1, 0, 1, 2]$$

$$x_2[n] = [0, 0, 0, 1, 1, 1, 1, 1, 0, 0, 0] \qquad \text{für } n = [-5, -4, \ldots, 4, 5]$$

mit $T = 1$s. Für beide Sequenzen berechnen und plotten wir die FTA und die DFT.

Für die FTA gilt (4.11), somit haben beide Sequenzen dasselbe Spektrum:

$$X\left(e^{j\Omega}\right) = \sum_{n=-\infty}^{\infty} x[n] \cdot e^{-jn\omega T} = \sum_{n=-2}^{2} e^{-jn\omega T} = e^{j2\omega T} + e^{j\omega T} + 1 + e^{-j\omega T} + e^{-j2\omega T}$$

$$= 1 + 2 \cdot \cos(\omega T) + 2 \cdot \cos(2\omega T)$$

Logischerweise ist das Spektrum reell, da die Zeitsequenz reell und gerade ist (Tabelle 2.1).

Die DFT der Sequenz x_1 ist einfach zu berechnen: die periodische Fortsetzung ergibt ein Gleichspannungssignal, es tritt also nur der Spektralwert bei $m = 0$ auf. Dieser ist die Summe aller Abtastwerte, also 5. Die DFT lautet demnach: $X_1[m] = [5, 0, 0, 0, 0]$.

Die DFT der Sequenz x_2 erhält man mit dem Rechner oder durch Abtasten der FTA. Letzteres geschieht dadurch, dass man in obiger FTA-Gleichung das Argument $\Omega = \omega T$ nach (4.21) ersetzt durch $2\pi m/N$:

$$X_2\left(e^{j\Omega}\right) = 1 + 2 \cdot \cos(\omega T) + 2 \cdot \cos(2\omega T) \quad \Rightarrow \quad X_2[m] = 1 + 2 \cdot \cos\frac{2\pi m}{11} + 2 \cdot \cos\frac{4\pi m}{11}$$

Mit dem Taschenrechner ausgewertet erhält man:

$X_2[m] = [5, 3.513, 0.521, -1.204, -0.594, 0.764, 0.764, -0.594, -1.204, 0.521, 3.513]$

(Würde man $N = 5$ statt 11 einsetzen, ergäbe sich natürlich $X_1[m] = [5, 0, 0, 0, 0]$.)

Bild 4.10 zeigt die Verhältnisse graphisch. Oben ist die FTA beider Sequenzen gezeichnet. Das mittlere Bild zeigt dieselbe FTA-Kurve. Die erste Periode wurde in 5 äquidistante Teilstrecken unterteilt und die Frequenzachse in Ordnungszahlen normiert. Alle Abtastwerte ausser dem ersten fallen in Nullstellen, deshalb ergibt die DFT den Vektor $X_1[n] = [5, 0, 0, 0, 0]$. Das unterste Teilbild zeigt die Abtastwerte der FTA für eine DFT mit 11 Punkten. Wiederum besteht eine perfekte Übereinstimmung mit den berechneten Werten.

Bei der Skalierung der Frequenzachse zeigt sich der Vorteil der Schreibweise mit $\Omega = \omega T$ als normierte Kreisfrequenz: da die FTA periodisch ist, genügt die Anzeige der ersten Periode (bei reellen Zeitsignalen sogar die Hälfte davon). Der Kreisfrequenzbereich, der damit überstrichen wird, reicht von $\omega = 0$ bis $\omega = 2\pi \cdot f_A$. bzw. von $\Omega = 0$ bis $\Omega = 2\pi$. Bei der zweiten Darstellung sind die Zahlenwerte unabhängig von der Abtastfrequenz.

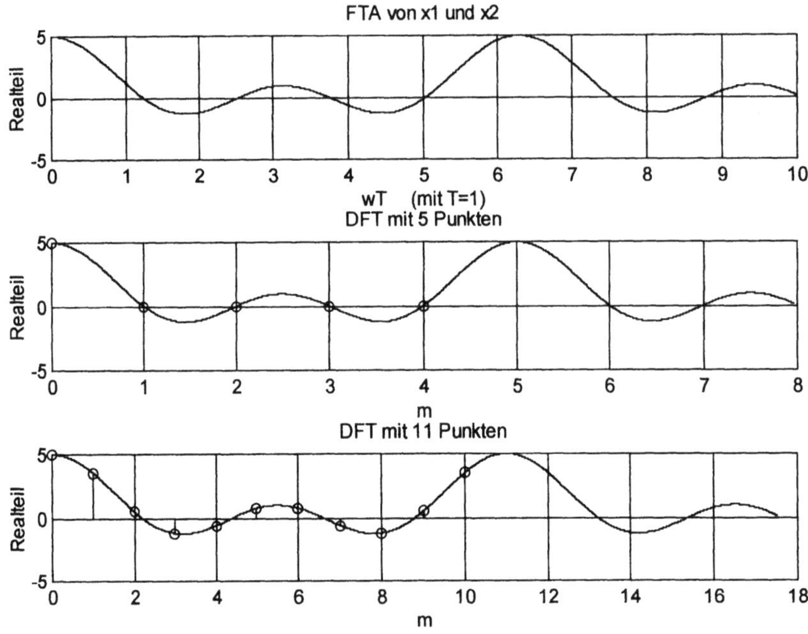

Bild 4.10 Zusammenhang zwischen FTA und DFT (Erklärung im Text)

4.3.4 Die schnelle Fourier-Transformation (FFT)

Für die Verarbeitungszeit in einem Rechner ist die Anzahl der Multiplikationen massgebend, für die Abschätzung der Rechenzeit beschränkt man sich darum auf das Zählen dieser „wesentlichen" Operationen. Wertet man die DFT-Gleichung (4.19) für ein bestimmtes m (d.h. für eine einzige Frequenz) aus, so sind dazu N komplexe Multiplikationen notwendig. Will man das ganze Spektrum berechnen (N DFTs), so sind dafür N^2 komplexe Multiplikationen notwendig. Bei reellen Zeitsequenzen genügt es allerdings, $N/2$ Spektralwerte zu berechnen, d.h. insgesamt $N^2/2$ komplexe Multiplikationen auszuführen, die restlichen Spektralwerte sind dann konjugiert komplex zu den berechneten. Trotzdem wird für grosses N der Rechenaufwand rasch prohibitiv hoch.

Aufgrund der Periodizität der Winkelfunktionen sind aber zahlreiche Zwischenrechnungen für mehrere Spektralwerte identisch, die Berechnung von N DFTs ist also redundant. Cooley und Tukey haben 1965 den FFT-Algorithmus entwickelt (Fast Fourier Transform), der diese redundanten Berechnungen vermeidet. Das Resultat ist aber genau dasselbe wie bei der DFT.

> *Die FFT ist keine neue Transformation, sondern nur ein*
> *effizienter Algorithmus zur Berechnung von N DFTs.*

Wenn also nur ein einziger Spektralwert interessiert, so wendet man besser die DFT an.

Die Idee des FFT-Algorithmus besteht darin, eine lange Zeitsequenz in zwei kurze aufzuteilen. Damit werden zwei DFTs mit halber Blocklänge berechnet, was wegen des quadratischen Ansteigens des Rechenaufwandes eine Einsparung bringt. Die beiden halbierten Blöcke können weiter unterteilt werden. Im Prinzip ist jede Unterteilung von N in ganzzahlige Blöcke verwendbar. Vorteilhaft sind möglichst kleine Blöcke, mathematisch entspricht dies einer Zerlegung in Primfaktoren. Sehr vorteilhaft ist es, wenn N eine Zweierpotenz ist, da man dann eine Unterteilung bis auf lauter Teilblöcke der Länge 2 vornehmen kann. Zudem lässt sich der Algorithmus in diesem Falle sehr effizient programmieren.

> *Die FFT wird besonders einfach,*
> *wenn die Blocklänge eine Zweierpotenz ist.*

Der FFT-Algorithmus ist das „Arbeitspferd" der digitalen Signalverarbeitung, da damit auch Faltungen ausgerechnet werden können („schnelle Faltung", trotz dem Umweg!).

Damit ist das Wesentliche für die Anwendung der FFT bereits gesagt. Nachstehend wird das Prinzip des FFT-Algorithmus erläutert, Ausgangspunkt ist (4.19):

$$X[m] = \sum_{n=0}^{N-1} x[n] \cdot e^{-j\frac{2\pi}{N}mn} = \sum_{n=0}^{N-1} x[n] \cdot \left(e^{-j\frac{2\pi}{N}}\right)^{mn} = \sum_{n=0}^{N-1} x[n] \cdot W_N^{mn} \qquad (4.32)$$

$$W_N = e^{-j\frac{2\pi}{N}} \quad \text{(Weight, "twiddle factor")}$$

Der komplexe Faktor W_N hängt nur von der Blocklänge ab, ist für eine bestimmte Transformation also konstant. W_N^{mn} ist eine komplexe Zahl (Vektor) mit dem Betrag (Länge) 1 und N möglichen Richtungen, die sich um $2\pi/N$ unterscheiden.

Eine Multiplikation einer komplexen Zahl (dargestellt als Zeiger oder Vektor) mit W_N^{mn} bewirkt also eine Drehung dieses Zeigers, wobei nur N Drehwinkel möglich sind. Für verschiedene Kombinationen von m und n (die beide je den Bereich 0 bis $N-1$ durchlaufen) ergibt sich derselbe Wert für W_N^{mn}, z.B. $W_N^6 = W_N^{2\cdot3} = W_N^{3\cdot2}$ usw. Bei einer Blocklänge von $N = 8$ gibt es demnach für W_8^{mn} nicht $8\cdot8 = 64$ Möglichkeiten, sondern nur deren 8. W_N^{mn} ist also zyklisch in N:

$$W_N^{k+N} = e^{-j\frac{2\pi}{N}(k+N)} = e^{-j\frac{2\pi}{N}k} \cdot \underbrace{e^{-j\frac{2\pi}{N}N}}_{1} = W_N^k$$

Nun schreiben wir die DFT-Formel (4.19) um, indem wir zwei Teilsummen aus den jeweils geradzahligen bzw. ungeradzahligen Abtastwerten bilden (N sei gerade). Aus (4.32) wird so:

$$X[m] = \sum_{n=0}^{N-1} x[n] \cdot W_N^{mn} = \sum_{n=0}^{\frac{N}{2}-1} x[2n] \cdot W_N^{2mn} + \sum_{n=0}^{\frac{N}{2}-1} x[2n+1] \cdot W_N^{m(2n+1)}$$

$$X[m] = \sum_{n=0}^{\frac{N}{2}-1} x[2n] \cdot W_N^{2mn} + W_N^{m} \cdot \sum_{n=0}^{\frac{N}{2}-1} x[2n+1] \cdot W_N^{2mn} \quad ; \quad m = 0, 1, \ldots, N-1 \qquad (4.33)$$

Nun führen wir neue Variablen ein:

$a[n] = x[2n]$ geradzahlige Abtastwerte

$b[n] = x[2n{+}1]$ ungeradzahlige Abtastwerte

$P \quad = N/2$ Länge der Sequenzen $a[n]$ und $b[n]$

Die DFTs der Sequenzen $a[n]$ und $b[n]$ lauten:

$$A[m] = \sum_{n=0}^{P-1} a[n] \cdot W_P^{mn} \qquad\qquad B[m] = \sum_{n=0}^{P-1} b[n] \cdot W_P^{mn}$$

$$\text{mit:} \quad W_P^{1} = e^{-j\frac{2\pi}{P}} = e^{-j\frac{2\pi \cdot 2}{N}} = \left(e^{-j\frac{2\pi}{N}} \right)^2 = W_N^{2}$$

$$A[m] = \sum_{n=0}^{P-1} a[n] \cdot W_N^{2mn} \qquad\qquad B[m] = \sum_{n=0}^{P-1} b[n] \cdot W_N^{2mn}$$

In (4.33) eingesetzt ergibt sich:

$$X[m] = A[m] + W_N^{m} \cdot B[m] \tag{4.34}$$

Die DFT von $X[m]$ (N Abtastwerte) kann man also darstellen als Linearkombination von zwei kleineren DFTs mit je $N/2$ Abtastwerten. Der Rechenaufwand als Anzahl komplexer Multiplikationen beträgt:

lange DFT:	N^2
2 kurze DFTs:	$2 \cdot (N/2)^2 = N^2/2$
2 kurze DFTs und Linearkombination:	$N^2/2 + N$

Die beiden kurzen DFTs teilt man beide auf in je zwei weitere noch kürzere Sequenzen usw.

Statt jeden zweiten Abtastwert (also Aufteilung in gerade und ungerade Nummern) könnte auch jeder dritte genommen werden und eine Linearkombination aus drei kürzeren DFTs gebildet werden.

Die Unterteilung funktioniert nicht, wenn die Blocklänge N eine Primzahl ist. In diesem Fall muss man N DFTs berechnen.

Die Unterteilung ist am effizientesten, wenn N eine Zweierpotenz ist. Letztlich werden dann nur noch DFTs über 2 Abtastwerte gebildet. Die Anzahl komplexer Multiplikationen beträgt dann $0.5 \cdot N \cdot \log_2(N)$.

Die Tabelle 4.1 zeigt einen Vergleich der Anzahl Multiplikationen. Bei grossen N ist also eine wesentliche Einsparung möglich.

Tabelle 4.1 Vergleich der Anzahl Multiplikationen zwischen DFT und FFT (z.T. gerundete Werte)

Blocklänge N	DFT	FFT
8	64	12
32	1024	80
128	$16 \cdot 10^3$	448
256	$65 \cdot 10^3$	$1 \cdot 10^3$
512	$260 \cdot 10^3$	$2.3 \cdot 10^3$
1024	$1 \cdot 10^6$	$5 \cdot 10^3$
2048	$4 \cdot 10^6$	$11 \cdot 10^3$
4096	$16 \cdot 10^6$	$24 \cdot 10^3$

Bild 4.11 zeigt die Aufteilung der Abtastwerte für den Fall $N = 8$. Interessant ist die Reihenfolge der Spektralwerte. Diese sind seltsam angeordnet und müssen umsortiert werden. Dies ist Bestandteil des FFT-Algorithmus. Numeriert man die Spektralwerte im Binärsystem statt im Dezimalsystem, so erhält man die korrekte Reihenfolge, indem man jeweils das erste und letzte Bit tauscht. Die gezeichnete Aufteilung heisst darum „FFT mit Bitumkehr am Ausgang". Varianten sind möglich (Bitumkehr am Eingang statt am Ausgang usw.), allen Varianten liegt aber dasselbe Prinzip zugrunde.

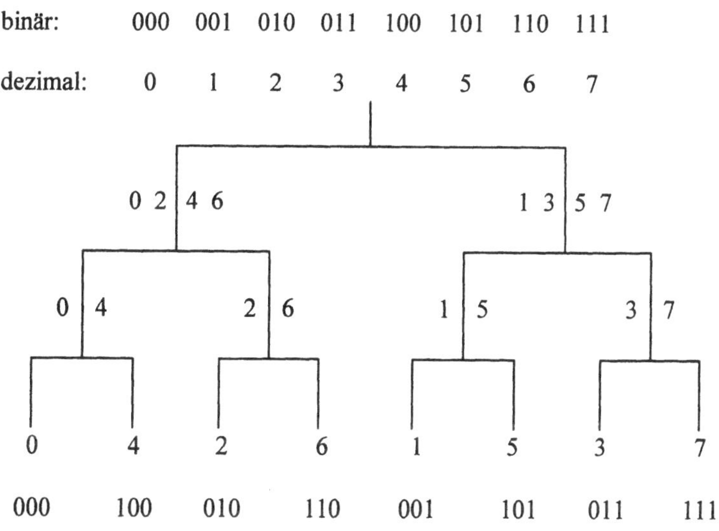

Bild 4.11 Aufteilung der Spektralwerte bei der FFT mit Bitumkehr am Ausgang ($N = 8$)

Stellt man den FFT-Algorithmus graphisch in einem Signalflussdiagramm dar, so ergibt sich ein charakteristisches Aussehen, Bild 4.13. Man spricht auch vom *Butterfly-Algorithmus* (Butterfly = Schmetterling). Im Bild 4.12 ist als Vorbereitung der Fall $N = 2$ gezeichnet. Damit wird verdeutlicht, wie das Signalflussdiagramm zu lesen ist. Bild 4.12 kann man direkt mit der Gleichung (4.32) verifizieren. Bild 4.13 zeigt den Fall $N = 8$.

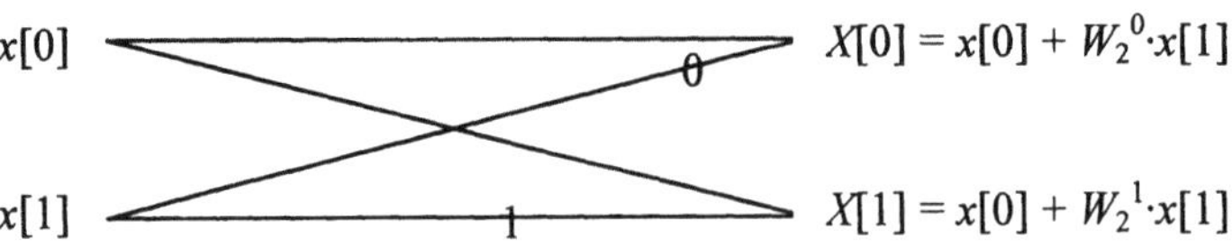

Bild 4.12 Signalflussdiagramm für die FFT mit $N = 2$

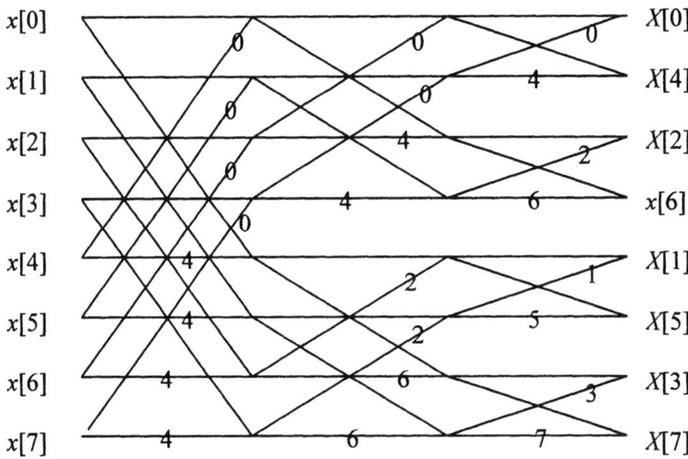

Bild 4.13 Butterfly-Algorithmus für $N = 8$ und Bitumkehr am Ausgang

Beispiel: Aus Gleichung (2.19) kennen wir die Fourier-Koeffizienten der unipolaren Rechteckpulsreihe, deren Pulsabstände gleich lang sind wie die Pulsbreiten:

$$\underline{c}_k = \frac{A}{2} \cdot si\left(\frac{k\pi}{2}\right) \quad \Rightarrow \quad |\underline{c}_k| = \begin{cases} \dfrac{A}{2} \; ; \; k = 0 \\[2mm] \dfrac{A}{\pi} \cdot \dfrac{1}{k} \; ; \quad k \text{ ungerade} \\[2mm] 0 \; ; \; k \text{ gerade} \neq 0 \end{cases}$$

Als Pulshöhe A wählen wir nun π, damit die Zahlen etwas besser interpretierbar sind. Obige Formel ergibt somit folgende Fourier-Koeffizienten für $k = 0, 1, \ldots, 7$:

$$\underline{c}_k = [\pi/2 \quad 1 \quad 1/2 \quad 0 \quad 1/3 \quad 0 \quad 1/5 \quad 0 \quad \ldots] = [1.5708 \quad 1 \quad 0.5 \quad 0 \quad 0.3333 \quad 0 \quad 0.2 \quad \ldots]$$

Nun berechnen wir die Fourier-Koeffizienten mit der FFT auf dem Computer und rechnen mit (4.23) die DFT-Koeffizienten in die Fourier-Koeffizienten um. Dazu benutzen wir folgendes MATLAB-Programm (Texte nach dem %-Zeichen sind Kommentar):

```
N=10;                        % Blocklänge
x=[pi pi pi pi pi 0 0 0 0 0]; % Zeitarray mit den Abtastwerten
X=fft(x);                    % Spektralarray
c=X/N                        % Gl. (4.23) anwenden
```

Der Computer liefert das folgende enttäuschende Resultat:

$$
\begin{aligned}
c_0 &= 1.5708 & c_5 &= 0.3142 - 0.0000i \\
c_1 &= 0.3142 + 0.9669i & c_6 &= 0.0000 + 0.0000i \\
c_2 &= 0.0000 - 0.0000i & c_7 &= 0.3142 - 0.2283i \\
c_3 &= 0.3142 + 0.2283i & c_8 &= 0.0000 + 0.0000i \\
c_4 &= 0.0000 + 0.0000i & c_9 &= 0.3142 - 0.9669i
\end{aligned}
$$

Immerhin verschwinden die geradzahligen Harmonischen. Auch sind c_1 und c_9 konjugiert komplex zueinander, ebenso c_3 und c_7 usw. Eigentlich haben wir aber ein reelles Spektrum erwartet, da das Bild 2.7 eine Achsensymmetrie aufweist.

Der Fehler liegt darin, dass der gewählte Zeitarray nicht einer Periode von Bild 2.7 entspricht. Wir hätten wählen sollen:

```
x=[pi pi pi 0 0 0 0 0 pi pi];
```

Es braucht eine ungerade Anzahl Abtastwerte mit dem Wert π, denn der erste Abtastwert ist bei $n = 0$ und liegt somit auf der Symmetrieachse.
Wir könnten uns aber auch sagen, dass die irrtümliche Zeitverschiebung lediglich den Phasengang verändert, nicht aber den Amplitudengang. Statt den Zeitarray zu ändern könnten wir deshalb auch den Betrag des Spektrums ausrechnen. Nach dieser Modifikation erhalten wir:

$$
\begin{aligned}
c &= [1.571 \quad 1.017 \quad 0.0 \quad -0.388 \quad 0.0 \quad 0.314 \quad 0.0 \quad -0.388 \quad 0.0 \quad 1.017] \\
m &= 0 \qquad 1 \qquad 2 \qquad 3 \qquad 4 \qquad 5 \qquad 6 \qquad 7 \qquad 8 \qquad 9
\end{aligned}
$$

Leider ist das Resultat immer noch frustrierend. Alle geradzahligen c_i sind korrekt, die ungeradzahligen jedoch nicht. Was ist passiert? Wir erwarten die Spektralwerte der Ordnungszahlen $0, 1, 2, 3, \ldots$. Was wir mit der 10-Punkte FFT erhalten, sind 10 Spektralwerte $(0 \ldots 9)$, die in der Terminologie der Fourier-Koeffizienten die Ordnungszahlen $0, 1, 2, 3, 4, 5, -4, -3, -2, -1$ haben, vgl. Bild 4.8. Diese Symmetrie sieht man auch in der obigen Zahlenfolge.

Der Fehler liegt darin, dass wir mit nur 10 Abtastwerten pro Periode die Spektrallinien nur bis zur fünften Harmonischen berechnen können. Die Rechteckschwingung hat aber bedeutend höhere Frequenzen, es tritt also Aliasing auf. Wir modifizieren darum das Programm, indem wir die Periode des Rechteckschwingung nicht mit der fünffachen, sondern z.B. mit der 250-fachen Abtastfrequenz abtasten.

Der Computer liefert nun 250 Zahlen, die ersten 10 davon lauten:

c = [1.571, 1.000, 0.000, −0.333, 0.000, 0.200, 0.000, −0.143, 0.000, 0.111]

Damit ist die Welt wieder in Ordnung!

Nun versuchen wir noch, das missglückte Resultat aus dem ersten Versuch zu erklären. Der Leser möge die folgenden Gedanken mit eigenen Skizzen veranschaulichen und das Beispiel auf dem Rechner nachvollziehen!

Die erste FFT hatte die Blocklänge $N = 10$, deshalb liegt die Symmetrieachse bei $m = 5$, vgl. Bild 4.5. Die sechste Harmonische der Rechteckschwingung wird deshalb nach der DFT nicht bei $m = 6$, sondern bei $m = 4$ erscheinen und sich dort summieren mit der tatsächlichen vierten Harmonischen der Rechteckschwingung. Ebenso fällt der Spektralwert mit $m = 8$ auf $m = 2$ usw. Es summieren sich also lauter verschwindende Spektralwerte, was erklärt, weshalb trotz Aliasing die geradzahligen Spektralwerte den korrekten Wert 0 aufweisen.

Nun betrachten wir den Spektralwert bei $m = 3$, der den Wert −0.388 statt −0.333 anzeigt. Wir erinnern uns, dass die Abtastung die periodische Fortsetzung des Spektrums bewirkt und dass die DFT die erste Periode von dessen Abtastung zeigt. Wir vergleichen deshalb die Ordnungs-zahlen k der Fourier-Koeffizienten $\underline{c}_k$ mit den Ordnungszahlen m der DFT $X[m]$:

k: … −9 −8 −7 −6 −5 −4 −3 −2 −1 0 1 2 **3** 4 5 6 7 8 9 10 11 12 **13** 14 15 16 …

m: …   1   2   3   4   5   6   7   8   9 [0 1 2 3 4 5 6 7 8 9 0] 1   2   3   4   5   6 …

Unter allen fett gedruckten Ordnungszahlen der oberen Zeile steht eine „3" in der unteren Zei-le. Alle diese Spektralwerte summieren sich bei der FFT bei $m = 3$ (fett gedruckt in der unteren Zeile).

Bei der Pulshöhe π gilt gemäss der Formel für die Fourier-Koeffizienten:

$$\underline{c}_k = \frac{\pi}{2} \cdot si\left(\frac{k\pi}{2}\right) = \frac{\pi}{2} \cdot \frac{\sin(k\pi/2)}{k\pi/2} = \frac{1}{k} \cdot \sin\left(k \cdot \frac{\pi}{2}\right)$$

Nun setzen wir $k = \ldots$ −17, −7, 3, 13, 23, $\ldots = 10 \cdot i + 3$ mit $i = −\infty \ldots +\infty$

Wir müssen also den folgenden Ausdruck ausrechnen:

$$\frac{X[3]}{N} = \sum_{i=-\infty}^{\infty} \frac{1}{10i+3} \cdot \sin\left((10i+3) \cdot \frac{\pi}{2}\right)$$

Natürlich führen wir auch diese Berechnung mit dem Computer aus, wobei die Summation von z.B. −400 … 400 bereits das erwartete Resultat von −0.388 ergibt.

Mit $k = 10 \cdot i + 1$ ergibt sich erwartungsgemäss der Wert 1.017, bei $k = 10 \cdot i + 5$ ergibt sich 0.314.

☐

4.3.5 Die Redundanz im Spektrum reeller Zeitfolgen

Der FFT-Algorithmus berechnet aus N *komplexen* Abtastwerten $x[n]$ N komplexe Koeffizienten $X[m]$. Im Falle eines reellen Zeitsignals ist das Spektrum konjugiert komplex, es sind darum nur $N/2$ Spektralwerte voneinander unabhängig. Der FFT-Algorithmus berechnet in diesem Falle also zuviele Werte. Aufgrund des Butterfly-Algorithmus in Bild 4.13 erkennt man, dass man mit der FFT gezwungenermassen alle N Spektralwerte ausrechnen muss. Dies ist aber immer noch wesentlich schneller als die Berechnung von $N/2$ DFTs.

Oft muss man gleichzeitig zwei Sequenzen transformieren, z.B. bei einer Frequenzgangmessung (vgl. Abschnitt 4.4.7), einer schnellen Faltung (vgl. Abschnitt 4.5) oder bei der Kurzzeit-FFT eines nichtstationären Signales (vgl. Abschnitt 4.4.5). Statt zwei komplette und redundante Transformationen auszuführen deklariert man das eine Zeitsignal als Imaginärteil des andern und transformiert mit einer einzigen FFT die nun komplexe Sequenz. Anschliessend sortiert man im Spektrum die Anteile des vom Realteil bzw. Imaginärteil des komplexen Zeitsignals stammenden Anteile aus. Dieses Aussortieren geschieht rascher als eine komplette Transformation. Bei nicht zeitkritischen Anwendungen wird man auf diesen Trick natürlich verzichten und auf grössere Übersichtlichkeit optimieren.

Zwei Signale $x[n]$ und $y[n]$ werden kombiniert zur komplexen Sequenz $z[n] = x[n] + jy[n]$. x und y werden wie in (3.50) aufgeteilt in gerade und ungerade Anteile, zur Bezeichnung dienen die Indizes g bzw. u:

$$x_g[n] = \frac{1}{2}\big(x[n] + x[-n]\big) \qquad x_u[n] = \frac{1}{2}\big(x[n] - x[-n]\big)$$

Nun wird $z[n]$ transformiert. Das Spektrum $Z[m]$ enthält gerade und ungerade Anteile sowie reelle und imaginäre Anteile (Indizes g, u, r, i). Die Korrespondenzen ergeben sich aufgrund der Tabelle 2.1 im Abschnitt 2.3.5.j):

$$z[n] = x_g[n] \; + \; x_u[n] \; + \; jy_g[n] + jy_u[n]$$
$$z[n] = z_{rg}[n] \; + \; z_{ru}[n] \; + \; jz_{ig}[n] + jz_{iu}[n]$$
$$\downarrow \qquad \downarrow \qquad \downarrow \qquad \downarrow$$
$$Z[m] = \underbrace{Z_{rg}[m] + jZ_{iu}[m]}_{X[m]} + \underbrace{jZ_{ig}[m] + Z_{ru}[m]}_{j \cdot Y[m]} \tag{4.35}$$

Die Anteile des Realteils der Zeitfunktion sind demnach von den Anteilen des Imaginärteils wieder separierbar. (4.35) ist noch nicht geeignet für die Anwendung (d.h. für eine Programmierung), wir müssen noch etwas umformen. (4.35) lautet umsortiert:

$$Z[m] = Z_{rg}[m] + Z_{ru}[m] + jZ_{iu}[m] + jZ_{ig}[m] \tag{4.36}$$

Nun berechnen wir $Z[-m]$. Alle Summanden mit dem Index g (gerade) behalten ihr Vorzeichen, diejenigen Summanden mit dem Index u (ungerade) wechseln es:

$$Z[-m] = Z_{rg}[m] - Z_{ru}[m] - jZ_{iu}[m] + jZ_{ig}[m] \tag{4.37}$$

Zur Erinnerung: wir haben tatsächlich aber ungewohnterweise im Spektrum ungerade Anteile des Realteils und gerade Anteile des Imaginärteiles. $Z[m]$ ist ja das Spektrum eines ungewohnterweise komplexen Zeitsignales.

Nun berechnen wir noch das konjugiert komplexe Spektrum von $Z[-m]$. Dazu wechseln in (4.37) alle Summanden des Imaginärteiles ihr Vorzeichen.

$$Z[-m]^* = Z_{rg}[m] - Z_{ru}[m] + jZ_{iu}[m] - jZ_{ig}[m] \tag{4.38}$$

Nun addieren wir (4.36) und (4.38) und vergleichen mit (4.35):

$$\begin{aligned}
Z[m] + Z[-m]^* &= Z_{rg}[m] + Z_{ru}[m] + jZ_{iu}[m] + jZ_{ig}[m] \\
&\quad + Z_{rg}[m] - Z_{ru}[m] + jZ_{iu}[m] - jZ_{ig}[m] \\
&= 2 \cdot \left(Z_{rg}[m] + jZ_{iu}[m] \right) \\
&= 2 \cdot X[m]
\end{aligned}$$

Schliesslich subtrahieren wir (4.36) und (4.38) und vergleichen mit (4.35):

$$\begin{aligned}
Z[m] - Z[-m]^* &= Z_{rg}[m] + Z_{ru}[m] + jZ_{iu}[m] + jZ_{ig}[m] \\
&\quad - Z_{rg}[m] + Z_{ru}[m] - jZ_{iu}[m] + jZ_{ig}[m] \\
&= 2 \cdot \left(Z_{ru}[m] + jZ_{ig}[m] \right) \\
&= 2j \cdot Y[m]
\end{aligned}$$

Mit der periodischen Eigenschaft des DFT-Spektrums gilt zudem:

$$Z[-m] = Z[N - m]$$

Somit lautet das Kochrezept für die gemeinsame Berechnung der Spektren $X[m]$ und $Y[m]$ der *reellen* Zeit-Sequenzen $x[n]$ bzw. $y[n]$:

1. Zeit-Sequenzen kombinieren: $z[n] = x[n] + j \cdot y[n]$

2. FFT ausführen, ergibt $Z[m]$

3. Spektren separieren mit den Gleichungen (4.39)

$$\begin{aligned}
X[m] &= 0.5 \cdot \left(Z[m] + Z^*[N - m] \right) \\
Y[m] &= -0.5j \cdot \left(Z[m] - Z^*[N - m] \right)
\end{aligned} \tag{4.39}$$

Auch wenn man nur eine einzige Sequenz transformieren muss, kann man die FFT etwas beschleunigen: Man deklariert die ungeraden Abtastwerte als Imaginärteil der geraden und verkürzt so die Blocklänge N. Das Umsortieren der Sequenzen ist allerdings aufwendiger als beim oben beschriebenen Verfahren. Zudem muss man noch die Zeitverschiebung kompensieren.

4.4 Spektralanalyse mit der DFT/FFT

4.4.1 Einführung

Mit der Frequenzanalyse eines Signals bestimmt man das Leistungsspektrum (periodische Signale) oder das Leistungs*dichte*spektrum (Zufallssignale) oder das *Energie*dichtespektrum (zeitlich begrenzte Signale). Häufig interessiert man sich nur für den Betrag des Spektrums, manchmal aber auch noch für die Phase.

Wie bei allen High-Tech-Messverfahren steht man vor dem Problem, dass man schon vor der Messung genau wissen sollte, was man messen möchte, damit man die Messapparatur korrekt einstellen kann. Irgend eine Messkurve auf den Bildschirm zu zaubern ist nicht die Schwierigkeit, sondern vielmehr die Wahl des korrekten Messverfahrens sowie die Überprüfung und Interpretation des Messergebnisses.

Insbesondere bei Zufallssignalen lässt sich das Spektrum nicht exakt messen, man spricht deshalb oft von einer Schätzung des Spektrums und nicht von einer Messung, Abschnitt 10.4.

Letztlich basieren alle Spektralanalysen auf der Methode der Filterbank, Bild 4.14. Der Unterschied der verschiedenen Messverfahren liegt darin, wie die Filterbank realisiert wird. Auch die FFT lässt sich mit diesem Modell interperetieren. Bild 4.15 zeigt die parallel geschalteten Filter aus Bild 4.14 im Frequenzbereich.

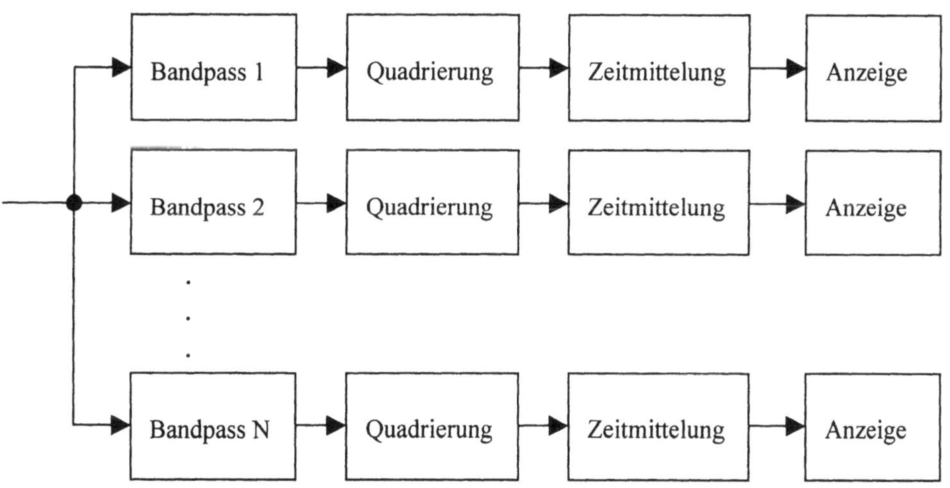

Bild 4.14 Messung des Leistungsspektrums mit einer Filterbank

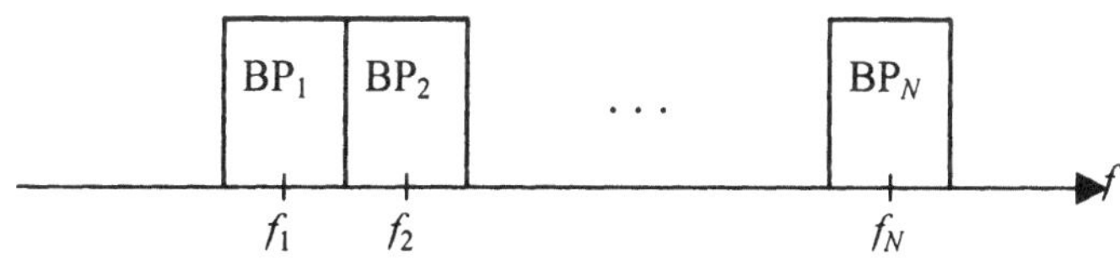

Bild 4.15 Durchlassbereiche der idealen Bandpässe (BP) aus Bild 4.14

Bild 4.15 zeigt einige Schwierigkeiten, die bei der Spektralanalyse auftreten:

- Die Anzeige gibt an, welche Signalleistung „auf der Frequenz" f_k liegt. Dazu werden alle Spektralanteile aufsummiert, die in den Durchlassbereich des Bandpassfilters k fallen.

- Möchte man eine hohe Frequenzauflösung erreichen, so erfordert dies schmalbandige Filter. Auflösung und Messbandbreite ergeben die Anzahl der benötigten Filter und bestimmen direkt den Aufwand.

- Die in Bild 4.15 gezeichneten unendlich steilen Filterflanken sind nicht realisierbar. Entweder überlappen sich die Filterdurchlassbereiche (bei der FFT ist dies z.B. der Fall) oder es werden nicht alle Signalanteile erfasst. Bei der Interpretation der Anzeigen muss man dies berücksichtigen.

Um Kosten zu sparen, wird das aufwendige Prinzip der Spektralmessung aus Bild 4.14 in Varianten praktiziert:

- *Durchlaufanalysator:* Ein einziger Bandpass mit variabler Mittenfrequenz überstreicht den interessierenden Frequenzbereich. Die geringeren Kosten des Messsystems gehen zulasten einer längeren Messzeit. Da die absolute Bandbreite eines Filters mit dessen Mittenfrequenz variiert, wendet man meistens das Superhetprinzip an: man mischt das zu untersuchende Signal auf eine Zwischenfrequenz und filtert dort mit einem fixen Filter konstanter Bandbreite. Man schiebt also nicht das Filter vor dem Spektrum durch, sondern das Spektrum vor dem Filter. Je genauer die Frequenzauflösung sein soll, d.h. je schmaler das Filter ist, desto länger ist die Messzeit. Dies ist die Konsequenz des Zeit-Bandbreite-Produkts: schmale Filter haben eine längere Einschwingdauer. Weiter muss das Signal natürlich stationär sein, da man jeweils nur einen Teil des Signals untersucht und am Schluss diese Teile zusammensetzt.

- *Orthogonaler Korrelator:* Dieses Verfahren liefert auch die Phaseninformation und ist eng mit der DFT verwandt. Es wird aber auch eine lange Messzeit benötigt.

- *Digitale Spektralanalyse:* Das zu messende Signal wird digitalisiert und mit einer FFT dessen Spektrum berechnet. Somit ist das Amplituden- und das Phasenspektrum messbar. Schwierigkeiten ergeben sich bei hohen Frequenzen, indem die Analog-Digital-Wandler teuer oder sogar unrealisierbar werden. Weiter muss das zu untersuchende Signal deterministisch sein, ansonsten wird nur eine Näherung des wahren Spektrums bestimmt. Auf der anderen Seite bietet die digitale Spektralanalyse immense Vorteile, sodass man die oben erwähnten Fehler oft in Kauf nimmt.

Bei Zufallssignalen kann man das Spektrum wie schon erwähnt nur schätzen. In diesem Abschnitt werden wir die traditionelle Methode dazu betrachten und im Abschnitt 10.4 die moderne parametrische Spektralschätzung kennen lernen. Bei letzterer modelliert man den Entstehungsprozess des Signals, wofür man adaptive Filter einsetzt.

In diesem Abschnitt befassen wir uns mit dem Einsatz der FFT zur Spektralanalyse. Geeignet sind diese Methoden v.a. für deterministische Signale.

Wer sich im Moment noch nicht für die Spektralanalyse interessiert, kann diesen Abschnitt auch überspringen und beim Abschnitt 4.5 (diskrete Faltung) weiter arbeiten.

4.4.2 Periodische Signale

Die Grundlage bildet die DFT bzw. der FFT-Algorithmus. Daraus ergibt sich ein Linienspektrum. Bei einer Abtastfrequenz f_A beträgt die höchste darstellbare Frequenz $0.5 \cdot f_A$. Mit einer Blocklänge von N lassen sich im Bereich von 0 Hz bis $0.5 \cdot f_A$ genau $N/2$ Spektrallinien berechnen. Der Abstand der einzelnen Linien beträgt demnach f_A/N oder $1/NT$ ($T = 1/f_A$ ist das Abtastintervall). NT ist gerade die Länge des Zeitfensters in Sekunden. Somit ergibt sich ein einfacher Zusammenhang zwischen der Beobachtungszeit und der spektralen Auflösung:

> *Frequenzauflösung = 1 / Länge des Zeitfensters*

Dies ist eine Folge des Zeit-Bandbreite-Produktes. Bei einer bestimmten Blocklänge N kann man also die Frequenzauflösung und die höchste darstellbare Frequenz nicht unabhängig voneinander wählen. Bei käuflichen FFT-Analysatoren beträgt die Blocklänge meistens 1024 oder 2048 (eine Zweierpotenz!), allerdings werden wegen des nichtidealen Anti-Aliasing-Filters meistens nur die ersten 400 bzw. 800 Linien dargestellt. Möchte man die Frequenzauflösung verbessern, so muss man die Abtastfrequenz verkleinern (unter Verlust der höherfrequenten Informationen) oder die Blocklänge vergrössern (was einen grösseren Speicherbedarf und eine längere Berechnungszeit für die FFT nach sich zieht). Mit der *Zoom-FFT* ist es aber möglich, einen wählbaren *Auschnitt* der Frequenzachse mit erhöhter Auflösung zu betrachten (*Frequenzlupe*) [Ran87], [Bac92].

Das Linienspektrum der DFT/FFT impliziert ein periodisches Zeitsignal (es wurde bereits erwähnt, dass die DFT nicht das Signal im Zeitfenster, sondern dessen periodische Fortsetzung transformiert und dass vom Informationsgehalt her DFT- und Fourier-Koeffizienten identisch sind). Wenn nun das gemessene Signal nicht periodisch ist, so ergeben sich Fehler. Anschaulich entstehen diese Fehler dadurch, dass bei der periodischen Fortsetzung des Signals im Zeitfenster Sprungstellen entstehen, die im ursprünglichen Signal gar nicht vorhanden waren. Folgerungen:

> *Das Zeitsignal muss stetig periodisch fortsetzbar sein und eine*
> *ganze Anzahl dieser Perioden muss im Zeitfenster liegen.*

> *Die Abtastfrequenz soll wenn immer möglich aus*
> *dem zu messenden Signal abgeleitet werden.*

Bild 4.16 zeigt den Zusammenhang zwischen der Periodendauer des Signals und der FFT-Fensterlänge NT bezüglich der Lage der tatsächlich vorhandenen bzw. von der FFT berechneten Frequenzen.

Häufig ist es einfach, die Grundfrequenz eines Signals aus dem erzeugenden Prozess abzuleiten (z.B. mit Hilfe eines Impulsgebers auf einer rotierenden Welle). Mit einem Phase-locked-loop (PLL) als Frequenzvervielfacher kann man daraus die Abtastfrequenz generieren, Bild 4.17. Der Effekt liegt darin, dass die von der FFT berechneten Linien genau auf die tatsächlich im Signal enthaltenen Spektrallinien zu liegen kommen, Bild 4.16 c) oder d).

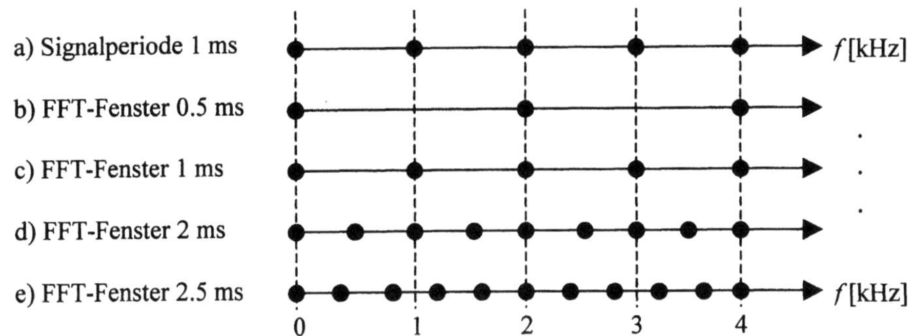

Bild 4.16 Mögliche Frequenzen eines Signals mit 1 ms Periodendauer (a) und Lage der durch die FFT berechneten Frequenzen bei verschiedenen Fensterlängen (b … e).
Einzig c) und d) ergeben korrekte Resultate, bei d) sind die ungeradzahligen Spektralwerte alle Null. Bei b) und e) gehen Frequenzen des Signals „verloren", da die Fensterlänge kein ganzzahliges Vielfaches der Signalperiode ist.

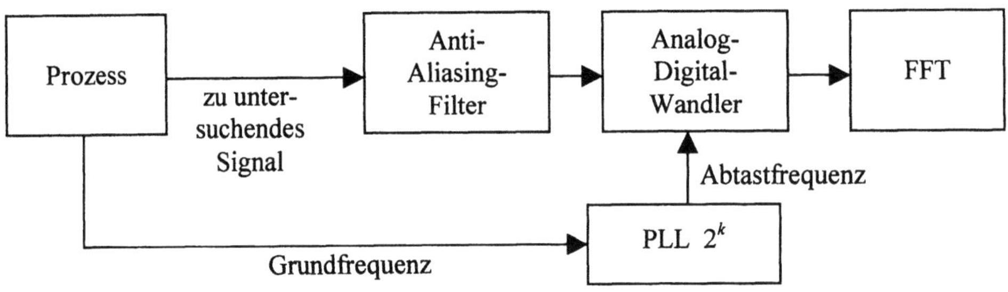

Bild 4.17 FFT-Analyse eines periodischen Signals

Kann man die Grundfrequenz nicht aus dem Prozess ableiten, so bietet die Methode des *Zeit-Zooms* einen Ausweg, Bild 4.18: Die Abtastfrequenz wird vom Messgerät selber erzeugt. Vor der Transformation wird das Zeitsignal so verkürzt, dass eine ganze Anzahl Perioden übrig bleiben. Anschliessend erhöht man die Anzahl der Abtastwerte durch Interpolation auf die nächste Zweierpotenz (und passt die Frequenzskalierung entsprechend an) und führt dann die FFT durch. Das Verkürzen erfolgt zweckmässigerweise „von Hand", das heisst das Zeitsignal wird betrachtet und interpretiert. Automatisierte Verfahren sind möglich (z.B. Auffinden der Signalperiode durch Autokorrelation), aber nicht immer unproblematisch. Je mehr Perioden man transformiert, desto weniger wirkt sich eine Ungenauigkeit des Zeitfensters aus.

Je grösser die Blocklänge gewählt wird, desto grösser werden auch die angezeigten Spektralwerte. Dies ist einfach ersichtlich aus der DFT-Gleichung (4.19) für $m = 0$ (Gleichstromkomponente). In diesem Fall ist der komplexe Exponent stets 1 und die DFT summiert einfach die Abtastwerte. Ein konstantes Signal von z.B. 1 V summiert sich zu $N·1$ V auf. Im Gegensatz dazu ist der Fourier-Koeffizient für die Frequenz Null das arithmetische Mittel der Abtastwerte und somit unabhängig von der Beobachtungszeit, Gl. (4.23). Zweckmässigerweise skaliert man darum die Resultate, indem man nicht die DFT-Koeffizienten, sondern die komplexen Fourier-Koeffizienten darstellt, diese aber mit der FFT berechnet.

Bild 4.18 Zeit-Zoom: das ursprünglich bis zu B ausgedehnte Zeitfenster (2^k Punkte) wird bei A abgeschnitten und dann wieder auf die ursprüngliche Länge gedehnt.

Beispiel: Wir betrachten wir die FFT-Analyse der periodischen Rechteckschwingung (halbe Periode Amplitude π, halbe Periode Amplitude 0). Dasselbe Signal haben wir schon am Schluss des Abschnitts 4.3.4 untersucht. Bild 4.19 zeigt die Amplitudengänge von verschiedenen Simulationen.

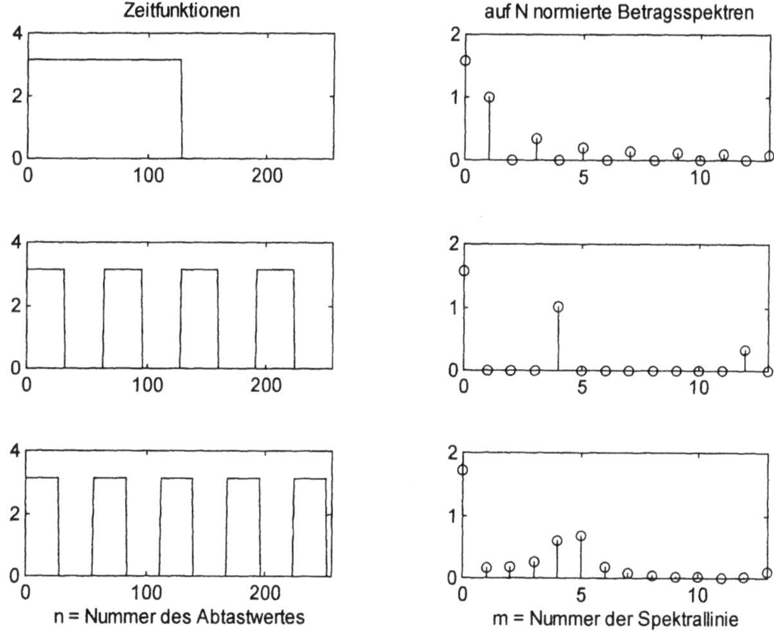

Bild 4.19 Links: Zeitfunktionen, rechts: auf N normierte Betragsspektren (d.h. dargestellt sind die Fourier-Koeffizienten $|\underline{c}_m|$). Die Blocklänge N beträgt stets 256. Bei den Spektren sind jeweils nur die ersten 14 Linien ($m = 0 \ldots 13$) gezeichnet. Weitere Erläuterungen im Text.

Oben im Bild 4.19 haben wir genau die Verhältnisse von Bild 4.16 c): exakt eine Periode des Signals ist im „FFT-Fenster". Da die Abtastfrequenz hoch genug ist (256-fache Grundfrequenz), erhalten wir oben rechts in Bild 4.19 das korrekte Spektrum: die geradzahligen Werte verschwinden, die ungeradzahligen entsprechen dem Beispiel am Schluss des Abschnitts 4.3.4.

In der Mitte von Bild 4.19 sind exakt vier Perioden des Zeitsignals im FFT-Fenster, deshalb schlagen die Linien mit den Ordnungszahlen 0, 4 (= Grundfrequenz) und 12 (= dritte Oberschwingung) aus. Dieser Fall ist analog zu Bild 4.16 d).

Unten im Bild 4.19 sind etwa 4.5 Perioden des Zeitsignals im FFT-Fenster, das Spektrum wird völlig falsch. Dies entspricht Bild 4.16 c) bzw. einer Verletzung der Messvorschrift aus Bild 4.17. Im folgenden Abschnitt werden wir diesen Effekt genau untersuchen.

□

4.4.3 Quasiperiodische Signale

Solche Signale können auf mehrere Arten entstehen:

- Ein ursprünglich periodisches Signal ist durch ein nichtperiodisches Störsignal verseucht. Es entsteht ein Linienspektrum, zwischen den Linien treten aber weitere Frequenzen auf.

- Mehrere unabhängige harmonische Signale werden addiert. Jedes Signal erzeugt im Spektrum eine Linie, der Linienabstand ist aber beliebig. Solange das Frequenzverhältnis rational ist, kann man eine gemeinsame Grundfrequenz bestimmen, allerdings ist diese u.U. sehr tief, d.h. die Fensterlänge für die FFT wird unmöglich gross.

- Das Signal ist periodisch, jedoch gelingt es nicht, eine ganze Anzahl Perioden ins Zeitfenster zu nehmen, weil z.B. die AD-Wandler nicht extern taktbar sind (Bild 4.17) und die Software kein Zeit-Zoom gestattet (Bild 4.18).

Die quasiperiodischen Signale weisen demnach folgendes Charakteristikum auf: sie haben ein kontinuierliches Spektrum mit dominanten Linien, für deren Grösse man sich primär interessiert. Eine periodische Fortsetzung ist aber nicht ohne Sprungstelle möglich. Die DFT geht jedoch von einem periodischen Signal aus, transformiert wird eigentlich die periodische Fortsetzung des Signals im Zeitfenster, Bild 4.20.

Der letzte Abtastwert muss darum „kontinuierlich" in den ersten Abtastwert übergehen. Eine zeitliche Verschiebung des Fensters ändert dann nur das Phasenspektrum, Gleichung (2.28). Bei quasiperiodischen Signalen stimmt dies nicht mehr: durch die Unstetigkeitsstelle entstehen neue Frequenzen, die im ursprünglichen Signal gar nie vorhanden waren. Bild 4.21 zeigt dies: oben sind exakt 5 Perioden eines Sinussignals (Abtastintervall 100 μsec.) im Zeitfenster, rechts ist das FFT-Spektrum (1024 Punkte, nur die ersten 20 Linien sind gezeichnet) sichtbar. Unten wurde die Frequenz des Sinus leicht vergrössert, sodass mehr als 5 Perioden im Zeitfenster liegen. Es werden mehrere FFT-Linien angeregt, das Spektrum scheint „auszulaufen" (→ *leakage-effect*). Die Ursache des Leakage-Effektes ist die unvermeidlicherweise unpassende Fensterlänge, sodass das Zeitsignal im Fenster nicht stetig fortsetzbar ist. Die entstehenden Fehler lassen sich vermindern, wenn vor der FFT die Abtastwerte mit einer Fensterfunktion gewichtet werden (*window function, weighting function*). Die Idee besteht darin, den ersten und den letzten Abtastwert verschwinden zu lassen und die dazwischen liegenden Abtastwerte sanfter zu behandeln. Damit wird eine periodische Fortsetzung ohne Sprungstelle erzwungen. In Bild 4.21 ist auch der angeschnittene Sinus gezeichnet, ferner die Gewichtsfunktion, die gewichteten Abtastwerte und das Spektrum der gewichteten Zeitsequenz. Ein Vergleich der Bilder zeigt, dass durch das Window der Leakage-Effekt stark abgeschwächt wird, die dominante Linie nun fast den korrekten Wert hat und fast am richtigen Ort ist (→ *picket fence effect*). Da die Abweichungen deterministisch sind, sind sie auch korrigierbar (→ *picket fence correction*). Genaueres dazu folgt später.

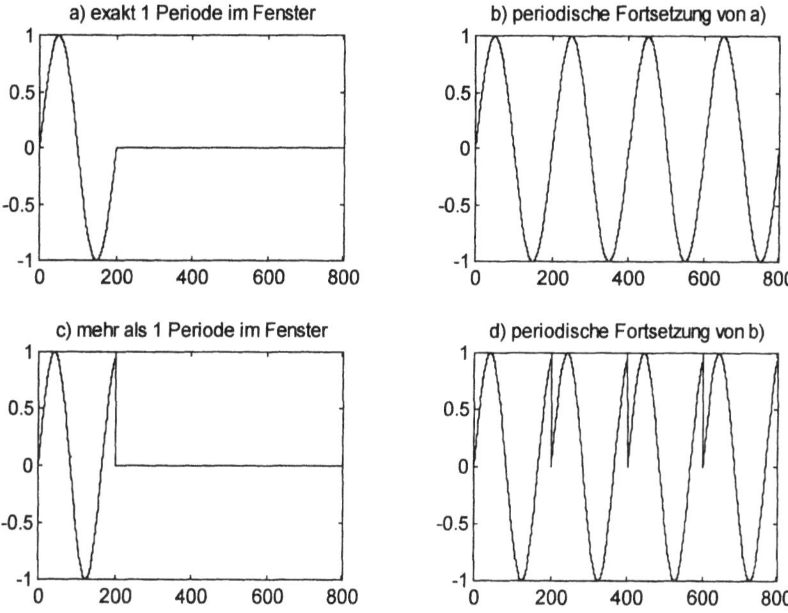

Bild 4.20 Signal im FFT-Fenster (links) und seine periodische Fortsetzung (rechts)

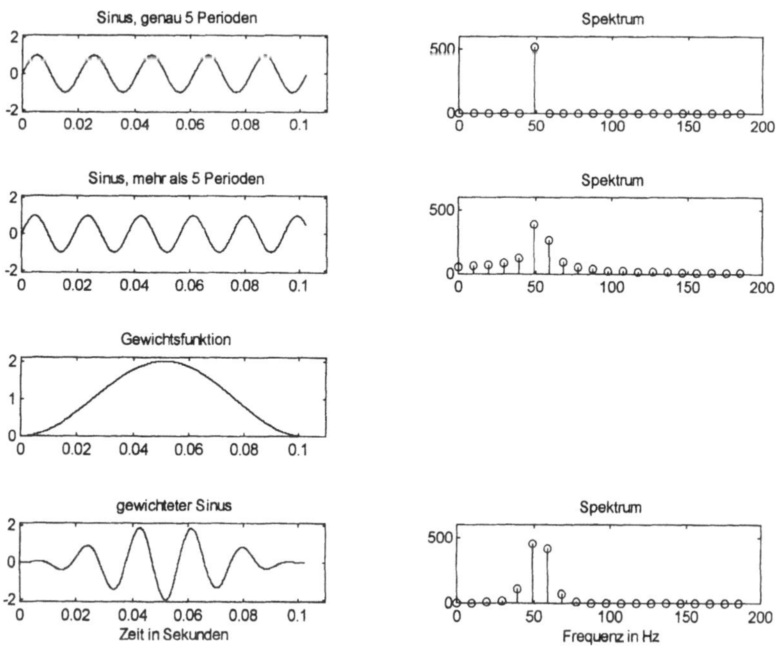

Bild 4.21 Der Leakage-Effekt und seine Verminderung durch Gewichtung der Abtastwerte.
links: Zeitfunktionen, rechts: Betragsspektren

Für die Spektralanalyse benutzt man zahlreiche Varianten von Windows. Am bekanntesten ist wohl das in Bild 4.21 verwendete Hanning-Window. Bild 4.22 zeigt das Rechteck-, Hanning- und Blackman-Window im Zeit und Frequenzbereich.

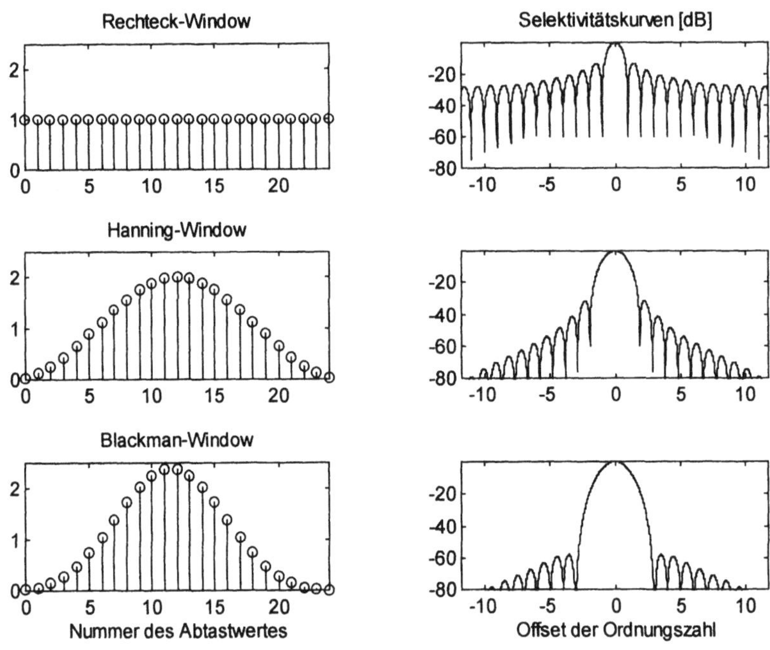

Bild 4.22 Verschiedene FFT-Windows: links: Zeitbereich, rechts: Frequenzbereich

Die im Bild 4.22 rechts abgebildten „Selektivitätskurven" lassen sich auch mit der FTA erklären, Bild 4.23. Das abgetastete und periodische Signal aus c) hat im Fourier-Spektrum eine periodische Folge von Diracstössen, Bild d). Die Fensterung ist eine Multiplikation, im Spektrum ergibt sich somit eine Faltung. Wegen der Diracstösse wird das Spektrum des Fensters an jeden Ort verschoben, wo das abgetastete Signal eine Spektrallinie hat, Teilbild h). Letzteres ist ein FTA-Spektrum, zur DFT gelangt man durch Abtasten dieses Spektrums. Die bei dieser Abtastung entstehenden Frequenzlinien fallen nur dann in die Nullstellen des Fenster-Spektrums, wenn das Fenster eine ganze Anzahl Perioden des Zeitsignals umfasst.

Die Selektivitätskurven in Bild 4.22 sind also nichts anderes als die FTA der jeweiligen Fensterfunktion. Bei der DFT wird das FTA-Spektrum abgetastet, dies führt dann zu Bündeln von Spektrallinien (vgl. später, Bild 4.27).

Das Rechteck-Window ist lediglich eine Zeitbegrenzung des zu transformierenden Signals, d.h. die Summationsgrenze in der FTA nach (4.11) wird endlich, was zur DFT nach (4.19) führt. Das Rechteck-Window ist also bei jeder FFT-Analyse schon „von Hause aus" vorhanden.

Die Spektren der Windows kann man als Selektivitätskurven interpretieren, da sie direkt die Dämpfung benachbarter Frequenzen zeigen. Aus diesem Grund ist die Frequenzachse mit „Offset der Ordnungszahl" beschriftet. Das Konzept dieser Selektivitätskurven lehnt sich direkt an Bild 4.15 an.

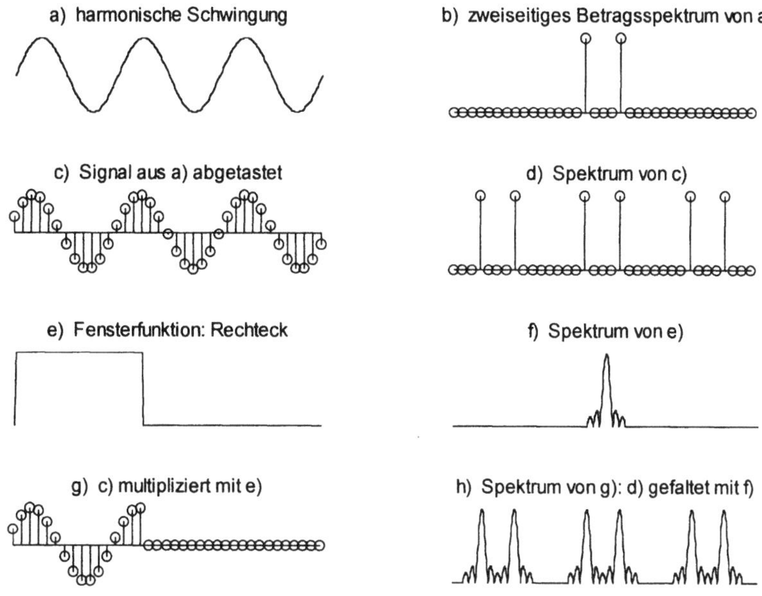

Bild 4.23   Zur Entstehung des Leakage-Effktes.
Links: Zeitfunktionen, rechts: zweiseitige Betragsspektren

Die Spektralwerte der DFT sind äquivalent zu den Fourier-Koeffizienten, Gleichung (4.23).
Die Fourier-Koeffizienten bestimmt man z.B. mit Gleichung (2.7). Jeder Fourier-Koeffizient
(und damit jeder DFT- und FFT-Wert) macht eine Aussage über die Leistung eines *periodischen* Signales auf *einer* bestimmtem Frequenz. Das Sortiment aller Koeffizienten beschreibt
das Spektrum des periodischen Signals vollständig, es ist ja ein Linienspektrum. Nach Bild
4.14 könnte dieses Spektrum auch mit einer Filterbank gemessen werden, und tatsächlich ist
die FFT nichts anderes als eine Filterbank. Die Selektivität dieser Filter beruht auf der Orthogonalität (2.5) der harmonischen (trigonometrischen) Funktionen: das Integral über eine ganze
Anzahl Perioden des Produktes von zwei harmonischen Funktionen mit rationalem Frequenzverhältnis verschwindet. Ein periodisches Signal erfüllt automatisch die Bedingung des rationalen Frequenzverhältnisses. Die Einhaltung der korrekten Integrationszeit ist hingegen Sache
des Messtechnikers (vgl. Bild 4.17). Macht er seine Sache falsch, so sind die Fourier-
Koeffizienten fehlerhaft.

Als Beispiel diene ein konstantes Signal mit der Amplitude 0.5. Wie gross ist die Leistung
dieses Signals auf der Frequenz 1 Hz? Natürlich ist bei 1 Hz keine Leistung vorhanden. Was
aber sagt die Auswertung der Gleichung (2.7)? Bild 4.24 zeigt oben das Produkt $x(t){\cdot}\sin(\omega\,t)$
und unten das Integral davon. Dieses Integral zeigt somit bei korrekter Integrationszeit den
Fourier-Koeffizienten bei der Frequenz ω an.

Das Integral verschwindet nach einer ganzen Anzahl Perioden, also nach 1s, 2s, usw. Dazwischen wächst es an, am schlimmsten ist der Fehler nach 0.5, 1.5, 2.5 usw. Perioden. Da noch
durch die Integrationsdauer dividiert werden muss, sinkt der Fehler mit wachsender Integrati-

onszeit. Betrachtet man also den Ausgang des Integrators, so sieht man nach einer Periode das
korrekte Resultat, danach wird dieses schlechter (maximale Abweichung bei 1.5s), verbessert
sich wieder bis zum korrekten Wert bei 2s, verschlechtert sich wiederum, aber nicht so drastisch wie vorher usw. Der Fehler hat einen sinusförmigen Verlauf, dividiert durch die Integrationslänge ergibt sich gerade der $\sin(x)/x$-Verlauf aus Bild 4.22 oben rechts.

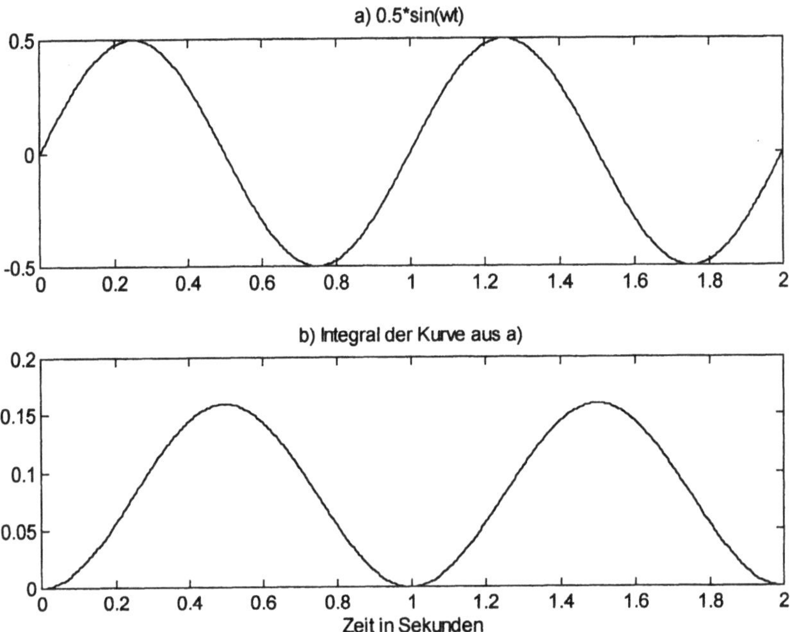

Bild 4.24 Zum Mechanismus der Selektivitätskurven

Nun können wir die Selektivitätskurven aus Bild 4.22 interpretieren. Die FFT mit dem Rechteck-Window kann man sich vorstellen als N parallel arbeitende Filter, die alle die Filterkurve
von Bild 4.22 oben rechts aufweisen und deren Mittenfrequenzen jeweils um ein Frequenzintervall $\Delta f = 1/NT$ versetzt sind. Jedes Filter gewichtet *alle* Signale mit seiner Selektivitätskurve
und schreibt die Summe als Spektralwert auf seine Mittenfrequenz. Bei periodischen Signalen
(Linienabstand = 1/Periode) und korrekter Fensterlänge fallen alle Spektrallinien genau in die
Nullstelle der Filterkurve, *ausser* eine einzige Linie, nämlich diejenige in der Hauptkeule.
Deswegen ergeben sich die richtigen Resultate. Dies ist genau der Fall der Bilder 4.16 c) und
d). Wird das Fenster falsch gewählt wie z.B. in Bild 4.16 e), so liegen die tatsächlichen Spektrallinien neben den Nullstellen und benachbarte Filter sehen ebenfalls ein Signal, das Spektrum „läuft aus" (leakage-effect). Bild 4.25 zeigt nochmals die Lage der physikalischen Spektrallinien im Vergleich zur Selektivitätskurve des Rechteck-Windows.

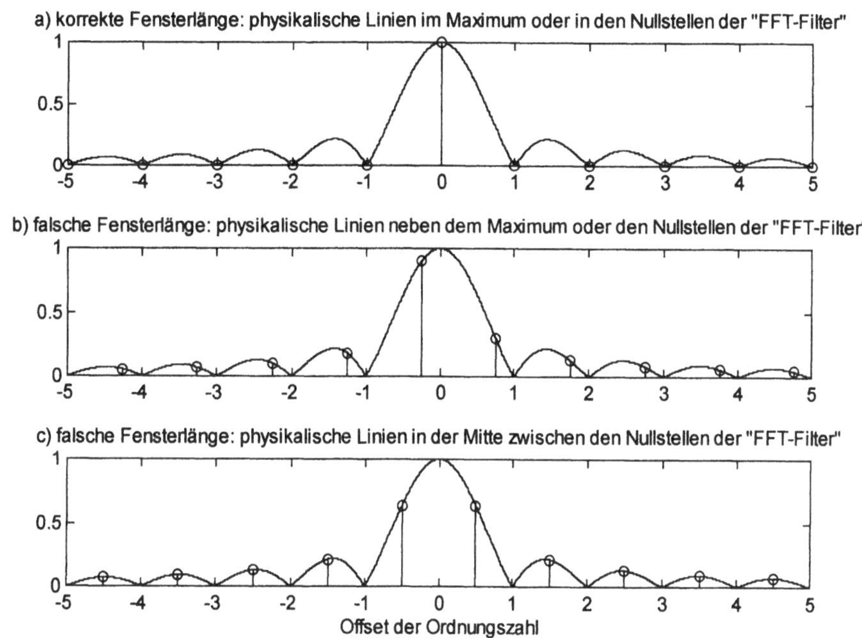

Bild 4.25 Auswirkung der Fensterlänge auf die Selektivität der FFT (Rechteck-Window)

Das Rechteck-Window (also eigentlich gar keine Gewichtung der Abtastwerte) zeichnet sich aus durch eine perfekte Selektion gegenüber den benachbarten DFT-Linien (gute Nahselektion dank schmaler Hauptkeule). Allerdings ist die Dämpfung von zwischen den Nullstellen liegenden Frequenzlinien (die bei falscher Fensterlänge bzw. bei nichtperiodischen Signalen angeregt werden) meistens ungenügend (schlechte Weitabselektion wegen hohen Nebenkeulen).

Generell muss man einen durch die Anwendung bestimmten Kompromiss zwischen Nah- und Weitabselektion suchen und danach das Window auswählen. Aus diesem Grund gibt es zahlreiche verschiedene Windows. Bei quasi- und nichtperiodischen Signalen führt keines der Windows zu einem korrekten Spektrum. Die Frage ist also lediglich, welches Window am wenigsten falsch ist. Diese Frage kann aufgrund einiger Faustregeln gepaart mit Erfahrung beantwortet werden. Allerdings ist es einfach möglich, dieselbe Abtastfolge nacheinander mit verschiedenen Windows zu gewichten und so durch Probieren das vernünftigste Spektrum zu bestimmen. Dabei muss man aber bereits eine Vorahnung haben über das Spektrum, das man messen möchte. Neben den in Bild 4.22 gezeigten Gewichtsfunktionen gibt es noch Windows vom Typ Hamming, Kaiser-Bessel, Gauss, Bartlett (Dreieck), Flat-Top, Dolph-Tschebyscheff u.v.a. [Ran87], [Opp95]. Als Kompromiss bewährt sich meistens das Hanning-Window. Bild 4.26 zeigt die Selektivitätskurven von einigen andern Windows, Tabelle 4.2 listet die Fensterfunktionen auf.

Die Koeffizienten der Fensterfunktionen in Tabelle 4.2 lassen sich berechnen nach verschiedenen Optimierungskriterien wie Nahselektion, Weitabselektion, Amplitudenfehler usw. Solche Berechnungen finden sich z.B. in [Kam98].

Tabelle 4.2 Gleichungen der FFT-Windows

Window	Funktion $\quad(n = 0 \ldots N{-}1)$
Rechteck	$w[n] = 1$
Hanning	$w[n] = 0.5 - 0.5 \cdot \cos\dfrac{2\pi n}{N}$
Hamming	$w[n] = 0.54 - 0.46 \cdot \cos\dfrac{2\pi n}{N}$
Blackman	$w[n] = 0.42 - 0.5 \cdot \cos\dfrac{2\pi n}{N} + 0.08 \cdot \cos\dfrac{4\pi n}{N}$
Bartlett (Dreieck)	$w[n] = \begin{cases} 2n/N & ;0 \le n \le N/2 \\ 2 - n/N & ;N/2 < n < N \end{cases}$
Kaiser-Bessel	$w[n] = 0.4021 - 0.4986 \cdot \cos\dfrac{2\pi n}{N} + 0.0981 \cdot \cos\dfrac{4\pi n}{N} - 0.0012 \cdot \cos\dfrac{6\pi n}{N}$
Flat-Top	$w[n] = 0.2155 - 0.4159 \cdot \cos\dfrac{2\pi n}{N} + 0.2780 \cdot \cos\dfrac{4\pi n}{N} - 0.0836 \cdot \cos\dfrac{6\pi n}{N}$ $+ 0.0070 \cdot \cos\dfrac{8\pi n}{N}$

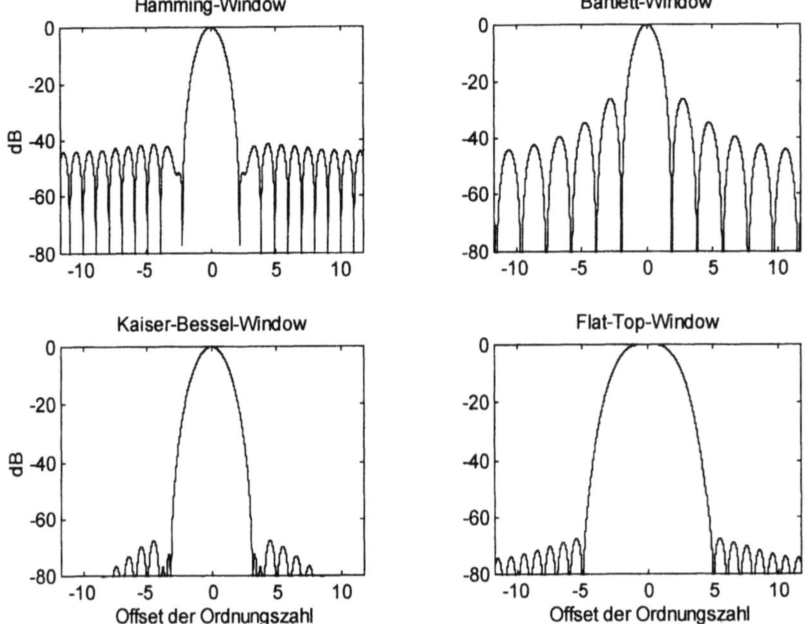

Bild 4.26 Selektivitätskurven weiterer Windows (Ergänzung zu Bild 4.22, rechte Kolonne)

Mit Ausnahme des Bartlett-Windows kann man alle Fensterfunktionen in Tabelle 4.2 als Fourier-Reihe auffassen. Das Spektrum ist darum sofort ersichtlich. Beim Hanning-Window ergibt sich ein Diracstoss bei der Ordnungszahl $m = 0$ und je einen halb so grossen Diracstoss bei $m = \pm1$. Da die zu transformierende Sequenz im Zeitbereich mit dem Fenster multipliziert wird, falten sich die Spektren. Falten mit dem Diracstoss heisst schieben. Daraus folgt, dass bei der DFT eines korrekt abgetasteten harmonischen Signales wie in Bild 4.25 a) jedoch unter Benutzung des Hanning-Windows plötzlich drei Spektrallinien entstehen. Bild 4.27 zeigt dies für einige Windows. Es wurde dazu ein Sinus-Signal von 2 V Amplitude transformiert. Das Spektrum wurde skaliert auf die Fensterlänge, in zweiseitiger Darstellung ergeben sich zwei Linien mit 1 V Höhe.

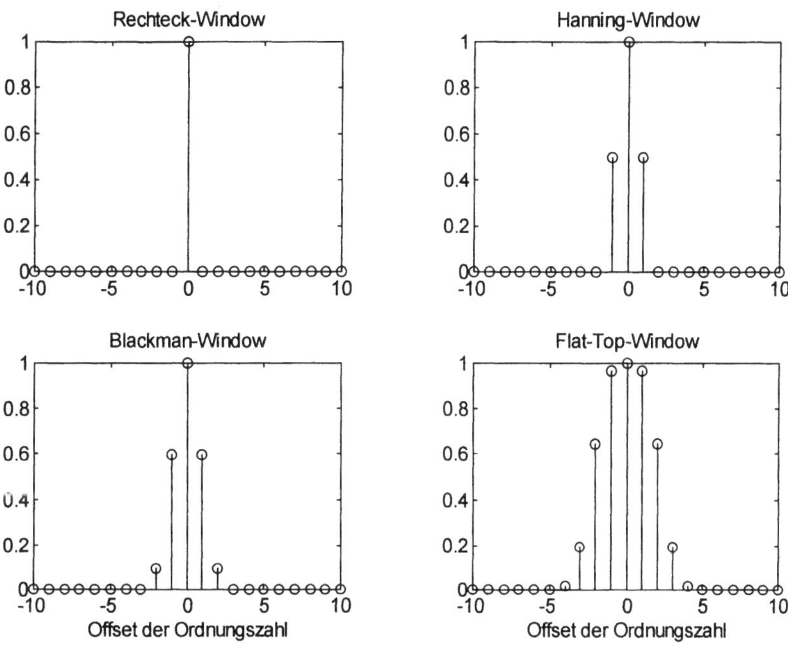

Bild 4.27 Einseitige Amplitudenspektren eines Sinussignals bei verschiedenen *skalierten* Windows

Bild 4.27 ist folgendermassen zu interpretieren: Für jede tatsächliche Linie im Spektrum (beim Sinus also je eine bei $\pm m$) entsteht ein ganzes Bündel von Linien. Die Anzahl der Linien in einem Bündel kann man aus den Gleichungen in Tabelle 4.2 ablesen: pro Cosinus-Glied entsteht ein Paar, das konstante Glied erzeugt eine einzelne Linie. Beim Rechteck-Window entsteht also nur 1 Linie, beim Hanning-Window deren 3, beim Flat-Top-Window 9 usw. Die Kontur (Umhüllende) dieser Bündel ergibt die Selektivitätskurven aus Bild 4.22 rechts bzw. 4.26. (Das Bild 4.27 hat eine lineare Werte-Achse, die andern beiden Bilder jedoch eine logarithmische!)

Wenn man also ein solches Bündel antrifft, so muss man wissen, dass nur die mittlere Linie einer tatsächlich vorhandenen Spektrallinie entspricht. Deren Höhe ist allerdings multipliziert mit dem konstanten Glied der Fensterfunktionen in Tabelle 4.2. Bei der Analyse von quasiperiodischen Signalen muss man darum das Resultat skalieren mit dem Kehrwert des konstanten Gliedes, Tabelle 4.3.

Man kann sich fragen, ob man diesen Gewichtsfaktor nicht besser in die Fensterfunktionen integriert, diese also alle ein konstantes Glied mit dem Wert 1 aufweisen sollen. Die Antwort ist „nein", denn die Fensterfunktionen werden auch bei der Analyse von nichtperiodischen Signalen und der Synthese von FIR-Filtern (eine der beiden Hauptgruppen der Digitalfilter, Abschnitt 9.2) benutzt, bei diesen beiden Anwendungen jedoch *ohne* Skalierung.

Tabelle 4.3 Kennwerte der FFT-Windows für die Analyse quasiperiodischer Signale

Window	Skalierung für die Analyse quasi-periodischer Signale	Dämpfung der grössten Neben-keule in dB	Anzahl Linien pro Bündel	maximaler Amplituden-fehler in dB
Rechteck	1	13	1-2	–3.8
Hanning	1/0.5	31	3-4	–1.5
Hamming	1/0.54	41	3-4	–1.6
Blackman	1/0.42	58	5-6	–1.1
Bartlett	1/0.5	26	3-4	–1.9
Kaiser-Bessel	1/0.4021	67	7-8	–1.0
Flat-Top	1/0.2155	67	9-10	0

- Periodische Signale, die korrekt abgetastet werden (Bilder 4.16 c) und d), 4.17, 4.18, 4.21 oben und 4.25 a)) analysiert man mit dem Rechteckwindow.

- Bei quasiperiodischen Signalen tritt der Leakage-Effekt auf, Bilder 4.21 unten und 4.25 b) und c). Diese analysiert man mit einer skalierten Fensterfunktion und gewinnt so eine bessere Weitabselektion (Abfall der Nebenkeulen in Bild 4.22 rechts). Dafür nimmt man aber in Kauf, dass die Nahselektion (Breite der Hauptkeule in Bild 4.22 rechts) sich verschlechtert.

Die Wahl des Fensters ist demnach die Suche nach dem optimalen Kompromiss zwischen Nah- und Weitabselektion. Die Eigenschaften der Windows offenbaren sich im Spektrum, Tabelle 4.3 fasst die Daten zusammen. Da die Selektivitätskurven gegenüber den tatsächlichen Spektrallinien verschoben sind, treten beim Rechteck-Window 2 statt 1 Linie auf, Bild 4.25 b) und c). Auch bei allen andern Windows erhöht sich die Anzahl der Linien pro Bündel um 1 gegenüber Bild 4.27.

Faustregeln zur Auswahl des Windows:

- Ein FFT-Spektrum mit lauter *symmetrischen* Bündeln mit *ungerader* Linienzahl wie in Bild 4.27 ist sicher ungeschickt. Das bedeutet nämlich, dass eine ganze Anzahl Perioden im Fenster liegt, man arbeitet also besser mit dem Rechteckwindow.

- Unsymmetrische Bündel wie in Bild 4.25 b) oder symmetrische Bündel mit gerader Anzahl wie in Bild 4.25 c) dürfen sich nicht überlappen.

Erläuterung zum zweiten Punkt: Angenommen, eine bipolare Rechteckschwingung werde der FFT unterworfen, wobei eine einzige Periode im Zeitfenster liegt. Die Linien mit den Ordnungszahlen 1, 3, 5, usw. werden angeregt. Nimmt man das Hanning-Window anstelle des Rechteckwindows, so zeigt das Spektrum Bündel mit den Linien 0, 1, 2 sowie 2, 3, 4 und 4, 5, 6 usw. Ein noch breiteres Window würde eine noch schlimmere Überlappung ergeben. Nimmt man aber drei Perioden ins Window, so zeigt das Rechteckwindow die Linien 3, 9, 15 usw. Das Hanning-Window produziert Bündel der Linien 2, 3, 4 sowie 8, 9, 10 und 14, 15, 16 usw. Dieses Spektrum kann nun interpretiert werden. Bei quasiperiodischen Signalen muss man also den Frequenzabstand der dominanten Linien kennen, um das beste Window auszuwählen. Am besten probiert man mehrere Windows aus, um ein Gefühl für das tatsächliche Spektrum zu bekommen. Je breiter die Hauptkeule (Anzahl Linien pro Bündel), desto grösser wird die notwendige Blocklänge!

Da die physikalischen Linien nicht mehr genau in die Mitte der Selektivitätskurven fallen, werden sie etwas abgeschwächt, Bild 4.25 b) und c). Die grösste Abschwächung ergibt sich bei Bild 4.25 c). Ein weiterer Frequenzversatz verkleinert eine Linie, vergrössert aber die andere. Der maximal mögliche Fehler ist in Tabelle 4.3 aufgelistet. Aus der Asymmetrie der Linien und der bekannten Selektivitätskurve kann man den Frequenzversatz und den tatsächlichen Amplitudenfehler berechnen und korrigieren (*picket fence correction*). Mit dieser Korrektur lassen sich auch bei kurzen Blocklängen die Frequenzen genau messen. Die Frequenz*auflösung* hingegen lässt sich wegen der Unschärferelation des Zeit-Bandbreite-Produktes nicht verbessern. Der Hauptvorteil des Flat-Top-Windows ist die in der Mitte flache Selektivitätskurve, eine Amplitudenkorrektur ist darum bei diesem Window nicht notwendig.

Die Gewichtung der Abtastwerte vor der FFT (Multiplikation mit dem Window) kann auch erreicht werden, indem man die ungewichtete Sequenz transformiert und das entstandene Spektrum mit demjenigen des Windows faltet. Hier erweist sich das Hanning-Window als vorteilhaft, da nur drei Spektrallinien auftreten und diese in der skalierten Version erst noch einfache Zahlenwerte aufweisen (bei einer Integer-Arithmetik ist die Multiplikation mit 0.5 durch blosses Bit-Shift möglich).

Beispiel: Bild 4.28 zeigt die Spektralanalyse von einem Signal, das aus zwei harmonischen Komponenten besteht. Die eine Komponente hat die Frequenz 10 Hz, die andere die Frequenz 16 Hz mit nur 1% der Amplitude des niederfrequenten Nachbarns (40 dB Unterschied). Die Frequenzauflösung soll 1 Hz betragen.

Es gilt $\Delta f = 1/NT = 1$ Hz. Wir wählen darum die Abtastfrequenz $f_A = 1/T = 160$ Hz und die Blocklänge $N = 160$. Von der 10 Hz-Komponente liegen damit genau 10 Perioden mit je 16 Abtastwerten im Window, von der 16 Hz-Komponente deren 16 mit je 10 Abtastwerten.

Damit zeigt das Rechteckwindow das korrekte Spektrum an, Bild 4.28 oben.

Für alle anderen Teilbilder wurde die Frequenz der tieffrequenten Komponente von 10 Hz auf 10.5 Hz erhöht. Somit sind nicht mehr eine ganze Anzahl Perioden des Gesamtsignales im Fenster und das Rechteck-Window versagt wegen der schlechten Weitabselektion. Das Flat-Top-Window hat eine zu breite Hauptkeule, aber wenigstens merkt man, dass bei 16 Hz etwas vorhanden ist. Beim Rechteck-Window ist der Picket-Fence-Effekt deutlich erkennbar.

Es lohnt sich also, verschiedene Windows zu probieren. Für welches Window man sich schliesslich entscheidet hängt davon ab, wie gut man die Spektren interpretieren kann. Sehr hilfreich sind dabei Zusatzinformationen, z.B. über den physikalischen Entstehungsprozess des zu untersuchenden Signals.

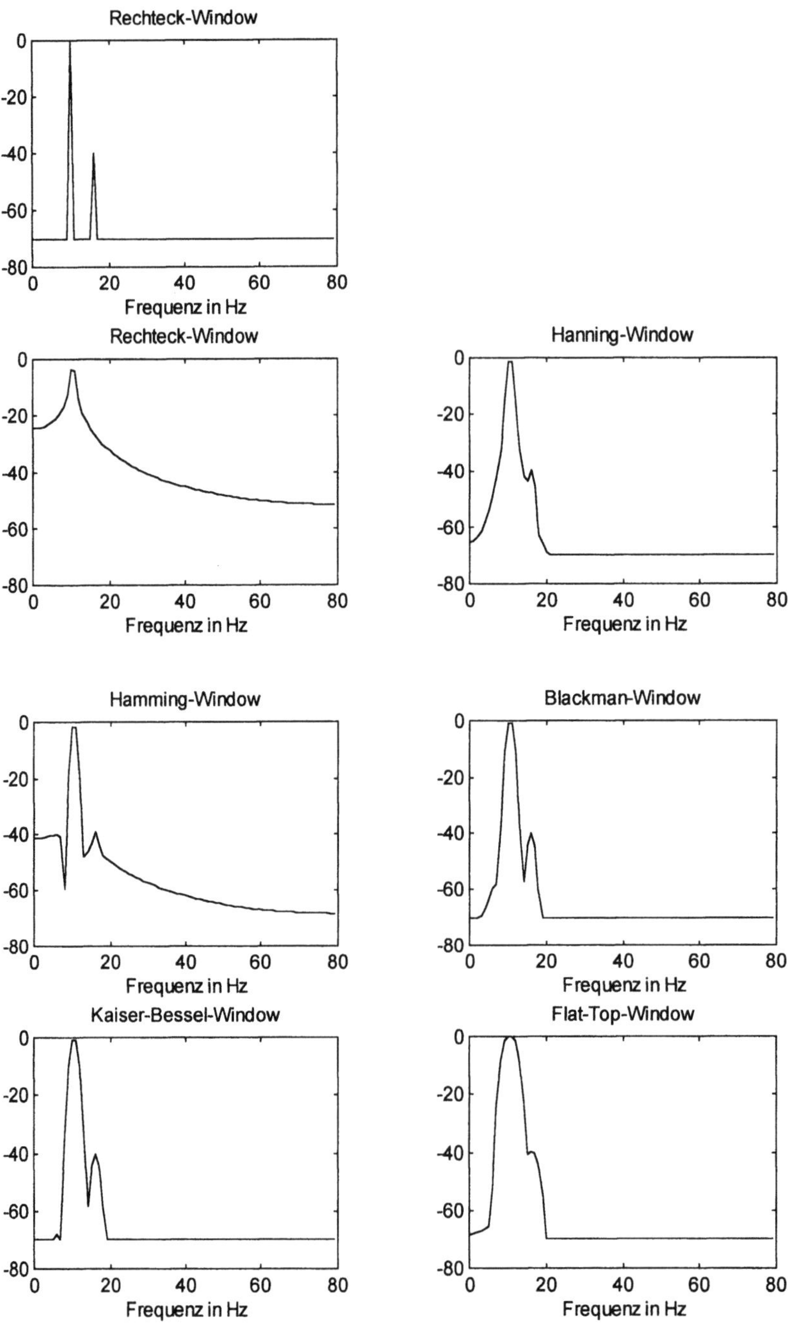

Bild 4.28 Beispiel einer Spektralanalyse (Erklärung im Text)

Beispiel: Das in Bild 4.29 gezeigte Spektrum wurde mit einem FFT-Analysator mit einer Blocklänge von $N = 1024$ aufgenommen. Die Abtastfrequenz betrug 20 kHz. Abgebildet ist nur der erste Teil des Spektrums, der die Grundschwingung eines periodischen Zeitsignals zeigt.

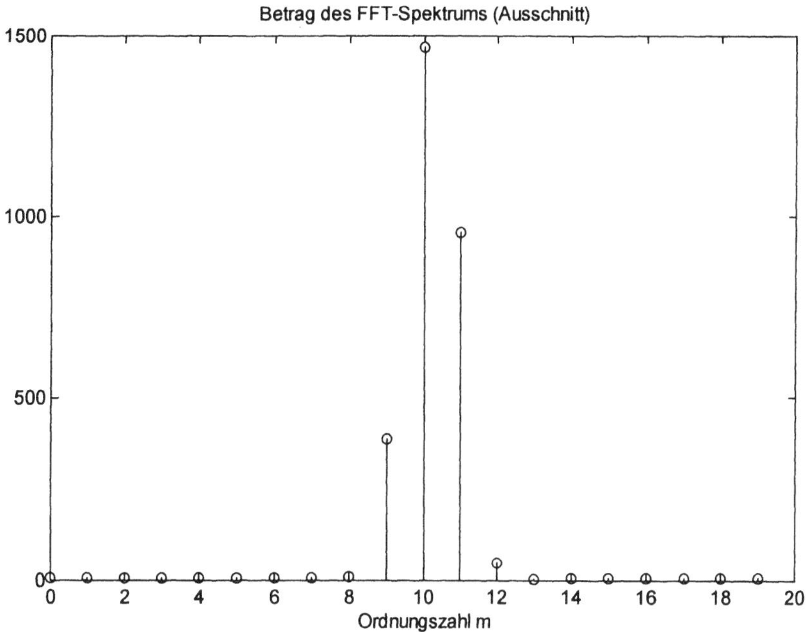

Bild 4.29 Auschnitt eines FFT-Spektrums eines periodischen Zeitsignals

Nun interpretieren wir Bild 4.29:

- Es befinden sich etwa 10 Perioden des Zeitsignals im Window, weil die Linie bei $m = 10$ am längsten ist. Das Linienbündel ist asymmetrisch, woraus sich schliessen lässt, dass nur „etwa 10" und nicht „exakt 10" Perioden im Window sind.

- Es sind 4 Linien angeregt. Laut Tabelle 4.3 ist deshalb das Hanning-, Hamming- oder das Bartlett-Window benutzt worden. (Es war das Hamming-Window, dies lässt sich aber nur mit einer genauen Analyse von Bild 4.29 entscheiden).

- Die Grundfrequenz des Zeitsignals beträgt:

$$f = \frac{m}{NT} = \frac{m \cdot f_A}{N} = \frac{10 \cdot 20'000}{1024} = 195.3 \, \text{Hz}$$

Dies kann nicht genau stimmen, da ja nicht eine ganze Anzahl Perioden im Window ist (das Bündel ist asymmetrisch). Die Grundfrequenz muss etwas höher liegen, dann wäre die Symmetrie besser. (Die Grundfrequenz betrug 200 Hz.)

- Die Amplitude A (Spitzenwert) der Grundschwingung beträgt:

$$A = 2 \cdot \underline{c}_m = 2 \cdot \frac{X[m]}{N} = 2 \cdot \frac{1490}{1024} = 2.91 \, \text{V}$$

Wegen des Picket-Fence-Effektes ist die Amplitude etwas höher. (Sie betrug 3 V.)

4.4.4 Nichtperiodische, stationäre Leistungssignale

Diese Signale haben ein *kontinuierliches* Leistungs*dichte*spektrum und können darum nur mit der kontinuierlichen Fourier-Transformation bzw. mit der FTA (Summation über alle, also unendlich viele Abtastwerte) korrekt beschrieben werden. Man verzichtet aber nicht gerne auf die praktischen Vorteile der FFT und begnügt sich somit mit einer Näherung an das wahre Spektrum. Der Signalausschnitt im Zeitfenster soll möglichst repräsentativ für das gesamte Signal sein, man wählt deshalb ein möglichst langes Zeitfenster.

Bei den quasiperiodischen Signalen des letzten Abschnittes interessieren die dominanten Linien. Man skaliert darum dort die Windows so, dass die mittlere Linie eines Bündels bis auf den Picket-Fence-Effekt korrekt ist. Die zusätzlichen Linien ignoriert man. Im vorliegenden Fall der FFT nichtperiodischer Signale interessieren hingegen sämtliche FFT-Linien, da man ja ein eigentlich kontinuierliches Spektrum untersucht. Es entsteht zwangsläufig der Leakage-Effekt, der mit einem Window etwas unterdrückt werden kann. Allerdings entstehen durch die breite Hauptkeule der Windows wiederum zusätzliche Frequenzen, deshalb stimmt das Parseval-Theorem nicht mehr. Man skaliert die Windows deshalb so, dass deren Hauptkeulenbreite in der Höhe kompensiert wird. Dadurch ergeben sich gerade die in Tabelle 4.2 angegebenen Formeln für die Windows.

Einige Softwarepakete für die Signalverarbeitung enthalten die Windows nach Tabelle 4.2, andere Pakete benutzen die skalierten Versionen. Stets empfehlenswert ist darum ein Test mit einem bekannten Signal.

4.4.5 Nichtstationäre Leistungssignale

Diese Signale ändern ihre statistischen Eigenschaften im Laufe der Zeit, deshalb können keine Mittelungsprozesse angewandt werden. Vielmehr interessieren die zeitabhängigen Änderungen des Spektrums. Man unterteilt wiederum das Signal in Blöcke und transformiert diese einzeln wie unter 4.4.4 beschrieben. Die Teilspektren stellt man einzeln dar in einem Spektrogramm (auch Periodogramm genannt), z.B. in einem dreidimensionalen Plot, Bild 4.30. Das Verfahren wird *Kurzzeit-FFT* genannt und u.a. auf Sprachsignale angewandt.

Die Wahl der Fensterlänge orientiert sich an der Änderungsgeschwindigkeit des Signals. Man sucht also den für das jeweilige Signal optimalen Kompromiss zwischen zeitlicher und spektraler Auflösung. Einmal mehr meldet sich das Zeit-Bandbreiteprodukt! Bei der Sprachverarbeitung geht man davon aus, dass in einem Zeitintervall von etwa 20 ms das Sprachsignal als stationär betrachtet werden kann. Kürzere Intervalle sind wegen der Geschwindigkeit der Mundbewegungen nicht möglich. Da für die Sprachübertragung punkto Verständlichkeit und Sprechererkennung nur Frequenzen bis knapp 4 kHz relevant sind, genügt eine Abtastfrequenz von 8 kHz. Bei einer Fensterlänge $NT = N/f_A$ von 20 ms ergibt dies eine Blocklänge von $N = 160$ [Epp93]. Bei 16 ms Fensterlänge ergibt sich für die Blocklänge die Zweierpotenz 128. In [Kam98] finden sich weitergehende Überlegungen zur Vertrauenswürdigkeit des Periodogramms.

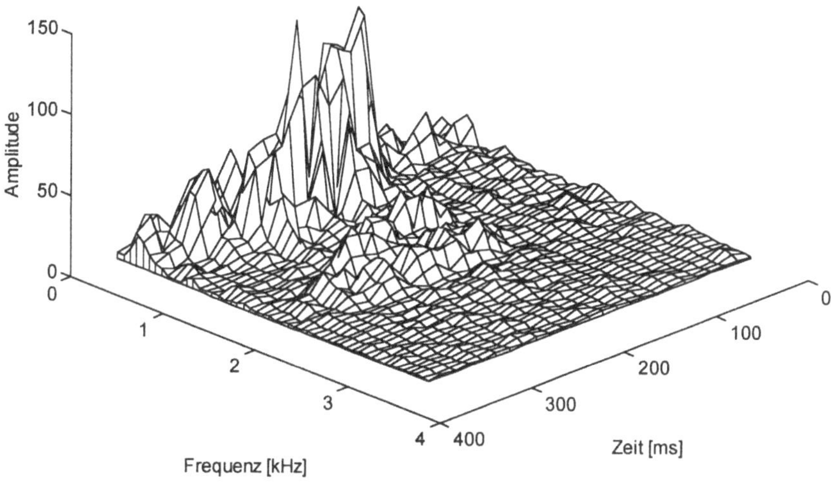

Bild 4.30 Kurzzeit-FFT eines Sprachsignals (Spektrogramm)

Bei nichtstationären Signalen stösst die Fourier-Transformation und damit auch die DFT an
eine prinzipielle Grenze. Durch die Entwicklung nach harmonischen Funktionen wird ein Signal auf der Frequenzachse genau lokalisiert, wegen des Zeit-Bandbreite-Produktes ist es auf
der Zeitachse hingegen völlig unbestimmt. Die Fourier-Zerlegung sagt nur, welche Spektralanteile existieren, aber nicht, wann diese auftreten. Bei nichtstationären Signalen, die weder
auf der Zeit- noch auf der Frequenzachse genau lokalisierbar sind, ergeben sich zwangsläufig
Schwierigkeiten. Diesen Signalen besser angepasst ist die Entwicklung nach „Schwingungspa-
keten", welche im Zeit- und Frequenzbereich ähnliches Aussehen haben. Dies führt auf die
Wavelet-Transformation, einen neuen, vielversprechenden Ansatz als Variante zur Kurzzeit-
FFT [Fli93], [Teo98].

4.4.6 Transiente Signale

Bei transienten Signalen (nicht periodisch, endliche Signaldauer) muss das Zeitfenster das
gesamte Signal (oder mindestens dessen wesentliche Anteile im Falle von langsam abklingenden Signalen) umfassen. Das Zeitfenster darf auch verlängert werden.

Beachten muss man, dass bei transienten Signalen die im Fenster liegende Energie konstant ist.
Die DFT geht aber von *diskreten Leistungs*spektren periodischer Signale aus und nicht von
einem *kontinuierlichen Energiedichte*spektrum. Mit (2.45) und (4.30) ist aber ein Zusammenhang gegeben.

Bei transienten Signalen beeinflusst die Fensterlänge den Betrag der gemessenen Spektren, die Ergebnisse der FFT müssen demnach noch skaliert werden: ein Rechteckpuls der Breite τ und der Höhe A hat bei $\omega = 0$ nach (2.27) die spektrale Amplituden*dichte* $A \cdot \tau$. Die periodische Fortsetzung hingegen hat bei $\omega = 0$ nach (2.18) den spektralen Amplituden*wert* $\underline{c}_0 = A \cdot \tau / T_P$ (T_P = Periodendauer), bzw. $A \cdot \tau / NT$ (T = Abtastintervall, N = Blocklänge). Damit gilt für den ersten FFT-Wert nach (4.23): $X[0] = A \cdot \tau / T$. Die FFT-Werte nach (4.19) muss man demnach mit $T = 1/f_A$ multiplizieren.

Da Anfangs- und Endwerte des Zeitsignals verschwinden, soll das Rechteckwindow benutzt werden. Alle andern Windows würden das Zeitsignal zu stark verfälschen, denn häufig sind ja transiente Signale stark asymmetrisch. Zu lange andauernde transiente Signale (z.B. schwach gedämpfte Ausschwingvorgänge) werden bisweilen mit einem asymmetrischen und exponentiell abklingenden Window gewichtet.

Bild 4.31 zeigt als Beispiel die FFT eines Rechteckpulses mit der Höhe $A = \pi$ und der Dauer $\tau = 0.256$ s. Am Schluss des Abschnittes 4.3.5 haben wir genau dieses Beispiel bereits betrachtet. Deshalb machen wir hier nicht nochmals den Fehler mit einer zu tiefen Abtastfrequenz. Die Abtastfrequenz beträgt 1 kHz, d.h. die Sequenz besteht aus 256 Abtastwerten mit dem Wert π, danach folgen 256 Abtastwerte mit dem Wert 0, Bild 4.31 oben.

In Bild 4.31 Mitte sehen wir das Betragsspektrum, wobei die Spektralwerte bereits mit dem Abtastintervall multipliziert sind. Von den 512 Spektralwerten sind nur die ersten 256 interessant, gezeichnet sind sogar nur die ersten 10. Diese stimmen erwartungsgemäss mit (2.27) überein. Dazwischen fehlen jedoch Stützwerte und das Graphikprogramm interpoliert linear, deshalb sieht das Spektrum etwas abgehackt aus. Wir erwarten ja ein kontinuierliches Spektrum, deshalb wurde nicht die Darstellung mir Stützwerten wie z.B. in Bild 4.29 gewählt.

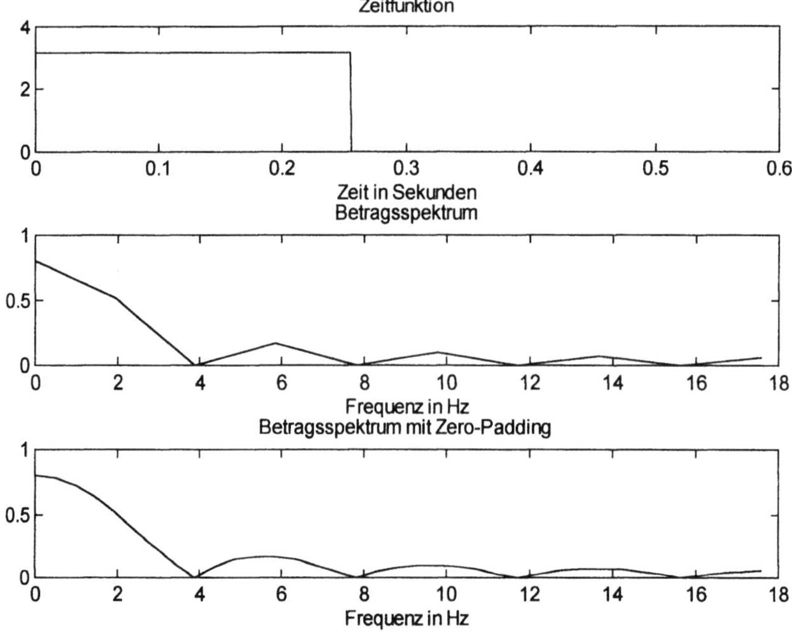

Bild 4.31 Rechteckpuls (oben) und sein Betragsspektrum (Mitte und unten). Erläuterungen im Text.

Bild 4.31 unten zeigt das Spektrum nach einer kleinen Modifikation: die Abtastfolge wurde mit Nullen auf die Länge 2048 verlängert. Nach wie vor haben die ersten 256 Abtastwerte die Grösse π. Die Abtastfrequenz ist gleich geblieben, durch dieses sog. *Zero-Padding* wurde aber die Blocklänge N vergrössert und somit die Frequenzauflösung $1/NT$ verbessert. Dank der Skalierung ändern sich die Amplitudenwerte nicht. Dargestellt sind in Bild 4.31 unten die ersten 37 Spektralwerte und nicht nur die ersten 10 wie im mittleren Teilbild.

Die DFT nach (4.19) ist ja die Abtastung der FTA nach (4.11). Aus der Formel (4.11) ist direkt ersichtlich, dass zusätzliche Stützwerte mit dem Wert Null die Reihensumme nicht verändern und somit das FTA-Spektrum nicht beeinflussen. Dies haben wir übrigens bereits im Zusammenhang mit Bild 4.10 festgestellt.

Mit diesem „Trick" des Zero-Paddings wurden übrigens auch die Spektren der Windows in den Bildern 4.22 rechts und 4.26 berechnet.

Dieses Zero-Padding gestattet eine einfache Verlängerung der Blocklänge auf eine Zweierpotenz, was für die Ausführung der FFT besonders vorteilhaft ist.

4.4.7 Messung von Frequenzgängen

Die möglichen Prinzipien sind bereits im Abschnitt 3.12.4 erwähnt worden. Die Frequenzgangmessung besteht aus der Bestimmung von zwei Signalspektren und darauffolgender Division. Allerdings interessieren nicht mehr die Eigenschaften der Signale, sondern die Eigenschaften des Systems, das für die Unterschiede zwischen den Signalen verantwortlich ist.

In Echtzeitanwendungen, wo mit der Rechenzeit sehr haushälterisch umgegangen werden muss, wird man natürlich beide Signale mit der im Abschnitt 4.3.5 besprochenen Methode in einem Aufwisch transformieren.

Zu beachten ist, dass sich die durch die Fenstergewichtungen ergebenden Signalverfälschungen bei der Division *nicht* wegkürzen. Es handelt sich ja um eine Multiplikation im Zeitbereich, was im Spektrum zu einer Faltung führt. Die Skalierung hingegen kürzt sich weg. Wo immer möglich soll man darum das System periodisch anregen und mit dem Rechteckwindow arbeiten.

Damit alle Frequenzen im Eingangssignal vorkommen, muss das Signal Zufallscharakter haben (der kurze Puls als Näherung des Diracstosses fällt wegen der möglichen Systemübersteuerung und aufgrund des kleinen Energieinhaltes häufig aus dem Rennen). Die Kombination von periodischen und zufälligen Signalen führt auf die pseudozufälligen Signale (*PRBN = pseudo random binary noise*), die digital sehr einfach mit Hilfe von rückgekoppelten Schieberegistern erzeugbar sind und deren Periode exakt der Blocklänge entspricht.

Gepaart mit der FFT und einem störunterdrückenden Mittelungsprozess ergibt sich ein äusserst starkes Gespann für die Systemanalyse. Das Verfahren heisst *Korrelationsanalyse* und wird im Abschnitt 7.2 besprochen.

4.4.8 Zusammenfassung

- Interessierende Bandbreite B des Signals festlegen $\rightarrow$ Anti-Aliasing-Filter mit Bandbreite B und Abtastfrequenz f_A bzw. Abtastintervall T bestimmen:

$$f_A = \frac{1}{T} > 2 \cdot B$$

- Gewünschte Frequenzauflösung Δf des Spektrums festlegen $\rightarrow$ Blocklänge N bestimmen:

$$\Delta f = \frac{1}{NT} = \frac{f_A}{N} \quad \rightarrow \quad N = \frac{f_A}{\Delta f}$$

N vergrössern auf Zweierpotenz (FFT geht schneller). Praxiswerte: $N = 512, 1024, 2048$

Was für ein Typ Signal soll transformiert werden?

- *Periodische Signale* (Spezialfall der stationären Leistungssignale):
  Das FFT-Fenster muss eine ganze Anzahl Signalperioden umfassen $\rightarrow$ AD-Wandler extern takten oder Zeit-Zoom verwenden.
  Das Rechteck-Window benutzen.
  Je nach Geschmack $X[m]$ durch N dividieren $\rightarrow$ komplexe Fourier-Koeffizienten

- *Quasiperiodische Signale* (Spezialfall der stationären Leistungssignale):
  Dasjenige Window aus Tabelle 4.2 mit dem entsprechenden Skalierungsfaktor aus Tabelle 4.3 benutzen, das den besten Kompromiss zwischen Nah- und Weitabselektion ermöglicht. Bei Bedarf Picket-Fence-Correction ausführen.
  Je nach Geschmack $X[m]$ durch N dividieren $\rightarrow$ komplexe Fourier-Koeffizienten

- *Nichtperiodische, stationäre Leistungssignale:*
  Kein Rechteck-Window verwenden, sondern ein unskaliertes Windows aus Tabelle 4.2.
  $\rightarrow$ Die Leistung des berechneten Spektrums ist korrekt.
  Das Zeitfenster soll möglichst lang sein.

- *Nichtstationäre Leistungssignale:*
  Kurzzeit-FFT ($\rightarrow$ Spektrogramm) oder Wavelet-Transformation ausführen.

- *Transiente Signale (Energiesignale):*
  Das FFT-Fenster muss grösser sein als die Signaldauer.
  Eventuell Zero-Padding anwenden.
  Das Rechteck-Window benutzen und das Resultat skalieren mit dem Faktor $T = 1/f_\mathrm{A}$.

Den Analysator stets testen mit einem bekannten Signal!

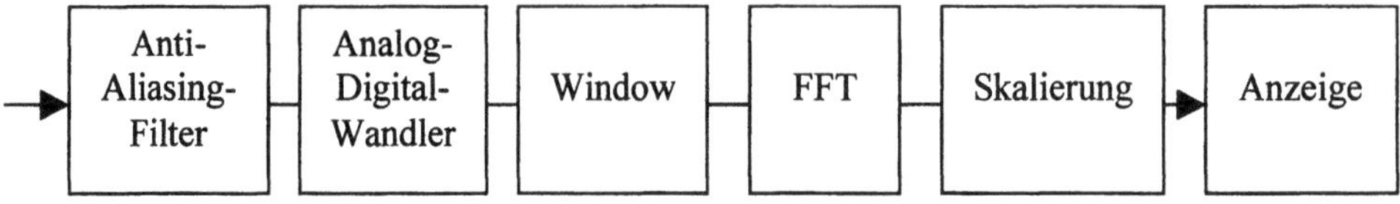

Bild 4.32 Blockschema des FFT-Prozessors

4.5 Die diskrete Faltung

Auch in der zeitdiskreten Welt spielt die Faltung eine wichtige Rolle. Die Ausgangssequenz eines LTD-Systems (linear, zeitinvariant und diskret) berechnet sich nämlich durch die Faltung der Eingangssequenz mit der Impulsantwort des Systems. Im Frequenzbereich ergibt sich aus der Faltung eine Multiplikation, dies ermöglicht eine alternative Berechnung der Faltung: DFT - Multiplikation - IDFT. Insbesondere für längere Sequenzen ist dieser scheinbare Umweg dank der FFT schneller, man spricht deshalb von der *schnellen Faltung*. Allerdings geht die DFT von periodischen Signalen aus, man muss deshalb zwei Fälle unterscheiden, nämlich die

- „normale" oder *lineare* oder *aperiodische* Faltung und die

- *zyklische* oder *zirkulare* oder *periodische* Faltung.

Die diskrete Faltung ist gemäss Gleichung (2.30) definiert. Die Integration wird durch eine Summation ersetzt, es ergibt sich die *lineare Faltung*:

$$\boxed{\begin{array}{l} x_1[n] * x_2[n] = x_2[n] * x_1[n] = \sum_{k=-\infty}^{\infty} x_1[k] \cdot x_2[n-k] = \sum_{k=-\infty}^{\infty} x_1[n-k] \cdot x_2[k] \\[2mm] n = 0, 1, .., 2N-2 \quad ; \quad N = \text{Länge der Sequenzen } x_1, x_2 \end{array}}$$

(4.40)

Die diskrete Faltung ist kommutativ. Für die praktische Ausführung der Faltung müssen die Sequenzen eine endliche Länge von N Elementen haben. Sind die Sequenzen ungleich lang, so verlängert man die kürzere durch Anfügen von Nullen auf N (*zero-padding, Nullpolsterung*). Das Faltungsprodukt hat dann die Länge $2N-1$.

Der Aufwand für die Berechnung der Faltung steigt mit N^2, für $N > 64$ lohnt sich der Umweg über die FFT.

Transformiert man die beiden Sequenzen der Länge N, so erhält man Spektren der Länge N. Diese multipliziert man *gliedweise* und transformiert das Produkt (Länge N) wieder zurück. Die entstandene Sequenz im Zeitbereich hat dann ebenfalls die Länge N, sollte aber als Faltungsprodukt die Länge $2N-1$ haben. Deswegen muss man zwischen linearer und zyklischer Faltung unterscheiden.

Es seien $X[m]$ und $H[m]$ zwei Spektren (z.B. das Spektrum eines Eingangssignales und ein Frequenzgang). Man kann zeigen [Ste94], dass die inverse DFT des Produktes dieser Spektren eine periodische oder *zyklische Faltung* ergibt:

$$\boxed{\begin{array}{l} X[m] \cdot H[m] \quad \circ\!-\!\circ \quad x[n] * h[n] = \sum_{k=0}^{N-1} x[k] \cdot h_p[n-k] = \sum_{k=0}^{N-1} h[k] \cdot x_p[n-k] \\[2mm] n = 0, 1, .., N-1 \end{array}}$$

(4.41)

x_p bzw. h_p sind dabei die periodischen Fortsetzungen in N von x bzw. h.

Falls man eine kontinuierliche Faltung mit dieser Methode annähern möchte, ergibt sich durch diese Periodizität eine Abweichung. Man muss deshalb vorgängig mit zero-padding *beide* Sequenzen von der Länge M bzw. N auf die Länge $M+N-1$ vergrössern (oder noch besser auf die Länge $2^k \geq M+N-1$, damit die FFT eine geeignete Blocklänge hat). Sind beide Sequenzen genügend mit Nullen verlängert, so ergeben (4.40) und (4.41) dasselbe Resultat.

Oft muss man ein Signal endlicher Länge mit einem anderen Signal unendlicher Länge (zumindest länger als eine realistische FFT-Blocklänge) falten, z.B. in der Sprachverarbeitung. Das lange Signal teilt man dann auf in kürzere Blöcke, berechnet einzeln die Faltungen wie oben und reiht anschliessend die Teilfaltungsprodukte aneinander (Distributivgesetz). Diese Methode wird in Varianten praktiziert, z.B. „overlap-add method" und „overlap-save method" [End90].

Die diskrete Faltung im Frequenzbereich ist zwangsläufig zyklisch, da die Spektren von Abtastsignalen periodisch sind.

$$
\boxed{
\begin{array}{l}
x[n] \cdot h[n] \quad \circ\!\!-\!\!\circ \quad X[m] * H[m] = \dfrac{1}{N} \sum_{k=0}^{N-1} X[k] \cdot H[m-k] = \dfrac{1}{N} \sum_{k=0}^{N-1} H[k] \cdot X[m-k] \\[2mm]
m = 0, 1, .., N-1
\end{array}
} \tag{4.42}
$$

Beispiel: $x[n] = [1, 2, 3]$, $h[n] = [4, 5, 6] \rightarrow y[n] = x[n] * h[n] = [4, 13, 28, 27, 18]$ (linear) bzw. $h[n] = [31, 31, 28]$ (zyklisch). Der Leser möge dieses Beispiel selber nachvollziehen, auch mit Hilfe des Computers und mit dem Umweg über die FFT!

$\square$

Beispiel: Wir multiplizieren zwei Polynome $X(z)$ und $H(z)$, das Produkt heisse $Y(z)$:

$$X(z) = 1 + 2z + 3z^2$$

$$H(z) = 4 + 5z + 6z^2$$

$$Y(z) = X(z) \cdot H(z) = 4 + 13z + 28z^2 + 27z^3 + 18z^4$$

Dies sind dieselben Zahlen wie beim oberen Beispiel.

> *Multipliziert man zwei Polynome, so muss man deren Koeffizienten linear falten und erhält so die Koeffizienten des Produkt-Polynoms.*

Jeder Leser hat demnach schon seit langer Zeit die Faltung benutzt, wahrscheinlich aber ohne sich dessen bewusst zu sein.

Die Namen der Polynome in diesem Beispiel sind nicht zufällig: die z-Transformation wandelt Sequenzen wie $x[n]$ um in Polynome wie $X(z)$. Letztere stellen die Bildfunktion der ersteren dar und ermöglichen eine gleichartige Beschreibung der zeitdiskreten Systeme, wie wir sie schon von den kontinuierlichen Systemen kennen, vgl. Abschnitt 4.6 und Kapitel 5.

4.6 Die z-Transformation (ZT)

4.6.1 Definition der z-Transformation

Die z-Transformation ist eine Erweiterung der FTA auf komplexe Frequenzen, so wie die Laplace-Transformation eine Erweiterung der Fourier-Transformation auf komplexe Frequenzen darstellt. Genauso ist auch der Anwendungsbereich: grundsätzlich können alle Signale und somit auch die Systemfunktionen mit der Fourier- oder Laplace-Transformation (analoge Signale) bzw. FTA oder ZT (diskrete Signale) dargestellt werden. Die Vorteile der Laplace-Transformation und der z-Transformation entfalten sich bei der Beschreibung von Systemfunktionen (d.h. der Transformation der Impulsantwort in die Übertragungsfunktion), da die Lage der Pole und Nullstellen anschauliche Rückschlüsse auf den Frequenzgang des Systems zulässt. Wie bei der Laplace-Transformation definiert man eine zweiseitige und eine einseitige z-Transformation, letztere für kausale Impulsantworten. Unentbehrlich wird die z-Transformation bei der Beschreibung von rekursiven digitalen Systemen (Kap. 5), da man mit der z-Transformation eine unendlich lange Folge von Abtastwerten im z-Bereich geschlossen darstellen kann. Tabelle 4.4 zeigt den Zusammenhang zwischen den vier Transformationen.

Tabelle 4.4 Zusammenhang zwischen den Transformationen

Frequenzvariable:	Signal / System kontinuierlich	Signal / System zeitdiskret
imaginär: $j\omega$ bzw $j\Omega$	Fourier-Transformation (FT)	Fourier-Transformation für Abtastsignale (FTA)
komplex: s bzw. z	Laplace-Transformation (LT)	z-Transformation (ZT)

> *Die FTA ist die Fourier-Transformation für Abtastsignale.*
> *Die ZT ist die Laplace-Transformation für Abtastsignale.*

Das Spektrum eines diskreten Signals $x[n]$ wird mit der FTA ermittelt. Die Verzögerung um T, also um ein Abtastintervall, lautet mit dem Verschiebungssatz (2.28):

$$x[n] \quad \circ\!\!-\!\!\circ \quad X(e^{j\Omega}) = \sum_{n=-\infty}^{\infty} x[n] \cdot e^{-jn\Omega}$$

$$x[nT - T] = x[n-1] \quad \circ\!\!-\!\!\circ \quad X(e^{j\Omega}) \cdot e^{-j\omega T} = X(e^{j\Omega}) \cdot e^{-j\Omega}$$

Nun schreiben wir beide obigen Gleichungen um, indem wir $j\omega$ ersetzen durch $s = \sigma + j\omega$:

$$x[n] \quad \circ\!\!-\!\!\circ \quad X(s) = \sum_{n=-\infty}^{\infty} x[n] \cdot e^{-nsT}$$

$$x[nT-T] = x[n-1] \quad \circ\!\!-\!\!\circ \quad X(s) \cdot e^{-sT}$$

(4.43)

Die erste Gleichung ist die Laplace-Transformation für Abtastsignale, die in dieser Form jedoch nicht benutzt wird. Die zweite Gleichung beschreibt einen sehr häufigen Fall, nämlich die Verzögerung um 1 Abtastintervall (digitale LTI-Systeme bestehen nur aus Addierern, Multiplizierern und Verzögerungsgliedern!). Man führt deshalb eine Abkürzung ein:

$$\boxed{z = e^{sT}}$$

(4.44)

Nun lautet Gleichung (4.43):

$$x[n] \quad \circ\!\!-\!\!\circ \quad X(s) = \sum_{n=-\infty}^{\infty} x[n] \cdot z^{-n}$$

Dies ist inhaltlich noch nichts Neues. Jetzt wird aber neu bei der Bildfunktion nicht mehr das Argument s, sondern das Argument z geschrieben. Eigentlich dürfte jetzt nicht mehr der Buchstabe X für die Bildfunktion verwendet werden. Aus Bequemlichkeit geschieht dies aber trotzdem.

Zweiseitige z-Transformation:
$$\boxed{x[n] \quad \circ\!\!-\!\!\circ \quad X(z) = \sum_{n=-\infty}^{\infty} x[n] \cdot z^{-n}}$$
(4.45)

Einseitige z-Transformation:
$$\boxed{x[n] \quad \circ\!\!-\!\!\circ \quad X(z) = \sum_{n=0}^{\infty} x[n] \cdot z^{-n}}$$
(4.46)

Die z-Transformation (ZT) ist eine Abbildung vom diskreten Zeitbereich in den kontinuierlichen und komplexen z-Bereich. Die Transformierte existiert nur in ihrem Konvergenzbereich, der nicht die ganze z-Ebene umfassen muss. Verschiedene Sequenzen mit unterschiedlichen Konvergenzbereichen können dieselbe Bildfunktion haben. Bei der einseitigen ZT tritt diese Mehrdeutigkeit aber nicht auf. Für kausale Signale sind die einseitige und die zweiseitige ZT identisch.

Beispiel: Einheitsimpuls:

$$x[n] = \delta[n] = [1, 0, 0, ...] \quad \circ\!\!-\!\!\circ \quad X(z) = \sum_{n=-\infty}^{\infty} x[n] \cdot z^{-n} = 1 \cdot z^0 = 1$$

Einheitsimpuls:
$$\boxed{\delta[n] \quad \circ\!\!-\!\!\circ \quad 1}$$
(4.47)

Dies ist dieselbe Korrespondenz wie bei der FT, LT und FTA!

$$\text{verschobener Einheitsimpuls:} \quad \boxed{\delta[n-k] \quad \circ\!\!-\!\!\circ \quad z^{-k}} \tag{4.48}$$

□

Beispiel: Einheitsschritt: $\quad x[n] = \varepsilon[n] = [\ldots, 0,\ 0, 1, 1, 1, \ldots]$

$$n = [\ldots, -2, -1, 0, 1, 2, \ldots]$$

$$\varepsilon[n] \quad \circ\!\!-\!\!\circ \quad 1 + z^{-1} + z^{-2} + \ldots + z^{-\infty} = \sum_{k=0}^{\infty} z^{-k}$$

Für $|z| > 1$ konvergiert die unendliche Reihe und die z-Transformierte existiert:

$$\text{Einheitsschritt:} \quad \boxed{\varepsilon[n] \quad \circ\!\!-\!\!\circ \quad \frac{1}{1-z^{-1}} = \frac{z}{z-1} \quad \text{für} \quad |z| > 1} \tag{4.49}$$

Für die laufende Integration gilt wie im kontinuierlichen Bereich (Gl. (3.36)):

$$\varepsilon[n] = \sum_{i=-\infty}^{n} \delta[i] \tag{4.50}$$

□

Beispiel: Die z-Transformation ist eine lineare Abbildung:

$$\delta[n] - \varepsilon[n] - \varepsilon[n-1] \quad \circ\!\!-\!\!\circ \quad \frac{z}{z-1} - \frac{z}{z-1} \cdot z^{-1} = \frac{z}{z-1} - \frac{1}{z-1} = \frac{z-1}{z-1} = 1$$

□

Beispiel: kausale Exponentialsequenz: $\quad x[n] = K \cdot a^{n} \quad ; \quad n \geq 0$

$$X(z) = K a^{0} z^{-0} + K a^{1} z^{-1} + K a^{2} z^{-2} + \ldots$$

$$X(z) = K \cdot \sum_{n=0}^{\infty} a^{n} \cdot z^{-n} = \frac{K}{1 - a z^{-1}} = \frac{Kz}{z-a} \quad \text{für} \quad |z| > |a|$$

$$\text{kausale Exponentialsequenz:} \quad \boxed{K \cdot a^{n} \cdot \varepsilon[n] \quad \circ\!\!-\!\!\circ \quad \frac{Kz}{z-a} = \frac{K}{1 - a \cdot z^{-1}} \quad ; \quad |z| > |a|} \tag{4.51}$$

Mit $K = 1$ und $a = 1$ folgt aus (4.51) wieder (4.49).

□

Aus (4.45) folgt ein Satz, der im Zusammenhang mit Transversalfiltern (Abschnitt 9.2) wichtig ist:

> *Hat $X(z)$ die Form eines Polynoms in z^{-1}, so ergeben die*
> *Koeffizienten dieses Polynoms gerade die Abtastwerte von $x[n]$.*

Beispiel:

$$X(z) = z^{-1} + 2z^{-2} + 3z^{-3} + 2z^{-4} + z^{-5} \quad \Rightarrow \quad x[n] = [..., 0, 0, 1, 2, 3, 2, 1, 0, 0, ...]$$

$$n = [...,-1, 0, 1, 2, 3, 4, 5, 6, 7, ...]$$

$\square$

Bei jeder z-Transformierten müsste eigentlich der Konvergenzbereich angegeben werden. In der Praxis lauern hier jedoch kaum versteckte Klippen.

> *$X(z)$ scheint unabhängig vom Abtastintervall T zu sein.*
> *T ist aber nach Gleichung (4.44) in z versteckt.*

4.6.2 Zusammenhang der ZT mit der LT und der FTA

Ein abgetastetes Signal lautet nach (4.2):

$$x_a(t) = \sum_{n=-\infty}^{\infty} x(nT) \cdot \delta(t - nT)$$

Die zweiseitige Laplace-Transformierte dieses Signals lautet:

$$X(s) = \int_{-\infty}^{\infty} x_a(t) \cdot e^{-st}\, dt = \int_{-\infty}^{\infty} \sum_{n=-\infty}^{\infty} x(nT) \cdot \delta(t - nT) \cdot e^{-st}\, dt$$

$$= \int_{-\infty}^{\infty} \sum_{n=-\infty}^{\infty} x(nT) \cdot \delta(t - nT) \cdot e^{-snT}\, dt$$

Die letzte Zeile folgt aus der Ausblendeigenschaft des Diracstosses. Mit $z = e^{sT}$ wird daraus:

$$X(s) = \int_{-\infty}^{\infty} \sum_{n=-\infty}^{\infty} x(nT) \cdot \delta(t - nT) \cdot z^{-n}\, dt$$

Wir tauschen die Reihenfolge von Integration und Summation und schreiben die nicht mehr explizite von t abhängigen Grössen vor das Integralzeichen:

$$X(s) = \sum_{n=-\infty}^{\infty} x(nT) \cdot z^{-n} \underbrace{\int_{-\infty}^{\infty} \delta(t - nT)\, dt}_{1} = \sum_{n=-\infty}^{\infty} x(nT) \cdot z^{-n} = X(z)$$

Diese Herleitung gilt sowohl für die zwei- wie auch für die einseitigen Transformationen.

> *Die Laplace-Transformierte einer abgetasteten Funktion $x_a(t)$*
> *(=Folge von gewichteten Diracstössen) ist gleich der*
> *z-Transformierten der Folge der Abtastwerte $x[n]$.*

Zusammenhang zur FTA (vgl. auch Abschnitt 2.4.2):

$$X(z) = \sum_{n=-\infty}^{\infty} x[n] \cdot z^{-n} = \sum_{n=-\infty}^{\infty} x[n] \cdot e^{-snT} = \sum_{n=-\infty}^{\infty} x[n] \cdot e^{-(\sigma+j\omega)nT}$$

$$= \sum_{n=-\infty}^{\infty} \underbrace{x[n] \cdot e^{-\sigma nT}}_{x'[n]} \cdot e^{-jn\omega T} = FTA(x'[n])$$

Für $\sigma = 0$, d.h. $z = e^{j\omega t}$ wird $x'[n] = x[n]$.

$$X\left(e^{j\Omega}\right) = X(z)\big|_{z=e^{j\omega T}=e^{j\Omega}} \tag{4.52}$$

> *Die FTA ist gleich der ZT, ausgewertet auf dem Einheitskreis.*

Analogie: Die FT ist gleich der LT, ausgewertet auf der imaginären Achse.

Die Tabelle 4.5 zeigt die Abbildung der s-Ebene auf die komplexe z-Ebene aufgrund der Definitionsgleichung (4.44).

Tabelle 4.5 Abbildung der komplexen s-Ebene auf die komplexe z-Ebene

komplexe s-Ebene	komplexe z-Ebene
$j\omega$-Achse	Einheitskreis
linke Halbebene	Inneres des Einheitskreises
rechte Halbebene	Äusseres des Einheitskreises
$s = 0$	$z = +1$
$s = \pm j2\pi \cdot f_A/2 = \pm j\pi/T$ (Nyquistfrequenz)	$z = -1$
$s = \pm j2\pi \cdot f_A = \pm j2\pi/T$ (Abtastfrequenz)	$z = +1$

Alle Punkte der $j\omega$-Achse mit $\omega = k \cdot 2\pi \cdot f_A$ werden auf $z = +1$ abgebildet. Alle Punkte der $j\omega$-Achse mit $\omega = (2k+1) \cdot \pi \cdot f_A$ werden auf $z = -1$ abgebildet. Der Trick der z-Transformation besteht also darin, dass die unendliche aber periodische Frequenzachse kompakt im Einheitskreis dargestellt wird. Die verschiedenen Perioden fallen dabei genau aufeinander. Die ZT ist darum massgeschneidert für die Beschreibung von digitalen Systemen mit ihrem periodischen Frequenzgang (vgl. Kapitel 5).

Das Spektrum eines Abtastsignales ist periodisch in $f_A = 1/T$, das Basisintervall reicht von $-f_A/2$ bis $+f_A/2$. Auf der Kreisfrequenzachse reicht das Basisintervall (auch Nyquistintervall genannt) von $-2\pi{\cdot}f_A/2$ bis $+2\pi{\cdot}f_A/2$. Der Faktor 2 wird gekürzt und f_A durch $1/T$ ersetzt. Somit reicht das Basisintervall von $-\pi/T$ bis $+\pi/T$. Mit (4.44) wird damit das Basisintervall auf $z = e^{-j\pi}$ $= -1$ bis $z = e^{+j\pi} = -1$ abgebildet. Der Einheitskreis wird also genau einmal durchlaufen, Bild 4.33.

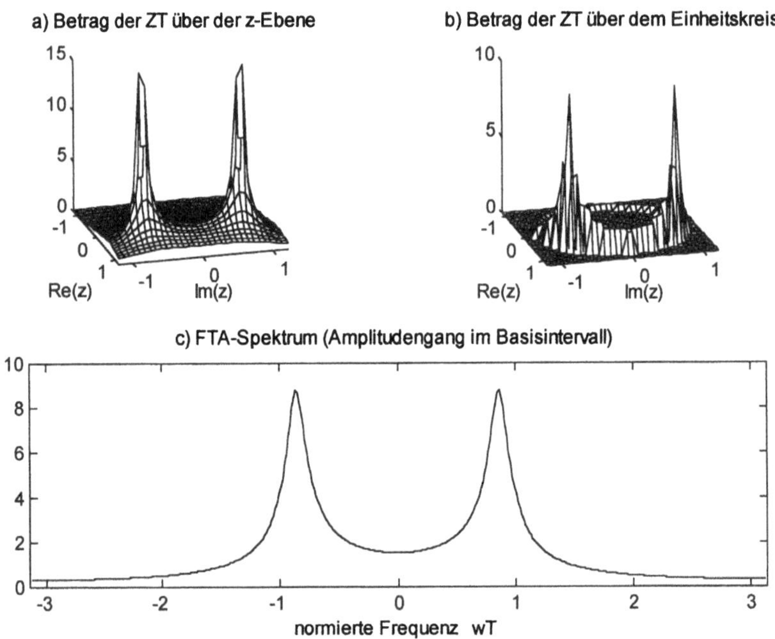

Bild 4.33 Beziehung zwischen der ZT (a) und der FTA (b und c)

Bild 4.33 a) könnte die Übertragungsfunktion eines diskreten Systems sein, vgl. auch Bild 2.16 für kontinuierliche Systeme. Die Auswertung auf dem Einheitskreis ergibt den Frequenzgang. Schneidet man den Einheitskreis bei $z = -1$ auf und streckt die Umfangslinie auf eine Gerade, so ergibt sich Bild 4.33 c), das der bekannten Darstellung des FTA-Spektrums entspricht. Vom periodischen Spektrum wird demnach nur die erste Periode, also das Basisintervall, gezeichnet.

Gerne arbeitet man mit der auf $f_A = 1/T$ normierten *Kreis*frequenz. Das Basisintevall reicht dann von $\omega T = \Omega = -\pi$ bis $\Omega = +\pi$. Somit kann man die Frequenzachse unabhängig von der tatsächlichen Abtastfrequenz beschriften. Ω entspricht gerade dem Argument der in Polarkoordinaten angegebenen Frequenz (Einheitskreis $\to$ $|z| = 1$). In Bild 4.10 haben wir diese Normierung bereits benutzt. Hier liegt auch der Grund für die Schreibweise $X(e^{j\Omega})$ bzw. $X(e^{j\omega T})$ anstelle von $X_a(j\omega)$ für die FTA (vgl. Anmerkung zu Gl. (4.10)): neben der Periodizität des Spektrums wird auch die Verwandtschaft zur ZT betont.

Je nach Geschmack kann man auch auf $1/\pi T$ oder $1/2\pi T$ normieren. Dann erstreckt sich das Basisintervall von $-1 \ldots +1$ bzw. $-0.5 \ldots +0.5$ (Abtastfrequenz bei 1).

4.6.3 Eigenschaften der z-Transformation

a) Linearität

$$a \cdot x_1[n] + b \cdot x_2[n] \quad \circ\!\!-\!\!\circ \quad a \cdot X_1(z) + b \cdot X_2(z) \tag{4.53}$$

b) Zeitverschiebung

$$x[n-k] \quad \circ\!\!-\!\!\circ \quad z^{-k} \cdot X(z) \tag{4.54}$$

Bei der einseitigen ZT gilt dies nur für $k \geq 0$ (Verzögerung) und kausale Signale. Andernfalls ist eine Modifikation notwendig.

c) Faltung im Zeitbereich

$$x_1[n] * x_2[n] \quad \circ\!\!-\!\!\circ \quad X_1(z) \cdot X_2(z) \tag{4.55}$$

Beweis:

$$y[n] = \sum_{i=-\infty}^{\infty} x[i] \cdot h[n-i] \quad \circ\!\!-\!\!\circ \quad Y(z) = \sum_{n=-\infty}^{\infty} y[n] \cdot z^{-n} = \sum_{n=-\infty}^{\infty} \left(\sum_{i=-\infty}^{\infty} x[i] \cdot h[n-i] \right) \cdot z^{-n}$$

Vertauschen der Summationen:

$$Y(z) = \sum_{i=-\infty}^{\infty} \sum_{n=-\infty}^{\infty} x[i] \cdot h[n-i] \cdot z^{-n} = \sum_{i=-\infty}^{\infty} x[i] \cdot \sum_{n=-\infty}^{\infty} h[n-i] \cdot z^{-n} \cdot \underbrace{z^{i} \cdot z^{-i}}_{1}$$

$$Y(z) = \sum_{i=-\infty}^{\infty} x[i] \cdot \sum_{n=-\infty}^{\infty} h[n-i] \cdot z^{-(n-i)} \cdot z^{-i} = \sum_{i=-\infty}^{\infty} x[i] \cdot z^{-i} \cdot \sum_{n=-\infty}^{\infty} h[n-i] \cdot z^{-(n-i)}$$

Substitution $k = n{-}i$:

$$Y(z) = \underbrace{\sum_{i=-\infty}^{\infty} x[i] \cdot z^{-i}}_{X(z)} \cdot \underbrace{\sum_{k=-\infty}^{\infty} h[k] \cdot z^{-k}}_{H(z)} = X(z) \cdot H(z)$$

Die Faltung im z-Bereich wird selten benutzt und darum nicht behandelt.

d) Neutralelement

$$x[n] * \delta[n] = x[n] \tag{4.56}$$

e) Multiplikation mit einer Exponentialfolge

$$a^{n} \cdot x[n] \quad \circ\!\!-\!\!\circ \quad X\!\left(\frac{z}{a} \right) \tag{4.57}$$

Beweis:

$$a^n \cdot x[n] \quad \circ\!\!-\!\!\circ \quad \sum_{n=-\infty}^{\infty} a^n \cdot x[n] \cdot z^{-n} = \sum_{n=-\infty}^{\infty} x[n] \cdot \left(\frac{z}{a}\right)^{-n} = X\left(\frac{z}{a}\right)$$

f) Multiplikation mit der Zeit

$$n \cdot x[n] \quad \circ\!\!-\!\!\circ \quad -z \cdot \frac{dX(z)}{dz} \tag{4.58}$$

Beispiel: Aus (4.51) und (4.58) folgt:

$$n \cdot a^n \cdot \varepsilon[n] \quad \circ\!\!-\!\!\circ \quad -z \cdot \frac{d}{dz}\left(\frac{z}{z-a}\right) = -z \cdot \frac{1 \cdot (z-a) - z \cdot 1}{(z-a)^2} = \frac{a \cdot z}{(z-a)^2} \tag{4.59}$$

Diese Korrespondenz ist nützlich für die Rücktransformation eines doppelten Pols. Mit dem Spezialfall $a = 1$ ergibt sich im Zeitbereich die

$$\text{Rampe:} \quad n \cdot \varepsilon[n] \quad \circ\!\!-\!\!\circ \quad \frac{z}{(z-1)^2} \tag{4.60}$$

□

g) Anfangswerttheorem (nur für einseitige ZT)

$$x[0] = \lim_{z \to \infty} X(z) \quad \text{falls} \quad x[n] = 0 \quad \text{für} \quad n < 0 \tag{4.61}$$

Beweis:

$$X(z) = \sum_{n=0}^{\infty} x[n] \cdot z^{-n} = x[0] + \underbrace{\frac{x[1]}{z} + \frac{x[2]}{z^2} + \ldots}_{\to 0 \ \text{für} \ z \to \infty}$$

Beispiel: kausale Exponentialsequenz:

$$x[n] = a^n \cdot \varepsilon[n] \quad \circ\!\!-\!\!\circ \quad X(z) = \frac{z}{z-a} \quad \Rightarrow \quad x[0] = \lim_{z \to \infty} \frac{z}{z-a} = 1$$

□

h) Endwerttheorem (nur für einseitige ZT)

$$\lim_{n \to \infty} x[n] = \lim_{z \to 1}\left[(z-1) \cdot X(z)\right] \tag{4.62}$$

Beispiel: Sprungfolge (Einheitsschritt):

$$\varepsilon[n] \quad \circ\!\!-\!\!\circ \quad \frac{z}{z-1} \quad \Rightarrow \quad \lim_{n \to \infty} \varepsilon[n] = \lim_{z \to 1}\left[(z-1) \cdot \frac{z}{z-1}\right] = 1$$

Beispiel: kausale Exponentialsequenz:

$$a^n \cdot \varepsilon[n] \quad \circ\!\!-\!\!\circ \quad \frac{z}{z-a} \quad \Rightarrow \quad \lim_{n \to \infty} a^n \cdot \varepsilon[n] = \lim_{z \to 1}\left[(z-1) \cdot \frac{z}{z-a}\right] = 0$$

Beispiel: Gegeben ist die Sequenz $x[n]$, gesucht ist ihre z-Transformierte.

$$x[n] = \begin{cases} n+1 & 0 \leq n \leq 2 \\ 5-n & \text{für} \quad 2 < n \leq 4 \\ 0 & n < 0 \quad \text{und} \quad n > 4 \end{cases}$$

Wir schreiben die Sequenz aus und erhalten:

$$x[n] = [1,\ 2,\ 3,\ 2,\ 1,\ 0,\ 0,\ 0,\ ...]$$

Somit können wir direkt die z-Transformierte hinschreiben:

$$X(z) = 1 + 2 \cdot z^{-1} + 3 \cdot z^{-2} + 2 \cdot z^{-3} + z^{-4}$$

Wir berechnen dasselbe noch mit einer Variante. Diese ist zwar etwas aufwendiger, jedoch soll durch das „Jonglieren" mit der Theorie das Verständnis vertieft werden.

In der ausgeschriebenen Sequenz $x[n]$ erkennt man eine Dreiecksfolge. Diese hat die Länge 5 und entsteht somit aus der Faltung von zwei identischen Pulsen der Länge 3, vgl Bild 2.10. Im z-Bereich ergibt sich somit eine Multiplikation.

$$x[n] = x_1[n] * x_2[n]$$

mit

$$x_1[n] = x_2[n] = [1,\ 1,\ 1]$$

Die Pulse können wir schreiben als Überlagerung von zwei Schrittsequenzen:

$$x_1[n] = \varepsilon[n] - \varepsilon[n-3]$$

Damit folgt für die z-Transformierte von $x_1[n]$ mit (4.49) und (4.54):

$$X_1(z) = \frac{1}{1-z^{-1}} - \frac{z^{-3}}{1-z^{-1}} = \frac{1-z^{-3}}{1-z^{-1}}$$

Und für das gesuchte $X(z)$:

$$X(z) = X_1(z) \cdot X_2(z) = X_1(z)^2 = \left(\frac{1-z^{-3}}{1-z^{-1}} \right)^2 = \frac{1 - 2 \cdot z^{-3} + z^{6}}{1 - 2 \cdot z^{-1} + z^{-2}}$$

Wir erweitern mit z^6 und dividieren den Bruch aus. Dies geht ohne Rest:

$$X(z) = \frac{z^6 - 2 \cdot z^3 + 1}{z^6 - 2 \cdot z^5 + 1} = 1 + 2 \cdot z^{-1} + 3 \cdot z^{-2} + 2 \cdot z^{-3} + z^{-4}$$

Damit haben wir dasselbe Resultat wie oben.

$\square$

Beispiel: Wir kennen bereits folgende Zusammenhänge:

$$\underset{\text{Stoss}}{\delta(t)} \quad \overset{\int}{\to} \quad \underset{\text{Schritt}}{\varepsilon(t)} \quad \overset{\int}{\to} \quad \underset{\text{Rampe}}{r(t) = t \cdot \varepsilon(t)}$$

Im Laplace-Bereich (s-Bereich) lauten diese Zusammenhänge mit (2.79):

$$1 \quad \overset{\frac{1}{s}}{\to} \quad \frac{1}{s} \quad \overset{\frac{1}{s}}{\to} \quad \frac{1}{s^2}$$

Damit ergeben sich genau die schon bei Gleichung (2.79) angeführten Korrespondenzen. Nun betrachten wir dasselbe, jedoch für Sequenzen anstelle kontinuierlicher Signale (bei allen hier betrachteten Sequenzen gehört das erste geschriebene Element zum Zeitpunkt 0 und alle diese Sequenzen sind kausal, d.h. die Abtastwerte für negative Zeiten verschwinden):

$$\underset{1,0,0,0,\dots}{\delta[n]} \quad \to \quad \underset{1,1,1,1,\dots}{\varepsilon[n]} \quad \to \quad \underset{0,1,2,3,\dots}{r[n] = n \cdot \varepsilon[n]}$$

Im z-Bereich lauten diese Zusammenhänge aufgrund der Korrespondenzen (4.49) und (4.60):

$$1 \quad \overset{\frac{z}{z-1}}{\to} \quad \frac{z}{z-1} \quad \overset{\frac{z}{z-1}????}{\to} \quad \frac{z}{(z-1)^2}$$

Damit ist die Operation über dem ersten Pfeil klar. Aus Analogiegründen zum s-Bereich müsste über dem zweiten Pfeil dasselbe stehen, aber dann müsste im Zähler ganz rechts z^2 stehen und nicht nur z. Zunächst interpretieren wir aufgrund (4.50) den Faktor $\dfrac{z}{z-1}$ als Korrespondenz zur Summation (d.h. Integration) im Zeitbereich:

$$\sum_{i=-\infty}^{n} \delta[n] = \sum_{i=0}^{n} \delta[n] = \varepsilon[n]$$

Die Sequenz [1, 0, 0, 0, …] wird dadurch abgebildet auf [1, 1, 1, 1, …]. Für $\varepsilon[n]$ gilt:

$$\sum_{i=-\infty}^{n} \varepsilon[n] = \sum_{i=0}^{n} \varepsilon[n] = [1,2,3,4,\dots]$$

Die Rampe als Sequenz geschrieben lautet aber [0, 1, 2, 3, …]. Dies erhalten wir mit folgendem Ausdruck:

$$\sum_{i=0}^{n} \varepsilon[n] - \varepsilon[n] \quad \circ\!\!-\!\!\circ \quad \underset{\text{Summation}}{\frac{z}{z-1}} \cdot \frac{z}{z-1} - \frac{z}{z-1} = \frac{z^2 - z(z-1)}{(z-1)^2} = \frac{z}{(z-1)^2}$$

Variante: Wir summieren über den um einen Takt verzögerten Einheitsschritt, also die Sequenz [0, 1, 1, 1, …]:

$$\sum_{i=0}^{n} \varepsilon[n-1] \quad \circ\!\!-\!\!\circ \quad \underset{\text{Summation}}{\frac{z}{z-1}} \cdot \frac{z}{z-1} \cdot \underset{\text{Verzögerung}}{z^{-1}} = \frac{z^2}{(z-1)^2} \cdot z^{-1} = \frac{z}{(z-1)^2}$$

Die Analogie stimmt demnach. Der Irrtum lag darin, dass die Summation des Schrittes nicht die Rampe ergibt, vielmehr muss man vom verzögerten Schritt ausgehen.

4.6.4 Die inverse z-Transformation

Ohne Herleitung wird gerade die Gleichung angegeben:

$$x[n] = \frac{1}{2\pi j} \oint X(z) \cdot z^{n-1} dz \qquad\qquad (4.63)$$

Das Linienintegral wird ausgewertet in der z-Ebene innerhalb des Konvergenzbereiches, längs eines beliebigen, geschlossenen Weges im Gegenuhrzeigersinn unter Einschliessung des Ursprunges. Man kann das Integral auch mit dem Residuensatz von Cauchy berechnen. Für die Praxis sind diese formalen Rücktransformationen viel zu mühsam. Bequemere Methoden sind:

- Benutzung von Tabellen (vgl. Abschnitt 4.6.5)

- Potenzreihenentwicklung

- Partialbruchzerlegung und gliedweise Rücktransformation (Ausnutzung der Linearität)

- fortlaufende Division (Erzeugen eines Polynoms in z^{-1}). Dies ist nützlich, um eine Konstante abzuspalten, falls Zählergrad = Nennergrad. Mit dem Rest führt man eine Partialbruchzerlegung durch.

Systemfunktionen von LTD-Systemen (das sind die zeitdiskreten Geschwister der LTI-Systeme) haben eine z-Transformierte in Form eines Polynomquotienten (vgl. Abschnitt 5.4). Deshalb sind die beiden letztgenannten Methoden oft anwendbar.

Beispiel: Rücktransformation durch Potenzreihenentwicklung: Eine Bildfunktion lautet

$$X(z) = \ln\left(1 + az^{-1}\right) = \log_e\left(1 + az^{-1}\right)$$

Wie lautet die dazu gehörende Zeitsequenz $x[n]$? Dazu benutzen wir die folgende Potenzreihe:

$$\ln(1 + x) = x - \frac{x^2}{2} + \frac{x^3}{3} - \frac{x^4}{4} + \dots \quad \text{für} \quad -1 > x \le 1$$

Nun substituieren wir $x = az^{-1}$ und erhalten für $X(z)$:

$$X(z) = a \cdot z^{-1} - \frac{a^2}{2} \cdot z^{-2} + \frac{a^3}{3} \cdot z^{-3} - \frac{a^4}{4} \cdot z^{-4} + \dots = \sum_{n=1}^{\infty} \frac{(-1)^{n+1} \cdot a^n}{n} \cdot z^{-n} \quad ; \quad |z| > |a|$$

Nun kann man gliedweise in den Zeitbereich transformieren:

$$x[n] = \left[0, a, -\frac{a^2}{2}, \frac{a^3}{3}, -\frac{a^4}{4}, \dots\right] = \sum_{n=1}^{\infty} \frac{-(-a)^n}{n} \cdot \varepsilon[n-1]$$

$$n = [0, 1, \quad 2, \quad 3, \quad 4, \quad \dots]$$

□

Beispiel: Rücktransformation durch fortlaufende Division: Gegeben ist eine z-Transformierte, wie sie typisch ist für Übertragungsfunktionen von Transversalfiltern (wir werden dies im Abschnitt 5.4 behandeln, hier geht es erst um eine rein mathematische Aufgabe mit Praxisbezug):

$$H(z) = \frac{z^4 + 2z^3 + 3z^2 + 2z + 1}{z^5}$$

Nun dividieren wir Zähler und Nenner aus:

$$H(z) = z^{-1} + 2z^{-2} + 3z^{-3} + 2z^{-4} + z^{-5} \quad \circ\!\!-\!\!\circ \quad h[n] = [0, 1, 2, 3, 2, 1]$$
$$n = [0, 1, 2, 3, 4, 5]$$

(Dieses $h[n]$ ist übrigens die Stossantwort dieses Transversalfilters.)

□

Beispiel: Kausale Exponentialsequenz (vgl. Gleichung (4.51)):

$$X(z) = \frac{1}{1 - az^{-1}} = \frac{z}{z - a} = 1 + az^{-1} + a^2 z^{-2} + \ldots \quad \circ\!\!-\!\!\circ \quad x[n] = [1, a, a^2, \ldots] = \varepsilon[n] \cdot a^n$$

□

Beispiel: Rücktransformation durch Partialbruchzerlegung:

$$X(z) = \frac{c}{(1 - az^{-1}) \cdot (1 - bz^{-1})} = \frac{A}{1 - a \cdot z^{-1}} + \frac{B}{1 - b \cdot z^{-1}}$$
$$c = A \cdot (1 - b \cdot z^{-1}) + B \cdot (1 - a \cdot z^{-1}) = A + B - z^{-1} \cdot (Ab + Ba)$$

Ein Koeffizientenvergleich ergibt:

$$c = A + B \qquad 0 = Ab + Ba$$
$$B = c - A \quad \Rightarrow \quad 0 = Ab + ac - Aa \quad \Rightarrow \quad A = \frac{ac}{a - b}$$
$$B = c - \frac{ac}{a - b} = \frac{ac - bc - ac}{a - b} = \frac{-bc}{a - b}$$

Die beiden Summanden in $X(z)$ transformieren wir einzeln zurück mit Hilfe der Tabelle im Abschnitt 4.6.5:

$$\frac{A}{1 - a \cdot z^{-1}} = \frac{A \cdot z}{z - a} \quad \circ\!\!-\!\!\circ \quad A \cdot \varepsilon[n] \cdot a^n$$

Somit ergibt sich als Endresultat:

$$x[n] = \frac{ac}{a - b} \cdot \varepsilon[n] \cdot a^n - \frac{bc}{a - b} \cdot \varepsilon[n] \cdot b^n = \varepsilon[n] \cdot \frac{c}{a - b} \cdot \left(a^{n+1} - b^{n+1} \right)$$

□

Weitere Beispiele folgen im Kapitel 5 im Zusammenhang mit Anwendungen.

4.6.5 Tabelle einiger z-Korrespondenzen

Zeitsequenz $x[n]$ $(a > 0)$	Bildfunktion $X(z)$	Konvergenzbereich
$\delta[n]$	1	alle z
$\varepsilon[n]$	$\dfrac{z}{z-1} = \dfrac{1}{1-z^{-1}}$	$\|z\| > 1$
$\varepsilon[n] \cdot n$	$\dfrac{z}{(z-1)^2}$	$\|z\| > 1$
$\varepsilon[n] \cdot n^2$	$\dfrac{z(z+1)}{(z-1)^3}$	$\|z\| > 1$
$\varepsilon[n] \cdot e^{-an}$	$\dfrac{z}{\left(z - e^{-a}\right)}$	$\|z\| > e^{-a}$
$\varepsilon[n] \cdot n \cdot e^{-an}$	$\dfrac{z \cdot e^{-a}}{\left(z - e^{-a}\right)^2}$	$\|z\| > e^{-a}$
$\varepsilon[n] \cdot n^2 \cdot e^{-an}$	$\dfrac{z \cdot e^{-a} \cdot \left(z + e^{-a}\right)}{\left(z - e^{-a}\right)^3}$	$\|z\| > e^{-a}$
$\varepsilon[n] \cdot a^n$	$\dfrac{z}{z-a} = \dfrac{1}{1-az^{-1}}$	$\|z\| > a$
$\varepsilon[n] \cdot n \cdot a^n$	$\dfrac{az}{(z-a)^2}$	$\|z\| > a$
$\varepsilon[n] \cdot n^2 \cdot a^n$	$\dfrac{az(a+z)}{(z-a)^3}$	$\|z\| > a$
$\varepsilon[n] \cdot n^3 \cdot a^n$	$\dfrac{az(a^2 + 4az + z^2)}{(z-a)^4}$	$\|z\| > a$
$\varepsilon[n] \cdot \cos(\omega_0 n)$	$\dfrac{1 - z^{-1}\cos\omega_0}{1 - 2z^{-1}\cos\omega_0 + z^{-2}}$	$\|z\| > 1$
$\varepsilon[n] \cdot \sin(\omega_0 n)$	$\dfrac{z^{-1}\sin\omega_0}{1 - 2z^{-1}\cos\omega_0 + z^{-2}}$	$\|z\| > 1$
$\varepsilon[n] \cdot \dfrac{1}{n!}$	$e^{1/z}$	$\|z\| > 0$

4.7 Übersicht über die Signaltransformationen

4.7.1 Welche Transformation für welches Signal?

Die Tabelle 4.6 zeigt die Anwendungsbereiche der verschiedenen Transformationen aufgrund der Eigenschaften der Signale (vgl. auch Tabelle 4.4). Dabei gelten folgende Abkürzungen:

FT	Fourier-Transformation	LT Laplace-Transformation
FK	Fourier-Reihen-Koeffizienten	
FTA	Fourier-Transformation für Abtastsignale	ZT z-Transformation
DFT	Diskrete Fourier-Transformation	

Tabelle 4.6 Anwendungsbereich der verschiedenen Signaltransformationen

Zeitsignal		Transformation	Spektrum	
periodisch	diskret		periodisch	diskret
		FT / LT		
X		FK		X
	X	FTA / ZT	X	
X	X	DFT	X	X

Bemerkungen:

- Die Fourier-Reihe (FR) für periodische Signale ist *keine* Transformation, sondern eine Darstellung im *Zeit*bereich. Das Sortiment der Fourier-Koeffizienten (FK) hingegen enthält dieselbe Information im Frequenzbereich.

- Die FTA ist keine neue Transformation, sondern die normale FT angewandt auf abgetastete Signale. Wegen der Aufteilung dieser Tabelle wird die FTA aber aus didaktischen Gründen als eigenständige Transformation behandelt.

- Die FK und die FTA sind dual zueinander. Sie haben die gleichen Eigenschaften, wenn man Zeit- und Frequenzbereich jeweils vertauscht.

- Die Koeffizienten der *diskreten* Fourier-Reihe und die DFT sind ebenfalls dual zueinander. Beide behandeln Signale, die im Zeit- und Frequenzbereich diskret und periodisch sind. Bis auf eine Konstante sind sie deshalb identisch, Gleichung (4.23).

- Die LT und die ZT haben eine komplexe Frequenzvariable (s bzw. z). Die FT und die FTA haben eine imaginäre Frequenzvariable ($j\omega$ bzw. $j\Omega$). FK und die DFT haben einen Laufindex (k bzw. m).

- Die LT ist die analytische Fortsetzung der FT, die ZT ist die analytische Fortsetzung der FTA.

- Mit Hilfe der Deltafunktionen können die FK, FTA und DFT einzig durch die FT ausgedrückt werden. Schwierigkeiten ergeben sich aber bei Multiplikationen, da diese für Distributionen nicht definiert ist.

4.7.2 Zusammenhang der verschiedenen Transformationen

In den nachstehenden Bildern sind die Zusammenhänge und Eigenschaften der Transformationen bildlich dargestellt. Die Idee dazu stammt aus [End90]. Die Signale im Zeitbereich haben Indizes zur Verdeutlichung ihrer Eigenschaften:

c kontinuierlich (continous)   n nicht periodisch
d diskret (Zeitachse)   p periodisch

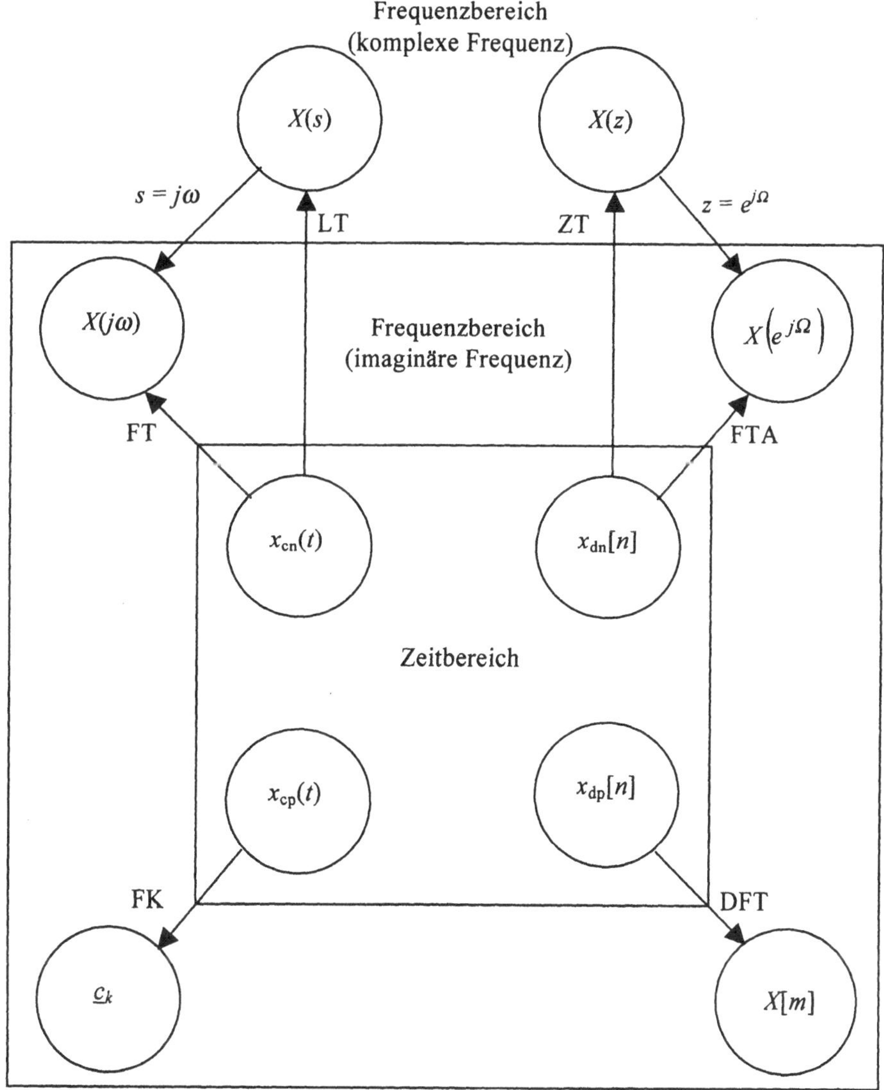

Bild 4.34 Zusammenhang der verschiedenen Transformationen

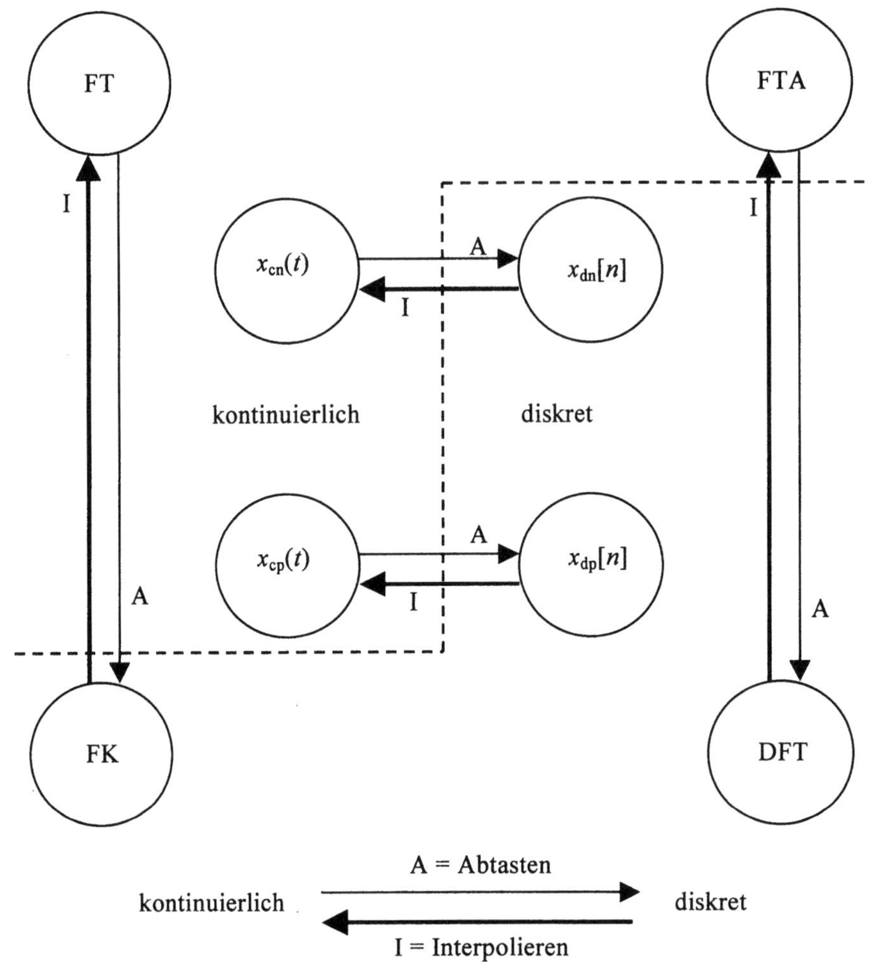

Bild 4.35 Unterscheidung kontinuierlich - diskret. Die Signale im Frequenzbereich sind durch den Namen der jeweiligen Transformation symbolisiert.

Interpretation von Bild 4.35:

Der Übergang kontinuierlich $\rightarrow$ diskret erfolgt durch Abtasten (dünne Pfeile, beschriftet mit A).

Die Umkehroperation der Abtastung heisst Interpolation (dicke Pfeile, beschriftet mit I).

Die Interpolation ist stets eindeutig umkehrbar, die Abtastung hingegen nur dann, wenn im *jeweils anderen* Bereich das Signal begrenzt ist. Deshalb sind die Pfeile für die Abtastung nur dünn gezeichnet.

Die eindeutige Abtastung im Zeitbereich erfordert also ein bandbegrenztes Spektrum und die eindeutige Abtastung des Spektrums erfordert ein zeitbegrenztes Signal.

Die gestrichelte Linie trennt den kontinuierlichen Bereich vom diskreten Bereich. Alle vier Pfeilpaare überqueren diese Linie.

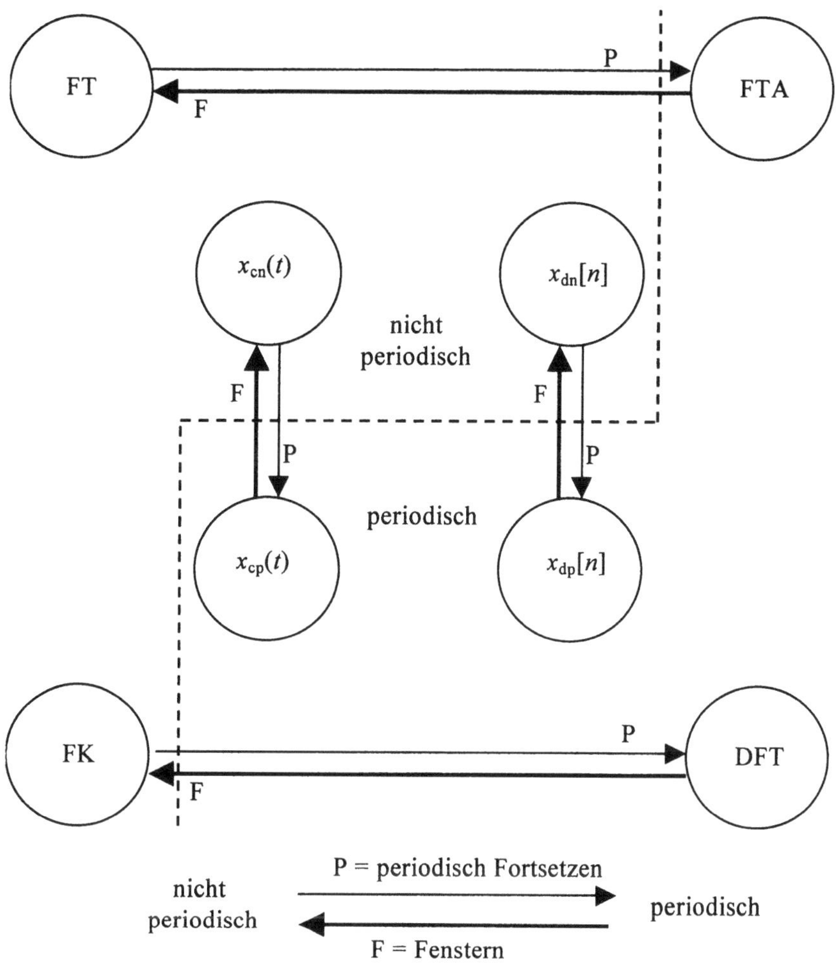

Bild 4.36 Unterscheidung periodisch - nicht periodisch

Der Übergang nicht periodisch → periodisch erfolgt durch periodisches Fortsetzen (dünne Pfeile, beschriftet mit P). Die Umkehrung heisst Fenstern (dicke Pfeile, beschriftet mit F).

Das Fenstern ist stets eindeutig umkehrbar, das periodische Fortsetzen hingegen nur dann, wenn im *gleichen* Bereich das Signal begrenzt ist. Die Pfeile für das periodische Fortsetzen sind deshalb nur dünn gezeichnet.

Das periodische Fortsetzen im Zeitbereich erfordert also ein zeitbegrenztes Signal und das periodische Fortsetzen im Frequenzbereich erfordert ein bandbegrenztes Spektrum. Diese Bedingungen sind gerade dual zu denjenigen bei Bild 4.35. Dies ist einleuchtend, da eine Abtastung im jeweils anderen Bereich eine periodische Fortsetzung bedeutet. Eine Interpolation bedeutet demnach im anderen Bereich eine Fensterung. Diese beiden Operationen haben darum *dieselbe* Bedingung. Beispiel: Die Abtastung des Zeitsignals erfordert ein bandbegrenztes Spektrum und das periodische Fortsetzen im Frequenzbereich erfordert ebenfalls ein bandbegrenztes Spektrum.

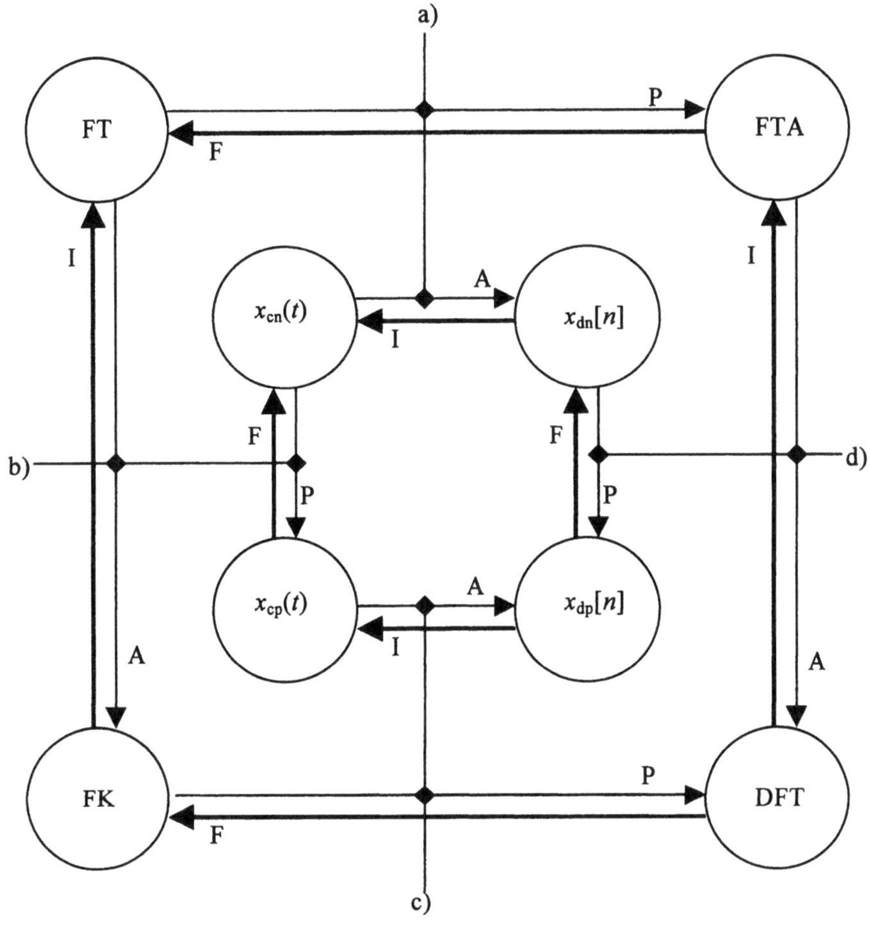

Bild 4.37 Bedingungen für die Übergänge (Kombination der Bilder 4.35 und 4.36)

I ist stets umkehrbar durch A, F ist stets umkehrbar durch P ($\to$ dicke Pfeile)

Bedingungen, damit A umkehrbar ist durch I bzw. P umkehrbar ist durch F:

a) FT-Spektrum muss bandbegrenzt sein

b) $x_{cn}(t)$ muss zeitbegrenzt sein

c) FK-Spektrum muss bandbegrenzt sein (endliche Fourier-Reihe)

d) $x_{dn}[n]$ muss zeitbegrenzt sein

Um aus $x_{cn}(t)$ die DFT zu erhalten, gibt es verschiedene Wege. Der übliche: $x_{cn}(t)$ abtasten (Bandbegrenzung), die FTA bestimmen und diese abtasten (Zeitbegrenzung). Jeder andere Weg führt auf die gleichen Bedingungen, z.B. $x_{cn}(t) \to$ FT $\to$ FK (Zeitbegrenzung) $\to$ DFT (Bandbegrenzung).

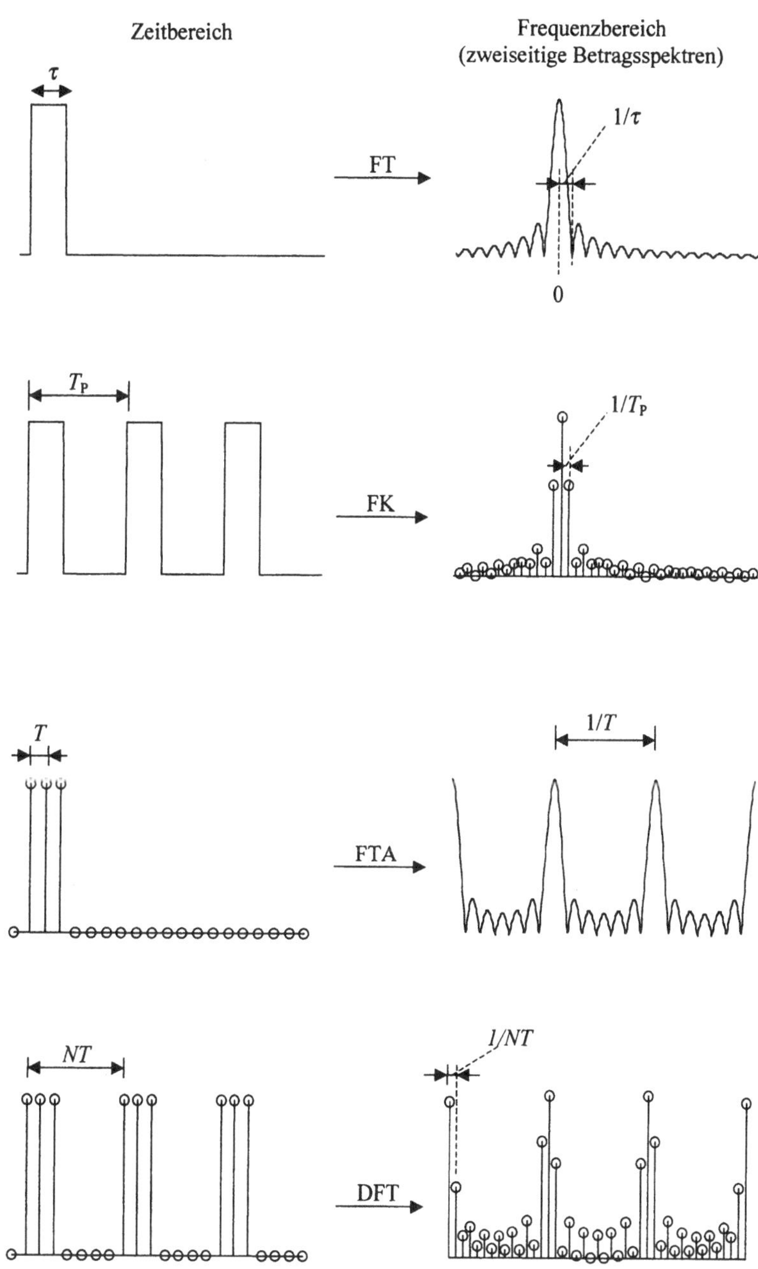

Bild 4.38 Zusammenhang zwischen den Transformationsarten, Zeiten und Frequenzen.
Beachte: für 4 Transformationen gibt es nur 3 frei wählbare Zeit-Frequenzpaare. Bei der DFT muss man deshalb das Zeitfenster korrekt festlegen.

5 Digitale Systeme

5.1 Einführung

Digitale Systeme bieten gegenüber analog arbeitenden Systemen gewaltige Vorteile:

- *Dynamik und Störimmunität:* Ohne grossen Aufwand (16 Bit Auflösung wie bei der CD) erreichen digitale Systeme eine Dynamik von 90 dB gegenüber ca. 60-70 dB bei normalen, nicht hochgezüchteten analogen Schaltungen. Dank der Wertquantisierung und der Codierung sind die verarbeiteten Signale weitgehend störimmun (begrenzt durch das Quantisierungsrauschen, Abschnitt 5.10). Dies ermöglicht vielschichtige und komplexe Signalverarbeitungsschritte. Bei einem analogen System hingegen würden die Signale zu stark verrauscht werden.

- *Stabilität, Reproduzierbarkeit und Vorhersagbarkeit:* Digitale Schaltungen leiden nicht unter Alterung, Drift, Bauteiltoleranzen usw. Sie brauchen bei der Herstellung auch keinen Abgleich, was die Fertigungskosten tief hält. Statt Werte von Komponenten bestimmen numerische Parameter das Systemverhalten. Ein digitales System lässt sich deshalb zwischen Entwurf und Realisierung mit sehr guter Genauigkeit simulieren und damit austesten. Zusammen mit der Flexibilität lässt sich die Entwicklungsphase gegenüber einem analogen System drastisch verkürzen und das Entwicklungsrisiko verkleinern.

- *Flexibilität:* Die Hardware besteht aus universellen Bausteinen oder sogar universellen Printkarten mit programmierbaren Bausteinen. Die anwendungsspezifischen Eigenschaften einer Schaltung (die oben erwähnten numerischen Parameter) werden durch eine Software bestimmt. Letztere ist einfach und schnell modifizierbar, deshalb lassen sich die Eigenschaften eines Systems nachträglich anpassen (Konfiguration) bzw. im Betrieb ändern (adaptive Systeme, Multi-Mode- und Multi-Norm-Geräte).

Natürlich gibt es auch Nachteile gegenüber analogen Systemen:

- *Geschwindigkeit:* Digitale Systeme arbeiten im Vergleich zu analogen Systemen langsam, d.h. die Bandbreite der zu verarbeitenden Signale ist kleiner. Mit schneller werdenden Signalwandlern und Prozessoren stösst die Signalverarbeitung jedoch immer mehr in Gebiete vor, die bisher der analogen Technik vorbehalten waren.

- *Preis:* Für *einfache* Anwendungen sind digitale Systeme gegenüber analogen teurer. Der Preis alleine ist heute allerdings kein schlagkräftiges Argument mehr gegen die digitale Signalverarbeitung, denn die Komponenten der Mikroelektronik sind im Verhältnis zu ihrer Komplexität unwahrscheinlich preisgünstig geworden.

- *Quantisierung:* Die AD-Wandlung fügt dem Signal ein Rauschen zu. Die endliche Wortlänge in den Rechenwerken kann zu unangenehmen Fehlern führen (vgl. 5.10).

- *Anforderung an Entwickler:* Statt Erfahrung wird mehr Theorie benötigt.

Die Theorie digitaler Systeme lehnt sich eng an die Theorie der im Kapitel 3 beschriebenen analogen Systeme an.

Ein digitales System verarbeitet abgetastete Signale, d.h. Zahlenfolgen oder *Sequenzen*. Das System transformiert eine Eingangssequenz $x[n]$ in eine Ausgangssequenz $y[n]$, Bild 5.1.

Bild 5.1 Digitales System als Blackbox

Korrekterweise müsste man von einem zeitdiskreten System sprechen, denn bei einem digitalen System sind sämtliche Sequenzen zusätzlich zur Zeitquantisierung auch noch wertquantisiert. Diese Wertquantisierung werden wir im Abschnitt 5.10 betrachten.

Man spricht oft auch von einem digitalen Filter und versteht damit diesen Begriff umfassender als in der Analogtechnik

Auch digitale Systeme lassen sich in Klassen unterscheiden. Dieses Buch behandelt nur das diskrete Pendant zum LTI-System: das *LTD-System* (linear, time-invariant, discrete). Diese unterteilt man wiederum in zwei Klassen, nämlich die sog. IIR-Systeme bzw. die FIR-Systeme, deren Eigenschaften wir später erörtern werden.

Die Synthese digitaler Systeme erfolgt häufig aufgrund eines analogen Systems als Vorgabe. Wir benutzen hier als Vorgabe die analogen Filter (Kapitel 8) und besprechen deshalb die Synthese digitaler Systeme und Filter erst im Kapitel 9. Das vorliegende Kapitel 5 beschäftigt sich mit der Beschreibung und Analyse der digitalen Systeme, behandelt die IIR- und FIR-Systeme gemeinsam, streicht deren Gemeinsamkeiten heraus und verknüpft die Theorie der zeitdiskreten Systeme mit derjenigen der kontinuierlichen Systeme.

Für LTD-Systeme gilt die *Linearitätsrelation*:

Aus: $\begin{aligned} x_1[n] &\rightarrow y_1[n] \\ x_2[n] &\rightarrow y_2[n] \end{aligned}$ folgt:

$$x[n] = k_1 \cdot x_1[n] + k_2 \cdot x_2[n] \quad \rightarrow \quad y[n] = k_1 \cdot y_1[n] + k_2 \cdot y_2[n] \tag{5.1}$$

Die LTD-Systeme sind *zeitinvariant*:

Aus: $x[n] \rightarrow y[n]$ folgt für n und i ganzzahlig:

$$x[n-i] \rightarrow y[n-i] \tag{5.2}$$

Die Kausalität und die Stabilität sind wie bei analogen Systemen definiert (Abschnitte 3.1.3 und 3.1.4).

Analoge LTI-Systeme „lösen" eine lineare *Differential*gleichung mit konstanten Koeffizienten. Digitale LTD-Systeme lösen hingegen eine *Differenzen*gleichung. Wir betrachten dies am Beispiel des altbekannten RC-Gliedes aus Bild 1.9.

$$i_C(t) = C \cdot \frac{du_2(t)}{dt} = i_R(t) = \frac{u_1(t) - u_2(t)}{R} \tag{5.3}$$

Diese Differentialgleichung lässt sich in eine Integralgleichung umformen:

$$u_2(t) = \frac{1}{RC} \cdot \int u_1 \, dt - \frac{1}{RC} \cdot \int u_2 \, dt \tag{5.4}$$

Gleichung (5.4) lässt sich graphisch in einem Signalflussdiagramm darstellen. Dies ist auf mehrere Arten möglich, Bild 5.2 zeigt zwei Beispiele.

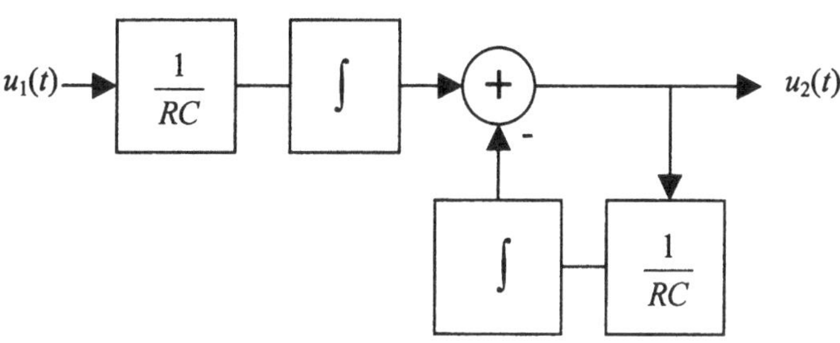

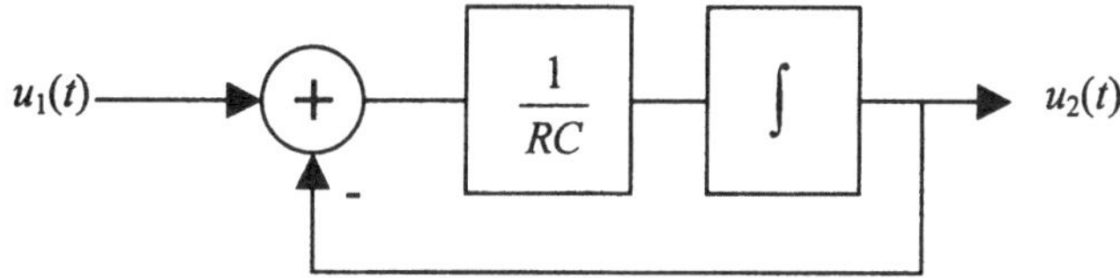

Bild 5.2 Zwei mögliche Signalflussdiagramme für die Gleichung (5.4)

Die Schrittantwort dieses kontinuierlichen Systems haben wir bereits berechnet, Gleichung (3.41):

$$g(t) = \left(1 - e^{-\frac{t}{RC}}\right) \cdot \varepsilon(t) \tag{5.5}$$

Mit $R = 100 \text{ k}\Omega$ und $C = 10 \text{ }\mu\text{F}$ wird die Zeitkonstante $RC = 1$ s. Das Ausgangssignal beträgt nach 20 ms somit 19.80 mV.

Für ein LTD-System ersetzt man die Signale $u_1(t)$ und $u_2(t)$ durch ihre abgetasteten Versionen $u_1[n]$ und $u_2[n]$, Bild 5.3.

$u_2[n]$ berechnet man aus $u_1[n]$ nach Gleichung (5.3), wobei man die Ableitung durch einen Differenzenquotienten annähert:

$$\frac{du_2(kT)}{dt} \approx \frac{u_2[kT] - u_2[kT-T]}{T} = \frac{u_2[kT] - u_2[(k-1)T]}{T} \tag{5.6}$$

Aus Gleichung (5.3) wird dadurch:

$$C \cdot \frac{u_2[kT] - u_2[(k-1)T]}{T} = \frac{u_1[kT] - u_2[kT]}{R} \tag{5.7}$$

Auflösen nach $u_2[kT]$ ergibt:

$$u_2[kT] = \underbrace{\frac{T}{RC+T}}_{b} \cdot u_1[kT] + \underbrace{\frac{RC}{RC+T}}_{a} \cdot u_2[(k-1)T] \qquad (5.8)$$

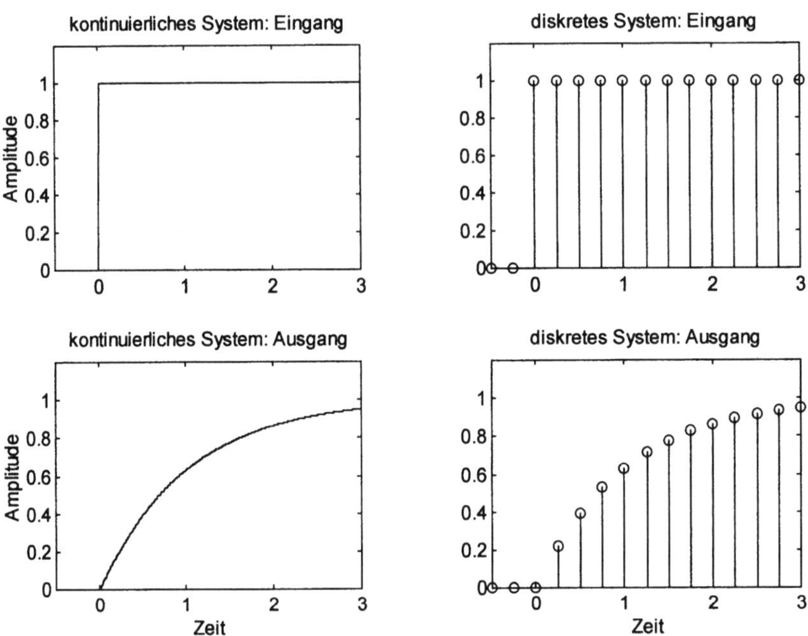

Bild 5.3 Vergleich der Signale eines kontinuierlichen Systems (links) mit den Sequenzen eines diskreten
Systems (rechts)

Gleichung (5.8) werten wir mit konkreten Zahlen aus. Dabei setzen wir die Zeitkonstante RC
wiederum gleich 1 s und variieren das Abtastintervall T. Dieses muss deutlich kleiner als die
Zeitkonstante sein. Für die Ausgangswerte ergibt sich:

a) $T = 5$ ms $(f_A = 200$ Hz$)$ $\quad \rightarrow$ $b = 4.975 \cdot 10^{-3}$ $\quad$ $a = 0.995$

$\qquad\qquad$ $g[5$ ms$]$ $\ = 4.975$ mV

$\qquad\qquad$ $g[10$ ms$] = 9.925$ mV

$\qquad\qquad$ $g[15$ ms$] = 14.85$ mV

$\qquad\qquad$ $g[20$ ms$] = 19.75$ mV

b) $T = 10$ ms $(f_A = 100$ Hz$)$ $\rightarrow$ $b = 9.901 \cdot 10^{-3}$ $\quad$ $a = 0.990$

$\qquad\qquad$ $g[10$ ms$] = 9.901$ mV

$\qquad\qquad$ $g[20$ ms$] = 19.70$ mV

c) $T = 20$ ms $(f_A = 50$ Hz$)$ $\quad \rightarrow$ $b = 19.608 \cdot 10^{-3}$ $\quad$ $a = 0.980$

$\qquad\qquad$ $g[20$ ms$] = 19.61$ mV

Die Beispiele zeigen, dass das diskrete System umso weiter vom korrekten Wert 19.80 mV entfernt ist, je tiefer die Abtastfrequenz ist. Nach langer Zeit konvergieren aber alle Varianten auf den korrekten Endwert von 1 V. Dies deshalb, weil $a+b$ in (5.8) stets 1 ergibt, unabhängig vom Abtastintervall T.

Je schneller die Signale sich ändern, umso höher muss die Abtastfrequenz sein. Eine schnelle Änderung bedeutet ja einen stärkeren Anteil an hohen Frequenzen, und diese verlangen nach dem Abtasttheorem eine höhere Abtastfrequenz.

Aus der Differentialgleichung (5.3) des kontinuierlichen Systems ist eine Differenzengleichung (5.8) geworden. Auch diese kann man in einem Signalflussdiagramm darstellen, Bild 5.4.

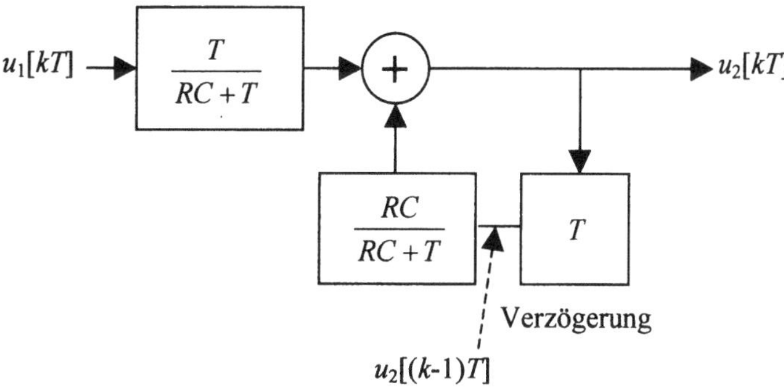

Bild 5.4 Signalflussdiagramm der Gleichung (5.8)

Allgemein gilt für LTD-Systeme, dass sie nur drei verschiedene mathematische Operationen ausführen:

- Addition $y[n] = x_1[n] + x_2[n]$
- Multiplikation mit einer Konstanten $y[n] = k \cdot x[n]$
- Zeitverzögerung um T (Abtastintervall) $y[n] = x[n-1]$

> *Jedes LTD-System lässt sich mit Addierern, Multiplizierern*
> *und Verzögerungsgliedern realisieren.*

LTD-Systeme beschreibt man in völliger Analogie zu den LTI-Systemen:

- Im Zeitbereich durch
  - die Differenzengleichung
  - die Impulsantwort und die Sprungantwort
- Im Bildbereich durch
  - die Übertragungsfunktion (ZT)
      PN-Schema
  - den Frequenzgang (FTA)
      Amplitudengang, Phasengang, Gruppenlaufzeit

Man unterscheidet zwei Klassen von LTD-Systemen:

- *Rekursive Systeme:* Dies ist der allgemeinste Fall, Bild 5.5. Der momentane Ausgangswert hängt ab vom momentanen Eingangswert (Pfad über b_0 in Bild 5.5), von endlich vielen früheren Eingangswerten (Pfade b_1, b_2, usw.) sowie von endlich vielen *vergangenen* Ausgangswerten (Pfade a_1, a_2, usw.) . Diese Systeme haben also eine Rückkopplung vom Ausgang auf den Eingang und *können* dadurch instabil werden, was sich in einer unendlich langen Impulsantwort äussert. Daher kommt die Bezeichnung *IIR-System* (infinite impulse response). Fehlt der Feed-Forward-Pfad in Bild 5.5 (d.h. die Koeffizienten b_1 und b_2 sind Null), so spricht man auch von *AR-Systemen* (*auto-regressiv-systems*) oder *All-Pole-Filter*, Bild 5.6.

- *Nichtrekursive Systeme:* Die Ausgangssequenz hängt ab vom momentanen Eingangswert und von endlich vielen früheren *Eingangs*werten, nicht aber von vergangenen Ausgangswerten. Die Impulsantwort ist zwangsläufig endlich lang (d.h. abklingend), weshalb auch die Bezeichnung *FIR-System* (finite impulse response) gebräuchlich ist. Aufgrund der häufig gewählten Struktur (Bild 5.7) nennt man diese Systeme auch *Transversalfilter*. Weitere gängige Bezeichnungen sind *MA-System* (*Moving Averager*, gleitender Mittelwertbildner) und *All-Zero-Filter*. Der allgemeine Fall in Bild 5.5 heisst entsprechend *ARMA-System*.

Die Ausdrücke „rekursiv", „nichtrekursiv" und „transversal" beziehen sich auf die System*strukturen*. Dagegen bezeichnen „FIR" und „IIR" System*eigenschaften*. In der Praxis werden auch die IIR-Systeme stabil betrieben. Beide Systemklassen haben ihre Berechtigung, indem sie aufgrund ihrer Eigenschaften ihre individuellen Einsatzgebiete haben. FIR-Systeme sind ein Spezialfall der IIR-Systeme.

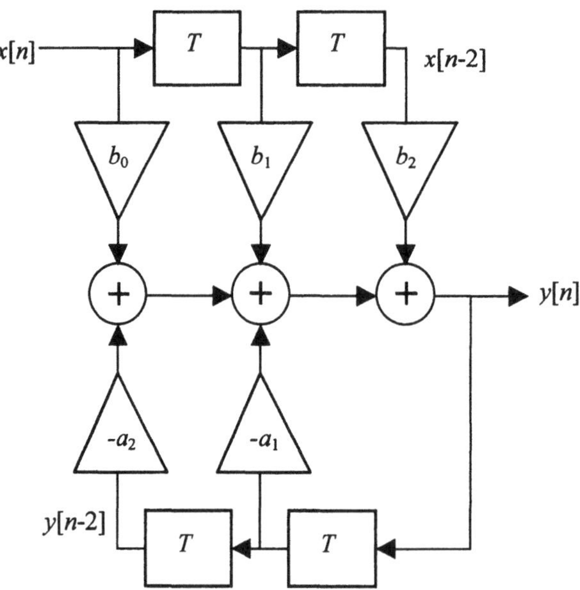

Bild 5.5 Blockdiagramm eines rekursiven LTD-Systems zweiter Ordnung (ARMA-System). Es besteht aus Verzögerungsgliedern (Rechtecke), Multiplizierern bzw. Verstärkern (Dreiecke) und Addierern (Kreise). Das Diagramm ist nach rechts fortsetzbar, was zu einer Erhöhung der Systemordnung führt.

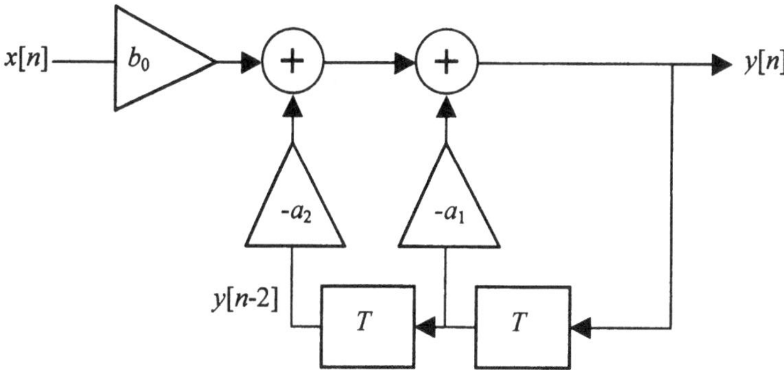

Bild 5.6 Blockdiagramm eines rekursiven Systems ohne Feed-Forward-Pfad (AR-System, All-Pole-Filter). Es entsteht aus Bild 5.5 durch Nullsetzen der Koeffizienten b_1, b_2, usw.

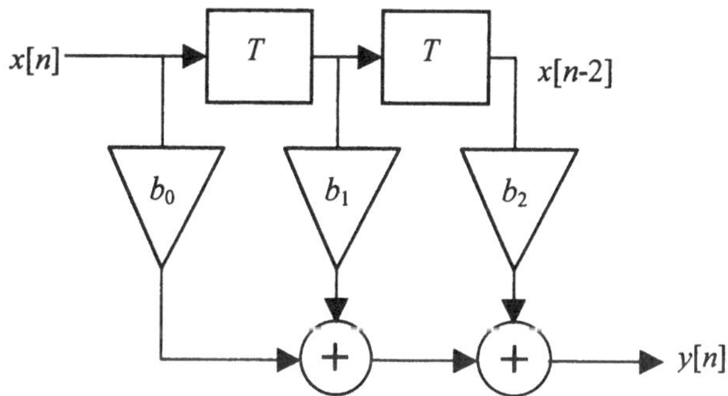

Bild 5.7 Blockdiagramm eines nichtrekursiven (transversalen) LTD-Systems zweiter Ordnung (MA-System, All-Zero-Filter). Es entsteht aus Bild 5.5 durch Nullsetzen aller Koeffizienten a_i.

5.2 Die Differenzengleichung

Das Ausgangssignal des rekursiven Systems in Bild 5.5 lautet:

$$y[n] = b_0 \cdot x[n] + b_1 \cdot x[n-1] + b_2 \cdot x[n-2] - a_1 \cdot y[n-1] - a_2 \cdot y[n-2]$$

Dieses System ist zweiter Ordnung, denn die Signale werden um maximal zwei Takte verzögert. Fügt man in Bild 5.5 nach rechts weitere Verzögerungsglieder an, so ergibt sich der allgemeine Ausdruck für die Differenzengleichung eines LTD-Systems:

$$y[n] = \sum_{i=0}^{N} b_i x[n-i] - \sum_{i=1}^{M} a_i y[n-i] \qquad\qquad (5.9)$$

Die Differenzengleichung der diskreten Systeme (5.9) ist nichts anderes als das diskrete Gegenstück zur Differentialgleichung der kontinuierlichen Systeme nach Gleichung (1.8). Letztere ist ziemlich mühsam zu lösen, wir sind deshalb mit Hilfe der Laplace-Transformation in den Bildbereich ausgewichen. Bei den diskreten Systemen werden wir dasselbe tun, indem wir die Differenzengleichung mit Hilfe der z-Transformation in den Bildbereich überführen.

Mit der Differenzengleichung kann man die Ausgangssequenz $y[n]$ für jede beliebige Eingangssequenz $x[n]$ berechnen. Die Differenzengleichung beschreibt damit das LTD-System vollständig.

Die Koeffizienten a_i und b_i in (5.9) sind reellwertig. Die zweite Summation beginnt bei $i = 1$, nur *vergangene* Ausgangswerte beeinflussen darum den momentanen Ausgangswert.

Bei kausalen Systemen ist $M \leq N$, die Begründung dafür folgt im Abschnitt 5.4. N bestimmt die Ordnung des Systems. N und somit auch M müssen beide $< \infty$ sein, damit das System realisierbar ist.

Falls ein System (Rechner, Hardware) während dem Abtastintervall T die Differenzengleichung auswerten kann, ist mit diesem System eine Echtzeitrealisierung möglich. Die benötigte Rechenzeit ist belanglos, solange sie kürzer als T ist. Die effektive Verweilzeit in einem Verzögerungsglied wird um die Rechenzeit verkürzt. Von aussen betrachtet ergibt sich kein Unterschied zum unendlich schnellen Rechner.

Eine gegebene Differenzengleichung kann auf mehrere Arten realisiert werden. Der umgekehrte Weg von einem Blockschaltbild zur Differenzengleichung ist jedoch eindeutig.

Beispiel: Bild 5.8 zeigt zwei verschiedene Blockschaltbilder zur Differenzengleichung

$$y[n] = b_0 \cdot x[n] - a_1 \cdot y[n-1]$$

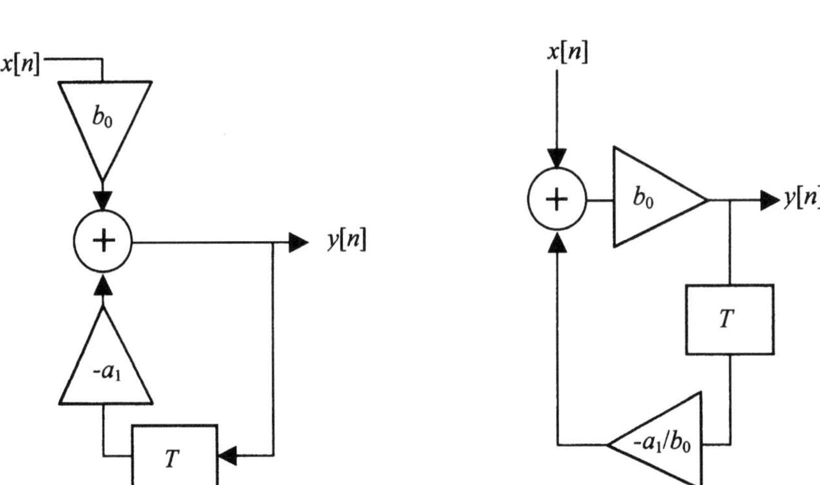

Bild 5.8 Zwei verschiedene Blockschaltbilder für dieselbe Differenzengleichung

5.3 Die Impulsantwort

Als Alternative zur Systembeschreibung mit der Differenzengleichung kann man ein LTD-System durch seine Impulsantwort $h[n]$ charakterisieren. Das ist die Ausgangssequenz, die sich bei einer Anregung mit $x[n] = \delta[n]$ ergibt.

Die Reaktion auf ein beliebiges Eingangssignal kann man berechnen durch die diskrete *lineare (azyklische)* Faltung:

$$y[n] = x[n] * h[n] = h[n] * x[n] = \sum_{i=-\infty}^{\infty} x[i] \cdot h[n-i] = \sum_{i=-\infty}^{\infty} x[n-i] \cdot h[i] \qquad (5.10)$$

Die Herleitung entspricht formal genau derjenigen im Abschnitt 3.2:

- Impulsantwort: $\delta[n]$ am Eingang erzeugt $h[n]$ am Ausgang
- Linearität: $x[i] \cdot \delta[n]$ erzeugt $x[i] \cdot h[n]$
  ($x[i]$ ist hier wegen der Ausblendeigenschaft ein einzelner Abtastwert, also eine Zahl und keine Sequenz!)
- Zeitinvarianz: $x[i] \cdot \delta[n-i]$ erzeugt $x[i] \cdot h[n-i]$
- Superposition:

$$x[n] = \sum_{i=-\infty}^{\infty} x[i] \cdot \delta[n-i] = x[n] * \delta[n] \qquad \text{erzeugt} \qquad y[n] = \sum_{i=-\infty}^{\infty} x[i] \cdot h[n-i] = x[n] * h[n]$$

In der letzten Zeile ist links $x[n]$ durch eine Faltung mit $\delta[n]$ (Neutralelement!) dargestellt, rechts befindet sich eine (nicht zyklische, da $i \to \infty$) Faltungssumme wie in Gleichung (4.40).

Die Impulsantwort zeigt sofort, ob ein System stabil und kausal ist:

Stabiles LTD-System: $\displaystyle\sum_{i=-\infty}^{\infty} |h[i]| < \infty$ \qquad (5.11)

Kausales LTD-System: $h[n] = 0$ für $n < 0$ \qquad (5.12)

Eine interessante Eigenschaft hat die Impulsantwort eines nichtrekursiven Systems. In (5.9) werden alle a_i Null gesetzt. Die Differenzengleichung sieht nun aus wie eine *zyklische* Faltung gemäss Gleichung (4.41).

$$y[n] = \sum_{i=0}^{N} b_i \cdot x[n-i] \qquad (5.13)$$

Für den Grad $N = 2$ zeigt Bild 5.7 das Blockschema. Die Impulsantwort bestimmt man, indem man $x[n] = \delta[n]$ setzt und (5.13) auswertet:

$$h[n] = \sum_{i=0}^{N} b_i \cdot \delta[n-i] = [b_0, b_1, b_2] \qquad (5.14)$$

$h[n]$ hat verschwindende Werte ausser für $n = 0, 1, 2$.

$h[n]$ ist bei einem FIR-System also stets beschränkt auf die Länge $L = N+1$ ($N =$ Anzahl der Verzögerungselemente = Systemordnung).

> *Die Impulsantwort eines FIR-Systems ist endlich lange und entspricht gerade der Folge der Koeffizienten b_i der Differenzengleichung.*

Auf dieselbe Art könnte man auch für ein IIR-System die Impulsantwort aus der Differenzengleichung berechnen. Allerdings wird dies sehr mühsam, da sich unendlich lange Ausdrücke ergeben. Die z-Transformation eröffnet hier einen viel einfacheren Weg.

Die Impulsantwort $h[n]$ eines LTD-Systems ensteht per Definition bei Anregung mit dem Einheitspuls $\delta[n] = [1, 0, 0, 0, 0, \ldots]$ (für $n < 0$ verschwindet $\delta[n]$). Die Impulsantwort $h(t)$ eines LTI-Systems entsteht per Definition bei der Anregung mit dem Deltastoss $\delta(t)$.

Es ist nun ein Irrtum anzunehmen, dass $h[n]$ aus $h(t)$ durch blosse Abtastung entsteht! Vielmehr unterscheiden sich diese beiden Signale um einen konstanten Faktor T ($T =$ Abtastintervall). Die Energie von $\delta(t)$ hängt nämlich mit der Fläche des Pulses zusammen, und diese ist definitionsgemäss gleich 1. Die Fläche unter $\delta[n]$ ist hingegen T, da der Einheitspuls die Breite T und die Höhe 1 hat. $\delta[n]$ müsste also die Werte $d[n] = [1/T, 0, 0, 0, \ldots]$ annehmen, damit bei $t = nT$ die beiden Signale $h(t)$ und $h[n]$ identisch werden.

Eine andere Interpretation des gleichen Sachverhaltes ergibt sich aufgrund der Spektren: Bild 5.9 zeigt das Betragsspektrum von $\delta(t)$:

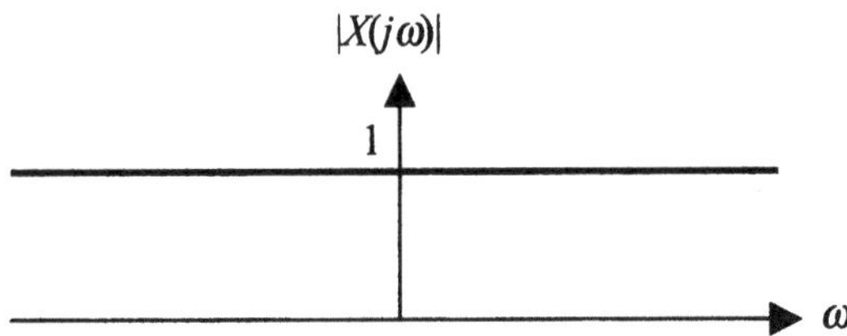

Bild 5.9 Betragsspektrum von $\delta(t)$

Die herausragende Eigenschaft des Diracstosses besteht darin, dass sein Spektrum alle Frequenzen gleichmässig enthält. Deshalb ist er als (theoretisches) Testsignal für die Systemanalyse bestens geeignet.

Welches Spektrum müsste nun der „Diracstoss für digitale Systeme" haben? Natürlich sollen ebenfalls „alle" Frequenzen gleichmässig angeregt werden. Ein digitales System hat jedoch einen periodischen Frequenzgang, die Anregung darf darum nur im Basisintervall erfolgen, sonst tritt Aliasing auf. Das Basisintervall erstreckt sich von $-f_A/2$ bis $+f_A/2$. Auf der ω-Achse ist dies der Bereich $-\pi \cdot f_A$ bis $+\pi \cdot f_A$ bzw. $-\pi/T$ bis $+\pi/T$. Das Spektrum des „Diracstosses für digitale Systeme" müsste damit den in Bild 5.10 links gezeigten Verlauf haben:

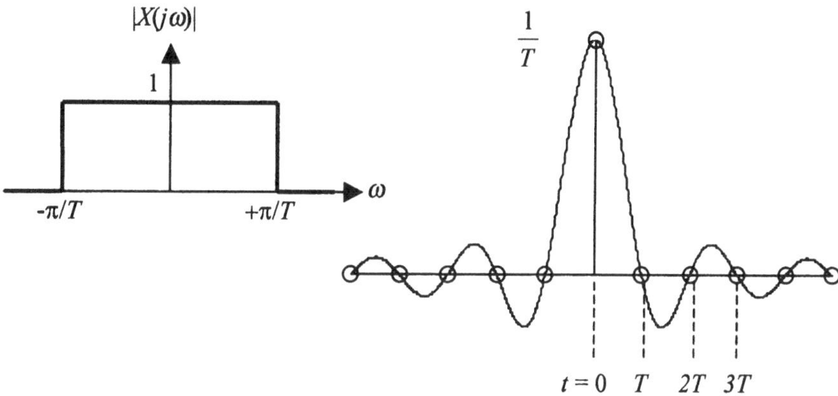

Bild 5.10 Betragsspektrum des „Diracstosses für digitale Systeme" (links) und zugehörige Zeitfunktion mit den Abtastwerten zu den Zeitpunkten $t = nT$ (rechts)

Im Zeitbereich kann nun der „Diracstoss für digitale Systeme" bestimmt werden, indem das Spektrum aus Bild 5.10 zurücktransformiert wird (vgl. die Tabelle der Fourier-Korrespondenzen im Abschnitt 2.3.7) und das entsprechende Signal, eine $\sin(x)/x$-Funktion, abgetastet wird mit dem Abtastintervall T, Bild 5.10 rechts. Der Peakwert der $\sin(x)/x$-Funktion beträgt $1/T$, die Nullstellen befinden sich bei $t = \pm T$, $\pm 2T$, $\pm 3T$ usw. Die Abtastung ergibt damit die Sequenz $d[n] = [1/T, 0, 0, 0, \ldots]$, wie sie oben aufgrund der Energieüberlegung hergeleitet wurde. Strebt T gegen 0, so geht $d[n]$ in $\delta(t)$ über.

In den meisten Büchern wird $\delta[n]$ und nicht $d[n]$ verwendet. Man darf dabei nicht vergessen, den Faktor T zu berücksichtigen, falls man die Impulsantworten von analogen und digitalen Systemen miteinander vergleichen möchte. Qualitativ ergibt sich kein Unterschied, denn dieser Faktor T ist konstant und somit ohne Informationsgehalt. Quantitativ ist allerdings ein Unterschied da, also muss man sich dies als häufige Fehlerquelle merken.

Die Problematik mit dem Faktor T ist übrigens nicht neu: mit Gleichung (4.13) und in Bild 4.4 wird das Spektrum eines analogen Signales mit dem Spektrum seiner abgetasteten Version verknüpft. Dort tritt dieser Faktor T ebenfalls auf. Später werden wir bei der Simulation analoger Systeme durch die impulsinvariante z-Transformation diesen Faktor wieder antreffen.

Man kann auch sagen, dass $\delta[n]$ die auf $T = 1$ Sekunde normierte Version von $d[n]$ ist. $\delta[n]$ hat den Vorteil der einfacheren z-Transformierten und ist auch das Neutralelement der diskreten Faltung. $d[n]$ hat hingegen den Vorteil der einfacheren physikalischen Interpretation. Wir werden beide Versionen benutzen.

Sowohl $\delta[n]$ als auch $d[n]$ sind ganz normale Sequenzen und nicht etwa „diskrete Distributionen".

Die Tabelle 5.1 vergleicht $\delta(t)$ und $\delta[n]$.

Tabelle 5.1 Gegenüberstellung von $\delta(t)$ und $\delta[n]$

	$\delta(t)$	$\delta[n]$
Integration / Summation:	$\int\limits_{-\infty}^{\infty}\delta(t)dt = 1$	$\sum\limits_{n=-\infty}^{\infty}\delta[n] = 1$
Ausblendeigenschaft:	$x(t)\cdot\delta(t) = x(0)\cdot\delta(t)$	$x[n]\cdot\delta[n] = x[0]\cdot\delta[n]$
Transformierte:	$\delta(t)$ $\circ\!\!-\!\!\circ$ 1 (FT, LT)	$\delta[n]$ $\circ\!\!-\!\!\circ$ 1 (FTA, ZT)
Faltung:	$x(t) * \delta(t) = x(t)$	$x[n] * \delta[n] = x[n]$
Zusammenhang zur Schrittfunktion:	$\delta(t) = \dfrac{d}{dt}\varepsilon(t)$	$\delta[n] = \varepsilon[n] - \varepsilon[n-1]$
laufende Integration / Summation	$\int\limits_{-\infty}^{t}\delta(t)dt = \varepsilon(t)$	$\sum\limits_{k=-\infty}^{n}\delta[k] = \varepsilon[n]$

5.4 Der Frequenzgang und die z-Übertragungsfunktion

Die Faltungssumme (5.10) kann man mit (4.55) in den z-Bereich transformieren. Die Faltung der Sequenzen wird dadurch ersetzt durch die Multplikation der z-Transformierten. Es ergibt sich:

$$h[n] \quad \circ\!\!-\!\!\circ \quad H(z) = \frac{Y(z)}{X(z)} \tag{5.15}$$

$H(z)$ ist die z-Transformierte der Impulsantwort $h[n]$ und heisst *z-Übertragungsfunktion* (oder kurz Übertragungsfunktion).

Für $x[n] = \delta[n]$ wird $y[n] = h[n]$. Im z-Bereich wird daraus mit (4.47) $X(z) = 1$ und damit $Y(z) = H(z)$. Dieselben Beziehungen gelten ja auch für die analogen Systeme.

Die Differenzengleichung (5.9) beschreibt ein LTD-System vollständig. Dies gilt aber auch für $H(z)$ aus (5.15). Es muss demnach einen Zusammenhang zwischen diesen Gleichungen geben (wir benutzen den Verschiebungssatz (4.54) und lösen dann nach $Y(z)$ auf):

$$y[n] = \sum_{i=0}^{N} b_i\cdot x[n-i] - \sum_{i=1}^{M} a_i\cdot y[n-i] \quad \underset{ZT}{\circ\!\!-\!\!\circ} \quad Y(z) = \sum_{i=0}^{N} b_i\cdot X(z)\cdot z^{-i} - \sum_{i=1}^{M} a_i\cdot Y(z)\cdot z^{-i}$$

$$Y(z) = \frac{\displaystyle\sum_{i=0}^{N} b_i\cdot z^{-i}}{1 + \displaystyle\sum_{i=1}^{M} a_i\cdot z^{-i}}\cdot X(z) = \frac{b_0 + b_1\cdot z^{-1} + b_2\cdot z^{-2} + ... + b_N\cdot z^{-N}}{1 + a_1\cdot z^{-1} + a_2\cdot z^{-2} + ... + a_M\cdot z^{-M}}\cdot X(z)$$

Nun kann $Y(z)$ durch $X(z)$ dividiert werden und es ergibt sich die *z-Übertragungsfunktion*.

$$H(z) = \frac{\sum\limits_{i=0}^{N} b_i \cdot z^{-i}}{1 + \sum\limits_{i=1}^{M} a_i \cdot z^{-i}} = \frac{b_0 + b_1 \cdot z^{-1} + b_2 \cdot z^{-2} + ... + b_N \cdot z^{-N}}{1 + a_1 \cdot z^{-1} + a_2 \cdot z^{-2} + ... + a_M \cdot z^{-M}} \qquad (5.16)$$

> *Die Koeffizienten von H(z) sind gleich den*
> *Koeffizienten der Differenzengleichung.*

(5.16) hat Polynome in z^{-k}. Man darf durchaus umformen auf Polynome in z^{+k} (vgl. (5.19)), je nach Aufgabe ist die eine oder die andere Darstellung vorteilhafter.

Den *Frequenzgang* erhält man, indem man gemäss (4.52) in $H(z)$ $z = e^{j\omega T} = e^{j\Omega}$ setzt.

$$H(e^{j\Omega}) = \frac{\sum\limits_{i=0}^{N} b_i \cdot e^{-ij\Omega}}{1 + \sum\limits_{i=1}^{M} a_i \cdot e^{-ij\Omega}} = \frac{b_0 + b_1 \cdot e^{-j\Omega} + b_2 \cdot e^{-j2\Omega} + ... + b_N \cdot e^{-jN\Omega}}{1 + a_1 \cdot e^{-j\Omega} + a_2 \cdot e^{-j2\Omega} + ... + a_M \cdot e^{-jM\Omega}} \qquad (5.17)$$

> *Der Frequenzgang eines LTD-Systems ist die FTA von*
> *h[n] und somit periodisch in $2\pi / T$.*

Bei reellem $h[n]$ ist wie bei kontinuierlichen Systemen $H(e^{j\Omega})$ konjugiert komplex, $\left| H(e^{j\Omega}) \right|$ gerade und $\arg\!\left(H(e^{j\Omega}) \right)$ ungerade.

Den Frequenzgang eines nichtrekursiven Systems (FIR-Systems) erhält man aus (5.17), indem man alle a_i Null setzt:

$$H(e^{j\Omega}) = \sum\limits_{i=0}^{N} b_i \cdot e^{-ij\Omega} \qquad (5.18)$$

Ein Vergleich mit (4.11) zeigt, dass (5.18) wie eine FTA über N Abtastwerte (in diesem Fall die Koeffizienten b_i) aussieht. Dies ist die Kombination der Aussagen, dass der Frequenzgang die FTA von $h[n]$ ist und dass bei FIR-Systemen $h[n]$ der Koeffizientenfolge entspricht. Diese Erkenntnis ist die Grundlage der Synthese von FIR-Filtern. Es erweist sich auch als sinnvoll, (5.13) als *zyklische* Faltung zu interpretieren: Die Folge b_i entspricht $h[n]$, deren FTA *periodisch* ist.

> *Der Frequenzgang eines FIR-Systems*
> *ist die FTA der Koeffizientenfolge b_i.*

Erweitert man (5.16) mit z^{M-N}, so ergibt sich mit

$$\frac{z^{M-N}}{z^{M-N}} = \frac{z^M}{z^M} \cdot \frac{z^{-N}}{z^{-N}} = \frac{z^M}{z^M} \cdot \frac{z^N}{z^N}$$

$$H(z) = \frac{b_0 \cdot z^N + b_1 \cdot z^{N-1} + b_2 \cdot z^{N-2} + \ldots + b_N}{z^M + a_1 \cdot z^{M-1} + a_2 \cdot z^{M-2} + \ldots + a_M} \cdot z^{M-N} \tag{5.19}$$

Dies ist eine äquivalente Darstellung zu (5.16), *jedoch mit Polynomen in z^{+k}. Zu beachten ist, dass bei kausalen Systemen stets $M \leq N$ gilt. Beim Term z^{M-N} handelt es sich also um einen $N-M$ - fachen Pol, der überdies meistens nicht explizite in Erscheinung tritt!*

Beispiel mit $N = 2$, $M = 1$ und $M-N = -1$:

$$H(z) = \frac{4 + 3 \cdot z^{-1} + 2 \cdot z^{-2}}{1 + 0.5 \cdot z^{-1}} = \frac{4 \cdot z^2 + 3 \cdot z + 2}{(z + 0.5) \cdot z} = \frac{4 \cdot z^2 + 3 \cdot z + 2}{z^2 + 0.5 \cdot z}$$

□

Dass bei kausalen Systemen $M \leq N$ sein muss, erkennt man leicht aus der Impulsantwort. Diese erhält man, indem man $H(z)$ aus (5.16) oder (5.19) mit einer fortlaufenden Division darstellt und dann in den Zeitbereich transformiert. Beispiel:

$$H(z) = \frac{1 - z^{-1} - 5z^{-2} - 3z^{-3}}{1 - 3z^{-1}} = \frac{z^3 - z^2 - 5z - 3}{z^3 - 3z^2} = 1 + 2z^{-1} + z^{-2} \tag{5.20}$$

Dies sind drei äquivalente Varianten der Darstellung von $H(z)$. Die letzte Variante entsteht durch Ausdividieren. Diese Division muss nicht wie in diesem Beispiel aufgehen. Man setzt die Division einfach fort und es entstehen dadurch weitere Glieder mit z^{-3}, z^{-4} usw. Die Rücktransformation ist sehr einfach, da es sich beim Ausdruck ganz rechts um ein Polynom in z^{-k} handelt:

$$h[n] = \delta[n] + 2\delta[n-1] + \delta[n-2]$$

Wäre $M > N$, so hätte $h[n]$ Glieder der Form $k \cdot \delta[n+1]$ und das System wäre akausal.

Hier ist also die Analogie mit den kontinuierlichen Systemen nicht mehr gegeben. Im Kapitel 3 haben wir gesehen, dass die Potenzen der Polynome von $H(s)$ etwas mit der Stabilität des Systems zu tun haben und wir haben mit Gleichung (3.44) gesehen, dass der Zählergrad kleiner als der Nennergrad sein muss, sonst übersteigt bei hohen Frequenzen die Amplitude des Ausgangs jede Schranke.

Bei den diskreten Systemen kann man die entsprechende Überlegung gar nicht ausführen, da deren Frequenzgang ja zwangsläufig periodisch ist und die hohen Frequenzen sich somit gleich verhalten wie die Frequenzen innerhalb des Basisintervalls.

Stattdessen haben die maximalen Exponenten der Polynome von $H(z)$ wie gezeigt etwas mit der Kausalität zu tun. Dies überprüft man am einfachsten an der Form nach (5.19), also mit positiven Exponenten. Nun darf der Zählergrad den Nennergrad nicht übersteigen. Betrachtet man Bild 5.5 (dort ist $M = N = 2$) und erhöht den Zählergrad durch Einführen eines Koeffizienten b_3 auf 3, belässt es aber bei den beiden Rückkoplungspfaden, so muss trotzdem der Abgriff von $y[n]$ nach rechts geschoben werden. So wird automatisch a_2 zu a_3, a_1 zu a_2 und ein neuer Koeffizient a_1 mit dem Wert Null wird eingeführt. Letztlich wird also einfach das untere Schieberegister ebenfalls nach links verlängert.

Beispiel: Wir betrachten ein System mit der Differenzengleichung

$$y[n] = x[n] + 0.5 \cdot y[n-1] \tag{5.21}$$

Nun führen wir die z-Transformation aus und bestimmen die Übertragungsfunktion $H(z)$ sowie den Frequenzgang $H(e^{j\Omega})$ und den Amplitudengang $\left| H(e^{j\Omega}) \right|$:

$$Y(z) = X(z) + 0.5 \cdot Y(z) \cdot z^{-1}$$

$$H(z) = \frac{1}{1 - 0.5 \cdot z^{-1}} = \frac{z}{z - 0.5}$$

$$H(e^{j\Omega}) = \frac{1}{1 - 0.5 \cdot e^{-j\Omega}}$$

$$\left| H(e^{j\Omega}) \right| = \frac{1}{\sqrt{1.25 - \cos\Omega}}$$

Die Koeffizienten betragen also $b_0 = 1$, $b_1 = 0$ und $a_1 = -0.5$. Bild 5.11 zeigt das entsprechende Blockdiagramm. (Weil in Bild 5.5 die Verstärkungen der Rückkopplungspfade negativ eingetragen sind, steht hier in Bild 5.11 der Wert +0.5. Diese Vorzeichenkonvention wurde gewählt, damit in (5.16) stets Summen und keine Differenzen auftreten.)

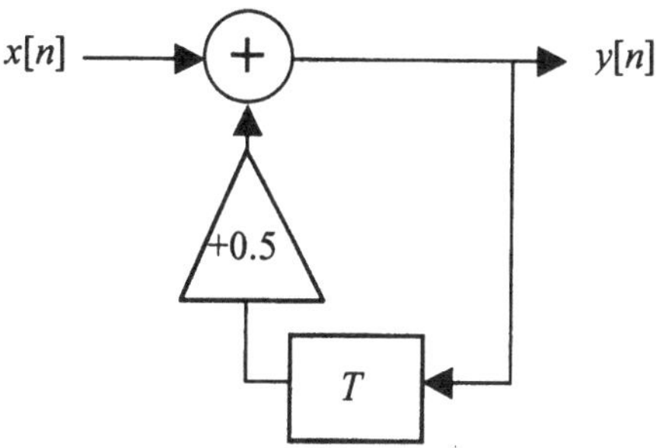

Bild 5.11 Blockschema eines einfachen AR-Systems

Nun betrachten wir das System mit dem Blockschaltbild nach Bild 5.12 und der Differenzengleichung

$$y[n] = x[n-2] + 0.5 \cdot y[n-1]$$

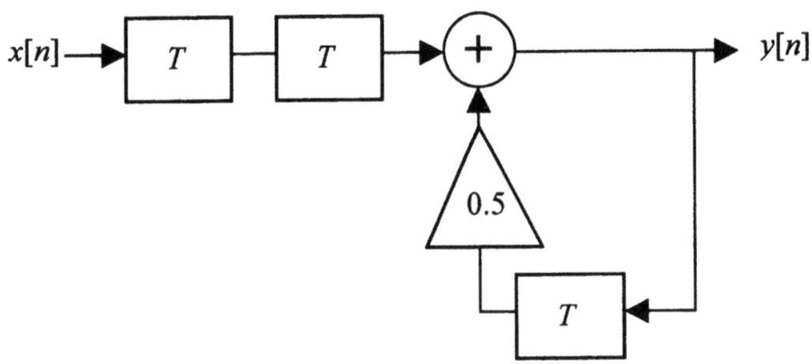

Bild 5.12 Erweitertes Blockschema aus Bild 5.11

Die Übertragungsfunktion lautet nun:

$$Y(z) = X(z) \cdot z^{-2} + 0.5 \cdot Y(z) \cdot z^{-1}$$

$$H(z) = \frac{z^{-2}}{1 - 0.5 \cdot z^{-1}} = \frac{1}{z \cdot (z - 0.5)} = \frac{1}{z^2 - 0.5 \cdot z}$$

Die Koeffizienten betragen demnach $b_0 = 0$, $b_1 = 0$, $b_2 = 1$, $a_1 = -0.5$ und $a_2 = 0$.

Betrachtet man die beiden Blockschaltbilder, so erkennt man, dass Bild 5.12 aus Bild 5.11 lediglich dadurch entsteht, indem das Eingangssignal um zwei Taktintervalle verzögert wird. Nach dem Verschiebungssatz bedeutet dies eine Multiplikation von $H(z)$ mit z^{-2}, was auch tatsächlich für unser Beispiel zutrifft. Wie sich der Leser leicht selbst überzeugen kann, bleibt der Amplitudengang durch diese Verzögerung unverändert.

$\square$

Geht die Division der Polynome von $H(z)$ wie in (5.20) restlos auf, so handelt es sich um ein FIR-System. Andernfalls beschreibt $H(z)$ ein IIR-System. Hier zeigt sich ein Vorteil der z-Transformation bei der Beschreibung der rekursiven Systeme: eine unendlich lange Sequenz (z.B. die Stossantwort) lässt sich im z-Bereich kompakt darstellen.

Aus (5.15) folgt:

$$y[n] = x[n] * h[n] \quad \circ\!\!-\!\!\circ \quad Y(z) = X(z) \cdot H(z) \tag{5.22}$$

Für die endlich lange Eingangssequenz $x[n] = [1, 2, 3]$ und das FIR-Systems $h[n] = [4, 5, 6]$ gilt:

$$Y(z) = \left(1 + 2 \cdot z^{-1} + 3 \cdot z^{-2}\right) \cdot \left(4 + 5 \cdot z^{-1} + 6 \cdot z^{-2}\right)$$
$$= \left(4 + 13 \cdot z^{-1} + 28 \cdot z^{-2} + 27 \cdot z^{-3} + 18 \cdot z^{-4}\right) \quad \circ\!\!-\!\!\circ \quad y[n] = [4, 13, 28, 27, 18]$$

Die Hin- und Rücktransformation wird bei FIR-Systemen in der Darstellung nach (5.18) besonders einfach, indem die Werte der Zeitsequenzen direkt die Koeffizienten der Polynome im z-Bereich ergeben. Mit (5.22) folgt daraus der bereits im Abschnitt 4.5 hergeleitete Satz:

> *Multipliziert man zwei Polynome, so entstehen die Koeffizienten des Pro-*
> *duktpolynoms durch die Faltung der Koeffizienten der Teilpolynome.*

Zu Beginn des Abschnittes 3.3 haben wir mit Gleichung (3.25) $H(j\omega)$ als Eigenwert zur Eigenfunktion $e^{j\omega t}$ interpretiert. Dasselbe ist auch möglich für zeitdiskrete Systeme. Als Eigenfunktion amtet die (verallgemeinerte) komplexe Exponentialfunktion $x[n] = z^n$ mit z aus der Menge der komplexen und n aus der Menge der ganzen Zahlen. Die periodische Funktion $e^{j\omega t}$ ist in z^n enthalten. Nach (5.10) ergibt sich für die Ausgangssequenz:

$$y[n] = h[n] * x[n] = \sum_{i=\infty}^{\infty} h[i] \cdot x[n-i] = \sum_{i=\infty}^{\infty} h[i] \cdot z^{n-i} = z^n \cdot \underbrace{\sum_{i=\infty}^{\infty} h[i] \cdot z^{-i}}_{H(z)}$$

$$y[n] = x[n] \cdot H(z) \quad \text{für} \quad x[n] = z^n \tag{5.23}$$

(5.23) ist die abgewandelte Version von (3.25) für zeitdiskrete Sysreme.

Beispiel: Gesucht ist die Übertragungsfunktion des zeitdiskreten Systems mit der Stossantwort

$$h[n] = [1, a, a^2, a^3, ...] = \varepsilon[n] \cdot a^n = a^n \quad \text{für} \quad n \geq 0 \tag{5.24}$$

entsprechend der Differenzengleichung

$$y[n] = x[n] + a \cdot y[n-1] \tag{5.25}$$

Mit der Tabelle der z-Korrespondenzen im Abschnitt 4.6.5 erhalten wir direkt

$$H(z) = \frac{z}{z-a} = \frac{1}{1-a \cdot z^{-1}} \quad \text{für} \quad |z| > |a|$$

Es handelt sich also um das in Bild 5.11 gezeigte System mit $a = 0.5$.

Als Variante wenden wir (5.23) an und nutzen die Zeitinvarianz:

$$y[n] = z^n \cdot H(z)$$

$$y[n-1] = z^{n-1} \cdot H(z)$$

Nun setzen wir dies in der Differenzengleichung (5.25) ein und lösen nach H(z) auf:

$$z^n \cdot H(z) = z^n + a \cdot z^{n-1} \cdot H(z) \quad \Rightarrow \quad H(z) = \frac{z^n}{z^n - a \cdot z^{n-1}} = \frac{z}{z-a} = \frac{1}{1-a \cdot z^{-1}}$$

Eine weitere Variante beruht auf der Transformation der Differenzengleichung, was wir bereits oben benutzt haben:

$$y[n] = x[n] + a \cdot y[n-a] \quad \circ\!\!-\!\!\circ \quad Y(z) = X(z) + a \cdot Y(z) \cdot z^{-1}$$

$$\Rightarrow \quad H(z) = \frac{Y(z)}{X(z)} = \frac{1}{1-a \cdot z^{-1}}$$

□

Die transformierte Differenzengleichung lässt sich ebenfalls als Blockschema zeichnen, Bild 5.13. Es ergibt sich dieselbe Struktur, man ersetzt lediglich die Sequenzen $x[n]$ und $y[n]$ durch ihre Bildfunktionen $X(z)$ bzw. $Y(z)$ und anstelle der Verzögerung T schreibt man z^{-1}.

Dies ist der Grund, weshalb man die Schreibweise nach (5.16) derjenigen nach (5.19) häufig vorzieht. Geht es hingegen um die Bestimmung der Pole und Nullstellen (Abschnitt 5.6), so ist unbedingt die Schreibweise nach (5.19) zu benutzen.

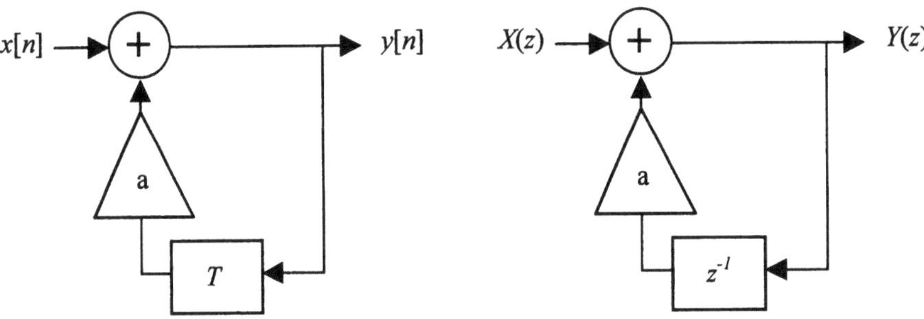

Bild 5.13 Blockschema eines Systems im Zeit- und z-Bereich

5.5 Die Schrittantwort

Die Schrittantwort oder Sprungantwort ist die Reaktion $y[n] = g[n]$ des LTD-Systems auf die Eingangssequenz $x[n] = \varepsilon[n] = [\dots, 0, 0, 1, 1, 1, \dots]$ (Wechsel bei $n = 0$). Eingesetzt in (5.10) und unter Berücksichtigung der Tatsache, dass $\varepsilon[n{-}i]$ für $i > n$ verschwindet und dass die Stoss-antwort kausal ist, ergibt sich:

$$g[n] = \sum_{i=-\infty}^{\infty} \varepsilon[n-i] \cdot h[i] = \sum_{i=-\infty}^{n} h[i] = \sum_{i=0}^{n} h[i]$$

Schrittantwort des LTD-Systems:

$$\boxed{g[n] = \sum_{i=0}^{n} h[i]}$$
(5.26)

Aus dem kontinuierlichen Bereich wissen wir, dass die Schrittantwort aus der Stossantwort durch Integration entsteht, Gleichung (3.38). Im diskreten Bereich wird daraus eine Summati-on, vgl. auch die unterste Zeile der Tabelle 5.1

Betrachtet man nur einzelne Abtastwerte, so kann man (5.26) anders schreiben:

$$g[n] = h[n] + \sum_{i=0}^{n-1} h[i] = h[n] + g[n-1]$$

Aufgelöst nach $h[n]$ ergibt sich für alle n, also auch für die Sequenzen:

$$h[n] = g[n] - g[n-1] \tag{5.27}$$

(5.27) lässt sich einfach in den z-Bereich transformieren und wieder nach $G(z)$ auflösen:

$$H(z) = G(z) - z^{-1} \cdot G(z)$$

$$G(z) = \frac{1}{1 - z^{-1}} \cdot H(z) = \frac{z}{z-1} \cdot H(z) \tag{5.28}$$

Dasselbe erhält man natürlich auch, indem man (4.49) in (5.10) einsetzt:

$$g[n] = \varepsilon[n] * h[n] \quad \circ\!\!-\!\!\circ \quad G(z) = \frac{z}{z-1} \cdot H(z)$$

Für den Endwert der Schrittantwort gilt mit (5.28) und (4.62):

$$\lim_{n \to \infty} g[n] = \lim_{z \to 1} \big(z \cdot H(z)\big) \tag{5.29}$$

Gleichung (5.28) liegt den Schluss nahe, dass der Faktor $\dfrac{z}{z-1}$ die z-Transformierte der Zeit-Summation ist, d.h. die Übertragungsfunktion des digitalen Integrators. Dies ist auch so, wir werden dies später noch untersuchen. Natürlich gehört dieser Term zu einem IIR-System, denn die Impulsantwort des Integrators ist $\varepsilon[n]$ und klingt somit nicht ab.

5.6 Pole und Nullstellen

Auch hier besteht eine starke Analogie zu den für analoge Systeme gewonnenen Erkenntnissen. Gleichung (5.19) zeigt einen Polynomquotienten, bei dem man Zähler und Nenner in Faktoren zerlegen kann:

$$H(z) = b_0 \cdot \frac{\displaystyle\prod_{i=1}^{N}(z - z_{Ni})}{\displaystyle\prod_{i=1}^{M}(z - z_{Pi})} \cdot z^{M-N} \tag{5.30}$$

Die z_{Ni} sind die komplexen Koordinaten der Nullstellen von $H(z)$, die z_{Pi} sind die komplexen Koordinaten der Pole von $H(z)$. Achtung: Ausgangspunkt ist (5.19) (Polynome in z^{+k}) und nicht (5.16) (Polynome in z^{-k}). Im zweiten Fall gingen die $N\text{–}M$ Pole im Ursprung „verloren".

$H(z)$ ist bis auf die Konstante b_0 vollständig bestimmt durch die Lage der Pole und Nullstellen.

Das Pol-Nullstellen-Schema (PN-Schema) eines digitalen Systems entsteht, indem man in der z-Ebene die Pole durch Kreuze und die Nullstellen durch Kreise markiert.

Die Pole und Nullstellen sind bei reellen Koeffizienten von $H(z)$ (dies ist der Normalfall) entweder reell oder paarweise konjugiert komplex. Das PN-Schema ist darum symmetrisch zur reellen Achse.

Durch die z-Transformation wird die linke Halbebene der s-Ebene in das Innere des Einheitskreises in der z-Ebene abgebildet. Folgerung:

> *Ein stabiles LTD-System hat alle Pole im Innern des Einheitskreises.*

Der Faktor z^{M-N} in (5.30) führt zu einem $(N\text{–}M)$-fachen Pol im Ursprung (bei kausalen Systemen ist $M \le N$).

> *FIR-Systeme haben nur Pole im Ursprung.*
> *FIR-Systeme sind stets stabil.*

Der Einfluss der Pole und Nullstellen auf den Frequenzgang wird gemäss Bild 5.14 bestimmt.

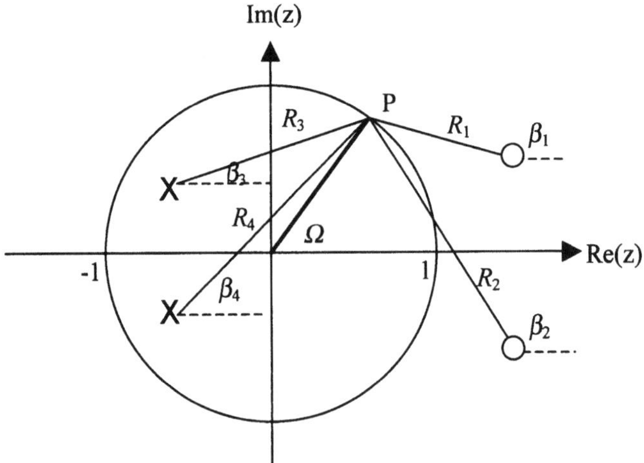

Bild 5.14 Beispiel für ein PN-Schema und seine Beziehung zum Frequenzgang

Den Frequenzgang eines diskreten Systems erhält man, indem man die Übertragungsfunktion $H(z)$ auf dem Einheitskreis auswertet (FTA), vgl. Gleichung (4.52) und Bild 4.33. Dieser Einheitskreis ist in Bild 5.14 ebenfalls eingetragen. Schreitet man auf seiner oberen Hälfte von

$z = 1$ bis nach $z = -1$, so überstreicht man den Frequenzbereich von $f = 0$ bis $f = f_A/2$ (f_A = Abtastfrequenz). Die untere Hälfte überstreicht den Frequenzbereich von 0 bis $-f_A/2$ (der Frequenzgang eines diskreten Systems ist ja periodisch in f_A). Die *normierte Kreis*frequenz $\Omega = \omega/f_A = \omega T$ überstreicht damit den Bereich 0 bis π bzw. 0 bis $-\pi$. Stellvertretend für eine Frequenz ist der Punkt P eingetragen. Dieser kann mit seinen Polarkoordinaten spezifiziert werden, d.h. mit der Länge und der Richtung der Verbindungsstrecke vom Ursprung zu P. Diese Strecke ist dick eingetragen in Bild 5.14, ihre Länge ist 1 und der Winkel zur reellen Achse ist Ω.

Die Verbindungsstrecken von den beiden Nullstellen zu P werden charakterisiert durch ihre Längen R_1 und R_2 sowie deren Richtungen β_1 und β_2. Die Verbindungsstrecken von den Polen zu P werden charakterisiert durch R_3, R_4, β_3 und β_4. Damit gilt für den Frequenzgang:

$$\left| H(e^{j\Omega}) \right| = |K| \cdot \frac{R_1 \cdot R_2}{R_3 \cdot R_4} \qquad \arg\left(H(e^{j\Omega}) \right) = \beta_1 + \beta_2 - \beta_3 - \beta_4 + k\pi \tag{5.31}$$

Die Herleitung von (5.31) erfolgt gleich wie bei den kontinuierlichen Systemen, vgl. Abschnitt 3.6.2. Es ergeben sich folgende Aussagen:

- Der Einfluss der Pole und Nullstellen auf den Frequenzgang ist umso grösser, je näher diese beim Einheitskreis liegen. Das am nächsten am Einheitskreis liegende Polpaar ist dominant, da dessen Reaktion auf eine Anregung am langsamsten abklingt.

- Pole im Ursprung (FIR-Filter!) beeinflussen nur den Phasengang, nicht aber den Amplitudengang, da sie ja zu allen Punkten auf dem Einheitskreis denselben Abstand haben.

- Eine Nullstelle auf dem Einheitskreis führt zu einem Phasensprung um π.

- Liegen alle Nullstellen im Innern des Einheitskreises, so ist das System minimalphasig.

- Bei einem Allpass liegen alle Pole innerhalb des Einheitskreises und alle Nullstellen ausserhalb des Einheitskreises. Pole und Nullstellen treten dabei paarweise und am Einheitskreis gespiegelt auf. Spiegelung bedeutet, dass der Punkt mit den Polarkoordinaten (r,φ) in den Punkt $(1/r,-\varphi)$ übergeht. Da das PN-Schema symmetrisch zur reellen Achse ist, kann man vereinfacht auch sagen, dass durch Spiegelung der Punkt mit den Polarkoordinaten (r, φ) in den Punkt $(1/r, \varphi)$ übergeht.

- Hat ein System *ausserhalb des Ursprungs* keine Nullstellen, so heisst es Allpol-System. Dies entspricht dem Polynomfilter im kontinuierlichen Fall.

- PN-Schemata von kaskadierten und entkoppelten (dies ist bei digitalen Systemen einfach erfüllbar) Teilsystemen können in einem gemeinsamen PN-Schema kombiniert werden. Fallen dabei Pole und Nullstellen aufeinander, so heben sie sich gegenseitig auf.

- Ein kausales LTD-System hat höchstens gleichviele Nullstellen wie Pole (inkl. Pole und Nullstellen im Ursprung).

Diese Erkenntnisse sind analog zu denjenigen bei den kontinuierlichen Systemen. Im Abschnitt 3.12.5 haben wir ein Beispiel für die computergestützte Analyse eines kontinuierlichen Systems betrachtet, Bild 3.31. Für diskrete Systeme gibt es natürlich gleichartige Verfahren. Im Anhang befindet sich das Listing eines MATLAB-Programmes, das zur Analyse zeitdiskreter Systeme hilfreich ist.

5.7 Strukturen und Blockschaltbilder

Wir haben bereits festgestellt, dass aufgrund eines Blockschaltbildes die Differenzengleichung und damit auch die Übertragungsfunktion eines Systems eindeutig bestimmt ist. Die Umkehrung gilt aber nicht: dasselbe Verhalten kann mit verschiedenartig aufgebauten Systemen erreicht werden. Die Unterschiede liegen in der inneren Struktur, nicht aber in dem an den Ein- und Ausgängen feststellbaren Verhalten eines Systems.

Für rekursive LTD-Systeme gibt es drei grundlegende Strukturen:

- Direktstrukturen ($\rightarrow$ Polynomquotient für H(z))
  - Direktstruktur 1
  - Direktstruktur 2
  - transponierte Direktstruktur 2

- Kaskadenstruktur ($\rightarrow$ Kaskade von Biquads nach einer Pol-Nullstellen-Abspaltung)

- Parallelstruktur ($\rightarrow$ Parallelschaltung von Biquads nach einer Partialbruchzerlegung)

Weitere, aber weniger häufig benutzte und darum hier nicht behandelte Strukturen sind u.a.:

- Kammfilter

- Frequenz-Abtastfilter

- Abzweigfilter (ladder filter) und Kreuzgliedfilter (lattice filter)

Die verschiedenen Strukturen lassen sich ineinander überführen. Man muss sich darum fragen, wieso man sich überhaupt mit einer Vielzahl von Strukturen herumschlägt. Im idealen Fall sind die Strukturen tatsächlich gleichwertig, im realen Fall hingegen in zweierlei Hinsicht nicht:

- Die Anzahl der Speicherzellen ist nicht bei allen Strukturen gleich gross. Dies schlägt sich im Realisierungsaufwand nieder.

- Die Koeffizienten werden in einem Datenwort endlicher Länge und damit beschränkter Genauigkeit dargestellt. Dieses Runden der Koeffizienten bewirkt ein Verschieben der Pole und Nullstellen, was zu einem veränderten Systemverhalten führt. Im Extremfall kann ein Filter deswegen ungewollt instabil werden. Die verschiedenen Strukturen zeigen eine unterschiedliche Sensitivität gegenüber diesen Effekten. Eine genauere Behandlung folgt im Abschnitt 5.10.3.

Zunächst soll eine gegenüber Bild 5.9 vereinfachte Darstellungsart für ein Blockschema eingeführt werden. Als Beispiel dient das bereits früher betrachtete System mit der Differenzengleichung

$$y[n] = x[n] + a \cdot y[n-1] \quad \circ\!\!-\!\!\circ \quad Y(z) = X(z) + a \cdot z^{-1} \cdot Y(z) \qquad (5.32)$$

Bild 5.13 zeigt zwei Varianten für das Blockschema, das auch Signalflussdiagramm oder Signalflussgraph genannt wird. Bild 5.15 zeigt eine dritte Variante, die weniger zeichnerischen Aufwand erfordert. Etwas seltsam ist die Vermischung der Bezeichnungen aus dem Zeit- und

z-Bereich, jedoch hat sich diese Variante eingebürgert. Der Vorteil ist, dass sich die Verzögerung als Multiplikation schreiben lässt. Ansonsten haben ja die Strukturen in beiden Bereichen dieselbe Topologie, vgl. Bild 5.13.

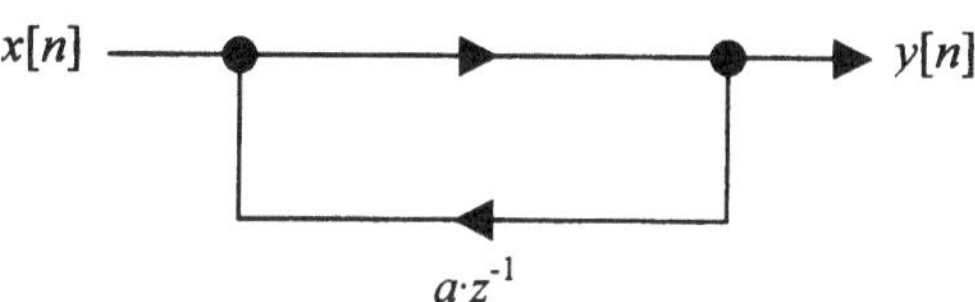

Bild 5.15 Vereinfachte Darstellung eines Signalflussdiagrammes (Blockschema).

Für die Interpretation eines Graphen wie in Bild 5.15 gelten folgende Regeln:

- Die Knoten stellen Signale dar, die Zweige (Verbindungslinien) stellen Operationen dar.
- Operationen sind Multiplikationen mit einer Zahl und Verzögerungen (Multiplikation mit z^{-1}).
- Ein unbezeichneter Zweig leitet das Signal unbeeinflusst weiter.
- Laufen mehrere Zweige in einen Knoten, so werden dort die Signale addiert.
- Stammen mehrere Zweige aus einem Knoten, so wird das Signal aus diesem Knoten mehrfach verarbeitet.
- Die Verarbeitungen sind alle rückwirkungsfrei.
- Schlaufen müssen mindestens ein Verzögerungsglied enthalten.
- Mit Pfeilen kann die Signalflussrichtung verdeutlicht werden.

Signalflussgraphen sind keine elektrischen Schaltbilder! Vielmehr zeigen sie den Aufbau von Algorithmen und somit die Struktur der Signalverarbeitung. Sie dienen als Grundlage für die Struktur eines Programmes für einen DSP (DSP = digitaler Signalprozessor).

Der Ausgangspunkt für die Herleitungen der grundlegenden Strukturen ist die Differenzengleichung (5.9). Diese lässt sich in einer Schaltung gemäss Bild 5.16 realisieren, welche identisch zu Bild 5.5 ist. Dies ist die sog. Direktstruktur 1. Im Bild ist $M = N$, was nicht stets gelten muss. Einzelne Koeffizienten a_i oder b_i können Null sein.

Kehrt man die Reihenfolge der Hintereinanderschaltung um (Kommutativgesetz der Addition), so kommen die Speicherzellen (die mit z^{-1} bezeichneten Zweige) anstelle der Addierer nebeneinander zu liegen. Beide Ketten von Speicherzellen haben jetzt aber den gleichen Inhalt, man kann sie darum zu einer einzigen Kette zusammenfassen. Dies führt zur Direktstruktur 2 (Bild 5.17), die mit der halben Anzahl Speicherzellen auskommt. Dies ist zugleich die minimale Anzahl, weshalb diese Struktur *kanonisch* ist.

Eine Variante davon ist die transponierte Direktstruktur 2 (Bild 5.18), die ebenfalls kanonisch ist. Das Transponierungstheorem besagt (ohne Beweis): „Werden alle Signalflussrichtungen umgekehrt, alle Addierer durch Knoten und alle Knoten durch Addierer ersetzt sowie Ein- und Ausgang vertauscht, dann bleibt die Übertragungsfunktion unverändert."

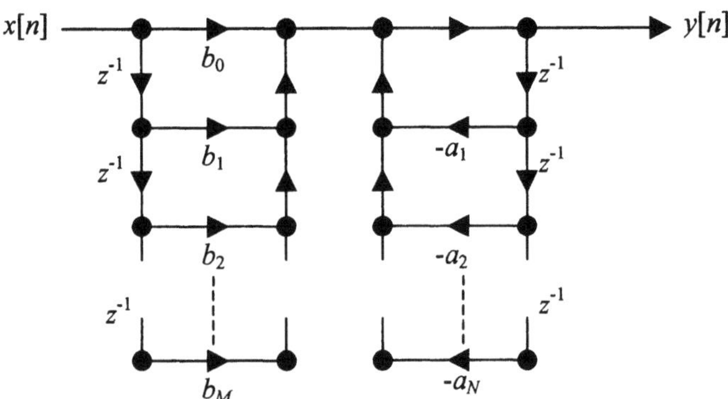

Bild 5.16 Direktstruktur 1 eines IIR-Systems

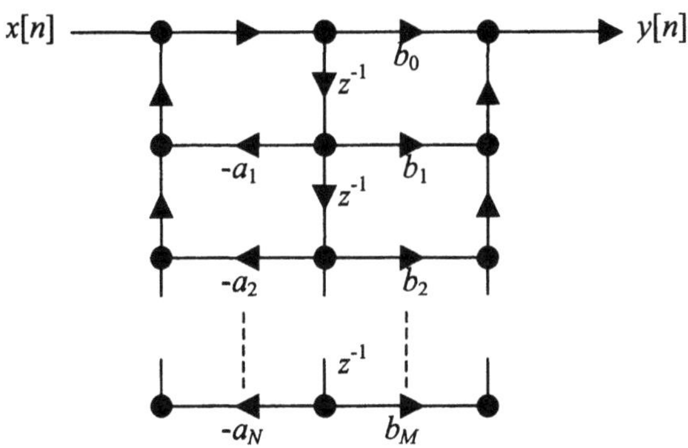

Bild 5.17 Direktstruktur 2 eines IIR-Systems

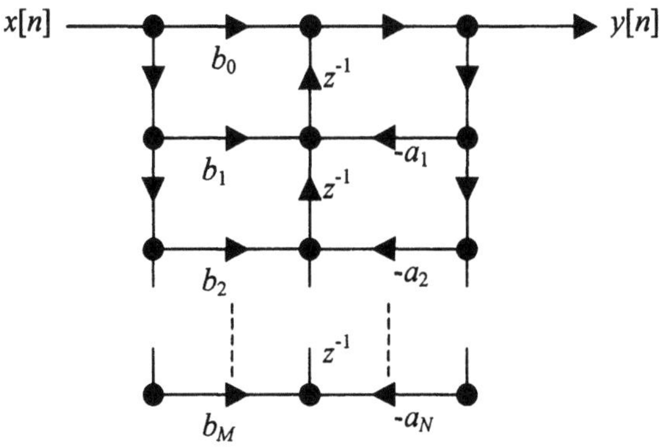

Bild 5.18 Transponierte Direktstruktur 2 eines IIR-System

Die Direktstrukturen sind direkte Realisierungen der Differenzengleichung (5.9) bzw. der Übertragungsfunktion (5.16). Ändert nur ein einziger Koeffizient a_i oder b_i (z.B. wegen Rundungsfehlern in einem Rechenwerk), so beeinflusst dies i.A. den Frequenzgang auf der *gesamten* Frequenzachse. Anders ausgedrückt: Wird bei einem Polynom ein einziger Koeffizient geändert, so verschieben sich *sämtliche* Nullstellen. Um dies zu verhindern, stellt man die Übertragungsfunktion (5.16) in der Produktform (5.30) dar. Dabei treten reelle oder konjugiert komplexe Koordinaten der Pole und Nullstellen auf. Jedes konjugiert komplexe Paar fasst man zusammen zu einem Teilsystem 2. Ordnung mit reellen Koeffizienten. Dies entspricht also exakt dem bereits im Abschnitt 3.7 angewandten Vorgehen. Aus (5.30) wird dadurch:

$$H(z) = b_0 \cdot \frac{\displaystyle\prod_{i=1}^{N/2}\left(b_{0i} + b_{1i}\cdot z^{-1} + b_{2i}\cdot z^{-2}\right)}{\displaystyle\prod_{i=1}^{M/2}\left(1 + a_{1i}\cdot z^{-1} + a_{2i}\cdot z^{-2}\right)} \qquad (5.33)$$

In (5.33) treten Polynome in z^{-1} und nicht in z auf, deshalb kommt der Faktor z^{M-N} nicht mehr vor. Diese Form ist für die Systembeschreibung geeignet, weil z^{-1} gerade der Einheitsverzögerung entspricht. Die andere Form ist hingegen vorteilhafter für die Betrachtung der Pole.

Gleichung (5.33) beschreibt eine Kaskade von Teilsystemen zweiter Ordnung, sog. *Biquads*. Die einzelnen Biquads werden realisiert in der Direktstruktur 1 oder (häufiger, da kanonisch) in der Direktstruktur 2 oder der transponierten Direktstruktur 2. Die einzelnen Biquads dürfen dabei durchaus unterschiedliche Strukturen haben. Bei ungerader Systemordnung degeneriert ein Biquad zu einem Teilsystem 1. Ordnung. Insgesamt ergibt sich die Kaskadenstruktur, Bild 5.19 zeigt ein Beispiel. Das Vorgehen ist somit identisch wie bei den analogen Systemen. Für die Synthese rekursiver digitaler Filter (Kapitel 9) werden wir darum direkt die Erkenntnisse von den analogen Filtern (Kapitel 8) übernehmen.

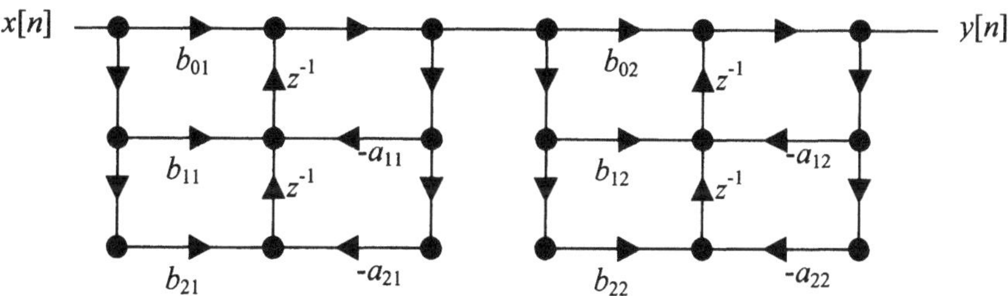

Bild 5.19 System 4. Ordnung als Kaskade von zwei Biquads in transponierter Direktstruktur 2 (beliebig erweiterbar)

Als Variante kann man $H(z)$ durch eine Partialbruchzerlegung in eine Summe umformen. Die Realisierung erfolgt dann in der *Parallelstruktur*, d.h. die Ausgänge von verschiedenen Biquads werden addiert, Bild 5.20. Vorteilhaft daran ist v.a. die Tatsache, dass die einzelnen Biquads gleichzeitig ihre Eingangssignale erhalten. Dies ermöglicht paralleles Rechnen und beim Einsatz von mehreren Prozessoren sehr schnelle Digitalfilter.

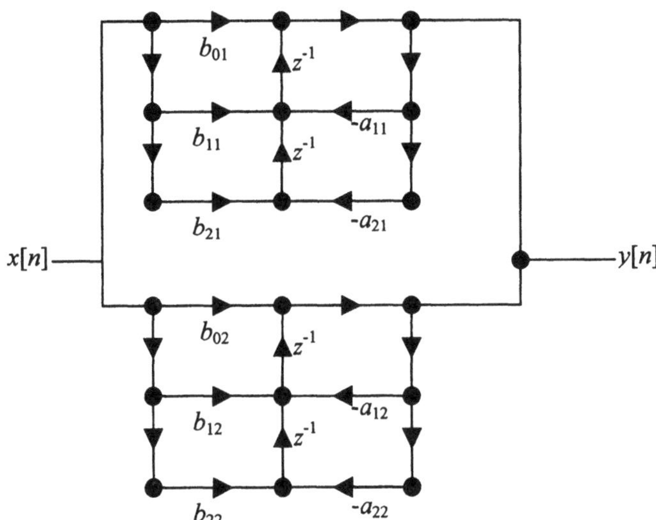

Bild 5.20 System 4. Ordnung als Parallelschaltung von zwei Biquads in transponierter Direktstruktur 2

Ein Wechsel zwischen Direkt-, Kaskaden- und Parallelstruktur ändert die Koeffizienten. Dadurch eröffnet sich die Möglichkeit, für die Realisierung günstigere Koeffizienten (nicht zu gross, nicht zu klein, wenig sensitiv auf Rundungen) zu erhalten.

Alle bisherigen Strukturen gelten für IIR-Systeme. FIR-Systeme entstehen daraus durch Nullsetzen aller Koeffizienten a_i. FIR-Filter sind aber nicht so sensitiv auf leichte Änderungen der Koeffizientenwerte, da sie ja ausserhalb des Ursprungs keine Pole besitzen. Die am häufigsten verwendete Struktur für FIR-Filter ist das Transversalfilter, Bild 5.21. Das Transversalfilter entsteht einfach aus der Direktstruktur 1 durch Weglassen des rekursiven Anteils. Charakteristisch und vorteilhaft gegenüber einer Ableitung aus der Direktstruktur 2 ist, dass das Eingangssignal unverändert die ganze Speicherkette durchläuft. Damit werden auch die Verfälschungen durch gerundete Koeffizienten minimal, da keine Fehlerkumulation auftritt. Aus Bild 5.21 ist auch ersichtlich, dass die Impulsantwort eines FIR-Filters höchsten die Länge $L = N+1$ haben kann, wobei N die Anzahl der Verzögerungsglieder (Systemordnung) ist.

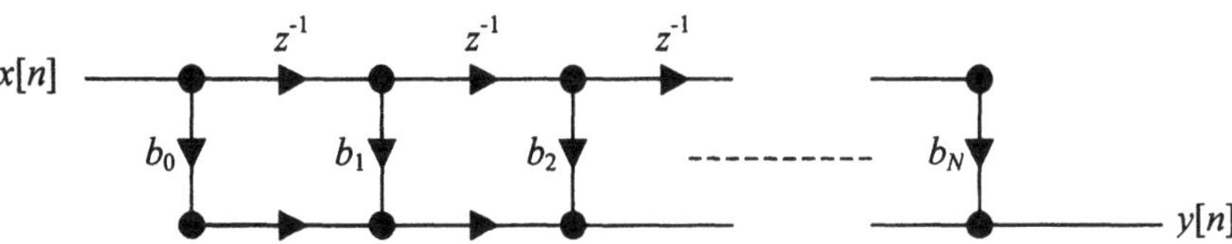

Bild 5.21 Transversalfilter

Als Ergänzung und Ausblick zeigen die Bilder 5.22 und 5.23 Beispiele für Allpol-Filter in der Abzweigstruktur bzw. Kreuzgliedstruktur. Diese Kettenschaltungen zeichnen sich aus durch kleine Sensitivität von $H(z)$ gegenüber Koeffizientenänderungen sowie durch einfache Formulierung der Stabilität des Gesamtfilters. Diese beiden Eigenschaften machen diese Rekursivfilter attraktiv für den Einsatz in adaptiven Systemen. Dieselben Vorzüge weist auch das Transversalfilter auf.

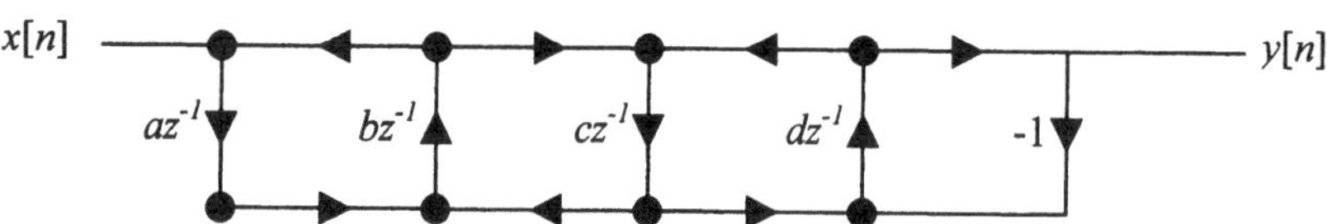

Bild 5.22 Allpol-Abzweigfilter

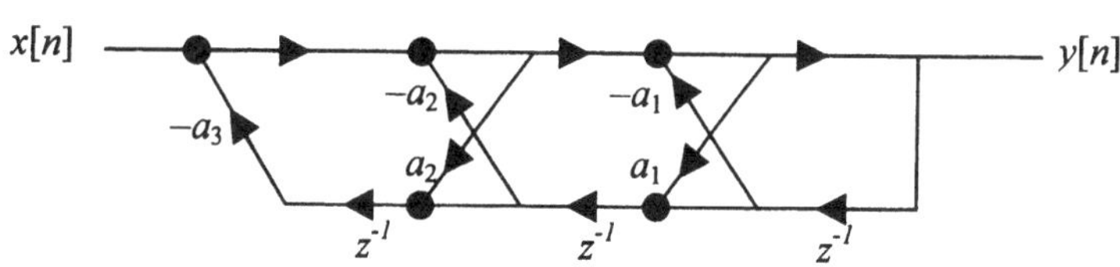

Bild 5.23 Allpol-Kreuzgliedfilter

Bild 5.24 zeigt den Zusammenhang zwischen den drei am meisten verbreiteten Systemstrukturen.

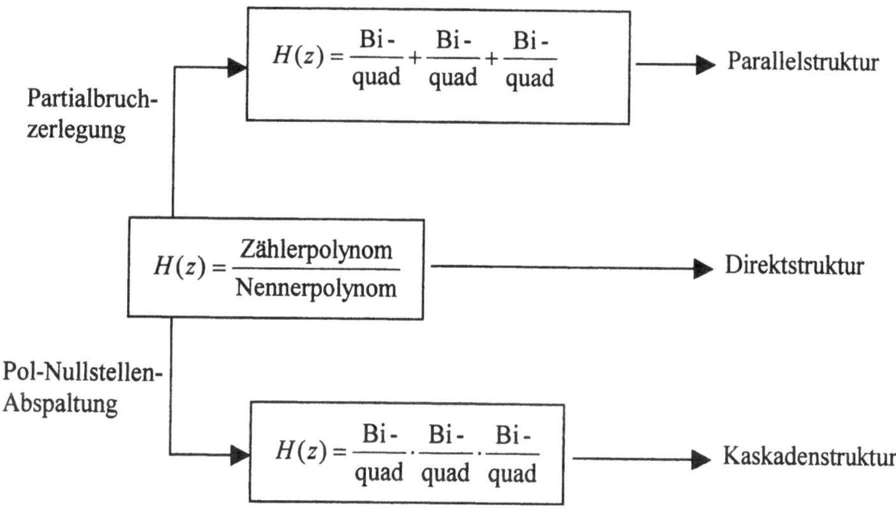

Bild 5.24 Umrechnung zwischen den wichtigsten Systemstrukturen

Beispiel: Direktstruktur:
$$H(z) = \frac{0.00044 \cdot z^{-1} + 0.00045 \cdot z^{-2}}{1 - 2.8002 \cdot z^{-1} + 2.6198 \cdot z^{-2} - 0.8187 \cdot z^{-3}}$$

Unschön an diesen Koeffizienten ist das gleichzeitige Auftreten von grossen und kleinen Werten. Letztere werden bei der Darstellung in einem Fixkomma-Format stark verfälscht. Die Umrechnung auf die Kaskaden- und Parallelstruktur ergibt (der Leser möge dies selber nachvollziehen):

Kaskadenstruktur:
$$H(z) = \frac{0.1 \cdot z^{-1}}{1 - 0.9048 \cdot z^{-1}} \cdot \frac{0.0044 + 0.0045 \cdot z^{-1}}{1 - 1.8954 \cdot z^{-1} + 0.9048 \cdot z^{-2}}$$

Parallelstruktur:
$$H(z) = \frac{0.1}{1 - 0.9048 \cdot z^{-1}} + \frac{-0.1 + 0.0995 \cdot z^{-1}}{1 - 1.8954 \cdot z^{-1} + 0.9048 \cdot z^{-2}}$$

□

5.8 Digitale Simulation analoger Systeme

Die digitale Signalverarbeitung umfasst sehr häufig die Verarbeitung von ursprünglich analogen Signalen mit digitalen Systemen. Dies aufgrund der schlagenden Vorteile der (speziell softwarebasierten) Digitaltechnik, vgl. Abschnitt 5.1. Die Anwendungen liegen v.a. in der Multimediatechnik (Verarbeitung von Audio- und Videosignalen), der Telekommunikation (z.B. für Modulatoren, Demodulatoren, Entzerrer usw. [Mey99], [Ger97]) sowie in der Regelungs- und Messtechnik.

Soll ein analoges System mit der Übertragungsfunktion $H_a(s)$ durch ein zeitdiskretes System mit der Übertragungsfunktion $H_d(z)$ ersetzt werden, so spricht man von *digitaler Simulation*. Diese wird ausgiebig benutzt bei der Sysnthese von rekursiven Digitalfiltern (IIR-Filter, Abschnitt 9.1). Man entwickelt also zuerst $H(s)$ eines analogen Filters (Abschnitte 8.2 und 8.3) und simuliert diese Übertragungsfunktion danach digital.

Die detaillierte Besprechung der Simulationsverfahren folgt deshalb erst im Abschnitt 9.1, kombiniert mit der Anwendung auf IIR-Filter. Die Einführung wurde aber bewusst in diesem Kapitel über digitale Systeme plaziert, um nicht den Eindruck zu erwecken, die Simulation sei nur für digitale Filter relevant. Der Ausdruck „digitales Filter" wird allerdings viel umfassender verstanden als im kontinuierlichen Fall und bezeichnet oft schlechthin ein System zur digitalen Signalverarbeitung.

Digitale Systeme können aber auch Eigenschaften aufweisen, die durch analoge Vorbilder prinzipiell nicht erreichbar sind. Dies gilt vor allem für digitale Transversalfilter (FIR-Filter), für die man deshalb völlig andere Syntheseverfahren anwendet, Abschnitt 9.2.

„Von aussen" betrachtet soll man idealerweise keinen Unterschied der Ausgangssignale bei gleichen Eingangssignalen feststellen, egal ob „intern" das System analog oder digital arbeitet. Natürlich kann man das Ausgangssignal des digitalen Systems nur zu den Abtastzeitpunkten mit dem analogen Vorbild vergleichen, letzteres muss darum vorgängig digitalisiert werden. Bild 5.25 zeigt das Modell.

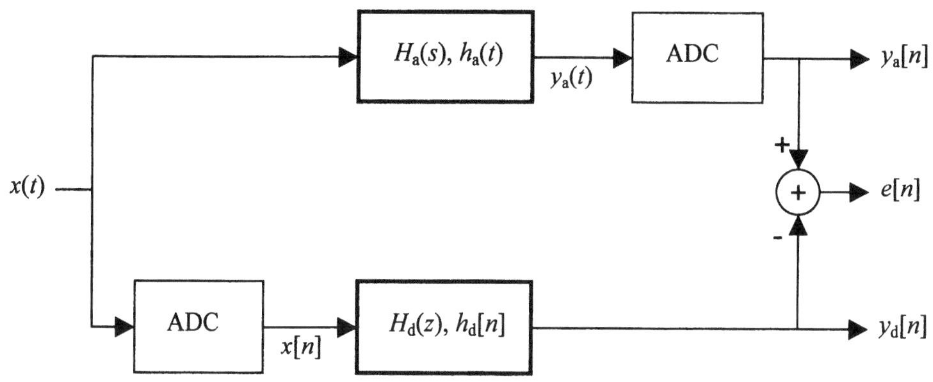

Bild 5.25 Digitale Simulation eines analogen Systems

Das kontinuierliche Eingangssignal $x(t)$ in Bild 5.25 wird auf das analoge System $H_a(s)$ gegeben und das Ausgangssignal $y_a(t)$ digitalisiert zur Sequenz $y_a[n]$. Parallel dazu wird $x(t)$ digitalisiert und die Sequenz $x[n]$ vom diskreten System $H_d(z)$ verarbeitet zur Ausgangssequenz $y_d[n]$. Die Differenz der beiden Sequenzen $y_a[n]$ und $y_d[n]$ ergibt die Fehlersequenz $e[n]$.

Die Grundaufgabe der digitalen Simulation lautet nun: Finde von $H_a(s)$ ausgehend $H_d(z)$ so, dass $e[n]$ möglichst klein wird. Aus Bild 5.25 folgt:

$$e[n] = y_d[n] - y_a[n] = x[n] * h_d[n] - y_a[n]$$

$$(5.34)$$

$$E(z) = Y_d(z) - Y_a(z) = X(z) \cdot H_d(z) - Y_a(z)$$

Die Schwierigkeit ist offensichtlich: Die Simulationsmethode beeinflusst nur $H_d(z)$, der Fehler hängt aber auch von $x[n]$ ab.

Folgerung: Eine bestimmte Simulationsmethode ergibt *nur für ein bestimmtes Eingangssignal* das korrekte Resultat. Je nach Anwendung muss man deshalb eine andere Simulationsmethode wählen.

Die Gefahr besteht natürlich, dass man solange an der Simulationsmethode herumspielt, bis sich die gewünschten Resultate ergeben. „Simulation ist eine Mischung aus Kunst, Wissenschaft, Glück und verschiedenen Graden an Ehrlichkeit" [Ste94].

Trotz dieser Unschönheit sind die Vorteile der digitalen Simulation derart überzeugend, dass sie sich zu einer selbständigen Wissenschaft entwickelt. Neben der Technik benutzt auch die Biologie, Medizin, Ökonomie, Soziologie usw. die digitale Simulation.

Anmerkung: Die Anwendung der Systemtheorie ausserhalb der Technik dient dazu, Phänomene z.B. der Ökonomie oder Ökologie beschreibbar und erfassbar zu machen. Wer allerdings glaubt, damit „die Welt im Griff" zu haben, unterliegt einem folgenschweren Irrtum und ist gehalten, sich z.B. [Stä00] zu Gemüte zu führen.

Die Aufgabe der digitalen Simulation kann auch anders formuliert werden: Verpflanze die Pole und Nullstellen eines kontinuierlichen Systems aus der s-Ebene so in die z-Ebene, dass das entstandene diskrete Systems von aussen betrachtet dieselben Eigenschaften aufweist. Das Abbilden der Pole und Nullstellen nennt man *mapping*.

Analoge Systeme haben in der Regel Pole und Nullstellen (Polynomfilter haben nur Pole). Falls ein analoges System digital simuliert werden soll, so benutzt man deshalb dazu vorwiegend IIR-Systeme, denn auch bei diesen sind die Positionen der Pole *und* Nullstellen wählbar.

Demgegenüber sind bei FIR-Systemen nur die Orte der Nullstellen wählbar, während sämtliche Pole unverrückbar im Ursprung der z-Ebene liegen.

Eine unendlich lange, aber wenigstens abklingende Impulsantwort kann auch durch ein FIR-System angenähert werden, u.U. wird aber dessen Ordnung sehr gross. Dank der Stabilität der Transversalfilter werden solche Systeme mit hunderten von Abgriffen (engl. *taps*) bzw. Speicherzellen realisiert. Ein Integrator hingegen, der ja als Impulsantwort die Sprungfunktion aufweist, kann mit einem FIR-System, das prinzipiell nur ein endliches Gedächtnis hat, nicht realisiert werden.

Folgende *Simulationsmethoden* stehen im Vordergrund:

- *Anregungsinvariante Simulation*: Für ein bestimmtes und wählbares Eingangssignal sowie für Linearkombinationen aus dem gewählten Signal wird die Simulation korrekt. Für alle andern Eingangssignale ergibt sich nur eine Näherung, die mit steigender Abtastfrequenz i.A. besser wird. Falls der Realisierungsaufwand und die Geschwindigkeit des digitalen Prozessors es erlauben, wird mit mindestens der zehnfachen Shannon-Frequenz gearbeitet. Dies hat darüber hinaus den Vorteil, dass das Anti-Aliasing-Filter einfacher wird. Häufig benutzt werden die

  - impulsantwort-invariante Simulation (meistens nur als *impulsinvariante Simulation* bezeichnet), v.a. für digitale IIR-Filter

  - schrittantwort-invariante Simulation (kurz *schrittinvariante Simulation*), v.a. in der Regelungstechnik.

- *Bilineare Transformation*: Hier versucht man, den Frequenzgang und nicht eine bestimmte Systemreaktion zur Übereinstimmung mit dem analogen Vorbild zu bringen. Damit wird für viele Fälle ein guter Kompromiss erreicht. Ferner umgeht diese Transformation die Schwierigkeiten, die sich durch den periodischen Frequenzgang des digitalen Systems ergeben. Die bilineare Transformation ist darum die wohl am häufigsten angewandte Simulationsmethode. In der Regelungstechnik heisst diese Simulation *Tustin-Approximation*. Die bilineare Transformation ist die Näherung der Integration einer Differentialgleichung durch die Trapezregel (numerische Integration).

- *Approximation im z-Bereich*: Nicht die Pole und Nullstellen werden transformiert, sondern ein gewünschtes $H_d(z)$ wird als Resultat eines Optimierungsverfahrens im z-Bereich erhalten. Die Methode ist natürlich sehr rechenintensiv, aber bereits mit PC durchführbar.

Selbstverständlich gibt es Alias-Probleme, wenn das Eingangssignal und (je nach Simulationsmethode) auch der Frequenzgang des analogen Systems zuwenig bandbegrenzt sind.

Alle drei Methoden werden in diesem Buch zur Synthese von IIR-Filtern benutzt. Daneben gibt es noch weitere, aber seltener benutzte Simulationsverfahren, z.B. die „matched z-transform" oder der Ersatz der Ableitungen der analogen Übertragungsfunktion durch Differenzen in der diskreten Übertragungsfunktion (Methode des „Rückwärtsdifferenzierens" bzw. „Vorwärtsdifferenzierens") [End90].

Die Simulation ermöglicht es, die hochentwickelte Theorie der kontinuierlichen Systeme auch für die Behandlung von diskreten Systemen nutzbar zu machen. Beispielsweise existiert (noch) keine Theorie über rekursive Digitalfilter, man dimensioniert diese wie schon erwähnt mit der Kombination „analoge Filter plus digitale Simulation".

5.9 Übersicht über die Systeme

In diesem Abschnitt geht es um analoge sowie digitale Systeme. Es wird nichts Neues eingeführt, sondern bereits Bekanntes repetiert. Das Bild 5.26 zeigt folgende Aussagen:

- Die Systeme kann man als Untergruppe der Signale auffassen. Sie werden nämlich durch
  kausale Signale beschrieben (Stossantwort, Schrittantwort). Kausalität (keine Wirkung vor
  der Ursache) ist eine Eigenschaft von Systemen, nicht von Signalen. Kausale Signale sind
  Signale, die eine Impuls- oder Schrittantwort eines kausalen Systems sein könnten.

- LTI-Systeme mit konzentrierten Parametern sowie die LTD-Systeme sind eine Untergruppe
  der Systeme. Sie werden im Bildbereich durch gebrochen rationale Funktionen (Polynomquotienten für $H(s)$ bzw. $H(z)$) beschrieben. In diesem Buch werden ausschliesslich diese
  Systeme behandelt.

- Filter sind eine Untergruppe der Systeme. Der Unterschied zu den allgemeinen Systemen
  liegt nicht in der Theorie, sondern in den frequenzselektiven Eigenschaften.

- Die Theorien für LTI- und LTD-Systeme sind sehr ähnlich. Diese Systeme werden beschrieben:

  - Im Zeitbereich durch

      - Differentialgleichung, Differenzengleichung

      - Impulsantwort $h(t)$, $h[n]$

      - Schrittantwort $g(t)$, $g[n]$

  Im Frequenzbereich durch

      - Übertragungsfunktion $H(s)$, $H(z)$ und daraus abgeleitet

        - Frequenzgang $H(j\omega)$, $H(e^{j\Omega})$

          - Amplitudengang $|H(j\omega)|$, $|H(e^{j\Omega})|$

          - Phasengang $\arg(H(j\omega))$, $\arg((H(e^{j\Omega}))$

        - frequenzabhängige Gruppenlaufzeit $\tau_{Gr}(\omega)$

        - Pol-Nullstellen-Schema

      - (selten:) Schrittantwort-Übertragungsfunktion $G(s)$, $G(z)$

- Die IIR-Systeme dimensioniert man häufig durch digitale Simulation, ausgehend von
  einem analogen System als Vorbild. Dies ist symbolisiert durch den unteren der beiden horizontalen Pfeile in Bild 5.26.

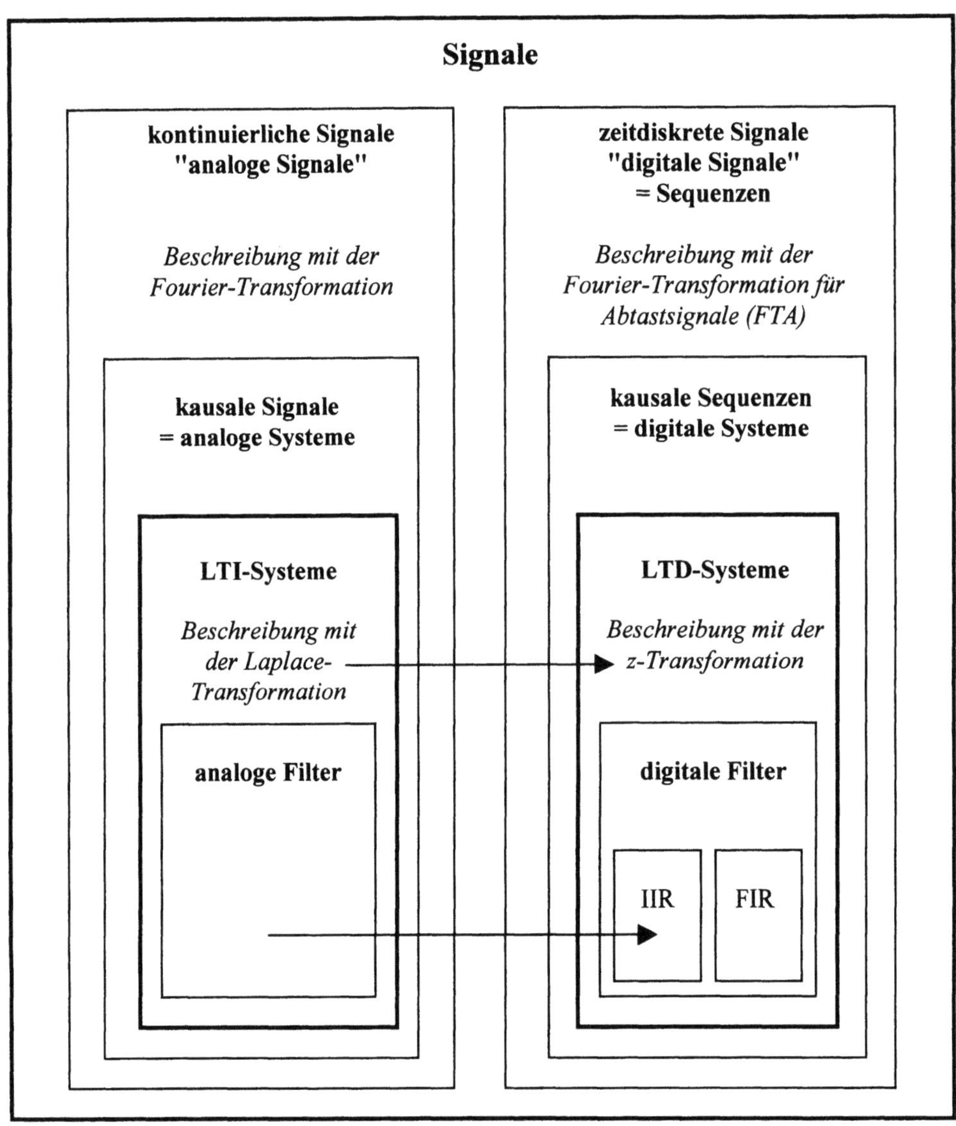

Bild 5.26 Klassierung der Systeme

5.10 Der Einfluss der Amplitudenquantisierung

5.10.1 Einführung

Bei der numerischen Lösung von Algorithmen (digitale Filter, Simulation usw.) treten Amplituden-Quantisierungseffekte in drei Situationen auf:

- Bei der AD-Wandlung: Dem Signal wird dabei ein Quantisierungsrauschen hinzugefügt. Die Behandlung folgt im Abschnitt 5.10.2.

- Beim Umsetzen der reellen Filterkoeffizienten in Koeffizienten mit endlicher Wortlänge. Die Lage der Pole und Nullstellen ändert sich dadurch. Somit ändert sich auch das Übertragungsverhalten des Systems. Im Extremfall kann ein Filter sogar instabil werden. Die Behandlung folgt im Abschnitt 5.10.3.

- Beim Ausführen der Additionen und Multiplikationen. Das Resultat dieser Rechenoperationen kann grösser werden als die Operanden, trotzdem muss ein Zahlenüberlauf vermieden werden. Weiter können sich Schwingungen sowie ein zusätzlicher Rauschanteil ergeben. Die Behandlung folgt im Abschnitt 5.10.4.

5.10.2 Quantisierung bei der AD-Wandlung

Die Analog-Digital-Wandlung besteht aus vier Schritten (vgl. auch Bilder 2.1 und 2.2):

- *Analoge Tiefpass-Filterung:* Das abzutastende Signal ist danach bandbegrenzt, was die Einhaltung des Abtast-Theorems (Abschnitt 4.2.4) ermöglicht.

- *Abtasten:* Dem Signal werden im Abstand T (Abtastintervall) Proben (Abtastwerte, *samples*) entnommen. Die Zeitachse wird diskret, die Werteachse bleibt kontinuierlich.

- *Quantisieren:* Die Abtastwerte werden gerundet. Jetzt wird auch die Werteachse diskret und das Signal ist digital.

- *Codieren:* Die gerundeten Abtastwerte werden normalerweise in einem Binärcode dargestellt.

Das Quantisieren bedeutet eine Signalverfälschung, welche als Addition eines Fehler- oder Störsignales interpretierbar ist. Dieses Fehlersignal kann man in guter Näherung als gleichverteiltes Zufallssignal mit Werten im Bereich $\pm q/2$ (q = Quantisierungsintervall) beschreiben. Das Fehlersignal hat demnach dieselben Eigenschaften wie ein gleichverteiltes Rauschen, man spricht deshalb vom *Quantisierungsrauschen*.

Falls die Abtastfrequenz in einem festen Zusammenhang mit den Frequenzen des analogen Signales steht (wie z.B. in Bild 4.17), so hat das Fehlersignal allerdings keinen Zufallscharakter mehr. Informationstragende Signale (z.B. Audio- und Videosignale) haben aber keine periodische Struktur, sonst würden sie ja keine Information tragen. Aus diesem Grund betrachten wir fortan das Fehlersignal als gleichverteiltes Rauschsignal.

Der Quantisierungsrauschabstand SR_Q (S = Signal, R = Rauschen) ist das Mass für die durch den ADC eingeführten Signalverfälschungen. Es gilt per Definition für den *Quantisierungsrauschabstand:*

$$SR_Q = \frac{P_S}{P_Q} = \frac{\text{Leistung des analogen Signals}}{\text{Leistung des Quantisierungsrauschens}}$$

Für die üblichen Wortbreiten k der ADC (8 Bit und mehr) spielt es keine Rolle, ob die Signalleistung am analogen Signal vor der Quantisierung oder am Treppensignal nach der Quantisierung bestimmt wird (Bild 2.2 a und d). Erhöht man die Wortbreite des ADC um 1 Bit, so verdoppelt sich die Anzahl der Quantisierungsstufen. Die Amplitude des Quantisierungsrauschens wird dadurch halbiert und die Leistung nach (2.2) geviertelt. Die Leistung des Treppenstufensignals ändert sich dabei praktisch nicht. Der Quantisierungsrauschabstand wird somit durch das zusätzliche Bit im ADC um den Faktor 4 verbessert. Üblicherweise gibt man SR_Q in dB (Dezibel) an, wobei ein Faktor 4 in der Leistung 6 dB entspricht.

Die Vergrösserung der ADC-Wortbreite um 1 Bit
verbessert den Quantisierungsrauschabstand um 6 dB.

Als Faustformel für SR_Q gilt demnach:

$$SR_Q = 6 \cdot k \quad [dB] \tag{5.35}$$

Allerdings muss man aufpassen, dass der ADC nicht übersteuert wird, da unangenehme nichtlineare Verzerrungen aufgrund der Sättigung des ADC (*clipping*) die Folge wären. Bei deterministischen Eingangssignalen kann man die Übersteuerung vermeiden, bei den wegen ihres Informationsgehaltes interessanteren Zufallssignalen jedoch nicht. Anderseits darf der ADC nicht zu schwach ausgesteuert sein, da k in (5.35) die effektiv benutzte Wortbreite des ADC darstellt. Die notwendige Übersteuerungsreserve wählt man so, dass man ein ausgewogenes Verhältnis zwischen Quantisierungsrauschen und nichtlinearen Verzerrungen erreicht. Man modifiziert deshalb Gleichung (5.35):

Quantisierungsrauschabstand: $SR_Q = 6 \cdot k + K \quad [dB]$

k = effektiv ausgenutzte Wortbreite des ADC

K = Konstante, abhängig von der Signalform und der Aussteuerung

  Sinussignal: $K = +1.76$

  Zufallssignale: $K = -10 \ldots -6$

$$\tag{5.36}$$

Als Faustformel für die Aussteuerung gilt, dass der einfach zu messende Effektivwert des Eingangssignal etwa ein Viertel der vom ADC maximal verkraftbaren Amplitude betragen soll.

In der Praxis benutzt man Wortbreiten nach Tabelle 5.2.

Tabelle 5.2 Praxisübliche Wortbreiten der Analog-digital-Wandler (ADC)

Anwendung	Wortbreite k des ADC	Quantisierungsrauschabstand SR_Q in dB
Voice (Sprache)	8	40
Audio (Musik)	14 … 16	75 … 90
Video	8 … 12	40 … 65
Messtechnik	8 … 24	40 … 135

Die Quantisierung bewirkt leider das Quantisierungsrauschen, das mit Aufwand (Erhöhung der Wortbreite und damit des Rechenaufwandes des Prozessors) auf einen für die jeweilige Anwendung genügend kleinen Wert reduzierbar ist. Auf der anderen Seite gewinnt man aber durch die Quantisierung einen sehr grossen Vorteil, nämlich eine gewisse Immunität der Information gegenüber Störungen. Genau deshalb ist die Digitaltechnik so beliebt:

- Dank dieser Immunität kann man mit ungenauen Komponenten genaue Systeme bauen, einzig die Wandler müssen präzise arbeiten. Alterungs- und Temperaturdrift sowie Bauteiltoleranzen spielen (ausser beim ADC) keine Rolle mehr.

- Vielstufige Verarbeitungsschritte (komplexe Systeme) sind möglich, ohne Information zu verlieren.

Ein Beispiel für den zweiten Punkt ist schon im Alltag beobachtbar: fertigt man von einer analogen Tonbandaufnahme eine Kopie an und von dieser Kopie eine weitere usw., so wird die Aufnahme zusehends stärker verrauscht. Nach vielen Kopiervorgängen ist ausser Rauschen nichts zu lauschen. Macht man dasselbe mit einer Computer-Diskette, so hat auch die letzte Kopie noch dieselbe Qualität wie die erste.

Betrachtet man nochmals Bild 2.2, so kann man denselben Sachverhalt auf eine andere Art erklären. Möchte man die Signale in Bild 2.2 mit Zahlenreihen (Abtastwerten) beschreiben, so benötigt man für das analoge Signal (Teilbild a) pro Sekunde unendlich viele Abtastwerte mit unendlich vielen Stellen, letzteres z.B. für die exakte Darstellung von π. Die pro Sekunde anfallende Informationsmenge wird damit unendlich gross. Das abgetastete Signal im Teilbild b nutzt die Bandbreitenbeschränkung aus (Abtasttheorem) und benötigt pro Sekunde nur noch endlich viele Zahlen, die aber immer noch unendlich viele Stellen aufweisen. Somit fallen pro Sekunde ebenfalls unendlich viele Ziffern an. Das quantisierte Signal (Teilbild c) muss man mit unendlich vielen Abtastwerten pro Sekunde beschreiben, allerdings haben diese nur noch endlich viele Stellen. Der Informationsgehalt ist somit ebenfalls unendlich gross. Das digitale Signal aus Teilbild d hingegen lässt sich mit endlich vielen Zahlen mit endlich vielen Stellen darstellen. Das digitale Signal weist darum als einziges Signal einen endlichen Informationsgehalt pro Sekunde auf. Technische Systeme können nur endlich viel Information pro Sekunde verarbeiten und darum kann diese Verarbeitung nur bei digitalen Signalen fehlerfrei erfolgen.

Nur erwähnt werden soll die Vektorquantisierung, die im Gegensatz zur üblichen und auch hier besprochenen skalaren Quantisierung mehrere Abtastwerte gleichzeitig quantisiert, mehr Aufwand erfordert und dafür den Rauschabstand etwas verbessert. Die Vektorquantisierung ist demnach eine Form der Datenreduktion (Quellencodierung).

5.10.3 Quantisierung der Filterkoeffizienten

Bisher haben wir die Koeffizienten eines digitalen Systems als reelle Zahlen betrachtet. In einem realisierten System ist jedoch die Wortbreite beschränkt, die Koeffizienten werden gerundet und $H(z)$ dadurch geändert. Simuliert man ein digitales Filter auf einem Rechner mit einer Gleitkomma-Darstellung, so wird u.U. eine Implementierung in einer Fixkomma-Darstellung die Filteranforderung nicht mehr einhalten. Im Extremfall können IIR-Filter instabil werden, indem nahe am Einheitskreis liegende Pole abwandern und den Einheitskreis verlassen.

Hochwertige Filter-Design-Programme simulieren das in Entwicklung stehende Filter mit einer wählbaren Wortbreite. Weniger ausgereifte Programme bieten zwar die Option „beschränkte Wortbreite" an, runden aber in Tat und Wahrheit nur das berechnete Ausgangssignal und nicht auch sämtliche Zwischenergebnisse.

Folgende Möglichkeiten kann man in Kombination ausschöpfen, um eventuellen Schwierigkeiten zu begegnen:

- Filterspezifikation verschärfen (Reserve einbauen) und Filter neu dimensionieren. Dies erfordert u.U. eine Erhöhung der Filterordnung.

- Struktur ändern

- Abtastfrequenz reduzieren, falls das Abtasttheorem dies überhaupt gestattet (die Begründung dazu folgt im Abschnitt 9.1.3)

- Wortbreite erhöhen (dies kann per Software geschehen, ohne den Bus zu verbreitern)

- Gleitkomma-Prozessor einsetzen, falls es die Verarbeitungsgeschwindigkeit erlaubt.

Die nachstehende Diskussion über den Einfluss der Struktur hat intuitiven Charakter, zeigt aber die wesentlichen Aspekte auf. Es ist mit den heutigen Filterprogrammen durchaus praktikabel, ja sogar ratsam, mehrere Varianten durchzuspielen und die Simulationsresultate zu vergleichen.

- *Direktstrukturen* (Bilder 5.16, 5.17 und 5.18): Alle b_i beeinflussen sämtliche Nullstellen, alle a_i beeinflussen sämtliche Pole. Diese Strukturen sind darum unvorteilhaft, v.a. dann, wenn Pole und/oder Nullstellen nahe beieinander liegen (schmalbandige Filter).

- *Parallelstruktur* (Bild 5.20): Die Pole hängen vorteilhafterweise nur von wenigen Koeffizienten ab. Allerdings entstehen die Nullstellen des *Gesamt*systems durch gegenseitige Kompensation der Ausgangssignale der verschiedenen *Teil*systeme, die Nullstellen hängen darum von vielen Koeffizienten ab. Die Parallelstruktur ist deshalb gegenüber Koeffizientenquantisierung unempfindlich im Durchlassbereich (v.a. durch die Pole bestimmt), aber anfällig im Sperrbereich (v.a. durch die Nullstellen bestimmt). Hauptvorteil der Parallelstruktur bleibt demnach die hohe Geschwindigkeit bei Mehrprozessor-Systemen.

- *Kaskadenstruktur* (Bild 5.19): Die Pole und Nullstellen hängen nur von wenigen Koeffizienten ab. Solche Systeme sind deshalb robust im Durchlass- und Sperrbereich. Man kann zeigen, dass bei einer Kaskade von Gliedern 1. und 2. Ordnung in Direktform (wie in Bild 5.19) die Nullstellen und die Pole auf dem Einheitskreis durch die Quantisierung zwar geschoben werden, aber nicht den Einheitskreis verlassen. Wegen diesen Eigenschaften und der einfachen Dimensionierung ist die Kaskadenstruktur die beliebteste Struktur für IIR-Systeme.

- *Abzweig-, Kreuzglied- und Wellendigitalfilter* (Bilder 5.22 und 5.23): Als direkte Abkömmlinge der LC-Filter weisen diese Strukturen generell eine geringe Empfindlichkeit auf.

- *Transversalfilter* (Bild 5.21): Diese haben ausserhalb des Ursprunges der z-Ebene nur Nullstellen. Diese verhalten sich natürlich ebenso schlecht wie bei der Direktstruktur (das Transversalfilter ist ja eine degenerierte Direktstruktur 1). Zwei Punkte bringen die Transversalfilter aber wieder in ein besseres Licht:

  - FIR-Filter werden primär für die Realisierung von linearphasigen Systemen eingesetzt. Die Filterkoeffizienten sind darum symmetrisch oder anti-symmetrisch (vgl. Abschnitt 9.2). Man kann zeigen, dass die Koeffizienten diese Eigenschaften durch die Rundung nicht verlieren.

  - FIR-Filter haben nur ein endliches Gedächtnis und darum auch nur eine beschränkte Fehlerfortpflanzung und damit eine geringere Fehlerakkumulation als IIR-Filter. Meistens genügen 16 Bit Wortbreite für FIR-Filter, während IIR-Filter vergleichbarer Genauigkeit bis 24 Bit Wortbreite benötigen (gemeint ist die Wortbreite für die Rechenoperationen, nicht für die ADC, DAC und Busse!).

Beispiel: Bild 5.27 zeigt oben den Amplitudengang eines Bandsperr-Filters 6. Ordnung. Wie man auf die Koeffizienten dieses Systems kommt (Synthese) ist das Thema der Kapitel 8 und 9. Hier geht es lediglich um ein Beispiel für ein IIR-System. Ebenfalls eingezeichnet sind zwei Begrenzungslinien, innerhalb deren der Amplitudengang verlaufen soll. Offensichtlich erfüllt das gezeigte System die Anforderungen.

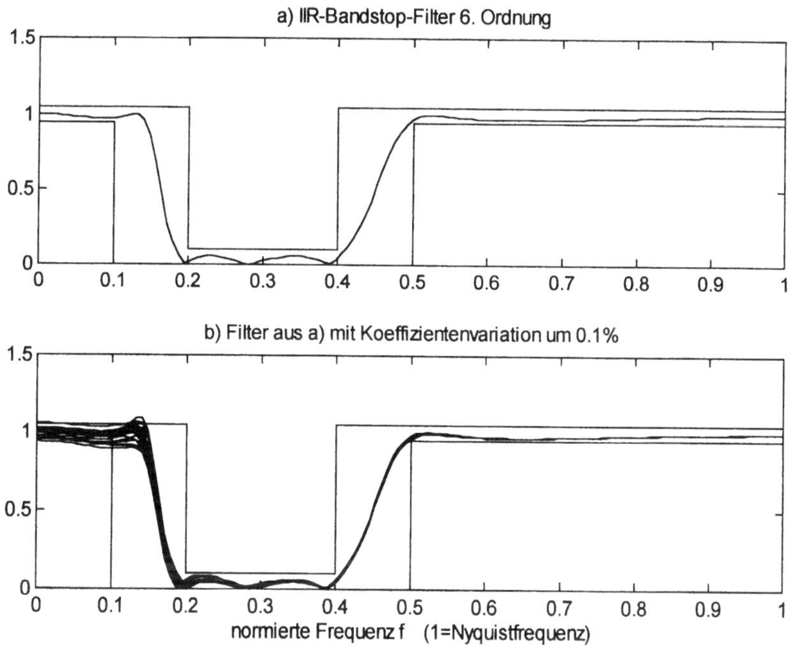

Bild 5.27 Beispiel zur Sensitivität eines Amplitudenganges bezüglich kleinen Variationen der Koeffizienten (Erläuterungen im Text)

Für das untere Bild wurde dasselbe System übernommen, jedoch wurden die Koeffizienten mit
einem Zufallsgenerator um maximal 0.1 % ihres Sollwertes geändert und der Amplitudengang
gezeichnet. Danach wurden nochmals die Koeffizienten modifiziert, wiederum ausgehend vom
Sollwert und um maximal 0.1 %. Insgesamt wurden so 20 Amplitudengänge ohne Fehlerkumulation übereinander gezeichnet und man erhält einen Eindruck von der Sensitivität der
Koeffizienten. Das Einhalten der Vorgaben kann hier nicht mehr garantiert werden.

□

Die am häufigsten benutzte Struktur ist die Kaskade von Biquads, Bild 5.19. Der Übergang
von der Direktstruktur zur Kaskade ist nicht eindeutig (der Übergang von der Direktstruktur
zur Parallelstruktur jedoch schon!). Die verschiedenen Pol- und Nullstellen-Paare können
nämlich auf mehrere Arten zu Biquads kombiniert werden und die Biquads können in verschiedenen Reihenfolgen angeordnet werden. Es wird dieselbe Strategie wie bei der Kaskade
von anlogen Biquads angewandt (Abschnitt 8.4.1):

- Ein Pol muss stets mit seinem konjugiert komplexen Partner in einem Biquad kombiniert
  sein. Nur so ergeben sich reelle Koeffizienten in Gleichung (5.33). Dasselbe gilt für die
  Nullstellen.

- Generell ist es vorteilhaft, wenn alle Koeffizienten eines Biquads in der gleichen Grössen-
  ordnung liegen, da dann die Wortbreite am besten ausgenutzt wird. Ein konjugiert komplexes Polpaar wird darum mit dem am nächsten liegenden konjugiert komplexen Nullstellen-
  Paar kombiniert, Bild 5.28. Darüberhinaus kompensieren sich die Wirkungen der Pole und
  Nullstellen zum Teil, insgesamt wird die Überhöhung geringer und die Skalierung (Abschnitt 5.10.4) sanfter.

- Der letzte Block der Kaskade soll diejenigen Pole enthalten, die am nächsten beim Einheitskreis liegen. Dies ergibt das Teilfilter mit der höchsten Güte, also der grössten Überhöhung des Amplitudenganges. Darum soll das Eingangssignal schon möglichst vorgefiltert
  sein. Der zweitletzte Block enthält von den verbleibenden Polen wiederum das am nächsten
  am Einheitskreis liegende Paar, usw. (Bild 5.28). Auch die Zuordnung der Pole und Nullstellen zu den Biquads wird von guten Entwurfsprogrammen selber durchgeführt.

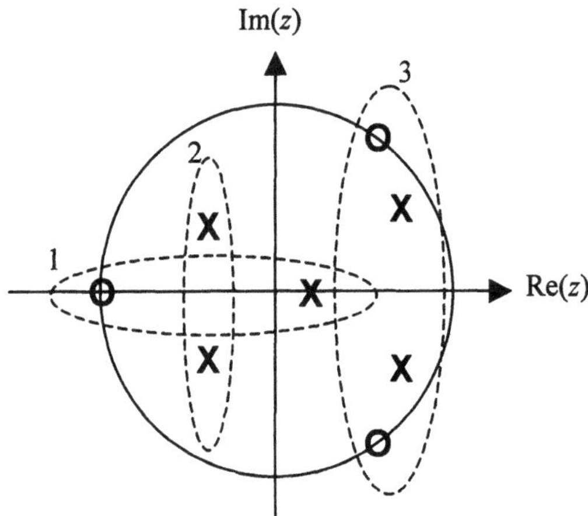

Bild 5.28 Beispiele für die Zuordnung der Pole und Nullstellen zu den Biquads. 1 bezeichnet den ersten
Biquad, 3 den letzten.

5.10.4 Quantisierung der Rechenergebnisse

Prozessoren mit Zahlendarstellung in einem Fixkomma-Format führen durch die Rechenoperationen eine weitere Quantisierung ein, d.h. der Signal-Rauschabstand wird durch die Rechnerei verschlechtert. Prozessoren mit Gleitkomma-Darstellung sind in dieser Hinsicht fast perfekt, allerdings arbeiten sie merklich langsamer und kosten mehr.

Wenn in einem Fixkomma-Rechenwerk die Zahlen mit einer Wortbreite von k Bit dargestellt werden, so kann die Summe von zwei Zahlen $k+1$ Stellen aufweisen, das Produkt von zwei Zahlen sogar $2k$ Stellen. Die Wortbreite des Rechenwerkes (Zahlendarstellung, nicht Bus-Breite!) muss deshalb grösser sein als die Wortbreite des ADC.

Häufig wird der Zahlenbereich auf $-1 \ldots +1$ beschränkt, d.h. es wird nur mit einem Vorzeichenbit und Nachkommastellen gearbeitet, z.B. im Zweierkomplement. Bei der Multiplikation entstehen dadurch nur weitere Nachkommastellen, die abgeschnitten oder gerundet werden. Diese Rundung erfolgt zusätzlich zur Quantisierung im ADC.

Bei der Addition kann sich jedoch ein Überlauf ergeben, das Vorzeichen wird also invertiert. Ein wachsendes Signal wird darum plötzlich kleiner. Bei einer Subtraktion kann das Umgekehrte eintreten, nämlich ein „Unterlauf". Am Ausgang des Filters erscheint in solchen Fällen ein Schwingen mit grosser Amplitude (*large scale limit cycle*). Ein IIR-Filter mit langer Impulsantwort erholt sich entsprechend langsam von einem solchen Fehler.

Eine Abhilfe gegen Überlauf bringt die *Skalierung*, d.h. das Eingangssignal eines Filters wird durch den Wert der maximalen Überhöhung des Amplitudenganges dividiert. Dieser Skalierungsfaktor kann mit den einzelnen Filterkoeffizienten kombiniert werden. Bei Kaskadenstrukturen kann die Skalierung auch in einer separaten Zwischenstufe erfolgen.

Bei der Kaskadenstruktur geschieht die Skalierung genau gleich wie bei den analogen Filtern (Abschnitt 8.4.1):

- Falls die Systemordnung ungerade ist, entsteht ein Biquad erster Ordnung. Dieser wird an den Anfang der Kette plaziert.

- Vom 1. Biquad den Maximalwert von $\left|H_1(e^{j\Omega})\right|$ (Amplitudengang) berechnen und das Zählerpolynom von $H_1(z)$ durch diesen Wert dividieren. Dadurch entsteht $H_1'(z)$.

- Kombination des skalierten 1. Biquads mit dem zweiten Biquad: Maximalwert von $\left|H_1'(e^{j\Omega})\right| \cdot \left|H_2(e^{j\Omega})\right|$ berechnen und das Zählerpolynom von $H_2(z)$ durch diesen Wert dividieren. Es entsteht $H_2'(z)$.

- Maximum von $\left|H_1'(e^{j\Omega})\right| \cdot \left|H_2'(e^{j\Omega})\right| \cdot \left|H_3(e^{j\Omega})\right|$ berechnen und das Zählerpolynom von $H_3(z)$ durch diesen Wert dividieren. Es entsteht $H_3'(z)$, usw.

Damit ist für harmonische Eingangssignale ein Überlaufen verhindert. Korrekterweise müsste man auch die Addiererausgänge im Innern der Biquads kontrollieren.

Die Skalierung wie auch die Quantisierung der Zwischenergebnisse verschlechtern leider die Filterdynamik, d.h. der Signal-Rauschabstand wird reduziert. Es gibt darum auch weniger strenge Skalierungsmethoden, die einen Überlauf mit „hoher Wahrscheinlichkeit" verhindern.

Nach dem Abarbeiten des gesamten Filter-Algorithmus sollte der Signal-Rausch-Abstand nicht merklich schlechter sein als unmittelbar nach dem ADC.

Hochwertige Design-Programme für digitale Systeme erledigen für jede Stufe eine allfällig notwendige Skalierung.

Falls das Eingangssignal periodisch oder konstant ist, ergibt sich u.U. anstelle eines Rauschens eine Schwingung kleiner Amplitude (*small scale limit cycle, granular noise*). Dies kann in Anwendungen der Sprachverarbeitung störend wirken, v.a. in den Sprechpausen.

Beispiel: Wir betrachten nochmals das System, das wir bereits bei Bild 5.11 untersucht haben. Wir ändern zur Abwechslung einen Koeffizienten:

$$y[n] = x[n] - 0.9 \cdot y[n-1] \tag{5.37}$$

Die Impulsantwort klingt ab, falls alle Pole des Systems innerhalb des Einheitskreises liegen:

$$Y(z) = X(z) - 0.9 \cdot Y(z) \cdot z^{-1} \quad \Rightarrow \quad H(z) = \frac{Y(z)}{X(z)} = \frac{1}{1 + 0.9 \cdot z^{-1}} = \frac{z}{z + 0.9}$$

Das System hat also einen reellen Pol bei $z = -0.9$ und ist somit stabil. Man kann natürlich auch mit (4.62) zeigen, dass die Impulsantwort abklingt:

$$\lim_{n \to \infty} h[n] = \lim_{z \to 1} \left[(z-1) \cdot H(z) \right] = \lim_{z \to 1} \left[(z-1) \cdot \frac{z}{z + 0.9} \right] = 0$$

Werten wir jedoch (5.37) aus und runden dabei alle Zwischenresultate auf eine Nachkommastelle, so ergibt sich folgende Stossantwort:

$$h[n] = [1, -0.9, 0.8, -0.7, 0.6, -0.5, 0.5, -0.5, 0.5, -0.5, 0.5, \ldots]$$

☐

Weitere Angaben zum nicht gerade einfachen Thema der Amplitudenquantisierung finden sich u.a. in [End90], [Grü01], [Mil92], [Opp95] und [Hig90].

5.11 Die Realisierung von digitalen Systemen

Die Implementierung und Realisierung von digitalen Systemen soll der Zielsetzung des Buches entsprechend nur kurz angetönt werden. Trotzdem: dies ist der letzte Schritt des Entwicklungsablaufes eines digitalen Systems und bildet den Sprung von der Rechnersimulation zur Realität. Dieser Schritt hängt eng mit der benutzten Hardware zusammen, lässt sich also schlecht allgemein erläutern. Die folgenden Hinweise sind deshalb als Anstösse für eine mögliche Weiterarbeit zu verstehen. Dazu dienen z.B. die Literaturstellen [Hig90], [Ing91] und [Ger97]. Die Hersteller von DSP-Chipsätzen liefern passende Dokumentationen und auch Programmvorschläge. Es sind mittlerweile erstaunlich leistungsfähige DSP-Entwicklungssysteme mitsamt der notwendigen Software zu sehr günstigen Preisen erhältlich.

Digitale Systeme werden aufgebaut mit integrierten Schaltungen (IC, Integrated Circuit). Die Entwicklung von VLSI-Schaltungen (Very Large Scale Integration) ist extrem aufwendig, entsprechend beherrschen wenige Grossfirmen den DSP-Markt (in alphabetischer Reihenfolge: Analog Devices, Motorola, Texas Instruments u.a.)

Die eigentlichen elektrischen Probleme sind durch die ICs weitgehend gelöst, der Anwender kann sich auf die logischen Aspekte seiner Aufgabe konzentrieren. Einzig schnelle Digitalschaltungen sowie die analoge Elektronik um die S&H, ADC und DAC (vgl. unten) verlangen Kenntnisse der Schaltungstechnik und der Eigenschaften der angewandten Technologien. Diese Kenntnisse ermöglichen die richtige Auswahl der Bausteine für eine bestimmte Anwendung.

Dank dem Einsatz von programmierbaren Bausteinen kann man eine Hardware universell gestalten und breit einsetzen. Es lohnt sich darum unbedingt, mit kochbuchartigen Schaltungsund Programmvorschlägen der DSP-Hersteller zu arbeiten, anstatt das Rad neu zu erfinden.

5.11.1 Die Signalwandler

Die Signalwandler bestimmen die „analogen" Eigenschaften eines digitalen Systems wie Drift, Übersprechen usw. und sind Ursache für schwierig zu behebende Unzulänglichkeiten.

5.11.1.1 Sample- and Hold-Schaltungen (S&H)

Bei den meisten AD-Wandlern (ADC) muss während der Wandlungszeit das Eingangssignal innerhalb eines Quantisierungsintervalles bleiben. Die S&H-Schaltung dient dazu, diese Bedingung zu erfüllen.

Der S&H hat zwei Betriebszustände, die von einer Ablaufsteuerung kontrolliert werden:

- Sample-Modus (auch Tracking-Modus genannt): Das Ausgangssignal des S&H folgt dem Eingangssignal.

- Hold-Modus: Das Ausgangssignal bleibt auf dem Wert zum Zeitpunkt der Steuersignaländerung stehen.

Der S&H wandelt demnach ein analoges Eingangssignal (Bild 2.2 a) in ein abgetastetes (zeitdiskretes aber amplitudenkontinuierliches, also *nicht* digitales) Signal um (Bild 2.2 b).

Gewisse ADC (z.B. der Rampenwandler) werden *ohne* S&H betrieben, da diese ADC aufgrund ihres Funktionsprinzips bestimmte Störfrequenzen (z.B. die Netzfrequenz) unterdrücken sollen. Andere ADC enthalten bereits einen auf demselben Chip mitintegrierten S&H.

S&H-Schaltungen werden zwischen dem Anti-Aliasing-Filter (AAF) und dem eigentlichen ADC in Bild 4.1 eingesetzt. Systemtheoretisch fallen sie jedoch nicht auf, da sie ja lediglich dem ADC Zeit für die Wandlung verschaffen.

Eine andere Einsatzmöglichkeit für die S&H-Schaltung ergibt sich zwischen dem DAC und dem Glättungsfilter in Bild 4.1. Damit werden Sprünge (Spikes, Glitches) beim Zustandswechsel des DAC vom Filter ferngehalten. In diesem Falle arbeitet die S&H-Schaltung als sog. Deglitcher.

5.11.1.2 Analog-Digital-Wandler (ADC)

Der ADC ist oft ein teurer Baustein. Zudem ist er häufig limitierend für die maximal vom digitalen System verarbeitbare Signalfrequenz. Da Geschwindigkeit, Auflösung, Genauigkeit und Preis unvereinbare Kriterien darstellen, gibt es mannigfaltige Konzepte zur Realisierung eines ADC. Die folgende Aufzählung listet einige Realisierungsformen in abnehmender Geschwindigkeit auf:

- Parallel-Wandler (Flash Converter)

- Seriell-Parallel-Wandler (Half Flash Converter)

- ADC mit sukzessiver Approximation (Wägeverfahren)

- Tracking-ADC (Nachlaufverfahren, Deltamodulator)

- Sigma-Delta-ADC

- Einfach-Rampen-ADC (Single Slope ADC)

- Doppel-Rampen-ADC (Dual Slope ADC)

- Voltage to Frequency Converter (VFC)

Heute üblich sind Wortbreiten des ADC von 12 bis 16 Bit. Langsame Präzisionswandler erreichen eine Auflösung von über 20 Bit (spezielles Augenmerk verdient bei deren Anwendung der vorgeschaltete Analogteil, der natürlich dieselbe Dynamik erreichen muss!). Flashwandler erreichen Abtastfrequenzen bis über 100 MHz bei einer Auflösung von 12 Bit. Die Zukunft wird noch schnellere ADC bringen.

Einige ADC verlangen eine äussere Referenzspannung, andere erzeugen diese intern. Die erste Variante gestattet einen flexibleren Einsatz bei wählbarer Präzision, die zweite hat den Vorteil des einfacheren Einsatzes. Bild 5.29 zeigt das Black-Box-Schema des ADC.

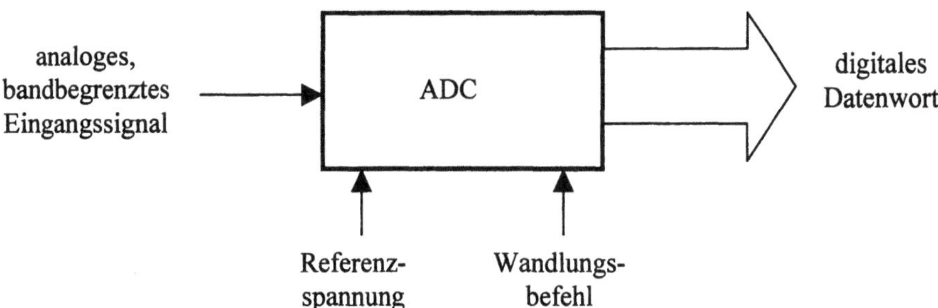

Bild 5.29 Der Analog-Digital-Wandler (ADC) als Black Box. Das Ausgangswort wird je nach Typ parallel oder seriell an den Prozessor weitergegeben.

5.11.1.3 Digital-Analog-Wandler (DAC)

Der Digital-Analog-Wandler formt ein digitales Signal, dargestellt mit k binären Stellen (Bits) in ein anderes digitales Signal um, das nur noch eine Stelle mit 2^k möglichen Werten aufweist. Das Ausgangssignal des DAC ist zeitdiskret (es ändert nur zu bestimmten Zeiten, dazwischen weist es keinen Informationsgehalt auf) *und* wertdiskret (es nimmt jeweils einen aus 2^k möglichen Werten an). Da das Ausgangssignal des DAC demnach digital ist, ist der DAC eigentlich kein Wandler sondern ein Decoder.

Nach dem DAC liegt üblicherweise ein Treppensignal vor, Bild 2.2 d. Bisher haben wir aber stets mit einer Folge von gewichteten Diracstössen gearbeitet. Die letztere Variante ist für die Theorie vorteilhafter, für die praktische Realisierung aber ungeeignet, da der Energieinhalt zu klein ist. Die mathematische Auswirkung ist im Abschnitt 4.2.5 und mit Bild 4.6 bereits gezeigt worden: das Spektrum wird gewichtet mit einer $\sin(x)/x$-Funktion. Damit werden die höheren Perioden des Spektrums bereits abgeschwächt, das Treppensignal ist oft schon interpretierbar. Die Kanten der Treppenstufen kann man mit einem analogen Tiefpass weiter glätten. Die Verzerrung in der ersten (gewünschten) Periode des Spektrums (Nyquistintervall) kann man mit Interpolation vermeiden, vgl. Abschnitt 10.1.3), das analoge Glättungsfilter in Bild 4.1 wird damit nicht so aufwendig. Eine Entzerrung ist auch mit der Schaltung aus Bild 4.7 möglich. Häufig verzichtet man aber ganz auf die Entzerrung.

5.11.2 Die Verarbeitungseinheit

Jetzt sprechen wir vom eigentlichen Prozessor in Bild 4.1. Seine Grundaufgaben sind:

- Faltung
- FIR- und IIR-Filterung
- DFT, FFT und Korrelation (letztere wird im Kapitel 6 behandelt)

Diese kann er mit den folgenden Grundbausteinen ausführen:
- Verzögerer, realisiert durch
    - Schieberegister (naheliegend aber ungeschickt, da zuviele Anschlüsse benötigt werden)
    - RAM (Random Access Memory) und einem speziellen Adressgenerator („Ringspeicher", „Zirkularpuffer")
- Multiplizierer, realisiert durch
    - Addierer plus Software (langsam)
    - Hardware-Multiplizierer (Volladdierer-Matrix) $\rightarrow$ Multiplikation in 1 Prozessorzyklus
- Addierer, realisiert durch
    - Volladdierer mit „Carry Look Ahead"

Die Realisierung der Verarbeitungseinheit ist auf verschiedene Arten möglich, wobei man Kompromisse eingehen muss in Bezug auf

- Ausführungsgeschwindigkeit

- Flexibilität

- Genauigkeit (Wortbreite)

- Kosten

Vom theoretischen Standpunkt aus betrachtet sind die verschiedenen Realisierungsarten gleichwertig. Die Genauigkeit ist von der Realisierungsart unabhängig (wenigstens solange man nicht Fixkomma-Rechenwerke mit Gleitkomma-Prozessoren vergleicht). Die nachstehend nur kurz beschriebenen Realisierungsarten streben unterschiedliche Optimas aus den obigen Anforderungen an.

5.11.2.1 Hardware

Das System wird aus Multiplizierern, Addierern (Akkumulatoren) (zusammen ergeben diese den MAC-Baustein = Multiplicator/Accumulator) und Schieberegistern aufgebaut. Das System ist teuer und unflexibel, dafür aber sehr schnell. Es hat darum nur einen Sinn, wenn die Realisierung mit einer schnellen und damit stromfressenden Logik-Familie wie ECL, Schottky-TTL oder HCMOS erfolgt. Damit lassen sich Signale bis über 100 MHz verarbeiten.

5.11.2.2 Mikrocomputer und -Controller

Dies stellt gerade das andere Extrem dar: da diese Realisierung einer reinen Software-Lösung entspricht, ist das System flexibel aber langsam. In Gleitkomma-Arithmetik wird die Geschwindigkeit drastisch reduziert. Vorteilhaft ist dagegen der tiefe Preis.

Mit Mikrocontroller ist ein „Single-Chip-Computer" gemeint, also die Vereinigung einer CPU mit ROM/RAM und Kommunikationsport in einer einzigen integrierten Schaltung. Es gibt sogar Typen, die gleich noch ADC und DAC enthalten.

5.11.2.3 Digitale Signalprozessoren (DSP)

Dies ist nichts anderes als ein Mikrocontroller, dessen Architektur auf die Operationen Addieren, Multiplizieren und Verzögern optimiert wurde. Weiter ist der Befehlssatz reduziert und optimiert auf die für die digitale Signalverarbeitung relevanten Operationen. Der Gewinn dieser RISC-Architektur (Reduced Instruction Set Computer) liegt in der Geschwindigkeit, da die Befehle nur noch einen einzigen Arbeitstakt benötigen. Trotzdem muss nicht auf die Flexibilität verzichten werden, da die DSP softwaregesteuert sind. Die zu verarbeitenden Signale dürfen Bandbreiten bis etwa 10 MHz aufweisen.

Minimalsysteme haben problemlos auf einer Europa-Karte Platz. Es gibt auch PC-Einschubkarten mit einem DSP als Herzstück, prominentestes Beispiel dürften die Sound-Blaster-Karten sein.

Mehrere Hersteller bieten DSP-Chips an. Für die Auswahl sind nicht nur die Daten des DSP selber relevant, sondern auch die Leistungsfähigkeit der dazugehörigen Entwicklungsumgebung (Compiler, Debugger usw.) sowie die Unterstützung, die der Lieferant anbieten kann. Für gängige Problemstellungen modifiziert man vorbereitete Programme (z.B. Einsetzen der Filterkoeffizienten).

Zwei Zahlenbeispiele mögen die Anforderung an die Verarbeitungseinheit verdeutlichen:

- Ein Transversalfilter 10. Ordnung für Sprachverarbeitung mit einer Abtastrate von 8 kHz erfordert pro Sekunde 80'000 Multiplikationen, Additionen und Datentransfers.

- Eine Videosignal-Vorverarbeitung in Echtzeit mit 50 Halbbildern mit je 720 x 576 Bildpunkten (dies entspricht der Auflösung eines Fernsehbildes nach dem PAL-Standard) erfordert pro Sekunde 20 Milliarden Multiplikationen, Additionen und Datentransfers.

Die Leistungsfähigkeit von Prozessoren wird in MIPS (Million Instructions Per Second) oder in MFLOPS (Million Floating Point Operations Per Second) gemessen. Eine CPU Intel 80286 mit Coprozessor 80287 (also die Konfiguration im bereits veralteten IBM PC AT) brachte es auf 0.1 MFLOPS, während moderne DSP über 40 MFLOPS leisten.

Die Auswahl der Verarbeitungseinheit erfolgt primär nach der geforderten Geschwindigkeit und weniger nach dem Preis. Nach folgenden Prioritäten wird man sich entscheiden:

1. DSP mit Gleitkomma-Arithmetik. Damit erspart man sich auf Kosten der Geschwindigkeit mühsame Skalierungen (Abschnitt 5.10.4).

2. DSP mit Fixkomma-Arithmetik. Diese Lösung liegt punkto Geschwindigkeit und Komfort im Mittelfeld.

3. Festverdrahtete Hardware. Dies ist die unflexible Notlösung, die man nur dann wählt, wenn die Geschwindigkeitsanforderungen für die oberen Varianten zu hoch sind. Unter Umständen lässt sich die Verarbeitung nach Bild 4.3 aufteilen, dies entspricht einer Mischvariante.

Nachstehend soll die Architektur der DSP wenigstens rudimentär beleuchtet werden. Insbesondere geht es um die Beseitigung von Flaschenhälsen, wobei das Ziel dieser Massnahmen die Erhöhung der Geschwindigkeit ist. Dies ist über die Taktfrequenz technologiebedingt nur beschränkt möglich. Grosse Wirkung zeigt hingegen eine angepasste Architektur. Die angewandten Konzepte heissen Pipelining und Parallelisierung, was eine hohe Integrationsdichte erfordert ($\rightarrow$ VLSI).

- *Pipelining:* Dies ist nichts anderes als das bekannte Fliessband: ein komplexer Ablauf wird aufgeteilt und verteilt auf mehrere einfache Schritte. Die Schritte werden gleichzeitig ausgeführt, aber natürlich an verschiedenen Objekten. Der Durchsatz oder Ausstoss wird erhöht, die Verweilzeit für ein Element wird jedoch nicht reduziert. Entsprechend ist Pipelining vorteilhaft für „Durchflussoperationen", schlecht hingegen bei Einzelvorgängen und Programmverzweigungen.

- *Parallelisierung:* Falls ein Vorgang nicht sequentiell unterteilt werden kann, ist Pipelining nicht anwendbar. In diesem Fall wird parallel gearbeitet, d.h. mehrere identische Arbeitsplätze erhöhen den Durchsatz. Als Beispiel aus dem Alltag dient die Kassenreihe im Einkaufszentrum.

Von der CPU gelangt man durch folgende Modifikationen zum DSP:

- Die ALU (Arithmetic and Logic Unit) ist ergänzt durch einen separaten Hardware-Multiplizierer und eine Verzögerungskette.

- Es besteht ein On-Chip-Memory für Signal- und Koeffizientenwerte (dies entspricht einem schnellen Cache-Speicher), ergänzbar durch externe Speicher.

- Der DSP enthält einen spezialisierten Adressgenerator, z.B. für die Bit-Umkehr bei der FFT (Bild 4.13) und für die Adressierung der Ringspeicher (Verzögerungsglieder).

- Adress- und Datenrechner arbeiten parallel und gleichzeitig.

- Die Befehls- und Datenspeicher und -Busse sind getrennt (Harvard-Architektur).

In der Technologie der Prozessor-Hardware wird auch in Zukunft noch viel Bewegung sein. Im Moment verschmelzen nämlich Telekommunikation, Computerindustrie und Unterhaltungselektronik und es sind drei Trends zu erkennen:

- Softwarebasierte Endgeräte (d.h. digitale Datenkompression, Modulation, Kanalentzerrung usw. [Mey99]) als Voraussetzung für universelle Mehrnormgeräte sowie

- Multimediakommunikation (gleichzeitige Übertragung von evtl. sogar zusammengehörenden Daten, Texten, Sprachsignalen, Musik, Bildern und Videos) und

- Mobilkommunikation (Geräte der dritten Generation, besser bekannt unter UMTS = Universal Mobile Telecommunication System).

Die Multimediatechnik erfordert von den Prozessoren im Vergleich zu heute ein Vielfaches an (stromfressender!) Rechenleistung und die Mobilkommunikation verlangt deren Betrieb in batteriegespeisten Geräten. Deshalb forscht man nach neuen Prozessor-Architekturen, mit denen diese beiden gegenläufigen Forderungen unter einen Hut zu bringen sind. Eine Idee ist zum Beispiel, im Moment brachliegende Teile eines Chips einzuschläfern.

5.11.3 Die Software-Entwicklung

Die Software-Entwicklung beansprucht den Hauptanteil der versteckten Kosten eines DSP-Projektes. Der Zeitaufwand und damit die Kosten sind nämlich schwierig zu schätzen. Der Test der Software ist aufwändiger als bei herkömmlichen Programmen, da durch Parallelisierung und Pipelining die Übersicht schwieriger wird und zudem zeitlich nicht beeinflussbare Interrupts von der Aussenwelt auftreten.

Aus Geschwindigkeitsgründen werden meistens (noch) Assembler-Programme geschrieben. Dies ist eigentlich ein Anachronismus, der an die Anfangszeiten der analogen Schaltungstechnik erinnert. Schon damals wollte der Entwicklungsingenieur ein Anwendungsproblem lösen (z.B. mit Hilfe eines Verstärkers), musste sich aber hauptsächlich mit Details wie der Arbeitspunkteinstellung und -stabilisierung irgendwelcher Transistoren herumschlagen. Abhilfe brachten erst die Operationsverstärker, welche dem Entwickler die direkte Sicht auf Funktionsblöcke ermöglichten. Die eigentliche Schaltungstechnik braucht der heutige Ingenieur oft gar nicht mehr zu beherrschen und kann trotzdem Systeme mit erstaunlicher Leistungsfähigkeit aufbauen.

Ähnlich ergeht es dem DSP-Anwender: eigentlich möchte er z.B. ein Filter bauen, bei dessen Programmierung schiebt er aber irgendwelche Bitmuster in irgendwelche Register. Auf zwei Arten wird versucht, wenigstens teilweise eine Abhilfe zu schaffen:

- Programmierung in einer Hochsprache (z.B. C) mit anschliessender Compilierung. Dieser Weg führt oft zu einem weniger effizienten Code mit langen Ausführungszeiten und ist darum bei zeitkritischen Anwendungen und rechenintensiven Algorithmen nicht gangbar.

- Programmierung von Modulen in Assembler und anschliessendem Zusammenfügen durch den Linker. Dabei können einzelne Module für häufige Teilaufgaben aus einer Software-Bibliothek übernommen werden. Natürlich sind auch Mischungen von Teilen in Hochsprache und Teilen in Assembler möglich.

Es lässt sich leider feststellen, dass die Software-Entwicklungswerkzeuge in ihrer Schlagkraft noch weit hinter der Hardware zurückliegen. Mit grossen Forschungsanstrengungen wird versucht, diesem Ungleichgewicht abzuhelfen. Das Ziel ist, eine hochstehende DSP-Applikation ohne eigentliche Programmierkenntnisse schnell, sicher und preisgünstig zu realisieren. Dies geschieht z.B. mit einer graphischen Oberfläche, auf der vorbereitete und fallweise modifizierbare Funktionsblöcke zusammengefügt werden. Anschliessend wird daraus automatisch ein effizienter DSP-Code generiert. Bild 5.30 zeigt einen heute noch typischen Entwicklungsablauf.

Ausgangspunkt in Bild 5.30 ist das Resultat der Synthese, das in Form der Koeffizienten a_n und b_n von $H(z)$ vorliegt. Diese Synthese, die mit weitgehender Computerunterstützung vorgenommen wird, ist Gegenstand des Kapitels 9.

Aus dem Abschnitt 5.10.3 wissen wir, dass eine Strukturumwandlung zu anderen Koeffizienten führt, die vorteilhafter punkto Quantisierungsfehler sein können. Am Schluss des Abschnittes 5.7 ist ein Beispiel dazu aufgeführt. Auch dieser Schritt der Strukturumwandlung wird von Software-Paketen übernommen.

Mit einer Analyse überprüft man nun, ob das Filter die Anforderungen erfüllt. Eine „billige" Art der Analyse geht von $H(z)$ aus. Wesentlich aussagekräftiger ist die Analyse unter Berücksichtigung der Struktur sowie der Wortbreite des Rechners. Es genügt dabei nicht, in einer Gleitkomma-Arithmetik zu rechnen und am Schluss einfach das Ausgangssignal auf z.B. 12 Bit zu quantisieren. Vielmehr müssen (wie in einem Fixkomma-DSP) sämtliche Zwischenergebnisse ebenfalls gerundet werden. Die Ergebnisse entsprechen dann bis auf die Geschwindigkeit genau dem späteren Filterverhalten. Bei ungenügenden Ergebnissen muss man die Struktur und/oder die Abtastfrequenz ändern oder mit verschärften Anforderungen $H(z)$ neu berechnen.

Bei dieser Analyse kann man mit einer Prozessor-unabhängigen Software in einer Hochsprache arbeiten. Würde man hingegen die Quantisierung erst auf einem Simulator mit dem Assemblerprogramm untersuchen, so würde der Korrektur-Loop im Falle eines Redesigns grösser, zeitaufwendiger und somit teurer.

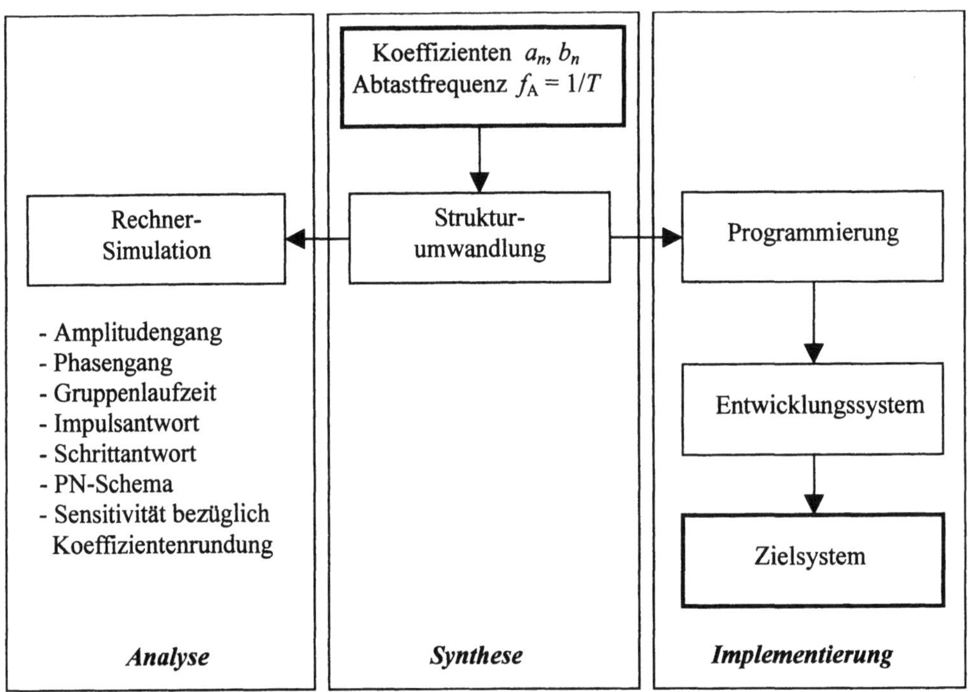

Bild 5.30 Entwicklungsablauf für eine DSP-Anwendung

Zeigt die Analyse die Tauglichkeit des entwickelten Systems, so kann man zur eigentlichen Implementierung schreiten, Bild 5.31. Erst jetzt muss man den genauen Typ des DSP festlegen, denn hier wird die DSP-spezifische Software erstellt. Auch dies geschieht mit Software-Unterstützung, indem der DSP-Lieferant vorbereitete Routinen für die gängigen Strukturen anbietet.

Zuerst wird das Zielsystem beschrieben: Grösse und Adressen der Speicher, Adressen der I/O-Ports usw.

Die eigentliche Software unterteilt man in Module, wobei die zeitkritischen Module in Assembler, die andern in einer Hochsprache geschrieben und compiliert werden. Der Linker fügt die Einzelteile der Software zusammen zu einem ganzen Programm. Dieses enthält die korrekten Adressen der Variablen. Das fertige Programm kann auf einem Simulator überprüft werden. Dabei wird auf dem Host-Rechner (PC, Workstation) der DSP nachgebildet. Auf diese Art kann man den Programmablauf flexibel kontrollieren. Alle geschwindigkeitskritischen Elemente können aber erst auf einem richtigen DSP-System untersucht werden. Bis zu diesem Zeitpunkt ist keinerlei DSP-Hardware notwendig.

Manchmal wird die erste kombinierte Hardware/Software-Testphase auf einem Entwicklungssystem durchgeführt. Das ist eine Rechnerkarte mit dem gleichen Prozessor, der auch später eingesetzt wird. Die Karte enthält daneben noch soviel RAM wie möglich, ferner ADC, DAC usw. Das Programm wird im RAM abgelegt. Nun kann das Filter mit seinen definitiven Eigenschaften (also auch der Geschwindigkeit) ausgetestet werden. Zur Fehlersuche (Debugging) wird ein Monitor-Programm verwendet, das eine schrittweise Abarbeitung der Filterroutine sowie die Inspektion aller Register und Speicherzellen ermöglicht.

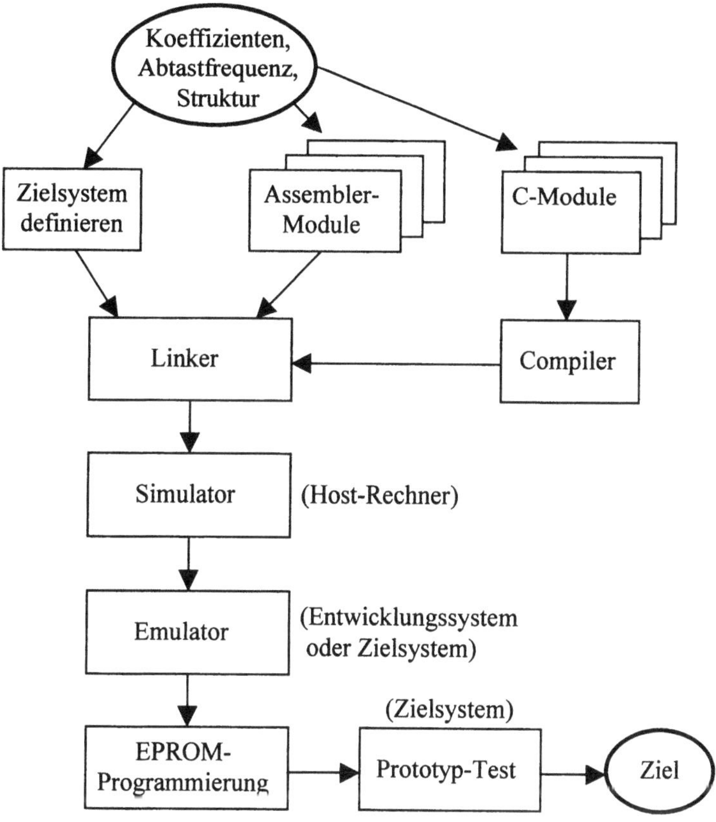

Bild 5.31 Software-Entwicklung für einen DSP (Block „Implementierung" in Bild 5.30)

Läuft das Programm auf dem Entwicklungssystem fehlerfrei, so wird es in das Zielsystem geladen. Im Gegensatz zum universellen Entwicklungssystem sind jetzt nur diejenigen Komponenten vorhanden, die für die jeweilige Anwendung benötigt werden (Minimalsystem). Zur Kontrolle benutzt man einen (meistens teuren) In-Circuit-Emulator (ICE). Dieser erlaubt auch Einblicke in sonst nicht zugängliche Register und gestattet den Test und das Debugging im Zielsystem unter Echtzeitbedingungen.

Bei kleinen Stückzahlen lohnt sich die Entwicklung eines Zielsystems oft nicht. Günstiger ist es dann, ein käufliches Universalsystem einzusetzen und dieses nicht ganz auszunutzen. Zum Schluss wird das Programm in ein EPROM geladen, damit die DSP-Karte autonom arbeiten kann.

Prinzipiell läuft der Entwicklungsprozess wie eben beschrieben ab. Bei jedem Schritt werden aufwändige Software-Werkzeuge eingesetzt. In der Schlussphase ist diese Entwicklungsumgebung herstellerspezifisch. Es ist somit klar, dass bei der Auswahl eines DSP die angebotene Entwicklungsumgebung mitberücksichtigt werden muss. Dank der leistungsfähigen Entwicklungsumgebung heisst das Problem weniger „wie baue ich ein Filter" als vielmehr „wie benutze ich die Werkzeuge". Diese erfordern ein intensives Einarbeiten, um alle ihre Fähigkeiten nutzbar zu machen.

6 Zufällige Signale

6.1 Einführung

Zufällige Signale oder stochastische Signale sind nicht deterministisch beschreibbar. Ihr Verlauf ist unvorhersagbar und man kann ihn nicht (wie bis anhin praktiziert) mit einer Funktion beschreiben. Zufallssignale haben eine grosse Bedeutung:

- Alle informationstragenden Signale sind zufällig, andernfalls hätten sie kein Überraschungsmoment.

- Die meisten Störsignale haben eine zufällige Natur, z.B. jede Form von Rauschen.

- Deterministische Signale (z.B. Messsignale) sind stets mehr oder weniger gestört und haben deshalb auch eine stochastische Komponente.

Die Nachrichtentechnik (ein Hauptkunde der Signalverarbeitung) befasst sich mit der Aufgabe, Informationen über gestörte Kanäle zu übertragen. Dort ist eine zweckmässige Beschreibung der Zufallssignale demnach unabdingbar.

Da die Ingenieure aufgrund ihrer traditionellen Ausbildung deterministisch denken, bringen sie den Zufallssignalen meistens nur wenig Sympathie entgegen. In der System- und Messtechnik benutzt man deshalb oft deterministische Signale. Falls man das theoretisch Machbare z.B. bei einem Kommunikationssystem möglichst erreichen will, kommt man aber nicht umhin, sich mit den Zufallssignalen zu beschäftigen.

Dem Einführungscharakter dieses Buches entsprechend behandeln die Kapitel 6 und 7 nur die Grundlagen der Theorie der Zufallssignale. Kontinuierliche und diskrete Zufallssignale und -Prozesse werden parallel behandelt und es wird mehr Wert auf intuitives Verständnis als auf mathematische Exaktheit gelegt. Das Ziel ist, Berührungsängste gegenüber den Zufallssignalen abzubauen und den Boden für ein vertieftes Weiterstudium zu ebnen. Für letzteres eignen sich z.B. [Hen00], Klo[01] und [Kro96]. Wie schon im Vorwort erwähnt, lehnt sich dieses Kapitel inhaltlich z.T. an die Ausführungen in [Mil97] an.

Deterministische Signale beschreibt man mit Funktionen, z.B. $x(t) = \sin(\omega t)$. Stochastische Signale hingegen beschreibt man mit Verteilungsfunktionen, Wahrscheinlichkeitsdichten, Korrelationsfunktionen und Leistungsdichtespektren. Diese werden in den folgenden Abschnitten eingeführt. Die Fourier-Transformation wird einmal mehr eine wichtige Rolle spielen.

Auch wenn bei einem Zufallssignal der künftige Verlauf aus dem betrachteten bisherigen Verlauf nicht vorhersagbar ist, kann man doch gewisse Annahmen treffen. Man muss sich aber vom Gedanken lösen, „alles im Griff" zu haben. Es geht vielmehr nur darum, aufgrund statistischer Kenntnisse bessere Vorhersagen zu machen als mit blossem Raten. Statistische Kennwerte wie Mittelwert und mittlere Leistung lassen sich oft ziemlich exakt angeben, obwohl man den tatsächlichen Signalverlauf gar nicht kennt. Beim Münzwurf beispielsweise kann man sagen, dass bei einer grossen Zahl von Versuchen „Kopf" und „Zahl" sich die Waage halten werden.

6.2 Wahrscheinlichkeitsfunktion und Wahrscheinlichkeitsdichte

6.2.1 Wahrscheinlichkeit

Nicht nur eine Münze, auch ein Spielwürfel lässt sich als *Zufallsprozess* beschreiben. Wirft man den Würfel, so macht man ein *Zufallsexperiment*. Dessen Resultat ist ein *Elementarereignis E_i*, beim Würfel also die geworfene Augenzahl. Die Menge aller Elementarereignisse nennt man *Ereignisraum E*. Diese Ansicht gestattet die Herleitung vieler Beziehungen der Kombinatorik mit Hilfe der Mengenlehre [Con87].

$$E = \{E_1, E_2, ..., E_n\} \tag{6.1}$$

Jedes Elementarereignis tritt mit einer bestimmten Wahrscheinlichkeit $P(E_i)$ auf. Beim Würfel beträgt diese für jede Augenzahl bekanntlich 1/6. Die Wahrscheinlichkeit ist eine positive reelle Zahl:

$$0 \leq P \leq 1 \tag{6.2}$$

Da irgend eines der Elementarereignisse auftreten muss, gilt:

$$\sum_{i=1}^{n} P(E_i) = 1 \tag{6.3}$$

Die Wahrscheinlichkeit eines Elementarereignisses berechnet sich folgendermassen:

$$P(E_i) = \lim_{n \to \infty} \frac{n_i}{n} \tag{6.4}$$

Die Wahrscheinlichkeit, dass man bei einem Würfel die maximale Augenzahl würfelt, kann man demnach einfach experimentell bestimmen. Man wirft den Würfel z.B. $n = 1000$ Mal und zählt, wie oft der Würfel 6 zeigt. Diese Zahl n_6 wird in der Gegend von 167 liegen und man erhält so eine *Schätzung* der tatsächlichen Wahrscheinlichkeit. Je grösser man n macht, desto besser wird die Schätzung.

Mit den Elementarereignissen E_i kann man Teilmengen von E bilden, die man *zusammengesetzte Ereignisse* oder kurz *Ereignisse A_j* nennt.

Beispiel: A_1 = der Würfel zeigt eine gerade Augenzahl: $A_1 = \{2, 4, 6\}$. A_2 = der Würfel zeigt eine ungerade Augenzahl: $A_2 = \{1, 3, 5\}$.

Die zusammengesetzten Ereignisse lassen sich weiter kombinieren zu neuen Ereignissen.

Nimmt man als Trivialfall das Ereignis A, welches so definiert sei, dass das Resultat des Wurfes in den soeben definierten Mengen A_1 *oder* A_2 liegen soll, so umfasst A sämtliche Elementarereignisse ($A = E$) und hat deshalb die Wahrscheinlichkeit 1: $P(A) = P(E) = 1$. Man spricht dann vom *sicheren Ereignis*.

Sei jetzt aber A das Ereignis, dass die Augenzahl weder in A_1 noch in A_2 liegt, so ist A die leere Menge (kein einziges Elementarereignis liegt in A) mit der Wahrscheinlichkeit $P(A) = 0$. Man nennt dies das *unmögliche Ereignis*.

Für die Berechnung der Wahrscheinlichkeit $P(A)$ des Ereignisses A aufgrund der bekannten Wahrscheinlichkeiten $P(E_i)$ der total k in A enthaltenen Elementarereignisse E_i gilt folgende Beziehung:

$$A = \{E_1, E_2, ..., E_k\} \quad \Rightarrow \quad P(A) = \sum_{i=1}^{k} P(E_i) \tag{6.5}$$

Das Ereignis E ist der Ereignisraum und enthält per Definition sämtliche Elementarereignisse. (6.5) kombiniert mit (6.3) ergibt das sichere Ereignis:

$$P(E) = 1 \tag{6.6}$$

Nimmt man in (6.5) anstelle der Elementarereignisse E_i die zusammengesetzten Ereignisse A_i als Ausgangspunkt, so gilt für das Ereignis A *unter der Voraussetzung*, dass jedes Elementarereignis E_i nur in einem einzigen der Ereignisse A_j vorkommt:

$$A = \{A_1, A_2, ..., A_k\} \quad \Rightarrow \quad P(A) = \sum_{j=1}^{k} P(A_j) \tag{6.7}$$

Die Voraussetzung bedeutet, dass die verschiedenen Ereignisse A_j sich gegenseitig ausschliessen, d.h. unvereinbar sind. Beispiel: $A = \{1, 2, 3\}$ und $B = \{4, 5\}$ schliessen sich gegenseitig aus und (6.7) ist anwendbar. Bei (6.5) musste diese Voraussetzung nicht getroffen werden, da sich die Elementarereignisse per Definition gegenseitig ausschliessen.

Mit den Ereignissen A und B lassen sich folgende neuen Ereignisse bilden:

$$
\begin{array}{ll}
E = \{1, 2, 3, 4, 5, 6\} \quad ; \quad A = \{1, 2\} \quad ; \quad B = \{2, 3, 4\} & \\
& \\
\text{Vereinigung:} \quad A + B = A \cup B = \{1, 2, 3, 4\} & \\
\text{Durchschnitt:} \quad A \cdot B = A \cap B = \{2\} & \\
\text{Komplement:} \quad \overline{A} = \{3, 4, 5, 6\} \qquad \overline{B} = \{1, 5, 6\} & \\
\text{Differenz:} \quad A - B = A \cdot \overline{B} = \{1\} \qquad B - A = B \cdot \overline{A} = \{3, 4\} &
\end{array}
\tag{6.8}
$$

Die Differenz in (6.8) ist im Sinne der Mengenlehre zu deuten: $A-B$ umfasst diejenigen Elemente von A, die nicht gleichzeitig auch in B enthalten sind (die Elemente sind exklusiv in A).

Die Voraussetzung des sich gegenseitig Ausschliessens von Ereignissen in (6.7) lässt sich mit (6.8) mathematisch formulieren:

$$A_i \cdot A_j = 0 \quad \text{für} \quad i \neq j$$

6.2.2 Bedingte Wahrscheinlichkeit

Häufig interessiert man sich für ein Ereignis A, dessen Eintreffen von einer Vorbedingung (Eintreffen des Ereignisses B) abhängt. Die entsprechende Wahrscheinlichkeit heisst *bedingte Wahrscheinlichkeit*:

$$P(A\,|\,B) = \frac{P(A \cdot B)}{P(B)} \tag{6.9}$$

(6.9) liest sich als „Wahrscheinlichkeit für A unter der Voraussetzung von B".

Beispiel: Beim Würfel seien die Ereignisse $A = \{2, 4, 6\}$ (gerade Augenzahl) und $B = \{3, 4, 5, 6\}$ (Augenzahl grösser als 2) definiert. Das Ereignis $C =$ „gerade Augenzahl, falls die gewürfelte Zahl grösser als 2 ist" hat dann die Wahrscheinlichkeit:

$$P(C) = P(A\,|\,B) = \frac{P(A \cdot B)}{P(B)} = \frac{2/6}{4/6} = \frac{1}{2} \tag{6.10}$$

Obschon nur 2 von insgesamt 6 Elementarereignissen günstig sind, beträgt die Wahrscheinlichkeit 1/2 und nicht etwa 2/6 = 1/3. Würfelt man nämlich eine 2, so ist die Bedingung B nicht erfüllt und das Experiment geht gar nicht in die Statistik ein. Ist die Bedingung B hingegen erfüllt, so ist in der Hälfte der Fälle die Augenzahl gerade.

$\square$

$P(A|B)$ ist im Allgemeinen nicht gleich $P(B|A)$. Das Ereignis $D =$ „Zahl grösser als 2, falls die gewürfelte Zahl gerade ist" hat nämlich die Wahrscheinlichkeit:

$$P(D) = P(B\,|\,A) = \frac{P(B \cdot A)}{P(A)} = \frac{2/6}{3/6} = \frac{2}{3} \tag{6.11}$$

Ist $B = E$, dann ist $P(B) = 1$ und das Einhalten der Bedingung B keine Kunst. Aus (6.9) wird dann:

$$P(A\,|\,B) = \frac{P(A \cdot B)}{P(B)} = \frac{P(A \cdot E)}{P(E)} = \frac{P(A)}{1} = P(A) \tag{6.12}$$

Aus (6.10) und (6.11) findet man noch die Beziehung:

$$\left. \begin{array}{l} P(A\,|\,B) = \dfrac{P(A \cdot B)}{P(B)} \\[2mm] P(B\,|\,A) = \dfrac{P(A \cdot B)}{P(A)} \end{array} \right\} \Rightarrow P(A \cdot B) = P(A\,|\,B) \cdot P(B) = P(B\,|\,A) \cdot P(A) \tag{6.13}$$

(6.13) heisst Multiplikationssatz.

Durch Einsetzen von P(A·B) aus (6.13) in (6.9) ergibt sich die *Bayes'sche Formel*:

$$P(A \mid B) = \frac{P(A \cdot B)}{P(B)} = \frac{P(B \mid A) \cdot P(A)}{P(B)} \tag{6.14}$$

Erweitert man (6.13) auf 3 Ereignisse, so gilt:

$$P(A \cdot B \cdot C) = P(A \mid B \cdot C) \cdot P(B \cdot C) = P(A \mid B \cdot C) \cdot P(B \mid C) \cdot P(C) \tag{6.15}$$

Das Zufallsereignis A heisst vom Ereignis B *unabhängig*, falls gilt:

$$P(A \mid B) = \frac{P(A \cdot B)}{P(B)} = P(A) \tag{6.16}$$

Aus (6.13) wird damit bei unabhängigen Zufallsereignissen:

$$P(A \cdot B) = P(A \mid B) \cdot P(B) = P(A) \cdot P(B) \tag{6.17}$$

Bei drei *unabhängigen* Ereignissen lautet (6.17):

$$P(A \cdot B \cdot C) = P(A) \cdot P(B) \cdot P(C) \tag{6.18}$$

6.2.3 Verbundwahrscheinlichkeit

Die Verbundwahrscheinlichkeit $P(A+B)$ ist die Wahrscheinlichkeit, dass ein Experiment das Resultat A oder B oder beides zeigt.

$$P(A + B) = P(A) + P(B) - P(A \cdot B) \tag{6.19}$$

Beispiel: Beim Würfel seien wiederum die Ereignisse $A = \{2, 4, 6\}$ (gerade Augenzahl) und $B = \{3, 4, 5, 6\}$ (Augenzahl grösser als 2) definiert. Die Verbundwahrscheinlichkeit beträgt:

$$P(A+B) = \frac{3}{6} + \frac{4}{6} - \frac{2}{6} = \frac{5}{6}$$

Dies ist auch klar, wenn man sich vergegenwärtigt, dass $A+B$ 5 der insgesamt 6 Elementarereignisse enthält. Man könnte also auch rechnen

$$P(A+B) = 1 - \frac{1}{6} = \frac{5}{6}$$

denn es gilt ja allgemein

$$P(\overline{A}) = 1 - P(A) \tag{6.20}$$

$\square$

Falls A und B keine gemeinsamen Elemente haben, so vereinfacht sich (6.19) zu

$$P(A+B) = P(A) + P(B) \tag{6.21}$$

(6.21) ist dasselbe wie (6.7) und gilt, wenn A und B nicht gemeinsam auftreten können. Würde man im Beispiel zu (6.19) fälschlicherweise (6.21) anwenden, so würde man die Elementarereignisse 2 und 4 sowohl bei A als auch bei B zählen, also zweimal statt nur einmal. Das Messresultat wäre dann 7/6, als Wahrscheinlichkeit ein offensichtlicher Unsinn. Durch Subtraktion von $P(A \cdot B)$ in (6.19) verhindert man dies.

Aus (6.21) folgt auch (6.20):

$$P(A+\overline{A}) = P(A) + P(\overline{A}) = P(E) = 1 \tag{6.22}$$

6.2.4 Zufallsvariablen und Wahrscheinlichkeitsdichte

Häufig wurde das Beispiel des Würfels benutzt. Die Augenzahl stellte das Ergebnis eines Zufallsexperimentes dar. Genausogut könnte man mit einem Würfel arbeiten, dessen Flächen mit verschiedenen Farben gekennzeichnet sind oder dessen Flächen irgendwelche Symbole zeigen. Wesentlich praktischer ist es natürlich, wenn man mit Zahlen anstelle von Symbolen arbeiten kann. Man bildet deshalb die Symbole s (Ergebnisse des Zufallsexperiments) auf Zahlen $x(s)$ ab, welche man Zufallsvariable nennt. Beim Würfel kann man z.B. die Abbildung so definieren, dass $x(s)$ der Anzahl Augen entspricht. $x(s)$ kann dann die Werte 1, 2, 3, 4, 5 oder 6 annehmen, es handelt sich also um eine *diskrete Zufallsvariable*. Die Spannung am Ausgang eines Mikrofons hingegen ist eine kontinuierliche Zufallsvariable.

Untersucht man eine Zufallsvariable $x(s)$, so fragt man z.B. nach der Wahrscheinlichkeit, dass $x(s)$ kleiner als ein vorgegebener Wert b ist. Die Antwort auf diese Frage gibt die *Wahrscheinlichkeitsfunktion $F(x)$*, auch *Verteilungsfunktion* genannt, Bild 6.1 oben.

Man kann sich beim Würfel fragen, mit welcher Wahrscheinlichkeit z.B. $x(s) = 3$ ist: die Antwort ist 1/6. Bei kontinuierlichen Zufallsvariablen jedoch kann man diese Frage nicht so stellen. Hat ein Zufallssignal z.B. gleichverteilte Werte zwischen 1 und 5, so kann dieses kontinuierliche Signal unendlich viele Werte annehmen. Die Wahrscheinlichkeit für $x(s) = 3$ ist gleich Null. Die Frage muss deshalb folgendermassen lauten: Wie gross ist die Wahrscheinlichkeit, dass $x(s)$ in einem Bereich um den Wert a liegt. Die Antwort hierauf gibt die Wahrscheinlichkeitsdichte $p(x)$, Bild 6.1 unten.

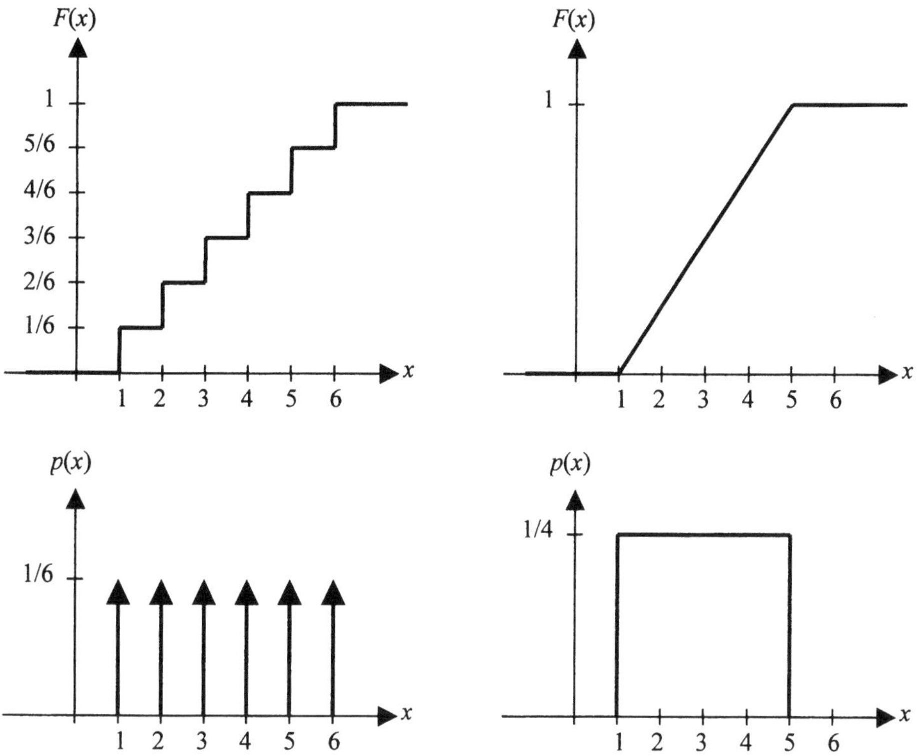

Bild 6.1 Wahrscheinlichkeitsfunktion (oben) und Wahrscheinlichkeitsdichte (unten) für eine diskrete (links) und eine kontinuierliche (rechts) Zufallsvariable

Die Fläche unter $p(x)$ muss 1 ergeben, da $x(s)$ ja mit Sicherheit irgend einen Wert annimmt:

$$\int_{-\infty}^{\infty} p(x)\,dx = 1$$

$$p(x) \geq 0 \qquad\qquad (6.23)$$

$$P[a < x < b] = \int_{a}^{b} p(x)\,dx$$

Die Wahrscheinlichkeitsdichte entsteht aus der Verteilungsfunktion durch Ableiten:

$$p(x) = \frac{dF(x)}{dx} \qquad\qquad (6.24)$$

Da $p(x)$ nicht negativ sein kann, folgen direkt die nachstehenden Eigenschaften von $F(x)$:

$$
\begin{array}{|c|}
\hline
\\
F(x) \geq 0 \\
\\
\dfrac{dF(x)}{dx} \geq 0 \\
\\
F(-\infty) = 0 \\
\\
F(\infty) = 1 \\
\\
\hline
\end{array}
\qquad\qquad (6.25)
$$

In Bild 6.1 unten links sind wir einmal mehr froh um die Diracstösse, und dies gleich aus zwei Gründen:

- Bei diskreten Zufallsvariablen hat die Verteilungsfunktion einen treppenförmigen Verlauf. Der Diracstoss gestattet die Differentiation über die Unstetigkeitsstellen.

- Die Wahrscheinlichkeitsdichte kann man auch bei diskreten Zufallsvariablen über einer kontinuierlichen x-Achse auftragen.

Somit lassen sich diskrete und kontinuierliche Zufallsvariablen mit ein- und demselben Formalismus behandeln.

Anmerkung zur Schreibweise: $P(x)$ bezeichnet die Wahrscheinlichkeit eines Ereignisses bei einem *diskreten* Zufallsexperiment. $p(x)$ ist hingegen die Wahrscheinlichkeits*dichte* eines *kontinuierlichen* Zufallsexpeimentes.

Mit Hilfe der Deltafunktion kann man auch bei diskreten Wahrscheinlichkeiten mit der Dichte arbeiten, deshalb ist die Ordinate in Bild 6.1 unten links mit $p(x)$ beschriftet.

$\square$

Bei praktisch relevanten Zufallsvariablen treten ganz unterschiedliche Wahrscheinlichkeitsdichtefunktionen auf. Bild 6.2 zeigt sechs Beispiele, die Formeln dazu finden sich im Abschnitt 6.2.5, die mathematischen Herleitungen sind z.B. in [Con87] ausgeführt.

- *Gauss-Verteilung* oder *Normalverteilung*: Dies ist wohl die bekannteste Wahrscheinlichkeitsdichte („Glockenkurve"). Sie charakterisiert u.a. das weisse Rauschen (vgl. später), Messfehler usw.

- *Rayleigh-Verteilung*, benutzt für die Beschreibung von bandbegrenztem Rauschen und Fadingeffekten bei der Funkausbreitung (Mehrwegempfang).

- *Exponential-Verteilung*, nützlich in der Warteschlangen-Theorie, welche z.B. in Datennetzen benötigt wird.

- *Laplace-Verteilung*, benutzt z.B. zur Beschreibung von Sprachsignalen.

- *Binomial-Verteilung*, verwendbar für die Berechnung von Fehlerwahrscheinlichkeiten bei der digitalen Signalübertragung.

- *Poisson-Verteilung*, für die Beschreibung von Schrotrauschen (Halbleitertechnik), radioaktivem Zerfall, Neuzugängen in Warteschlangen usw.

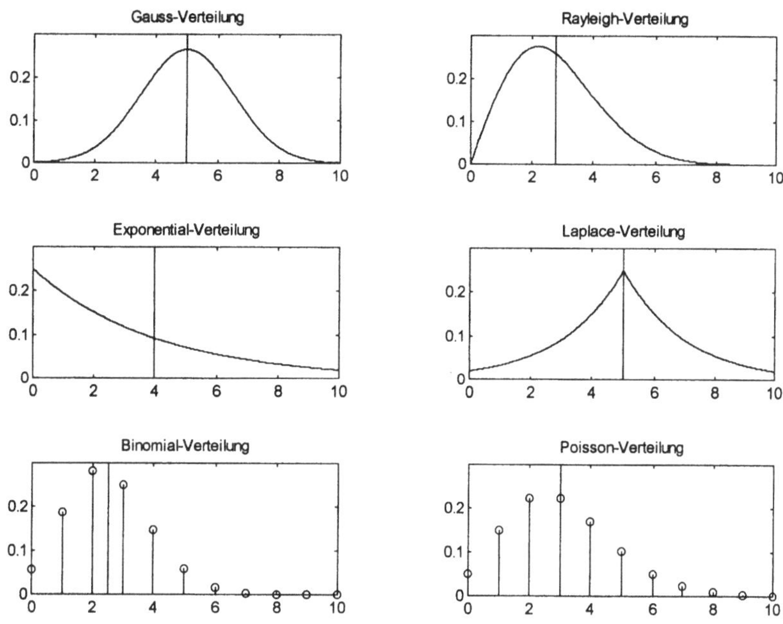

Bild 6.2 Beispiele für kontinuierliche (oben und Mitte) und diskrete (unten) Wahrscheinlichkeitsdichten. Die senkrechten Linien geben die Lage des Mittelwertes (Erwartungswertes) an.

Neben den in Bild 6.2 gezeigten Wahrscheinlichkeitsdichten gibt es noch die Gleichverteilung. Die diskrete Variante (Bild 6.1 unten links) beschreibt z.B. den Spielwürfel, die kontinuierliche Version (Bild 6.3 oben links) beschreibt z.B. das Quantisierungsrauschen eines AD-Wandlers.

Der Sinn der Wahrscheinlichkeitsdichte liegt in der kompakten Beschreibung der Eigenschaften einer Zufallsvariablen, so dass man damit nützliche Dinge berechnen kann (vgl. später). Welche Wahrscheinlichkeitsdichte die richtige ist, leitet man aus dem Mechanismus des zu beschreibenden Prozesses ab. Oft nimmt man die Gauss-Verteilung (ohne Überlegung!) und liegt damit häufig gar nicht so falsch. Dieses Phänomen untersuchen wir im Folgenden genauer.

Ein Spielwürfel hat die Verteilung nach Bild 6.1 unten links. Nimmt man hingegen zwei Würfel und wertet die Summe der Augenzahlen beider Würfel aus, so ergibt sich eine diskrete Dreiecksverteilung. Insgesamt gibt es nämlich 36 Möglichkeiten für diese Addition, welche Werte zwischen 2 und 12 annimmt. Die beiden Grenzen treten mit der Wahrscheinlichkeit 1/36 auf, da die beiden Würfel unabhängig (Gl. (6.17)) sind und nur jeweils eine einzige Kombination das gewünschte Ergebnis liefert (2 Mal 1 bzw. 2 Mal 6). Der Wert 7 kann jedoch durch 6 verschiedene Kombinationen erreicht werden, die Wahrscheinlichkeit beträgt deshalb 6/36 = 1/6. Am zweithäufigsten erscheinen die Summen 6 und 8, nämlich je mit der Wahrscheinlichkeit 5/36. (Beim Spiel „Die Siedler" aktiviert die 7 deshalb den Räuber und die Felder mit den Zahlen 6 und 8 sind rot markiert, man sollte sie bei der Wahl der Siedlungsorte vorziehen.)

Nun übertragen wir dies salopp auf den kontinuierlichen Fall, Bild 6.3. Dort sehen wir oben links und in der Mitte links zwei amplitudenbergrenzte, gleichverteilte Zufallsvariablen (bzw.

deren Wahrscheinlichkeitsdichten). Mit der obenstehenden Überlegung am Würfel kommen wir auf die Wahrscheinlichkeitsdichte der Summe der beiden Variablen, Bild 6.3 unten links.

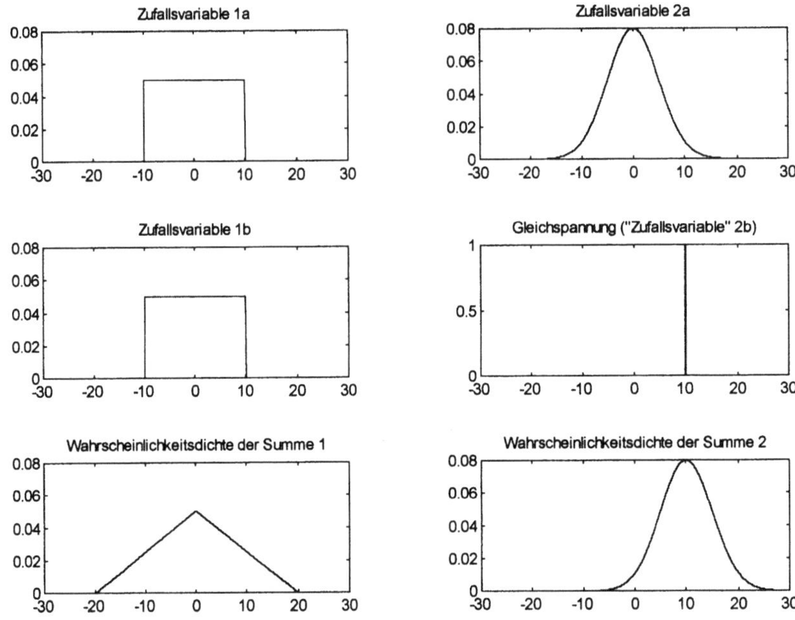

Bild 6.3 Summe von zwei Zufallsvariablen (Erklärungen im Text)

Oben rechts sehen wir eine Gauss-Verteilung und darunter die Wahrscheinlichkeitsdichte eines reinen DC-Signales mit dem Wert 10. Diese Dichte besteht aus einem Diracstoss mit dem Gewicht 1 an der Stelle 10. Unten rechts ist die Dichtefunktion des Summe abgebildet, deren Aussehen intuitiv nachvollziehbar ist.

Nun erhebt sich die Frage, mit welcher mathematischen Operation man von den beiden oberen Dichtefunktionen auf die unterste gelangt. Diese Operation ist die Faltung, wie ein Blick auf Bild 2.10 und Gleichung (2.39) zeigt.

$$x(s) = x_1(s) + x_2(s) \quad \Rightarrow \quad p(x) = p(x_1) * p(x_2)$$

(6.26)

Addiert man zwei unabhängige Zufallsvariablen, so entsteht die Wahrscheinlichkeitsdichte der Summe durch die Faltung der Wahrscheinlichkeitsdichten der beiden Summanden.

Die Faltungsoperation liefert am Ausgang eine Funktion, deren „Breite" die Summe der „Breiten" der Input-Funktionen ist. Zudem vergrössert sie die Werte in der Mitte gegenüber den Randwerten. Was passiert nun, wenn man eine Summe aus nicht nur zwei Zufallsvariablen wie in Bild 6.3 bildet, sondern aus hunderten? Bild 6.4 zeigt das Ergebnis einer Computersimulation, dabei wurden drei frei gewählte Wahrscheinlichkeitsdichten (links im Bild 6.4) lediglich zehn Mal mit sich selber gefaltet. Das Ergebnis ist einigermassen verblüffend, kommen doch stets praktisch gleich aussehende Resultate heraus (rechte Kolonne in Bild 6.4).

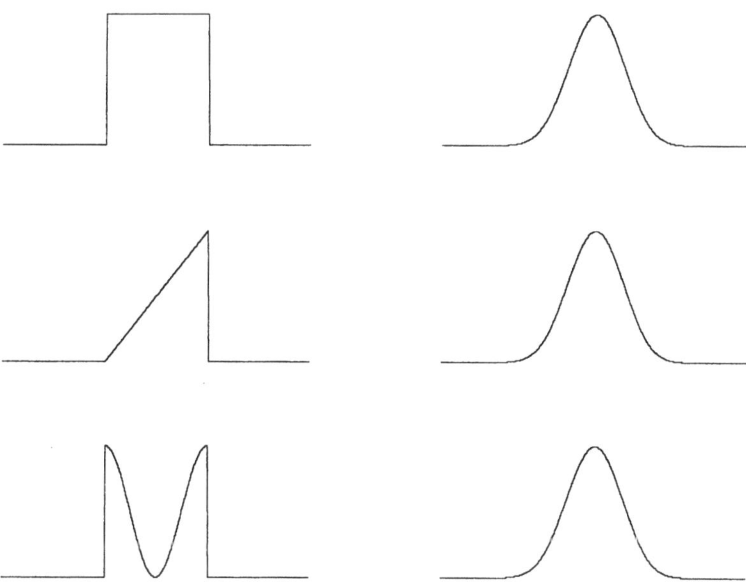

Bild 6.4 Faltet man eine beliebige Wahrscheinlichkeitsdichte (links) nur zehn Mal mit sich selber, so ergibt sich eine Gauss-Verteilung (rechts). (Die Darstellungen sind normiert!)

Offensichtlich liegt dem Phänomen in Bild 6.4 eine Gesetzmässigkeit zugrunde, nämlich der *zentrale Grenzwertsatz der Statistik*:

> *Die Wahrscheinlichkeitsdichte einer Summe von*
> *Zufallsvariablen konvergiert mit wachsender Anzahl*
> *der Summanden gegen eine Normalverteilung.*

Der mathematisch geführte Beweis für den zentralen Grenzwertsatz findet sich in Lehrbüchern über Statistik oder z.B. auch in [Klo01].

Mit diesem Grenzwertsatz ist auch klar, weshalb die Gauss-Verteilung auch Normalverteilung genannt wird und warum sie so häufig benutzt wird.

Eine Zusammenstellung der Formeln der bekanntesten Wahrscheinlichleitsdichten folgt im nächsten Abschnitt.

6.2.5 Erwartungswert, Varianz und Standardabweichung

Der *Erwartungswert E[x]* ist der *Mittelwert* einer Zufallsvariablen und heisst auch *1. statistisches Moment*. Er lässt sich aus der Wahrscheinlichkeitsdichte berechnen:

$$E[x] = \int_{-\infty}^{\infty} x \cdot p(x)\, dx \qquad\qquad (6.27)$$

Bei diskreten Zufallsvariablen besteht $p(x)$ aus Diracstössen, Bild 6.1 unten links zeigt ein Beispiel. Eine solche Wahrscheinlichkeitsverteilung lässt sich beschreiben durch

$$p(x) = \sum_{i=1}^{n} P(x_i) \cdot \delta(x - x_i) \qquad\qquad (6.28)$$

Dabei bedeutet $P(x_i)$ das Gewicht des Diracstosse an der Stelle x_i. Nun setzen wir (6.28) in (6.27) ein, vertauschen die Reihenfolge von Integration und Summation, schreiben die Zahlen $P(x_i)$ vor das Integralzeichen und benutzen die Ausblendeigenschaft des Diracstosses nach Gleichung (2.35):

$$E[x] = \int_{-\infty}^{\infty} x \cdot \sum_{i=1}^{n} P(x_i) \cdot \delta(x - x_i)\, dx = \sum_{i=1}^{n} P(x_i) \cdot \underbrace{\int_{-\infty}^{\infty} x \cdot \delta(x - x_i)\, dx}_{x_i}$$

$$E[x] = \sum_{i=1}^{n} x_i \cdot P(x_i) \qquad\qquad (6.29)$$

Beispiel: Ein diskreter Prozess liefere als (typische) Ausgangssequenz die zehnstellige Zahlenfolge $x[n] = [1, 1, 1, 2, 2, 3, 3, 3, 3, 3]$. Der Erwartungswert beträgt somit:

$$E[x] = \frac{1+1+1+2+2+3+3+3+3+3}{10} = \underbrace{\frac{3}{10}}_{P(1)} \cdot 1 + \underbrace{\frac{2}{10}}_{P(2)} \cdot 2 + \underbrace{\frac{5}{10}}_{P(3)} \cdot 3 = 2.2$$

$\square$

Die *Streuung* oder *Varianz* σ^2 ist definiert als:

$$\sigma^2 = \int_{-\infty}^{\infty} (x - E[x])^2 \cdot p(x)\, dx \qquad (6.30)$$

Das ist also das aufsummierte Quadrat der Abweichungen vom Mittelwert (Erwartungswert $E[x]$). Für mittelwertfreie Signale (die Wahrscheinlichkeitsdichte hat dieselben Flächen unter der Kurve für positive wie negative x) wird $E[x] = 0$ und (6.30) degeneriert zu

$$\sigma^2\Big|_{E[x]=0} = \int_{-\infty}^{\infty} x^2 \cdot p(x)\, dx = E[x^2] \qquad (6.31)$$

$E[x^2]$ heisst auch *zweites statistisches Moment*.

Der Mittelwert über das Quadrat eines Signals ist nach (2.2) der Mittelwert der Leistung. Man nennt diesen Mittelwert *Wirkleistung* und die positive Wurzel daraus *Effektivwert*. In der Statistik nennt man diese positive Wurzel σ *Standardabweichung*, welche die mittlere Abweichung einer Zufallsgrösse von ihrem Erwartungswert beschreibt.

> *Die Varianz (Streuung) σ^2 einer Zufallsvariable entspricht der Signalleistung ohne deren Gleichanteil.*
>
> *Die Standardabweichung σ einer Zufallsvariable entspricht dem Effektivwert eines Signals ohne dessen Gleichanteil.*

Laut (2.54) braucht es zur Informationsübertragung Wirkleistung. Schon in den Abschnitten 1.2 und 2.1.2 haben wir festgestellt, dass informationstragende Signale ein Überraschungsmoment, d.h. unvorhersehbare Änderungen aufweisen müssen und dass deshalb ein konstantes Signal keine Information trägt. Der Mittelwert erscheint im Spektrum als Komponente bei der Frequenz Null (konstanter Signalanteil, DC-Wert). All dies legt eine interessante Interpretation der Varianz zu:

> *Die Varianz ist ein Mass für die informationstragende Leistung eines Signals.*

Die Leistung des Wechselanteiles P_{AC} erhält man, indem man von der Gesamtleistung P die Leistung des Gleichanteiles P_{DC} subtrahiert (DC = direct current, AC = alternate current):

$$P_{AC} = P - P_{DC}$$

Nun übertragen wir dies auf die statistischen Grössen. Die Leistung des AC-Anteiles ist wie gerade behandelt gleich der Varianz:

$$P_{AC} = \sigma^2$$

Die Leistung des DC-Anteiles ist das Quadrat des Mittelwertes:

$$P_{DC} = (E[x])^2$$

Die gesamte Leistung ist der Mittelwert des quadrierten Signales:

$$P = E[x^2]$$

Daraus daraus folgt schliesslich:

$$\boxed{\sigma^2 = E[x^2] - (E[x])^2} \tag{6.32}$$

Für diskrete Zufallsvariablen gelten die folgenden Formeln:

$$\boxed{E[x] = \sum_{i=1}^{n} x_i \cdot p(x_i)} \tag{6.33}$$

$$\boxed{\sigma^2 = \sum_{i=1}^{n} (x_i - E[x])^2 \cdot p(x_i) = E[x^2] - (E[x])^2} \tag{6.34}$$

Nun folgen noch die Gleichungen für die verschiedenen Wahrscheinlichkeitsdichten, vgl. Bild 6.2. σ bezeichnet in diesen Formeln stets die Standardabweichung, σ^2 die Varianz und m den Erwartungswert (Mittelwert). Die anderen Variablen sind Parameter. Der Erwartungswert und die Varianz sind angegeben, falls sie in der Definition nicht vorkommen. Im Abschnitt 6.2.4 sind typische Anwendungsfälle erwähnt.

Gauss- oder Normalverteilung:

$$p(x) = \frac{1}{\sqrt{2\pi} \cdot \sigma} \cdot e^{\frac{-(x-m)^2}{2\sigma^2}} \tag{6.35}$$

Rayleigh-Verteilung:

$$p(x) = \begin{cases} \dfrac{x}{\sigma^2} \cdot e^{\frac{-x^2}{2\sigma^2}} & \text{für} \quad x > 0 \\ \\ 0 & \text{sonst} \end{cases} \qquad\qquad E[x] = \sigma \cdot \sqrt{\frac{\pi}{2}} \tag{6.36}$$

Exponentialverteilung:

$$p(x) = \begin{cases} \dfrac{1}{\sigma} \cdot e^{-x/\sigma} & \text{für} \quad x > 0 \\[2ex] 0 & \text{sonst} \end{cases} \qquad E[x] = \sigma \qquad (6.37)$$

Laplace-Verteilung:

$$p(x) = \frac{1}{\sqrt{2} \cdot \sigma} \cdot e^{-\frac{\sqrt{2}}{\sigma} \cdot |x - m|} \qquad (6.38)$$

Gleichverteilung:

$$p(x) = \begin{cases} \dfrac{1}{2\varepsilon} & \text{für} \quad m - \varepsilon \le x \le m + \varepsilon \\[2ex] 0 & \text{sonst} \end{cases} \qquad \sigma^2 = \frac{\varepsilon^2}{3} \qquad (6.39)$$

Binomial-Verteilung:

$$P(x = i) \;=\; \binom{n}{i} \cdot q^i \cdot (1 - q)^{n-i}$$

$$E[x] = n \cdot q \quad ; \quad \sigma^2 = n \cdot q \cdot (1 - q) \qquad (6.40)$$

$$0 < q < 1 \quad ; \quad i = 0, 1, \ldots, n$$

Poisson-Verteilung:

$$P(x = i) \;=\; \frac{\sigma^{2i}}{i!} \cdot e^{-\sigma^2}$$

$$E[x] = \sigma^2 \qquad (6.41)$$

$$i = 0, 1, \ldots, n$$

(6.40) und (6.41) sind diskrete Wahrscheinlichkeitsverteilungen. x kann dabei nur die ganz-zahligen Werte $0, 1, \ldots, n$ annehmen.

Beispiel: Wir berechnen die Leistung des Quantisierungsrauschens, das durch den Quantisierer bei der AD-Wandlung eingeführt wird, vgl. Abschnitt 5.10.2. Der Quantisierungsfehler bewegt sich gleichverteilt im Bereich $-q/2 \dots q/2$ (q = Quantisierungsintervall), als Wahrscheinlichkeitsdichte ergibt sich somit eine Gleichverteilung nach (6.39) mit $m = 0$, Bild 6.5.

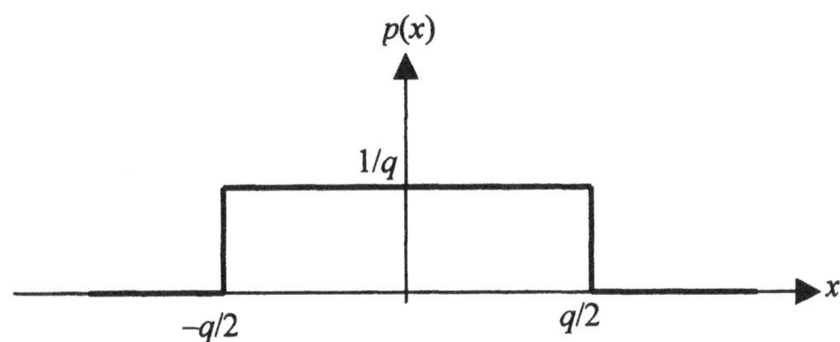

Bild 6.5 Wahrscheinlichkeitsverteilung des Quantisierungsrauschens

Da der Erwartungswert verschwindet, entspricht die Leistung P_Q des Quantisierungsrauschens der Varianz und lässt sich mit (6.31) berechnen:

$$P_Q = \int_{-\infty}^{\infty} x^2 \cdot p(x)\, dx = \int_{-q/2}^{q/2} x^2 \cdot \frac{1}{q}\, dx = \frac{1}{q} \cdot \left[\frac{x^3}{3} \right]_{-q/2}^{q/2} = \frac{1}{q} \cdot \left[\frac{q^3/8}{3} - \frac{(-q)^3/8}{3} \right] = \frac{q^2}{12}$$

$\square$

Wir betrachten nochmals die Normalverteilung und fragen nach der Wahrscheinlichkeit für grosse Abweichungen vom Erwartungswert. Dies wird spezifiziert durch die Standardabweichung σ und ist unabhängig vom Erwartungswert. Wir setzen letzteren darum gleich Null und betrachten die folgende Wahrscheinlichkeitsdichte:

$$p(x) = \frac{1}{\sqrt{2\pi} \cdot \sigma} \cdot e^{\frac{-x^2}{2\sigma^2}} \qquad (6.42)$$

Wie gross ist nun die Wahrscheinlichkeit, dass x um weniger als σ vom Erwartungswert abweicht? Dies wird beantwortet durch die Wahrscheinlichkeitsfunktion $F(x)$, also das Integral über der Wahrscheinlichkeitsdichte:

$$F(x) = \int_{-\infty}^{x} \frac{1}{\sqrt{2\pi} \cdot \sigma} \cdot e^{\frac{-u^2}{2\sigma^2}}\, du = \frac{1}{\sqrt{2\pi} \cdot \sigma} \cdot \int_{-\infty}^{x} e^{\frac{-u^2}{2\sigma^2}}\, du \qquad (6.43)$$

$$p(-\sigma < x < \sigma) = F(\sigma) - F(-\sigma) \qquad (6.44)$$

Wegen der Symmetrie der Gausskurve und daraus folgend auch von $F(x)$ gilt:

$$F(-\sigma) = 1 - F(\sigma)$$

Damit wird aus (6.44):

$$p(-\sigma < x < \sigma) = 2 \cdot F(\sigma) - 1 \tag{6.45}$$

Leider lässt sich F(x) nur numerisch berechnen. Hilfreich ist aber jetzt die sog. *Fehlerfunktion* erf(x) (error function), welche tabelliert ist:

$$erf(x) = \frac{1}{\sqrt{2\pi}} \cdot \int_{-\infty}^{x} e^{\frac{-u^2}{2}} \, du \tag{6.46}$$

Damit ergibt sich für die Wahrscheinlichkeitsfunktion:

$$F(x) = erf\left(\frac{x}{\sigma}\right) \tag{6.47}$$

Und für (6.45):

$$p(-\sigma < x < \sigma) = 2 \cdot erf(1) - 1 = 0.68$$

Erweitert man den Bereich von $\pm\sigma$ auf $\pm2\sigma$, so beträgt die Wahrscheinlichkeit schon über 0.95. Für den Bereich $\pm4\sigma$ beträgt die Wahrscheinlichkeit praktisch 1.

□

6.3 Zufallsfunktionen und stochastische Prozesse

6.3.1 Mittelwerte

Die bisher betrachteten Zufallsvariablen nehmen einen Wert an, der nicht vorhersagbar ist. Mit der Kenntnis der Wahrscheinlichkeitsdichte oder Wahrscheinlichkeitsfunktion kann man den Wert mit einer gewissen Treffsicherheit vorhersagen (ausser falls die Zufallsvariable durch eine sehr breite Gleichverteilung charakterisierbar ist).

Die Wahrscheinlichkeitsdichte sagt nur aus, wie sich die Zufallsvariable bei einer hohen Zahl von Experimenten verhält, sie sagt aber nichts aus über die Abfolge der möglichen Werte. Letzteres wird durch die später eingeführte Autokorrelationsfunktion beschrieben.

Wirft man einen Würfel z.B. 600 Mal, so könnte zuerst 100 Mal die 1 erscheinen, danach 100 Mal die 2 usw. oder es könnte 100 Mal hintereinander die Abfolge 1, 2, 3, 4, 5, 6 auftreten. In beiden Fällen ist die Wahrscheinlichkeitsdichte dieselbe.

Betrachtet man die (z.B. zeitliche) Abfolge der Werte einer Zufallsvariablen, so spricht man von einer *Zufallsfunktion*. Die Quelle der Zufallsfunktion ist ein *stochastischer Prozess*. Die Zufallsfunktion hat nicht einen bestimmten Verlauf, vielmehr kann sie völlig unterschiedliches Aussehen annehmen (das ist ja gerade der zufällige Charakter). Man spricht deshalb anstelle einer Zufallsfunktion oft von einer *Musterfunktion* des stochastischen Prozesses oder von einer (unter vielen möglichen) *Realisierung* des stochastischen Prozesses. Je mehr Musterfunktionen man gleichzeitig betrachtet, desto besser kann man den verursachenden stochastischen Prozess beschreiben.

Die Gesamtheit aller Musterfunktionen beschreibt den stochastischen Prozess vollständig. Natürlich vermischt man alle Beobachtungen zu einer zusammenfassenden Aussage in Form von Mittelwerten, Autokorrelationsfunktionen und Leistungsdichtespektren. Diese nehmen für stochastische Prozesse etwa dieselbe Rolle ein wie die Stossantwort, der Frequenzgang und die Übertragungsfunktion für ein LTI-System: es handelt sich um ein mathematisches Modell, das nicht auf der Beschreibung des Mechanismus der Quelle (stochastischer Prozess bzw. LTI-System) beruht, sondern sich auf die Beobachtung von Signalen stützt.

Bild 6.6 zeigt einige Musterfunktionen eines stochastischen Prozesses. Man nennt eine Gruppe von Musterfunktionen ein *Ensemble*.

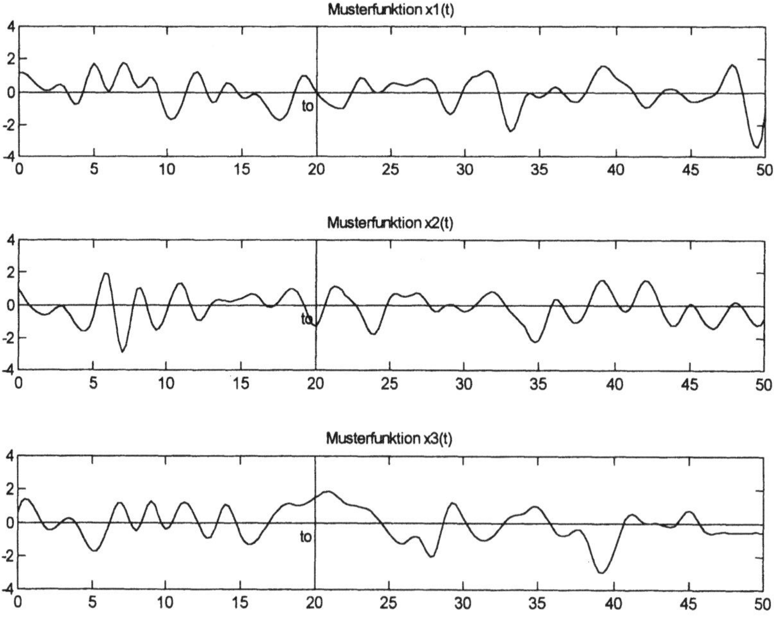

Bild 6.6 Beispiele von Musterfunktionen desselben stochastischen Prozesses

Wertet man die Musterfunktion zum Zeitpunkt t_0 aus, so erhält man eine Zufallsvariable. Es gibt nun zwei grundsätzlich verschiedene Arten der Mittelwertbildung:

- *Scharmittelwert* oder *Ensemble-Mittelwert*: Man mittelt über sämtliche Musterfunktionen zu einem bestimmten Zeitpunkt t_0.

- *Zeitmittelwert*: Man mittelt über eine einzige Musterfunktion, jedoch über alle Zeiten.

Ein Prozess heisst *stationär*, wenn der Scharmittelwert unabhängig ist von der Wahl des Zeitpunktes t_0. Ein Prozess heisst *ergodisch*, wenn Schar- und Zeitmittelwerte übereinstimmen.

Ob man z.B. einen einzigen (fairen!) Würfel 10'000 Mal wirft oder 10'000 Würfel je einmal, hat auf die aus den Augenzahlen gewonnenen statistischen Kennwerte keinen Einfluss.

Ergodizität setzt Stationarität voraus. Jedoch kann ein Prozess stationär, aber nicht ergodisch sein.

Ergodische Prozesse sind natürlich sehr beliebt, da bei ihnen an nur einer einzigen Musterfunktion die Eigenschaften des Prozesses bestimmbar sind. Leider ist im konkreten Fall die Ergodizität nicht so einfach zu beweisen. Man geht deshalb oft stillschweigend davon aus, dass ein stationärer Prozess auch ergodisch ist (sog. *Ergodenhypothese*).

Die Mittelwerte von kontinuierlichen bzw. diskreten ergodischen Prozessen werden durch folgende Gleichungen beschrieben:

Linearer Mittelwert (DC-Wert):

$$\overline{x(t)} = \lim_{T \to \infty} \frac{1}{2T} \cdot \int_{-T}^{T} x(t)\, dt = \int_{-\infty}^{\infty} x \cdot p(x)\, dx = E[x] \tag{6.48}$$

$$\overline{x[n]} = \lim_{N \to \infty} \frac{1}{2N+1} \cdot \sum_{n=-N}^{N} x[n] = \sum_{n=1}^{N} x_n \cdot P(x_n) = E[x] \tag{6.49}$$

Quadratischer Mittelwert (mittlere Leistung):

$$\overline{x^2(t)} = \lim_{T \to \infty} \frac{1}{2T} \cdot \int_{-T}^{T} x^2(t)\, dt = \int_{-\infty}^{\infty} x^2 \cdot p(x)\, dx = E[x^2] \tag{6.50}$$

$$\overline{x^2[n]} = \lim_{N \to \infty} \frac{1}{2N+1} \cdot \sum_{n=-N}^{N} x^2[n] = \sum_{n=1}^{N} x_n^{\,2} \cdot P(x_n) = E[x^2] \tag{6.51}$$

In der Praxis bestimmt man die Erwartungswerte weder aus sämtlichen Musterfunktionen noch misst man ein ausgewähltes Zufallssignal über eine unendlich lange Zeit. Man spricht deshalb von *Schätzungen* der statistischen Kennwerte.

Ein Beispiel für einen nicht ergodischen Zufallsprozess ist die Körpergrösse der Gattung Mensch. Der Scharmittelwert ergibt sich aus einer gleichzeitigen Messung der Körpergrössen vieler Personen (Kinder, Frauen und Männer). Für den Zeitmittelwert hingegen wählt man eine Person aus, misst deren Körpergrösse über das ganze Leben und mittelt dann, was auf ein anderes Ergebnis führt. Der „Prozess" ist überdies höchstens kurzzeitig stationär, die in Burgen ausgestellten mittelalterlichen Ritterrüstungen sind ja heutigen Hünen deutlich zu klein. Fraglich ist überdies, ob die erwähnten Mittelwerte überhaupt interessant sind. Die Bekleidungsindustrie hat jedoch grosses Interesse an der Wahrscheinlichkeitsdichte der Körpergrösse von definierten Bevölkerungs*gruppen* (Frauen, Männer, Kinder in bestimmten Altersgruppen), um einen optimalen Mix der verschiedenen Konfektionsgrössen bereitzustellen.

6.3.2 Die Autokorrelationsfunktion (AKF)

Wertet man eine Musterfunktion $x(t)$ eines stochastischen Prozesses zu einer fixen Zeit aus, so erhält man eine Zufallsvariable. Wertet man zu zwei verschiedenen Zeitpunkten t_1 und t_2 aus, so erhält man zwei Zufallsvariablen $x_1 = x(t_1)$ und $x_2 = x(t_2)$. Für diese Zufallsvariablen kann man wie besprochen Mittelwerte $E[x(t_1)]$, $E[x(t_2)]$ und Standardabweichungen σ_1 und σ_2 berechnen. Der *Korrelationskoeffizient* R_{xx} ist folgendermassen definiert (die Schreibweise mit den beiden tiefgestellten x wird im Abschnitt 6.3.4 ihre Berechtigung zeigen):

$$R_{xx}(\tau) = \frac{E[x(t_1) \cdot x(t_2)] - E[x(t_1)] \cdot E[x(t_2)]}{\sigma_1 \cdot \sigma_2} \quad ; \quad \tau = t_2 - t_1 \qquad (6.52)$$

Der Korrelationskoeffizient R_{xx} liegt im Bereich $-1 \ldots +1$ und beschreibt die gegenseitige Abhängigkeit von x_1 und x_2:

- Ist R_{xx} positiv, so führen grosse Werte von x_1 häufig auch zu grossen Werten von x_2.

- Ist R_{xx} negativ, so führen grosse Werte von x_1 häufig zu kleinen Werten von x_2.

- Bei $R_{xx} = 0$ sind sind x_1 und x_2 voneinander unabhängig (die Umkehrung gilt übrigens nicht immer!)

- Bei $R_{xx} = 1$ sind sind x_1 und x_2 linear voneinander abhängig: $x_2 = a \cdot x_1 + b$; $a > 0$.

- Bei $R_{xx} = -1$ sind sind x_1 und x_2 linear voneinander abhängig: $x_2 = a \cdot x_1 + b$; $a < 0$.

Für den Erwartungswert des Produktes $x(t_1) \cdot x(t_2)$ in (6.52) gilt bei stationären und ergodischen Prozessen mit (6.48):

$$E[x(t_1) \cdot x(t_2)] = \lim_{T \to \infty} \frac{1}{2T} \cdot \int_{-T}^{T} x(t_1) \cdot x(t_2) \, dt$$

Dieser Erwartungswert ist wegen der Stationarität unabhängig von t_1, aber abhängig von der Zeitdifferenz $\tau = t_2 - t_1$. Deshalb kann man schreiben:

$$r_{xx}(\tau) = \lim_{T \to \infty} \frac{1}{2T} \cdot \int_{-T}^{T} x(t) \cdot x(t + \tau)\, dt$$

(6.53)

$r_{xx}(\tau)$ heisst *Autokorrelationsfunktion* (AKF) und ist eine sehr wichtige Kennfunktion für ergodische Prozesse. Für diskrete Zufallsfunktionen lautet sie:

$$r_{xx}[m] = \lim_{N \to \infty} \frac{1}{2N + 1} \cdot \sum_{n=-N}^{N} x[n] \cdot x[n + m]$$

(6.54)

Für den Spezialfall $\tau = 0$ ergibt sich aus (6.53) gerade die mittlere Signalleistung:

$$r_{xx}(0) = \lim_{T \to \infty} \frac{1}{2T} \cdot \int_{-T}^{T} x(t) \cdot x(t + 0)\, dt = \lim_{T \to \infty} \frac{1}{2T} \cdot \int_{-T}^{T} x^2(t)\, dt = E[x^2]$$

$$r_{xx}(0) = E[x^2]$$

(6.55)

Die AKF zeigt den Verwandtschaftsgrad einer Zufallsfunktion zu einer verschobenen Kopie von ihr. Bei stationären Prozessen spielt nur die Grösse der Verschiebung eine Rolle, nicht aber ihre Richtung. Die AKF ist demnach eine gerade Funktion, d.h.

$$r_{xx}(\tau) = r_{xx}(-\tau)$$

(6.56)

Dies lässt sich beweisen durch die Substitution $\tau \to -\tau$ in (6.53):

$$r_{xx}(-\tau) = \lim_{T \to \infty} \frac{1}{2T} \cdot \int_{-T}^{T} x(t) \cdot x(t - \tau)\, dt$$

Nun substituieren wir $t - \tau$ durch u und dt durch du (die Integrationsgrenzen können wir belassen, da sie ohnehin gegen $\pm\infty$ streben):

$$r_{xx}(-\tau) = \lim_{T \to \infty} \frac{1}{2T} \cdot \int_{-T}^{T} x(u + \tau) \cdot x(u)\, du$$

Dies ist dasselbe Integral wie in (6.53).

Der Verwandtschaftsgrad ist am grössten, wenn die Verschiebung τ Null beträgt:

$$r_{xx}(0) \geq |r_{xx}(\tau)|$$

(6.57)

Beweis: Wir betrachten die quadrierte Summe bzw. Differenz von zwei Zufallsgrössen $x(t)$ und $x(t+\tau)$:

$$\left(x(t) \pm x(t+\tau)\right)^2 = x^2(t) + x^2(t+\tau) \pm 2 \cdot x(t) \cdot x(t+\tau)$$

Wegen der Quadrierung kann die Summe bzw. Differenz nicht negativ sein. Damit gilt für den Erwartungswert:

$$E[\left(x(t) \pm x(t+\tau)\right)^2] = E[x^2(t)] + E[x^2(t+\tau)] \pm 2 \cdot E[x(t) \cdot x(t+\tau)] \geq 0$$

Die ersten beiden Summanden sind identisch, da das Signal stationär ist. Der Wert dieser beiden Summanden beträgt nach (6.55) $r_{xx}(0)$. Der dritte Summand ist gerade die AKF. Also kann man die Gleichung anders schreiben:

$$2 \cdot r_{xx}(0) \pm 2 \cdot r_{xx}(\tau) \geq 0 \quad \Rightarrow \quad r_{xx}(0) \geq \left|r_{xx}(\tau)\right|$$

Mit wachsender Zeitverschiebung τ wird die Ähnlichkeit zweier Signalwerte kleiner, bei Zufallssignalen wird also der Korrelationskoeffizient $R_{xx}(\tau)$ für $\tau \to \infty$ verschwinden:

$$\boxed{R_{xx}(\infty) = 0} \tag{6.58}$$

Bei stationären Signalen kann man (6.52) anders schreiben. Dann sind die Erwartungswerte unabhängig von der Zeit und es gilt $E[x(t_1)] = E[x(t_2)] = E[x(t)]$ und $\sigma_1 = \sigma_2 = \sigma$. Zusammen mit (6.32) führt dies zu:

$$R_{xx}(\tau) = \frac{E[x(t_1) \cdot x(t_2)] - E[x(t_1)] \cdot E[x(t_2)]}{\sigma_1 \cdot \sigma_2} = \frac{r_{xx}(\tau) - E[x(t)] \cdot E[x(t)]}{\sigma^2}$$

$$R_{xx}(\tau) = \frac{r_{xx}(\tau) - \left(E[x(t)]\right)^2}{E[x^2(t)] - \left(E[x(t)]\right)^2} \tag{6.59}$$

Nun setzen wir (6.58) ein:

$$0 = \frac{r_{xx}(\infty) - \left(E[x(t)]\right)^2}{E[x^2(t)] - \left(E[x(t)]\right)^2}$$

Der Zähler dieser Gleichung muss verschwinden, was heisst:

$$\boxed{r_{xx}(\infty) = \left(E[x(t)]\right)^2} \tag{6.60}$$

Aus der AKF kann man also den Betrag des Mittelwertes eines Zufallssignals ablesen.

Mit (6.60) und (6.55) kann man (6.32) anders schreiben:

$$\boxed{\sigma^2 = r_{xx}(0) - r_{xx}(\infty)} \qquad (6.61)$$

Auch der Korrelationskoeffizient $R_{xx}(\tau)$ nach (6.59) lässt sich nun anders schreiben:

$$\boxed{R_{xx}(\tau) = \frac{r_{xx}(\tau) - r_{xx}(\infty)}{r_{xx}(0) - r_{xx}(\infty)}} \qquad (6.62)$$

Bei mittelwertfreien Zufallssignalen verschwindet $r_{xx}(\infty)$ und (6.62) vereinfacht sich zu

$$R_{xx}(\tau) = \frac{r_{xx}(\tau)}{r_{xx}(0)} \qquad (6.63)$$

Anmerkung: In der Messtechnik verwendet man gerne periodische Zufallssignale. Für diese gilt die Annahme (6.58) nicht und ebensowenig die damit hergeleiteten Gleichungen (6.60) bis (6.63).

□

Bis zu welcher Zeitverschiebung τ kann man von einer Verwandtschaft (Ähnlichkeit, Korrelation) eines Signals sprechen? Dies ist natürlich Ermessenssache (wie die Grösse der Bandbreite!), deshalb muss eine Definition her. Die *Korrelationsdauer* eines mittelwertfreien Zufallssignales lautet:

$$\boxed{\tau_0 = \frac{1}{r_{xx}(0)} \cdot \int_{-\infty}^{\infty} r_{xx}(\tau)\, d\tau} \qquad (6.64)$$

$r_{xx}(0)$ ist der Maximalwert der AKF. Das Integral entspricht der Fläche unter der AKF. $\tau_0 \cdot r_{xx}(0)$ entspricht damit einem Rechteck der Fläche unter der AKF. Der Definition der Korrelationsdauer nach (6.64) liegt also dieselbe Idee zugrunde wie der in der Nachrichtentechnik gerne benutzten Definition der äquivalenten Rauschbandbreite eines Signals.

Beispiel: Ein normalverteiltes Zufallssignal hat eine AKF gemäss Gleichung (6.65). Bild 6.7 zeigt diese AKF. Was lässt sich daraus über das Zufallssignal aussagen?

$$r_{xx}(\tau) = \sigma^2 \cdot e^{-k \cdot |\tau|} \quad ; \quad \sigma^2 = 0.004 \quad ; \quad k = 2 \qquad (6.65)$$

Für grosse τ verschwindet die AKF, nach (6.60) handelt es sich demnach um ein mittelwertfreies Zufallssignal.

Nach (6.61) kann man somit direkt die Streuung und nach (6.55) die mittlere Leistung angeben.

Die Wahrscheinlichkeitsdichte beträgt nach (6.35):

$$p(x) = \frac{1}{\sqrt{2\pi} \cdot 0.02} \cdot e^{\frac{-x^2}{0.08}} \tag{6.66}$$

Das Zeitsignal $x(t)$ bleibt mit 95 % Wahrscheinlichkeit innerhalb des Bereiches von ± 0.4 (2σ-Bereich).

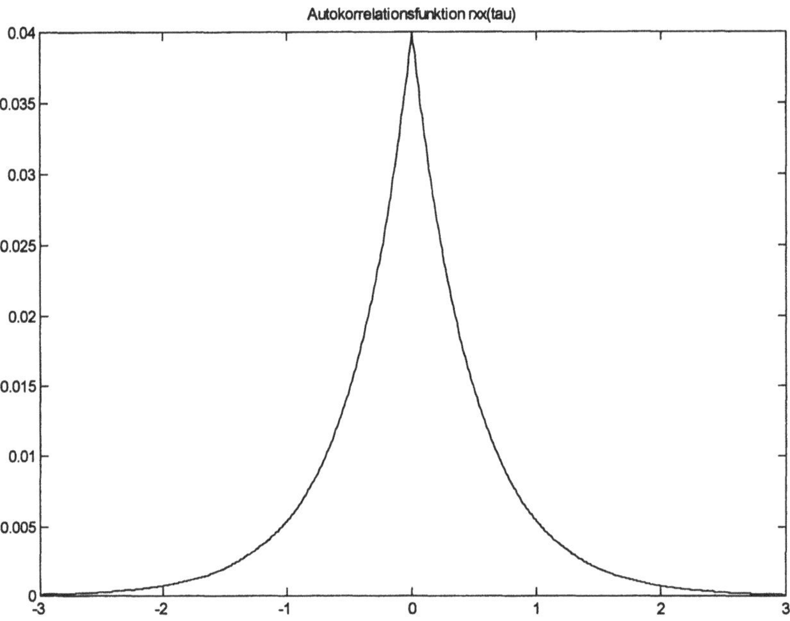

Bild 6.7 Autokorrelationsfunktion eines Zufallssignales

□

6.3.3 Die AKF von periodischen Signalen

In der Praxis arbeitet man gerne mit periodischen Signalen, denn diese sind einfach zu erzeugen und sie sind reproduzierbar. Es gibt sogar die Klasse der pseudozufälligen Signale, welche periodisch sind, innerhalb einer Periode aber zufällige Eigenschaften aufweisen. Es hat sich deshalb eingebürgert, auch bei periodischen Signalen von Korrelationsfunktionen zu sprechen, und einfach die Rechenalgorithmen nach (6.53) oder (6.54) anzuwenden. Allerdings ist dies etwas gefährlich, da (6.58) natürlich nicht mehr gilt und damit die daraus gefolgerten Beziehungen (6.60) bis (6.63) ebensowenig.

Wir betrachten als Archetypen des periodischen Signals die Cosinus-Schwingung:

$$x(t) = A \cdot \cos(\omega_0 t + \varphi)$$ (6.67)

Nun wenden wir (6.53) auf (6.67) an:

$$r_{xx}(\tau) = \lim_{T \to \infty} \frac{1}{2T} \cdot \int_{-T}^{T} x(t) \cdot x(t + \tau)\, dt$$

$$= \lim_{T \to \infty} \frac{1}{2T} \cdot \int_{-T}^{T} A \cdot \cos(\omega_0 t + \varphi) \cdot A \cdot \cos(\omega_0 t + \omega_0 \tau + \varphi)\, dt$$

$$= \lim_{T \to \infty} \frac{1}{2T} \cdot A^2 \cdot \int_{-T}^{T} \left(\frac{1}{2} \cdot \cos(2\omega_0 t + \omega_0 \tau + 2\varphi) + \frac{1}{2} \cdot \cos(\omega_0 \tau) \right) dt$$

$$= \lim_{T \to \infty} \frac{1}{2T} \cdot \frac{A^2}{2} \cdot \underbrace{\int_{-T}^{T} (\cos(2\omega_0 t + \omega_0 \tau + 2\varphi))\, dt}_{=0} + \lim_{T \to \infty} \frac{1}{2T} \cdot \frac{A^2}{2} \cdot \int_{-T}^{T} (\cos(\omega_0 \tau))\, dt$$

$$= \lim_{T \to \infty} \frac{1}{2T} \cdot \frac{A^2}{2} \cdot \cos(\omega_0 \tau) \cdot \underbrace{\int_{-T}^{T} dt}_{2T}$$

$$r_{xx}(\tau) = \frac{A^2}{2} \cdot \cos(\omega_0 \tau)$$ (6.68)

Die Grenzwertbildung in (6.53) kann also entfallen, es genügt, über eine ganze Anzahl Perioden zu integrieren.

Die AKF hat dieselbe Periode wie $x(t)$. Dies ist leicht verständlich, da nach einer Verschiebung τ um eine Periode wieder die ursprünglichen Verhältnisse vorliegen. Die Phasenlage von $x(t)$ hat keinen Einfluss auf die AKF.

Wertet man (6.68) für $\tau = 0$ aus, so erhält man auch hier die mittlere Signalleistung bzw. das Quadrat des Effektivwertes:

$$r_{xx}(0) = \frac{A^2}{2} = X_{eff}^2$$

Nun verallgemeinern wir dieses Resultat auf eine allgemeine periodische Funktion, die als Fourierreihe nach (2.7) darstellbar ist:

$$x(t) = \frac{A_0}{2} + \sum_{k=1}^{\infty} A_k \cdot \cos(k\omega_0 t + \varphi_k)$$ (6.69)

Dieselbe Herleitung wie für (6.68) führt man gliedweise an der Fourierreihe aus und erhält:

$$r_{xx}(\tau) = \frac{A_0^2}{4} + \sum_{k=1}^{\infty} \frac{A_k^2}{2} \cos(k\omega_0 \tau)$$ (6.70)

Auch hier erhalten wir für die AKF eine periodische Funktion mit derselben Periode wie beim Zeitsignal. $r_{xx}(\tau)$ und $x(t)$ unterscheiden sich aber im Allgemeinen im Aussehen voneinander, da in der AKF sämtliche Phaseninformation verloren gegangen ist.

> *Die AKF eines periodischen Signales ist ebenfalls periodisch
> und hat dieselbe Periodendauer wie das Zeitsignal.*

Diese Eigenschaft macht die AKF hervorragend dazu geeignet, die Periodendauer bei einem stark gestörten Signal zu messen, vgl. Abschnitt 6.5.2.

Beispiel: Die Rechteckschwingung nach Bild 6.8 links hat die Fourierreihe nach Gleichung (2.19). Mit (2.16) umgerechnet auf die Betrags- / Phasen-Darstellung ergibt sich

$$x(t) = \frac{4A}{\pi} \cdot \left(\sin(\omega_0 t) + \frac{1}{3} \cdot \sin(3\omega_0 t) + \frac{1}{5} \cdot \sin(5\omega_0 t) + ... \right)$$

Jedes Sinusglied kann man als Cosinusglied mit einer Phasendrehung um $\pi/2$ auffassen. Da die Phase für die AKF keine Rolle spielt, lässt sich direkt (6.70) anwenden:

$$r_{xx}(\tau) = \frac{8A^2}{\pi^2} \cdot \left(\cos(\omega_0 \tau) + \frac{1}{9} \cdot \cos(3\omega_0 \tau) + \frac{1}{25} \cdot \cos(5\omega_0 \tau) + ... \right)$$

Ein Blick in eine Mathematik-Formelsammlung zeigt, dass dies die Fourierreihe einer Dreiecksfunktion ist, Bild 6.8 rechts.

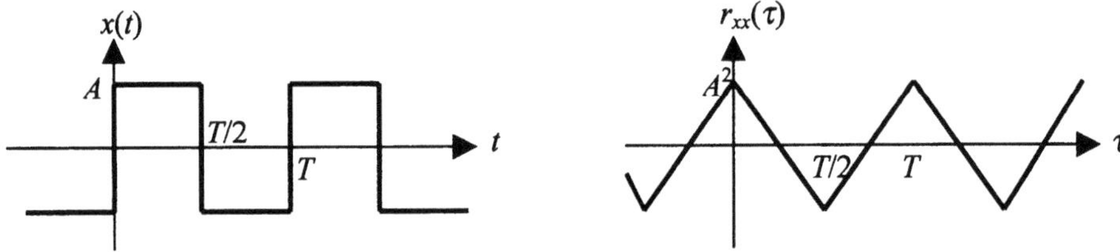

Bild 6.8 Rechteckfunktion und ihre Autokorrelationsfunktion

$\square$

6.3.4 Die Kreuzkorrelationsfunktion (KKF)

Statt dass man wie bei der AKF ein Zufallssignal mit einer verschobenen Kopie seiner selbst vergleicht, kann man auch zwei verschiedene Signale $x(t)$ und $y(t)$ miteinander korrelieren. Dies führt auf die Kreuzkorrelationsfunktion (KKF) $r_{xy}(\tau)$.

Für den Korrelationskoeffizienten R_{xy} gilt in völliger Analogie zu (6.52):

$$R_{xy}(t_1, t_2) = \frac{E[x(t_1) \cdot y(t_2)] - E[x(t_1)] \cdot E[y(t_2)]}{\sigma_x \cdot \sigma_y}$$

Für stationäre Zufallsprozesse ist R_{xy} nur abhängig von der Zeitdifferenz $\tau = t_2 - t_1$:

$$R_{xy}(\tau) = \frac{E[x(t_1) \cdot y(t_2)] - E[x(t_1)] \cdot E[y(t_2)]}{\sigma_x \cdot \sigma_y} \quad ; \quad \tau = t_2 - t_1 \tag{6.71}$$

Der Erwartungswert des Produktes $x(t_1) \cdot y(t_2)$ in (6.71) ist die Kreuzkorrelationsfunktion $r_{xy}(\tau)$. Bei ergodischen Prozessen kann diese durch eine Zeitmittelung bestimmt werden und es ergibt sich in Analogie zu (6.53) die KKF:

$$r_{xy}(\tau) = \lim_{T \to \infty} \frac{1}{2T} \cdot \int_{-T}^{T} x(t) \cdot y(t+\tau)\, dt \tag{6.72}$$

Für diskrete Zufallsfunktionen lautet die KKF in Analogie zu (6.54):

$$r_{xy}[m] = \lim_{N \to \infty} \frac{1}{2N+1} \cdot \sum_{n=-N}^{N} x[n] \cdot y[n+m] \tag{6.73}$$

Setzt man $y = x$, so ergeben sich aus den Formeln für die KKF diejenigen der AKF.

Im Gegensatz zur AKF ist die KKF i.A. weder eine gerade Funktion, noch muss sie ihr Maximum bei $\tau = 0$ aufweisen. Offensichtlich wird dies am Beispiel eines verzögernden Systems, von dessen Ein- und Ausgangssignal man die KKF bestimmt. Der Maximalwert wird natürlich dann auftreten, wenn τ gleich der Verzögerungszeit ist. Die KKF ist demnach bestens geeignet für Zeitmessungen, was man in der Radar- und Sonartechnik natürlich ausnutzt.

Die KKF für negative Zeiten ergibt:

$$r_{xy}(-\tau) = \lim_{T \to \infty} \frac{1}{2T} \cdot \int_{-T}^{T} x(t) \cdot y(t-\tau)\, dt$$

Wir substituieren $u = t - \tau$ und entsprechend $t = u + \tau$ sowie $dt = du$ und erhalten:

$$r_{xy}(-\tau) = \lim_{T \to \infty} \frac{1}{2T} \cdot \int_{-T}^{T} x(u+\tau) \cdot y(u)\, du$$

Die Integrationsgrenzen konnten belassen werden, da sie ohnehin gegen $\pm\infty$ streben. Eine Umtaufe von u in t führt schliesslich zu:

$$r_{xy}(-\tau) = \lim_{T \to \infty} \frac{1}{2T} \cdot \int_{-T}^{T} y(t) \cdot x(t+\tau)\, dt = r_{yx}(\tau)$$

$$\boxed{\begin{aligned} r_{xy}(-\tau) &= r_{yx}(\tau) \\ r_{yx}(-\tau) &= r_{xy}(\tau) \end{aligned}}$$

$$(6.74)$$

Es hat lediglich praktische Gesichtspunkte, dass man $r_{yx}(\tau)$ eingeführt hat.

Man kann zeigen, dass stets gilt:

$$\boxed{\left| r_{xy}(\tau) \right| \leq \sqrt{r_{xx}(0) \cdot r_{yy}(0)}}$$

$$(6.75)$$

Auf der rechten Seite von (6.75) steht ein geometrisches Mittel, das nie grösser als das arithmetische Mittel sein kann. Deshalb gilt auch:

$$\boxed{\left| r_{xy}(\tau) \right| \leq \frac{r_{xx}(0) \cdot r_{yy}(0)}{2}}$$

$$(6.76)$$

Analog (6.71) gilt bei stationären Signalen:

$$R_{xy}(\tau) = \frac{E[x(t_1) \cdot y(t_2)] - E[x(t_1)] \cdot E[y(t_2)]}{\sigma_x \cdot \sigma_y} = \frac{r_{xy}(\tau) - E[x(t)] \cdot E[y(t)]}{\sigma_x \cdot \sigma_y}$$

Falls eines der Signale mittelwertfrei ist, verschwindet sein Erwartungswert und es ergibt sich für den Korrelationskoeffizienten:

$$R_{xy}(\tau) = \frac{r_{xy}(\tau)}{\sigma_x \cdot \sigma_y}$$

$$(6.77)$$

Dies ist in Analogie zu (6.63).

Beispiel: Ein Zufallssignal $x(t)$ mit der AKF nach Gleichung (6.65) bzw. Bild 6.7 wird durch einen Verstärker ($V > 1$) oder durch einen Abschwächer ($V < 1$) geschickt. Wir ermitteln die AKF des Ausgangssignales $y(t)$ und die KKF zwischen Ein- und Ausgang und vergleichen die Streuungen.

$$y(t) = V \cdot x(t) \qquad \text{und} \qquad r_{xx}(\tau) = \sigma^2 \cdot e^{-k \cdot |\tau|}$$

$$r_{yy}(\tau) = \lim_{T \to \infty} \frac{1}{2T} \cdot \int_{-T}^{T} y(t) \cdot y(t+\tau)\, dt = \lim_{T \to \infty} \frac{1}{2T} \cdot \int_{-T}^{T} V \cdot x(t) \cdot V \cdot x(t+\tau)\, dt = V^2 \cdot r_{xx}(\tau)$$

$$r_{xy}(\tau) = \lim_{T \to \infty} \frac{1}{2T} \cdot \int_{-T}^{T} x(t) \cdot y(t+\tau)\, dt = \lim_{T \to \infty} \frac{1}{2T} \cdot \int_{-T}^{T} x(t) \cdot V \cdot x(t+\tau)\, dt = V \cdot r_{xx}(\tau)$$

Für die Streuung des Eingangssignales gilt (6.61):

$$\sigma_x^2 = r_{xx}(0) - \underbrace{r_{xx}(\infty)}_{=0} = \sigma^2$$

$y(t)$ ist ebenfalls mittelwertfrei, somit ergibt sich für dessen Streuung:

$$\sigma_y^2 = r_{yy}(0) - \underbrace{r_{yy}(\infty)}_{=0} = V^2 \cdot r_{xx}(0) = V^2 \cdot \sigma^2$$

Mit (6.77) lässt sich nun auch noch der Korrelationskoeffizient angeben:

$$R_{xy}(\tau) = \frac{r_{xy}(\tau)}{\sigma_x \cdot \sigma_y} = \frac{V \cdot r_{xx}(\tau)}{\sigma \cdot V \cdot \sigma} = e^{-k \cdot |\tau|}$$

Für $\tau = 0$ wird dieser Korrelationskoeffizient gleich 1, $y(t)$ hängt dann ja linear von $x(t)$ ab.

$\square$

6.4 Die Beschreibung von Zufallssignalen im Frequenzbereich

6.4.1 Leistungsdichtespektren

Dass die Beschreibung eines Signals im Frequenzbereich grosse Vorteile bringen kann, haben wir bereits hinlänglich festgestellt. Deshalb besteht ein grosses Interesse daran, auch von Zufallssignalen ein Spektrum angeben zu können. Allerdings exisitiert das Integral (2.24) nicht, weil die Bedingung (2.23) nicht eingehalten ist.

Nun ist wenigstens schon der Titel dieses Abschnittes klar: bei Zufallssignalen handelt es sich um Leistungssignale (Abschnitt 2.1.3), welche nicht periodisch sind. Deshalb muss ihr Spektrum ein Leistungsdichtespektrum sein. Dieses definiert man nicht aufgrund des Zeitverlaufes des Zufallssignales $x(t)$, sondern aufgrund dessen AKF $r_{xx}(\tau)$. Deshalb ist $S_{xx}(\omega)$ das Formelzeichen des Leistungsdichtespektrums. Zur Unterscheidung gegenüber der Fouriertransformierten eines Zeitsignales schreiben wir $S_{xx}(\omega)$ anstelle von $S_{xx}(j\omega)$.

$$\boxed{S_{xx}(\omega) = \int_{-\infty}^{\infty} r_{xx}(\tau) \cdot e^{-j\omega\tau} d\tau \quad \circ\!\!-\!\!\bullet \quad r_{xx}(\tau)} \tag{6.78}$$

Manchmal hört man auch die Ausdrücke Leistungsspektrum oder Autoleistungsspektrum. (6.78) heisst *Wiener-Khitchine-Theorem*.

Da die AKF eine reelle und gerade Funktion ist, muss nach Tabelle 2.1 das Leistungsdichtespektrum ebenfalls reell und gerade sein. Zudem kann es keine negativen Werte annehmen.

$$\boxed{S_{xx}(\omega) \geq 0} \tag{6.79}$$

Die Rücktransformation von (6.78) lautet nach (2.25):

$$r_{xx}(\tau) = \frac{1}{2\pi} \cdot \int\limits_{-\infty}^{\infty} S_{xx}(\omega) \cdot e^{-j\omega\tau} d\omega$$

Für $\omega = 0$ ergibt sich daraus:

$$r_{xx}(0) = \frac{1}{2\pi} \cdot \int\limits_{-\infty}^{\infty} S_{xx}(\omega) \cdot d\omega \tag{6.80}$$

Nimmt man als Integrationsvariable f statt ω, so fällt der Vorfaktor weg (vgl. Anmerkung 2 zu Gleichung (2.24)) und man erhält:

$$r_{xx}(0) = \int\limits_{-\infty}^{\infty} S_{xx}(f) \cdot df \tag{6.81}$$

Auf der linken Seite steht nach (6.55) die mittlere Signalleistung, der Name Leistungsdichtespektrum ist also durchaus gerechtfertigt.

Das Leistungsdichtespektrum ist zwangsläufig reell, es enthält demnach keine Phaseninformation. Deshalb ist das zugehörige Zeitsignal nicht vollständig durch das Leistungsdichtespektrum beschrieben. Dieses ist ja kein Spektrum (Fouriertransformierte einer Zeitfunktion), sondern „nur" ein Leistungsdichtespektrum (Fouriertransformierte einer AKF).

Wenn ein Signal sich rasch ändert, dann muss es hohe Frequenzen enthalten. Zudem sinkt die AKF mit wachsendem τ rasch ab. Den Extremfall stellt das weisse Rauschen dar: für $\tau \neq 0$ sinkt die AKF sofort auf Null ab. Die AKF besteht dann nur noch aus einem Diracstoss und das Leistungsdichtespektrum ist konstant Eins. Daher kommt auch der Name des weissen Rauschens: es enthält alle Frequenzen, genauso wie weisses Licht.

Ein konstantes reelles Spektrum gehört zum Diracstoss, ein konstantes Leistungsdichtespektrum (das ebenfalls reell ist) gehört zum weissen Rauschen. Letzteres hat jedoch keine Phaseninformation, bei ersterem ist die Phase bekannt: sie hat bei allen Frequenzen den Wert Null.

Bild 6.9 zeigt das Resultat eines einfachen Versuches: Ausgangspunkt sind zwei Frequenzgänge, die identische und konstante Betragsfunktionen (Amplitudengänge) mit dem Wert 1 aufweisen. Das in Bild 6.9 oben gezeigte Spektrum ist reell, die Phase hat bei allen Frequenzen den Wert Null. Mit einer IFFT wurde das dazugehörige Zeitsignal berechnet, dies ist der Diracstoss.

Beim zweiten Spektrum sind die Phasenwerte zufällig verteilt im Bereich $-\pi \ldots +\pi$, das Amplitudenspektrum ist unverändert 1. Bild 6.9 unten zeigt das Resultat nach der IFFT: ein Rauschen. Mit dieser Interpretation implizieren wir, dass ein Zufallssignal ein Fourierspektrum hat, die Interpretation ist sogar plausibel. Streng genommen muss man aber das obere Spektrum bei einem deterministischen Signal als komplexwertiges Fourierspektrum auffassen, dass zufälligerweise einen verschwindenden Imaginärteil hat und dessen Rücktransformierte ein Zeitsignal ist, hier ein Diracstoss. Im Falle eines Zufallssignales muss man das obere Spektrum als zwangsläufig reellwertiges Leistungsspektrum ansehen, dessen Rücktransformierte eine AKF ist, hier ein Diracstoss.

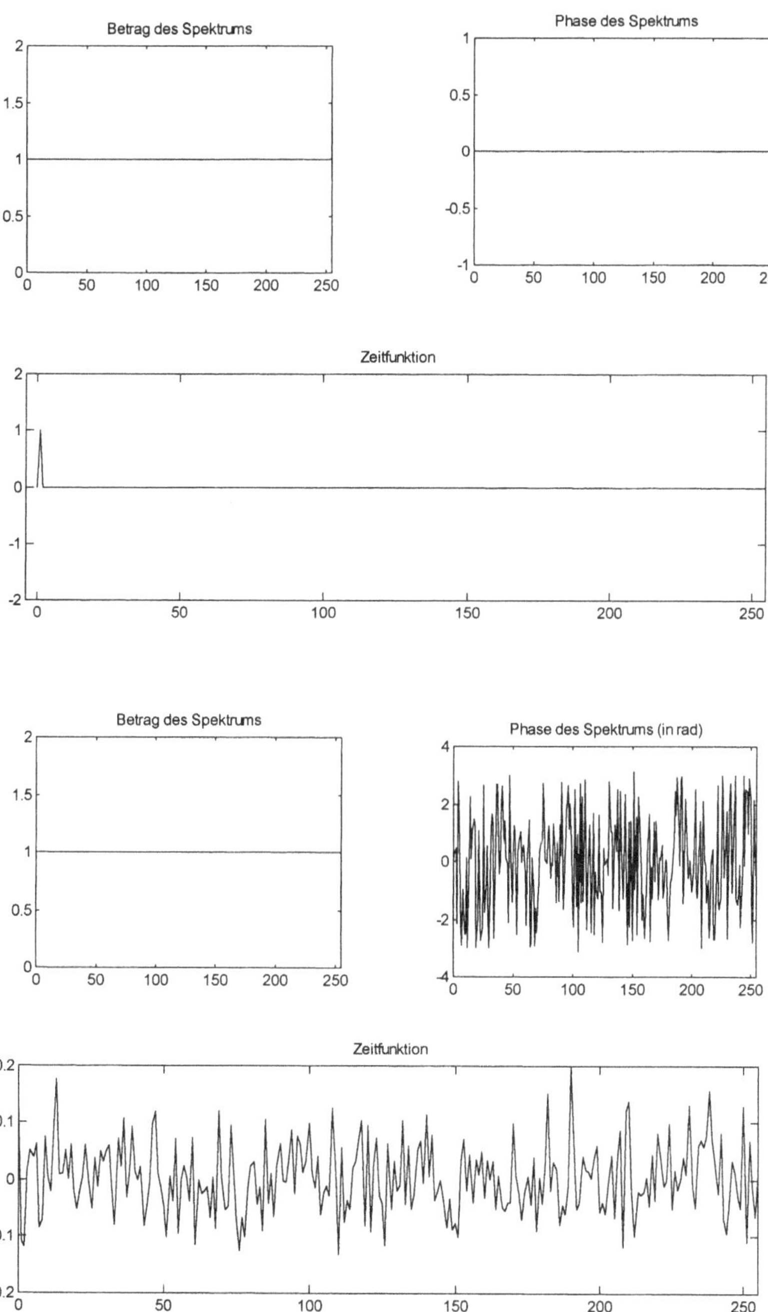

Bild 6.9 Zeitfunktionen zu einem konstanten reellen Spektrum (oben) und zu einem Spektrum mit konstanten Amplitudengang und zufälligem Phasengang (unten). Weitere Erklärungen im Text.

Im übernächsten Abschnitt werden wir sehen, dass unter gewissen Bedingungen auch von einem Zufallssignal ein komplexwertiges Fouriespektrum angebbar ist.

Wie bereits erwähnt, kann man nicht direkt die Fouriertransformierte einer Musterfunktion $x(t)$ eines Zufallsprozesses berechnen, weil die Bedingung (2.23) nicht eingehalten ist. Allerdings ist dies eine hinreichende, nicht aber eine notwendige Bedingung. Deshalb konnten wir für periodische Signale (auch dies sind Leistungssignale) das Integral (2.24) auswerten, allerdings unter Zuhilfenahme der Diracstösse, Abschnitt 2.3.4. Auch bei der Signum-Funktion war es möglich, Gleichung (2.59). Bei Zufallssignalen ist die Berechnung eines Spektrums im ursprünglichen Sinne aber nicht möglich.

> *Das Leistungsdichtespektrum eines Zufallssignales ist die*
> *Fouriertransformierte der AKF. Es ist gerade, reellwertig*
> *und kann keine negativen Werte annehmen.*

Eine Funktion nach Bild 2.9 (Rechteckpuls) kann demnach keine AKF sein. Sie ist zwar reell und gerade, doch ihr Spektrum verletzt die Bedingung (6.79).

6.4.2 Das Kreuzleistungsdichtespektrum

Das Kreuzleistungsdichtespektrum oder kurz Kreuzleistungsspektrum ist die Fouriertransformierte der Kreuzkorrelationsfunktion (KKF):

$$S_{xy}(\omega) = \int_{-\infty}^{\infty} r_{xy}(\tau) \cdot e^{-j\omega\tau} d\tau \quad \circ\!\!-\!\!\circ \quad r_{xy}(\tau) \tag{6.82}$$

$$r_{xy}(\tau) = \frac{1}{2\pi} \cdot \int_{-\infty}^{\infty} S_{xy}(\omega) \cdot e^{-j\omega\tau} d\omega$$

Da die KKF nicht gerade sein muss, folgt:

> *Das Kreuzleistungsspektrum ist eine komplexwertige Funktion.*

Aus praktischen Gründen haben wir zwei Kreuzkorrelationsfunktionen eingeführt, nämlich $r_{xy}(\tau)$ und $r_{yx}(\tau)$, vgl. (6.74). Wegen (2.52) gilt:

$$S_{xy}(\omega) = S_{yx}(-\omega) = S_{yx}^{*}(\omega) \tag{6.83}$$

Bild 6.9 unten kann man so interpretieren, dass bei Zufallssignalen die Phase einen völlig re-gellosen Verlauf aufweist und deren Angabe keine interpretierbare Information bringt. Deshalb beschränkt man sich auf das reellwertige Leistungsspektrum. Beim Kreuzleistungsspektrum verhält es sich anders: wenn die Zufallssignale $x(t)$ und $y(t)$ eine Verwandtschaft aufweisen, so sind die einzelnen Phasen zwar regellos, die Phasen*differenz* der beiden Signale jedoch nicht.

Obige Erklärung ist so formuliert, wie wenn Zufallssignale einen Phasengang hätten. Streng genommen stimmt dies zwar nicht, jedoch ist diese Anschauung schön „praktisch". Im Zu-sammenhang mit periodischen Zufallssignalen kann man durchaus einen Phasengang angeben, dies behandeln wir im folgenden Abschnitt.

6.4.3 Leistungsspektren von periodischen Signalen

Periodische Zufallssignale sind künstlich hergestellt und treten in der Praxis sehr häufig auf:

- Mit sogenannten Pseudozufallsgeneratoren (vgl. Abschnitt 7.2.4) erzeugt man periodische Signale, deren Verlauf innerhalb einer Periode einen zufälligen Charakter hat. Stimuliert man mit solchen Signalen ein System, dessen Gedächtnis kürzer ist als die Periodendauer des Pseudozufallssignales, so kann das System die Periodizität gar nicht entdecken. Man kombiniert so die Vorteile der Zufallssignale mit denjenigen der exakten Reproduzierbar-keit.

- Für Spektralzerlegungen verwendet man häufig den FFT-Algorithmus. Dadurch ergibt sich ein Linienspektrum, was für das Zeitsignal eine Zwangsperiodisierung bedeutet. (Zur Erinnerung: die FFT berechnet nicht das Spektrum des Signals im Zeitfenster, sondern das Spektrum der periodischen Fortsetzung des Signals im Zeitfenster.)

Periodische Signale werden im Frequenzbereich durch die Fourier-Koeffizienten charakteri-siert, es ergibt sich ein Linienspektrum und nicht ein kontinuierliches Dichtespektrum. Mit Hilfe der Deltafunktion kann man jedoch auch ein Dichtespektrum, d.h. die Fourier-Transformierte angeben. Die Umrechnung zwischen den beiden Darstellungen ist mit (2.45) möglich. Zum DFT-Spektrum (das ist dasselbe wie das FFT-Spektrum) gelangt man mit (4.23). Für die Berechnung des Spektrums genügt es demnach, wenn man über eine Periode integriert (danach kommt ja nichts Neues mehr dazu) und die Konvergenz des Fourier-Integrals ist über-haupt kein Problem.

Nun seien $x[n]$ und $y[n]$ zwei digitalisierte (und damit bandbegrenzte!) Zufallssignale. Diese lassen sich einfach einer DFT oder FFT unterwerfen und man erhält die komplexwertigen diskreten Spektren $X[m]$ und $Y[m]$. Für die Leistungsspektren gilt nun:

$$\boxed{S_{xx}[m] = X^*[m] \cdot X[m] = |X[m]|^2} \tag{6.84}$$

$$\boxed{S_{xy}[m] = X^*[m] \cdot Y[m] = S_{yx}^*[m]} \tag{6.85}$$

Auch in (6.84) erkennt man, dass es sich um ein Leistungsspektrum handeln muss, denn es entspricht dem quadrierten Betragsspektrum eines Signals. Auch gelten dieselben Eigenschaften wie für die Leistungsdichtespektren.

(6.84) und (6.85) sind massgeschneidert für die digitale Signalverarbeitung. Man darf aber zwei beliebte Fehlerquellen nicht übersehen: Bevor man eine FFT ausführen kann muss man das Zeitsignal zeitlich beschränken. Diese Fensterung führt zum Leakage-Effekt und damit zu Fehlern im Spektrum, Abschnitt 4.4.4. Diese Fehler lassen sich mit sanften Fenstern (Hanning usw.) verkleinern, jedoch nicht eliminieren. Arbeitet man jedoch mit periodischen Pseudozufallssignalen, so kann man das Rechteckfenster benutzen und berechnet die Spektren korrekt, Abschnitt 4.4.2.

Zweitens sind die Leistungsspektren wie die Korrelationsfunktionen Beschreibungen eines Zufalls*prozesses*. Berechnet werden sie anhand von Musterfunktionen, den Zufalls*signalen*. Bei ergodischen Prozessen kann mit mit einer einzigen Musterfunktion und unendlich langer Beobachtungszeit arbeiten. In der praktischen Ausführung wird die Beobachtungszeit natürlich nur endlich sein, was auch zu Fehlern im Spektrum führt. Man spricht deshalb von Schätzungen der Spektren.

Bei periodischen Signalen werden auch die Korrelationsfunktionen periodisch. Somit fallen in (6.54) und (6.73) die Grenzwertbildungen weg, wie wir es ja schon im Abschnitt 6.3.3 festgestellt haben. Die berrechneten Leistungsspektren (dies sind keine Dichtespektren mehr!) weisen den korrekten Wert auf.

Zusammenfassend kann man sagen, dass die Gleichungen (6.84) und (6.85) für den Theoretiker nicht schön, für den Praktiker aber schön praktisch sind. Sie lassen die Interpretation der Leistungsspektren als enge Verwandte der normalen Fourierspektren zu und ermöglichen eine einfache Implementierung.

6.5 Einige Anwendungen

6.5.1 Die Messung der Korrelationsfunktionen

Bild 6.10 zeigt das Blockschaltbild eines Korrelators. Dieser beruht direkt auf der Gleichung (6.72), aus Kausalitätsgründen beginnt die Integration bei $t = 0$. Nach dem Verzögerungsglied liegt das Signal $y(t-\tau)$ vor, deshalb erscheint am Ausgang die KKF $r_{xy}(-\tau) = r_{yx}(\tau)$, Gl. (6.74).

Vertauscht man die Eingänge, so erhält man $r_{yx}(-\tau) = r_{xy}(\tau)$.

Gibt man an die x- und y-Eingänge dasselbe Signal, so misst das Gerät die AKF.

Setzt man $\tau = 0$, so misst das Gerät die mittlere Leistung.

Die heutigen Geräte arbeiten natürlich digital und basieren auf der Gleichung (6.73). Das Verzögerungsglied lässt sich durch ein Schieberegister einfach realisieren.

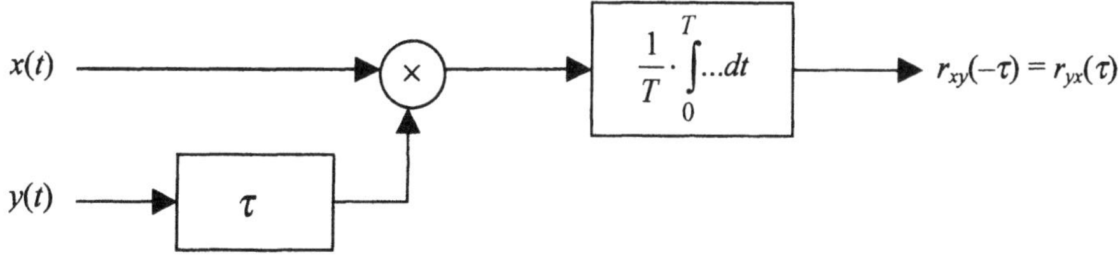

Bild 6.10 Blockschema eines Korrelators

Fallen die Daten blockweise an (z.B. bei einer off line-Verarbeitung), so kann man natürlich auch (6.85) implementieren. Dies entspricht derselben Idee wie bei der schnellen Faltung, wo man den Umweg über die FFT macht, Abschnitt 4.5.

Vergleicht man (6.73) mit (4.40), so entdeckt man bis auf ein Vorzeichen (Zeitumkehr) und einen konstanten Faktor (informationslos) völlige Übereinstimmung. Die Zeitumkehr bewirkt nach (2.52), dass das Spektrum den konjugiert komplexen Wert annimmt. Dies zeigt sich auch im Vergleich des Faltungstheorems (2.31) mit (6.85). Korrelation und Faltung sind demnach fast identische Operationen, allerdings mit sehr unterschiedlich zu interpretierenden Ergebnissen.

6.5.2 Auffinden einer Periodizität mit der AKF

Die AKF eines periodischen Signales ist ebenfalls periodisch, dies haben wir bereits im Abschnitt 6.3.3 festgestellt. Bei stark verrauschten Signalen lässt sich die Periodizität in der AKF viel besser entdecken als im ursprünglichen Signal, weil in ersterer die Maximalwerte dominanter sind. Benutzt wurde dieses Verfahren z.B. in der Radioastronomie, was zur Entdeckung von Pulsaren und Neutronensternen sowie zur Verleihung von Nobelpreisen führte. Das erste Anwendungsbeispiel stammt schon aus dem 19. Jahrhundert, wo mit der AKF untersucht wurde, ob die Sonnenfleckenzahlen ein periodisches Verhalten aufweisen (sie tun es, was jedem Kurzwellenfunker bestens bekannt ist). Aber auch die Radartechnik und die medizinische Diagnosetechnik nutzen die Eigenschaften der AKF.

Wir gehen aus von einem periodischen Signal $x(t)$, zu dem ein zufälliges (rauschförmiges) Störsignal $n(t)$ (n = noise) addiert wird. Das resultierende Summensignal ist $y(t)$, Bild 6.11. Der Empfänger hat die Aufgabe, das Signal $x(t)$ aus $y(t)$ zu extrahieren. Dazu ermittelt er die AKF von $y(t)$, ein anderes Signal hat er ja gar nicht zur Verfügung. Gleichung (6.53) ausgewertet ergibt:

$$r_{yy}(\tau) = \lim_{T \to \infty} \frac{1}{2T} \cdot \int_{-T}^{T} y(t) \cdot y(t+\tau)\, dt$$

$$= \lim_{T \to \infty} \frac{1}{2T} \cdot \int_{-T}^{T} [x(t)+n(t)] \cdot [x(t+\tau)+n(t+\tau)]\, dt$$

$$= \lim_{T \to \infty} \frac{1}{2T} \cdot \int_{-T}^{T} [x(t) \cdot x(t+\tau) + x(t) \cdot n(t+\tau) + n(t) \cdot x(t+\tau) + n(t) \cdot n(t+\tau)]\, dt$$

$$r_{yy}(\tau) = \lim_{T\to\infty} \frac{1}{2T} \cdot \int_{-T}^{T} x(t)\cdot x(t+\tau)\, dt + \lim_{T\to\infty} \frac{1}{2T} \cdot \int_{-T}^{T} x(t)\cdot n(t+\tau))\, dt$$

$$+ \lim_{T\to\infty} \frac{1}{2T} \cdot \int_{-T}^{T} n(t)\cdot x(t+\tau)\, dt + \lim_{T\to\infty} \frac{1}{2T} \cdot \int_{-T}^{T} n(t)\cdot n(t+\tau)\, dt$$

$$r_{yy}(\tau) = r_{xx}(\tau) + r_{xn}(\tau) + r_{nx}(\tau) + r_{nn}(\tau) \qquad (6.86)$$

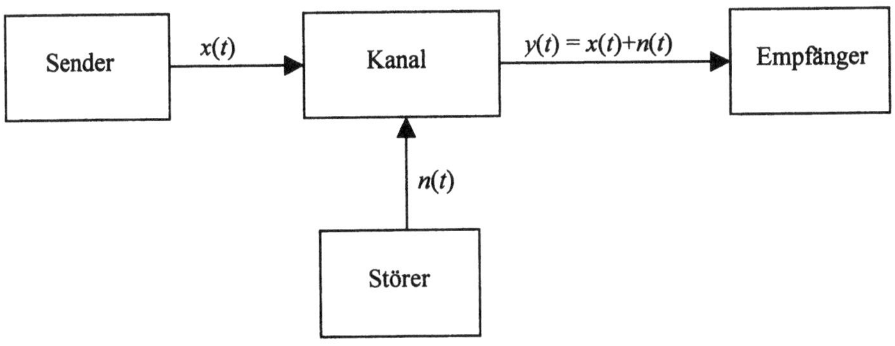

Bild 6.11 Modell für die Übertragung eines periodischen Signals durch einen gestörten Kanal

Da $x(t)$ und $n(t)$ voneinander unabhängig sind, verschwinden die beiden KKF in (6.86) und übrig bleibt:

$$r_{yy}(\tau) = r_{xx}(\tau) + r_{nn}(\tau) \qquad (6.87)$$

Wir nehmen nun an, dass $n(t)$ mittelwertfrei sei, d.h. $E[n] = 0$. Nach (6.60) verschwindet damit $r_{nn}(\tau)$ für hinreichend grosse τ. Übrig bleibt von (6.87) noch:

$$r_{yy}(\tau) \approx r_{xx}(\tau) \quad \text{für } \tau \text{ gross} \qquad (6.88)$$

Die Periodizität in der AKF von $x(t)$ erscheint demnach unverändert in der AKF von $y(t)$.

Eine kleine Computersimulation soll dies verdeutlichen. Das Sendesignal $x(t)$ in Bild 6.11 wurde sinusförmig mit einer Amplitude von 1 angenommen. Zuerst wurde das Leistungsspektrum bestimmt mit Hilfe der FFT und Gleichung (6.84) und danach mit einer IFFT die AKF berechnet. Bild 6.12 zeigt das Resultat.

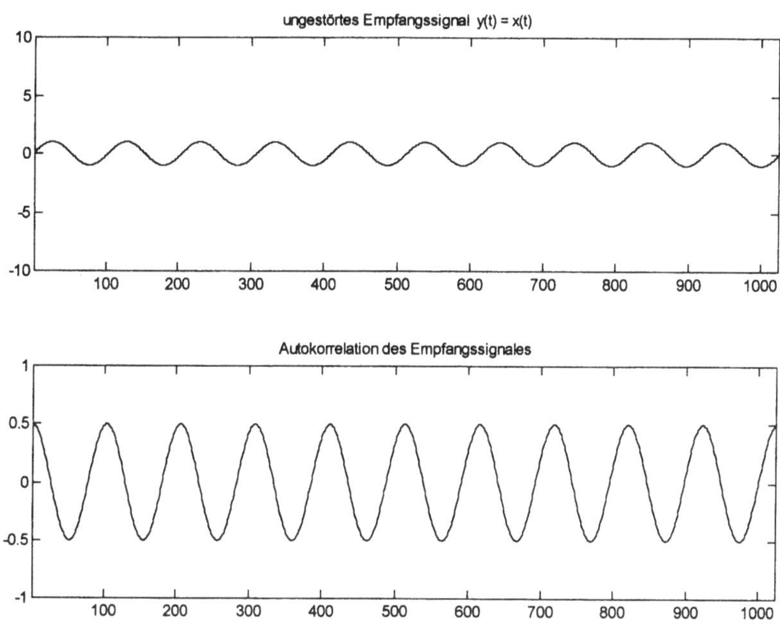

Bild 6.12 Signale aus Bild 6.11, ungestörter Fall

Im Abschnitt 6.3.3 haben wir bereits die AKF der Cosinus-Schwingung berechnet und dabei gesehen, dass die Phasenlage keinen Einfluss hat. Das Resultat, nämlich Gleichung (6.68), ist demnach auch auf Bild 6.12 anwendbar. Mit $A = 1$ ergibt sich die Amplitude der cosinusförmigen AKF wie erwartet zu 0.5. Die Signalleistung lässt sich nach (6.55) bei $r_{xx}(0)$ ablesen, das ist am linken Rand des unteren Teilbildes. Sie beträgt 0.5. Weil das Signal und deshalb auch die AKF periodisch ist, sieht man die mittlere Leistung hier auch noch an weiteren Stellen. Ein Sinus mit der Amplitude 1 hat einen Effektivwert von $1/\sqrt{2}$ und demnach eine Leistung von 1/2.

Die Bilder 6.13 und 6.14 beruhen auf demselben Programm. Es wurde lediglich zum Empfangssignal ein Störsignal in Form eines normalverteilten Rauschens addiert. Dessen Varianz hatte in Bild 6.13 den Wert 1 und in Bild 6.14 den Wert 10. Das Verhältnis zwischen Nutz- und Störsignalleistung beträgt demnach 1/2 bzw. 1/20. Zur besseren Vergleichbarkeit sind die Bilder 6.12 bis 6.14 identisch skaliert.

In Bild 6.14 oben ist die Signalperiode kaum mehr zu erkennen, in der AKF jedoch sofort ersichtlich.

Eigentlich müssten die Bilder 6.13 und 6.14 besser sein und insbesondere die AKF im rechten Bildteil ein weniger nervöses Verhalten zeigen. Der Grund liegt in den Eigenschaften der FFT, vgl. die Bemerkungen am Ende des Abschnittes 6.4.3. Für Bild 6.12 galt diese Einschränkung nicht, deshalb entspricht dort die AKF exakt der theoretischen Erwartung.

In der Praxis detektiert man mit Korrelationsmethoden Signale, die noch viel weiter im Rauschen vergraben sind (Signalleistung um 10^5 kleiner als die Störleistung). Allerdings braucht dies eine lange Messzeit.

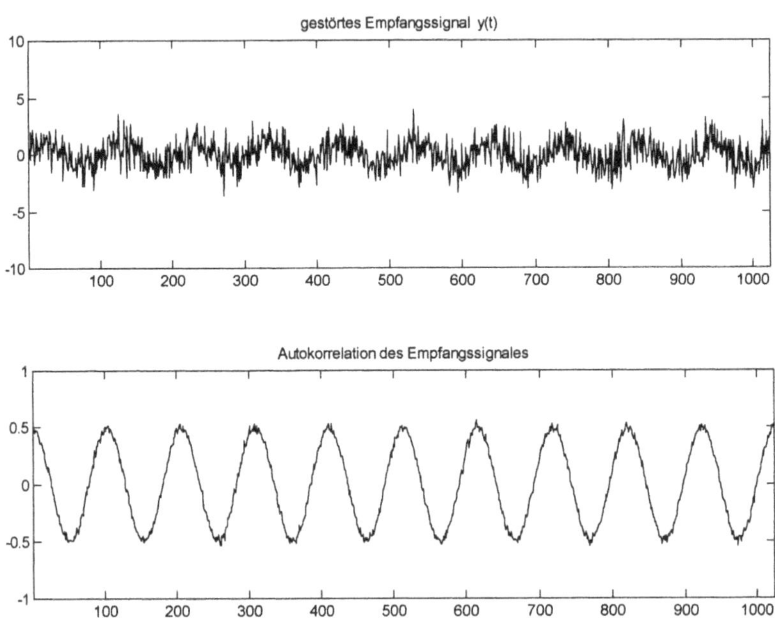

Bild 6.13 Schwach gestörtes Empfangssignal und dessen AKF

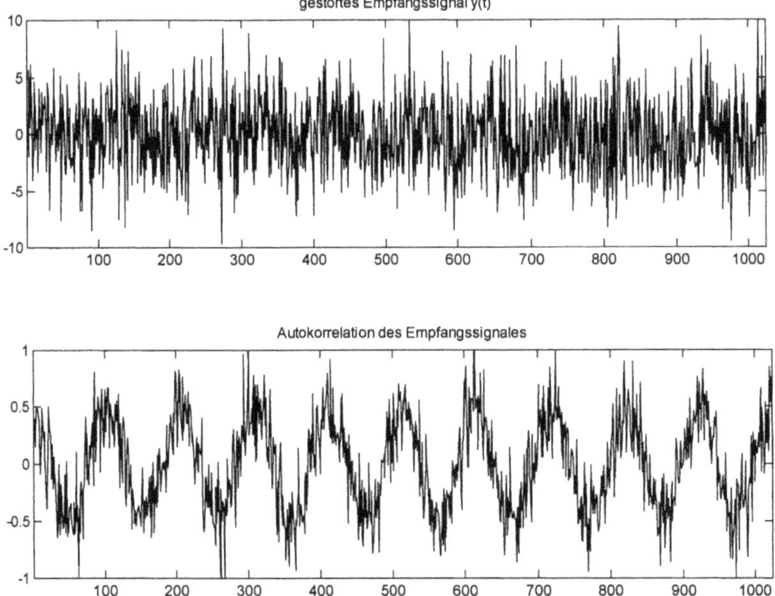

Bild 6.14 Stark gestörtes Empfangssignal und dessen AKF

Falls die getroffene Voraussetzung des mittelwertfreien Störsignales nicht zutrifft, d.h. $E[n]\neq 0$, so addiert sich in (6.88) für grosse τ lediglich ein konstanter Wert, nämlich $r_{nn}(\infty) = E^2[n]$, vgl. Gleichung (6.60). Die Periodizität ist nach wie vor ersichtlich.

6.5.3 Ermitteln der Form eines gestörten periodischen Signals

Mit Hilfe der Korrelation lässt sich nicht nur die Periode eines gestörten Signales finden, sondern sogar dessen Form. Dazu muss man zuerst mit der im letzten Abschnitt besprochenen Methode die Periode T_x des Signals $x(t)$ in Bild 6.11 messen.

Nun erzeugt man eine Diracstossfolge $z(t)$ mit derselben Periode:

$$z(t) = \sum_{k=-\infty}^{\infty} \delta\left(t - k \cdot T_x\right) \tag{6.89}$$

Jetzt bestimmt man die Kreuzkorrelationsfunktion $r_{zy}(\tau)$. Dies geschieht nach (6.72), wobei jedoch die Integration nur über N ganze Perioden erfolgt (vgl. Abschnitt 6.3.3).

$$r_{zy}(\tau) = \frac{1}{N \cdot T_x} \cdot \int_{0^-}^{N \cdot T_x^-} \sum_{k=-\infty}^{\infty} \delta\left(t - k \cdot T_x\right) \cdot \left(x(t+\tau) + n(t+\tau)\right) dt \tag{6.90}$$

Die Integration beginnt nicht exakt bei $t = 0$, sondern ein wenig davor (hochgestelltes Minuszeichen) und hört etwas vor $t = NT_x$ auf. Wichtig ist ja lediglich die exakte Integrationslänge. Mit dieser Verschiebung liegt der Diracstoss bei $t = 0$ ganz im Integrationsintervall und derjenige bei $t = NT_x$ ganz ausserhalb. In (6.90) man muss demnach die Summation nur über N Diracstösse ausführen:

$$r_{zy}(\tau) = \frac{1}{N \cdot T_x} \cdot \int_{0^-}^{N \cdot T_x^-} \sum_{k=0}^{N-1} \delta\left(t - k \cdot T_x\right) \cdot \left(x(t+\tau) + n(t+\tau)\right) dt \tag{6.91}$$

Wir multiplizieren den Integranden aus und vertauschen die Reihenfolge der Integration und Summation:

$$r_{zy}(\tau) = \frac{1}{N \cdot T_x} \cdot \int_{0^-}^{N \cdot T_x^-} \sum_{k=0}^{N-1} \delta\left(t - k \cdot T_x\right) \cdot x(t+\tau) + \delta\left(t - k \cdot T_x\right) \cdot n(t+\tau) \, dt$$

$$= \frac{1}{N \cdot T_x} \cdot \sum_{k=0}^{N-1} \int_{0^-}^{N \cdot T_x^-} \delta\left(t - k \cdot T_x\right) \cdot x(t+\tau) \, dt + \frac{1}{N \cdot T_x} \cdot \sum_{k=0}^{N-1} \int_{0^-}^{N \cdot T_x^-} \delta\left(t - k \cdot T_x\right) \cdot n(t+\tau) \, dt$$

$$\tag{6.92}$$

Nun konzentrieren wir uns auf den Integranden des zweiten Summanden in (6.92) und benutzen die Ausblendeigenschaft des Diracstosses nach (2.35):

$$\int\limits_{0^-}^{N \cdot T_x^-} \delta\big(t - k \cdot T_x\big) \cdot n(t + \tau)\, dt = n(k \cdot T_x + \tau)$$

Somit lautet der zweite Summand in (6.92):

$$\frac{1}{N \cdot T_x} \cdot \sum_{k=0}^{N-1} \int\limits_{0^-}^{N \cdot T_x^-} \delta\big(t - k \cdot T_x\big) \cdot n(t + \tau)\, dt = \frac{1}{N \cdot T_x} \cdot \sum_{k=0}^{N-1} n(k \cdot T_x + \tau) \tag{6.93}$$

Laut (6.93) entnimmt man dem Rauschsignal $n(t)$ in periodischen Abständen Proben und summiert diese auf. Ist das Rauschsignal mittelwertfrei, so wird demnach diese Summe verschwinden. Somit bleibt aus (6.92) noch:

$$r_{zy}(\tau) = \frac{1}{N \cdot T_x} \cdot \sum_{k=0}^{N-1} \int\limits_{0^-}^{N \cdot T_x^-} \delta\big(t - k \cdot T_x\big) \cdot x(t + \tau)\, dt$$

Derselbe Berechnungsvorgang wie oben ergibt:

$$r_{zy}(\tau) = \frac{1}{N \cdot T_x} \cdot \sum_{k=0}^{N-1} x(k \cdot T_x + \tau)$$

Diese Summe verschwindet nicht, da $x(t)$ als periodisch vorausgesetzt wurde und genau im Rhythmus dieser Periode abgetastet wird. Somit haben alle Summanden denselben Wert:

$$r_{zy}(\tau) = \frac{1}{N \cdot T_x} \cdot N \cdot x(\tau) = \frac{1}{T_x} \cdot x(\tau) \tag{6.94}$$

Schliesslich erhält man die gesuchte Zeitfunktion mit

$$x(\tau) = r_{zy}(\tau) \cdot T_x \tag{6.95}$$

6.5.4 Zeitmessung mit der KKF

Nimmt man das Signal einer Quelle mit zwei an verschiedenen Orten angebrachten Sensoren auf, so messen diese wegen den unterschiedlichen Laufzeiten unterschiedliche Signale. Mit einer Kreuzkorrelation sucht man die Verschiebungszeit τ, bei der die Ähnlichkeit der Sensorsignale am grössten ist und findet so den Laufzeitunterschied. Die Kreuzkorrelation liefert bei gestörten Sensorsignalen das bessere Ergebnis als der direkte Vergleich der Signale.

Diese Grundidee lässt sich mannigfaltig praktisch umsetzen, z.B.

Ortung: Die Einfallsachse z.B. einer mit zwei Mikrofonen erfassten Schallwelle bekannter Ausbreitungsgeschwindigkeit lässt sich aus der Laufzeitdifferenz berechnen. Mit drei Mikrofonen kann man zwei Einfallsachsen und damit den Standort des Senders bestimmen.

Geschwindigkeitsmessung: Zwei Sensoren vorne und hinten an einem Fahrzeug angebracht nehmen dieselben Signale aus der Umwelt etwas zeitversetzt wahr, was die Berechnung der Geschwindigkeit erlaubt.

Auch die Distanzmessung (Radar, Echolot) beruht auf demselben Prinzip.

Hat man die Möglichkeit, die Form der Messignale selber zu bestimmen, so macht man dies so, dass sich „möglichst gute Korrelationseigenschaften" ergeben. Das heisst meistens, dass die AKF einen ausgeprägten Maximalwert aufweisen soll und daneben sofort klein ist (Idealfall: Diracstoss). Sind mehrere Signale im Spiel, so sollen alle KKF möglichst verschwinden. Man kann zeigen, dass nicht beide Eigenschaften gleichzeitig maximierbar sind [Klo01]. In diesem Zusammenhang sind z.B. die Barker-Codes zu erwähnen, welche digital erzeugbar sind und u.a. gerne zu Synchronisationszwecken eingesetzt werden, wie z.B. zur Rahmensynchronisation beim ISDN.

Für ein vertieftes Studium ist [Lük92] sehr empfehlenswert.

6.5.5 Weisses Rauschen

Der Ausdruck „weisses Rauschen" stammt aus der Optik und bezeichnet ein Rauschsignal, das sämtliche Frequenzen gleich stark enthält (exakter: dessen Leistungsdichtespektrum alle Frequenzen enthält).

Bei farbigem Rauschen trifft diese Eigenschaft nicht zu. Dieser Ausdruck ist jedoch schwammig und deshalb nicht sehr aussagekräftig.

Das weisse Rauschen ist ein theoretisches Zufallssignal, seine Leistung ist nämlich unendlich gross. Praktisch erzeugbar ist hingegen das bandbegrenzte weisse Rauschen, dessen Leistungsdichtespektrum und AKF in Bild 6.15 zu sehen sind.

Mit der Bandbreite $\omega_g = 2\pi f_g$ und der Leistungsdichte A ergibt sich nach der Korrespondenztabelle im Abschnitt 2.3.7 für den Maximalwert der AKF (bei $\tau = 0$):

$$r_{xx}(0) = \frac{A \cdot \omega_g}{\pi} = A \cdot f_g \tag{6.96}$$

Dies ist nach (6.55) bei mittelwertfreien Zufallssignalen gleich der Signalleistung. Letztere lässt sich nach (6.81) auch als Fläche unter der Leistungsdichte herauslesen.

Im oberen Teil von Bild 6.15 ist $A = 1$ und $f_g = 1$. Die Fläche ist somit gleich 2, was das Teilbild oben rechts ebenfalls zeigt.

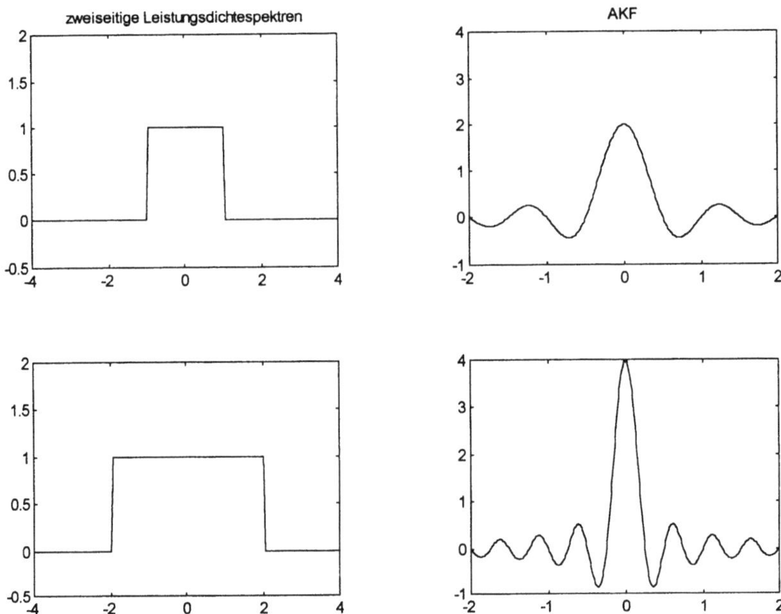

Bild 6.15 Zweiseitige Leistungsdichtespektren (links) und AKF (rechts) von einem schmalbandigen (oben) und breitbandigen (unten) weissen, bandbegrenzten Rauschen.

Bei weissem Rauschen (ohne Bandbegrenzung) erhält man durch den Grenzübergang $f_g \to \infty$:

$$\left. \begin{array}{l} r_{xx}(\tau) = A \cdot \delta(\tau) \\ S_{xx}(\omega) = A \end{array} \right. \quad ; \quad A > 0 \qquad (6.97)$$

Es gilt damit $r_{xx}(\infty) = 0$, d.h. dieses Rauschen ist tatsächlich mittelwertfrei, vgl. Gleichung (6.60). Nach (6.61) entspricht somit die Varianz der Signalleistung, also der Fläche unter der Leistungsdichte. Die Leistung wird demnach unendlich.

Die AKF des weissen Rauschens ist ein Diracstoss, d.h. nach einer unendlich kleinen Zeitverschiebung hat dieses Rauschen keine Ähnlichkeit mehr mit sich selber. Benachbarte Signalwerte stehen in keinem Zusammenhang zueinander, das weisse Rauschen ist der Archetyp eines regellosen Zufallsprozesses! Diese schnellen Signaländerungen sind nur dank der unendlich grossen Bandbreite möglich.

Die Tatsache, dass beim weissen Rauschen alle Frequenzen gleich stark vorkommen, macht dieses zu einem idealen Stimulationssignal zur Messung von Frequenzgängen. Im Abschnitt 7.2 werden wir diese Korrelationsmesstechnik behandeln.

Häufig spricht man von einem normalverteilten weissen Rauschen. Die Wahrscheinlichkeitsdichte gehorcht dann der Gleichung (6.35). Dabei steht man vor der Schwierigkeit, dass die Streuung unendlich gross wird. Korrekterweise müsste man darum stets von einem bandbegrenzten weissen Rauschen ausgehen und dessen Bandbreite anwachsen lassen. Oft ignoriert man dies und rechnet direkt mit dem weissen Rauschen, was normalerweise auch zulässig ist.

7 Reaktion von Systemen auf Zufallssignale

7.1 Systemreaktion

7.1.1 Berechnung im Zeitbereich

In diesem Abschnitt betrachten wir die Reaktion von LTI-Systemen (charakterisiert durch die Stossantwort $h(t)$, den Frequenzgang $H(j\omega)$ oder die Übertragungsfunktion $H(s)$) auf Zufallssignale (charakterisiert duch die AKF $r_{xx}(\tau)$ oder das Leistungsdichtespektrum $S_{xx}(\omega)$). Es geht demnach darum, die AKF $r_{yy}(\tau)$ oder das Leistungsdichtespektrum $S_{yy}(\omega)$ des Ausgangssignals zu berechnen.

Alle informationstragenden Signale (Sprachsignale, Audiosignale, Videosignale usw.) sind Zufallssignale, ebenso die Störsignale. Es ist darum besonders nützlich, über das Verhalten von LTI-Systemen bei stochastischer Anregung Bescheid zu wissen.

Wir behandeln nur den Fall ergodischer (und damit auch stationärer) Eingangssignale. Da diese eine unendliche Signaldauer haben impliziert dies, dass das System im Betrachtungszeitpunkt bereits eingeschwungen und das Ausgangssignal ebenfalls stationär ist.

Das Zufallssignal ist eine Musterfunktion des zu Grunde liegenden stochastischen Prozesses. Jede Musterfunktion wird durch das LTI-System nach (3.9) abgebildet:

$$y(t) = x(t) * h(t) = \int\limits_{-\infty}^{\infty} x(t-\tau) \cdot h(\tau)\, d\tau \tag{7.1}$$

Das Ausgangssignal $y(t)$ ist ebenfalls eine Musterfunktion eines Zufallsprozesses. (7.1) gilt also sowohl für deterministische Signale wie auch für Musterfunktionen. Der Zufallscharakter liegt einzig in der Auswahl einer bestimmten Musterfunktion.

Für den Erwartungswert des Ausgangssignales gilt die Kombination von (6.48) und (7.1):

$$E[y] = \lim_{T \to \infty} \frac{1}{2T} \cdot \int\limits_{-T}^{T} y(t)\, dt = \lim_{T \to \infty} \frac{1}{2T} \cdot \int\limits_{-T}^{T} \int\limits_{-\infty}^{\infty} x(t-\tau) \cdot h(\tau)\, d\tau\, dt$$

Wir vertauschen die Reihenfolge der Integrationen und verschieben die Grenzwertbildung:

$$E[y] = \int\limits_{-\infty}^{\infty} h(\tau) \cdot \underbrace{\left[\lim_{T \to \infty} \frac{1}{2T} \cdot \int\limits_{-T}^{T} x(t-\tau)\, dt \right]}_{=E[x]} d\tau = E[x] \cdot \int\limits_{-\infty}^{\infty} h(\tau)\, d\tau \tag{7.2}$$

Ob im Integral in der eckigen Klammer $x(t-\tau)$ oder $x(t)$ steht, spielt keine Rolle, da ohnehin über einen unendlich weiten Bereich integriert wird. Da $h(\tau)$ als Stossantwort kausal ist, kann man im letzten Integral die untere Grenze anpassen. Die Integrationsvariable kann beliebig heissen.

$$E[y] = E[x] \cdot \int_0^\infty h(t)\, dt \qquad\qquad (7.3)$$

Aus (7.3) folgt unmittelbar:

> *Ist das zufällige Eingangssignal mittelwertfrei,*
> *so ist auch das Ausgangssignal mittelwertfrei.*

In (7.3) schreiben wir als untere Integrationsgrenze wieder $-\infty$ und multiplizieren mit einem kompliziert geschriebenen Faktor 1. Dabei erkennt man ein Fourier-Integral nach (2.24):

$$E[y] = E[x] \cdot \int_{-\infty}^\infty h(t)\, dt = E[x] \cdot \int_{-\infty}^\infty h(t)\ \underbrace{e^{-j\omega t}}_{=1 \text{ für } \omega=0}\, dt = E[x] \cdot H(0)$$

Eine Variante der Herleitung, ausgehend von Gl. (7.3):

$$E[y] = E[x] \cdot \int_0^\infty h(t)\, dt \underset{\text{Gl.}(3.38)}{=} E[x] \cdot g(\infty) \underset{\text{Gl.}(3.40)}{=} E[x] \cdot H(0)$$

$$E[y] = E[x] \cdot H(0) \qquad\qquad (7.4)$$

(7.4) ist das Pendant zu (3.25) und lässt folgende Interpretation zu:

> *Der Mittelwert eines Zufallssignales wird durch ein LTI-System gleich*
> *übertragen wie der DC-Anteil eines deterministischen Signales.*

Nun berechnen wir die AKF des Ausgangssignales. Diese ist definiert nach (6.53):

$$r_{yy}(\tau) = \lim_{T\to\infty} \frac{1}{2T} \cdot \int_{-T}^T y(t) \cdot y(t+\tau)\, dt \qquad\qquad (7.5)$$

Die beiden Signale im Integranden drücken wir durch (7.1) aus, wobei wir u und v als Integrationsvariablen benutzen:

$$y(t) = \int_{-\infty}^{\infty} x(t-u) \cdot h(u)\, du \quad ; \quad y(t+\tau) = \int_{-\infty}^{\infty} x(t+\tau-v) \cdot h(v)\, dv$$

Damit wird aus (7.5)

$$r_{yy}(\tau) = \lim_{T \to \infty} \frac{1}{2T} \cdot \int_{-T}^{T} \int_{-\infty}^{\infty} \int_{-\infty}^{\infty} x(t-u) \cdot x(t+\tau-v) \cdot h(u) \cdot h(v)\, du\, dv\, dt \tag{7.6}$$

Wiederum vertauschen wir die Reihenfolge der Integrationen und verschieben die Grenzwertbildung:

$$r_{yy}(\tau) = \int_{-\infty}^{\infty} \int_{-\infty}^{\infty} h(u) \cdot h(v) \cdot \underbrace{\left[\lim_{T \to \infty} \frac{1}{2T} \cdot \int_{-T}^{T} x(t-u) \cdot x(t+\tau-v)\, dt \right]}_{=r_{xx}(\tau+u-v)} du\, dv \tag{7.7}$$

(Für die Vereinfachung des Ausdruckes in der eckigen Klammer substituiert man $t-u = w$, dann wird $t+\tau-v = w+\tau+u-v$.)

Somit wird aus (7.7):

$$r_{yy}(\tau) = \int_{-\infty}^{\infty} \int_{-\infty}^{\infty} h(u) \cdot h(v) \cdot r_{xx}(\tau+u-v)\, du\, dv \tag{7.8}$$

Mit der Substitution $v-u \to \lambda$ und $dv \to d\lambda$ wird aus (7.8):

$$\begin{aligned}
r_{yy}(\tau) &= \int_{-\infty}^{\infty} \int_{-\infty}^{\infty} h(u) \cdot h(u+\lambda) \cdot r_{rr}(\tau-\lambda)\, du\, d\lambda \\[2mm]
&= \int_{-\infty}^{\infty} r_{xx}(\tau-\lambda) \cdot \underbrace{\left[\int_{-\infty}^{\infty} h(u+\lambda) \cdot h(u) \cdot du \right]}_{=r_{hh}(\lambda)} d\lambda \\[2mm]
&= \int_{-\infty}^{\infty} r_{xx}(\tau-\lambda) \cdot r_{hh}(\lambda)\, d\lambda = r_{xx}(\tau) * r_{hh}(\tau)
\end{aligned} \tag{7.9}$$

Der Ausdruck in der eckigen Klammer zeigt eine grosse Ähnlichkeit mit der Definition der AKF (6.53). Dort handelt es sich allerdings um ein Zufallssignal (also ein Leistungssignal), während es hier um ein deterministisches Energiesignal geht, nämlich die Stossantwort. Deshalb entfällt die Grenzwertbildung, die bei stochastischen Signalen in (6.53) notwendig ist. Der Sinn der Korrelationsfunktion für Energiesignale liegt darin, dass wie in (7.9) ausgeführt eine Faltung erscheint und damit formal wie schon bei (7.4) derselbe Ausdruck entsteht wie bei den deterministischen Signalen.

$$\boxed{r_{yy}(\tau) = r_{xx}(\tau) * r_{hh}(\tau)} \tag{7.10}$$

(7.10) heisst *Wiener-Lee-Beziehung* im Zeitbereich.

Mit den Gleichungen (7.10) und (7.3) kann man also AKF und Erwartungswert des Ausgangssignals berechnen. Normalverteilte Zufallssignale sind durch die AKF bis auf das Vorzeichen des Erwartungswertes vollständig bestimmt. Ist das Eingangssignal eines LTI-Systems normalverteilt, so hat auch das Ausgangssignal diese Eigenschaft.

Schliesslich berechnen wir noch die KKF zwischen Ein- und Ausgangssignal des Systems und gehen dazu von der Definitionsgleichung (6.72) aus und führen dieselben Umformungen wie schon früher aus:

$$r_{xy}(\tau) = \lim_{T \to \infty} \frac{1}{2T} \cdot \int_{-T}^{T} x(t) \cdot \left[y(t + \tau) \right] dt$$

$$= \lim_{T \to \infty} \frac{1}{2T} \cdot \int_{-T}^{T} x(t) \cdot \left[x(t + \tau) * h(t) \right] dt$$

$$= \lim_{T \to \infty} \frac{1}{2T} \cdot \int_{-T}^{T} x(t) \cdot \left[\int_{-\infty}^{\infty} x(t + \tau - \lambda) \cdot h(\lambda) \, d\lambda \right] dt$$

$$= \int_{-\infty}^{\infty} \lim_{T \to \infty} \frac{1}{2T} \cdot \int_{-T}^{T} x(t) \cdot x(t + \tau - \lambda) \cdot h(\lambda) \, dt \, d\lambda$$

$$= \int_{-\infty}^{\infty} h(\lambda) \cdot \underbrace{\left[\lim_{T \to \infty} \frac{1}{2T} \cdot \int_{-T}^{T} x(t) \cdot x(t + \tau - \lambda) \, dt \right]}_{= r_{xx}(\tau - \lambda)} d\lambda$$

$$= \int_{-\infty}^{\infty} h(\lambda) \cdot r_{xx}(\tau - \lambda) \, d\lambda = r_{xx}(\tau) * h(\tau)$$

$$\boxed{r_{xy}(\tau) = r_{xx}(\tau) * h(\tau)} \qquad (7.11)$$

7.1.2 Berechnung im Frequenzbereich

Zuerst transformieren wir $r_{hh}(\tau)$ in den Frequenzbereich. Die Formeln für die Korrelation eines Energiesignales (eckige Klammer in (7.9)) und für die Faltung (2.30) unterscheiden sich lediglich in einem Vorzeichen. Die Korrelation kann man deshalb als Faltung schreiben, wobei ein Signal gespiegelt werden muss:

$$\boxed{r_{hh}(\tau) = h(\tau) * h(-\tau) \quad \circ\!\!-\!\!\bullet \quad H(j\omega) \cdot H(-j\omega) = H(j\omega) \cdot H^*(j\omega) = |H(j\omega)|^2} \quad (7.12)$$

Dies haben wir übrigens schon im Abschnitt 6.4.3 benutzt. Nun verknüpfen wir (6.78), (7.10) und (7.12):

$$S_{yy}(\omega) = S_{xx}(\omega) \cdot |H(j\omega)|^2 \qquad (7.13)$$

(7.13) heisst *Wiener-Lee-Beziehung* im Frequenzbereich.

Alle Funktionen in (7.13) sind reellwertig, es wird ja ein Leistungsspektrum in ein anderes Leistungsdichtespektrum transformiert. Der Phasengang des Systems hat offensichtlich keinen Einfluss auf die Abbildung des Leistungsdichtespektrums. Auch dies ist klar, denn in den Parseval-Beziehungen (2.64) und (2.22) spielt die Phase auch keine Rolle.

(7.13) lässt sich auch mit den Laplace-Tranformierten schreiben. Allerdings ist wegen der Zeitumkehr in (7.12) die zweiseitige Laplace-Transformation dazu notwendig. Meistens sieht man deshalb die Wiener-Lee-Beziehung in der Form von (7.13).

Nun verknüpfen wir (6.82) mit (7.11).

$$S_{xy}(\omega) = S_{xx}(\omega) \cdot H(j\omega) \qquad (7.14)$$

$S_{xy}(\omega)$ und $H(j\omega)$ sind beide komplexwertig. Obwohl der Phasenverlauf des Ausgangsspektrums einen wilden und nicht interpretierbaren Verlauf hat (deshalb arbeitet man ja mit den reellwertigen Leistungsdichtespektren), so gehorcht die Phasen*differenz* zwischen Ein- und Ausgangssignal doch festen Regeln. Im Kreuzleistungsdichtespektrum ist diese Phaseninformation enthalten.

Bild 7.1 fasst alle Beziehungen zusammen.

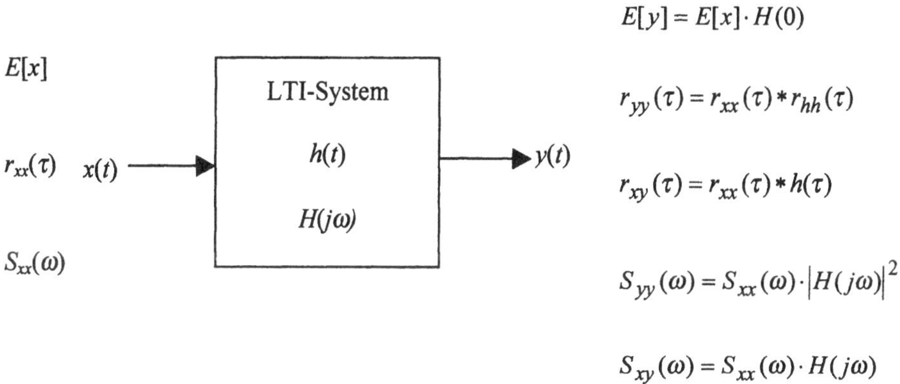

Bild 7.1 Beziehungen zwischen stochastischen Ein- und Ausgangssignalen von LTI-Systemen

7.1.3 Beispiele

Beispiel: Für mittelwertfreie Signale gilt nach (6.61) und (6.81):

$$\sigma^2 = r_{xx}(0) = \int\limits_{-\infty}^{\infty} S_{xx}(f) \cdot df$$

Betrachten wir nochmals das Beispiel am Schluss des Abschnittes 6.3.4. Dort wurde ein solches mittelwertfreies Zufallssignal durch einen Verstärker mit der Verstärkung V geschickt. Die Varianz des Eingangssignales war σ^2, diejenige des Ausgangssignales $V^2 \cdot \sigma^2$. Dies ist in Übereinstimmung mit (7.13), denn beim Verstärker gilt $H(j\omega) = V$. Auch die Resultate für r_{yy} und r_{xy} stimmen mit (7.13) bzw. (7.14) überein.

$\Box$

Beispiel: Ein stationäres weisses Rauschen mit $S_{xx}(\omega) = K$ bzw. $r_{xx}(\tau) = K \cdot \delta(\tau)$ durchläuft ein System mit der Stossantwort $h(t)$. Wie lauten r_{xy} und S_{xy} ?

Mit (7.11) und (7.14) ergibt sich sofort:

$$r_{xy}(\tau) = r_{xx}(\tau) * h(\tau) = \big(K \cdot \delta(\tau)\big) * h(\tau) = K \cdot h(\tau) \tag{7.15}$$

$$S_{xy}(\omega) = S_{yy}(\omega) \cdot H(j\omega) = K \cdot H(j\omega) \tag{7.16}$$

Mit weissem Rauschen als Anregungssignal kann man demnach die Impulsantwort und den Frequenzgang eines Systems messen. Abschnitt 7.2 befasst sich genauer mit dieser Methode.

$\Box$

Beispiel: Ein breitbandiges Zufallssignal wird durch einen schmalbandigen Bandpass mit dem Amplitudengang nach Bild 7.2 gefiltert. Wie gross ist die mittlere Leistung des Ausgangssignales?

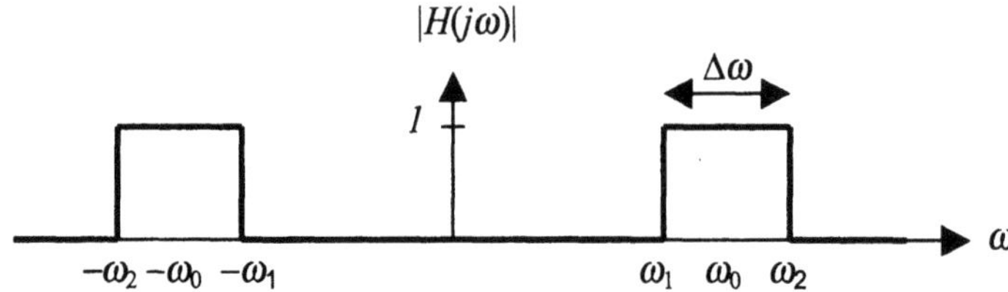

Bild 7.2 Amplitudengang eines schmalbandigen, idealen Bandpasses

Für die mittlere Leistung des Ausgangssignales gilt mit (6.55):

$$E[y^2] = r_{yy}(0) = \frac{1}{2\pi} \int\limits_{-\infty}^{\infty} S_{yy}(\omega) \cdot e^{j0t}\, d\omega = \frac{1}{2\pi} \int\limits_{-\infty}^{\infty} S_{yy}(\omega)\, d\omega$$

$$= \frac{1}{2\pi} \int\limits_{-\infty}^{\infty} S_{xx}(\omega) \cdot |H(j\omega)|^2\, d\omega$$

$$= \frac{1}{2\pi} \int\limits_{-\omega_0-\Delta\omega/2}^{-\omega_0+\Delta\omega/2} S_{xx}(\omega)\, d\omega + \frac{1}{2\pi} \int\limits_{\omega_0-\Delta\omega/2}^{\omega_0+\Delta\omega/2} S_{xx}(\omega)\, d\omega$$

Wir nehmen an, dass die Leistungsdichte im schmalen Öffnungsbereich des Bandpasses konstant sei. Damit gilt:

$$E[y^2] \approx \frac{1}{2\pi} \cdot S_{xx}(-\omega_0) \cdot \Delta\omega + \frac{1}{2\pi} \cdot S_{xx}(\omega_0) \cdot \Delta\omega$$

Da S_{xx} wie auch r_{xx} eine gerade Funktion ist, kann man weiter vereinfachen:

$$E[y^2] \approx \frac{\Delta\omega}{\pi} \cdot S_{xx}(\omega_0) = 2 \cdot \Delta f \cdot S_{xx}(f_0)$$

Wir hätten also auch direkt (6.81) anwenden können.

$\Box$

Beispiel: Thermisches Rauschen eines Widerstandes: Ein elektrischer Widerstand (ebenso ein Stück Draht) rauscht aufgrund einer wechselnden örtlichen Verteilung der Ladungsträger. Ursache dafür ist thermische Energie. Da sehr viele Ladungsträger an diesem sog. thermischen Rauschen beteiligt sind, ergibt sich ein normalverteilter Prozess mit konstantem Leistungsdichtespektrum (weisses Rauschen).

Wir betrachten einen Widerstand R, der am Eingang eines idealen Tiefpassfilters (rauschfrei, unendliche Flankensteilheit, Grenzfrequenz f_0) angeschlossen ist und berechnen die Rauschspannung am Filterausgang.

Das Leistungsdichtespektrum des Widerstandsrauschens lautet:

$$S_{xx}(\omega) = N_0 = 2 \cdot k \cdot T$$

mit der Boltzmann-Konstanten $k = 1.38 \cdot 10^{-23}$ Ws/K, der absoluten Temperatur T in Kelvin und der thermischen Rauschleistungsdichte N_0 in W/Hz.

Für das Leistungsdichtespektrum des Ausgangssignals gilt:

$$S_{yy}(\omega) = S_{xx}(\omega) \cdot |H(j\omega)|^2 = N_0 \cdot \left| rect\left(\frac{\omega}{2\omega_0}\right) \right|^2$$

Die Rauschleistung erhalten wir durch Integration, genau wie im vorhergehenden Beispiel bzw. mit Gleichung (6.80):

$$r_{yy}(0) = \frac{1}{2\pi} \cdot \int_{-\infty}^{\infty} S_{yy}(\omega)\,d\omega = \frac{1}{2\pi} \cdot \int_{-\omega_0}^{\omega_0} N_0\,d\omega = \frac{1}{2\pi} \cdot N_0 \cdot 2\omega_0 = 2 \cdot N_0 \cdot f_0 = 4 \cdot k \cdot T \cdot f_0$$

Für die Leistung am Widerstand gilt:

$$P = \frac{U_{eff}^2}{R} = r_{yy}(0) \quad \Rightarrow \quad U_{eff} = 2 \cdot \sqrt{k \cdot T \cdot f_0 \cdot R}$$

Mit den Zahlenwerten f_0 = 20 kHz (Audio-Bereich), R = 100 kΩ und T = 290 K (17° C) ergibt sich eine Rauschspannung von 5.66 µV. Ein Effektivwertvoltmeter mit vorgeschaltetem Filter würde diesen Wert anzeigen.

Anmerkung: Gerne arbeitet man mit der Temperatur 290 K und nicht mit der Ordonnanz-Raumtemperatur 293 K (20° C). Der Grund liegt einfach darin, dass

$$N_0 = k \cdot T = 1.38 \cdot 10^{-23} \text{ Ws/K} \cdot 290\,\text{K} = 4.00 \cdot 10^{-21} \text{ Ws} = 4 \cdot 10^{-21} \text{ W/Hz}$$

einen schön runden Zahlenwert ergibt. Die Differenz zum Resultat bei 293 K ist vernachlässigbar.

Auch das thermische Rauschen hat natürlich keine unendliche Bandbreite. Mit quantenphysikalischen Betrachtungen kann man zeigen, dass die Bandbreite bei Zimmertemperatur etwa 10^{13} Hz (10 THz) beträgt.

$\square$

7.2 Messung von Frequenzgängen

7.2.1 Das Prinzip der Korrelationsmessung

In diesem Abschnitt betrachten wir eine statistische Methode zur Messung von Frequenzgängen von LTI-Systemen. Gegenüber den im Abschnitt 3.12.4 besprochenen deterministischen Varianten ergeben sich grosse Vorteile. Die Implementierung des Verfahrens ist mit der FFT erfreulich einfach. Käufliche Zweikanal-FFT-Analysatoren beherrschen auch diese Korrelationsanalyse, wenn auch manchmal nur gegen Aufpreis.

Im Abschnitt 3.12.4 haben wir bereits einige Verfahren zur Messung des Frequenzganges eines LTI-Systemes betrachtet. Dabei haben wir herausgefunden, dass das Anregungssignal alle (interessierenden) Frequenzen enthalten muss, damit das System komplett ausgemessen wird. Der Diracstoss erfüllt diese Anforderung ideal, allerdings ist er nur näherungsweise realisierbar und vor allem ist die Anregungsenergie klein. Ein schmaler Puls müsste ja eine hohe Amplitude haben und dies ist wegen der Systemübersteuerung meistens nicht möglich.

Das weisse Rauschen enthält ebenfalls alle Frequenzen, dauert aber länger und kommt deswegen mit kleinerer Amplitude aus.

> *Das ideale Anregungssignal zur Frequenzgangmessung*
> *hat als AKF einen Diracstoss.*

Dies ist erfüllt für den Diracstoss selber sowie für das weisse Rauschen. Nimmt man letzteres, so bewirkt die lange Messdauer eine Mittelung, was zu einem zweiten grossen Vorteil der Systemanalyse mit Rauschsignalen führt: sie ist unempfindlich gegenüber Störungen.

Die Grundidee liefert Gleichung (7.14):

$$H(j\omega) = \frac{S_{xy}(\omega)}{S_{xx}(\omega)}$$

In Analogie zu (6.84) und (6.85) schreiben wir:

$$H(j\omega) = \frac{S_{xy}(\omega)}{S_{xx}(\omega)} = \frac{X^*(j\omega)\cdot Y(j\omega)}{X^*(j\omega)\cdot X(j\omega)} \tag{7.17}$$

Im Falle deterministischer Ein- und Ausgangssignale würden wir (3.27) benutzen:

$$H(j\omega) = \frac{Y(j\omega)}{X(j\omega)}$$

Erweitern wir diese Gleichung mit $X^*(j\omega)$, so erhalten wir gerade (7.17). Erweitern wir dagegen mit $Y^*(j\omega)$, so erhalten wir eine Variante dazu:

$$H(j\omega) = \frac{Y(j\omega)}{X(j\omega)} \cdot \frac{X^*(j\omega)}{X^*(j\omega)} = \frac{S_{xy}(j\omega)}{S_{xx}(j\omega)} \tag{7.18}$$

$$H(j\omega) = \frac{Y(j\omega)}{X(j\omega)} \cdot \frac{Y^*(j\omega)}{Y^*(j\omega)} = \frac{S_{yy}(j\omega)}{S^*_{xy}(j\omega)} = \frac{S_{yy}(j\omega)}{S_{yx}(j\omega)} \tag{7.19}$$

Massgebend sind die Signale $x(t)$ und $y(t)$ in Bild 7.3. Tatsächlich gemessen werden aber die Signale $u(t)$ und $v(t)$. Letztere sind gestört (additive Überlagerung) durch die Störsignale $m(t)$ und $n(t)$. Aus den beiden gestörten Signalen soll nun $H(j\omega)$ bestimmt werden. Mit den Gleichungen (7.20) und (7.21) ergeben sich nun zwei *unterschiedliche* Frequenzgänge:

$$H_1(j\omega) = \frac{S_{uv}(j\omega)}{S_{uu}(j\omega)} \tag{7.20}$$

$$H_2(j\omega) = \frac{S_{vv}(j\omega)}{S_{vu}(j\omega)} \tag{7.21}$$

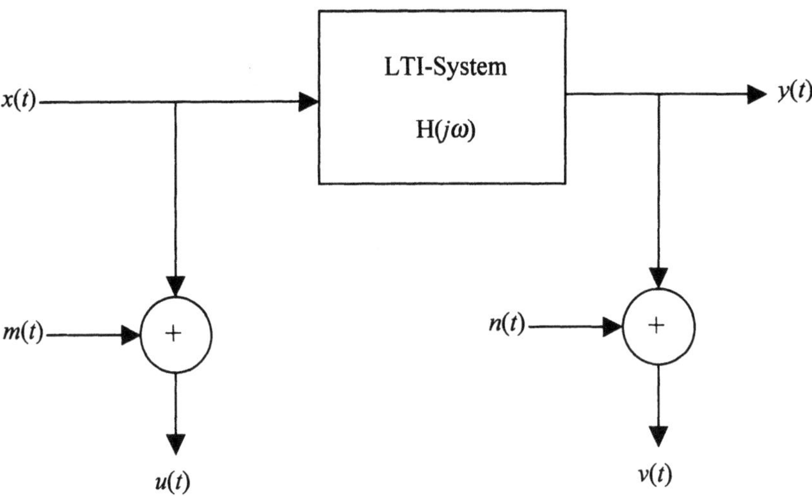

Bild 7.3 Modell zur Betrachtung der Rauscheinflüsse. Die Signale $x(t)$ und $y(t)$ sind nicht direkt zugänglich.

Auf die Unterschiede zwischen $H_1(j\omega)$ und $H_2(j\omega)$ werden wir im nächsten Abschnitt eingehen.

Alle Spektralzerlegungen wird man natürlich mit der FFT durchführen. Dadurch werden die Zeitsignale „zwangsperiodisiert" und (6.84) und (6.85) passen wunderbar. Die entsprechenden Formeln heissen bei zeitdiskreten Signalen:

$$H_1[m] = \frac{S_{uv}[m]}{S_{uu}[m]} = \frac{\overline{U^*[m] \cdot V[m]}}{\overline{U^*[m] \cdot U[m]}} \tag{7.22}$$

$$H_2[m] = \frac{S_{vv}[m]}{S_{vu}[m]} = \frac{\overline{V^*[m] \cdot V[m]}}{\overline{V^*[m] \cdot U[m]}} \tag{7.23}$$

Das Grundprinzip der Korrelationsmessung ist damit klar:

1. Rege das System mit einem weissen Rauschen an.

2. Erfasse das Eingangssignal $u(t)$ und digitalisiere es zu $u[n]$. Erfasse gleichzeitig das Ausgangssignal $v(t)$ und digitalisiere es zu $v[n]$.

3. Nehme N Werte von $u[n]$ und führe die FFT aus, dies ergibt $U[m]$. Nehme die N gleichzeitigen Werte von $v[n]$ und führe die FFT aus, dies ergibt $V[m]$.

4. Wiederhole die Punkte 3 und 4 insgesamt M Mal mit jeweils N neuen Werten und kumuliere $U[m]$ bzw. $V[m]$.

5. Führe (7.22) und (7.23) aus.

Anmerkungen:

- Einige „Details" sind noch zu klären: wie gross soll man N wählen? ($\to$ Abschnitt 4.4). Welches FFT-Window soll man nehmen? ($\to$ Abschnitt 4.4). Wie gross soll man M wählen? ($\to$ Abschnitt 7.2.3). Wie erzeugt man ein geeignetes weisses Rauschen? ($\to$ Abschnitt 7.2.4).

- Im Punkt 4 berechnet man die *Mittelwerte* der Spektren. Eigentlich müsste man dazu die kumulierten Summen durch M dividieren, in (7.22) und (7.23) kürzt sich M jedoch heraus.

- Nach Punkt 3 hat man eine erste Schätzung der Spektren. Mit M Wiederholungen erhält man eine bessere Schätzung, da M unterschiedliche Zeitabschnitte benutzt wurden.

- Im Punkt 5 soll man $H_1[m]$ und auch $H_2[m]$ berechnen, da sich diese ja etwas unterscheiden.

- Es ist absolut wichtig, zuerst die Spektren zu mitteln und erst am Schluss die Mittelwerte durcheinander zu dividieren. Falsch wäre es, nach jeder Teilmessung $H[m]$ zu berechnen und dann dieses $H[m]$ zu mitteln! In diesem Fall würde sich kein Unterschied zwischen $H_1[m]$ und $H_2[m]$ ergeben. Dieses Vorgehen entspräche auch nicht der Gleichung (7.17).

- Berechnet man direkt nach Punkt 3 die Frequenzgänge $H_1[m]$ und $H_2[m]$, so ergibt sich ebenfalls kein Unterschied. Die Leistungsspektren können nur durch die Mittelung bestimmt werden.

Zum letzten Punkt: Da die FFT zur Berechnung der Spektren benutzt wird, ergeben sich Linienspektren. Dies impliziert periodische Zeitsignale. Sinnvollerweise nimmt man dann aber ein ebenfalls periodisches Anregungssignal und passt dessen Periodendauer der Fensterlänge der FFT an (vgl. Bild 4.16, Zeile c). Gesucht ist also ein „periodisches Zufallssignal". Man nennt diese pseudozufällig, im Abschnitt 7.2.4 betrachten wir entsprechende Generatoren.

Wenn man ein solches Signal zur Systemanregung benutzt, so misst man natürlich bei jedem Durchgang die identischen Spektren und die Mittelung kann entfallen. Dies stimmt im Falle störungsfreier Signale. Sind aber die erfassten Signale mit Störungen verseucht, so kann man diese Störungen herausmitteln. Das ist das Thema des folgenden Abschnittes.

Ist das Anregungssignal ein wirkliches weisses Rauschen, so ist $S_{xx}(\omega) = 1$ und (7.17) degeneriert zu

$$H(j\omega) = \frac{S_{xy}(\omega)}{1} = S_{xy}(\omega)$$

Dies ist das Pendant zu (3.27), wenn man dort $X(j\omega) = 1$ setzt.

Das Modell in Bild 7.3 deutet auf ein Messproblem hin. Falls schon das ursprüngliche Signal $x(t)$ gestört ist, wirkt sich dies auch auf das Ausgangssignal $y(t)$ aus und beeinflusst die Messung überhaupt nicht. Dies nutzt man manchmal sogar aus, indem man gar keine Rauschquelle zur Systemanregung installiert sondern mit den im Normalbetrieb ohnehin schon vorhandenen Signalen arbeitet. Diese werden aber kaum auf allen Frequenzen genügend Pegel aufweisen. Die Dynamik der Messaufnehmer ist also gefordert und die Messignale werden verrauscht sein. Es ist aber ja gerade die Stärke der Korrelationsanalyse, dank der Mittelung auch schwache Signale verwerten zu können, wir werden diesen Mechanismus gleich untersuchen.

Falls das Anregungssignal im Normalbetrieb schmalbandig ist, kann man so den Frequenzgang natürlich nicht messen. In diesem Fall überlagert man dem Anregungssignal ein so schwaches Rauschen, dass der Normalbetrieb des Systems nicht gestört wird, eine breitbandige Frequenzgangmessung aber möglich ist. Dies macht man zum Beispiel bei mechanischen Systemen während des Betriebes und misst die Resonanzfrequenz des Systems. Aufgrund von Materialermüdungen ändert sich diese Resonanzfrequenz und man erhält ein Kriterium für eine Notabschaltung. Die Betriebsfrequenz liegt oft weit neben der Resonanzfrequenz, um keine Eigenschwingungen anzuregen, eine direkte Messung der Resonanzfrequenz ist darum meistens unmöglich. Eine weitere Anwendung für Messungen während des Normalbetriebs ergibt sich bei der Streckenidentifikation für adaptive Regler.

7.2.2 Messung bei verrauschten Signalen

Wir nehmen zunächst an, dass nur das Ausgangssignal in Bild 7.3 gestört sei, d.h. $m(t) = 0$ und $u(t) = x(t)$. Für die Leistungsspektren gilt nun:

$$
\begin{aligned}
S_{yy}(\omega) &= S_{xx}(\omega) \cdot |H(j\omega)|^2 \\
S_{vv}(\omega) &= S_{yy}(\omega) + S_{nn}(\omega) = S_{xx}(\omega) \cdot |H(j\omega)|^2 + S_{nn}(\omega) \\
S_{xy}(\omega) &= S_{xx}(\omega) \cdot H(j\omega) \\
S_{xv}(\omega) &= S_{xy}(\omega) + \underbrace{S_{xn}(\omega)}_{=0} = S_{xy}(\omega)
\end{aligned}
\tag{7.24}
$$

In der letzten Zeile von (7.24) wird $S_{xn}(\omega) = 0$, da $x(t)$ und $n(t)$ unkorreliert sind. Für den wahren Frequenzgang gilt damit:

$$
H(j\omega) = \frac{S_{xy}(\omega)}{S_{xx}(\omega)}
$$

Wertet man jedoch (7.20) bzw. (7.21) mit den Messsignalen aus, so erhält man:

$$
H_1(j\omega) = \frac{S_{xv}(\omega)}{S_{xx}(\omega)} = \frac{S_{xx}(\omega) \cdot H(j\omega)}{S_{xx}(\omega)} = H(j\omega)
$$

$$
\begin{aligned}
H_2(j\omega) &= \frac{S_{vv}(\omega)}{S_{vx}(\omega)} = \frac{S_{xx}(\omega) \cdot |H(j\omega)|^2 + S_{nn}(\omega)}{S_{xx}(\omega) \cdot H^*(j\omega)} \\[2ex]
&= \frac{S_{xx}(\omega) \cdot H(j\omega) \cdot H^*(j\omega) + S_{nn}(\omega)}{S_{xx}(\omega) \cdot H^*(j\omega)} \\[2ex]
&= H(j\omega) + \frac{S_{nn}(\omega)}{S_{xx}(\omega) \cdot H^*(j\omega)} = H(j\omega) \cdot \left(1 + \frac{S_{nn}(\omega)}{S_{xx}(\omega) \cdot H^*(j\omega) \cdot H(j\omega)} \right)
\end{aligned}
$$

$$H_2(j\omega) = H(j\omega) \cdot \left(1 + \frac{S_{nn}(\omega)}{S_{xx}(\omega) \cdot |H(j\omega)|^2}\right)$$

$$H_2(j\omega) = H(j\omega) \cdot \left(1 + \frac{S_{nn}(\omega)}{S_{yy}(\omega)}\right) \tag{7.25}$$

Der Ausdruck in der Klammer von (7.25) ist reell und positiv. Daraus folgt:

$$\arg\big(H_2(j\omega)\big) = \arg\big(H(j\omega)\big)$$
$$|H_2(j\omega)| \ge |H(j\omega)| \tag{7.26}$$
$$H_1(j\omega) = H(j\omega)$$

Nun wiederholen wir die ganze Rechnung, wobei nur das Eingangssignal in Bild 7.3 gestört sein soll. D.h. $n(t) = 0$ und $v(t) = y(t)$. Diese Störung kann auch ein zweites, in $u(t)$ nicht erfasstes Anregungssignal sein. Nun gilt:

$$S_{uu}(\omega) = S_{xx}(\omega) + S_{mm}(\omega)$$
$$S_{yy}(\omega) = S_{xx}(\omega) \cdot |H(j\omega)|^2 = \big(S_{uu}(\omega) - S_{mm}(\omega)\big) \cdot |H(j\omega)|^2$$
$$S_{xy}(\omega) = S_{xx}(\omega) \cdot H(j\omega) \tag{7.27}$$
$$S_{uy}(\omega) = S_{xy}(\omega) - \underbrace{S_{my}(\omega)}_{=0} = S_{xy}(\omega)$$

$$H_1(j\omega) = \frac{S_{uy}(\omega)}{S_{uu}(\omega)} = \frac{S_{xy}(\omega)}{S_{uu}(\omega)} = \frac{S_{xx}(\omega) \cdot H(j\omega)}{S_{xx}(\omega) + S_{mm}(\omega)} = H(j\omega) \cdot \frac{1}{1 + \dfrac{S_{mm}(\omega)}{S_{xx}(\omega)}} \tag{7.28}$$

$$H_2(j\omega) = \frac{S_{yy}(\omega)}{S_{yu}(\omega)} = \frac{S_{xx}(\omega) \cdot |H(j\omega)|^2}{S_{yx}(\omega)} = \frac{S_{xx}(\omega) \cdot H(j\omega) \cdot H^*(j\omega)}{S_{xx}(\omega) \cdot H^*(j\omega)} = H(j\omega)$$

Der Nenner von (7.28) ist wiederum reell und positiv.

$$\arg\big(H_1(j\omega)\big) = \arg\big(H(j\omega)\big)$$
$$|H_1(j\omega)| \le |H(j\omega)| \tag{7.29}$$
$$H_2(j\omega) = H(j\omega)$$

Natürlich kann man auch beide Störsignale $m(t)$ und $m(t)$ gleichzeitig berücksichtigen. Die Rechnung wird umfangreicher, schliesslich fallen aber alle Kreuzleistungsspektren weg. Man kann sich aber auch einfach auf das Superpositionsgesetz berufen und (7.26) mit (7.29) kombinieren:

$$
\begin{aligned}
H_1(j\omega) &= H(j\omega) \qquad \text{bei ungestörtem Eingangssignal} \\
H_2(j\omega) &= H(j\omega) \qquad \text{bei ungestörtem Ausgangssignal} \\[2ex]
|H_2(j\omega)| &\geq |H(j\omega)| \geq |H_1(j\omega)| \\
\arg\!\big(H_1(j\omega)\big) &= \arg\!\big(H_2(j\omega)\big) = \arg\!\big(H(j\omega)\big)
\end{aligned}
$$

(7.30)

> *Mit der Korrelationsanalyse kann man alle*
> *unkorrelierten Störungen wegmitteln.*
>
> *Für den Amplitudengang erhält man zwei Schätzungen,*
> *der wahre Wert liegt dazwischen.*

Der wahre Wert von $|H(j\omega)|$ muss aber keineswegs in der Mitte zwischen $|H_1(j\omega)|$ und $|H_2(j\omega)|$ liegen. Wenn die Störung am Eingang kleiner ist, so wird $H_1(j\omega)$ die bessere Schätzung sein. Dies sieht man auch aus (7.20) und (7.21): das Kreuzleistungsdichtespektrum kommt in beiden Gleichungen vor. Man wird also diejenige bevorzugen, deren Autoleistungsdichtespektrum weniger verfälscht ist. Beim Ausmessen eines Filters wird man demnach im Sperrbereich $H_1(j\omega)$ bevorzugen (Ausgangssignal schwach und deshalb Störabstand klein) und im Durchlassbereich mit $H_2(j\omega)$ arbeiten.

(7.30) kann man auch aus (7.20) und (7.21) erahnen: Wenn das Eingangssignal unkorreliert gestört wird, so wird $S_{xx}(\omega)$ sicher grösser. Da $S_{xx}(\omega)$ reellwertig ist, muss also $|H_1(j\omega)|$ sinken.

Führt man die Spektralzerlegungen mit der FFT mit zu grober Frequenzauflösung durch, so ergeben sich Fehler wegen des Leakage-Effektes. Man kann zeigen, dass in diesem Fall $H_2(j\omega)$ die bessere Schätzung ist [Her84].

Das Quantisierungsrauschen der AD-Wandler ist bereits ab einer Wortlänge von 3 Bit (also weit unter den Praxiswerten von 8 ... 20 Bit) nicht mehr mit dem zu digitalisierenden Signal korreliert. Es wirkt sich also als Beitrag zu $m(t)$ und $n(t)$ in Bild 7.3 aus und lässt sich herausmitteln.

7.2.3 Die Kohärenzfunktion

Die Kohärenz ist ein Mass für die statistische Bindung der gemessenen Leistungsdichtespektren der Ein- und Ausgangssignale eines LTI-Systems. Sie ist definiert nach (7.31):

$$
\gamma_{uv}^2(\omega) = \frac{|S_{uv}(\omega)|^2}{S_{uu}(\omega)\cdot S_{vv}(\omega)}
$$

(7.31)

(7.31) lässt sich umformen mit (7.24) und (7.27):

$$\gamma_{uv}^2(\omega) = \frac{|S_{uv}(\omega)|^2}{S_{uu}(\omega) \cdot S_{vv}(\omega)} = \frac{|S_{xy}(\omega)|^2}{(S_{xx}(\omega) + S_{mm}(\omega)) \cdot (S_{yy}(\omega) + S_{nn}(\omega))}$$

$$= \frac{S_{xy}(\omega) \cdot S_{xy}^*(\omega)}{S_{xx}(\omega) \cdot \left(1 + \dfrac{S_{mm}(\omega)}{S_{xx}(\omega)}\right) \cdot S_{yy}(\omega) \cdot \left(1 + \dfrac{S_{nn}(\omega)}{S_{yy}(\omega)}\right)}$$

$$= \frac{S_{xy}(\omega)}{S_{xx}(\omega) \cdot \left(1 + \dfrac{S_{mm}(\omega)}{S_{xx}(\omega)}\right)} \cdot \frac{S_{yx}(\omega)}{S_{yy}(\omega) \cdot \left(1 + \dfrac{S_{nn}(\omega)}{S_{yy}(\omega)}\right)}$$

Nun benutzen wir (7.18) und (7.19):

$$\gamma_{uv}^2(\omega) = \frac{H(j\omega)}{\left(1 + \dfrac{S_{mm}(\omega)}{S_{xx}(\omega)}\right)} \cdot \frac{1}{H(j\omega) \cdot \left(1 + \dfrac{S_{nn}(\omega)}{S_{yy}(\omega)}\right)}$$

$$\boxed{\gamma_{uv}^2(\omega) = \frac{1}{\left(1 + \dfrac{S_{mm}(\omega)}{S_{xx}(\omega)}\right) \cdot \left(1 + \dfrac{S_{nn}(\omega)}{S_{yy}(\omega)}\right)}} \tag{7.32}$$

Weiter gilt mit (7.25) und (7.28):

$$\gamma_{uv}^2(\omega) = \frac{1}{\left(1 + \dfrac{S_{mm}(\omega)}{S_{xx}(\omega)}\right) \cdot \left(1 + \dfrac{S_{nn}(\omega)}{S_{yy}(\omega)}\right)} = \frac{H_1(j\omega)}{H(j\omega)} \cdot \frac{H(j\omega)}{H_2(j\omega)} = \frac{H_1(j\omega)}{H_2(j\omega)}$$

Da $H_1(j\omega)$ und $H_2(j\omega)$ dieselbe Phase haben, wird ihr Quotient reell. Man kann deshalb auch den Quotienten der Beträge nehmen:

$$\boxed{\gamma_{uv}^2(\omega) = \frac{H_1(j\omega)}{H_2(j\omega)} = \frac{|H_1(j\omega)|}{|H_2(j\omega)|}} \tag{7.33}$$

$\gamma_{uv}^2(\omega)$ ist also eine reellwertige Funktion und kann wegen (7.30) nur Werte zwischen 0 und 1 annehmen. Die Kohärenzfunktion ist ein Mass für die Vertrauenswürdigkeit einer Korrelationsmessung. Je grösser ihr Wert, desto besser.

Anstelle der Kohärenzfunktion könnte man natürlich auch die Differenz $|H_2(j\omega)| - |H_1(j\omega)|$ betrachten. Diese Differenz ist ebenfalls stets reell und positiv, hat aber einen viel grösseren Wertebereich als die Kohärenzfunktion und ist damit unübersichtlicher.

Die Kohärenzfunktion sollte (abgesehen von einzelnen Ausreissern, deren Werte man interpolieren kann) nicht unter 0.9 fallen. Bei tieferen Kohärenzwerten ist die Messung statistisch schlecht gesichert.

Führt man keine Mittelung durch (Punkt 4 des Rezeptes im Abschnitt 7.2.1 auslassen), so wird die Kohärenz exakt 1. Dies ist aber keine Korrelationsmessung und die Kohärenzfunktion ist nicht aussagekräftig.

Betrachtet man die Kohärenz während der Mittelung, so wird sie vom Wert 1 absinken und sich auf einem tieferen Wert einpendeln. Ist das betrachtete System nicht stationär, so darf man die Mittelung natürlich nicht anwenden. In der Kohärenzfunktion zeigt sich dies. Die Kohärenzfunktion gibt also auch ein Abbruchkriterium für den Mittelungsprozess (bzw. für die Grösse M im Rezept).

Die Kohärenzfunktion kann noch mehr! Ein LTI-System ist ja nur eine idealisierende Modellvorstellung. Ist ein reales System etwas nichtlinear, so erzeugt ein harmonisches Eingangssignal nicht nur ein harmonisches Ausgangssignal mit derselben Frequenz. Oder umgekehrt: untersucht man die Reaktion des Systems bei einer bestimmten Frequenz, so ist diese das Resultat von mehreren Anregungen auf verschiedenen Frequenzen. Mit Hilfe der Kohärenzfunktion kann man den LTI-konformen Anteil (COP = coherent power) vom nichtlinearen Anteil (NCP = noncoherent power) trennen. Es gelten folgende Definitionen:

$$COP(\omega) = \gamma_{uv}^2(\omega) \cdot S_{vv}(\omega) \qquad\qquad (7.34)$$

Mit Hilfe von (7.24) und (7.32) wird daraus:

$$COP(\omega) = \frac{1}{\left(1+\dfrac{S_{mm}(\omega)}{S_{xx}(\omega)}\right)\cdot\left(1+\dfrac{S_{nn}(\omega)}{S_{yy}(\omega)}\right)} \cdot \left(S_{yy}(\omega) + S_{nn}(\omega)\right)$$

$$= \frac{1}{\left(1+\dfrac{S_{mm}(\omega)}{S_{xx}(\omega)}\right)\cdot \dfrac{1}{S_{yy}(\omega)}\cdot \left(S_{yy}(\omega) + S_{nn}(\omega)\right)} \cdot \left(S_{yy}(\omega) + S_{nn}(\omega)\right)$$

$$COP(\omega) = \frac{S_{yy}(\omega)}{1+\dfrac{S_{mm}(\omega)}{S_{xx}(\omega)}} \qquad\qquad (7.35)$$

$$NCP(\omega) = \left(1 - \gamma_{uv}^2(\omega)\right)\cdot S_{vv}(\omega) \qquad\qquad (7.36)$$

Aus (7.36) und (7.34) folgt sofort:

$$\boxed{S_{vv}(\omega) = COP(\omega) + NCP(\omega)} \tag{7.37}$$

Das Leistungsdichtespektrum des Ausgangssignales lässt sich also in einen kohärenten und einen inkohärenten Anteil aufspalten.

Am schönsten wäre es ja, wenn $NCP(\omega)$ verschwinden würde. Dies geschieht, wenn die folgenden drei Voraussetzungen gleichzeitig erfüllt sind: Die Störung $m(t)$ ist vernachlässigbar, die Störung $n(t)$ ist vernachlässigbar und das System ist schön linear. Sind nur die ersten beiden Bedingungen erfüllt, so enthält $NCP(\omega)$ den durch die Nichtlinearität verursachten Anteil.

Nun betrachten wir endlich ein Beispiel! Als zu untersuchendes System dient ein Transversalfilter (Abschnitt 9.2). Bild 7.4 zeigt den Amplituden- und Phasengang dieses Filters, berechnet mit der Kenntnis des Filteraufbaus.

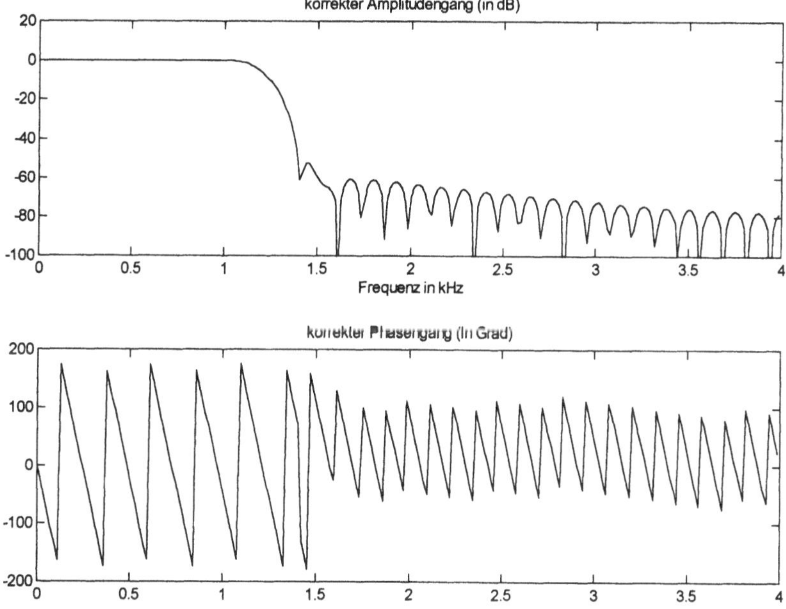

Bild 7.4 Korrekter Amplituden- und Phasengang des zu untersuchenden Systems (Tranversalfilter)

Als Stimulationssignal diente nun ein weisses Rauschen. Aus den Spektren der Ein- und Ausgangssignale wurde der Frequenzgang berechnet. Gemittelt wurde über 100 Einzelmessungen, Bild 7.5 zeigt die Frequenzgänge nach 1, 5, 20 und 100 Durchläufen. Es ist deutlich festzustellen, dass der Amplitudengang zusehends besser geschätzt wird.

Bild 7.6 zeigt den Vergleich zwischen $H_1(j\omega)$ und $H_2(j\omega)$ nach Ende der Messreihe.

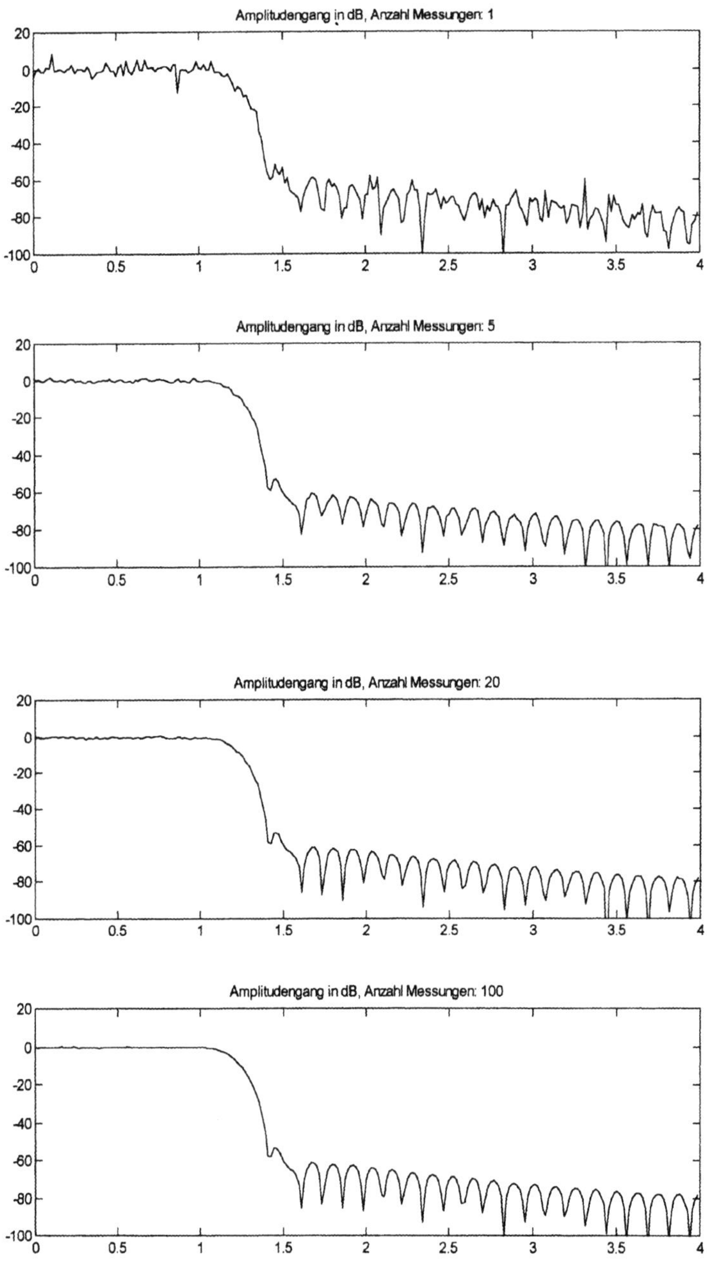

Bild 7.5 Schätzung des Amplitudenganges durch Mittelung über 1, 5, 20 und 100 Einzelmessungen

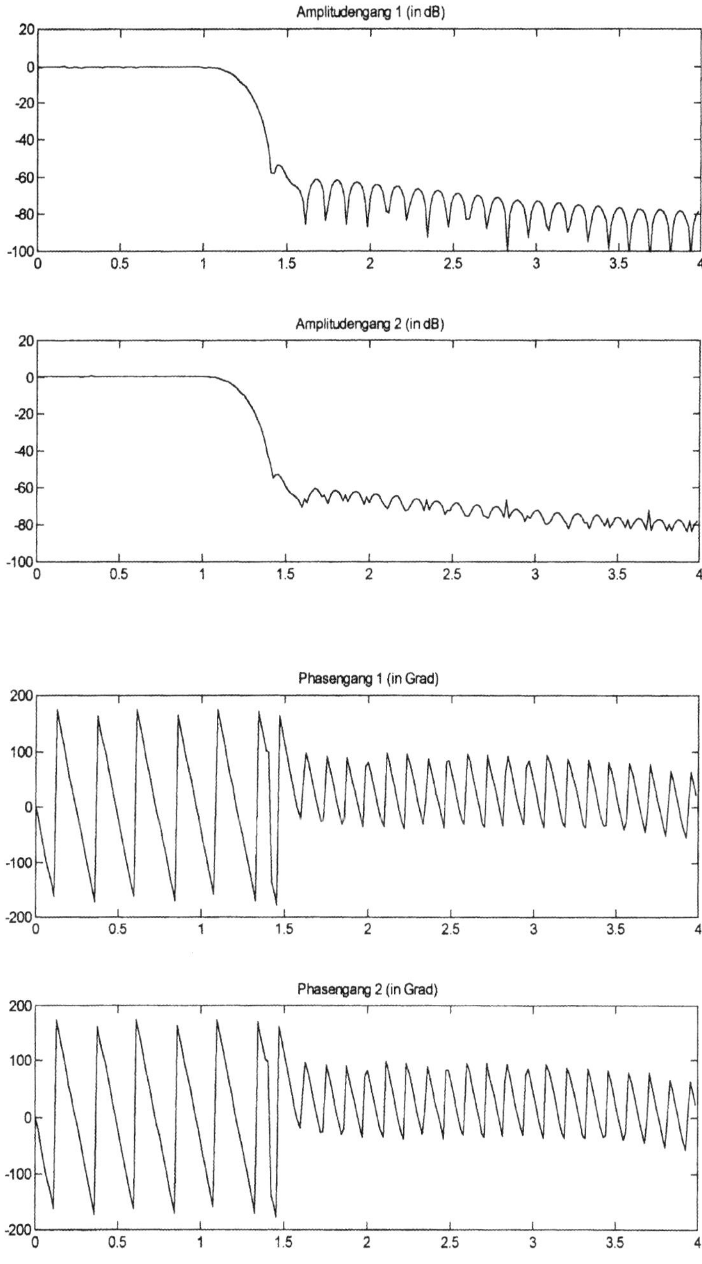

Bild 7.6 Vergleich von $H_1(j\omega)$ und $H_2(j\omega)$ (Mittelung über 100 Einzelmessungen)

In Bild 7.6 ist zu erkennen, was die Theorie voraussagte: die beiden Phasengänge sind nicht unterscheidbar. Beide Amplitudengänge sind brauchbar, das weisse Rauschen diente der Systemanregung und es waren keine Störsignale $m(t)$ und $n(t)$ wie in Bild 7.3 im Spiel. Man erkennt aber schon, dass $|H_1(j\omega)|$ kleiner ist als $|H_2(j\omega)|$. Insbesondere bei den Nullstellen des Amplitudenganges fällt dies auf.

Schliesslich zeigt Bild 7.7 die Kohärenzfunktion und die Differenz der Amplitudengänge. Die Kohärenzfunktion hat starke Einbrüche bei den Nullstellen des Filters. Dort verschwindet (theoretisch) das Ausgangssignal und $H_2(j\omega)$ ist schwierig zu bestimmen. Wir haben ja bereits festgehalten, dass im Sperrbereich $H_1(j\omega)$ exakter ist. Wenn man die Kohärenzfunktion zusammen mit dem Amplitudengang und etwas Theorieverständnis interpretiert, kann man mit diesen Einbrüchen sehr gut leben.

Die Differenz der Amplitudengänge verschwindet scheinbar im Sperrbereich. Dies hat damit zu tun, dass dort der Amplitudengang selber schon kleine Werte hat und auch prozentual starke Abweichungen davon in der linear skalierten Darstellung untergehen.

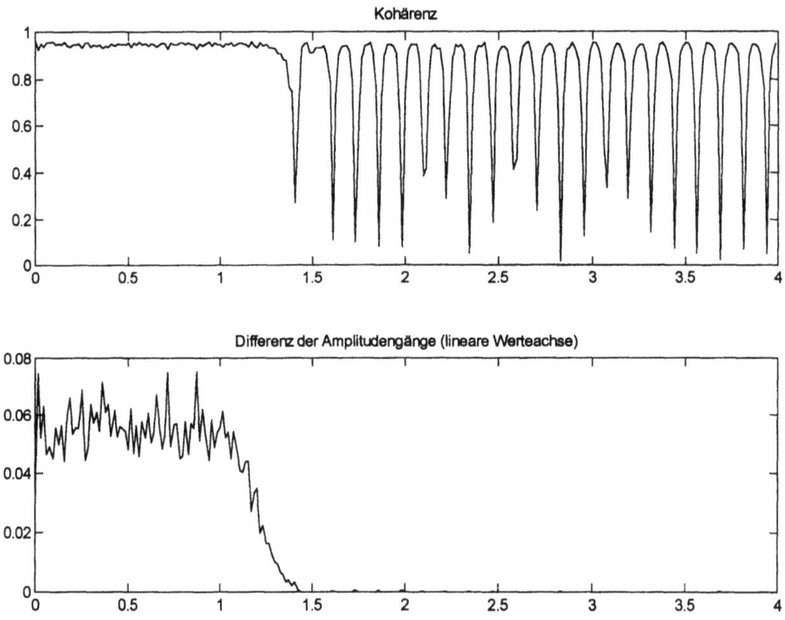

Bild 7.7 Kohärenzfunktion und Differenz der Amplitudengänge

Als nächstes Beispiel betrachten wir ein Tiefpassfilter und messen es mit der genau gleichen Methode wie oben durch. Einziger Unterschied: das rauschförmige Ausgangssignal wird durch ein weiteres Rauschen gestört (Signal $n(t)$ in Bild 7.3). Bild 7.8 zeigt die Amplitudengänge $|H_1(j\omega)|$ und $|H_2(j\omega)|$ nach einer Messung (kein Unterschied) und 20 Messungen. Bild 7.9 zeigt dasselbe nach 200 Messungen sowie die Kohärenz und den wahren Amplitudengang.

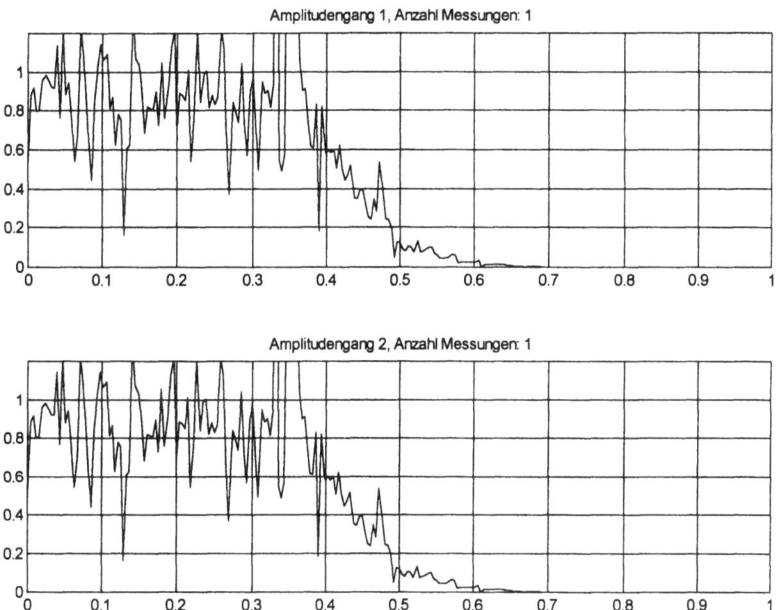

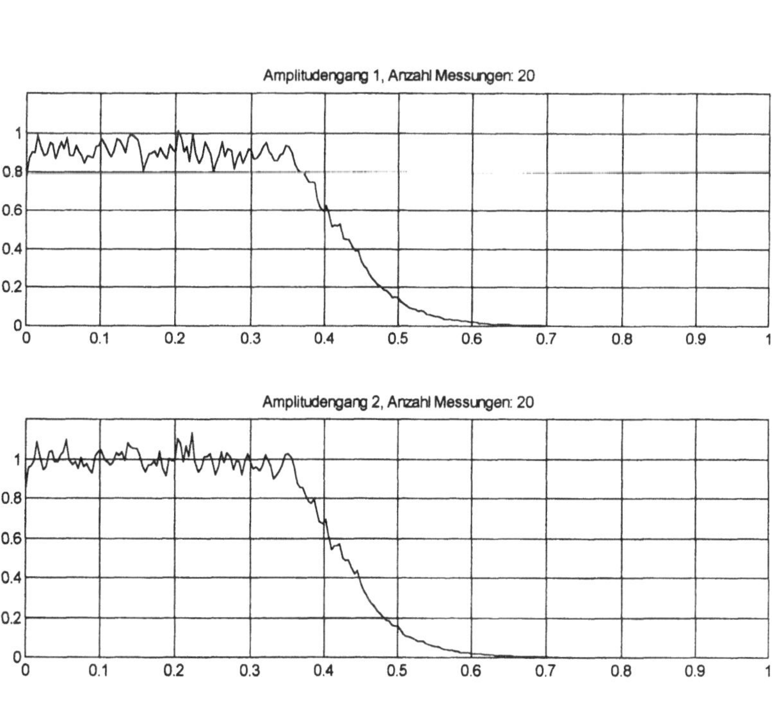

Bild 7.8 Amplitudengänge $|H_1(j\omega)|$ und $|H_2(j\omega)|$ nach einer Messung und nach 20 Messungen

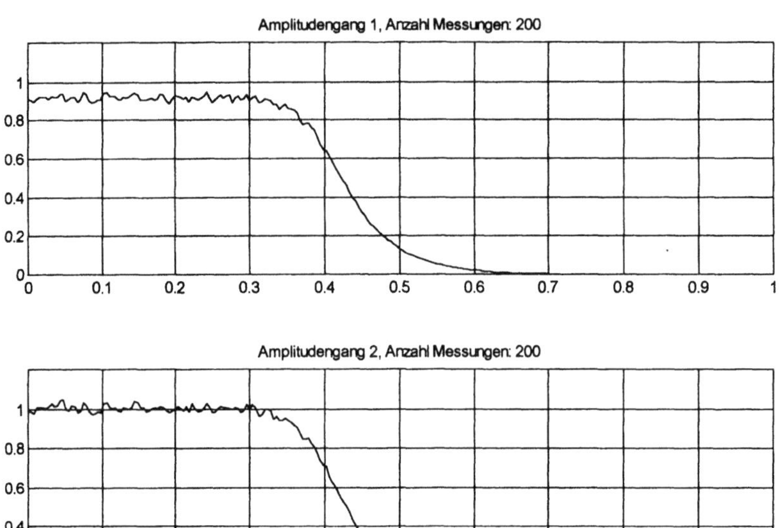

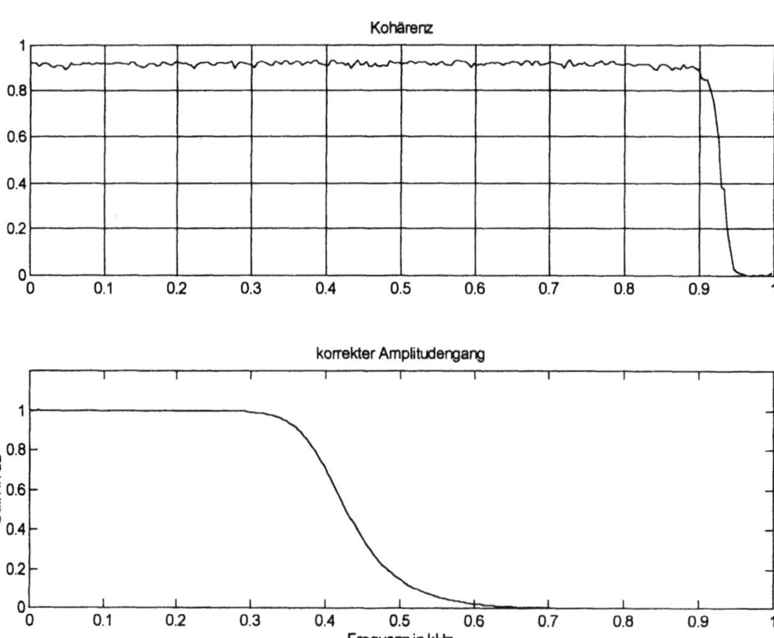

Bild 7.9 Amplitudengänge $|H_1(j\omega)|$ und $|H_2(j\omega)|$ nach 200 Messungen, Kohärenz und wahrer Verlauf des Amplitudenganges

Wie erwartet, ist $|H_1(j\omega)|$ zu tief. Als Vergleich zeigt Bild 7.10 dasselbe, wobei jetzt das Eingangssignal gestört ist. Jetzt ist $|H_2(j\omega)|$ zu gross (das untere Teilbild hat eine ganz andere Skalierung).

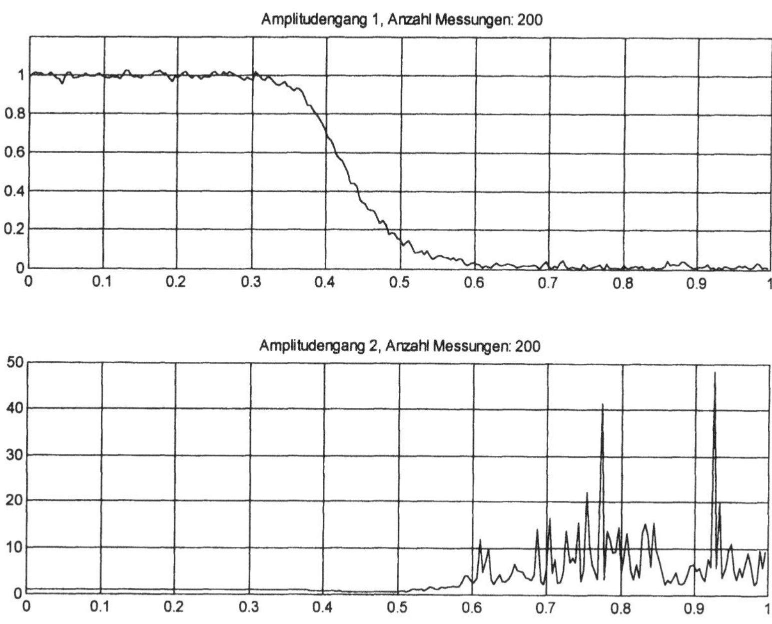

Bild 7.10 Wie Bild 7.9 oben, jedoch mit gestörtem Ein- statt Ausgangssignal

7.2.4 Die Erzeugung von PRBN-Folgen

Die Bilder 7.5 bis 7.10 beruhen auf MATLAB-Simulationen, es wurden numerisch erzeugte Rauschsignale sowohl zur Systemanregung als auch zur Störung benutzt. Für Messungen an physischen Systemen braucht man natürlich reale Rauschgeneratoren. „Echte" Rauschgeneratoren nutzen das Rauschen von Widerständen oder Halbleitern aus. Man kann aber auch mit deterministischen Näherungen arbeiten und spricht dann von PN-Signalen (PN = pseudo noise). Diese sind periodisch, weisen aber innerhalb der Periode zufällige Eigenschaften auf. Man erzeugt solche Signale digital, man nennt sie deshalb auch PRBN-Folgen (pseudo random binary noise). Als periodische Signale weisen sie ein Linienspektrum auf und passen daher perfekt zur FFT.

Eine binäre Zufallsfolge hat die Werte 0 oder 1, die beide mit der Wahrscheinlichkeit 0.5 auftreten. Es handelt sich also um einen dem Münzwurf verwandten Prozess, der Unterschied liegt lediglich in der Periodizität der PRBN-Sequenz.

Eine ununterbrochene Folge von identischen Symbolen innerhalb der Sequenz nennt man einen Run. Je länger ein Run ist, desto unwahrscheinlicher ist sein Auftreten. Da die Symbolwahrscheinlichkeit 0.5 beträgt, hat die Hälfte der Runs die Länge 1, ein Viertel hat die Länge 2, ein Achtel die Länge 3 usw. Dabei tritt ein Run mit dem Symbol 1 gleich häufig auf wie ein Run derselben Länge mit dem Symbol 0. Bei deterministischen Signalen ist dies normalerweise nicht so. Dies nutzt man aus für die Datenreduktion in Form der run-length-Codierung, z.B. bei der Bild- und Fax-Übertragung.

Für eine gegebene Länge L einer binären Sequenz sind 2^L verschiedene Folgen möglich. Die Kunst besteht nun darin, aus dieser Menge diejenigen Folgen zu finden, deren AKF möglichst nahe an den Diracstoss kommt. Man kann dieses Syntheseproblem mit simplem Probieren lösen, allerdings stösst man rasch an die Grenzen der Rechenkapazität. Man versucht deshalb, die Auswahl aufgrund mathematischer Regeln zu treffen. Dazu benutzt man eine lineare Algebra in einem *endlichen* Zahlenkörper, den sog. Galois-Feldern. Diese Algebra sieht zwar ungewohnt aus, basiert aber auf denselben Regeln wie die bekannte Algebra im unendlichen Zahlenkörper der komplexen Zahlen. Damit kann man einerseits auf die hochentwickelte lineare Algebra zurückgreifen und bewegt sich anderseits in einer „beschränkten" Welt, ist also angepasst auf die ebenfalls nur endlich vielen Zustände eines digitalen Automaten.

Für PRBN-Generatoren benutzt man sog. lineare Maximalfolgen. Diese bilden eine Untergruppe der rekursiven Folgen und heissen wegen ihrer einfachen Realisierung mit Schieberegister auch Schieberegisterfolgen [Fin85]. Bild 7.11 zeigt die Erzeugung einer Pseudozufallsfolge $pn[n]$ mit einem Schieberegister der Länge q. Die einzelnen Zellen müssen intransparent sein (master-slave-Typ) und werden gemeinsam getaktet.

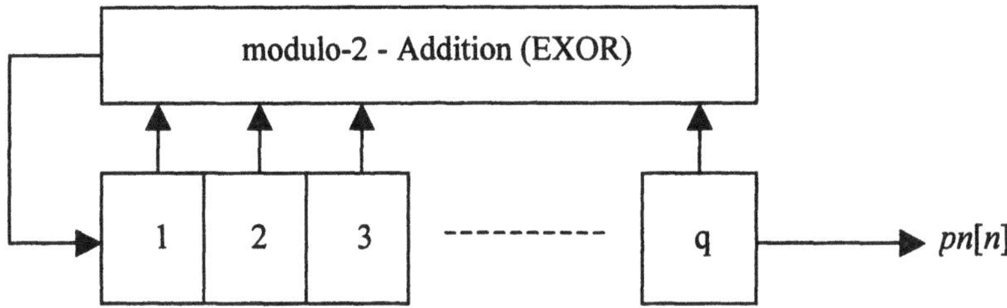

Bild 7.11 Rückgekoppeltes Schieberegister als PRBN-Generator

Die (nicht ganz einfache) Theorie lehrt, welche der q Zellen man rückführen muss, um eine sog. lineare Maximalfolge zu erhalten. Die Resultate sind in Tabelle 7.1 aufgelistet.

Sicher muss man die letzte Zelle rückkoppeln, andernfalls würde man die Registerlänge gar nicht ausnutzen.

Tabelle 7.1 Rückgekoppelte Schieberegisterzellen für PRBN-Generatoren

Anzahl Zellen des Schieberegisters																	
3	4	5	6	7	8	9	10	11	12	13	14	15	16	17	18	19	20
3	4	5	6	7	8	9	10	11	12	13	14	15	16	17	18	19	20
2	3	3	5	4	7	5	7	9	11	10	13	14	14	14	11	18	17
					5				8	6	8		13			17	
					3				6	4	4		11			14	

Digitaltechniker nennen die Schaltung in Bild 7.11 eine sequentielle Schaltung. Diese sind charakterisiert durch Speicher und logische Verknüpfung und ihr Verhalten lässt sich z.B. mit Zustandsdiagrammen beschreiben. Eine Maximalfolge zeichnet sich nun dadurch aus, dass im Zustandsdiagramm alle 2^q Zustände in einem Kreis durchlaufen werden.

Falls alle Zellen des Schieberegisters den Wert 0 enthalten, so ergibt auch die EXOR-Verknüpfung den Wert 0. Der Automat kann diesen Zustand also nicht mehr verlassen. Das Zustandsdiagramm zerfällt demnach in zwei Teile: den interessanten Ring mit 2^q-1 Zuständen und die Selbstblockade mit dem Zustand 0.

Diese Erkenntnis ist etwas unangenehm, denn im Abschnitt 4.3.4 haben wir gesehen, dass die FFT besonders effizient abläuft, wenn die Anzahl Abtastwerte eine Zweierpotenz ist. Eine Abhilfe besteht darin, dass man die Schaltung in Bild 7.11 so ergänzt, dass der Zustand 0 künstlich eingeführt wird. Zudem benötigt man eine Einrichtung, die den Zustand 0 erkennt und das Schieberegister neu initialisiert. Eine andere Methode besteht darin, dass man die Sequenz aufgrund Bild 7.11 und Tabelle 7.1 berechnet und das Resultat in einen Speicher versorgt. Den Run mit q Nullen kann man irgendwo einfügen. Der eigentliche PRBN-Generator besteht dann nur noch aus einem Zähler und dem von ihm adressierten Speicher. Selbstverständlich kann man die Sequenz auch „on the fly" mit einem Mikroprozessor berechnen und den 0-Run irgendwo einfügen. V.a. bei kurzen Folgen ist es aber nicht egal, wo diese Modifikation vorgenommen wird. Die PRBN-Folgen sind leider nicht so ideal, dass das Leistungsdichtespektrum schön konstant wird. Man muss also die Division in (7.17) durchführen und kann nicht einfach den Nenner durch eine Konstante ersetzen. Man kann demnach auch mit einem kleinen Fehler durch die Ergänzung der PRBN-Folge mit dem 0-Run leben.

Am Ausgang des Schieberegisters in Bild 7.11 liegt eine Bitfolge vor. Diese kann man über eine Treiberstufe direkt als Stimulationssignal brauchen. Eventuell reduziert man mit einem Pegelwandler den DC-Anteil und glättet mit einem Tiefpassfilter die schnellen Flanken. Dieses Tiefpassfilter kann gleichzeitig als Anti-Aliasing-Filter dienen, falls am Systemeingang nicht noch weitere Signale anliegen.

Die Taktfrequenz des PRBN-Generators muss nach aussen geführt werden, um damit die AD-Wandler synchron zu takten, vgl. Bild 4.17. Damit kann man im FFT-Prozessor das Rechteck-Window benutzen.

Als Beispiel betrachten wir nochmals das Tiefpassfilter aus den Bildern 7.8 bis 7.10. Bild 7.12 zeigt das Resultat einer solchen Messung. Benutzt wurde ein Rechteck-Window, während bei den früheren Messungen ein Hanning-Window im Einsatz war.

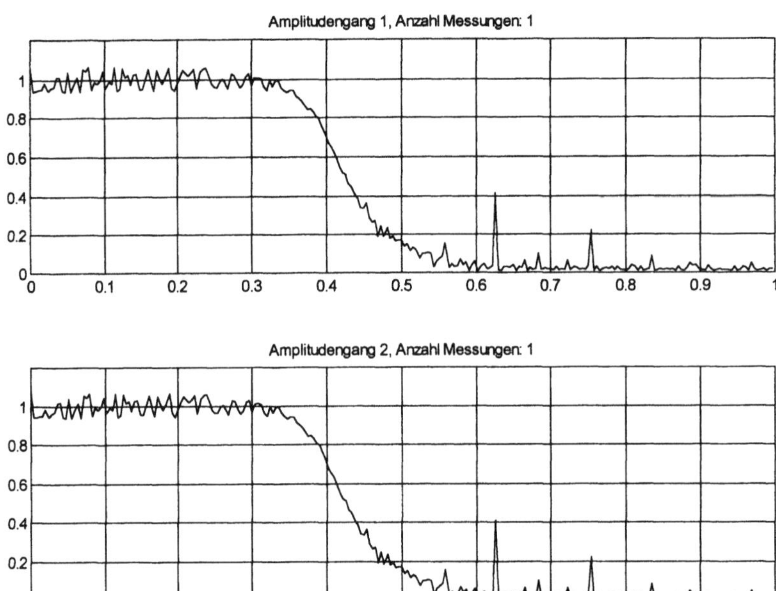

Bild 7.12 Systemanregung mit PRBN-Folge, FFT mit Rechteck-Window

Bild 7.12 ist enttäuschend! Eigentlich wäre ein besseres Resultat erwartet worden. Auch nach 200 Mittelungen sieht das Bild unverändert aus, da stets dieselben periodischen Signale kumuliert werden.

Bild 7.13 zeigt die gewünschten Kurven. Der einzige Unterschied zu Bild 7.12 liegt darin, dass zwei Perioden der PRBN-Folge durch das auszumessende Filter geschickt wurden und nur die zweite Periode weiter betrachtet wurde. Die erste Periode enthält nämlich den Einschwingvorgang mit transienten Anteilen. Je nach Einschwingverhalten des Systems braucht es u.U. mehr als eine Periode Vorlauf.

Für Bild 7.14 wurde gegenüber Bild 7.13 lediglich das Rechteck-Window durch das Hanning-Window ersetzt. Das Resultat ist merklich schlechter. Die Fensterung ist ja eine Multiplikation im Zeitbereich, also eine Faltung im Frequenzbereich. Bild 4.27 zeigt, was dabei geschieht. Diese Artefakte kürzen sich in (7.22) und (7.23) nicht weg! Vgl. auch Abschnitt 4.4.7.

Es ist wie immer in der High-Tech-Messtechnik: das Problem liegt nicht darin, irgend ein Bild auf den Monitor zu zaubern, sondern darin, das richtige Bild darzustellen und dieses korrekt zu interpretieren. Zum Glück kann man heute mit Simulationen auf einfache Art experimentieren!

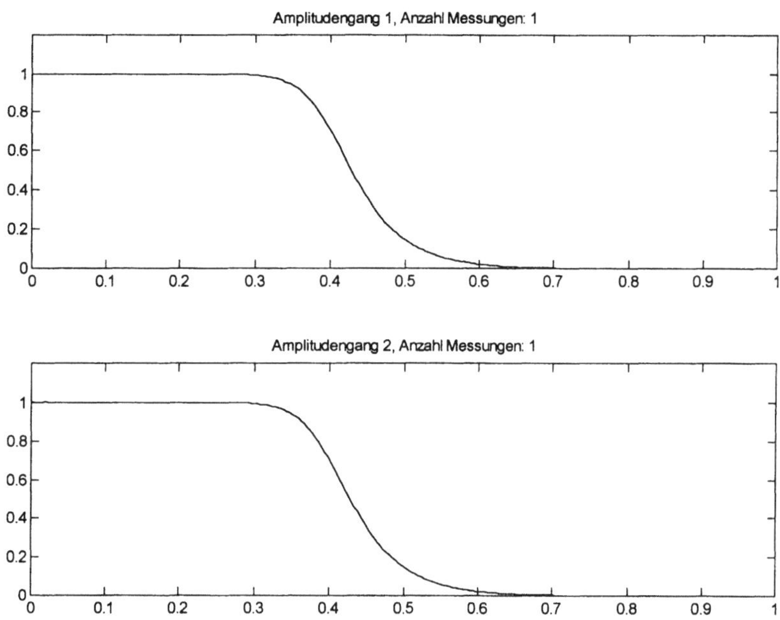

Bild 7.13 Wie Bild 7.12, jedoch mit Abwarten des eingeschwungenen Zustandes

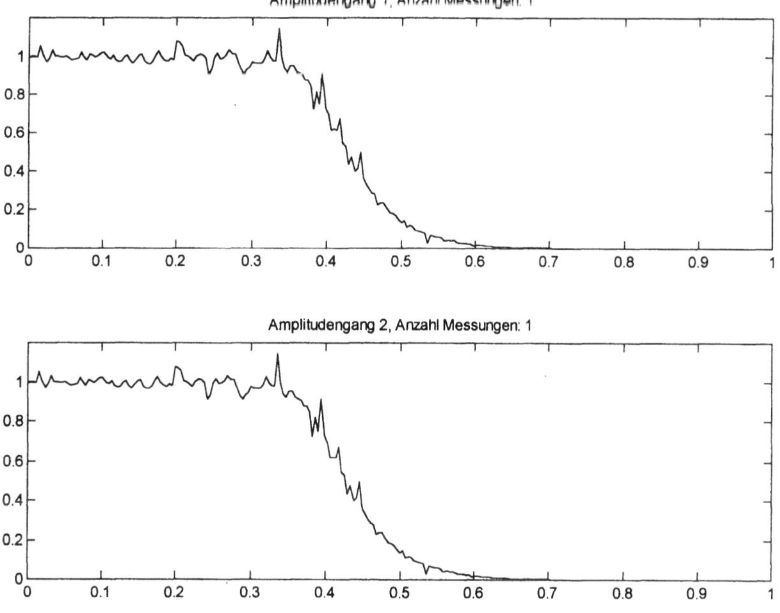

Bild 7.14 Wie Bild 7.13, jedoch mit Hanning- anstelle des Rechteck-Windows

7.3 Optimalfilter (matched filter)

Bei der digitalen Signalübertragung tauschen Sender und Empfänger Symbole aus, deren Form und Bedeutung vorher abgesprochen wurde. Der Empfänger steht darum vor der Aufgabe, anhand seines gestörten Empfangssignales möglichst gut zu erahnen, welches der möglichen Symbole der Sender wohl abgeschickt hat. Die Menge aller möglichen Symbole bildet das Alphabet eines Übertragungscodes.

Bei der binären Übertragung umfasst das Alphabet nur zwei Symbole. Diesen ordnet man die *logischen* Werte 0 und 1 zu. *Physikalisch* dargestellt werden diese Werte z.B. mit einem positiven Puls dcr Amplitude A und der Länge T und einem dazu symmetrischen negativen Puls (bipolare Übertragung). Die physischen Symbole müssen punkto Spektrum und Pegel zum Übertragungskanal passen, entsprechend unterscheidet man Basisband- und Bandpassverfahren [Mey99].

Im Falle der bipolaren Übertragung mit Pulsen hat der Empfänger also im Gegensatz zur analogen Übertragung keineswegs die Aufgabe, die ursprüngliche Signalform zu rekonstruieren. Er muss lediglich mit grösstmöglicher Sicherheit das korrekte Symbol erkennen. Bei stark verrauschten Empfangssignalen löst man diese Aufgabe mit Optimalfiltern. Dabei setzt sich der Empfänger sozuzusagen eine Brille auf, durch die er nur noch die beiden erwarteten Symbole sieht.

Ein Beispiel aus dem Alltag: wenn ich meinem kleinen Sohn helfen muss, ein ganz bestimmtes Spielzeugauto in einem Meer von Spielsachen zu finden, so schärfe ich meinen Blick auf „rotes Feuerwehrauto" oder „grünen Traktor". Alle blauen Autos nehme ich nicht einmal wahr. Auf diese Art finde ich das ersehnte Stück viel rascher als mit einer unspezifischen Suche nach irgend etwas mit vier Rädern. Ich mache aber auch kaum Zufallsentdeckungen von anderen interessanten Gegenständen, ich finde das Gewünschte oder gar nichts.

Genau dies ist auch der Fall bei der digitalen Übertragung mit ihren Symbolen aus einem *endlichen* Alphabet. Pro mögliches Symbol sucht ein Optimalfilter das Empfangssignal ab. Da diese Optimalfilter natürlich dem zu suchenden Symbol angepasst sein müssen, heissen diese Filter auch matched filter bzw. signalangepasste Filter.

Jeder Empfänger hat an seinem Eingang ein Empfangsfilter (Tiefpass oder Bandpass) mit der Aufgabe, alle (Stör-) Signale ausserhalb des Frequenzbereiches der erwarteten Symbole zu eliminieren. Das Optimalfilter hat hingegen die Aufgabe, den Signal-Rausch-Abstand zu maximieren, wobei das Signal wie auch die Störung denselben Frequenzbereich belegen. Innerhalb der Symboldauer genügt es dabei, zu einem einzigen Zeitpunkt den Rauschabstand maximal zu haben, genau dann (naheliegenderweise am Ende jedes Symbols) frägt man die Filterausgänge ab und fällt den Entscheid über das Symbol mit der höchsten Wahrscheinlichkeit.

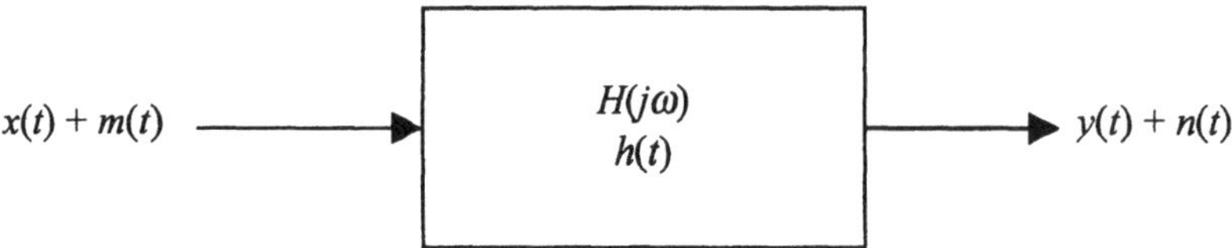

Bild 7.15 Ein- und Ausgangssignale des Optimalfilters

Bild 7.15 zeigt das Modell. Das Originalsignal $x(t)$ wird durch das Optimalfilter abgebildet auf $y(t)$, die Störung $m(t)$ am Eingang wird abgebildet auf $n(t)$.

Der Signal-Rausch-Abstand S/N (signal to noise ratio) ist definiert als das Verhältnis der Leistungen von Nutz- und Störsignal. Das Optimalfilter soll diesen Rauschabstand am Ausgang zum Zeitpunkt t_0 maximieren:

$$\frac{S}{N} = \frac{y^2(t_0)}{E[n^2]} \tag{7.38}$$

Je grösser die Energie W des empfangenen Signales ist, desto grösser ist auch S/N nach (7.38). Da dies nicht dem Optimalfilter zu verdanken ist, normieren wir auf diese Symbolenergie:

$$\frac{S}{N} = \frac{y^2(t_0)}{W \cdot E[n^2]} \tag{7.39}$$

Anmerkung: S/N in (7.38) ist der eigentliche Signal-Rauschabstand. S/N in (7.39) ist eine bequemere Rechengrösse, müsste aber eigentlich einen anderen Namen tragen.

$\square$

Gesucht ist nun $h(t)$ oder $H(j\omega)$ des Optimalfilters, so dass der Ausdruck in (7.39) maximal wird.

Wir setzen voraus, dass das Störsignal $m(t)$ ein weisses Rauschen nach (6.97) sei (spektrale Leistungsdichte a).

Die Berechnung der Störleistungen nehmen wir nach (6.55), (6.80) und (7.13) vor:

$$S_{nn}(\omega) = S_{mm}(\omega) \cdot |H(j\omega)|^2 = a \cdot |H(j\omega)|^2$$

$$E[n^2] = \frac{a}{2\pi} \cdot \int_{-\infty}^{\infty} |H(j\omega)|^2 \, d\omega \tag{7.40}$$

Mit der Fourier-Rücktransformation des Spektrums $Y(j\omega)$ erhalten wir $y(t_0)$:

$$y(t_0) = \frac{1}{2\pi} \cdot \int_{-\infty}^{\infty} Y(j\omega) \cdot e^{j\omega t_0} \, d\omega = \frac{1}{2\pi} \cdot \int_{-\infty}^{\infty} X(j\omega) \cdot H(j\omega) \cdot e^{j\omega t_0} \, d\omega \tag{7.41}$$

Die Energie W des Pulses erhalten wir mit (2.64):

$$W = \int_{-\infty}^{\infty} x^2(t) \, dt = \frac{1}{2\pi} \int_{-\infty}^{\infty} |X(j\omega)|^2 \, d\omega \tag{7.42}$$

Nun setzen wir (7.42), (7.41) und (7.40) in (7.39) ein:

$$\frac{S}{N} = \frac{y^2(t_0)}{W \cdot E[n^2]} = \frac{\left| \dfrac{1}{2\pi} \cdot \displaystyle\int_{-\infty}^{\infty} X(j\omega) \cdot H(j\omega) \cdot e^{j\omega t_0} \, d\omega \right|^2}{\dfrac{1}{2\pi} \displaystyle\int_{-\infty}^{\infty} |X(j\omega)|^2 \, d\omega \cdot \dfrac{a}{2\pi} \cdot \displaystyle\int_{-\infty}^{\infty} |H(j\omega)|^2 \, d\omega}$$

Dieser Ausdruck soll maximiert werden, wobei $X(j\omega)$ wählbar und $H(j\omega)$ gesucht ist. Für diese Maximierung kann man auch die Konstante a (die spektrale Leistungsdichte des störenden weissen Rauschens) auf die linke Seite der Gleichung schreiben:

$$a \cdot \frac{S}{N} = \frac{\left| \displaystyle\int_{-\infty}^{\infty} X(j\omega) \cdot H(j\omega) \cdot e^{j\omega t_0} \, d\omega \right|^2}{\displaystyle\int_{-\infty}^{\infty} |X(j\omega)|^2 \, d\omega \cdot \displaystyle\int_{-\infty}^{\infty} |H(j\omega)|^2 \, d\omega} \qquad (7.43)$$

Die Lösung findet man mit der Ungleichung von Cauchy-Schwartz, welche in den Mathematikbüchern zu finden ist und besagt, dass für zwei Funktionen $f(x)$ und $g(x)$ gilt:

$$\frac{\left| \displaystyle\int_{-\infty}^{\infty} f(x) \cdot g(x) \, dx \right|^2}{\displaystyle\int_{-\infty}^{\infty} |f(x)|^2 \, dx \cdot \displaystyle\int_{-\infty}^{\infty} |g(x)|^2 \, dx} \leq 1 \qquad (7.44)$$

Das Gleichheitszeichen in (7.44) gilt unter der Voraussetzung:

$$g(x) = K \cdot f^*(x) \qquad (7.45)$$

Nun setzen wir

$$g(x) = X(j\omega)$$

$$f(x) = H(j\omega) \cdot e^{j\omega t_0}$$

Wenn wir berücksichtigen, dass $\left| H(j\omega) \cdot e^{j\omega t_0} \right| = |H(j\omega)|$ ist, so entsprechen sich (7.44) und (7.43). Damit folgt:

$$a \cdot \frac{S}{N} \leq 1 \qquad (7.46)$$

Der (jetzt wieder tatsächliche) Signal-Rausch-Abstand nach (7.38) wird also maximal gleich:

$$\frac{y^2(t_0)}{E[n^2]} = \frac{W}{a} \tag{7.47}$$

Die Form des Symbols hat also keinerlei Einfluss auf (7.47)! Der maximale Signal-Stör-Abstand hängt lediglich von der Energie des Symbols ab. Dies ist sehr angenehm, denn es gestattet die Wahl der Signalform nach anderen Kriterien.

Anmerkung zur Dimension: W ist eine Energie in Ws, a ist eine spektrale Leistungsdichte in W/Hz = Ws. Der Quotient in (7.47) wird also dimensionslos, wie es sich für das Verhältnis von zwei Leistungen gehört.

$\square$

Der Frequenzgang des gesuchten Optimalfilters lautet demnach:

$$H(j\omega) = K \cdot X^*(j\omega) \cdot e^{j\omega t_0} \tag{7.48}$$

Der Faktor K ist eine Verstärkung, diese ändert den Signal-Rausch-Abstand nicht.

Die Stossantwort des Optimalfilters erhalten wir durch Rücktransformation von (7.48). Dies ist mit (2.52) und (2.28) sehr einfach. $X^*(j\omega)$ bedeutet im Zeitbereich eine Zeitumkehr und $e^{j\omega t_0}$ bedeutet eine Zeitverschiebung um t_0:

$$h(t) = K \cdot x(t_0 - t) \tag{7.49}$$

> *Die Impulsantwort des Optimalfilters ist das verzögerte Spiegelbild des gesuchten Symbols.*

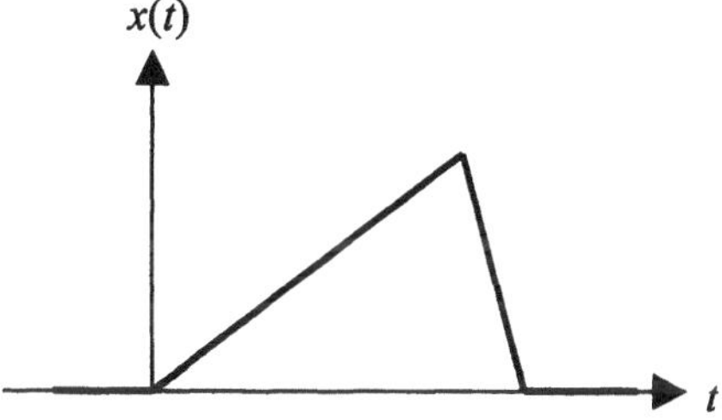

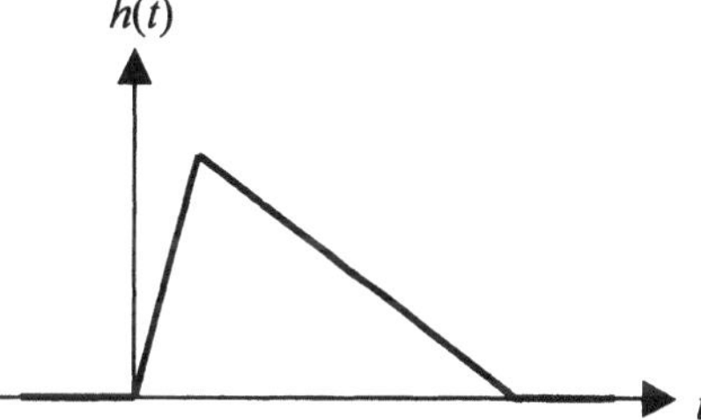

Bild 7.16 Nachrichtensignal (links) und Stossantwort des dazu passenden Optimalfilters (rechts)

Um kausale Optimalfilter zu erhalten, muss t_0 mindestens gleich der Symboldauer sein. Bild 7.16 zeigt ein Beispiel.

Da bei der Nachrichtenübertragung die Symbole nur endlich lange dauern, ist auch die Impulsantwort des Optimalfilters endlich. Bei einer digitalen Realisierung drängen sich die FIR-Filter geradezu auf (Abschnitt 9.2), denn diese haben stets eine endlich lange Impulsantwort und falls diese bekannt ist (Gleichung (7.49)), so ist ein FIR-Filter praktisch schon fertig dimensioniert.

Bei einem rauschfreien Empfangssignal reagiert das dazu passende matched filter mit der Faltung:

$$y(t) = x(t) * h(t) = \int\limits_{-\infty}^{\infty} x(\tau) \cdot h(t-\tau)\, d\tau = \int\limits_{-\infty}^{\infty} x(\tau) \cdot K \cdot x(t_0 - t + \tau)\, d\tau$$

$$y(t) = \int\limits_{-\infty}^{\infty} x(\tau) \cdot K \cdot x(\tau + (t_0 - t))\, d\tau \tag{7.50}$$

(7.50) ist fast dasselbe wie (6.53). Da es hier um deterministische Signale geht, kann man auf die Grenzwertbildung wie in (6.53) verzichten, man wird ohnehin nur über die Symboldauer integrieren. (7.50) kann man darum als um t_0 verzögerte AKF des Eingangssignals auffassen. Das Optimalfilter hat darum neben matched filter noch einen dritten Namen: Korrelationsfilter.

Die Symboldetektion kann man demnach mit einem Optimalfilter durchführen, d.h. man bildet die AKF des Empfangssignales und tastet diese ab. Genausogut kann man auch die KKF bilden zwischen dem Empfangssignal und einer im Empfänger bereits gespeicherten Symbolform (vgl. Gleichung (6.73) und setze dort $x = y$).

Wie bereits erwähnt, setzt man bei der Nachrichtenübertragung für jedes mögliche Symbol ein Optimalfilter ein. Diese arbeiten parallel und nach der Zeit t_0 frägt man alle Ausgangssignale ab. Demjenigen mit dem höchsten Wert glaubt man am meisten.

Nun kann man ein Kriterium für die Symbolform ableiten, denn diese ist ja aus der Sicht des Optimalfilters frei wählbar: die verschiedenen Symbole sollen gegenseitig die Optimalfilter möglichst wenig ausschlagen lassen. Besser ausgedrückt: Die verschiedenen Symbole sollen verschwindende KKF aufweisen. Weiter muss man sie so wählen, dass sie zum Übertragungskanal passen, z.B. punkto Lage auf der Frequenzachse.

Beispiel: Das gesuchte Symbol sei ein Rechteckpuls wie in Bild 7.17 oben links gezeigt. Die Stossantwort des Optimalfilters sieht identisch aus, das Optimalfilter ist in diesem Fall eine Reset-Integrator. Unten Mitte in Bild 7.17 ist das Ausgangssignal des Optimalfilters gezeichnet. Vgl. auch Bild 2.10 zur Herleitung.

Die Erkennungssicherheit kann also mit mehr Signalleistung oder mit einer längeren Symboldauer verbessert werden.

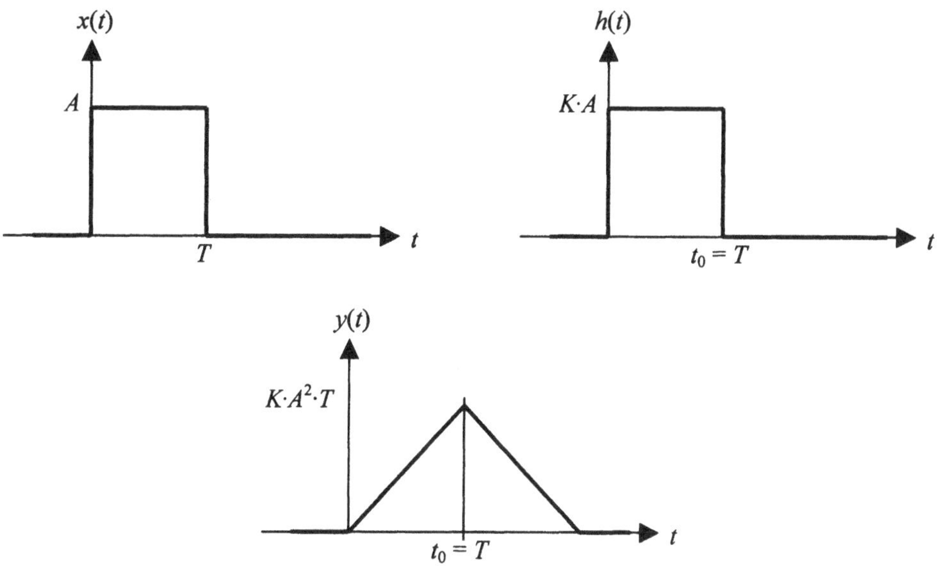

Bild 7.17 Nachrichtensymbol (oben links), Stossantwort des Optimalfilters (oben rechts) und Ausgangssignal des Optimalfilters (unten Mitte)

☐

Die Herleitung des Optimalfilters setzte ein weisses Rauschen als Störsignal voraus. Dies ist zwar häufig, aber nicht immer der Fall. Falls ein farbiges Rauschen das Empfangssignal stört, so schaltet man an den Empfängereingang ein Filter, das aus dem farbigen Rauschen ein weisses Rauschen macht (pre-whitening-filter, Abschnitte 10.3.3 und 10.4.3). Dadurch wird natürlich auch das Nutzsignal verzerrt, was zu Impulsübersprechen (inter-symbol-interference) führen kann. Diese neue Störung bleibt klein, wenn das pre-whitening-filter eine grosse Bandbreite im Vergleich zur Symbolrate aufweist, d.h. nicht Bestandteil der bei digitaler Übertragung notwendigen Nyquistfilterung wird [Con87].

Falls man das Optimalfilter lediglich approximiert (v.a. in der Analogtechnik, z.B. mit einem simplen Tiefpass anstelle eines Reset-Integrators wie bei Bild 7.17), so ergibt sich erstaunlicherweise lediglich eine Verschlechterung des Signal-Rausch-Abstandes um 1 bis 2 dB [Kro96]. Gerade bei der digitalen Übertragung tritt aber auch der Effekt auf, dass zwischen perfektem und unbrauchbarem Empfang nur wenige Dezibel liegen. Genau dort kann ein Korrelationsempfänger eine Verbindung noch retten, wo einfachere Systeme bereits versagen.

Viele Empfänger arbeiten ohne Optimalfilter. Sie tasten lediglich das Gemisch aus Nutzsignal und Störung in der Mitte der Symbole ab und entscheiden sich so für die Symbolwerte. Wenigstens sollte das bereits erwähnte Empfangsfilter die Störungen ausserhalb des interessierenden Frequenzbereiches eliminieren.

8 Analoge Filter

8.1 Einführung

Man kann sich fragen, ob in einem modernen Buch über Signalverarbeitung ein Abriss über analoge Filter überhaupt noch etwas zu suchen hat. Die Antwort ist klar ja, und zwar aus folgenden Gründen:

- Im Kapitel 4 haben wir gesehen, dass jedes digitale System am Eingang und am Ausgang je ein analoges Filter aufweist, Bild 4.1. Das erste ist das Anti-Aliasing-Filter, es garantiert die Einhaltung des Abtasttheorems. Das zweite ist das Glättungsfilter, welches das periodische Spektrum der abgetasteten Signale beschränkt.

- Viele digitale Rekursivfilter (Abschnitt 9.1) werden durch eine Transformation aus einem analogen Vorbild erzeugt. Die Theorie der analogen Filter ist somit Voraussetzung für die Theorie dieser Digitalfilter.

Natürlich versucht man heute, möglichst viele Filterungen digital auszuführen. Dieses Kapitel 8 ist darum möglichst kurz gehalten. Insbesondere die Realisierung analoger Filter ist nur soweit beschrieben, wie es für die digitale Signalverarbeitung nützlich ist.

Filter sind (meistens lineare) frequenzabhängige Systeme, die bestimmte Frequenzbereiche des Eingangssignales passieren lassen, andere Frequenzbereiche hingegen sperren. Man spricht vom Durchlassbereich (DB) und vom Sperrbereich (SB), dazwischen liegt der Übergangsbereich.

Der Einsatzbereich der Filter erstreckt sich von sehr tiefen Frequenzen (Energietechnik) bis zu sehr hohen Frequenzen (Mikrowellentechnik). Ebenso variiert die Leistung der von Filtern verarbeiteten Signale über mehrere Grössenordnungen. Entsprechend gibt es eine Vielzahl von Realisierungsvarianten und angewandten Technologien.

Filter werden eingesetzt, um gewünschte Signalanteile von unerwünschten Signalanteilen zu trennen, Bild 8.1. In der Frequenzmultiplextechnik beispielsweise werden mit Filtern die einzelnen Kanäle separiert. Oft sind einem Signal z.B. hochfrequente Störungen überlagert, die mit einem Filter entfernt werden.

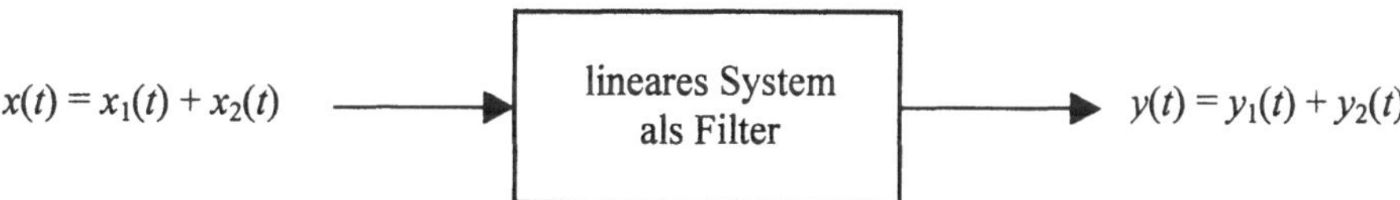

Bild 8.1 Zum Begriff des Filters

In Bild 8.1 sei $x_1(t)$ das erwünschte und $x_2(t)$ das unerwünschte Signal. Im Ausgangssignal soll idealerweise $y_2(t)$ verschwinden, während $y_1(t) = K \cdot x_1(t-\tau)$ das verzerrungsfrei übertragene Nutzsignal ist, vgl. (3.94). Diese Aufgabe ist mit einem LTI-System als Filter dann einfach zu lösen, wenn sich die Spektren $X_1(j\omega)$ und $X_2(j\omega)$ nicht überlappen oder noch besser einen genügenden Abstand haben. Schwieriger sind die Verhältnisse, wenn diese Bedingung nicht erfüllt ist. Dann kann es nur noch darum gehen, im Ausgangssignal $y_2(t)$ gegenüber $y_1(t)$ möglichst klein zu machen. Dies führt auf die Konzepte der optimalen Suchfilter (*matched filter, Wienersches Optimalfilter, Kalman-Filter*). Der Abschnitt 7.3 gibt einen kleinen Einblick in die Technik dieser speziellen Filter.

Eine andere Aufgabe als die der *Selektion* kann ebenfalls durch Filter wahrgenommen werden und heisst *Entzerrung*. Dabei geht es darum, den nichtidealen Frequenzgang eines Übertragungskanales mit einem Filter, das den reziproken Frequenzgang aufweist (soweit dies aus Gründen der Stabilität und Kausalität überhaupt möglich ist), zu kompensieren. Die ganze Kette aus Kanal und Entzerrer soll idealerweise eine konstante Gruppenlaufzeit und einen konstanten Amplitudengang aufweisen. Häufig setzt man auch Allpässe für diese Aufgabe ein.

Nichtlineare Filter treten u.a. auf in Form des *Tracking-Filters* („Nachlauf-Filter", einem Bandpass auf der Basis des Phasenregelkreises (PLL)). Auch die nichtlinearen Filter sind nicht Gegenstand dieses einführenden Buches.

Aus der Sicht der Systemtheorie ist ein lineares Filter ein normales LTI-System, wie wir sie in Kapitel 3 behandelt haben. Auch die Filter lassen sich deshalb beschreiben mit den Gleichungen (3.52), (3.53) oder (3.68). Statt von Systemordnung n spricht man auch vom *Filtergrad n*. Das Hilfsmittel des PN-Schemas ist natürlich ebenfalls anwendbar. Den Betrag und das Vorzeichen des konstanten Faktors b_m/a_n in (3.53) kann man aus dem PN-Schema nicht herauslesen, diese beiden frequenzunabhängigen Grössen interessieren aber im Zusammenhang mit der Filterung gar nicht.

Das Problem der Filtertechnik kann man demnach in zwei Schritte aufteilen:

- Bestimme die Pole und Nullstellen von $H(s)$
- Realisiere dieses $H(s)$ in einer geeigneten Technologie

Filter unterteilt man aufgrund von verschiedenen Kriterien in Klassen:

a) Unterteilung aufgrund des Frequenzverhaltens:
- Tiefpass (TP)
- Hochpass (HP)
- Bandpass (BP)
- Bandsperre (BS)

Um nicht für jede Art eine eigene Theorie aufbauen zu müssen, beschreitet man einen anderen Weg: man kultiviert die Dimensionierung von *normierten* Tiefpässen (Grenzfrequenz 1) und gelangt anschliessend mit einer Entnormierung zum TP beliebiger Grenzfrequenz und mit einer *Frequenztransformation* zum HP, BP und zur BS. Allpässe (AP) nehmen eine Sonderstellung ein, indem für diese ein eigenes Dimensionierungsverfahren existiert.

b) Unterteilung aufgrund der Approximation:

Der grundlegende Baustein ist also das ideale Tiefpassfilter mit einem Frequenzgang nach Bild 3.35. Die Stossantwort haben wir im Abschnitt 3.13.1 bereits berechnet, Gleichung (3.99) und Bild 3.36. Diese Stossantwort ist akausal, d.h. *der ideale Tiefpass ist nicht realisierbar.* Stattdessen muss man sich mit einer Approximation (Näherung) begnügen, die nach verschiedenen Kriterien erfolgen kann (eine detaillierte Besprechung folgt im Abschnitt 8.2), nämlich nach

- *Butterworth:* Der Amplitudengang im Durchlassbereich (DB) soll möglichst flach sein.

- *Tschebyscheff-I:* Im DB wird eine definierte Welligkeit (Ripple) in Kauf genommen, dafür ist der Übergang vom DB in den Sperrbereich (SB) steiler als bei der Butterworth-Approximation.

- *Tschebyscheff-II:* Hier wird eine definierte Welligkeit im SB zugelassen.

- *Cauer* (auch *elliptische Filter* genannt*):* Sowohl DB als auch SB weisen eine separat definierbare Welligkeit auf. Man erhält dafür den steilsten Übergangsbereich.

- *Bessel* (auch *Thomson-Filter* genannt): Der Phasengang im DB soll möglichst linear verlaufen, d.h. die Gruppenlaufzeit soll konstant sein.

- *Filter kritischer Dämpfung:* Die Stossantwort und die Sprungantwort oszillieren nicht, d.h. sie enthalten keine Überschwinger.

Weniger bekannt und darum höchst selten verwendet sind die Approximationen nach „Legendre" (Kombination Butterworth-Tschebyscheff-II) und „Transitional Butterworth-Thomson" (Kombination Butterworth-Bessel).

Die Bilder 8.2 bis 8.5 zeigen einen Vergleich der verschiedenen Approximationsarten.

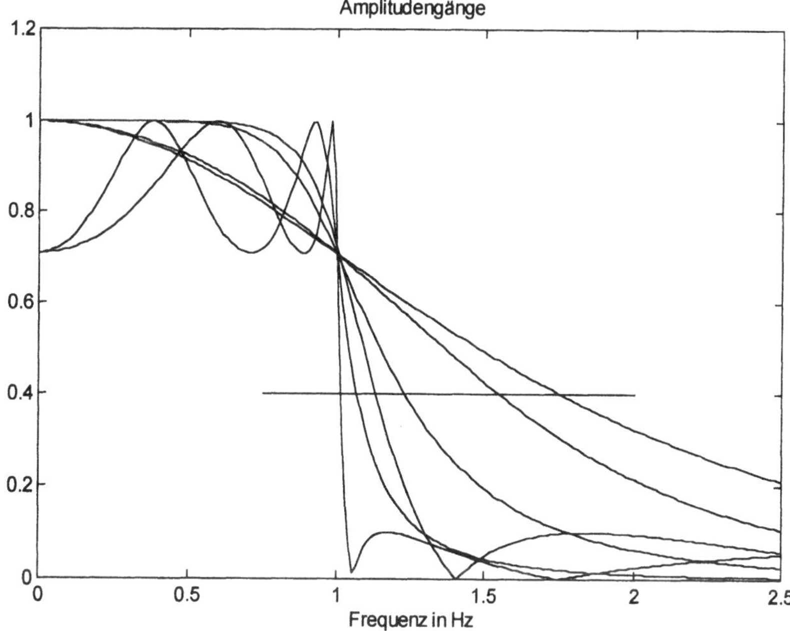

Bild 8.2 Vergleich der Amplitudengänge der verschiedenen Filterapproximationen. Alle Filter haben die 3dB-Grenzfrequenz bei 1 Hz und die Ordnung 4. Die horizontale Linie auf der Höhe 0.4 wird von links nach rechts geschnitten von den Kurven Cauer, Tschebyscheff-I, Tschebyscheff-II, Butterworth, Bessel, kritisch gedämpftes Filter.

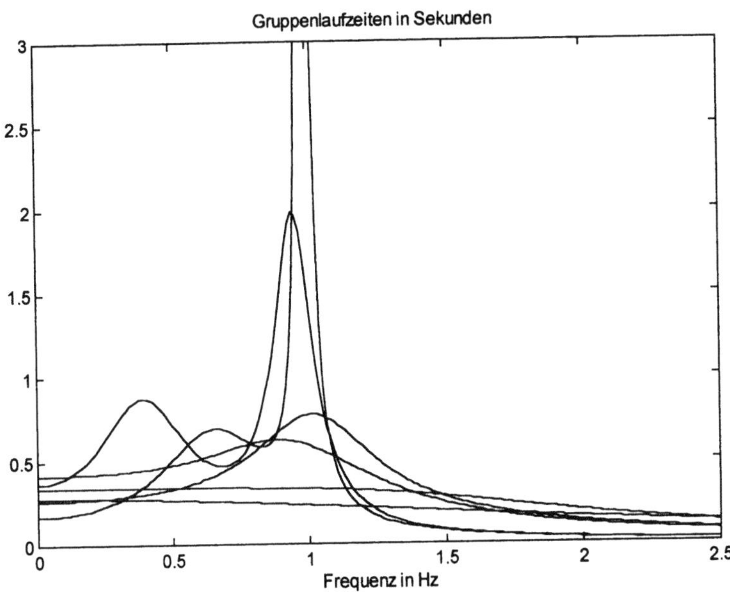

Bild 8.3 Gruppenlaufzeiten derselben Filter wie in Bild 8.2. Bei $f = 1$ treten von oben nach unten folgende Kurven auf: Cauer (überschwingt aus der Grafik!), Tschebyscheff-I, Tschebyscheff-II, Butterworth, Bessel, kritisch gedämpftes Filter.

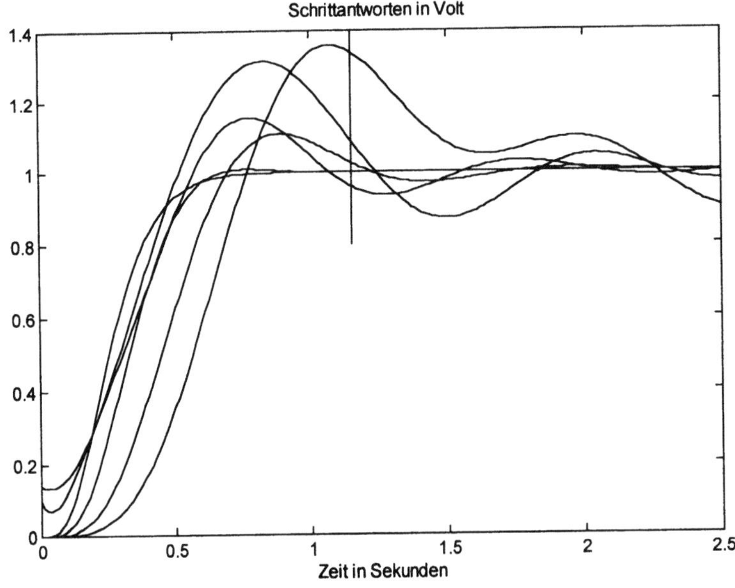

Bild 8.4 Schrittantworten derselben Filter wie in Bild 8.2. Die Linie bei $t = 1.1$ schneiden von oben nach unten: Tschebyscheff-I, Cauer, Butterworth, Bessel und kritisch gedämpftes Filter (übereinanderliegend), Tschebyscheff-II.

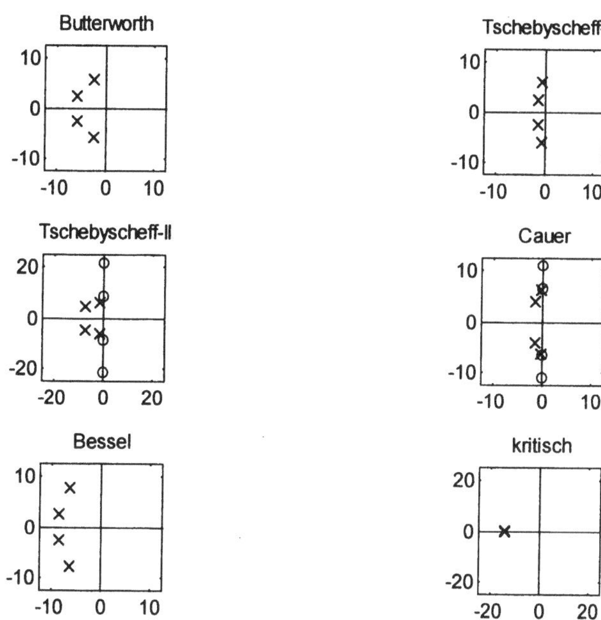

Bild 8.5 PN-Schemata der Filter aus Bild 8.2. Beim Tschebyscheff-II- und beim kritisch gedämpften Filter ist ein grösserer Ausschnitt der s-Ebene gezeichnet als bei den andern Filtern.

Aus Bild 8.5 lassen sich einige Erkenntnisse ziehen. Einzig die Filter nach Tschebyscheff-II und Cauer weisen Nullstellen auf. Die andern vier Approximationsarten führen demnach auf Polynomfilter (Abschnitt 3.9.4). Die Nullstellen beim Tschebyscheff-II- und Cauer-Filter liegen auf der $j\omega$-Achse. Sie sind darum als Nullstellen im Amplitudengang in Bild 8.2 ebenfalls zu sehen. Zu beachten ist der Masstab: Bild 8.5 ist zweiseitig und in ω skaliert und erstreckt sich beim Tschebyscheff-II-Filter demnach bis etwa ± 4 Hz. Die Frequenzachse in Bild 8.2 ist einseitig und reicht nur von 0 bis 2.5 Hz, deshalb ist dort das zweite Nullstellenpaar des Tschebyscheff-II-Filters nicht sichtbar.

c) Unterteilung aufgrund des Grades:

Je höher der Grad, desto steiler der Übergangsbereich, desto grösser aber auch der Realisierungsaufwand. Statt Grad sagt man auch *Polzahl*. Der wenig steile Übergangsbereich beim Besselfilter kann durch eine höhere Ordnung kompensiert (und mit Aufwand bezahlt) werden.

d) Unterteilung aufgrund der Realisierung (Technologie):

Bild 8.6 zeigt eine Übersicht über die Filter-Technologien.

<table>
<tr><td colspan="6" align="center">Filter-Technologien</td></tr>
<tr>
<td colspan="3" align="center">zeit- und wertkontinuierlich Filter
(alle analog)</td>
<td colspan="3" align="center">zeitdiskrete Filter
(alle aktiv)</td>
</tr>
<tr>
<td colspan="2" align="center">passive Filter</td>
<td align="center">aktive Filter
(alle konzentriert)</td>
<td align="center">wertkonti-
nuierlich</td>
<td align="center">wertdiskret =
Digitalfilter</td>
</tr>
<tr>
<td align="center">konzentrierte
Elemente

RLC-Filter
(1880)

Quarzfilter

Keramikfilter</td>
<td align="center">verteilte
Elemente

Striplines

Hohlraum-
resonatoren
Oberflächen-
wellenfilter</td>
<td align="center">RC-Filter
(Op Amp, 1970)

Simulationsfilter
(NIC, Gyratoren)</td>
<td align="center">N-Pfad-Filter

SC-Filter
(1980)</td>
<td align="center">Hardware

Mikroproz.
(1975)

DSP (1985)</td>
</tr>
</table>

Bild 8.6 Übersicht über die Filter-Technologien

Die Auswahl aus der in Bild 8.6 gezeigten Vielfalt ist nicht ganz einfach. Neben technischen Kriterien muss man auch wirtschaftliche Aspekte berücksichtigen. Mögliche Auswahlkriterien sind:

- *Frequenzbereich:* Bei hohen Frequenzen (über 500 MHz) kommen fast nur noch Filter mit verteilten Elementen zum Einsatz. Darunter werden die passiven Filter mit konzentrierten Elementen verwendet. Bis zu einigen 100 kHz sind analoge aktive Filter einsetzbar, die diskreten Filter stossen langsam auch in dieses Gebiet vor. Bei tiefen Frequenzen sind die Digitalfilter deutlich auf dem Vormarsch. (Die angegebenen Frequenzwerte sind lediglich Richtwerte, sie verschieben sich mit dem technologischen Fortschritt alle nach oben.)

- *Leistungsbereich:* Filter in der Energietechnik werden passiv realisiert.

- *Genauigkeit, Drift, Alterung, Abgleich bei der Herstellung:* Die digitalen Filter weisen hier gegenüber den analogen Realisierungen sehr grosse Vorteile auf.

- *Grösse:* Vor allem bei tiefen Frequenzen werden die Spulen gross und teuer. Mit aktiven Filtern kommt man ohne Induktivitäten aus. Die SC-Filter vermeiden sogar die Widerstände und arbeiten nur mit Schaltern und Kondensatoren (SC = switched capacitor). Auch die eigentlichen Digitalfilter, also die zeit- *und* wertediskreten Systeme, sind sehr gut integrierbar und darum platzsparend aufzubauen.

- *Leistungsbedarf:* Digitalfilter brauchen vor allem bei hohen Taktfrequenzen deutlich mehr Leistung als analoge Aktivfilter. Je nach Anwendung kann dieses Kriterium ausschlaggebend sein.

- *Stückzahl / Entwicklungsaufwand:* Umfangreiche Entwicklungen lohnen sich nicht bei kleinen Stückzahlen. Der Entwicklungsaufwand hängt stark vom bereits vorhandenen Know-how ab.

- *Kosten:* Digitalfilter werden zunehmend günstiger, allerdings fallen die Kosten für AD-Wandlung und DA-Wandlung ins Gewicht. Häufig werden aber die Signale ohnehin digitalisiert, dann spielt der Aufwand für ein zusätzliches Digitalfilter keine grosse Rolle mehr.

Die am längsten bekannte Filtertechnologie ist natürlich die der passiven RLC-Filter. Die Netzwerktheorie lehrt, ob und wenn ja wie eine gegebene Übertragungsfunktion als RLC-Filter realisiert werden kann. Dabei entstehen Kettenschaltungen aus Teilvierpolen, meistens in Abzweigstrukturen wie π-, T- oder Kreuzgliedern. Filter höherer Ordnung wurden mit der *Wellenparametertheorie* (image-parameter theory) (Campbell, Wagner, Zobel, 1920) dimensioniert. Einschränkend ist dabei die Voraussetzung, dass die Teilvierpole mit ihrer Wellenimpedanz abgeschlossen sein müssen (reflexionsfreie Kaskade). Die *Betriebsparametertheorie* (insertion-loss theory) (Cauer, Darlington, 1930) berücksichtigt reelle Abschlusswiderstände (Fehlanpassungen), erfordert aber einen grösseren Rechenaufwand. Dies ist heutzutage kein Gegenargument mehr, deshalb wird die Wellenparametertheorie kaum mehr benutzt.

Bei tiefen Frequenzen werden die Induktivitäten gross und teuer, durch aktive Filter kann man die Spulen vermeiden. Ein naheliegender Weg ist, ein passives Filter zu dimensionieren und die Induktivitäten durch aktive Zweipole (Gyratoren und Kondensatoren sowie NIC = negative impedance converter) zu ersetzen. Dies führt auf die *Simulationsfilter (Leapfrog- und Wellendigitalfilter)*, deren Struktur mit dem passiven Vorbild übereinstimmt. Vorteilhaft daran ist die kleine Empfindlichkeit gegenüber Bauteiltoleranzen.

Eine andere Realisierungsart von aktiven Filtern geht von Gleichung (3.68) aus und teilt das Gesamtsystem auf in Teilfilter 2. Ordnung (Zusammenfassen eines konjugiert komplexen Polpaares) und evtl. Teilfilter 1. Ordnung (reelle Pole). Dank den Verstärkern können diese Teilfilter *rückwirkungsfrei* zusammengeschaltet werden. Damit wird die Filtersynthese äusserst einfach, da nur noch Filter höchstens zweiter Ordnung zu kaskadieren sind. Entsprechende Schaltungen sowie normierte Filterkoeffizienten sind tabelliert (Abschnitt 8.4), der ganze Entwicklungsvorgang läuft „nach Kochbuch" ab. Nachteilig ist die grössere Empfindlichkeit gegenüber Toleranzen. Trotzdem bildet diese Gruppe die wichtigste Realisierungsart für aktive Filter. Zudem dient sie als Vorlage für die Dimensionierung von digitalen Rekursivfiltern (IIR-Filtern).

In diesem Kapitel wird als einzige Realisierungsart die Synthese von aktiven Filter in der eben beschriebenen Kaskadenstruktur behandelt. Diese analogen Filter werden auch bei digitalen Systemen als Anti-Aliasing-Filter und als Glättungsfilter benötigt, Bild 4.1. In [Mil92] sind auch die passiven Filter und die aktiven Simulationsfilter ausführlich beschrieben.

Bei der Filterentwicklung geht man also folgendermassen vor:

1. Filterspezifikation festlegen. Dies erfolgt anwendungsbezogen und ist der schwierigste Teil des ganzen Prozesses. Das Resultat dieses Schrittes ist ein Toleranzschema oder Stempel-Matrizen-Schema (Bild 8.7) sowie die Approximationsart.

2. Das Toleranzschema wird in den TP-Bereich (TP = Tiefpass) transformiert, der Filtergrad bestimmt und $H_{TP}(s)$ für den Referenztiefpass bestimmt ($\rightarrow$Abschnitt 8.2).

3. $H_{TP}(s)$ wird zurücktransformiert in $H(s)$ für die gewünschte Filterart (z.B. Bandpass) im gewünschten Frequenzbereich ($\rightarrow$Abschnitt 8.3)

4. $H(s)$ wird realisiert ($\rightarrow$Abschnitt 8.4).

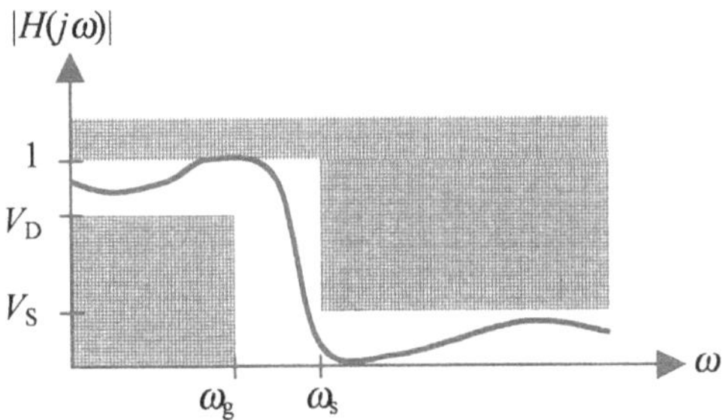

Bild 8.7 Beispiel für ein Stempel-Matrizen-Schema eines Tiefpasses (einseitiger, auf 1 normierter
Amplitudengang).

V_D = minimale Durchlassverstärkung $\qquad$ ω_g = Grenz(kreis)frequenz

V_S = maximale Verstärkung im Sperrbereich $\qquad$ ω_s = Sperr(kreis)frequenz

Die Werte vom V_D, V_S, ω_g und ω_s in Bild 8.7 sind anwendungsbezogen frei wählbar. V_D muss
keineswegs dem 3 dB-Punkt des Filters entsprechen. Jeder Amplitudengang, der die schraffierten Gebiete meidet, erfüllt die Anforderung. Manchmal wird der Dämpfungsverlauf spezifiziert, also der Kehrwert des Amplitudenganges. Da ein konstanter Verstärkungsfaktor keinen
Einfluss auf die Filtereigenschaften hat, normiert man vorteilhafterweise den Amplitudengang.
Damit sind nur noch drei Grössen vorzugeben. Zusätzlich kann man auch noch die Frequenzachse normieren.

Die Schritte 1 bis 3 in obiger Aufzählung erfolgen losgelöst von der eigentlichen Realisierung.
Umfangreiche Tabellenwerke enthalten in normierter Darstellung alle notwendigen Koeffizientenwerte bereit. Mit Softwarepaketen kann man $H(s)$ auch ohne Tabellen sehr rasch direkt
bestimmen. Dank Simulation lassen sich bequem mehrere Varianten durchspielen und die
passende ausgewählen. Wichtig bei der Filtersynthese ist also heute nicht mehr ein „handwerkliches" Können, sondern ein Verständnis der Zusammenhänge und die Benutzung von
Softwarepaketen. Für die Abschnitte 8.2 und 8.3 genügt deshalb eine oberflächliche Betrachtung. Besonders Eilige können direkt zum Abschnitt 8.4 springen.

8.2 Approximation des idealen Tiefpasses

8.2.1 Einführung

Üblicherweise ist der Amplitudengang $|H(j\omega)|$ vorgegeben und der Frequenzgang $H(j\omega)$ bzw.
die Übertragungsfunktion $H(s)$ gesucht. Dafür sind mehrere Lösungen möglich. Bedingung ist
aber, dass $H(s)$ ein Polynomquotient ist ($\rightarrow$ Realisierung als LTI-System mit konzentrierten
Elementen) und alle Pole in der linken Halbebene liegen ($\rightarrow$ Stabilität). Die Betragsfunktion
$|H(j\omega)|$ ist eine gerade und positive Funktion, wegen

$$|H(j\omega)| = \sqrt{\mathrm{Re}\{H(j\omega)\}^2 + \mathrm{Im}\{H(j\omega)\}^2} \qquad (8.1)$$

Um die Wurzel in (8.1) zu vermeiden, arbeiten wir mit $|H(j\omega)|^2$.

Wir betrachten nun den idealen Tiefpass nach Bild 3.35, wobei wir die Frequenzachse auf ω_0 normieren. Die Grenzfrequenz des normierten Tiefpasses beträgt demnach 1.

$$|H(j\omega)|^2 = \begin{cases} 1 \\ 0 \end{cases} \text{ für } \begin{array}{l} |\omega| < 1 \\ |\omega| > 1 \end{array} \qquad (8.2)$$

Nun machen wir für $|H(j\omega)|^2$ einen Ansatz:

$$|H(j\omega)|^2 = \frac{1}{1 + F(\omega^2)} \qquad (8.3)$$

Die Funktion F heisst *charakteristische Funktion*. Je nach Wahl von F ergibt sich ein Butterworth-TP, Cauer-TP usw. Mit diesem Ansatz hat F nur gerade Potenzen, somit ergibt sich für $|H(j\omega)|^2$ zwangsläufig eine gerade Funktion. Diese kann ohne Schwierigkeiten positivwertig gemacht werden. Zudem braucht F für ein stabiles $H(s)$ keine speziellen Bedingungen zu erfüllen.

Für F können nun verschiedene Funktionen angesetzt werden. Für eine einfache Realisierung sind Polynome gut geeignet, da (8.3) dann die Form von (3.82) erhält. Aus diesem Ansatz ergeben sich die *Polynomfilter* (d.h. Systeme ohne Nullstellen, vgl. Abschnitt 3.9.4). Je nach Art des Polynoms ergibt sich ein Butterworth-, Tschebyscheff-I-, Bessel- oder ein kritisch gedämpfter Tiefpass.

Nimmt man für F eine gebrochen rationale Funktion anstelle des Polynoms, so hat (8.3) die Form von (3.52) und es ergeben sich Tschebyscheff-II- oder Cauer-Tiefpässe.

8.2.2 Butterworth-Approximation

Als charakteristische Funktion F in (8.3) setzen wir:

$$F(\omega^2) = (\omega^n)^2 = \omega^{2n} \qquad (8.4)$$

Dieser Ansatz erklärt auch den Namen Potenz-Tiefpass, der manchmal anstelle von Butterworth-Tiefpass benutzt wird.

Bild 8.8 zeigt oben den Verlauf von ω^n für verschiedene n. Je höher n, desto „eckiger" werden die Kurvenverläufe. Quadriert und in (8.3) oder (8.5) eingesetzt ergibt sich tatsächlich eine Approximation des idealen Tiefpasses, Bild 8.8 unten.

Amplitudengang des normierten Butterworth-Tiefpasses:

$$\boxed{|H(j\omega)| = \frac{1}{\sqrt{1 + \omega^{2n}}}} \qquad (8.5)$$

Der Amplitudengang nimmt mit wachsendem ω monoton ab. Durch Entwickeln von (8.5) in eine Binomialreihe kann man zudem zeigen, dass für $\omega \to 0$ alle Ableitungen von (8.5) verschwinden. Der Amplitudengang hat also keine Welligkeit, so wie es bei der Butterworth-Approximation gewünscht ist.

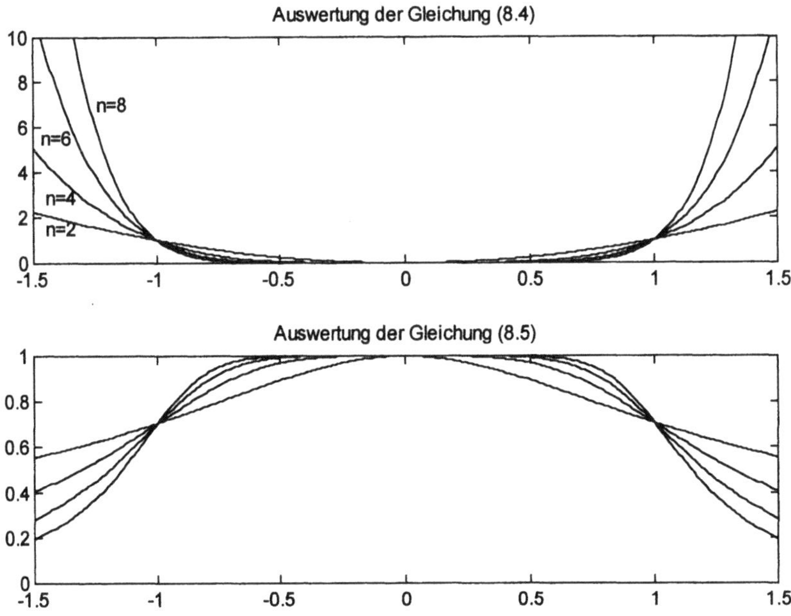

Bild 8.8 Charakteristische Funktion (oben) und Amplitudengänge des Butterworth-TP

Bei $\omega = 0$ ist $|H(j\omega)| = 1$, dies entspricht dem maximal möglichen Wert. Zusammen mit der monoton abfallenden Kurve ergibt sich ein Tiefpass-Verhalten.

Bei $\omega = 1$ (normierte Grenzfrequenz) ist $|H(j\omega)| = 1/\sqrt{2}$, dies entspricht -3 dB und ist (beim Butterworth-TP!) *unabhängig* vom Filtergrad n.

Für $\omega \gg 1$ wird $|H(j\omega)| = \dfrac{1}{\omega^n}$, d.h. die Asymptote an den Amplitudengang fällt mit $n \cdot 20$ dB pro Dekade (wie bei allen Polynomfiltern, vgl. (3.83)).

Mit (8.5) ist aber erst der Betrag des Frequenzganges $|H(j\omega)|$ gefunden, aber noch nicht die Übertragungsfunktion $H(s)$. Da H konjugiert komplex ist, kann man $|H(s)|^2 = H(s) \cdot H(-s)$ schreiben und mit $s = j\omega$ wird $s^2 = -\omega^2$. Alles eingesetzt in (8.3) ergibt:

$$H(s) \cdot H(-s) = \frac{1}{1+(-s^2)^n} = \frac{1}{N(s) \cdot N(-s)} \tag{8.6}$$

Für die Nennerpolynome gilt:

$$N(s) \cdot N(-s) = 1 + (-s^2)^n \tag{8.7}$$

Für ein zweipoliges Filter ($n = 2$) wird daraus:

$$\begin{aligned}
N(s) \cdot N(-s) &= 1 + s^4 = s^4 + 2s^2 + 1 - 2s^2 = \left(s^2 + 1\right)^2 - \left(\sqrt{2}s\right)^2 \\
&= \underbrace{\left(s^2 + \sqrt{2}s + 1\right)}_{N(s)} \cdot \underbrace{\left(s^2 - \sqrt{2}s + 1\right)}_{N(-s)}
\end{aligned} \tag{8.8}$$

$N(s)$ ist tatsächlich ein Hurwitz-Polynom, $H(s) = 1/N(s)$ stellt somit eine stabile Übertragungsfunktion dar. Der normierte Butterworth-Tiefpass 2. Ordnung hat damit die Übertragungsfunktion:

$$\boxed{H(s) = \frac{K}{s^2 + \sqrt{2}s + 1} \quad \text{Pole bei} \quad p_{1/2} = -\frac{1}{\sqrt{2}} \pm j\frac{1}{\sqrt{2}}} \tag{8.9}$$

Für die höheren Filtergrade wird $H(s)$ analog berechnet, es ergibt sich stets ein Hurwitzpolynom für $N(s)$.

Für $|H(s)|^2$ kann man die Koordinaten der Pole p_k mit (8.6) allgemein berechnen:

$$1 + \left(-p_i^2\right)^n = 0 \;\Rightarrow\; \left(-p_i^2\right)^n = -1 \;\Rightarrow\; (-1)^n \cdot p_i^{2n} = e^{j(2i-1)\pi} \quad ; \quad i = 1,2,\dots,2n$$

$$\Rightarrow \; p_i^{2n} = e^{j(2i-1)\pi} \cdot (-1)^n = e^{j(2i-1)\pi} \cdot e^{jn\pi} = e^{j(2i+n-1)\pi}$$

$$p_i = \sigma_{p_i} + j\omega_{p_i} = e^{j\frac{2i+n-1}{2n}\pi} \quad ; \quad i = 1,2,\dots,2n \tag{8.10}$$

Es sind also für die Funktion $|H(s)|^2$ insgesamt $2n$ Pole vorhanden und alle haben die Polfrequenz 1 (dies gilt nur bei der Butterworth-Approximation!). Die Pole liegen also auf dem Einheitskreis, der Winkelabstand beträgt π/n, Bild 8.9. Die n Pole in der linken Halbebene werden nun $H(s)$ „zugeschlagen" (vgl. Bild 8.5 oben links), die n Pole der rechten Halbebene gehören zu $H(-s)$.

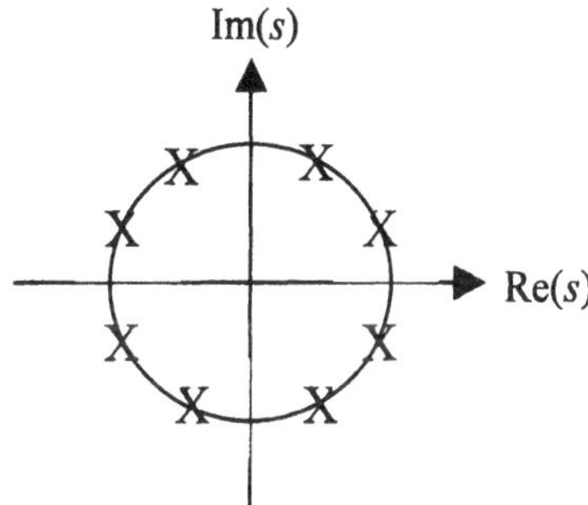

Bild 8.9 Pole für $|H(s)|^2$ und $n = 4$

Aus (8.10) lässt sich ableiten, dass durch diesen Potenzansatz bei geradem n keine reellen Pole vorkommen, bei ungeradem n ein reeller Pol bei -1 liegt und dass nie Pole auf der imaginären Achse liegen. Für die Realisierung ist also $H(s)$ bestens geeignet.

Filter höherer Ordnung (n-polige Tiefpässe) realisiert man mit einer Kaskade von $n/2$ zweipoligen Tiefpässen und (bei ungeradem n) einem einpoligen Tiefpass. In Anlehnung an (3.68) und (3.73) lässt sich schreiben:

$$H(s) = \frac{K}{\left[1 + \dfrac{1}{\omega_{01}}s\right] \cdot \left[1 + \dfrac{2\xi_2}{\omega_{02}}s + \dfrac{1}{\omega_{02}^2}s^2\right] \cdot \left[1 + \dfrac{2\xi_3}{\omega_{03}}s + \dfrac{1}{\omega_{03}^2}s^2\right] \cdot \left[\; \dots \right]} \qquad (8.11)$$

(8.11) gilt für alle Polynom-Tiefpässe, also mit andern Koeffizienten auch für die Tschebyscheff-I-, Bessel- sowie die kritisch gedämpften Tiefpässe. Das Glied erster Ordnung kommt nur bei ungeradem n vor. Alle Koeffizienten sind reell. Beim normierten Butterworth-Tiefpass sind alle $\omega_{0_i} = 1$. Nur beim Butterworth-Tiefpass gilt: Die 3 dB-Frequenz (Dämpfung um 3 dB gegenüber der Dämpfung bei $\omega = 0$) des Gesamtfilters entspricht der Polfrequenz ω_0.

Die Grenzfrequenz des Filters ist dort, wo sie definiert wurde (z.B. mit Hilfe des Stempel-Matrizen-Schemas nach Bild 8.7). Es hat sich eingebürgert, dass ohne eine spezielle Angabe stillschweigend die 3 dB-Frequenz als Grenzfrequenz betrachtet wird.

Aus (8.11) folgt, dass das RC-Glied nach Bild 3.4 mit dem PN-Schema nach Bild 3.16 a) für $\omega_0 = 1/T$ ein Butterworth-Tiefpass 1. Ordnung ist.

In der Praxis realisiert man die Filter ohne grosse Rechnerei, da die Koeffizienten von Gleichung (8.11) tabelliert sind oder sich mit einem Signalverarbeitungsprogramm per Computer generieren lassen. Im Abschnitt 8.4 sind solche Tabellen zu finden, ebenso finden sich dort auch Schaltungsvorschläge für die Teilfilter.

8.2.3 Tschebyscheff-I-Approximation

Als charakteristische Funktion in (8.3) setzen wir:

$$F(\omega^2) = \varepsilon^2 \cdot c_n^{\;2}(\omega) \qquad (8.12)$$

Dabei ist ε eine Konstante (*Ripple-Faktor*) und $c_n(\omega)$ ist das Tschebyscheff-Polynom 1. Art n-ter Ordnung. Für diese Polynome gilt:

$$c_n(\omega) = \begin{cases} \cos(n \cdot \arccos(\omega)) & |\omega| \leq 1 \\ \cosh(n \cdot \mathrm{arcosh}(\omega)) & |\omega| \geq 1 \end{cases} \qquad (8.13)$$

Daraus ergibt sich:

$$c_0(\omega) = 1$$
$$c_1(\omega) = \omega$$

(8.14)

Man kann zeigen, dass für die höheren Ordnungen eine Rekursionsformel existiert:

$$c_n(\omega) = 2\omega \cdot c_{n-1}(\omega) - c_{n-2}(\omega)$$

(8.15)

Mit (8.14) und (8.15) ergibt sich:

$$c_2(\omega) = 2\omega^2 - 1$$
$$c_3(\omega) = 4\omega^3 - 3\omega$$

(8.16)

usw.

Es ergeben sich also Polynome, die man auch in Tabellen nachschlagen kann. Als charakteristische Funktionen werden nach (8.12) die Quadrate von $c_n(\omega)$ eingesetzt, deren Verläufe für $n = 1$ bis 4 in Bild 8.10 oben gezeigt sind.

Amplitudengang des normierten Tschebyscheff-I - Tiefpasses:

$$|H(j\omega)| = \frac{1}{\sqrt{1 + \varepsilon^2 \cdot c_n{}^2(\omega)}}$$

(8.17)

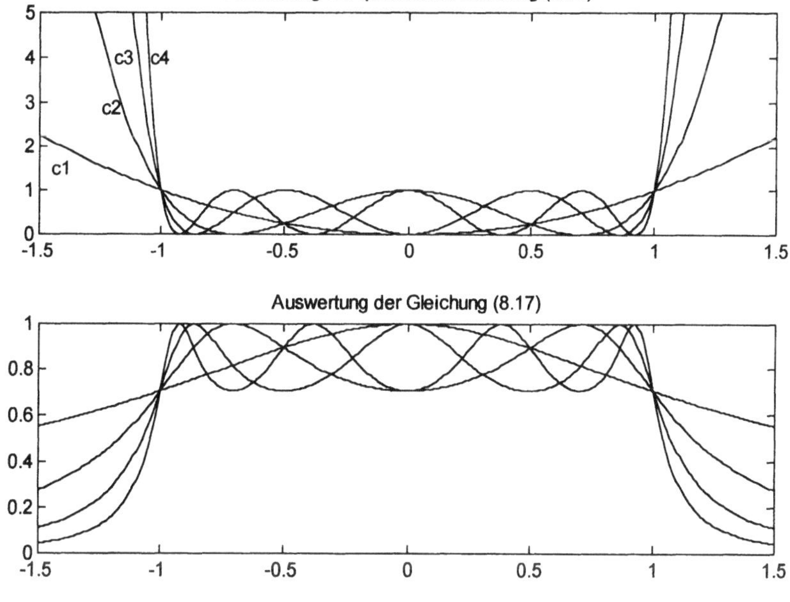

Bild 8.10 Charakteristische Funktion (oben) und Amplitudengänge des Tschebyscheff-I-Tiefpasses

Nach Bild 8.10 oben schwankt $c_n(\omega)$ im Durchlassbereich zwischen 0 und 1. Demnach schwankt $|H(j\omega)|$ zwischen 1 (Maximum) und $1/\sqrt{1+\varepsilon^2}$ (Minimum), Bild 8.10 unten. Für $\omega \gg 1$ (Sperrbereich) kann die 1 unter der Wurzel vernachlässigt werden. Ebenso kann dort das Tschebyscheff-Polynom durch die höchste Potenz angenähert werden. Mit (8.15) gilt:

$$c_n(\omega) \approx 2^{n-1} \cdot \omega^n \quad \Rightarrow \quad |H(j\omega)| \approx \frac{1}{\varepsilon \cdot |c_n(\omega)|} \approx \frac{1}{\varepsilon \cdot 2^{n-1} \cdot \omega^n} \tag{8.18}$$

Rechnet man um in dB, so ergibt sich

$$|H(j\omega)| = -20 \cdot \log(\varepsilon) - 6 \cdot (n-1) - 20 \cdot n \cdot \log(\omega) \quad [dB] \tag{8.19}$$

Diese Steilheit ist grösser als diejenige des Butterworth-TP gleicher Ordnung, da letzterer nicht über die beiden ersten Summanden in (8.19) verfügt. Für sehr grosse ω wird der letzte Summand in obiger Gleichung dominant, die Steigung der Asymptoten beträgt somit $n{\cdot}20$ dB pro Dekade (wie bei allen Polynomfiltern, vgl. (3.83)).

Mit wachsendem ε wird das Verhalten im Übergangsbereich und Sperrbereich verbessert, dies wird allerdings im Durchlassbereich mit grösserer Welligkeit und wilderem Verlauf der Gruppenlaufzeit erkauft.

Die Tschebyscheff-I-Tiefpässe unterscheidet man nach Grad n und Exzentrizität ε. Aus praktischen Gründen tabelliert man aber nicht die Koeffizienten für ein bestimmtes ε, sondern für eine bestimmte Welligkeit im Durchlassbereich in dB (R_P = *Passband-Ripple*).

$|H(j\omega)|$ schwankt um $1/\sqrt{1+\varepsilon^2}$. Daraus ergibt sich als Umrechnung zwischen ε und R_P in dB:

$$\begin{aligned} R_P &= 10 \cdot \log(1 + \varepsilon^2) \\ \varepsilon &= \sqrt{10^{0.1 R_P} - 1} \end{aligned} \tag{8.20}$$

Z.B. entspricht ein R_P von 2 dB einem ε von 0.7648.

Die Koordinaten der Pole nimmt man in der Praxis aus Tabellenwerken oder berechnet sie mit Computerprogrammen. Hier können sich allerdings je nach Quelle unterschiedliche Resultate ergeben:

- Einige Tabellen bzw. Programme legen die Pole so fest, dass das *Maximum* des Amplitudenganges im Durchlassbereich 1 beträgt, d.h. der Amplitudengang schwankt um den Rippel nach unten. Die Grenzfrequenz ist dann diejenige Frequenz, bei welcher der Amplitudengang den Wert $-R_\mathrm{P}$ kreuzt (bei tieferen Frequenzen wird dieser Wert lediglich berührt).

- Andere Tabellen bzw. Programme legen die Pole so fest, dass das *Minimum* des Amplitudenganges 1 beträgt, d.h. der Amplitudengang schwankt im Durchlassbereich um den Rippel nach oben. Die Grenzfrequenz des normierten Tiefpasses beträgt dann 1, dort kreuzt der Amplitudengang den Wert 1 bzw. 0 dB.

Die Pole der Tschebyscheff-I-Filter liegen auf einer Ellipse und nicht auf einem Halbkreis wie bei den Butterworth-Filtern. Marschiert man der $j\omega$-Achse entlang, so gibt das „Höhenprofil" den Amplitudengang an, vgl. Bild 2.17. Der in Bild 8.2 gezeigte Amplitudengang gehört zu einem vierpoligen Filter, im positiven Frequenzbereich „sieht" man demnach zwei Pole. Dies bewirkt die beiden Buckel im Amplitudengang in Bild 8.2.

8.2.4 Bessel-Approximation

Diese Approximationsart zielt auf einen möglichst linearen Phasengang, d.h. auf eine konstante Gruppenlaufzeit ab. Dafür werden die Ansprüche an die Steilheit des Amplitudenganges im Übergangsbereich gelockert. Das Verfahren ist gleich wie bei den beiden vorherigen Approximationen, darum soll der Weg nur noch skizziert werden.

Die Übertragungsfunktion soll die Form $H(s) = K \cdot e^{-sT}$ annehmen (Verschiebungssatz bzw. verzerrungsfreie Übertragung). Ohne Beschränkung der Allgemeinheit setzen wir $K = 1$ und $T = 1$. Die Aufgabe lautet demnach, den Nenner der transzendenten Funktion $H(s) = 1/e^s$ durch ein Hurwitz-Polynom anzunähern, damit wir ein stabiles System in der uns bekannten Darstellung als Polynomquotient erhalten. Naheliegenderweise probiert man dies mit einer Taylor-Reihe mit $(n+1)$ Gliedern:

$$e^s \approx 1 + \frac{s}{1!} + \frac{s^2}{2!} + \ldots + \frac{s^n}{n!}$$

Leider ergeben sich nicht stets Hurwitz-Polynome (z.B. bei $n = 5$). Eine bessere Variante zerlegt e^s in gerade und ungerade Anteile

$$e^s = \cosh(s) + \sinh(s) \tag{8.21}$$

Die cosh- und sinh-Funktionen werden in Taylor-Reihen entwickelt und danach eine Kettenbruchzerlegung durchgeführt. Dieses Vorgehen führt auf die Bessel-Polynome, die stets das Hurwitz-Kriterium erfüllen. Natürlich sind auch die Besselfunktionen tabelliert.

Auch Besselfilter sind Polynomfilter, haben also keine Nullstellen. Die Pole liegen auf einem Halbkreis, dessen Mittelpunkt in der rechten Halbebene liegt (beim Butterworth-Tiefpass ist der Mittelpunkt des Halbkreises im Ursprung). Realisiert werden die Bessel-Tiefpässe demnach mit den gleichen Schaltungen wie die Butterworth-, Tschebyscheff-I- und die kritisch gedämpften Tiefpässe. Ebenso gilt auch die Gleichung (8.11) für die Bessel-Tiefpässe.

8.2.5 Tschebyscheff-II- und Cauer-Approximation

Die Tschebyscheff-II-Approximation entsteht aus der Tschebyscheff-I-Approximation durch eine Transformation. Dabei werden Nullstellen erzeugt (Bild 8.5 Mitte), es handelt sich also nicht mehr um Polynomfilter. Die Welligkeit tritt nun im Sperrbereich auf. Die Anwendung bestimmt, welche der beiden Tschebyscheff-Approximationen vorteilhafter ist.

Die Cauer-Filter weisen im Durchlass- und Sperrbereich separat spezifizierbare Welligkeiten auf und haben dafür den steilsten Übergangsbereich. Sie entstehen, indem in (8.3) als charakteristische Funktion F nicht ein Polynom, sondern eine rationale Funktion (also ein Polynomquotient) eingesetzt wird. Dadurch entstehen Nullstellen, auch die Cauerfilter sind demnach keine Polynomfilter. Cauer-Filter heissen auch elliptische Filter, weil für ihre Darstellung die Jakobi-elliptischen Funktionen verwendet werden.

Für beide Filtertypen kann die im Abschnitt 8.4.3 angegebene Tiefpass-Schaltung *nicht* verwendet werden, da mit dieser keine Nullstellen realisierbar sind. Hingegen ist die Schaltung für die Band*sperre* für *zweipolige Tiefpässe* nach Cauer oder Tschebyscheff-II verwendbar (die Begründung folgt im Abschnitt 8.3.4).

8.2.6 Filter mit kritischer Dämpfung

Tiefpass-Filter mit kritischer Dämpfung haben ihre Pole ausschliesslich auf der negativen reellen Achse. Nach Gleichung (3.78) kann darum die Stossantwort nicht oszillieren (und damit kann nach (3.38) auch die Sprungantwort weder oszillieren noch überschwingen), was den einzigen Vorteil dieser Filter darstellt. Als Nachteil muss man die geringe Flankensteilheit in Kauf nehmen. Kritische gedämpfte Filter höherer Ordnung entstehen durch eine Kaskade aus lauter identischen Teilfiltern 1. Ordnung bzw. Biquads (= Teilsysteme 2. Ordnung) mit reellem Doppelpol. Dabei werden die einpoligen Grundglieder so dimensioniert, dass der 3 dB-Punkt des Gesamtfilters auf eine gewünschte Frequenz zu liegen kommt. Nullstellen sind keine vorhanden, Filter mit kritischer Dämpfung sind darum ebenfalls Polynom-TP.

Grundglied 1. Ordnung:

$$H(s) = \frac{1}{1 + s/\omega_0} \qquad \omega_0 \text{ reell und positiv} \tag{8.22}$$

Grundglied 2. Ordnung:

$$H(s) = \frac{1}{1 + s/\omega_0} \cdot \frac{1}{1 + s/\omega_0} = \frac{1}{1 + 2s/\omega_0 + s^2/\omega_0^2} \tag{8.23}$$

Gesamtfilter n. Ordnung:

$$H(s) = \left(\frac{1}{1 + \dfrac{s}{\omega_0}} \right)^n \tag{8.24}$$

Amplitudengang in dB:

$$\left| H(j\omega) \right| = -10 \cdot n \cdot \log_{10} \left(1 + \frac{\omega^2}{\omega_0^2} \right) \tag{8.25}$$

Für $\omega = 1$ soll der 3 dB-Punkt erreicht werden (normierte Frequenzachse!), woraus sich für ω_0 ergibt:

$$\left| H(\omega = 1) \right| = -10 \cdot n \cdot \log_{10} \left(1 + 1/\omega_0^2 \right) = -3$$

Normierte Grenzfrequenz der Grundglieder:

$$\omega_0 = \frac{1}{\sqrt{\sqrt[n]{2} - 1}} \tag{8.26}$$

8.3 Frequenztransformation

8.3.1 Tiefpässe

Mit der im Abschnitt 8.2 besprochenen Methode berechnet man *frequenznormierte* Referenztiefpässe mit wählbarer Ordnung und Approximationsart. Übernimmt man direkt die Tabellenwerte aus Abschnitt 8.4.2, so ist wegen der Normierung auf ω_0 die Grenzkreisfrequenz bei allen Filtern 1. Ist eine andere Grenzkreisfrequenz gewünscht, so müssen die Polfrequenzen in den Tabellen entnormiert, d.h. mit ω_0 multipliziert werden.

Beispiel: Wir berechnen einen zweipoligen Tschebyscheff-I-Tiefpass mit 2 dB Rippel und der Grenzfrequenz 1000 Hz. Laut Tabelle im Abschnitt 8.4.2 gilt:

$$\frac{\omega_{01}}{\omega_0} = 0.9072 \quad \Rightarrow \quad \omega_{01} = 0.9072 \cdot \omega_0 = 0.9072 \cdot 2\pi \cdot 1000 = 5700$$

$$\xi_1 = 0.4430$$

Damit sind beide Pole komplett bestimmt, vgl. Abschnitt 3.8.

□

8.3.2 Hochpässe

Hochpässe entstehen aus Tiefpässen durch eine Frequenztransformation. Bild 8.11 zeigt die Bodediagramme des Tiefpasses 1. Ordnung und des Hochpasses 1. Ordnung. Daraus ist ersichtlich, dass wir eine Abbildung der Frequenzen nach Tabelle 8.1 benötigen.

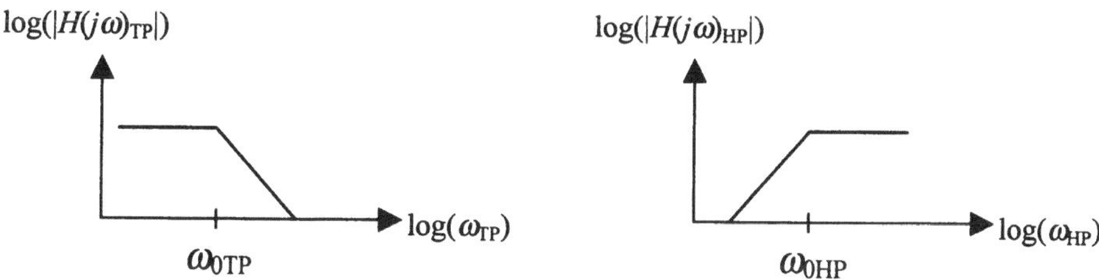

Bild 8.11 Bodediagramme des Tiefpasses (TP) und des Hochpasses (HP) 1. Ordnung

Tabelle 8.1 Korrespondierende Frequenzen bei der TP-HP-Transformation

Tiefpass	Hochpass
$j\,0$	$j\,\infty$
$j\,\omega_0$	$j\,\omega_0$
$j\,\infty$	$j\,0$

Die Übertragungsfunktion des Hochpasses leiten wir aus Bild 3.16 b) ab. Es braucht demnach
eine Nullstelle bei $s = 0$. Wir setzen $H_{\text{TP}} = H_{\text{HP}}$, wobei die Indizes die Frequenzvariablen unterscheiden. Dadurch lässt sich die gesuchte Transformation finden:

$$H_{HP}(j\omega_{HP}) = \frac{j\dfrac{\omega_{HP}}{\omega_0}}{1+j\dfrac{\omega_{HP}}{\omega_0}} = H_{TP}(j\omega_{TP}) = \frac{1}{1+j\dfrac{\omega_{TP}}{\omega_0}}$$

$$j\frac{\omega_{HP}}{\omega_0}\cdot\left(1+j\frac{\omega_{TP}}{\omega_0}\right) = 1+j\frac{\omega_{HP}}{\omega_0} \quad\Rightarrow\quad -\frac{\omega_{HP}\cdot\omega_{TP}}{\omega_0^2} = 1$$

Tiefpass-Hochpass-Transformation:
$$\boxed{\begin{array}{c} \omega_{TP} \to -\dfrac{\omega_0^2}{\omega_{HP}}; \qquad j\omega_{TP} \to \dfrac{\omega_0^2}{j\omega_{HP}} \\[3mm] s_{TP} \to \dfrac{\omega_0^2}{s_{HP}} \end{array}} \qquad (8.27)$$

Mit dieser Formel lassen sich die in der Tabelle 8.1 geforderten Korrespondenzen erreichen.

Einpoliger Hochpass:
$$\boxed{H_{HP}(s) = \frac{\dfrac{s}{\omega_0}}{1+\dfrac{s}{\omega_0}}} \qquad (8.28)$$

(8.28) entsteht, indem man in der Übertragungsfunktion des einpoligen Tiefpasses nach (8.11)
die Substitution $s \to \omega_0^2/s$ vornimmt. Das analoge Vorgehen wendet man für den zweipoligen
Hochpass an:

Zweipoliger Hochpass:
$$\boxed{H_{HP}(s) = \frac{\dfrac{1}{\omega_0^2}\cdot s^2}{1+\dfrac{2\xi}{\omega_0}\cdot s+\dfrac{1}{\omega_0^2}\cdot s^2}} \qquad (8.29)$$

$$\boxed{\begin{array}{c}\textit{Durch die TP-HP-Transformation bleibt die Anzahl der Pole}\\ \textit{unverändert, aber es entsteht pro Pol eine Nullstelle im Ursprung.}\end{array}}$$

Nun hat $H(s)$ den gleichen Zähler- und Nennergrad, wie im Abschnitt 3.6.3 b) gefordert. (Die
Umkehrung gilt übrigens *nicht*: ist $m = n$, so muss nicht unbedingt ein Hochpass vorliegen,
denn Tschebyscheff-II- und Cauer-Tiefpässe gerader Ordnung haben dieselbe Eigenschaft.
Natürlich liegen dort die Nullstellen nicht im Ursprung, vgl. Bild 8.5.)

Zur Dimensionierung mit Tabellen verwendet man die Tabellen für die Tiefpässe, ersetzt aber die ω_{0i}-Korrektur durch den Kehrwert.

Beispiel: Tschebyscheff-I-Hochpass 2. Ordnung mit 2 dB Rippel:

Tabellenwert für Tiefpass: $\omega_{01}/\omega_0 = 0.9072 \to$ für Hochpass $1/0.9072$ einsetzen und entnormieren.

□

Im den Abschnitten 8.4.3 c) und d) finden sich Schaltungen für ein- und zweipolige Hochpässe. Da ja Nullstellen im Ursprung vorkommen, kann man nicht die Schaltungen der Tiefpässe übernehmen. Man erkennt dies sofort an der Tatsache, dass bei den Hochpass-Schaltungen niemals eine Verbindung zwischen Ein- und Ausgang auftritt, die nicht durch Kapazitäten für Gleichstrom gesperrt ist.

8.3.3 Bandpässe

Auch die Bandpässe entstehen aus Tiefpässen durch eine Frequenztransformation. Bild 8.12 zeigt die stilisierten Amplitudengänge, Tabelle 8.2 listet die Korrespondenzen auf.

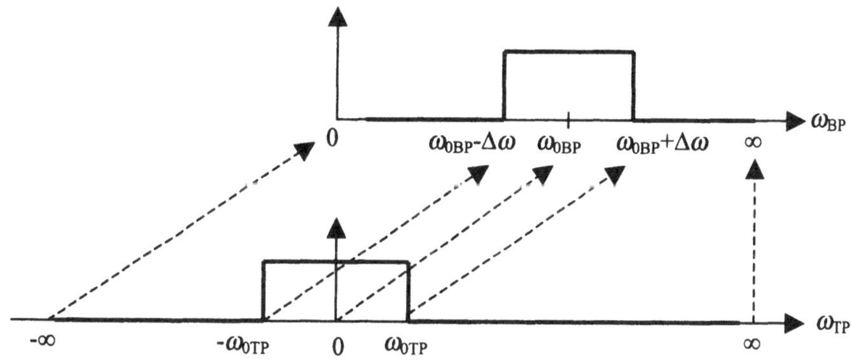

Bild 8.12 Tiefpass-Bandpass - Transformation

Tabelle 8.2 Korrespondierende Frequenzen bei der Tiefpass-Bandpass-Transformation

Tiefpass	Bandpass
$-j\,\infty$	$j\,0$
$-j\,\omega_{0TP}$	$j\,(\omega_{0BP}-\Delta\omega)$
$j\,0$	$j\,\omega_{0BP}$
$j\,\omega_{0TP}$	$j\,(\omega_{0BP}+\Delta\omega)$
$j\,\infty$	$j\,\infty$

ω_{0BP} = Mittenfrequenz des Bandpasses

$\Delta\omega$ = halbe Bandbreite des Bandpasses

ω_{0TP} = Grenzfrequenz des Tiefpasses

Die beiden Grössen ω_{0BP} und $\Delta\omega$ sind durch die Anwendung vorgegeben, während ω_{0TP} frei wählbar ist. Die Abbildung kann keine Translation sein, da der Bereich $-\infty \ldots +\infty$ des Tiefpasses auf den Bereich $0 \ldots +\infty$ des Bandpasses komprimiert wird. Die Abbildung soll trotzdem eindeutig und möglichst einfach sein. Wir setzen willkürlich $\omega_{0TP} = 2 \cdot \Delta\omega$ und erhalten damit die

$$\textit{TP-BP-Transformation:} \qquad \boxed{\begin{aligned} \omega_{TP} &\to \omega_{BP} - \frac{\omega_{0BP}^2}{\omega_{BP}} \\[2mm] \omega_{0TP} &\to 2 \cdot \Delta\omega \\[2mm] s_{TP} &\to s_{BP} + \frac{\omega_{0BP}^2}{s_{BP}} \end{aligned}} \qquad\qquad (8.30)$$

(8.30) erfüllt jede Zeile der Transformationstabelle 8.2. Beispielsweise gilt für Zeile 1:

$$\omega_{BP} = 0 \quad \Rightarrow \quad \omega_{TP} = 0 - \frac{\omega_{0BP}^2}{0} = -\infty$$

Und für Zeile 4:

$$\omega_{BP} = \omega_{0BP} + \Delta\omega \quad \Rightarrow \quad \omega_{TP} = \omega_{0BP} + \Delta\omega - \frac{\omega_{0BP}^2}{\omega_{0BP} + \Delta\omega} = \frac{2 \cdot \omega_{0BP} \cdot \Delta\omega + (\Delta\omega)^2}{\omega_{0BP} + \Delta\omega}$$

Unter der Voraussetzung $\dfrac{\Delta\omega}{\omega_{0BP}} \ll 1$ wird daraus: $\dfrac{2 \cdot \omega_{0BP} \cdot \Delta\omega}{\omega_{0BP}} = 2 \cdot \Delta\omega = \omega_{0TP}$

$$\boxed{\begin{aligned} &\textit{Die TP-BP-Transformation gilt nur für schmalbandige BP,} \\ &\textit{d.h. } \Delta\omega \ll \omega_{0BP} \textit{ und für } \omega_{0TP} = 2 \cdot \Delta\omega, \textit{ d.h. der Referenz-TP} \\ &\textit{hat als Grenzfrequenz die Breite „über Alles" des BP.} \end{aligned}}$$

Bei breitbandigen Bandpässen funktioniert zwar die Transformation, durch die nichtlineare Abbildung der Frequenzachse werden aber die Filterflanken stark asymmetrisch und die Grenzfrequenzen verlassen den gewünschten Ort. Breitbandige Bandpässe realisiert man darum besser als Kaskade von getrennt dimensionierten Hoch- und Tiefpässen. Mit Rechnerunterstützung kann man leicht ausprobieren, welche Methode geeigneter ist.

Transformation des einpoligen Tiefpasses:

Wir ersetzen in $\quad H_{TP}(s) = \dfrac{1}{1 + \dfrac{1}{\omega_{0TP}} \cdot s} \quad$ s durch den untersten Ausdruck von (8.30):

$$H_{BP}(s) = \cfrac{1}{1 + \cfrac{s + \dfrac{\omega_{0BP}^2}{s}}{\omega_{0TP}}} = \frac{\omega_{0TP}}{\omega_{0TP} + s + \dfrac{\omega_{0BP}^2}{s}} = \frac{\dfrac{\omega_{0TP}}{\omega_{0BP}^2} \cdot s}{1 + \dfrac{\omega_{0TP}}{\omega_{0BP}^2} \cdot s + \dfrac{1}{\omega_{0BP}^2} \cdot s^2}$$

Ein Koeffizientenvergleich mit der Normalform (3.73) ergibt:

$$\frac{\omega_{0TP}}{\omega_{0BP}{}^2} = \frac{2\xi_{BP}}{\omega_{0BP}} \quad \rightarrow \quad \omega_{0TP} = 2 \cdot \xi_{BP} \cdot \omega_{0BP} \tag{8.31}$$

In ξ_{BP} wird die Bandbreite versteckt. Erwartungsgemäss ergibt sich aus dem einpoligen Tiefpass ein zweipoliger Bandpass mit einer Nullstelle im Ursprung, vgl. Bild 3.16 c).

$$\boxed{\textit{Durch die TP-BP-Transformation verdoppelt sich die Anzahl der Pole.}}$$

$$\boxed{\begin{aligned} H_{BP}(s) &= \frac{\dfrac{2\xi_{BP}}{\omega_{0BP}} \cdot s}{1 + \dfrac{2\xi_{BP}}{\omega_{0BP}} \cdot s + \dfrac{1}{\omega_{0BP}{}^2} \cdot s^2} \\[2mm] \xi_{BP} &= \frac{\omega_{0TP}}{2 \cdot \omega_{0BP}} \quad ; \quad \omega_{0BP} = \text{Mittenfrequenz des BP} \end{aligned}} \tag{8.32}$$

Analog wird ein zweipoliger Tiefpass transformiert, was eine Übertragungsfunktion 4. Ordnung ergibt. Diese wird zerlegt in zwei Übertragungsfunktionen je 2. Ordnung. Stets ergeben sich Paare von konjugiert komplexen Polen. Wir belasten uns nicht mit der etwas mühsamen Berechnung sondern erfreuen uns gleich am Resultat, Gleichung (8.33).

Achtung: Die nach (8.33) berechneten und mit der Schaltung aus Abschnitt 8.4.3 e) realisierten Biquads haben bei ihrer jeweiligen Mittenfrequenz (ω_{01} bzw. ω_{02}) die Verstärkung 1 anstatt $1/\xi_{TP}$. Das Gesamtfilter hat demnach im Durchlassbereich eine Abschwächung. Mit der Verstärkung K bzw. mit der Skalierung (Abschnitt 4.4.1) kann man dies kompensieren.

$$\boxed{\begin{aligned} H_{BP}(s) &= \frac{\dfrac{2\xi_1}{\omega_{01}} \cdot s}{1 + \dfrac{2\xi_1}{\omega_{01}} \cdot s + \dfrac{1}{\omega_{01}{}^2} \cdot s^2} \cdot \frac{\dfrac{2\xi_2}{\omega_{02}} \cdot s}{1 + \dfrac{2\xi_2}{\omega_{02}} \cdot s + \dfrac{1}{\omega_{02}{}^2} \cdot s^2} \\[2mm] \xi_1 &\approx \xi_2 \approx \frac{\xi_{TP} \cdot \omega_{0TP}}{2 \cdot \omega_0} \\[2mm] \omega_{01} &\approx \omega_0 + \frac{\sqrt{1 - \xi_{TP}{}^2} \cdot \omega_{0TP}}{2} \\[2mm] \omega_{02} &\approx \omega_0 - \frac{\sqrt{1 - \xi_{TP}{}^2} \cdot \omega_{0TP}}{2} \\[2mm] \omega_0 &= \text{Mittenfrequenz des BP} \end{aligned}} \tag{8.33}$$

Kochbuchrezept für das Vorgehen zur Realisierung von Bandpässen:

- Mittenfrequenz ω_0 und Bandbreite „über Alles" $2 \cdot \Delta\omega$ des Bandpasses festlegen.

- Ordnungszahl n des Referenz-Tiefpasses festlegen mit der Faustformel:

$$n > \frac{\text{Steilheit im Bereich } (f_0 + \Delta f) \ \ldots \ (f_0 + 10 \cdot \Delta f) \text{ in } [\text{dB/Dek.}]}{20}$$

  Aufrunden auf die nächste ganze Zahl. Der Bandpass hat somit die Ordnung $2n$.

- Referenz-Tiefpass wählen mit der Eckfrequenz $\omega_{0TP} = 2 \cdot \Delta\omega$.

- Die Koeffizienten aus den Tabellen für Butterworth usw. ablesen. Dies ergibt die ω_{0TP} und die ξ_{TP}.

- Aus einem reellen Pol des Tiefpasses (nur bei ungerader Ordnung) entsteht ein konjugiert komplexes Polpaar des Bandpasses nach Gl. (8.32). Aus jedem konjugiert komplexen Polpaar des Tiefpasses entstehen zwei konjugiert komplexe Polpaare des Bandpasses nach (8.33).

- Es entstehen lauter zweipolige Teilfilter (Biquads) für den Bandpass, der entsprechende Schaltungsvorschlag findet sich im Abschnitt 8.4.3 e). Bandpässe reagieren oft heikel auf Bauteiltoleranzen, u.U. ist darum ein Abgleich der Komponenten vorzusehen.

Auch mit einem Filterberechnungsprogramm lässt sich $H_{BP}(s)$ bestimmen. Durch Nullstellenabspaltung des Zähler- und Nennerpolynoms werden die Biquads berechnet. Diese müssen noch auf die Normalform gebracht werden, damit die Schaltung im Abschnitt 4.4 dimensioniert werden kann.

Zu beachten ist, dass nur schmalbandige Bandpässe durch diese Transformation realisiert werden können, die relative Bandbreite $2 \cdot \Delta\omega/\omega_0$ des Bandpasses darf also nicht zu gross sein. Gegebenenfalls muss man den Bandpass aus einem Tiefpass und einem Hochpass zusammensetzen. Steilere Flanken können *nur* mit einem höheren Grad n erreicht werden. Die Güte bzw. der Dämpfungsfaktor ξ beeinflusst zwar ebenfalls die Flankensteilheit, aber *auch* die Bandbreite des Bandpasses.

Die beschriebene TP-BP-Transformation führt auf Bandpässe mit gerader Ordnung. Die Hälfte der Pole ist für die steigende, die andere Hälfte für die fallende Filterflanke zuständig. Diese Bandpässe sind darum zwangsläufig symmetrisch zur Mittenfrequenz ω_0. Diese Symmetrie gilt jedoch für die Darstellung im Bodediagramm, also bei logarithmischer Frequenzachse. Bei linearer Frequenzachse hingegen ist die steigende (untere) Flanke steiler.

Sind die eben erwähnten Restriktionen untragbar, so weicht man aus auf die Kombination Tiefpass-Hochpass, was die beiden Filterflanken individuell dimensionierbar macht. Perfekt symmetrische Flanken bei linearer Frequenzachse lassen sich mit digitalen Bandpässen erreichen, Kapitel 9.

> *Für alle Frequenztransformationen gilt, dass die Frequenzachse nichtlinear abgebildet wird. Es ist darum unmöglich, von einem Bessel-TP ausgehend einen HP, BP oder eine BS mit linearem Phasengang zu erhalten!*

Linearphasige Filter realisiert man ohnehin viel besser in Form eines FIR-Filters (Transversalfilter), Abschnitt 9.2.

8.3.4 Bandsperren

Eine Bandsperre und ein Bandpass mit gleichen Kennfrequenzen ergänzen sich in einer Parallelschaltung zu einem System mit konstantem Frequenzgang:

$$H_{BS}(s) + H_{BP}(s) = 1$$
$$H_{BS}(s) = 1 - H_{BP}(s) \tag{8.34}$$

Setzt man in dieser Beziehung für $H_{BP}(s)$ das zweipolige Grundglied aus (8.32) ein, so ergibt sich das ebenfalls zweipolige Grundglied für die Bandsperre:

$$H_{BS}(s) = \frac{1 + \dfrac{1}{\omega_{0i}^{2}} \cdot s^2}{1 + \dfrac{2\xi_i}{\omega_{0i}} \cdot s + \dfrac{1}{\omega_{0i}^{2}} \cdot s^2} \tag{8.35}$$

Die Werte von (8.35) erhält man direkt mit den Gleichungen (8.32) bzw. (8.33). Die Lage der Pole ist somit gleich wie beim Bandpass. Die Nullstellen sind allerdings nicht mehr im Ursprung, sondern je eine Nullstelle ist bei $j\omega_0$ bzw. $-j\omega_0$.

Im Abschnitt 8.4.3 ist eine Schaltung für eine zweipolige Bandsperre angegeben. Diese ist darum sehr interessant, weil sie ein konjugiert komplexes Polpaar in der linken Halbebene und ein imaginäres Nullstellen-Paar ausserhalb des Ursprunges realisieren kann. Dieselbe Anforderung ergibt sich auch bei einem Cauer-*Tiefpass* und einem Tschebyscheff-II-*Tiefpass*, vgl. Bilder 3.16 d) und 8.5 Mitte. Man kann also mit derselben Schaltung auch diese beiden Tiefpässe realisieren. Die Schaltung heisst darum auch *elliptisches Grundglied*.

Sehr schmalbandige Bandsperren heissen auch Kerbfilter oder *Notch-Filter*.

8.3.5 Allpässe

Allpässe höherer Ordnung entstehen, indem man ausgehend von *Bessel*-Tiefpässen die zu den Polen symmetrischen Nullstellen zufügt:

1. Ordnung:
$$H(s) = \frac{1 - \dfrac{s}{\omega_0}}{1 + \dfrac{s}{\omega_0}}$$

2. Ordnung:
$$H(s) = \frac{1 - \dfrac{2\xi}{\omega_0} \cdot s + \dfrac{1}{\omega_0^{2}} \cdot s^2}{1 + \dfrac{2\xi}{\omega_0} \cdot s + \dfrac{1}{\omega_0^{2}} \cdot s^2} \tag{8.36}$$

8.4 Die praktische Realisierung von aktiven Analogfiltern

In der Praxis geschieht die Filtersynthese nach Kochbuch und mit viel Rechnerunterstützung in folgenden Schritten:

1. Filterart (BP usw.), Approximationsart (Butterworth usw.) und Kennwerte (Ordnung, Mittenfrequenz usw.) festlegen.

2. Umformen auf Kaskadenstruktur und Aufteilen in Biquads

3. Filterkoeffizienten bestimmen

4. Biquads skalieren

5. Filter aufbauen und testen

Die Schritte 2 bis 4 lassen sich vollständig durch Softwarepakete erledigen.

8.4.1 Darstellung in der Kaskadenstruktur und Skalierung

Alle hier betrachteten Filter sind LTI-Systeme, deren Übertragungsfunktion als Polynomquotient nach (3.52) geschrieben werden kann:

$$H(s) = \frac{Y(s)}{X(s)} = \frac{b_0 + b_1 \cdot s + b_2 \cdot s^2 + ...}{a_0 + a_1 \cdot s + a_2 \cdot s^2 + ...} = \frac{\displaystyle\sum_{i=0}^{m} b_i \cdot s^i}{\displaystyle\sum_{i=0}^{n} a_i \cdot s^i}$$

Nun spalten wir die Pole und Nullstellen ab und erhalten (3.53):

$$H(s) = \frac{b_m}{a_n} \cdot \frac{(s - s_{N1})(s - s_{N2})...(s - s_{Nm})}{(s - s_{P1})(s - s_{P2})...(s - s_{Pn})} = \frac{b_m}{a_n} \cdot \frac{\displaystyle\prod_{i=1}^{m}(s - s_{Ni})}{\displaystyle\prod_{i=1}^{n}(s - s_{Pi})} \quad ; \quad m \le n$$

Jetzt fassen wir die konjugiert komplexen Polpaare bzw. Nullstellenpaare zu je einem System 2. Ordnung mit reellen Koeffizienten zusammen und wandeln um auf die Normalform, Gleichung (3.68):

$$H(s) = H_0 \cdot s^{m_0 - n_0} \cdot \frac{\displaystyle\prod_{i=1}^{m_1}\left(1 - \frac{s}{s_{Ni}}\right) \displaystyle\prod_{i=1}^{m_2}\left(1 + \frac{s}{Q_{Ni} \cdot |s_{Ni}|} + \frac{s^2}{|s_{Ni}|^2}\right)}{\displaystyle\prod_{i=1}^{n_1}\left(1 - \frac{s}{s_{Pi}}\right) \displaystyle\prod_{i=1}^{n_2}\left(1 + \frac{s}{Q_{Pi} \cdot |s_{Pi}|} + \frac{s^2}{|s_{Pi}|^2}\right)}$$

Wir schreiben obige Gleichung weiter um, indem wir die Konstante H_0 verteilen auf mehrere Konstanten K_0, K_1, K_2 usw. und erhalten (8.37). Den Sinn dieser Massnahme besprechen wir etwas weiter unten.

$$H(s) = K_0 \cdot s^{-N_0} \cdot \frac{K_1 \cdot \left[1 + \dfrac{1}{\omega_{0N1}} \cdot s\right]}{1 + \dfrac{1}{\omega_{0P1}} \cdot s} \cdot \frac{K_2 \cdot \left[1 + \dfrac{2\xi_{N2}}{\omega_{0N2}} \cdot s + \dfrac{1}{\omega_{0N2}^{\,2}} \cdot s^2\right]}{1 + \dfrac{2\xi_{P2}}{\omega_{0P2}} \cdot s + \dfrac{1}{\omega_{0P2}^{\,2}} \cdot s^2} \cdot \frac{K_3 \cdot \left[\cdots\right.}{\cdots} \tag{8.37}$$

N_0 bezeichnet die Anzahl der Nullstellen bei $s = 0$.

Die Gleichung (8.37) beschreibt die Realisierung von $H(s)$ als Kaskade von Teilsystemen zweiter Ordnung (sog. *Biquads*) mit:

- Paaren von konjugiert komplexen Polen und konjugiert komplexen Nullstellen,

- reellen Einzelpolen bzw. reellen Nullstellen,

- Nullstellen im Ursprung (für Hochpässe und Bandpässe).

Die ganze Kunst der Filterdimensionierung besteht darin, die Pole und Nullstellen geeignet zu plazieren. Die verschiedenen Filter (Tiefpass, Bandpass usw., aber auch die Approximationen wie Butterworth, Bessel usw.) unterscheiden sich also lediglich durch die Koeffizienten K_i, ξ_i und ω_{0i} in (8.37). Diese Koeffizienten bestimmt heutzutage der Computer, früher bemühte man dazu umfangreiche Tabellenwerke. Dieses einfache Vorgehen ist der Grund dafür, weshalb bei aktiven Filtern die Kaskadenstruktur angewandt wird, obwohl diese empfindlich gegenüber Bauteiltoleranzen ist. Bei den digitalen Rekursivfiltern wird dasselbe Verfahren übernommen.

Die Biquads müssen entkoppelt sein, d.h. rückwirkungsfrei aneinandergereiht werden. Mit aktiven Stufen ist dies einfach möglich dank der tiefen Ausgangsimpedanz der Operationsverstärker. Zur Entkopplung können auch Verstärkerstufen zwischen die Biquads geschaltet werden. Bei passiven Filtern ist die Entkopplung nicht gewährleistet, dort werden darum andere Strukturen benutzt [Mil92].

In welcher Reihenfolge sollen nun die Biquads in (8.37) angeordnet werden? Theoretisch sind alle Varianten gleichwertig, im praktischen Verhalten jedoch nicht.

Ein Biquad darf nicht übersteuert werden, z.B. darf die Spannung am Ausgang eines Operationsverstärkers je nach Höhe der Speisespannung 10 ... 12 V nicht überschreiten. Spezielles Augenmerk verlangen nun die Biquads mit einer Überhöhung des Amplitudenganges. Die Eingangsspannung muss um diese Überhöhung verkleinert werden, damit keine Übersteuerung auftritt. Diese *Skalierung* reduziert leider den Dynamikbereich des Biquads. Die Grösse der Überhöhung kann man verkleinern, indem man die am nächsten zu den Polen gelegenen Nullstellen mit demselben Biquad realisiert (teilweise Kompensation). Die Polynom-Tiefpässe oder Allpolfilter haben leider keine Nullstellen, aber im Allgemeinen Fall führt diese Regel zu brauchbaren Resultaten. Der Biquad mit den am weitesten rechts liegenden Polen (das ist derjenige mit der grössten Überhöhung bzw. der kleinsten Dämpfung) soll am Ende der Kaskade plaziert werden, damit er ein bereits vorgefiltertes und darum kleineres Eingangssignal erhält. Mit derselben Begründung wird bei Filtern ungerader Ordnung das einpolige Teilfilter an den Anfang plaziert, da dieses mit seinem reellen Einzelpol nie eine Überhöhung aufweist.

Nachdem die Reihenfolge der Biquads geklärt ist, bleibt nur noch die Festlegung der Verstärkungsfaktoren K_i der einzelnen Teilfilter offen. Dieser Vorgang heisst *Skalierung*. Das Ziel dabei ist es, jeden Biquad möglichst gut auszusteuern (Rauschabstandsmaximierung), ohne aber einen Biquad zu übersteuern (Vermeiden von Nichtlinearitäten). Angenommen wird z.B. eine Signalamplitude der Verstärker-Ausgänge von 10 V und das folgende Kochrezept angewandt:

- Die Verstärkung des einpoligen Gliedes mit der Teilübertragungsfunktion $H_1(s)$ wird zur Anpassung benutzt. Hat das zu filternde Eingangssignal ebenfalls eine Amplitude von 10 V, so wird $K_1 = 1$ gesetzt.

- Vom ersten Biquad mit der Teilübertragungsfunktion $H_2(s)$ wird Max_2 = Maximum des Amplitudenganges $|H_2(s)|$ berechnet (natürlich mit dem Computer) und $K_2 = 1/Max_2$ gesetzt.

- Nun sucht man vom ersten und zweiten Biquad *zusammen* Max_3 = Maximum des Amplitudenganges $|H_2(s)|\cdot|H_3(s)|$ und setzt $K_3 = 1/Max_3$.

- Dasselbe Vorgehen wendet man auf die ersten drei Biquads zusammen an.

- usw.

Die Skalierungsfaktoren haben mit den Filterkoeffizienten nichts zu tun, sie sind ja aus dem PN-Schema gar nicht ablesbar. Auch die Skalierung wird wie die Reihenfolge der Biquads bei den rekursiven Digitalfiltern genau gleich vorgenommen.

Ein konkretes Beispiel verdeutlicht den Mechanismus am besten! Wir betrachten einen vierpoligen Butterworth-Bandpass mit 3 kHz Mittenfrequenz und 1 kHz Öffnung, aufgebaut aus zwei Biquads. Bild 8.13 zeigt links die Amplitudengänge der Biquads und rechts den Amplitudengang des Gesamtfilters. Oben ist das unskalierte und unten das skalierte Filter. Von den vier Polen liegen zwei bei negativen Frequenzen und zwei bei positiven Frequenzen. Im Teilbild oben links sind darum 2 Buckel sichtbar (vgl. auch die Bilder 2.16 und 2.17 für ein zweipoliges Filter).

Wir betrachten zuerst das Teilbild oben links. Die beiden Biquads haben dieselbe Überhöhung, ihre Reihenfolge ist also egal. Angenommen, der tieffrequente Biquad sei der erste. Bei einer Eingangsfrequenz von etwa 2.5 kHz würde dieser Biquad um den Faktor 1.4 übersteuert. Der zweite Biquad schwächt bei dieser Frequenz um den Faktor 2 ab, das Gesamtfilter hat bei 2.5 kHz also eine Verstärkung von 0.7 (3 dB-Punkt). Wenn man nicht ausschliessen kann, dass das Eingangssignal bei 2.5 kHz nur Amplituden unter 7 V hat, wird das Filter wegen der Übersteuerung nichtlinear.

Das untere Teilbild zeigt die geschicktere Variante. Der erste Biquad wird um seine Überhöhung abgeschwächt, damit ist eine Übersteuerung unmöglich. Zur Kompensation wird der zweite Biquad um denselben Faktor angehoben, sodass dass Gesamtfilter sich nicht ändert. Dort wo der zweite Biquad um einen Faktor 2 überhöht kann nichts passieren, da diese Frequenzen durch den ersten Biquad bereits abgeschwächt wurden.

Verschiebt man die Pole im Teilbild oben links parallel zur $j\omega$-Achse auseinander, so liegen sie nicht mehr auf einem Halbkreis. Bei der Mittenfrequenz 3 kHz ergibt sich eine Dämpfung. Dies ist nichts anderes als ein Tschebyscheff-I-Bandpassfilter.

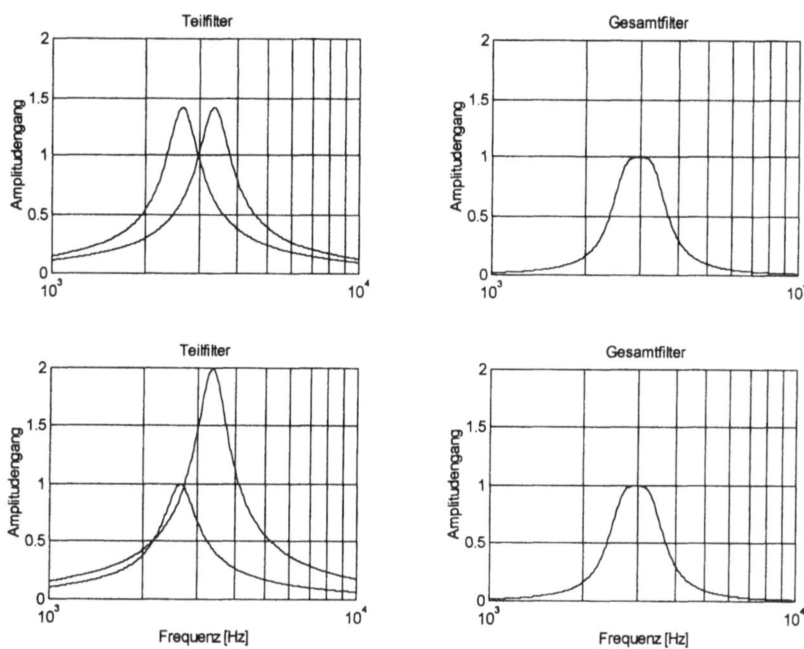

Bild 8.13 Vierpoliger Butterworth-Bandpass, oben unskaliert, unten skaliert

8.4.2 Bestimmen der Koeffizienten und Filtertabellen

Die Koeffizienten der Biquads müssen wir nur für Tiefpässe bestimmt. Für Hochpässe, Bandpässe und Bandsperren werden die Koeffizienten durch Entnormierung und Frequenztransformationen abgeleitet. Wir beschränken uns auf Polynom-Tiefpässe, also Butterworth-, Tschebyscheff-I-, Bessel- und kritisch gedämpfte Filter. Damit entfallen alle Nullstellen in (8.37), was die einfachere Schreibweise (8.38) gestattet.

$$H(s) = \frac{K_1}{\left[1 + \dfrac{1}{\omega_{01}}s\right]} \cdot \frac{K_2}{\left[1 + \dfrac{2\xi_2}{\omega_{02}}s + \dfrac{1}{\omega_{02}^2}s^2\right]} \cdot \frac{K_3}{\left[1 + \dfrac{2\xi_3}{\omega_{03}}s + \dfrac{1}{\omega_{03}^2}s^2\right]} \cdot \frac{K_4}{\left[\dots\right]}\dots \tag{8.38}$$

Es gibt verschiedene Darstellungsarten für die Koeffizienten, nämlich:

- ξ_i und ω_{0i}　　　　　(Dämpfungsfaktoren und Polfrequenzen, wie in Gleichung (8.38))
  (Anmerkung: ξ=1 bedeutet einen Doppelpol, also ein Paar von identischen reellen Polen. Bei einpoligen Grundgliedern ist ξ gar nicht definiert.)

- σ_{Pi} und ω_{Pi}　　　　　(Koordinaten der Pole, vgl. Bild 3.20)

- $2\,\xi_i/\omega_{0i}$ und $1/\omega_{0i}^2$　　　　　(Koeffizienten der Teilfilter-Nennerpolynome von (8.38))

- a_i und b_i　　　　　(Koeffizienten der ausmultiplizierten Polynome nach (3.52))

Die Umrechnungen zwischen den verschiedenen Darstellungen sind eineindeutig, d.h. sie sind gleichwertig.

Für die Dimensionierung der im Abschnitt 8.4.3 aufgelisteten Grundschaltungen ist die erste der obigen Darstellungen notwendig. Die nachstehenden Filtertabellen dienen dazu, die später folgenden Dimensionierungsbeispiele ohne Computer nachvollziehbar zu machen. Die Tabellen sind deshalb kurz und umfassen nur Tiefpässe bis zur 4. Ordnung. Sie sind so aufgebaut, dass sich automatisch die richtige Reihenfolge der Biquads ergibt: die Dämpfungen ξ_i sind in abnehmender Reihenfolge aufgelistet, d.h. die Biquads mit schwacher Dämpfung sind am Schluss der Kette.

Tabelle 8.3 Butterworth-Tiefpässe

Ordnung des Gesamtfilters	Biquad-nummer	ω_{0i}/ω_0	ξ_i
1	1	1	-
2	1	1	0.7071
3	1	1	-
	2	1	0.5000
4	1	1	0.9239
	2	1	0.3827

Tabelle 8.4 Bessel-Tiefpässe

Ordnung des Gesamtfilters	Biquad-nummer	ω_{0i}/ω_0	ξ_i
1	1	1	-
2	1	1.2721	0.8661
3	1	1.3228	-
	2	1.4476	0.7235
4	1	1.4302	0.9580
	2	1.6033	0.6207

Tabelle 8.5 Kritisch gedämpfte Tiefpässe

Ordnung des Gesamtfilters	Biquad-nummer	ω_{0i}/ω_0	ξ_i
1	1	1	-
2	1	1.5538	1
3	1	1.9615	-
	2	1.9615	1
4	1	2.2990	1
	2	2.2990	1

Tabelle 8.6 Tschebyscheff-I-Tiefpässe mit 1 dB Welligkeit

Ordnung des Gesamtfilters	Biquad-nummer	ω_{0i}/ω_0	ξ_i
1	1	1.9652	-
2	1	1.0500	0.5227
3	1	0.4942	-
	2	0.9971	0.2478
4	1	0.5286	0.6373
	2	0.9932	0.1405

Tabelle 8.7 Tschebyscheff-I-Tiefpässe mit 2 dB Welligkeit

Ordnung des Gesamtfilters	Biquad-nummer	ω_{0i}/ω_0	ξ_i
1	1	1.3076	-
2	1	0.9072	0.4430
3	1	0.3689	-
	2	0.9413	0.1960
4	1	0.4707	0.5380
	2	0.9637	0.1088

Tabelle 8.8 Tschebyscheff-I-Tiefpässe mit 3 dB Welligkeit

Ordnung des Gesamtfilters	Biquad-nummer	ω_{0i}/ω_0	ξ_i
1	1	1.0024	-
2	1	0.8414	0.3832
3	1	0.2986	-
	2	0.9161	0.1630
4	1	0.4427	0.4645
	2	0.9503	0.0896

Für die Tschebyscheff-I-Filter gibt es auch Tabellenwerke mit leicht abweichenden Angaben für die Polfrequenzen. Jene Filter haben im Durchlassbereich einen Rippel von 1 nach oben, während die hier aufgeführten Tabellen einen Rippel von 1 nach unten ergeben.

8.4.3 Grundschaltungen und Beispiele

Nachstehend finden sich Prinzipschaltungen für alle Filterarten. Mit den umgerechneten (transformierten) Tabellenwerten und den angegeben Formeln kann man die Bauteile direkt dimensionieren. Die Schaltungen haben mehr Bauteile als Bedingungen, damit ist eine gewisse Wahlmöglichkeit offen. Diese wird so ausgenutzt, dass die Skalierung erledigt wird (Verstärkung K) und sich vernünftige Bauteilwerte ergeben.

Die Widerstände sollten nicht kleiner als 500 Ω (Stromverbrauch bzw. Erwärmung des Verstärkers) und nicht grösser als einige 100 kΩ (Rauschen) sein. Die Kondensatoren müssen deutlich grösser als die Schaltungskapazitäten sein und dürfen nicht unhandlich gross werden, sie bewegen sich also im pF bis nF-Bereich.

Die Übertragungsfunktion einer Filterschaltung ändert sich nicht, wenn alle *Impedanzen* mit einem positiven Faktor multipliziert werden (Entnormierung mit einem anderen Wert). Z.B. können alle Widerstandswerte mit 10 multipliziert und alle Kapazitätswerte durch 10 dividiert werden. Damit lassen sich u.U. geeignetere Bauteilwerte erzielen.

Die angegeben Schaltungen sind „Feld-, Wald- und Wiesen-Schaltungen" und können bei hohen Güten versagen. In diesem Fall werden ausgefeiltere Schaltungen mit zwei Operationsverstärkern pro Biquad benutzt. Nähere Angaben finden sich in der Spezialliteratur.

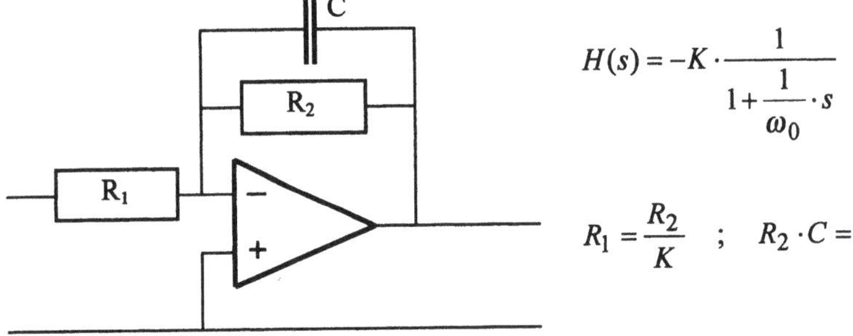

$$H(s) = -K \cdot \cfrac{1}{1 + \cfrac{1}{\omega_0} \cdot s}$$

$$R_1 = \frac{R_2}{K} \quad ; \quad R_2 \cdot C = \frac{1}{\omega_0}$$

Bild 8.14 Polynom-Tiefpass 1. Ordnung

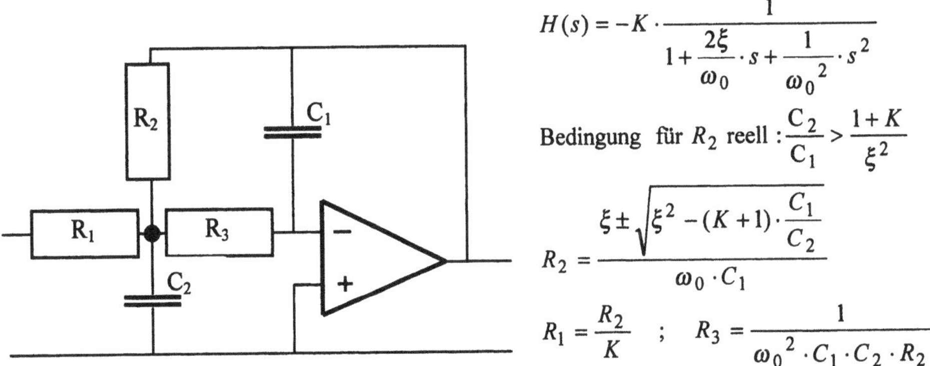

$$H(s) = -K \cdot \cfrac{1}{1 + \cfrac{2\xi}{\omega_0} \cdot s + \cfrac{1}{\omega_0^2} \cdot s^2}$$

$$\text{Bedingung für } R_2 \text{ reell} : \frac{C_2}{C_1} > \frac{1 + K}{\xi^2}$$

$$R_2 = \frac{\xi \pm \sqrt{\xi^2 - (K+1) \cdot \dfrac{C_1}{C_2}}}{\omega_0 \cdot C_1}$$

$$R_1 = \frac{R_2}{K} \quad ; \quad R_3 = \frac{1}{\omega_0^2 \cdot C_1 \cdot C_2 \cdot R_2}$$

Bild 8.15 Polynom-Tiefpass 2. Ordnung

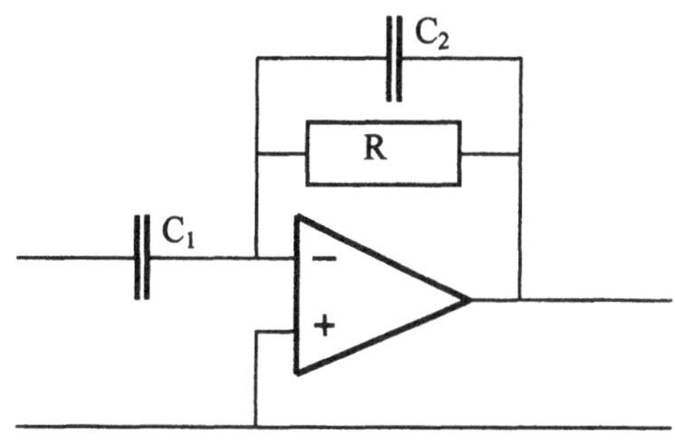

$$H(s) = -K \cdot \frac{\dfrac{1}{\omega_0} \cdot s}{1 + \dfrac{1}{\omega_0} \cdot s}$$

$$R = \frac{1}{\omega_0 \cdot C_2} \quad ; \quad C_1 = K \cdot C_2$$

Bild 8.16 Hochpass 1. Ordnung

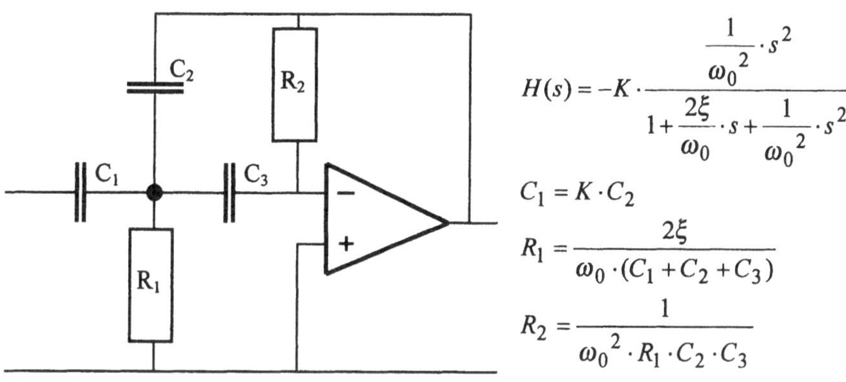

$$H(s) = -K \cdot \frac{\dfrac{1}{\omega_0^{\,2}} \cdot s^2}{1 + \dfrac{2\xi}{\omega_0} \cdot s + \dfrac{1}{\omega_0^{\,2}} \cdot s^2}$$

$$C_1 = K \cdot C_2$$

$$R_1 = \frac{2\xi}{\omega_0 \cdot (C_1 + C_2 + C_3)}$$

$$R_2 = \frac{1}{\omega_0^{\,2} \cdot R_1 \cdot C_2 \cdot C_3}$$

Bild 8.17 Hochpass 2. Ordnung

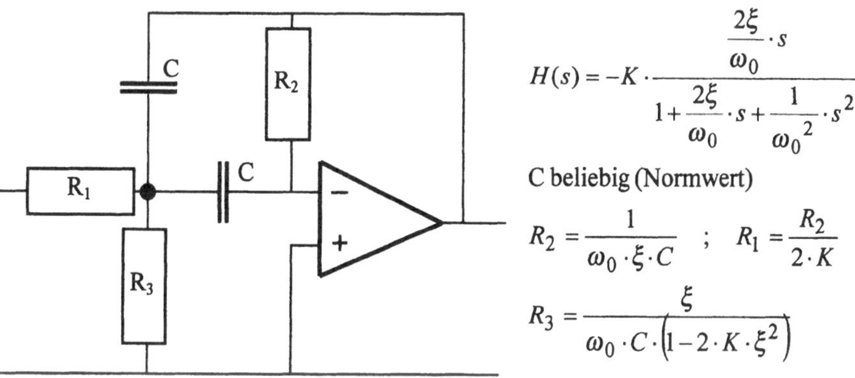

$$H(s) = -K \cdot \frac{\dfrac{2\xi}{\omega_0} \cdot s}{1 + \dfrac{2\xi}{\omega_0} \cdot s + \dfrac{1}{\omega_0^{\,2}} \cdot s^2}$$

C beliebig (Normwert)

$$R_2 = \frac{1}{\omega_0 \cdot \xi \cdot C} \quad ; \quad R_1 = \frac{R_2}{2 \cdot K}$$

$$R_3 = \frac{\xi}{\omega_0 \cdot C \cdot \left(1 - 2 \cdot K \cdot \xi^2\right)}$$

Bild 8.18 Bandpass 2. Ordnung

Da die TP-BP-Transformation die Polzahl verdoppelt, wird nur das zweipolige BP-Glied benötigt. Dasselbe gilt für die BS.

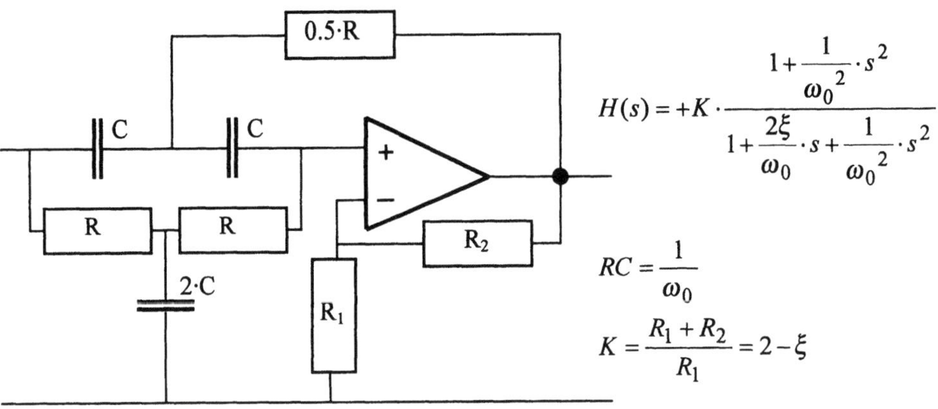

$$H(s) = +K \cdot \frac{1 + \dfrac{1}{\omega_0^2} \cdot s^2}{1 + \dfrac{2\xi}{\omega_0} \cdot s + \dfrac{1}{\omega_0^2} \cdot s^2}$$

$$RC = \frac{1}{\omega_0}$$

$$K = \frac{R_1 + R_2}{R_1} = 2 - \xi$$

Bild 8.19 Bandsperre 2. Ordnung / elliptisches Grundglied

Das elliptische Grundglied ist in der Lage, ein imaginäres Nullstellen-Paar und ein konjugiert komplexes Polpaar zu realisieren. Damit kann man also auch Tschebyscheff-II- und Cauer-Tiefpässe bauen.

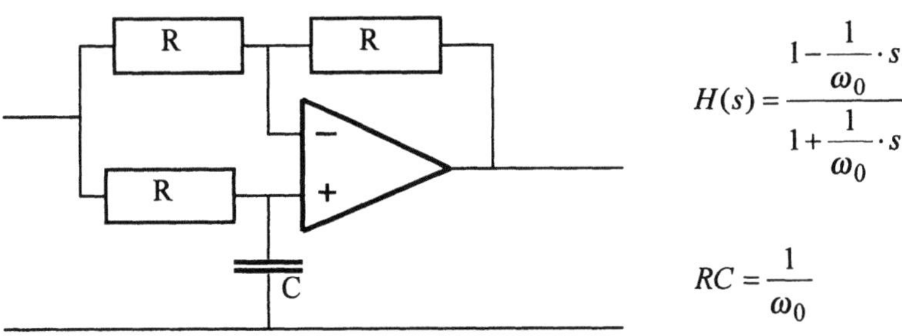

$$H(s) = \frac{1 - \dfrac{1}{\omega_0} \cdot s}{1 + \dfrac{1}{\omega_0} \cdot s}$$

$$RC = \frac{1}{\omega_0}$$

Bild 8.20 Allpass 1. Ordnung

Beispiel: Wir dimensionieren einen dreipoligen Butterworth-Tiefpass mit der Grenzfrequenz $f_0 = 1$ kHz und der DC-Verstärkung $V_{DC} = 1$.

Laut der zweituntersten Zeile der Tabelle 8.3 benötigen wir einen einpoligen und einen zweipoligen Tiefpass, beide mit der Grenzfrequenz f_0. Der zweipolige TP hat ein ξ von 0.5.

Wir nehmen zuerst die Schaltung aus Bild 8.14 und setzen $R_1 = R_2$. Damit ist $V_{DC} = 1$. Nun wählen wir für C willkürlich 10 nF, daraus ergibt sich für die Widerstände je 15.92 kΩ.

Für den zweipoligen Tiefpass nehmen wir die Schaltung aus Bild 8.15. Da V_{DC} wiederum 1 betragen muss, gilt $R_1 = R_2$. (Die erste Stufe könnte durchaus z.B. die Verstärkung 2 und die zweite Stufe die Verstärkung 0.5 aufweisen.)

Für R_2 reell muss gelten:

$$\frac{C_2}{C_1} > \frac{1+1}{0.5^2} = 8 \quad \Rightarrow \quad C_2 > 8 \cdot C_1$$

Wir wählen wiederum Normwerte, nämlich $C_1 = 10$ nF und $C_2 = 100$ nF. Für R_2 lösen wir die quadratische Gleichung in Bild 8.15 und erhalten die beiden Lösungen 4.4 kΩ und 11.5 kΩ. R_1 erhält denselben Wert wie R_2. Damit ergibt sich für R_3 der Wert 5.76 kΩ oder 2.2 kΩ und das gesamte Filter ist dimensioniert.

□

Beispiel: Wir dimensionieren einen vierpoligen Tschebyscheff-I-Tiefpass mit $f_0 = 1$ kHz, 1 dB Rippel und $V_{DC} = 1$.

Wir benötigen dazu zwei Biquads nach Bild 8.15 mit den Daten (letzte Zeile der Tabelle 8.6):

$$\frac{\omega_{01}}{\omega_0} = 0.5286 \quad \Rightarrow \quad \omega_{01} = 0.5286 \cdot 2\pi \cdot 1000 = 3321.3 \quad ; \quad \xi_1 = 0.6373$$

$$\frac{\omega_{02}}{\omega_0} = 0.9932 \quad \Rightarrow \quad \omega_{01} = 0.9932 \cdot 2\pi \cdot 1000 = 6240.5 \quad ; \quad \xi_1 = 0.1405$$

Für den ersten Biquad gilt mit $V_{DC} = 1$:

$$\frac{C_2}{C_1} > \frac{1+K}{\xi^2} = \frac{1+1}{0.6373^2} = 4.93$$

Wir wählen wiederum die Normwerte $C_1 = 10$ nF und $C_2 = 100$ nF. Daraus folgt für die Widerstände: $R_2 = 17.4$ kΩ oder 2.92 kΩ. R_1 setzen wir gleich R_2. Damit ergibt sich $R_3 = 1.46$ kΩ oder 8.67 kΩ.

Um den kleinen Wert für R_3 zu vermeiden entscheiden wir uns für $R_1 = R_2 = 2.92$ kΩ und $R_3 = 8.67$ kΩ. Mit einer anderen Wahl für C_1 und C_2 ergeben sich andere Widerstandswerte. Hier besteht also Raum für Optimierungen.

Der zweite Biquad wird genau gleich dimensioniert, lediglich die Zahlenwerte für ω_0 und ξ ändern.

□

Beispiel: Wir dimensionieren einen vierpoligen Butterworth-Bandpass mit der Mittenfrequenz 10 kHz, der 3 dB-Bandbreite 2 kHz (d.h. Durchlassbereich von 9 … 11 kHz) und $V_{DC} = 1$.

Der zugehörige Referenztiefpass hat ebenfalls Butterworth-Charakteristik, jedoch die Ordnung 2 und die Grenzfrequenz 2 kHz. Die Tabelle 8.3 sagt $\omega_{0TP} = 2\pi \cdot 2000 = 12'566$ s^{-1} und $\xi = \sqrt{2}$.

Mit Gleichung (8.33) berechnen wir daraus die Kennwerte der zwei Biquads des Bandpasses:

$$\xi_1 = \xi_2 = \frac{\xi_{TP} \cdot \omega_{0TP}}{2\omega_0} = \frac{0.7071 \cdot 12'566}{2 \cdot 2\pi \cdot 10'000} = 0.0707$$

$$\omega_{01} = 67'275 \text{ s}^{-1}$$

$$\omega_{02} = 58'389 \text{ s}^{-1}$$

Die Widerstände und Kondensatoren dimensioniert man anhand Bild 8.18. Eine der möglichen Lösungen lautet:

Kapazitäten: Alle C = 2.2 nF

		1. Biquad	2. Biquad
Widerstände:	$R_1 =$	48 kΩ	55 kΩ
	$R_2 =$	96 kΩ	110 kΩ
	$R_3 =$	483 Ω	556 Ω

Bild 8.21 zeigt den Amplitudengang des eben dimensionierten Filters. Die horizontale Doppellinie zeigt den 3 dB-Abfall.

Eigentlich sollte der Amplitudengang diese Linie bei 900 Hz und 1100 Hz kreuzen. Dieser Fehler hat seine Ursache darin, dass die TP-BP-Transformation nur für schmalbandige Filter genügend genau gilt. „Schmalbandig" ist dabei eine relative Angelegenheit, ausschlaggebend ist das Verhältnis $\Delta\omega/\omega_0$.

Weiter sieht man in Bild 8.21 die bereits am Schluss des Abschnitts 8.3.3 erwähnte Asymmetrie bei linearer Frequenzachse.

Für Bild 8.22 wurde lediglich die Bandbreite von 2000 Hz auf 400 Hz reduziert. Nun stimmen die 3 dB-Frequenzen perfekt.

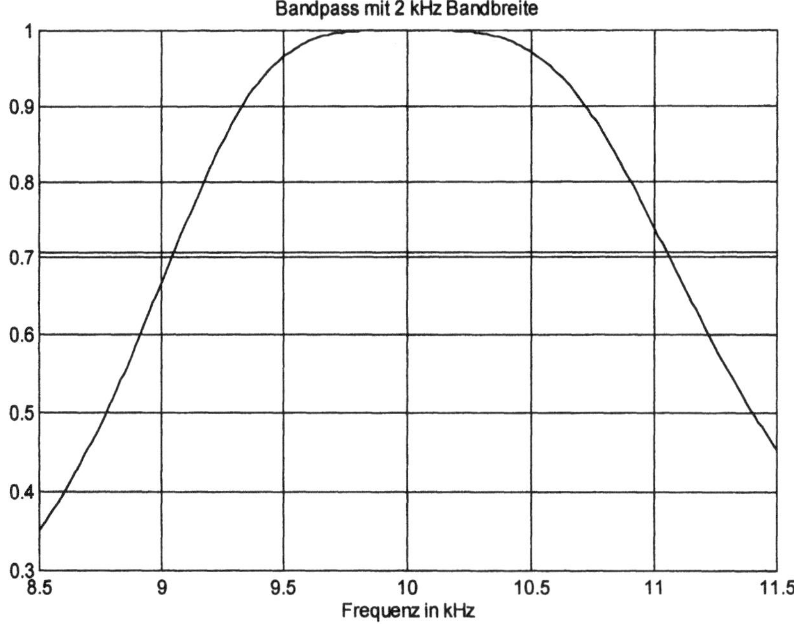

Bild 8.21 Amplitudengang des vierpoligen Butterworth-Bandpasses mit 10 kHz Mittenfrequenz und der Bandbreite 2 kHz.

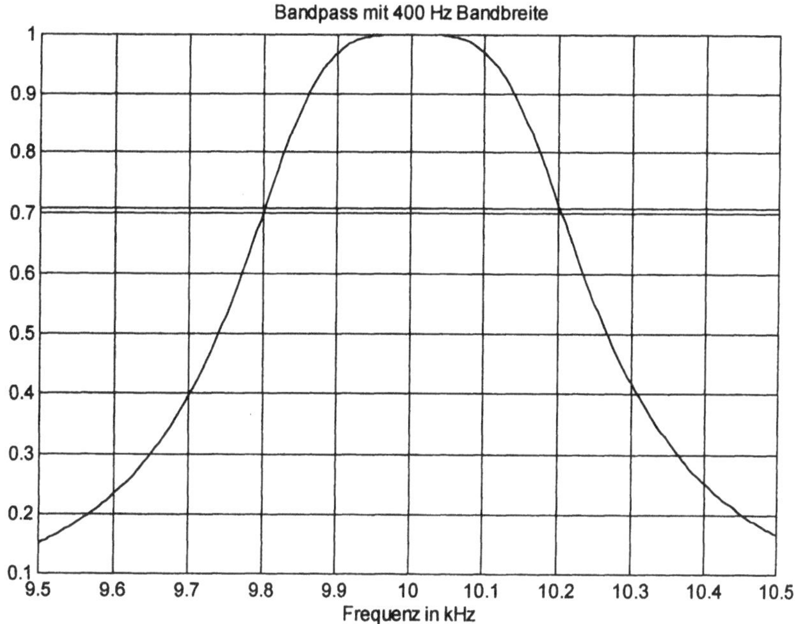

Bild 8.22   Amplitudengang desselben Filters wie in Bild 8.20, jedoch mit Bandbreite 400 Hz.

Nachstehend noch das MATLAB-Programm, mit dem Bild 8.22 erzeugt wurde. Der Text hinter dem %-Zeichen ist Kommentar. Die ω_{0i} und die ξ_i werden ebenfalls berechnet, damit man mit Bild 8.18 direkt die Bauteilwerte festlegen kann. Damit soll gezeigt werden, wie herrlich einfach die Filtersynthese dank Computerunterstützung geworden ist. Weiteres zu MATLAB im Anhang.

```
[null,pol,k]=buttap(2);              % Normierte zweipoliger BW-TP in der Produktform (3.53)
[btp,atp]=zp2tf(null,pol,k);         % TP umwandeln von Produkt- auf Polynomform (3.52)
[bbp,abp]=lp2bp(btp,atp,2*pi*10000,2*pi*400);      % TP-BP-Transformation
f=linspace(9500,10500,200);          % Frequenzvektor (200 Punkten von 9.5 bis 10.5 kHz)
w=2*pi*f;                            % Umrechnen auf Kreisfrequenz
H=freqs(bbp,abp,w);                  % Frequenzgang des Bandpasses berechnen
A=abs(H);                            % Amplitudengang berechnen
hx=[9500 10500];                     % Hilfsgrössen für das Zeichnen der –3 dB-Linie
hy=[1/sqrt(2) 1/sqrt(2)];
plot(f/1000,A,hx/1000,hy)            % Amplitudengang und –3 dB-Linie zeichnen
grid                                 % Gitterlinien zeichnen
title('Bandpass mit 400 Hz Bandbreite')   % Titelzeile einfügen
xlabel('Frequenz in kHz')                  % Frequenzachse beschriften
                                     % Anschluss an Bild 8.18:
[nbp,pbp]=tf2zp(bbp,abp);            % BP umwandeln von Polynom- auf Produktform
w0=abs(pbp)                          % Polfrequenzen berechnen nach (3.70)
xi=-real(pbp)./abs(pbp)              % ξ berechnen nach (3.72)
```

9 Digitale Filter

Der Begriff „digitale Filter" wird umfassender benutzt als der Begriff „analoge Filter". Letzterer bezeichnet ein analoges System mit frequenzselektivem Verhalten, also Tiefpass, Hochpass usw. Ersterer hingegen bezeichnet einen auf einem digitalen System implementierten Algorithmus mit irgendwelchen Eigenschaften. Beispielsweise kann ein Integrationsalgorithmus nach Runge-Kutta als digitales Filter aufgefasst werden. Dementsprechend bilden die Kapitel 4 und 5 eine wichtige Voraussetzung für das vorliegende Kapitel.

Auch hier betrachten wir den weitaus häufigsten Spezialfall der linearen Filter mit endlich vielen Parametern. Diese LTD-Systeme haben alle eine Übertragungsfunktion $H(z)$, die sich als Polynomquotient schreiben lässt, vgl. Kapitel 5. Daraus ergeben sich auch identische Strukturen (Direkt-, Kaskadenstruktur usw.) für alle Systeme, unabhängig von ihrer Eigenschaft. Neu geht es in diesem Kapitel 9 um die Synthese, d.h. ausgehend von einer Anwenderforderung (Tiefpass, Hochpass usw.) sucht man die Koeffizienten dieses Polynomquotienten.

Die digitalen Systeme und also auch die digitalen Filter unterteilt man in zwei grosse Klassen:

- Rekursive Systeme oder IIR-Systeme $\rightarrow$ IIR-Filter, Abschnitt 9.1

- Nichtrekursive Systeme oder FIR-Systeme $\rightarrow$ FIR-Filter, Abschnitt 9.2

Diese beiden Filterarten haben völlig unterschiedliche Dimensionierungsverfahren, Eigenschaften und Anwendungsbereiche. Damit ist auch klar, dass man sich nicht fragen soll, welche Filterart nun besser sei, sondern vielmehr, welche Filterart eine *bestimmte* Aufgabe besser erfüllt.

9.1 IIR-Filter (Rekursivfilter)

9.1.1 Einführung

Die Übertragungsfunktion eines IIR-Systems besitzt wählbare Pole und wählbare Nullstellen (FIR-Systeme haben dagegen nur wählbare Nullstellen sowie *fixe* Pole im Ursprung). Analoge Systeme besitzen ebenfalls Pole und Nullstellen, oft sogar nur Pole (Polynomfilter bzw. Allpolfilter). Daraus folgt, dass man analoge Filter mit einem IIR-System *digital simulieren* kann, indem man das Pol-Nullstellen-Schema (PN-Schema) vom s-Bereich in den z-Bereich abbildet (*mapping*). Konkret heisst dies, das man digitale Filter ausgehend von einem analogen Vorbild dimensionieren kann. Damit ist das Kapitel 8 eine Voraussetzung für diesen Abschnitt 9.1.

Von den im Abschnitt 5.8 genannten Simulationsmethoden stehen zwei im Vordergrund für den Entwurf von digitalen Filtern:

- Entwurf mit der impulsinvarianten z-Transformation ($\rightarrow$ Abschnitt 9.1.2)

- Entwurf mit der bilinearen z-Transformation ($\rightarrow$ Abschnitt 9.1.3)

Für die Transformation des PN-Schemas vom s-Bereich in den z-Bereich stehen demnach zwei Varianten der Synthese von IIR-Filtern zur Verfügung.

Die analogen Filter dimensioniert man, indem man zuerst einen Referenz-Tiefpass berechnet und danach eine Frequenztransformation ausführt. Diese Frequenztransformation kann man im s-Bereich oder z-Bereich durchführen. Im ersten Fall erzeugt man einen analogen Tiefpass, daraus z.B. einen analogen Bandpass und daraus den digitalen Bandpass. Im zweiten Fall erzeugt man einen analogen Tiefpass, daraus den digitalen Tiefpass und schliesslich den digitalen Bandpass. Somit ergeben sich insgesamt schon vier Varianten für die Synthese von IIR-Filtern.

Eine grundsätzlich andere Methode beruht auf der Lösung eines Optimierungsproblems direkt im z-Bereich, um so bei gegebener Systemordnung einen gewünschten Frequenzgang möglichst gut anzunähern ($\rightarrow$ Abschnitt 9.1.4). Verschiedene Algorithmen werden dazu eingesetzt.

Damit ergeben sich insgesamt fünf verschiedene Wege, wie man von einer bestimmten Anforderung an den Frequenzgang des Filters (meistens formuliert man diese Anforderung in Form eines Stempel-Matrizen-Schemas wie in Bild 8.7) zur Übertragungsfunktion $H(z)$ des digitalen Systems gelangt. Bild 9.1 zeigt eine Übersicht über diese fünf Methoden.

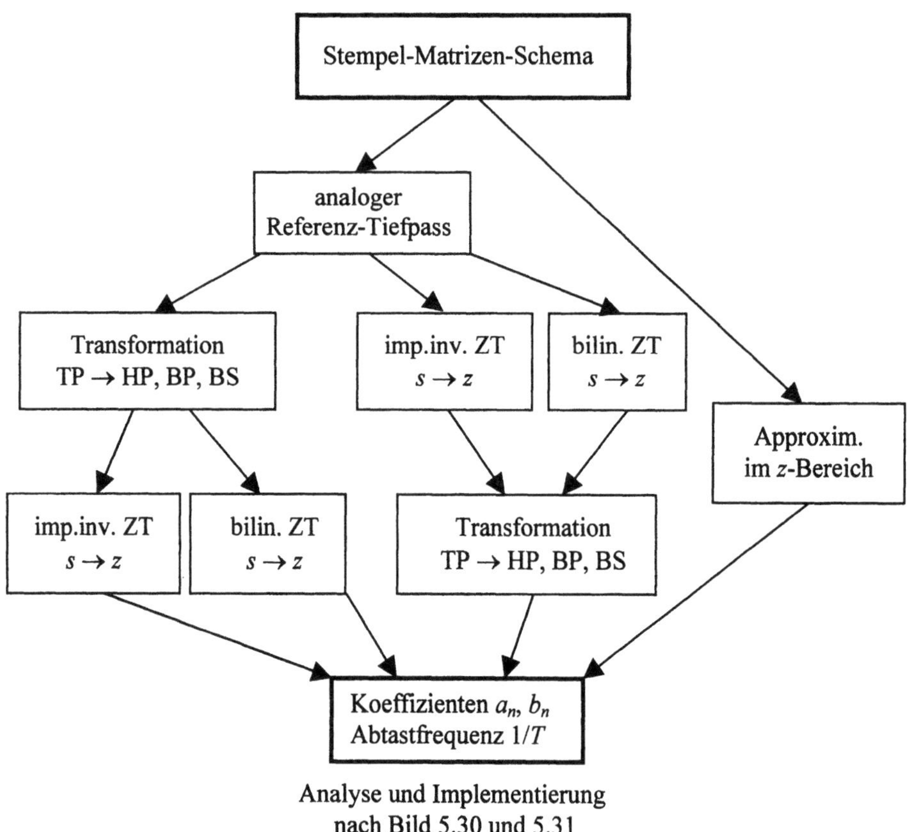

Bild 9.1 Varianten der Synthese von IIR-Filtern

Folgende Informationen müssen in den Entwicklungsprozess einfliessen:

- Stempel-Matrizen-Schema: Dieses beschreibt die Anforderung an das Filters und ist demnach anwendungsbezogen. Dies ist der anspruchsvollste Punkt des gesamten Ablaufs.

- Referenz-Tiefpass: Approximationsart (Butterworth usw.) und Filterordnung. Für die Bestimmung der Ordnung existieren Formeln bzw. Computerprogramme. Ohne grossen Aufwand lässt sich die Ordnung aber auch durch Probieren ermitteln.

- Frequenz-Transformation: Filterart (HP, BP usw.) mit den Kennfrequenzen.

- Transformation s-Bereich $\rightarrow$ z-Bereich: Abtastfrequenz und Transformationsart (impulsinvariant bzw. bilinear)

- Approximation im z-Bereich: Abtastfrequenz und Systemordnung des Digitalfilters.

Welcher der fünf Pfade in Bild 7.1 der Beste ist, kann man nicht generell sagen. Der Block „Analyse" in Bild 5.30 zeigt die Tauglichkeit des entworfenen Systems.

Alle Pfade in Bild 7.1 werden mit viel Computerunterstützung und darum sehr rasch abgeschritten. Es ist deswegen durchaus gangbar, ja sogar ratsam, mehrere Varianten durchzuspielen (inklusive die nachfolgenden Schritte in Bild 5.30). Der eigentliche kreative Akt und darum der schwierigste Schritt liegt im Aufstellen des Stempel-Matrizen-Schemas. Aber auch der Test des Filters braucht Aufmerksamkeit.

9.1.2 Filterentwurf mit der impulsinvarianten z-Transformation

Der impulsinvariante Entwurf ist eine Methode aus der Gruppe der anregungsinvarianten Simulationen analoger Systeme (Abschnitt 5.8), für die *allgemein* folgendes Vorgehen gilt (siehe Bild 5.25):

1. Übertragungsfunktion $H_a(s)$ des analogen Systems bestimmen.

2. Eingangssignal $x(t)$ bestimmen, dessen Antwort invariant sein soll.

3. $x(t)$ abtasten ($\rightarrow x[n]$) und die Bildfunktionen $X(s)$ und $X(z)$ bestimmen.

4. Das Ausgangssignal $y_a(t)$ bestimmen durch inverse Laplace-Transformation:

$$y_a(t) \quad \circ\!\!-\!\!\circ \quad Y_a(s) = X(s) \cdot H_a(s) \qquad y_a(t) = L^{-1}\{X(s) \cdot H_a(s)\}$$

5. Das Ausgangssignal $y_d[nT]$ des digitalen Systems muss bei fehlerfreier Simulation gleich der Abtastung von $y_a(t)$ sein. Die Sequenz $y_d[n]$ in den z-Bereich transformiert ergibt:

$$y_d[n] = y_a[n] \quad \circ\!\!-\!\!\circ \quad Y_d(z) = Z\{L^{-1}\{X(s) \cdot H_a(s)\}\}$$

6. $H_d(z)$ des digitalen Systems berechnen: $\quad H_d(z) = \dfrac{Y_d(z)}{X(z)} = \dfrac{Z\{L^{-1}\{X(s) \cdot H_a(s)\}\}}{X(z)}$

Dieses Schema führen wir nun aus für die impulsinvariante (genauer impulsantwortinvariante) Simulation. Es ergibt sich:

1. $H_a(s)$ (diese Funktion wählen wir noch nicht explizite, damit das Resultat allgemeiner benutzbar ist)

2. $x(t) = \delta(t)$

3. $x[n] = d[n] = [1/T, 0, 0, ...]$(und nicht etwa $\delta[n] = [1, 0, 0, ...]$, vgl. Abschnitt 5.3!)
      $X(s) = 1$; $X(z) = 1/T$

4. $y_a(t) = L^{-1}\{H_a(s)\} = h(t)$

5. $Y_a(z) = Z\{L^{-1}\{H_a(s)\}\} = Z\{h_a[nT]\}$

6.
$$H_d(z) = T \cdot Y(z) = T \cdot Z\{h_a[nT]\}$$
$$\downarrow Z^{-1}$$

$$h_d[nT] = T \cdot h_a[nT] \tag{9.1}$$

$h_a[nT]$ bezeichnet die abgetastete Version von $h_a(t)$ des analogen Systems.

$h_d[nT]$ ist die Impulsantwort des digitalen Systems = Reaktion auf $\delta[n]$

$1/T \cdot h_d[nT] = h_a[nT]$ ist die Reaktion des digitalen Systems auf $d[n] = 1/T \cdot \delta[n]$

Den Faktor T haben wir schon angetroffen bei der Abtastung (Gleichungen (4.12) und (4.13)), bei der Rekonstruktion (Abschnitt 4.2.5) und auch im Abschnitt 5.3.

Für die impulsinvariante Simulation geht man demnach folgendermassen vor:

- man bestimmt $h_a(t)$ des analogen Vorbildes

- $h_a(t)$ abtasten, dies ergibt $h_a[n]$

- $h_a[n]$ mit T multiplizieren, dies ergibt $h_d[n]$ des gesuchten digitalen Systems

> *Die impulsinvariante z-Transformation entspricht bis auf den konstanten Faktor T der „normalen" z-Transformation.*

Wunschgemäss wird die Impulsantwort $h_d[nT]$ des digitalen Systems bis auf den Faktor $1/T$ gleich der abgetasteten Impulsantwort $h_a[nT]$ des analogen Systems.

$h_a[nT]$ entsteht aus $h_a(t)$ nach Gleichung (4.1):

$$h_a[nT] = h_a(t) \cdot \sum_{n=-\infty}^{\infty} \delta(t - nT) \tag{9.2}$$

Damit gilt für $h_d[nT]$:

$$h_d[nT] = T \cdot h_a[nT] = T \cdot h_a(t) \cdot \sum_{n=-\infty}^{\infty} \delta(t - nT) \tag{9.3}$$

Wie lautet nun der Zusammenhang zwischen den Frequenzgängen $H_d(e^{j\Omega})$ des digitalen Systems und $H_a(j\omega)$ des analogen Vorbildes? Dazu dient Gleichung (4.13): $H_d(e^{j\Omega})$ ist die periodische Fortsetzung von $H_a(j\omega)$. Der Faktor $1/T$ in (4.13) kürzt sich weg mit dem Faktor T in (9.3).

$$H_d(e^{j\Omega}) = \sum_{n=-\infty}^{\infty} H_a\left(j\omega - j\frac{2\pi n}{T} \right) \tag{9.4}$$

> *Der Frequenzgang des impulsinvariant entworfenen digitalen Systems*
> *ist die periodische Fortsetzung in $2\pi/T$*
> *des Frequenzganges des analogen Vorbildes.*

In den Büchern wird der Faktor T nicht überall gleich behandelt. Diese Schwierigkeit ist einfach zu bewältigen: man merkt sich diesen Faktor als häufige Fehlerquelle. Mit etwas Probieren erkennt man sofort den korrekten Gebrauch.

Jedes digitale System hat einen periodischen Frequenzgang. Bei der impulsinvarianten Simulation wird lediglich der Zusammenhang zum analogen Vorbild speziell einfach, weil $X(s) = 1$ ist. Für diese Erkenntnis wäre das 6-Punkte-Schema eigentlich gar nicht notwendig gewesen. Dieses Schema ist aber auch anwendbar für andere anregungsinvariante Simulationen wie z.B. die schrittinvariante Simulation. Wir werden später noch ein Beispiel dazu betrachten.

Ist der analoge Frequenzgang bei $\omega = \pi/T$ (der halben Abtastfrequenz) nicht abgeklungen, so ergeben sich durch die periodische Fortsetzung Fehler durch Überlappung, Bild 9.2 zeigt die zweiseitigen Spektren. Dies ist genau der gleiche Effekt wie das Aliasing bei der Signalabtastung: ein analoges Signal wird nur dann korrekt durch die Abtastwerte repräsentiert, wenn im Signalspektrum keine Frequenzen über der halben Abtastfrequenz auftreten. Wird eine Impulsantwort (dessen Spektrum der Frequenzgang des Systems ist) abgetastet, so gilt natürlich dasselbe Abtasttheorem.

Echte Hochpässe und Bandsperren können somit gar nicht digital simuliert werden. Digitale Hochpässe weisen lediglich innerhalb des Basisbandes Hochpass-Eigenschaften auf. Höhere Eingangsfrequenzen führen zu Aliasing, was ein entsprechend steiles Anti-Aliasing-Filter erfordert.

Aber auch die im Abschnitt 8.4.3 gezeigten analogen Hochpass-Schaltungen sind in Tat und Wahrheit keine echten Hochpässe, denn die Verstärkung der Operationsverstärker nimmt mit steigender Frequenz ab. Ein Hochpass muss deshalb anwendungsspezifisch definiert werden. Für die Praxis genügt eine Schaltung mit Bandpassverhalten, welche Frequenzen ab einer definierten unteren Grenze bis zu einer „für die Anwendung genügend hohen" Grenze durchlässt. Bei Audio-Anwendungen beispielsweise kann man einen Hochpass mit der Grenzfrequenz 10 kHz durch einen Bandpass mit dem Durchlassbereich 10 kHz ... 25 kHz ersetzen, denn höhere Frequenzen nimmt das menschliche Ohr ohnehin nicht mehr war.

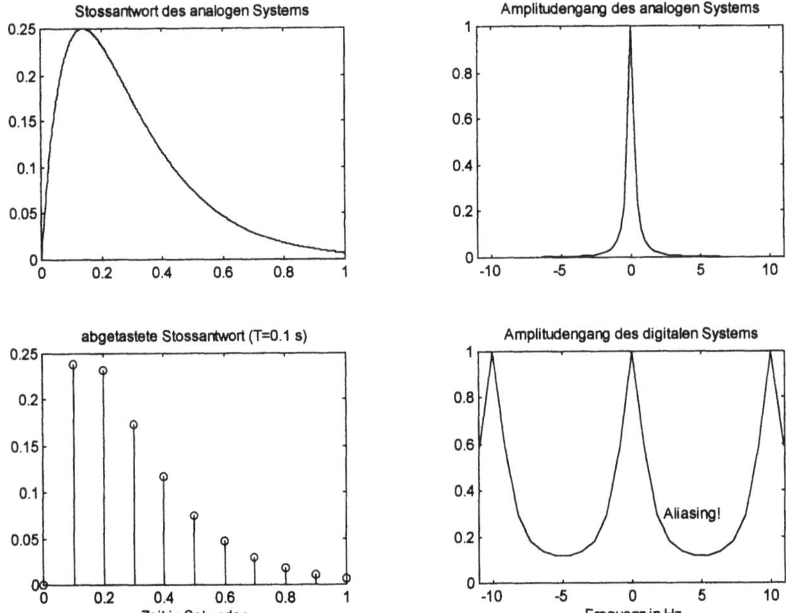

Bild 9.2 Fehler im Frequenzgang der impulsinvarianten Simulation, verursacht durch die periodische Fortsetzung des Frequenzganges des analogen Systems.

Oben links im Bild 9.2 ist die analoge Impulsantwort dargestellt, darunter die daraus abgeleitete Abtastsequenz $h_d[n]$. Rechts im Bild sind die Amplitudengänge gezeichnet, unten rechts sieht man deutlich im Bereich der halben Abtastfrequenz (5 Hz) die Abweichung des Amplitudenganges. Diese Fehler treten schon im Nyquistintervall auf, können also durch das Anti-Aliasing-Filter am Systemeingang nicht verhindert werden. Durch Verkleinern von T werden auch die Fehler kleiner, allerdings zu Lasten eines höheren Rechenaufwandes.

Die praktische Anwendung der impulsinvarianten z-Transformation erfolgt mit Tabellen bzw. Software-Paketen. Als Beispiel transformieren wir ein System mit einem einfachen Pol:

$$H_a(j\omega) = \frac{A}{j\omega - B} \qquad H_a(s) = \frac{A}{s - B} \tag{9.5}$$

Die Impulsantwort haben wir bereits berechnet, es handelt sich ja wieder um das RC-Glied. Man findet die Impulsantwort auch in den Korrespondenztabellen der Fourier- bzw. Laplace-Transformation in den Abschnitten 2.3.7 bzw. 2.4.5:

$$h_a(t) = A \cdot e^{Bt} \cdot \varepsilon(t)$$

Für stabile Systeme ist $B < 0$ und der Pol liegt damit in der linken s-Halbebene. Die Impulsantwort des impulsinvariant simulierten diskreten Systems entsteht durch Abtastung:

$$h_d[n] = h_a(nT) = A \cdot e^{BnT} \cdot \varepsilon[n]$$

Durch die z-Transformation gelangen wir zur Übertragungsfunktion des digitalen Systems, die dazu benötigte Korrespondenz der Exponentialsequenz finden wir mit Gleichung (4.51) oder mit der Korrespondenztabelle im Abschnitt 4.6.5. Wegen (7.3) müssen wir noch zusätzlich mit T multiplizieren:

$$H_d(z) = \frac{A \cdot T}{1 - e^{BT} \cdot z^{-1}} \tag{9.6}$$

Ein Vergleich von (9.5) mit (9.6) zeigt, dass ein Pol bei $s = B$ in einen Pol bei $z = e^{BT}$ abgebildet wird. Dieser Zusammenhang gilt auch für komplexe *einfache* Pole. Da das Abtastintervall T stets positiv ist, wird ein Pol von der linken s-Halbebene ($B < 0$) in das Innere des Einheitskreises in der z-Ebene abgebildet.

> *Mit der impulsinvarianten z-Transformation wird ein stabiles*
> *analoges System in ein stabiles digitales System abgebildet.*

Eine Einschränkung dieser Aussage ergibt sich höchstens durch die Quantisierung der Filterkoeffizienten (Abschnitt 5.10.3).

Da die Laplace- und die z-Transformationen beide lineare Abbildungen sind, gilt für ein System höherer Ordnung folgendes Vorgehen:

- $H_a(s)$ bestimmen und durch Partialbruchzerlegung in eine Summendarstellung umwandeln (dies entspricht der Parallelstruktur).

- Die Summanden einzeln transformieren. Für beliebige *einfache* Pole gilt (9.7)

$$H_a(s) = \sum_{k=1}^{N} \frac{A_k}{s - B_k} \xrightarrow[\substack{z\text{-Transformation}}]{\text{impulsinvariante}} H_d(z) = T \cdot \sum_{k=1}^{N} \frac{A_k}{1 - e^{B_k T} \cdot z^{-1}} \tag{9.7}$$

- $H_d(z)$ falls gewünscht wieder in eine andere Struktur umwandeln (z.B. Kaskadenstruktur)

Für die Nullstellen ist die Abbildung komplizierter, da sich bei der Partialbruchzerlegung die Zähler (diese bestimmen die Nullstellen) im Gegensatz zu den Nennern (diese bestimmen die Pole) ändern ($\rightarrow$ Tabelle 9.1). Auch bei mehrfachen Polen wird die Partialbruchzerlegung aufwendiger ($\rightarrow$ Tabelle 9.1). Wir wissen allerdings schon aus Kapitel 8, dass bei den üblichen Filtern (ausser bei den kritisch gedämpften Filtern) nur einfache Pole auftreten.

Die Tabelle 9.1 zeigt die *impulsinvariante* Transformation der *Grundglieder*, wie sie *nach der Partialbruchzerlegung (Parallelstruktur)* auftreten können. Zwar sehen die Ausdrücke in der Kolonne ganz rechts ziemlich unappetitlich aus, doch es sind alle Grössen bekannt. Damit können diese Ausdrücke auf reelle Zahlen reduziert werden.

Natürlich bieten Softwarepakete zur Signalverarbeitung auch Routinen für die impulsinvariante Simulation an, man kann sich damit die Anwendung der Tabelle 9.1 ersparen.

Tabelle 9.1 Impulsinvariante z-Transformation der Grundglieder von $H(s)$ in Parallelstruktur. T = Abtastintervall

Grundglied	$H(s)$	$H(z)$
Glied 0. Ordnung	1	1
Integrator	$\dfrac{1}{sT_1}$	$\dfrac{T}{T_1}\cdot\dfrac{1}{1-z^{-1}}$
Glied 1. Ordnung	$\dfrac{1}{1+\dfrac{s}{\omega_0}}$	$\omega_0 T\cdot\dfrac{1}{1-z^{-1}\cdot e^{-\omega_0 T}}$
Glied 2. Ordnung konstanter Term im Zähler	$\dfrac{1}{1+s\dfrac{2\xi}{\omega_0}+\dfrac{s^2}{\omega_0^{\,2}}}$	$\dfrac{z^{-1}\dfrac{\omega_0 T}{\sqrt{1-\xi^2}}e^{-\xi\omega_0 T}\sin\!\left(\omega_0 T\sqrt{1-\xi^2}\right)}{1-z^{-1}2e^{-\xi\omega_0 T}\cos\!\left(\omega_0 T\sqrt{1-\xi^2}\right)+z^{-2}e^{-2\xi\omega_0 T}}$
Glied 2. Ordnung linearer Term im Zähler	$\dfrac{\dfrac{s}{\omega_1}}{1+s\dfrac{2\xi}{\omega_0}+\dfrac{s^2}{\omega_0^{\,2}}}$	$\dfrac{\omega_0^{\,2}T}{\omega_1}\cdot\dfrac{1-z^{-1}e^{-\xi\omega_0 T}\left[\cos\!\left(\omega_0 T\sqrt{1-\xi^2}\right)+\dfrac{\xi}{\sqrt{1-\xi^2}}\sin\!\left(\omega_0 T\sqrt{1-\xi^2}\right)\right]}{1-z^{-1}2e^{-\xi\omega_0 T}\cos\!\left(\omega_0 T\sqrt{1-\xi^2}\right)+z^{-2}e^{-2\xi\omega_0 T}}$
Glied 2. Ordnung allgemeiner Zähler	$\dfrac{1+\dfrac{s}{\omega_1}}{1+s\dfrac{2\xi}{\omega_0}+\dfrac{s^2}{\omega_0^{\,2}}}$	$\dfrac{\omega_0^{\,2}T}{\omega_1}\cdot\dfrac{1-z^{-1}e^{-\xi\omega_0 T}\left[\cos\!\left(\omega_0 T\sqrt{1-\xi^2}\right)+\dfrac{\dfrac{\omega_1}{\omega_0}-\xi}{\sqrt{1-\xi^2}}\sin\!\left(\omega_0 T\sqrt{1-\xi^2}\right)\right]}{1-z^{-1}2e^{-\xi\omega_0 T}\cos\!\left(\omega_0 T\sqrt{1-\xi^2}\right)+z^{-2}e^{-2\xi\omega_0 T}}$

Die impulsinvariante Simulation entsteht durch Abtasten der Impulsantwort des analogen Systems. Aufgrund der Aliasing-Effekte können sich aber im Frequenzgang Unterschiede ergeben. Generell wird die Simulation umso besser, je kleiner das Abtastintervall T ist.

Bei nicht vernachlässigbar kleinem Abtastintervall T wird $|H_\mathrm{d}(z{=}1)|$ im Allgemeinen grösser als $|H_\mathrm{a}(s{=}0)|$. Um die Frequenzgänge besser vergleichen zu können, wird deshalb oft $H_\mathrm{d}(z)$ durch $|H_\mathrm{d}(z{=}1)|/|H_\mathrm{a}(s{=}0)|$ dividiert. Dies führt auf die *gleichstromangepasste impulsinvariante Simulation*, bei welcher die Beträge der Frequenzgänge für $\omega = 0$ und damit nach (3.40) bzw. (5.29) auch die Endwerte der Schrittantworten übereinstimmen. Diese Methode ist natürlich nur sinnvoll bei nicht verschwindenden Endwerten der Schrittantworten, wie sie bei Tiefpässen dank der DC-Kopplung auftreten.

Beispiel: Wir entwerfen mit der impulsinvarianten z-Transformation einen dreipoligen digitalen Tiefpass nach Butterworth mit der Grenzfrequenz $\omega_0 = 1\ \mathrm{s}^{-1}$.

Zuerst bestimmen wir das analoge Vorbild. Dies geschieht mit der Tabelle 8.3 im Abschnitt 8.4.2. Es ergibt sich:

Teilfilter 1. Ordnung: $\qquad \omega_{01} = 1$

Teilfilter 2. Ordnung: $\qquad \omega_{02} = 1 \quad \xi = 0.5$

Setzt man diese Zahlen in Gleichung (8.38) ein, so erhält man die Übertragungsfunktion des analogen Filters:

$$H(s) = \frac{1}{1+s} \cdot \frac{1}{1+s+s^2}$$

Für die impulsinvariante z-Transformation formen wir mit einer Partialbruchzerlegung um auf die Parallelstruktur. Es ergibt sich:

$$H(s) = \frac{1}{1+s} - \frac{s}{1+s+s^2}$$

Der erste Summand wird mit Zeile 3 aus der Tabelle 9.1 transformiert, der zweite Summand mit Zeile 5. Nun müssen wir uns für eine Abtastfrequenz $1/T$ entscheiden. Da der Tiefpass eine Grenzfrequenz von $\omega_0 = 1\ \mathrm{s}^{-1}$ entsprechend $f_0 = 0.16$ Hz aufweist, soll mit $f_A = 10$ Hz ein Versuch gewagt werden. Damit ist die Übertragungsfunktion des digitalen Filters bestimmt:

$$H(z) = \frac{0.1}{1 - 0.9048 \cdot z^{-1}} + \frac{-0.1 + 0.0995 \cdot z^{-1}}{1 - 1.8954 \cdot z^{-1} + 0.9048 \cdot z^{-2}}$$

Hätten wir die Partialbruchzerlegung weggelassen und die Grundglieder der Kaskadenstruktur mit Tabelle 9.1 transformiert, so hätte sich eine andere und falsche Übertragungsfunktion ergeben!

Nun folgt die Strukturumwandlung. An genau diesem Beispiel haben wir dies schon am Schluss des Abschnittes 6.7 ausgeführt, die Resultate können dort begutachtet werden.

Die Analyse mit dem Rechner zeigt den Vergleich der Amplitudengänge und der Impulsantworten, Bild 9.3. Der Frequenzbereich erstreckt sich fairerweise über das Basisbandintervall von 0 … 5 Hz. Im oberen Bereich unterscheiden sich die Amplitudengänge merklich, allerdings betragen dort die Dämpfungen bereits über 50 dB. Diese Unterschiede dürften darum in der Praxis kaum stören und liessen sich mit einer Erhöhung der Abtastfrequenz noch reduzieren. Eine DC-Anpassung wurde nicht vorgenommen, der Unterschied beträgt bei diesem Beispiel aber lediglich 0.1 dB und ist darum nicht sichtbar. Trotz der Unterschiede im Amplitudengang stimmen die Impulsantworten exakt überein. Dies wird ja aufgrund der Simulationsmethode so erzwungen. Die Schrittantworten sind wegen des hier so geringen DC-Fehlers ebenfalls praktisch identisch.

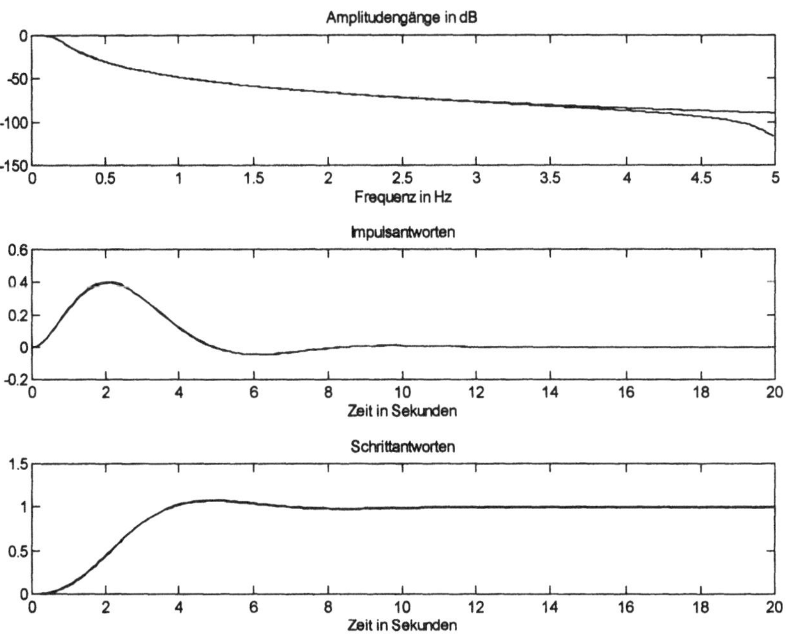

Bild 9.3 Vergleich der Amplitudengänge, Impuls- und Schrittantworten eines analogen Tiefpasses mit
seiner impulsinvarianten digitalen Simulation

□

Beispiel: Wir führen für das RC-Glied die *schrittinvariante* (exakter: Schrittantwort-
invariante) z-Transformation aus. Diese ist zwar nicht so gebräuchlich, das Beispiel vertieft
aber den Einblick in die Simulationstechnik und das Resultat können wir später für eine Gegenüberstellung brauchen.

Wir benutzen das 6-Punkte-Schema von S. 319:

1. $H(s) = \dfrac{1}{1+s}$ (9.8)

2. $x(t) = \varepsilon(t)$

3. $X(s) = \dfrac{1}{s}$; $X(z) = \dfrac{z}{z-1}$

(vgl. die Korrespondenztabellen in den Abschnitten 2.4.5 bzw. 4.6.5)

4. $Y(s) = X(s) \cdot H(s) = \dfrac{1}{s \cdot (1+s)} = \dfrac{1}{s} - \dfrac{1}{1+s}$

Im letzten Schritt wurde gleich die Partialbruchzerlegung durchgeführt, um gliedweise mit der Tabelle im Abschnitt 2.4.5 in den Zeitbereich zurücktransformieren zu können.

$$y(t) = \varepsilon(t) - \varepsilon(t) \cdot e^{-t} = \varepsilon(t) \cdot \left(1 - e^{-t}\right) = 1 - e^{-t} \; ; \quad t \ge 0 \tag{9.9}$$

5. $\quad y[n] = \varepsilon[n] - \varepsilon[n] \cdot e^{-nT} \quad \circ\!\!-\!\!\circ \quad Y(z) = \dfrac{z}{z-1} - \dfrac{z}{z-e^{-T}}$

6. $\quad H(z) = \dfrac{Y(z)}{X(z)} = \dfrac{\dfrac{z}{z-1} - \dfrac{z}{z-e^{-T}}}{\dfrac{z}{z-1}} = 1 - \dfrac{z-1}{z-e^{-T}} = \dfrac{z-e^{-T}-(z-1)}{z-e^{-T}}$

$$H(z) = \frac{1-e^{-T}}{z-e^{-T}} \tag{9.10}$$

Damit haben wir die gesuchte Übertragungsfunktion. Wir berechnen daraus noch eine programmierbare Differenzengleichung, indem wir zuerst $H(z)$ in Polynomen in z^{-1} darstellen:

$$H(z) = \frac{Y(z)}{X(z)} = \frac{1-e^{-T}}{z-e^{-T}} = \frac{z^{-1}\left(1-e^{-T}\right)}{1-z^{-1} \cdot e^{-T}}$$

$$Y(z) - Y(z) \cdot z^{-1} \cdot e^{-T} = X(z) \cdot z^{-1} \cdot \left(1-e^{-T}\right)$$

Gliedweise zurücktransformiert ergibt dies:

$$y[n] - y[n-1] \cdot e^{-T} = x[n-1] \cdot \left(1-e^{-T}\right)$$

$$y[n] = x[n-1] \cdot \left(1-e^{-T}\right) + y[n-1] \cdot e^{-T}$$

Bild 9.4 zeigt eine mögliche Schaltung:

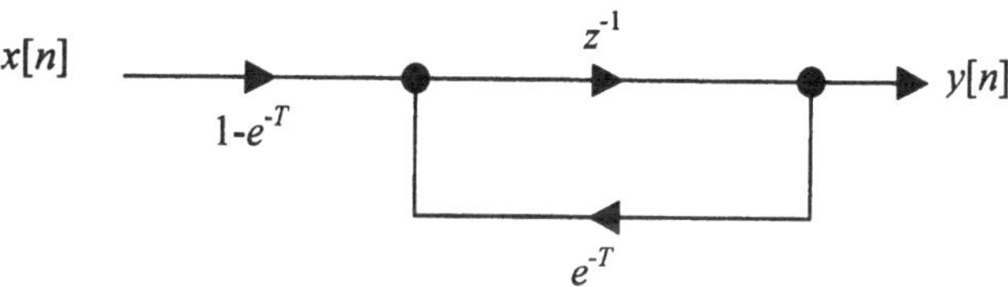

Bild 9.4 Blockschema des schrittinvariant simulierten Tiefpasses 1. Ordnung

Anhand der Schaltung in Bild 9.4 können wir einfach die Abtastwerte der Schrittantwort $g[n]$ bestimmen, indem wir uns vorstellen, wie sich die Sequenz $x[n] = \varepsilon[n] = [0\ 1\ 1\ 1\ 1\ ...]$ durch das System bewegt und am Ausgang $y[n] = g[n]$ entsteht:

$$n = 0: \quad x[0] = 1 \qquad y[0] = 0$$

$$n = 1: \quad x[1] = 1 \qquad y[1] = 1 - e^{-T}$$

$$n = 2: \quad x[2] = 1 \qquad y[2] = 1 - e^{-T} + e^{-T} \cdot \left(1 - e^{-T}\right) = 1 - e^{-2T}$$

$$n = 3: \quad x[3] = 1 \qquad y[3] = 1 - e^{-T} + e^{-T} \cdot \left(1 - e^{-2T}\right) = 1 - e^{-3T}$$

Allgemein gilt für diese Schrittantwort:

$$g[n] = 1 - e^{-nT} \tag{9.11}$$

(9.11) ist die abgetastete Version von (9.9), sie entsteht, indem man in (9.9) t ersetzt durch nT. Die perfekte Übereinstimmung muss sich ergeben, da wir ja die schrittinvariante z-Transformation ausgeführt haben.

$\square$

9.1.3 Filterentwurf mit der bilinearen z-Transformation

Beim Filterentwurf mit der bilinearen z-Transformation handelt es sich um eine Substitutionsmethode, bei welcher man in $H(s)$ überall s durch einen Ausdruck in z ersetzt und so direkt $H(z)$ erhält. Die bilineare z-Transformation hat das Ziel, den *Frequenzgang* des analogen Systems möglichst genau zu simulieren (im Gegensatz zur impulsinvarianten Transformation, wo das Ziel die Übereinstimmung der *Impulsantworten* ist). Die bilineare z-Transformation wird so gewählt, dass zum vornherein drei wichtige Bedingungen erfüllt sind:

- Der Frequenzgang $H(e^{j\Omega})$ des digitalen Systems soll periodisch in $2\pi \cdot f_A$ sein.

- Aus einem Polynomquotienten für $H(s)$ soll auch ein Polynomquotient für $H(z)$ entstehen.

- Ein stabiles analoges System soll in ein stabiles digitales System transformiert werden.

Die erste Bedingung berücksichtigt eine inhärente Eigenschaft von allen zeitdiskreten Systemen und verhindert damit die Aliasing-Effekte der impulsinvarianten Transformation. Die zweite Bedingung ermöglicht die Realisierung mit den in Abschnitt 5.7 beschriebenen Strukturen.

Aus $z = e^{sT}$ (Gleichung (4.44)) wird:

$$s = \frac{1}{T} \ln(z) \tag{9.12}$$

Damit ergibt sich aber eine transzendente Funktion. Um dies zu verhindern, entwickeln wir (9.12) in eine Potenzreihe:

$$s = \frac{1}{T}\ln(z) = \frac{1}{T}\cdot 2\cdot\left\{\left(\frac{z-1}{z+1}\right)+\frac{1}{3}\left(\frac{z-1}{z+1}\right)^3+\frac{1}{5}\left(\frac{z-1}{z+1}\right)^5+...\right\} \qquad (9.13)$$

Diese Reihe nach dem ersten Glied abgebrochen ergibt die bilineare z-Transformation:

$$\boxed{\ s \approx \frac{2}{T}\cdot\frac{z-1}{z+1} = \frac{2}{T}\cdot\frac{1-z^{-1}}{1+z^{-1}}\ } \qquad (9.14)$$

Die bilineare z-Transformation ist keineswegs linear, der etwas irreführende Name wird in der Mathematik verwendet für Brüche, bei denen Zähler und Nenner je eine lineare Funktion darstellen. Die Näherung (9.14) für den Frequenzgang stimmt umso besser, je kleiner $|z-1|$ ist (die Terme höherer Ordnung in (9.13) verschwinden dann rascher), bzw. je kleiner ωT ist, also je grösser die Abtastfrequenz ist.

Die bilineare Transformation wird ausgeführt, indem in $H(s)$ oder $H(j\omega)$ die Variable s bzw. $j\omega$ überall durch den Ausdruck in (9.14) ersetzt wird.

Beispiel: Für den einpoligen Tiefpass gilt:

$$H_a(s)=\frac{1}{1+\dfrac{s}{\omega_0}} \quad\Rightarrow\quad H_d(z)=\frac{\omega_0}{\omega_0+\dfrac{2}{T}\cdot\dfrac{1-z^{-1}}{1+z^{-1}}}=\frac{1+z^{-1}}{\left(1+\dfrac{2}{\omega_0 T}\right)+\left(1-\dfrac{2}{\omega_0 T}\right)\cdot z^{-1}}$$

Der letzte Ausdruck ist wie gewünscht ein Polynomquotient in z^{-1}.

$\square$

Eine Übereinstimmung der Frequenzgänge ergibt sich im Bereich $|\omega| < \pi/T$, wobei die Annäherung umso besser wird, je kleiner ωT ist. Für kein spezielles Eingangssignal wird die Übereinstimmung der Systemreaktionen exakt erreicht. Die bilineare z-Transformation erweist sich jedoch als guter Kompromiss, sie vermeidet vom Prinzip her die Aliasing-Fehler und ist darum die am häufigsten verwendete Simulationsmethode. In der Regelungstechnik heisst sie *Tustin-Approximation*.

Setzt man $s = 0$, so ergibt sich aus (9.14) $z = 1$. Die Frequenzgänge stimmen daher für $\omega = 0$ überein. Bei der bilinearen Transformation ist es darum nicht nötig, eine gleichstromangepasste Version einzuführen.

Setzt man $s = \infty$, so ergibt sich aus (9.14) $z = -1$. Dies entspricht gerade der Nyquistfrequenz.

Für den Vergleich der Frequenzachsen setzen wir in (9.14) $s = j\omega_a$ und $z = e^{j\omega_d T}$:

$$j\omega_a = \frac{2}{T}\cdot\frac{1-e^{-j\omega_d T}}{1+e^{-j\omega_d T}} = \frac{2}{T}\cdot\frac{e^{-j\frac{\omega_d}{2}T}\cdot\left(e^{j\frac{\omega_d}{2}T}-e^{-j\frac{\omega_d}{2}T}\right)}{e^{-j\frac{\omega_d}{2}T}\cdot\left(e^{j\frac{\omega_d}{2}T}+e^{-j\frac{\omega_d}{2}T}\right)} = \frac{2}{T}\cdot\frac{e^{j\frac{\omega_d}{2}T}-e^{-j\frac{\omega_d}{2}T}}{e^{j\frac{\omega_d}{2}T}+e^{-j\frac{\omega_d}{2}T}}$$

$$j\omega_a = \frac{2}{T} \cdot \frac{2j \cdot \sin\dfrac{\omega_d T}{2}}{2 \cdot \cos\dfrac{\omega_d T}{2}} = \frac{2j}{T} \cdot \tan\frac{\omega_d T}{2}$$

Damit lässt sich ein direkter Zusammenhang zwischen der „analogen Frequenzachse" ($j\omega$-Achse) und der „digitalen Frequenzachse" (Einheitskreis der z-Ebene) angeben:

$$\omega_d = \frac{2}{T}\arctan\frac{\omega_a T}{2} \qquad\qquad \omega_a = \frac{2}{T}\tan\frac{\omega_d T}{2} \tag{9.15}$$

Die Abbildung der $j\omega$-Achse ist *nichtlinear*: der *unendliche* Bereich von $-\infty \ldots 0 \ldots +\infty$ wird auf den *endlichen* Bereich von $-\pi/T \ldots 0 \ldots +\pi/T$ abgebildet.

Für kleine Argumente gilt $\tan(x) \approx \arctan(x) \approx x$. (9.15) wird dadurch bei *tiefen Frequenzen* zu einer *linearen* Abbildung: $\omega_d \approx \omega_a$. Die Tabelle 4.5 müssen wir deshalb für die bilineare z-Transformation anpassen zur Version der Tabelle 9.2.

Tabelle 9.2 Abbildung der s-Ebene in die z-Ebene durch die bilineare z-Transformation

s-Ebene	z-Ebene
$j\omega$-Achse	Einheitskreis
linke Halbebene	Inneres des Einheitskreises
rechte Halbebene	Äusseres des Einheitskreises
$j\omega = 0$	$z = +1$
$j\omega = \infty$	$z = -1$
$j\omega = -\infty$	$z = -1$
reelle Zahlen	reelle Zahlen
konjugiert komplexe Zahlenpaare	konjugiert komplexe Zahlenpaare

Auch die bilineare Transformation bildet stabile analoge Systeme in stabile digitale Systeme ab. Aus (9.14) folgt nämlich:

$$s \to \frac{2}{T} \cdot \frac{z-1}{z+1} \qquad z = \frac{2+sT}{2-sT} = \frac{2+(\sigma+j\omega)T}{2-(\sigma+j\omega)T} = \frac{2+\sigma T + j\omega T}{2-\sigma T - j\omega T}$$

Allgemein ist der Betrag eines komplexen Bruches gleich dem Quotienten der Beträge:

$$|z| = \frac{|2+\sigma T + j\omega T|}{|2-\sigma T - j\omega T|} = \sqrt{\frac{(2+\sigma T)^2 + \omega^2 T^2}{(2-\sigma T)^2 + \omega^2 T^2}}$$

Nun lässt sich leicht erkennen, dass die $j\omega$-Achse ($\sigma = 0$) auf den Einheitskreis ($|z| = 1$) abgebildet wird und dass die linke s-Halbebene ($\sigma < 0$) in das Innere des z-Einheitskreises ($|z| < 1$) zu liegen kommt.

Beim Durchlaufen der $j\omega$-Achse in der s-Ebene wird der Einheitskreis der z-Ebene bei der bilinearen z-Transformation genau einmal „abgeschritten". Bei der impulsinvarianten Transformation hingegen wird der z-Einheitskreis unendlich oft durchlaufen, genau deshalb tritt dort der Aliasing-Effekt auf. Anders ausgedrückt: die bilineare z-Transformation ist eine *eineindeutige* (d.h. umkehrbare) Abbildung der s- in die z-Ebene, die impulsinvariante z-Transformation ist jedoch nur eine *eindeutige* Abbildung, Bild 9.5. Bei der impulsinvarianten z-Transformation füllen unendlich viele Streifen der linken s-Halbebene (alle Streifen haben die Breite $2\pi{\cdot}f_\mathrm{A}$) den z-Einheitskreis unendlich Mal, bei der bilinearen z-Transformation füllt die linke s-Halbebene hingegen nur gerade ein einziges Mal den z-Einheitskreis.

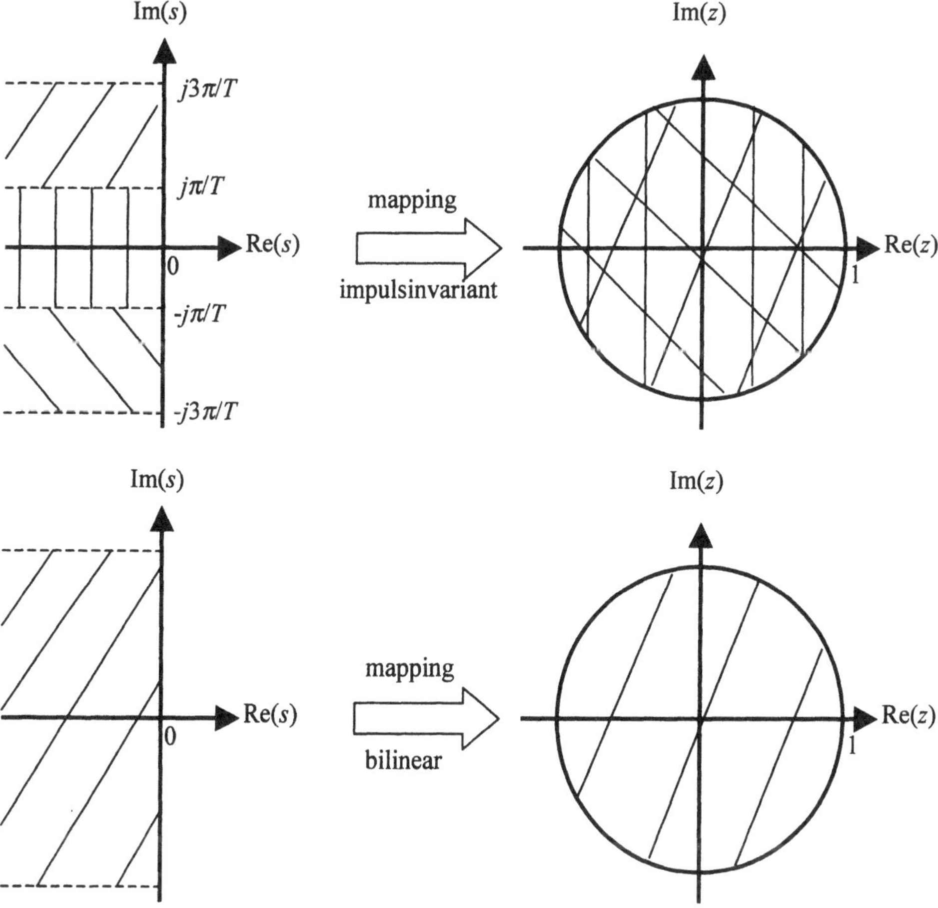

Bild 9.5 Abbildung (mapping) der s-Ebene (links) auf die z-Ebene (rechts) mit der impulsinvarianten z-Transformation (oben) bzw. der bilinearen z-Transformation (unten)

Die Substitution von s in $H(s)$ durch den Ausdruck in (9.14) erzeugt Doppelbrüche, die man noch umformen muss auf einen Polynomquotienten. Dieser etwas mühsame Weg lässt sich vermeiden, wenn $H(s)$ mit Hilfe einer Partialbruchzerlegung in Grundglieder zerlegt wird und diese einzeln transformiert werden. Die Tabelle 9.3 zeigt die *bilineare Transformation der Grundglieder*, wie sie *nach der Partialbruchzerlegung* auftreten können.

Tabelle 9.3 Bilineare z-Transformation der Grundglieder von $H(s)$ nach der Partialbruchzerlegung. $T =$ Abtastintervall

Grundglied	$H(s)$	$H(z)$
Glied 0. Ordnung	1	1
Integrator	$\dfrac{1}{sT_1}$	$\dfrac{T}{2T_1}\cdot\dfrac{1+z^{-1}}{1-z^{-1}}$
Glied 1. Ordnung	$\dfrac{1}{1+\dfrac{s}{\omega_0}}$	$\dfrac{1+z^{-1}}{\left(1+\dfrac{2}{\omega_0 T}\right)+z^{-1}\left(1-\dfrac{2}{\omega_0 T}\right)}$
Glied 2. Ordnung konstanter Term im Zähler	$\dfrac{1}{1+s\dfrac{2\xi}{\omega_0}+\dfrac{s^2}{\omega_0^2}}$	$\dfrac{1+2z^{-1}+z^{-2}}{\left(1+\dfrac{4\xi}{\omega_0 T}+\dfrac{4}{(\omega_0 T)^2}\right)+z^{-1}\left(2-\dfrac{8}{(\omega_0 T)^2}\right)+z^{-2}\left(1-\dfrac{4\xi}{\omega_0 T}+\dfrac{4}{(\omega_0 T)^2}\right)}$
Glied 2. Ordnung linearer Term im Zähler	$\dfrac{\dfrac{s}{\omega_1}}{1+s\dfrac{2\xi}{\omega_0}+\dfrac{s^2}{\omega_0^2}}$	$\dfrac{2}{\omega_1 T}\cdot\dfrac{1-z^{-2}}{\left(1+\dfrac{4\xi}{\omega_0 T}+\dfrac{4}{(\omega_0 T)^2}\right)+z^{-1}\left(2-\dfrac{8}{(\omega_0 T)^2}\right)+z^{-2}\left(1-\dfrac{4\xi}{\omega_0 T}+\dfrac{4}{(\omega_0 T)^2}\right)}$
Glied 2. Ordnung allgemeiner Zähler	$\dfrac{1+\dfrac{s}{\omega_1}}{1+s\dfrac{2\xi}{\omega_0}+\dfrac{s^2}{\omega_0^2}}$	$\dfrac{\left(1+\dfrac{2}{\omega_1 T}\right)+2z^{-1}+z^{-2}\left(1-\dfrac{2}{\omega_1 T}\right)}{\left(1+\dfrac{4\xi}{\omega_0 T}+\dfrac{4}{(\omega_0 T)^2}\right)+z^{-1}\left(2-\dfrac{8}{(\omega_0 T)^2}\right)+z^{-2}\left(1-\dfrac{4\xi}{\omega_0 T}+\dfrac{4}{(\omega_0 T)^2}\right)}$

Nach der Transformation liegen wiederum Polynomquotienten von Teilgliedern einer Parallelstruktur vor. Danach muss man eine Strukturumwandlung durchführen, um z.B. eine Kaskadenstruktur zu erhalten. Dies ist also dasselbe Vorgehen wie bei den impulsinvarianten Filtern, man benutzt lediglich die Tabelle 9.3 anstelle der Tabelle 9.1. Die Softwarepakete zur Signalverarbeitung enthalten natürlich auch fertige Routinen für die impulsinvariante und die bilineare z-Transformation.

Durch die nichtlineare Abbildung der Frequenzachse im Bereich der höheren Frequenzen (Gleichung(9.15)) ergibt sich eine Verzerrung der Frequenzachse (*warping*). Drei Punkte der $j\omega$-Achse mit einem bestimmten Frequenzverhältnis haben nach der Transformation nicht mehr dasselbe Verhältnis. Durch diese Verzerrung der Frequenzachse wird natürlich auch der Phasengang beeinflusst. Es hat deshalb keinen grossen Sinn, ein Bessel-Filter über die bilineare z-Transformation zu konstruieren, auch wenn dies formal durchaus möglich ist (falls eine lineare Phase gefordert ist, weicht man ohnehin besser auf FIR-Filter aus!). Allerdings gilt die Abbildungs-Tabelle 9.2 auch dann, wenn man die analoge Frequenzachse mit einer konstanten Zahl multipliziert. Dies wird ausgenutzt, indem man mit einer Vorverzerrung (*prewarping*) erreicht, dass *ein einziger* Frequenzpunkt (z.B. die Grenzfrequenz eines Tiefpasses oder die Mittenfrequenz eines Bandpasses) exakt an eine wählbare Stelle der digitalen Frequenzachse abgebildet wird.

Beispiel: Gewünscht wird ein digitaler Tiefpass mit der Grenzfrequenz f_g = 2.6 kHz und der Abtastfrequenz f_A = 8 kHz. Mit (9.15) gilt:

$$\omega_a = \frac{2}{T}\tan\frac{\omega_d T}{2} \quad \rightarrow \quad f_a = \frac{2}{2\pi\cdot T}\tan\frac{2\pi\cdot f_d T}{2} = \frac{f_A}{\pi}\tan\frac{\pi\cdot f_d}{f_A}$$

Setzt man für f_d die gewünschte Grenzfrequenz von 2.6 kHz ein, so ergibt sich f_a = 4.16 kHz. Man muss also einen analogen Tiefpass mit f_g = 4.16 kHz dimensionieren und diesen bilinear z-transformieren.

$\square$

Beispiel: Wir vergleichen den analogen Tiefpass erster Ordnung mit seinen digital simulierten Abkömmlingen. Dazu benutzen wir die Tabellen 9.1 und 9.3 sowie Gleichung (9.10).

analoges System:
$$H_a(s) = \frac{1}{1+s}$$

impulsinvariant simuliertes System:
$$H_i(z) = \frac{T}{1-e^{-T}\cdot z^{-1}}$$

schrittinvariant simuliertes System:
$$H_s(z) = \frac{1-e^{-T}}{z-e^{-T}}$$

bilinear simuliertes System:
$$H_b(z) = \frac{1+z^{-1}}{\left(1+\dfrac{2}{T}\right)+z^{-1}\left(1-\dfrac{2}{T}\right)}$$

Die Zeitkonstante beträgt 1 s, wir wählen das Abtastintervall T = 0.2 s. Die Abtastfrequenz sollte eigentlich höher als 5 Hz sein, aber so sehen wir die Unterschiede besser. Der Leser möge dieses Beispiel selber nachvollziehen und die Abtastfrequenz variieren.

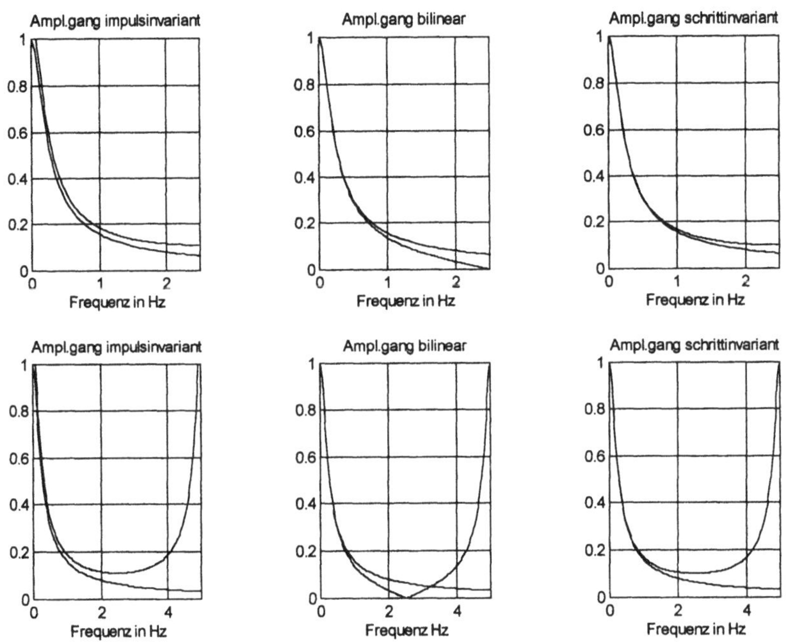

Bild 9.6 Amplitudengänge der verschiedenartig simulierten Tiefpässe (Erklärungen im Text)

Alle Teilbilder in Bild 9.6 zeigen je zwei Amplitudengänge, nämlich denjenigen des analogen Vorbildes und denjenigen einer digitalen Simulation. In der oberen Reihe sind die Frequenzachsen bis 2.5 Hz gezeichnet, was bei einer Abtastfrequenz von 5 Hz vernünftig ist.

Keiner der simulierten Amplitudengänge ist exakt, dies war auch nicht zu erwarten. Auffallend ist das Verhalten des bilinear simulierten Systems: bei 2.5 Hz geht der Amplitudengang auf Null.

Die untere Reihe zeigt nochmals dieselben Amplitudengänge, jetzt aber bis 5 Hz gezeichnet. Natürlich ist der Amplitudengang ab 2.5 Hz die spiegelbildliche Fortsetzung des Verlaufs von 0 ... 2.5 Hz, vgl. auch Bild 9.2. Deutlich sieht man die Aliasingfehler, da die Abtastfrequenz eigentlich zu klein ist. Die Nullstelle des Amplitudenganges des bilinear simulierten Systems lässt sich anhand Tabelle 9.2 und Bild 9.5 erklären: Die Frequenz 2.5 Hz entspricht der halben Abtastfrequenz bzw. $z = -1$. Dieser Punkt entspricht bei der bilinearen z-Transformation der „analogen" Frequenz $f = \infty$, dort sperrt aber auch der Tiefpass erster Ordnung perfekt. Es ist typisch für bilinear simulierte Tiefpässe, dass sie vorteilhafterweise bei der halben Abtastfrequenz eine Nullstelle im Amplitudengang aufweisen.

Bild 9.7 zeigt das Verhalten im Zeitbereich. Oben sind die Stossantworten gezeigt, wiederum je eine digitale Simulation zusammen mit dem analogen Vorbild. Die impulsinvariante Simulation ist perfekt, obwohl die Abtastfrequenz zu tief gewählt wurde.

Die Impulsantwort des bilinearen Systems scheint enttäuschend. Der auffällige Knick ist bei $t = 0.2$ s, also beim zweiten Abtastwert. Der erste Abtastwert macht einzig beim bilinearen

System einen Fehlstart, der zweite ist dann aber am richtigen Ort. Nun muss man aber bedenken, dass das Abtastintervall in diesem Beispiel zu gross gewählt wurde und dass Impulsantworten in der Praxis nicht in Reinkultur auftreten, da die Diracstösse nur näherungsweise realisierbar sind.

Unten in Bild 9.7 sehen wir die Schrittantworten, hier hat natürlich das schrittinvariant simulierte System seine grosse Stunde. Bei noch tieferer Abtastfrequenz verschlechtern sich die Simulationen natürlich, die perfekte Übereinstimmung der Schrittantwort zu den Abtastzeitpunkten (nur dort!) bleibt hingegen.

Deutlich ist auch die fehlende Gleichstromanpassung (DC-Korrektur) der impulsinvarianten Simulation zu erkennen. Es handelt sich hier nicht um einen Überschwinger, denn ein System 1. Ordnung kann gar nicht schwingen. Der Endwert der Schrittantwort sollte aber nur 1 betragen.

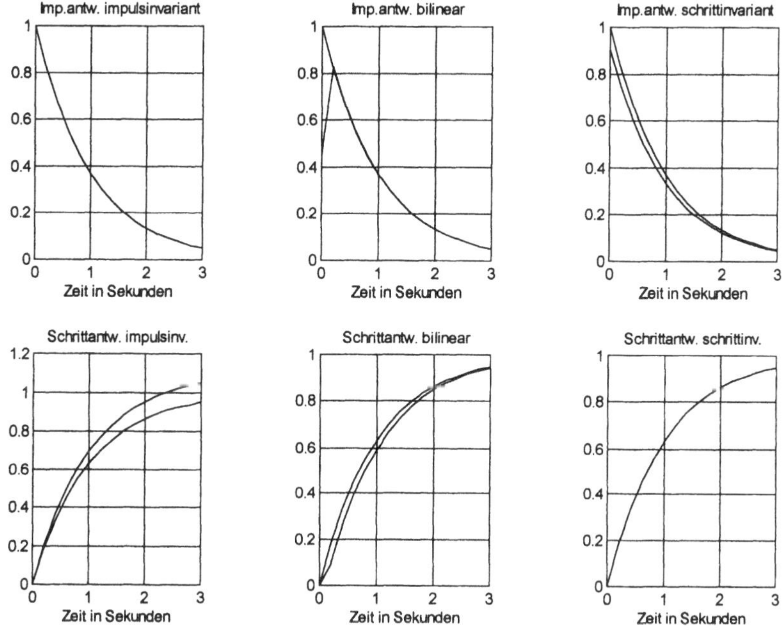

Bild 9.7 Impuls- und Schrittantworten der verschiedenartig simulierten Tiefpässe (Erklärungen im Text)

Anmerkung für Leser, die das Bild 9.7 selber mit MATLAB nachvollziehen wollen: für die Berechnung der Schrittantworten wurde eine um T verzögerte Schrittfunktion als Systemanregung benutzt, also die Sequenz [0, 1, 1, 1, …] anstelle der Sequenz [1, 1, 1, 1, …]. Dadurch ergibt sich eine bessere zeitliche Übereinstimmung der Resultate und somit ein einfacherer Vergleich. Als Nebeneffekt erscheint aber der seltsam anmutende Knick beim bilinear simulierten System, der demnach auf einem „falschen" Anfangswert beruht. Diese zeitliche Verzögerung hat nichts mit der Filtereigenschaft zu tun, sie bewirkt ja nach Gleichung (3.95) keine Signalverzerrung.

☐

Beispiel: Das Bild 9.8 zeigt zwei Tschebyscheff-I-Bandpässe 6. Ordnung mit einem Durchlassbereich von 1.6 ... 2.4 kHz und 3 dB Rippel. Beide Filter wurden mit der bilinearen Transformation entworfen, das obere mit einer Abtastfrequenz von 8 kHz, das untere mit $f_A = 16$ kHz. Die Unterschiede lassen sich mit den Pol-Nullstellen-Schemata rechts erklären. Die obere Hälfte des Einheitskreises überstreicht den Frequenzbereich von 0 bis $f_A/2$. Daraus lässt sich die Lage der Pole plausibel machen. Charakteristisch für die bilineare Transformation ist die Nullstelle bei $f_A/2$ ($z = -1$), die der unendlich hohen Frequenz der s-Ebene entspricht (Tabelle 9.2). Diese Nullstelle liegt also beim oberen Filter bei 4 kHz, beim unteren bei 8 kHz. Aus diesem Grund ist das obere Filter steiler oberhalb des Durchlassbereiches.

Die Nullstelle bei $z = 1$ ($f = 0$ Hz) ist charakteristisch für Bandpässe (und Hochpässe) und hat nichts mit der Simulationsart zu tun.

Die Öffnung der Bandpässe von 800 Hz belegt also je nach Abtastfrequenz einen grösseren oder kleineren Bereich des Einheitskreises. Beim oberen Filter (tiefe Abtastfrequenz) liegen die Pole vergleichsweise weit auseinander, beim unteren Filter liegen die Pole dicht gedrängt.

Nun kann die Erklärung nachgeliefert werden, weshalb bei Problemen durch die Koeffizienten-Quantisierung (Abschnitt 5.10.3) die Abtastfrequenz reduziert werden soll: je tiefer die Abtastfrequenz, desto mehr Abstand haben die Pole untereinander, desto weniger macht sich eine kleine Verschiebung derselben bemerkbar. Auf der anderen Seite ermöglicht eine hohe Abtastfrequenz eine bessere Simulation. Einmal mehr erweist sich das System-Design als die Suche nach dem optimalen Kompromiss. Diese Überlegungen gelten für alle Arten von Filtern, nicht nur für diejenigen mit bilinearer Transformation.

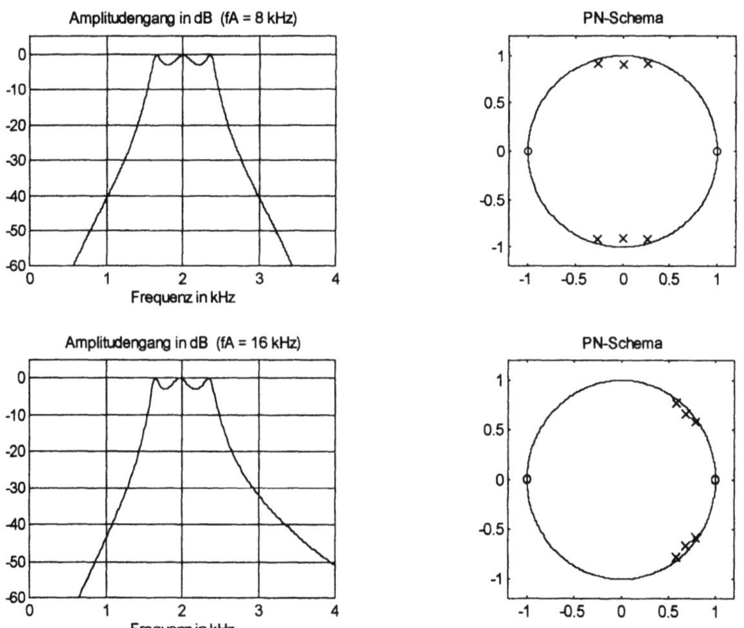

Bild 9.8 IIR-Bandpässe mit bilinearer Transformation und unterschiedlicher Abtastfrequenz

☐

Beispiel: Nun betrachten wir ein häufig benutztes System, das sich wegen seiner unendlich langen Impulsantwort nur rekursiv realisieren lässt: den *Integrator*.

Die Stossantwort des kontinuierlichen Integrators ist das Integral des Diracstosses, also die Heaviside-Funktion $\varepsilon(t)$. Nun geht es aber darum, die numerische Integration zu realisieren. Naheliegenderweise sagen wir uns, dass die Stossantwort des diskreten Systems gleich $\varepsilon[n]$ sein muss. Durch z-Transformation (Tabelle im Abschnitt 4.6.5) erhalten wir die Übertragungsfunktion des digitalen Integrators:

$$H(z) = \frac{z}{z-1} = \frac{1}{1-z^{-1}} \tag{9.16}$$

. Aus dem Abschnitt 5.3 wissen wir aber, dass wir beim digitalen System die Reaktion auf $d[n] = [1/T, 0, 0, 0, \dots]$ betrachten sollten und nicht die Reaktion auf $\delta[n] = [1, 0, 0, 0, \dots]$. Wir müssen deshalb $H(z)$ aus (9.16) noch mit dem Faktor T multiplizieren:

$$H(z) = \frac{T}{1-z^{-1}} \tag{9.17}$$

Mit diesem Vorgehen stimmen die Impulsantworten überein. Dies bedeutet, dass wir eigentlich auch die Übertragungsfunktion des analogen Integrators

$$H(s) = \frac{1}{s}$$

impulsinvariant hätten transformieren können. Ein Blick auf die Tabelle 9.1, Zeile 2 zeigt die Übereinstimmung mit (9.17).

Das Signalflussdiagramm (Bild 9.9) erhalten wir durch eine kleine Umformung von (9.17):

$$H(z) = \frac{Y(z)}{X(z)} = \frac{T}{1-z^{-1}} \quad \Rightarrow \quad Y(z) = T \cdot X(z) + Y(z) \cdot z^{-1} \tag{9.18}$$

$$\circ\!\!-\!\!\circ \quad y[n] = T \cdot x[n] + y[n-1]$$

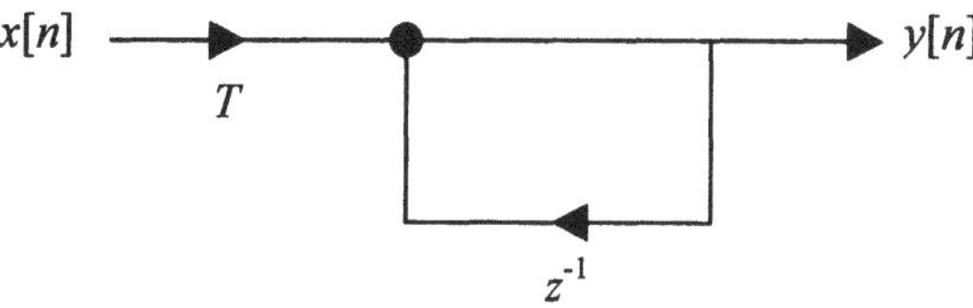

Bild 9.9 Signalflussdiagramm des impulsinvarianten digitalen Integrators

Wegen der einfachen Funktionsweise der Schaltung in Bild 9.9 heisst diese auch *Akkumulator*.

Setzen wir in (9.18) $T = 1$, so erkennt man die numerische Integration nach der Rechteckregel. Da gab es aber doch als Variante noch die numerische Integration nach der Trapezregel:

$$y[n] = y[n-1] + \frac{1}{2} \cdot x[n] + \frac{1}{2} \cdot x[n-1]$$

Nun berücksichtigen wir wieder das Abtastintervall T:

$$y[n] = y[n-1] + \frac{T}{2} \cdot x[n] + \frac{T}{2} \cdot x[n-1]$$

Jetzt folgt die Transformation in den z-Bereich und die Umformung auf $H(z)$:

$$Y(z) = Y(z) \cdot z^{-1} + \frac{T}{2} \cdot X(z) + \frac{T}{2} \cdot X(z) \cdot z^{-1}$$

$$Y(z) \cdot \left(1 - z^{-1}\right) = \frac{T}{2} \cdot X(z) \cdot \left(1 + z^{-1}\right)$$

$$H(z) = \frac{Y(z)}{X(z)} = \frac{T}{2} \cdot \frac{1 + z^{-1}}{1 - z^{-1}}$$

Der aufmerksame Leser wird jetzt erahnen, was ein Blick auf die Tabelle 9.3, Zeile 2 enthüllt: es handelt sich um die bilinear simulierte Version des Intergators.

> *Die impulsinvariante Simulation des Integrators entspricht der numerischen Integration nach der Rechteckregel.*
>
> *Die bilineare Simulation des Integrators entspricht der numerischen Integration nach der Trapezregel.*

Dann gibt es noch die numerischen Integrationen nach der Simpson-1/3-Regel, der Simpson-3/8-Regel, der Romberg-Regel usw., also dieselbe Vielfalt wie bei den Simulationsarten. Dies ist natürlich kein Zufall!

Eine interessante und mit Hilfe von MATLAB einfache Übung ist es, das Verhalten der beiden Integratoren miteinander zu vergleichen (Analyse des Frequenzganges, der Stossantwort, der Schrittantwort usw.).

□

9.1.4 Frequenztransformation im z-Bereich

Die Transformation des Tiefpasses in einen Hochpass, einen Bandpass oder eine Bandsperre kann auch im z-Bereich erfolgen. Der Vorteil bei dieser Methode ist, dass man ausschliesslich Tiefpässe vom s-Bereich in den z-Bereich transformiert und damit die bei der impulsinvarianten Transformation auftretenden Aliasingprobleme umgeht. Der digitale Tiefpass kann dabei mit irgend einer Methode berechnet werden (impulsinvariant, bilinear oder direkt approximiert).

Die Tabelle 9.4 zeigt die für die Frequenz-Transformation im z-Bereich benötigten Gleichungen. Diese haben grosse Ähnlichkeit mit der Übertragungsfunktion von Allpässen erster bzw. zweiter Ordnung, man spricht deshalb auch von der *Allpass-Transformation*.

Tabelle 9.4 Transformation eines digitalen Tiefpassfilter-Prototyps
Θ_g = Grenzfrequenz des Tiefpass-Prototyps
ω_g = gewünschte Grenzfrequenz des Tiefpasses oder Hochpasses
ω_u, ω_o = untere bzw. obere Grenzfrequenz des Bandpasses oder der Bandsperre

Filtertyp	Transformationsgleichung	Entwurfsformeln
Tiefpass	$z^{-1} \rightarrow \dfrac{z^{-1} - \alpha}{1 - \alpha z^{-1}}$	$\alpha = \dfrac{\sin\left(\dfrac{\Theta_g - \omega_g}{2}\right)}{\sin\left(\dfrac{\Theta_g + \omega_g}{2}\right)}$
Hochpass	$z^{-1} \rightarrow -\dfrac{z^{-1} + \alpha}{1 + \alpha z^{-1}}$	$\alpha = \dfrac{\cos\left(\dfrac{\Theta_g + \omega_g}{2}\right)}{\cos\left(\dfrac{\Theta_g - \omega_g}{2}\right)}$
Bandpass	$z^{-1} \rightarrow -\dfrac{z^{-2} - \dfrac{2\alpha k}{k+1} z^{-1} + \dfrac{k-1}{k+1}}{\dfrac{k-1}{k+1} z^{-2} - \dfrac{2\alpha k}{k+1} z^{-1} + 1}$	$\alpha = \dfrac{\cos\left(\dfrac{\omega_o + \omega_u}{2}\right)}{\cos\left(\dfrac{\omega_o - \omega_u}{2}\right)}$ $k = \cot\left(\dfrac{\omega_o - \omega_u}{2}\right) \cdot \tan\left(\dfrac{\Theta_g}{2}\right)$
Bandsperre	$z^{-1} \rightarrow -\dfrac{z^{-2} - \dfrac{2\alpha}{1+k} z^{-1} + \dfrac{1-k}{1+k}}{\dfrac{1-k}{1+k} z^{-2} - \dfrac{2\alpha}{1+k} z^{-1} + 1}$	$\alpha = \dfrac{\cos\left(\dfrac{\omega_o + \omega_u}{2}\right)}{\cos\left(\dfrac{\omega_o - \omega_u}{2}\right)}$ $k = \tan\left(\dfrac{\omega_o - \omega_u}{2}\right) \cdot \tan\left(\dfrac{\Theta_g}{2}\right)$

9.1.5 Direkter Entwurf im z-Bereich

Die bisher besprochenen Simulationsverfahren zum Entwurf von IIR-Filtern basieren auf einem analogen Vorbild und sind „von Hand" durchführbar. Früher war der zweite Punkt ein Vorteil, heute benutzt aber hoffentlich jederman ein Software-Tool.

Der direkte Entwurf im z-Bereich ist eine ganz andere Methode, die wegen des hohen Rechenaufwandes nur mit Rechnern durchführbar ist. Die Idee besteht darin, dem Computer einen gewünschten Frequenzgang (z.B. ein Stempel-Matrizen-Schema) und eine Systemordnung (d.h. die Anzahl der Filterkoeffizienten) zu geben. Danach soll der Rechner solange an den Koeffizienten herumschrauben, bis sich das bestmögliche Filter ergibt. Es handelt sich also um ein Optimierungsverfahren, wobei der Optimierungsalgorithmus so gut sein muss, dass ein stabiles Filter resultiert und dass er das globale Optimum findet und nicht etwa auf ein lokales Optimum reinfällt. Die Rechenzeit ist eigentlich kein Qualitätskriterium, da diese sich in der Praxis im Sekundenbereich bewegt (gemeint ist die Rechenzeit des Optimierungsalgorithmus, nicht die Rechenzeit des daraus resultierenden Filters!).

Bekannt sind v.a. die Algorithmen von *Fletcher-Powell* und *Yule-Walker*. Eine Beschreibung der Funktionsweise dieser Algorithmen findet sich z.B. in [Kam98] und [Opp95].

Beispiel: Bild 9.10 zeigt zwei Bandsperrfilter, wobei jedes Teilbild das Stempel-Matrizen-Schema und den Amplitudengang enthält.

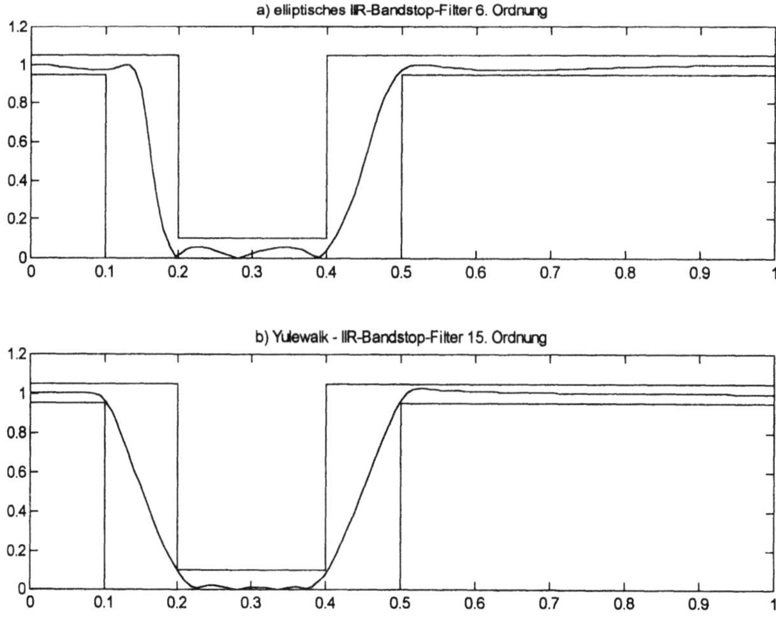

Bild 9.10 Bandsperrfilter mit verschiedenen Syntheseverfahren (Erklärung im Text)

Das Teilbild a) zeigt ein bilineares Cauer-Filter (elliptisches Filter). Dazu wurde der MATLAB-Befehl „ellip" benutzt, der in einem Aufwisch ein analoges Cauer-Filter erzeugt, dieses in eine analoge Bandsperre transformiert (vgl. Bild 9.1) und danach bilinear in den z-Bereich abbildet, inklusive Prewarping der Sperrfrequenz.

Das Teilbild b) zeigt ein IIR-Filter, das im z-Bereich approximiert wurde. Dazu diente der MATLAB-Befehl „yulewalk", der als Vorgabe die Systemordnung und eine Leitlinie für den Amplitudengang braucht. Letztere wurde einfach in die Mitte zwischen Stempel und Matrize gelegt. Die Systemordnung wurde solange erhöht, bis der Amplitudengang die Vorgabe erfüllte.

Auffallend ist die unterschiedliche Systemordnung: das bilineare Filter hat die Ordnung 6, das direkt approximierte Filter jedoch die Ordnung 15. Der Vorteil beim Cauer-Filter ist der, dass man für den Sperrbereich und die Durchlassbereiche unterschiedlich Rippel angeben und so das gezeigte Stempel-Matrizen-Schema besser ausnutzen kann. Das Yule-Walker-Filter hingegen bekundet hier Mühe in den Übergangsbereichen und braucht deshalb die hohe Ordnung. Genau deswegen ist es aber zu gut (fast kein Rippel) im Sperrbereich und in den Durchlassbereichen.

Man darf aber jetzt nicht daraus schliessen, dass die direkte Approximation im z-Bereich generell auf eine höhere Filterordnung führt. Auch das Umgekehrte kann der Fall sein, dies hängt stark vom Stempel-Matrizenschema ab. Es lohnt sich also auf jeden Fall, mehrere Entwurfsverfahren zu probieren und die Resultate zu vergleichen.

Es gibt aber noch weitere Kriterien: möchte man z.B. aus irgend einem Grund keinen Rippel im Durchlassbereich haben, so kommt nur die Simulation eines Butterworth- oder Tschebyscheff-I-Filters in Frage. Die direkte Approximation im z-Bereich hat nämlich wie das Cauer-Filter in allen Bereichen einen Rippel. Dass in Bild 9.10 genau diese beiden Filter einander gegenübergestellt sind, ist also kein Zufall.

Die Filter in Bild 9.10 weisen natürlich nur innerhalb des Basisintervalles eine Bandsperrcharakteristik auf. Wie jedes zeitdiskrete System weisen auch die hier gezeigten Filter einen periodischen Frequenzgang auf.

Die Berechnungen in Bild 9.10 berücksichtigen keine Quantisierungseffekte der Koeffizienten. Bild 5.27 zeigt genau am Beispiel des Filters aus Bild 9.10 a) was passiert, wenn die Koeffizienten gerundet werden.

$\Box$

Am häufigsten trifft man die bilinearen IIR-Filter an. Gegenüber den impulsinvarianten Filtern haben sie den Vorteil, dass keine Gleichstromanpassung notwendig ist und dass kein Aliasing im Frequenzgang auftritt (vgl. Bild 9.2). Letzteres ist auch der Grund, weshalb es keinen Sinn macht, Hochpässe und Bandsperren impulsinvariant zu simulieren. Wegen der Frequenzachsenverzerrung macht es ebenfalls keinen Sinn, Bessel-Filter bilinear zu simulieren.

Gegenüber der Approximation im z-Bereich haben die bilinearen Filter den Vorteil, dass für die Filtercharakteristik Varianten möglich sind, nämlich Butterworth, Tschebyscheff-I usw. Damit gelingt es häufig, ein Filter kleinerer Ordnung zu entwerfen als mit der Approximationsmethode.

Letztlich geht es nur um eines: das Pflichtenheft des Filters nicht unnötig streng zu formulieren und dann dieses Pflichtenheft mit möglichst wenig Aufwand (Filterordnung) zu erfüllen.

9.1.6 Rekursive Filter mit linearem Phasengang

Linearphasige Filter sind im Zusammenhang mit der *verzerrungsfreien Übertragung* bedeutungsvoll. Mit der Verzerrungsfreiheit haben wir uns bereits im Abschnitt 3.13 beschäftigt und mit Gleichung (3.95) die Übertragungsfunktion $H(s)$ und den Frequenzgang $H(j\omega)$ des verzerrungsfreien Systems formuliert. (9.19) wiederholt (3.95), ergänzt durch die Ausdrücke für verzerrungsfreie zeitdiskrete Systeme:

$$H(s) = K \cdot e^{-s\tau} \qquad\qquad H(z) = K \cdot z^{-m}$$

$$ \tag{9.19}$$

$$H(j\omega) = K \cdot e^{-j\omega\tau} \qquad\qquad H(e^{j\Omega}) = K \cdot e^{-jm\Omega}$$

K ist eine reelle Konstante, τ eine positive (Kausalität!) reelle Zahl, m eine positive ganze Zahl. Wenn $\tau = mT$ ist (T = Abtastintervall), kann man die Zeitverzögerung durch ein zeitdiskretes System exakt realisieren, z.B. mit Hilfe von Schieberegistern.

Die Forderung der Verzerrungsfreiheit lässt sich aufteilen in eine Amplitudenbedingung (erfüllt durch die reelle Konstante K) und eine Phasenbedingung (erfüllt durch die lineare Phase $e^{-j\omega\tau}$). Falls auf erstere verzichtet wird (z.B. bei einem Filter), jedoch die Phasenbedingung nach wie vor eingehalten werden soll (z.B. zum Vermeiden von Dispersion und Inter-Symbol-Interference in der Datenübertragung), so lässt sich (9.19) verallgemeinern (fortan betrachten wir nur noch das digitale System):

$$H(z) = R(z) \cdot z^{-m} \qquad\quad H(e^{j\Omega}) = R(e^{j\Omega}) \cdot e^{-jm\Omega}$$

Dabei soll $R(e^{j\Omega})$ reellwertig sein (also zu einem nullphasigen System gehören), damit die Phase von $H(e^{j\Omega})$ unabhängig von $R(e^{j\Omega})$ ist. Da $R(e^{j\Omega})$ aber wie jeder Frequenzgang konjugiert komplex ist, ist $R(e^{j\Omega})$ auch noch gerade. Zudem ist $R(e^{j\Omega})$ natürlich periodisch, da es sich um ein digitales System handelt. Es gilt also:

$$R(e^{j\Omega}) = R(e^{-j\Omega}) \qquad\qquad R(z) = R(z^{-1})$$

Ein System hat demnach eine lineare Phase (bzw. eine Zeitverzögerung um mT Sekunden), wenn gilt:

$$H(z) = z^{-m} \cdot R(z) \qquad\text{mit}\qquad R(z) = R(z^{-1}) \tag{9.20}$$

Damit die Übertragungsfunktion $R(z)$ realisierbar ist, muss sie als Polynomquotient wie in Gleichung (5.16) darstellbar sein.

Für nichtrekursive Systeme (FIR-Filter) ist $R(z)$ lediglich ein Polynom und darum die Bedingung $R(z) = R(z^{-1})$ einfach zu erfüllen. Dies begründet eine Hauptstärke der FIR-Filter.

Wir betrachten zunächst ein nichtrekursives System nach Gleichung (5.16) mit $a_i = 0$:

$$R(z) = b_0 + b_1 z^{-1} + b_2 z^{-2} + \ldots + b_N z^{-N} = \sum_{i=0}^{N} b_i \cdot z^{-i} \tag{9.21}$$

Vereinfachend nehmen wir an, dass die Filterordnung N eine gerade Zahl ist. (Den allgemeinen Fall werden wir im Abschnitt 9.2.2 betrachten). Somit gilt:

$$R(z) = \sum_{i=0}^{N} b_i \cdot z^{-i} = z^{-N/2} \cdot \sum_{i=0}^{N} b_i \cdot z^{-i} \cdot z^{N/2} \tag{9.22}$$

Nun summieren wir statt von $0 \ldots N$ von $-N/2 \ldots +N/2$. Dadurch müssen wir den Index i in der Summation ersetzen durch $i+N/2$:

$$\begin{aligned}
R(z) &= z^{-N/2} \cdot \sum_{i=-N/2}^{+N/2} b_{i+N/2} \cdot z^{-(i+N/2)} \cdot z^{N/2} \\
&= z^{-N/2} \cdot \sum_{i=-N/2}^{+N/2} b_{i+N/2} \cdot z^{-i} = z^{-N/2} \cdot P(z)
\end{aligned} \tag{9.23}$$

Der Faktor $z^{-N/2}$ in (9.23) bedeutet eine Verzögerung um eine *endliche* Zeit. Wir schlagen diese Verzögerung zu z^{-m} in (9.20) und betrachten nur noch $P(z)$. Für dieses Polynom soll nun wiederum gelten $P(z) = P(z^{-1})$, damit sein Frequenzgang reellwertig wird. Scheinbar sind wir am selben Punkt angelangt wie bei (9.20). Dank der zu Null symmetrischen Laufvariablen lässt sich aber jetzt sofort eine Lösung angeben:

$$P(z) = \sum_{i=-N/2}^{N/2} b_{i+N/2} \cdot z^{-i} \stackrel{?}{=} P(z^{-1}) = \sum_{i=-N/2}^{N/2} b_{i+N/2} \cdot z^{i} \tag{9.24}$$

(9.24) kann nur gelten, wenn die *Koeffizienten b_i paarweise gleich* sind, d.h. in der Schreibweise von (9.24)

$$b_i = b_{N-i} \tag{9.25}$$

Mit (9.25) wird der Frequenzgang von $P(z)$ tatsächlich reell. Ein Beispiel mit $N = 2$ zeigt dies sofort:

$$P(z) = 4 \cdot z^{-1} + 1 + 4 \cdot z$$
$$P(e^{j\Omega}) = 4 \cdot e^{-j\Omega} + 1 + 4 \cdot e^{j\Omega} = 1 + 4 \cdot \left(e^{-j\Omega} + e^{j\Omega}\right) = 1 + 8 \cdot \cos(\Omega) = 1 + 8 \cdot \cos(\omega T)$$

Eine Unschönheit ist noch auszuräumen: $P(z)$ ist akausal, da die Summation in (9.24) bei negativen Abtastwerten beginnt, also $N/2$ zukünftige Abtastwerte umfasst. $R(z) = z^{-N/2} \cdot P(z)$ ist hingegen kausal, da eine Zeitverzögerung um genau diese $N/2$ Abtastwerte auftritt. $N/2$ ist dabei die halbe Ordnung des FIR-Filters. Die Verzögerung um $N/2$ Abtastwerte verwandelt das *nullphasige* (reeller Frequenzgang), nichtrekursive und akausale System $P(z)$ in ein kausales, *linearphasiges* System $R(z)$. Folgerung:

> *Mit einem FIR-System kann man ein Filter mit*
> *Phasenverschiebung Null nicht kausal realisieren.*
>
> *Ein linearer Phasengang lässt sich jedoch einfach erzeugen,*
> *indem man die Eingangssequenz um mindestens N/2 Abtastintervalle*
> *verzögert. N/2 ist die halbe Filterordnung.*
>
> *Die Koeffizienten des Systems müssen paarweise symmetrisch sein.*

Die minimale Verzögerung $T \cdot N/2$ ist endlich und unabhängig von der Eingangssequenz. Damit ist also eine *kausale Echtzeitrealisierung* problemlos möglich.

Die FIR-Filter werden wir im Abschnitt 9.2 noch eingehend betrachten. Vorerst weiten wir die Diskussion der linearen Phase auf rekursive Systeme aus. Für diese ist die Einhaltung der Bedingung $R(z) = R(z^{-1})$ ein kniffliges Problem.

Die Übertragungsfunktion $R(z)$ in (9.20) ist ein Polynomquotient gemäss (5.16):

$$R(z) = \frac{b_0 + b_1 \cdot z^{-1} + b_2 \cdot z^{-2} + ... + b_N \cdot z^{-N}}{1 + a_1 \cdot z^{-1} + a_2 \cdot z^{-2} + ... + a_M \cdot z^{-M}} \tag{9.26}$$

Damit nun $R(z) = R(z^{-1})$ gilt, müssen die Koeffizienten des Zählerpolynoms und diejenigen des Nennerpolynoms je paarweise identisch sein. Insbesondere gilt $a_M = 1$. Man kann zeigen, dass deswegen das Produkt aller Pole gleich Eins sein muss. Wenn also ein Pol bei z_0 liegt, so muss auch ein Pol bei $1/z_0$ vorkommen. Ein stabiles System ist somit nur dadurch realisierbar, dass alle Pole auf dem Einheitskreis plaziert werden. Dies ist jedoch im Allgemeinen unerwünscht, da an solchen Stellen der Amplitudengang unendlich wird. Wenn man jedoch die Bedingung für Kausalität fallen lässt ergibt sich eine Lösung. Dazu muss man aber die *gesamte* Eingangssequenz zwischenspeichern, sie darf deshalb nur eine *endliche Länge* haben. Diese Bedingung musste beim FIR-System nicht gestellt werden (dort ist die Impulsantwort endlich lange, nicht die Eingangssequenz).

Die Eingangssequenz sei nun eine endliche Folge von reellen Zahlen:

$$x[n] = [x_0, x_1, x_2, ... , x_N]$$

Die r-Operation (r = reverse) kehrt die Reihenfolge der Abtastwerte um:

$$x_r[n] = [x_N, x_{N-1}, ... , x_1, x_0]$$

Diese Operation kann man natürlich nur durchführen, wenn die gesamte Eingangssequenz bekannt ist. Für die z-Transformierte gilt:

$$x[n] \quad \circ\!\!-\!\!\circ \quad X(z) = \sum_{n=0}^{N} x[n] \cdot z^{-n}$$

Gegenüber der Definitionsgleichung (4.46) wurde die obere Summationsgrenze modifiziert, da es sich jetzt um eine endliche Sequenz handelt. Nun setzen wir wieder N gerade voraus und wechseln auf eine symmetrische Summation:

$$x[n] \quad \circ\!\!-\!\!\circ \quad X(z) = \sum_{n=-N/2}^{N/2} x[n+N/2]\cdot z^{-(n+N/2)} = z^{-N/2}\cdot \sum_{n=-N/2}^{N/2} x[n+N/2]\cdot z^{-n}$$

Für die umgekehrte Sequenz gilt mit $x_r[n] = x[N-n]$:

$$X_r(z) = z^{-N/2}\cdot \sum_{n=-N/2}^{N/2} x_r[n+N/2]\cdot z^{-n} = z^{-N/2}\cdot \sum_{n=-N/2}^{N/2} x[N-(n+N/2)]\cdot z^{-n}$$

$$= z^{-N/2}\cdot \sum_{n=-N/2}^{N/2} x[N/2-n]\cdot z^{-n}$$

Nun setzen wir $m = -n$ und nutzen aus, dass die Reihenfolge der Summanden beliebig ist. Wir erhalten in Übereinstimmung mit (2.52):

$$X_r(z) = z^{-N/2}\cdot \sum_{m=+N/2}^{-N/2} x[N/2+m]\cdot z^m = z^{-N/2}\cdot \sum_{m=-N/2}^{N/2} x[m+N/2]\cdot z^m = X(z^{-1}) \quad (9.27)$$

> *Ersetzt man in einer z-Transformierten X(z) überall z durch z^{-1},*
> *so bedeutet dies eine Zeitumkehr der Sequenz x[n].*

Leicht einzusehen sind die nachstehenden Eigenschaften:

Umkehr einer Summe: $[A(z)+B(z)]_r = A_r(z)+B_r(z)$ (9.28)

Umkehr eines Produktes: $[A(z)\cdot B(z)]_r = A_r(z)\cdot B_r(z)$ (9.29)

Umkehr der Umkehr: $[A_r(z)]_r = A(z)$ (9.30)

Ein IIR-System mit der Phasenverschiebung Null hat nun eine der beiden Strukturen gemäss Bild 9.11.

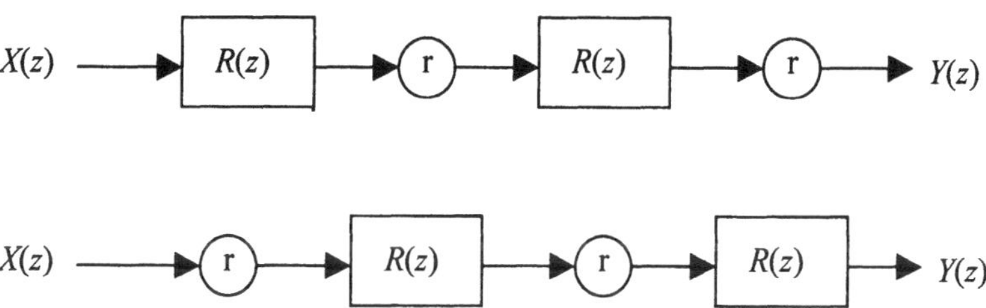

Bild 9.11 Akausale rekursive Systeme mit Phasenverschiebung Null.
Die Kreise mit dem r symbolisieren eine Zeitumkehr.

Mit den Gleichungen (9.27) bis (9.30) lassen sich die Blockschaltbilder in Bild 9.11 leicht analysieren:

$$Y(z) = \left\{ [X(z) \cdot R(z)]_r \cdot R(z) \right\}_r = \left\{ [X(z) \cdot R(z)]_r \right\}_r \cdot \left\{ R(z) \right\}_r$$
$$= X(z) \cdot R(z) \cdot R(z^{-1})$$

Die Übertragungsfunktion und der Frequenzgang lauten:

$$H(z) = R(z) \cdot R(z^{-1})$$

$$(9.31)$$

$$H(e^{j\Omega}) = R(e^{j\Omega}) \cdot R(e^{-j\Omega}) = \left| R(e^{j\Omega}) \right|^2$$

Der Frequenzgang ist also tatsächlich reell und damit ist die Phasenverschiebung Null. Bemerkenswert ist aber doch, dass $R(e^{j\Omega})$ in Bild 9.11 eine nichtlineare Phasenverschiebung aufweisen darf, $H(e^{j\Omega})$ des Gesamtsystems aber trotzdem reell wird.

Allerdings haben wir noch eine Zeitvorverschiebung in Form des Terms z^L unterschlagen. L bedeutet jetzt aber nicht die halbe Länge des Filters, sondern die halbe Länge der Eingangssequenz. Tatsächlich muss man aber eine Verzögerung um die gesamte Sequenzlänge durchführen, damit die Zeitumkehr überhaupt machbar ist und man mit der Filterung beginnen kann. Bei langen Sequenzen wird also der Speicheraufwand gross. Natürlich muss man die reversierte Sequenz nicht separat speichern, sondern man liest den Speicher in umgekehrter Richtung.

Für Echtzeitanwendungen ist diese Methode also nur dann geeignet, wenn die Eingangsdaten blockweise anfallen und die lange Verzögerungszeit in Kauf genommen werden kann. Linearphasige FIR-Systeme haben diese Einschränkung nicht.

Häufig kann man aber auf die Kausalität verzichten, z.B. bei der Aufbereitung von Messdaten. Falls die Signale nicht zeitabhängige, sondern z.B. ortsabhängige Funktionen sind wie in der Bildverarbeitung, so hat die Kausalität ohnehin keine Bedeutung. Die prominenteste Anwendung der linearphasigen Filterung nach Bild 9.11 dürfte bei den Sound-Editoren liegen, die ein auf einer Harddisk gespeichertes Musikstück modifizieren.

Braucht man die Kausalität nicht zu beachten, dann kann man die Daten wie oben beschrieben blockweise verarbeiten. Eine blockweise Verarbeitung haben wir bereits bei der Spektralanalyse mittels FFT angetroffen. Tatsächlich kann man auch damit eine akausale Filterung und somit auch ein System mit Phase Null realisieren. Als Beispiel soll ein Tiefpass dienen:

- Die endlich lange Eingangssequenz wird mit der FFT transformiert. Dabei soll man das Rechteck-Window anwenden und eine allfällige Unstetigkeit bei der periodischen Fortsetzung mit Zero-Padding vermeiden, vgl. Abschnitt 4.4.6.

- Die hohen Spektralanteile Null setzen.

- Mit inverser FFT das gefilterte Signal im Zeitbereich berechnen.

Das Bild 9.12 zeigt die Signale einer solchen Filterung. Oben ist das Eingangssignal abgebildet, in der Mitte das Ausgangssignal nach einem Filter nach Bild 9.11 oben und unten das

Signal nach der FFT-Filterung. Diese Filter sind akausal, dafür aber nicht nur linearphasig sondern sogar nullphasig. Dies erkennt man daran, dass die Grundschwingung durch das Filter keine Verzögerung erfährt.

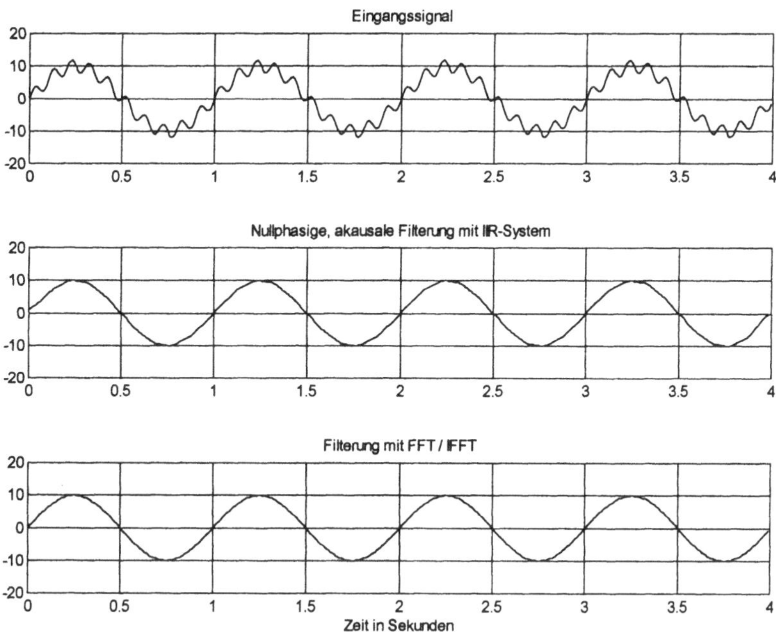

Bild 9.12 Nullphasige, akausale Filterung mit IIR-System bzw. FFT/IFFT

Man kann also die FFT auch als Filter auffassen. Im Abschnitt 4.4 haben wir diese Anschauung bereits benutzt.

9.2 FIR-Filter (Transversalfilter)

9.2.1 Einführung

FIR-Filter sind nichtrekursive Systeme und werden meistens in der Transversalstruktur nach Bild 5.21 realisiert. Häufig werden darum etwas salopp die Ausdrücke „FIR-Filter", „nichtrekursives Digitalfilter" und „Transversalfilter" als Synonyme verwendet. FIR-Filter sind ein Spezialfall der LTD-Systeme, indem keine Rückführungen sondern nur *feed-forward*-Pfade existieren. Konsequenzen:

- FIR-Filter haben keine Pole, sondern nur Nullstellen. Eine digitale Simulation analoger Systeme durch „mapping" (Transformation des Pol-Nullstellen-Schemas vom s- in den z-Bereich) ist darum nicht möglich. Für die Filtersynthese muss man deshalb grundsätzlich andere Methoden als bei den IIR-Filtern anwenden. (Genau betrachtet hat ein FIR-Filter auch Pole, diese befinden sich aber unveränderbar im Ursprung und beeinflussen darum den Frequenzgang nicht, vgl. Abschnitt 5.6).

- FIR-Filter sind stets stabil. Dies ist ein Vorteil für die Anwendung in adaptiven Systemen.

- FIR-Filter reagieren auf Rundungen der Koeffizienten toleranter als IIR-Filter. Deshalb kann man FIR-Filter mit hunderten von Verzögerungsgliedern bzw. *Taps* (Abgriffen) realisieren.

- Bei FIR-Filtern treten keine Grenzzyklen auf (vgl. Abschnitt 5.10.4).

- FIR-Filter benötigen für eine bestimmte Flankensteilheit eine grössere Ordnung und damit auch mehr Aufwand (Hardware- bzw. Rechenaufwand) als IIR-Filter. Dies ist etwas nachteilig bei adaptiven Systemen, da mehr Koeffizienten berechnet werden müssen (eine Zwischenstellung nehmen die IIR-Abzweig- und Kreuzglied-Strukturen ein, Bilder 5.22 und 5.23).

FIR-Filter setzt man stets dort ein, wo ein linearer Phasengang im Durchlassbereich erwünscht ist. Dies ist gemäss Abschnitt 9.1.6 auch kausal einfach zu erreichen. Da der Nachteil der gegenüber IIR-Filtern höheren Systemordnung bei der Leistungsfähigkeit heutiger Signalprozessoren nicht mehr so stark ins Gewicht fällt, spielen heute die FIR-Filter eine wichtigere Rolle als die IIR-Filter.

Drei Methoden stehen zur Synthese (Bestimmen der Länge N und der Koeffizienten b_i) von FIR-Filtern im Vordergrund:

- Entwurf im Zeitbereich: Annäherung der Impulsantwort: Fenstermethode ($\rightarrow$ 9.2.3)

- Entwurf im Frequenzbereich: Annäherung des Amplitudenganges: Frequenz-Abtastung ($\rightarrow$ 9.2.4)

- Entwurf im z-Bereich: direkte Synthese: Approximationsmethode ($\rightarrow$ 9.2.5)

Bei den FIR-Filtern nach den ersten beiden Entwurfsverfahren entwirft man (wie bei den IIR-Filtern) zuerst einen Tiefpass und transformiert diesen danach in einen Hochpass, einen Bandpass oder eine Bandsperre ($\rightarrow$ 9.2.6).

9.2.2 Die 4 Typen linearphasiger FIR-Filter

FIR-Filter mit linearem Phasengang sind spezielle (aber häufig benutzte) FIR-Filter. In diesem Abschnitt untersuchen wir die Bedingungen für diesen Spezialfall.

Linearphasigkeit bedeutet, dass das System eine konstante Gruppenlaufzeit aufweist, was z.B. eine verzerrungsfreie Übertragung ermöglicht, vgl. Abschnitt 3.13.

Im Abschnitt 9.1.6 haben wir hergeleitet, dass für eine Linearphasigkeit die FIR-Filterkoeffizienten paarweise symmetrisch sein müssen. Ausgegangen sind wir dabei vom stets konjugiert komplexen Frequenzgang $H(e^{j\Omega})$. Beim Spezialfall eines reellen und damit auch geraden Frequenzganges wird die Phase konstant Null und die Gruppenlaufzeit somit ebenfalls konstant Null. Die Akausalität lässt sich verhindern, indem man eine Verzögerung um die halbe Länge der Stossantwort einführt. Dies ist einfach machbar, da ja die Stossantwort der FIR-Filter stets endlich lange ist. Die Auswirkung davon besteht in einer linearen Phase und immer noch konstanten Gruppenlaufzeit (mit einem Wert grösser Null).

Die Verzögerung zur Sicherstellung der Kausalität ist nur rechnerisch notwendig, bei der tatsächlichen Implementierung erfolgt sie ganz automatisch: man muss lediglich die Koeffizienten der Transversalstruktur nach Bild 5.21 zuweisen und das Filter arbeiten lassen. Dieses Filter kann in der implementierten Version gar nicht akausal arbeiten.

Die Aufgabe besteht demnach darin, ein FIR-Filter mit einem reellen und geraden Frequenzgang zu entwerfen. Die entsprechende Stossantwort weist eine gerade Symmetrie auf, vgl. Tabelle 2.1. Bei einem FIR-Filter entsprechen die Abtastwerte der Stossantwort den Filterkoeffizienten (vgl. Abschnitt 5.3), damit haben wir wieder die bereits erwähnte Symmetrie der Filterkoeffizienten.

Es existiert aber noch eine zweite Möglichkeit: statt von einem reellen Frequenzgang kann man auch von einem rein imaginären und damit ungeraden $H(e^{j\Omega})$ ausgehen. Die Phase beträgt dann konstant $\pi/2$ oder $-\pi/2$. Aus den Symmetriebeziehungen der Tabelle 2.1 folgt, dass die Impulsantwort in diesem Falle reell und ungerade (punktsymmetrisch, antisymmetrisch) sein muss. Auch hier wird eine Verzögerung um die halbe Filterlänge benötigt, um ein kausales System zu erhalten.

Eine weitere Unterscheidung muss man vornehmen aufgrund der Ordnung des Filters. Je nach dem, ob die Ordnung gerade oder ungerade ist, ergibt sich ein ganz anderes Verhalten. Ein FIR-Filter der Ordnung N hat nämlich maximal N Nullstellen im Frequenzgang. Es gibt nun Fälle, wo zwangsläufig eine Nullstelle bei $\omega = 0$ oder $\omega = 2\pi \cdot f_A/2 = \pi/T$ zu liegen kommt. Mit einem solchen System lassen sich demnach weder Tiefpässe noch Bandsperren realisieren (die Berechnungen dazu folgen später). Zweckmässigerweise normiert man die ω-Achse auf f_A, welche danach den Bereich $-\pi \ldots +\pi$ überstreicht.

Wir unterscheiden also 4 Typen linearphasiger FIR-Filter gemäss Tabelle 9.5. Bild 9.13 zeigt je ein Beispiel für die Impulsantwort.

Tabelle 9.5 Klassierung der 4 Typen linearphasiger FIR-Filter

Typ	Imp.antw. $h[n]$ sym.	- antisym.	Filterordn. N gerade	- unger.	Freq.gang $H(e^{j\Omega})$ reell	imaginär	$\left\|H(e^{j\Omega})\right\|=0$ bei $\Omega=0$	$\pm\pi$	mögliche Filter
1	X		X		X				alle
2	X			X	X			X	TP, BP
3		X	X			X	X	X	BP
4		X		X		X	X		HP, BP

Bemerkungen zur Tabelle 5.2 und Bild 9.13:

- Für die Länge L der Impulsantwort gilt: $L = N+1$, N = Filterordnung.

- Eigentlich sind diese Filter mehr als linearphasig, nämlich sogar nullphasig. Dafür sind sie akausal. Verzögert man das Ausgangssignal um die halbe Länge der Impulsantwort, so ergibt sich ein kausales linearphasiges System.

- Die in der Tabelle angegebenen Nullstellen sind zwangsläufig. Daraus ergibt sich direkt die letzte Kolonne der Tabelle. Weitere Nullstellen sind wählbar. Bei allen Nullstellen tritt im Phasengang ein Sprung um $\pm\pi$ auf. Dies ist auch aus dem PN-Schema Bild 5.14 ersichtlich.

- Für die Berechnung der Gruppenlaufzeit muss man den Phasengang ableiten. An den Stellen mit Phasensprüngen entstehen dabei Diracstösse. Diese muss man aber nicht berücksichtigen, da dort ja der Amplitudengang verschwindet.

- Bandsperren kann man nur mit FIR-Filtern vom Typ 1 realisieren. Eine weitere Möglichkeit besteht in der Kaskade eines Tiefpasses (Typ 1 oder 2) und eines Hochpasses (Typ 1 oder 4).

- Allpässe kann man nicht mit FIR-Filtern realisieren, denn dazu müssten ja noch Pole ausserhalb des Ursprungs vorhanden sein.

- Nicht in allen Büchern wird dieselbe Numerierung der Filtertypen wie in Tabelle 9.5 benutzt. Bei Vergleichen wird man dadurch leicht irregeführt.

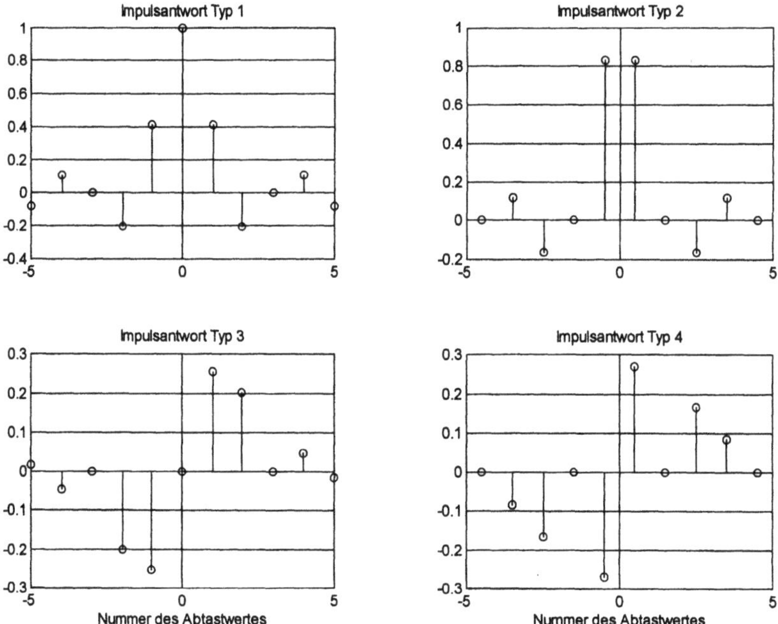

Bild 9.13 Beispiele für Impulsantworten der 4 linearphasigen FIR-Prototypen

Die letzten beiden Kolonnen der Tabelle 9.5 kann man aufgrund der Frequenzgänge ausfüllen. Diese Frequenzgänge muss man für jeden Filtertyp separat berechnen, wobei die Symmetrie bzw. Antisymmetrie der Koeffizienten zu berücksichtigen ist. Als Beispiel dient nachstehend der Frequenzgang des FIR-Filters Typ 1. Für die andern Typen wird nur noch das Resultat angegeben, die Berechnung erfolgt analog dem Beispiel.

Zuerst führen wir die Hilfsgrösse M ein:

Typ 1 und 3: $\quad M = (L-1)/2 = N/2 \quad$ für N (Filterordnung) gerade und L (Länge der Impulsantwort) ungerade

Typ 2 und 4: $\quad M = L/2 = (N+1)/2 \quad$ für N ungerade und L gerade

akausale Impulsantwort und Frequenzgang Typ 1:

$$h[n] = b_M \cdot \delta[n+M] + b_{M-1} \cdot \delta[n+M-1] + \ldots$$
$$+ b_1 \cdot \delta[n+1] + b_0 \cdot \delta[n] + b_1 \cdot \delta[n-1] + \ldots + b_M \cdot \delta[n-M]$$

Der Frequenzgang ergibt sich aus obiger Impulsantwort mit Gleichung (5.18). Dank der Symmetrie der Koeffizienten kann man je zwei Summanden zusammenfassen. Weiter lässt sich die Formel von Euler anwenden:

$$H(e^{j\Omega}) = \sum_{i=-M}^{M} b_i \cdot e^{-ij\Omega} = b_0 + \sum_{i=1}^{M} b_i \cdot \left(e^{ij\Omega} + e^{-ij\Omega}\right) = b_0 + 2 \cdot \sum_{i=1}^{M} b_i \cdot \cos(i\Omega)$$

Dieser Frequenzgang ist wie gewünscht reell und gilt für das akausale FIR-Filter, da $M = N/2$ Werte der Impulsantwort vor dem Zeitnullpunkt auftreten. Ein kausales Filter erhält man, indem man die Impulsantwort um die halbe Filterlänge verzögert. Dies ist bei einem FIR-Filter mit seiner definitionsgemäss endlichen Impulsantwort stets möglich. Im Frequenzgang zeigt sich diese Verzögerung durch einen komplexen Faktor gemäss (4.54) und (4.52). Als Resultat ergibt sich:

$$\text{\textit{Frequenzgang Typ 1:}} \qquad H_1(e^{j\Omega}) = e^{-j\frac{N}{2}\Omega} \cdot \left[b_0 + 2 \cdot \sum_{i=1}^{N/2} b_i \cdot \cos(i\Omega) \right] \tag{9.32}$$

Innerhalb der eckigen Klammer steht ein rein reeller Frequenzgang. Vor der eckigen Klammer steht die Verzögerung um die halbe Filterlänge.

Frequenzgang Typ 2:

Die Rechnung wird genau gleich durchgeführt, b_0 fällt aber weg (vgl. Bild 9.13 oben rechts). Zudem muss man noch berücksichtigen, dass die einzelnen Abtastwerte der Impulsantwort um ein *halbes* Abtastintervall verschoben sind. Setzt man $\Omega = \omega T = \pi$ (halbe Abtastfrequenz = Nyquistfrequenz), so ergibt sich wegen der cos-Funktion $H(\Omega = \pi) = 0$. An dieser Stelle *muss* deshalb ein Phasensprung um π auftreten.

$$\textit{Frequenzgang Typ 2:} \qquad H_2(e^{j\Omega}) = e^{-j\frac{N}{2}\Omega} \cdot \left[2 \cdot \sum_{i=1}^{(N+1)/2} b_i \cdot \cos((i-0.5)\Omega) \right] \qquad (9.33)$$

$$\textit{Frequenzgang Typ 3:} \qquad H_3(e^{j\Omega}) = e^{-j\frac{N}{2}\Omega} \cdot \left[2j \cdot \sum_{i=1}^{N/2} b_i \cdot \sin(i\Omega) \right] \qquad (9.34)$$

Setzt man $\Omega = 0$ oder $\Omega = \pi$, so wird wegen der Sinus-Funktion $H(\Omega) = 0$.

$$\textit{Frequenzgang Typ 4:} \qquad H_4(e^{j\Omega}) = e^{-j\frac{N}{2}\Omega} \cdot \left[2j \cdot \sum_{i=1}^{(N+1)/2} b_i \cdot \sin((i-0.5)\Omega) \right] \qquad (9.35)$$

Für $\Omega = 0$ *muss* der Amplitudengang verschwinden und ein Phasensprung um π auftreten.

Die eckigen Klammern der Frequenzgänge (9.32) bis (9.35) sind entweder reell (Phase konstant 0) oder imaginär (Phase konstant π oder $-\pi$). Der Phasengang eines kaskadierten Systems ergibt sich aus der Summe der Phasengänge der Teilsysteme, die Gruppenlaufzeit aus der Summe der Ableitungen der Phasengänge der Teilsysteme. Die eckigen Klammern in den obigen Gleichungen tragen demnach nichts zur Gruppenlaufzeit bei, vielmehr wird diese bestimmt durch die komplexen Faktoren $e^{-j\frac{N}{2}\Omega}$. Sie beträgt bei allen 4 linearphasigen Filtertypen:

$$\tau_{Gr} = -\frac{d}{d\omega}\frac{-N\Omega}{2} = -\frac{d}{d\omega}\frac{-N\omega T}{2} = \frac{N}{2} \cdot T \qquad (9.36)$$

FIR-Filter werden meistens in der Transversalstruktur nach Bild 5.21 realisiert. Die Übertragungsfunktion lautet nach (5.16):

$$H(z) = \sum_{i=0}^{N} b_i \cdot z^{-i} \qquad (9.37)$$

Bei linearphasigen FIR-Filtern kann man die Symmetrie der Koeffizienten ausnutzen, um die Anzahl der rechenintensiven Multiplikationen zu halbieren. Dazu fasst man in (9.37) die Koeffizienten paarweise zusammen:

Filter Typ 1 und 3:

$$H(z) = b_{m/2} \cdot z^{-\frac{m}{2}} + \sum_{i=0}^{\frac{m}{2}-1} b_i \cdot \left(z^{-1} \pm z^{-(N-i)} \right) \qquad (9.38)$$

Filter Typ 2 und 4:

$$H(z) = \sum_{i=0}^{\frac{m-1}{2}} b_i \cdot \left(z^{-1} \pm z^{-(N-i)} \right) \qquad (9.39)$$

Die Vorzeichen ergeben sich aufgrund der geraden bzw. ungeraden Symmetrie der Koeffizienten. Bild 9.14 zeigt die zu (9.38) und (9.39) gehörenden Systemstrukturen, die effizienter sind als die (allgemeinere) Transversalstruktur in Bild 5.21.

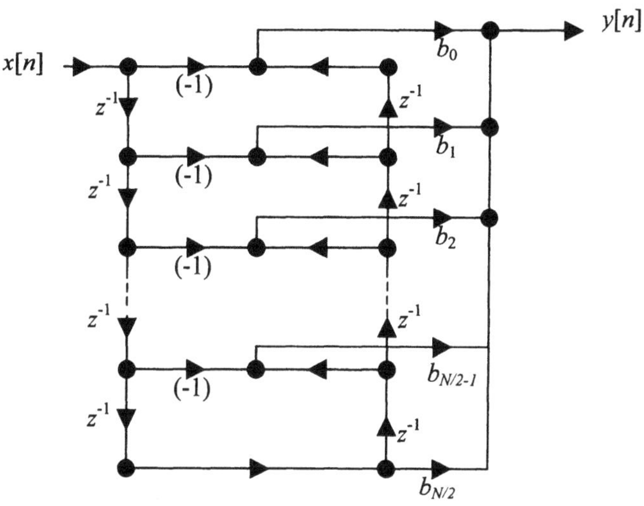

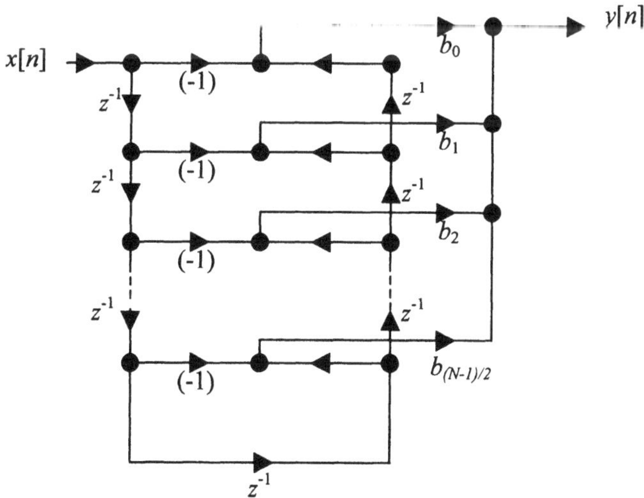

Bild 9.14 Systemstrukturen für linearphasige FIR-Filter
Oben: Filter Typ 1 und 3 (Typ 3 mit den Multiplikationen (–1))
Unten: Filter Typ 2 und 4 (Typ 4 mit den Multiplikationen (–1))

9.2.3 Filterentwurf mit der Fenstermethode

Dieser Ausdruck ist ein Sammelbegriff für mehrere verwandte Methoden. Mit der Fenstermethode nähert man die Impulsantwort des FIR-Filters einem gewünschten Vorbild an. Im Abschnitt 5.3 haben wir bereits gesehen, dass die Koeffizienten des FIR-Filters bis auf den Faktor T gerade den Abtastwerten der Impulsantwort entsprechen. Das Fensterverfahren ist darum naheliegend.

Im Allgemeinen ist die Impulsantwort des gewünschten Systems unendlich lang, z.B. wenn man ein analoges System mit einem FIR-Filter digital simulieren möchte. Auf jeden Fall muss aber die gewünschte Impulsantwort abklingen, also zu einem strikt stabilen System gehören. (Bedingt stabile Systeme wie der Integrator haben einen Pol auf dem Einheitskreis und deswegen eine unendlich lange, aber wenigstens nicht anschwellende Impulsantwort. Diese überfordert aber jedes FIR-Filter.)

Die Idee der Fenstermethode ist einfach: Man nimmt die gewünschte abklingende Impulsantwort, tastet sie ab und schneidet einen „relevanten" Bereich davon aus. Die Abtastwerte multipliziert mit T ergeben direkt die Filterkoeffizienten.

Die Zeitdauer der Impulsantwort beträgt NT Sekunden. Das Abtastintervall T ergibt sich aus der Bandbreite der Signale. Die Filterlänge N legt man so fest, dass das Zeitfenster genügend lange wird. FIR-Filter kann man wegen ihrer inhärenten Stabilität und Unempfindlichkeit gegenüber Koeffizientenquantisierung mit hunderten von Koeffizienten realisieren.

Das Vorgehen ist demnach folgendermassen:

- T festlegen und die gewünschte Impulsantwort $h(t)$ abtasten, dies ergibt $h[n]$, $n = -\infty \ldots \infty$.

- Den relevanten Anteil von $h[n]$ ausschneiden, daraus ergibt sich N. Die Koeffizienten des FIR-Filters lauten (vgl. Abschnitt 5.3):

$$\boxed{b[n] = T \cdot h[n]} \tag{9.40}$$

- Die Koeffizienten mit einer Fensterfunktion gewichten (vgl. später).

Ausgangspunkt des Fensterverfahrens ist die gewünschte Impulsantwort. Falls aber der Frequenzgang vorgegeben ist, muss man zuerst daraus die Impulsantwort bestimmen. Dazu gibt es mehrere Möglichkeiten, vgl. auch Bild 9.28:

- Mit inverser Fourier-Transformation, es ergibt sich das *Signal* $h(t)$.

- Mit inverser FTA bzw. Fourier-Reihentwicklung des Frequenzganges. Es ergibt sich direkt die *Sequenz* $h[n]$. Diese Methode werden wir noch genauer betrachten.

- Durch Abtasten des Frequenzganges und inverser DFT. Es ergibt sich ebenfalls die *Sequenz* $h[n]$. Dies stellt ein Gemisch mit dem Frequenzabtastverfahren dar (Abschnitt 9.2.4).

Der Ausgangspunkt der Methode 2 (inverse FTA) ist der bei linearphasigen Filtern rein reelle oder rein imaginäre Frequenzgang $H_d(j\omega)$ des gewünschten (d = desired) Filters. Ein zeitdiskretes Filter hat jedoch stets einen periodischen Frequenzgang $H(e^{j\Omega})$. Dieser entsteht aus $H_d(j\omega)$ durch Abtasten von $h_d(t)$ zu $h[n]$, entsprechend einer periodischen Fortsetzung von $H_d(j\omega)$ mit $f_A = 1/T$ bzw. $\omega_A = 2\pi/T$ und nach Gleichung (4.13) mit einer Gewichtung von $1/T$. Bild 9.15 zeigt dies für einen idealen Tiefpass als Vorgabe.

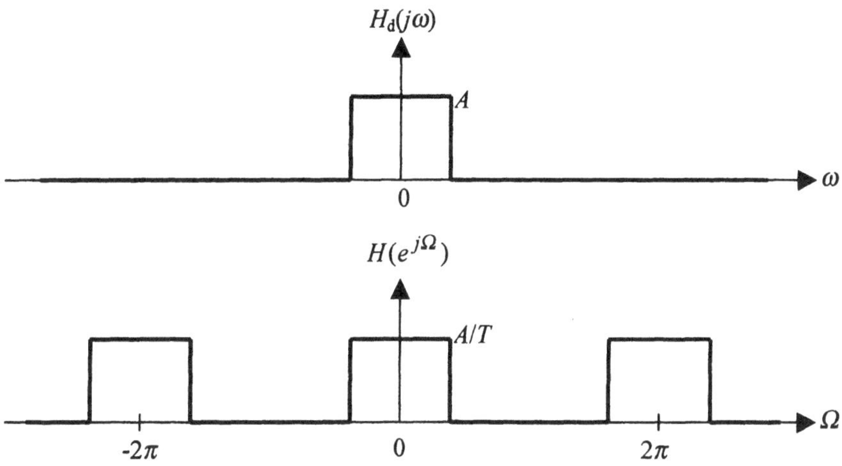

Bild 9.15 Frequenzgang $H_d(j\omega)$ des gewünschten Systems (oben) und dessen periodische Fortsetzung (unten), entstanden durch Abtasten von $h_d(t)$. Vgl. auch mit Bild 4.4.

Nun gehen wir wiederum von einem reellen Frequenzgang aus. Den periodischen, geraden und reellen Frequenzgang $H(e^{j\Omega})$ (das ist der Amplitudengang des diskreten nullphasigen Systems) kann man mit der inversen FTA nach (4.12) in die Sequenz $h[n]$ transformieren. Dies ist nichts anderes als eine Fourier-Reihenentwicklung, wobei $h[n]$ die Folge der Fourier-Koeffizienten im *Zeit*bereich darstellt, vgl. Abschnitt 4.7.1:

$$h[n] = \frac{T}{2\pi} \int_{-\pi/T}^{\pi/T} H(e^{j\Omega}) \cdot e^{jn\Omega} d\omega \tag{9.41}$$

Da nur über eine einzige Periode integriert wird, kann man $H(e^{j\Omega})$ durch $H_d(j\omega)$ ersetzen. Dabei muss man den Faktor $1/T$ aus Bild 9.15 berücksichtigen:

$$h[n] = \frac{T}{2\pi} \int_{-\pi/T}^{\pi/T} H(e^{j\Omega}) \cdot e^{jn\Omega} d\omega = \frac{T}{2\pi} \int_{-\pi/T}^{\pi/T} \frac{1}{T} \cdot H_d(j\omega) \cdot e^{jn\omega T} d\omega$$

$$= \frac{1}{2\pi} \int_{-\pi}^{\pi} H_d(j\omega T) \cdot e^{jn\omega T} d\omega T = \frac{1}{2\pi} \int_{-\pi}^{\pi} H_d(j\Omega) \cdot e^{jn\Omega} d\Omega \tag{9.42}$$

$$T \cdot h[n] = b[n] = \frac{T}{2\pi} \int_{-\pi}^{\pi} H_d(j\Omega) \cdot e^{jn\Omega} d\Omega \qquad (9.43)$$

Da $H_d(j\omega)$ und die Sequenz $b[n]$ reell und gerade sind, kann man (9.43) modifizieren:

$$b[n] = b[-n] = \frac{T}{\pi} \int_{0}^{\pi/T} H_d(j\omega) \cdot \cos(n\omega T) d\omega \qquad (9.44)$$

Diese $b[n]$ stellen die Filterkoeffizienten nach (9.40) dar. n überstreicht dabei den Bereich von $-M \dots +M$, das Filter hat eine Länge von $L = 2M+1$.

Wenn der gewünschte Amplitudengang durch die endliche Fourier-Reihe mit N Gliedern nicht genau dargestellt wird, so hat man aufgrund der Orthogonalität der Fourier-Reihe wenigstens eine Näherung nach dem kleinsten Fehlerquadrat. Die erste Periode von $H(e^{j\Omega})$ ist somit die Annäherung an den gewünschten Amplitudengang $H_d(j\omega)$. Die Periodenlänge vergrössert man durch Verkürzen des Abtastintervalles T. Die Approximation lässt sich verbessern durch Vergrössern von N.

Bild 9.16 zeigt das Vorgehen nochmals. Als Beispiel betrachten wir den Tiefpass, dessen Amplitudengang in Bild 9.15 oben gezeichnet ist. Die Impulsantwort hat den bekannten $\sin(x)/x$-Verlauf, der in Bild 9.16 a) gezeichnet ist. Diese abklingende Impulsantwort wird abgetastet (Teilbild b)) und danach die resultierende Sequenz auf eine endliche Länge beschnitten, Teilbild c). Schliesslich wird sie um die halbe Länge verschoben, Teilbild d), was aus dem akausalen nullphasigen System ein kausales und linearphasiges FIR-Filter entstehen lässt.

Nun führen wir dies an einem konkreten Beispiel aus. Gesucht ist ein linearphasiges FIR-Tiefpassfilter mit 8 kHz Abtastfrequenz und einer Durchlassverstärkung von 1 im Bereich bis 1 kHz. Die Impulsantwort dieses Filters lautet nach Abschnitt 2.3.7 (zweitletzte Zeile der Korrespondenztabelle):

$$h(t) = \frac{\omega_g}{\pi} \cdot \frac{\sin(\omega_g t)}{\omega_g t} \qquad (9.45)$$

Die abgetastete Impulsantwort lautet:

$$h[n] = \frac{\omega_g}{\pi} \cdot \frac{\sin(\omega_g nT)}{\omega_g nT} \quad ; \quad n = -\frac{N}{2} \dots \frac{N}{2} \qquad (9.46)$$

Diese Impulsantwort ist begrenzt und akausal, entspricht also dem Teilbild c) von Bild 9.16. Für den Amplitudengang spielt die Verschiebung jedoch keine Rolle. Die Filterkoeffizienten lauten demnach:

$$b[n] = T \cdot h[n] = \frac{T \cdot \omega_g}{\pi} \cdot \frac{\sin(\omega_g nT)}{\omega_g nT} \quad ; \quad n = -\frac{N}{2} \dots \frac{N}{2} \qquad (9.47)$$

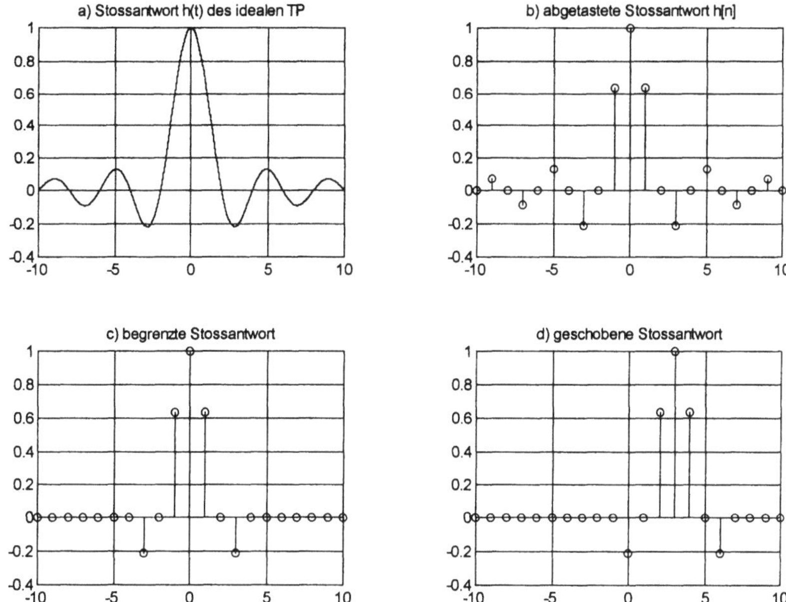

Bild 9.16 Modifikation der Stossantwort zur Synthese linearphasiger kausaler FIR-Filter

Bild 9.17 zeigt die Auswertung dieser Gleichung für verschiedene Filterordnungen N. Auffallend ist die Tatsache, dass auch bei beliebiger Erhöhung der Ordnung die Überschwinger an den Kanten nicht wegzukriegen sind. Vielmehr weisen die Überschwinger eine Amplitude von 9% der Sprunghöhe auf. Dies ist das sog. Gibb'sche Phänomen, das schon seit weit über 100 Jahren bekannt ist (wie haben die das bloss gemacht ohne Computer?) und natürlich auch bei den „konventionellen" Fourier-Reihen im Zeitbereich auftritt. Im Abschnitt 2.2.1 wurde das Gibb'sche Phänomen lediglich kurz erwähnt.

Die Ursache des Gibb'schen Phänomens liegt im *harten* Beschneiden der Impulsantwort. Die Abhilfe ist somit naheliegend: man muss die Impulsantwort weich beschneiden. Dies geschieht mit den aus der FFT bekannten Fenstern wie Hanning, Kaiser-Bessel usw. Man berechnet also die Filterkoeffizienten wie in (9.47) und gewichtet sie mit der Fenstersequenz $w[n]$ (elementweise Multiplikation, nicht Matrixmultplikation!).

$$\text{FIR-Tiefpass-Koeffizienten:} \qquad b_{TP}[n] = \frac{\Omega_g}{\pi} \cdot \frac{\sin(n \cdot \Omega_g)}{n \cdot \Omega_g} \cdot w[n] \quad ; \quad n = -\frac{N}{2} \dots \frac{N}{2} \qquad (9.48)$$

Anmerkung zu (9.48): $b_{TP}[n]$ ist die Folge der Koeffizienten des akausalen, nullphasigen Tiefpasses mit reellem Frequenzgang. n überstreicht die Werte $-N/2, \dots, -2, -1, 0, 1, 2, \dots, N/2$ für Filter vom Typ 2 und 4 bzw. $-N/2, \dots, -1.5, -0.5, 0.5, 1.5, \dots, N/2$ für Filter vom Typ 1 und 3. Numeriert man diese Koeffizienten um von 0, ... , N für die Strukturen in Bild 5.21 oder 9.14, so erhält man automatisch das entsprechende kausale und linearphasige Filter.

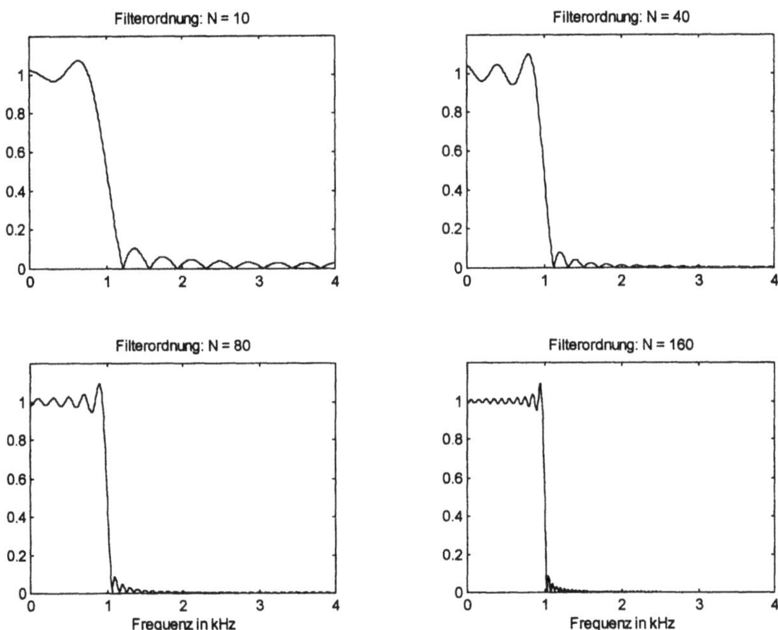

Bild 9.17 Amplitudengänge von FIR-Tiefpässen mit dem Gibb'schen Phänomen

Das Gibb'sche Phänomen hat seine Ursache darin, dass in (9.48) zwei Sequenzen miteinander multipliziert werden. Im Falle der harten Beschneidung ist $w[n]$ eine Rechteckfunktion. Diese Multiplikation bedeutet eine Faltung der Spektren, wobei die Vor- und Nachschwinger der $\sin(x)/x$-Funktion zu den Überschwingern im Amplitudengang führen.

Die Fensterfunktionen $w[n]$ sind in Tabelle 4.2 aufgelistet. Bei der Anwendung in FIR-Filtern benutzt man genau diese Funktionen, *ohne* Skalierung nach Tabelle 4.3. Das kann man sich einfach erklären durch die Betrachtung des DC-Wertes des Amplitudenganges des Tiefpass-Filters in Bild 9.17. Die Frequenz $f = 0$ soll mit der Verstärkung 1 das Filter passieren. Mit Gleichung (5.18) heisst dies für $\Omega = 0$:

$$H(e^{j0}) = \sum_{i=0}^{N} b_i = 1 \tag{9.49}$$

Die Summe der Koeffizienten muss also 1 ergeben. Werden die Koeffizienten mit einem Fenster gewichtet, so muss die Summe der Fensterkoeffizienten also ebenfalls 1 ergeben. Dies ist für alle Fenster in Tabelle 4.2 erfüllt. Die Kunst des Fenster-Designs besteht also „lediglich" darin, ein geeignetes Verhältnis der Koeffizienten zu finden. Nachher werden die Koeffizienten so skaliert dass

- die Summe der Koeffizienten 1 ergibt (für FIR-Filter und zur FFT-Analyse nichtperiodischer Signale, Abschnitt 4.4.4) oder

- der erste Koeffizient 1 ergibt (zur FFT-Analyse quasiperiodischer Signale, Abschnitt 4.4.3).

Bild 9.18 zeigt den Amplitudengang in dB des Tiefpassfilters aus Bild 9.17 mit der Ordnung 40, aber verschiedenen Windows.

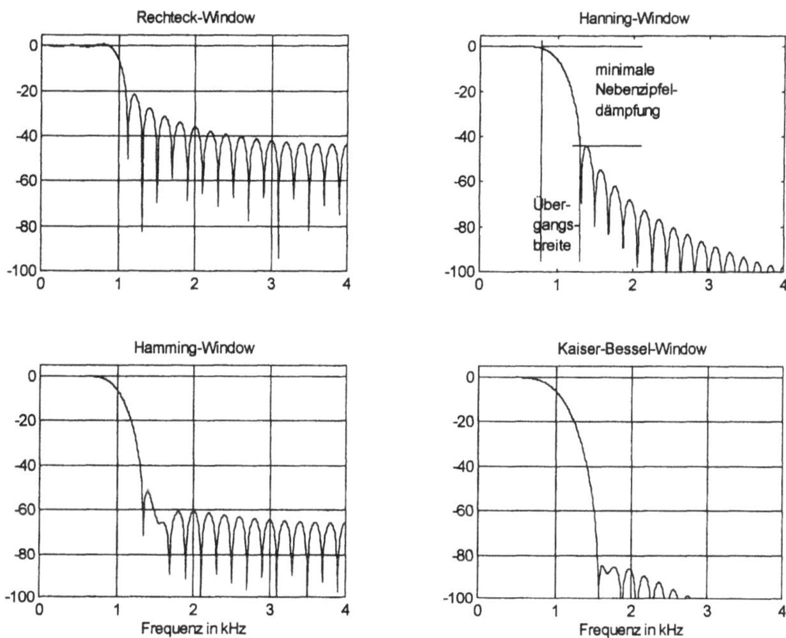

Bild 9.18 FIR-Tiefpässe der Ordnung 40 mit verschiedenen Windows (Amplitudengänge in dB)

Die Windows bringen das Gibb'sche Phänomen zum Verschwinden, allerdings auf Kosten der Übergangssteilheit und der Dämpfung im Sperrbereich. Mit grösserer Ordnungszahl lassen sich die Kurven verbessern, jetzt aber auf Kosten des Aufwandes und der Verzögerungszeit. Das Window muss man demnach dem jeweiligen Anwendungsfall anpassen. Charakteristisch für die Windows sind hier zwei Grössen, die beim Teilbild oben rechts in Bild 9.18 eingezeichnet und in Tabelle 9.6 für verschiedene Windows spezifiziert sind:

- Minimale Nebenzipfeldämpfung (normalerweise ist dies das Maximum der *ersten* Neben-keule) in dB. Es handelt sich um die Dämpfung des resultierenden Filters und nicht etwa um die Nebenzipfeldämpfung des Windows selber wie in Tabelle 4.3.

- Breite des Übergangsbereiches: diese wird gemessen ab Beginn des Abfalls bis zu derjenigen Frequenz, bei der die *Haupt*keule auf den Wert der stärksten *Neben*keule abgesunken ist. Die Übergangsbreite wird auf die Abtastfrequenz $1/T$ normiert.

Tabelle 9.6 Eigenschaften der FIR-Filter mit verschiedenen Fenstern

Fenster-Typ	Übergangsbreite $\Delta\Omega$ des resultierenden Filters	minimale Nebenzipfeldämpfung in dB des resultierenden Filters
Rechteck	$\dfrac{1.8\pi}{N+1}$	21
Bartlett (Dreieck)	$\dfrac{5.6\pi}{N+1}$	25
Hanning	$\dfrac{6.2\pi}{N+1}$	44
Hamming	$\dfrac{6.6\pi}{N+1}$	53
Blackman	$\dfrac{11\pi}{N+1}$	74
Kaiser-Bessel	$\dfrac{12\pi}{N+1}$	84
Flat-Top	$\dfrac{14\pi}{N+1}$	91

Mit diesen Erkenntnissen ist es nun möglich, den FIR-Tiefpass aus dem letzten Beispiel besser zu dimensionieren. Dazu muss das Filter aber detaillierter spezifiziert sein: Gesucht ist ein linearphasiges FIR-Tiefpassfilter mit 8 kHz Abtastfrequenz und einer Durchlassverstärkung von 1 im Bereich bis 1 kHz. Ab 1.4 kHz soll das Filter mit mindestens 50 dB dämpfen. Der Übergangsbereich von 1 ... 1.4 kHz ist nicht spezifiziert.

Ein Blick auf die Tabelle 9.6 zeigt, dass die Windows nach Hamming, Blackman, Kaiser-Bessel und Flat-Top eine Sperrdämpfung von 50 dB ermöglichen. Wir entscheiden uns für das Hamming-Window, da es die Anforderung am knappsten erfüllt, dafür aber einen steileren Übergangsbereich hat und somit eine kleinere Ordnungszahl benötigt. Der normierte Übergangsbereich des gewünschten Filters beträgt:

$$\Delta\Omega = \frac{2\pi \cdot (1.4\,\text{kHz} - 1\,\text{kHz})}{8\,\text{kHz}} = 0.1 \cdot \pi$$

Für das Hamming-Window gilt nach Tabelle 9.6:

$$\Delta\Omega = \frac{6.6\pi}{N+1} = 0.1 \cdot \pi \quad \rightarrow \quad N+1 = 66 \quad \rightarrow \quad N = 65$$

Damit ist die *minimale* Filterordnung bekannt. Ein Kontrollblick auf Tabelle 9.5 zeigt, dass mit $N = 65$ ein Filter Typ 2 oder 4 entsteht. Mit dem Typ 2 ist ein Tiefpass realisierbar, also belassen wir N so und erhöhen nicht auf 66. Als Grenzfrequenz des Filters bezeichnen wir die Mitte des Übergangsbereiches, hier also 1200 Hz. Nun berechnen wir die Koeffizienten $b[n]$ nach

Gleichung (9.48) mit $\omega_g = 2\pi \cdot 1200 \ s^{-1}$ und benutzen dabei für $w[n]$ die Koeffizienten aus Tabelle 4.2. Bild 9.19 zeigt die Eigenschaften des so entworfenen Filters.

Der Amplitudengang in Bild 9.19 entspricht genau den Erwartungen. Der Phasengang sieht etwas wild aus, aber er ist tatsächlich stückweise linear. Die Sprünge um 360° entstehen aus einem sog. wrap-around, d.h. die Phase hat nur einen Wertebereich von ±180°. Die Sprünge um 180° entstehen aufgrund der Nullstellen auf dem Einheitskreis, diese Nullstellen sind aus dem Amplitudengang gut ersichtlich.

Das Teilbild oben rechts zeigt die Gruppenlaufzeit, normiert auf das Abtastintervall. Die Verzögerung beträgt also für alle Frequenzen 32.5 Abtastintervalle, was gerade der halben Filterordnung entspricht, vgl. Bild 9.16 und Gleichung (9.36).

Schliesslich zeigt das Teilbild unten rechts dasselbe Filter, jedoch mit der Ordnung 66 statt 65. Damit ist dieses Filter vom Typ 1 (mit Typ 3 lassen sich keine Tiefpässe realisieren). Der Unterschied ist nach Tabelle 9.5 bei $\Omega = \pi$, in Bild 9.19 also bei 4 kHz erkennbar: der Amplitudengang im Teilbild oben links hat dort die obligatorische Nullstelle, der Amplitudengang unten rechts jedoch nicht.

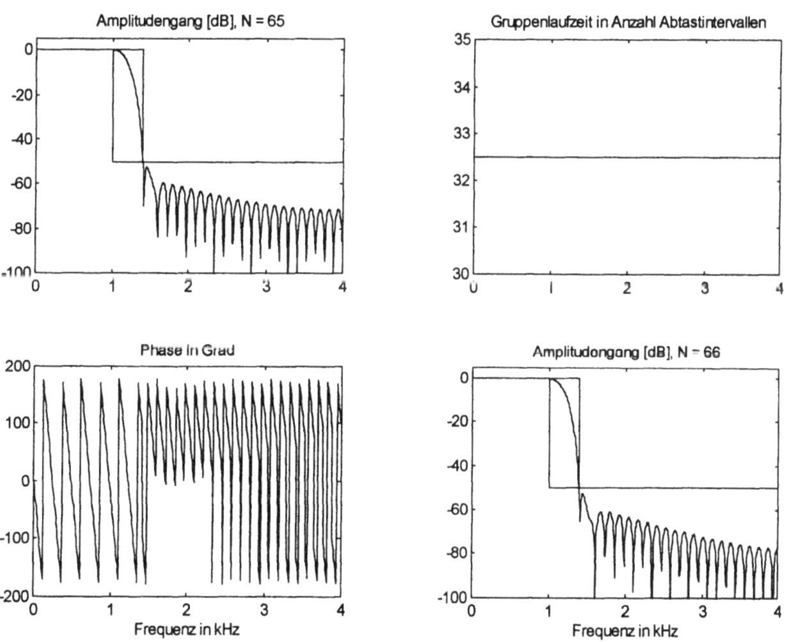

Bild 9.19 FIR-Tiefpass nach der Fenstermethode. Die Amplitudengänge sind mit dem Stempel-Matrizen-Schema ergänzt.

Die Berechnung der Filterkoeffizienten nach (9.48) hat noch eine numerische Fussangel. Für $n = 0$ wird der Computer eine Fehlermeldung zeigen, da er nicht durch 0 dividieren kann. Es gibt verschiedene Abhilfemassnahmen:

- Man weiss, dass der Grenzwert von $\sin(x)/x$ für $x \to 0$ gleich 1 ist, also setzt man diesen Wert „von Hand" ein. Dies ist natürlich nicht gerade schön, doch es funktioniert.

- Edler ist eine bessere Programmierung: MATLAB z.B. kennt den Befehl sinc für $\sin(x)/x$ und fängt die Problemstelle ab. Allerdings hat diese MATLAB-Funktion eine seltsame Argumentänderung einprogrammiert und rechnet $\sin(\pi x)/\pi x$ auf den Aufruf $\mathrm{sinc}(x)$. Wenn man dies nicht weiss, fällt man anderweitig auf die Nase. Es lohnt sich aber, den Code dieser (und auch anderer) MATLAB-Funktion zu inspizieren, um die Programmierkniffs der Profis kennen zu lernen.

- Wiederum in MATLAB: man programmiert $\sin(x+eps)/(x+eps)$. eps ist die kleinste darstellbare Zahl und bei $x = 0$ ist $\sin(eps)/eps = 1$, bei allen anderen Zahlen ergibt sich kein Unterschied zu $\sin(x)/x$.

Dieses Beispiel zeigt, dass man die schönen Computerprogramme schon ein wenig beherrschen sollte.

Der pure Theoretiker wird eine vierte Variante wählen und den heiklen Koeffizienten mit (9.49) berechnen. Das resultierende Filter wird aber leider nicht einen so schönen Amplitudengang aufweisen wie in Bild 9.19. Der Fehler liegt darin, dass wegen der Beschneidung auf eine endliche Stossantwort Gleichung (9.49) nicht mehr ganz genau stimmt, leider hat diese kleine Abweichung aber verheerende Konsequenzen. Der pure Theoretiker weiss aber auch, dass die Fourier-Koeffizienten (und die Filterkoeffizienten können als solche aufgefasst werden) orthogonal sind. Diese Eigenschaft wiederspiegelt sich in (9.48) darin, dass jeder Koeffizient unabhängig von den anderen berechenbar ist. Also muss man ein Filter ohne mittleren Koeffizienten mit einer Ordnung von z.B. 500 berechnen, dann mit (9.49) den fehlenden Koeffizienten bestimmen und danach die überzähligen Koeffizienten wegschmeissen. Diese vierte Variante ist natürlich nicht gerade praxisgerecht, gibt aber schöne Einblicke in die Theorie und lässt sich mühelos mit dem Rechner ausprobieren. Hoffentlich hat der Leser Lust darauf bekommen.

9.2.4 Filterentwurf durch Frequenz-Abtastung

Die Vorgabe des Amplitudenganges muss nicht unbedingt einem idealen Tiefpass entsprechen wie bisher angenommen. Bei anderen Verläufen kann die soeben behandelte Fenstermethode insofern anspruchsvoll sein, als das Integral (9.43) schwierig auszuwerten ist. Diese Schwierigkeit kann man mit einer Näherungslösung umgehen: man ersetzt die inverse FTA durch die inverse DFT, wozu man vorgängig $H_d(j\omega)$ abtasten muss. Man verknüpft also einen diskreten Amplitudengang mit einer diskreten Impulsantwort (bei der Fenstermethode war es ein kontinuierlicher Amplitudengang und eine diskrete Impulsantwort). Bei der Wahl der Abtastzeitpunkte und der Anzahl Abtastungen (gerade oder ungerade) muss man natürlich Tabelle 9.5 berücksichtigen, denn diese gilt unabhängig von der Entwurfsmethode für alle linearphasigen FIR-Filter.

Der Amplitudengang des durch Frequenz-Abtastung erzeugten Filters stimmt an den Abtaststellen mit dem Vorbild überein, dazwischen wird nach dem minimalen Fehlerquadrat approximiert. Wird als Vorgabe ein Frequenzgang mit Diskontinuitäten (Kanten) benutzt (z.B. ein idealer Tiefpass), so tritt wegen diesen Kanten das Gibb'sche Phänomen auf. Abhilfe kann auf zwei Arten getroffen werden:

- Fenstergewichtung der Filterkoeffizienten (genau wie beim Fensterverfahren, diese Methode gehört darum auch eher in die Gruppe der Fensterverfahren).

- Modifikation der Frequenzgangvorgabe vor der IDFT so, dass die störende Diskontinuität über mehrere Abtastwerte verteilt wird (Abrunden der Kanten). Die betroffenen Abtastwerte werden *Transitionskoeffizienten* genannt. Diese Aufgabe kann von Rechnern in Form eines Optimierungsproblems gelöst werden.

Normalerweise geht man aus von einem gewünschten Amplitudengang des Filters. Je nach Typ (Tabelle 9.5) wird dieser als gerader und reeller bzw. ungerader und imaginärer Frequenzgang geschrieben. Wiederum je nach Typ wird eine gerade oder eine ungerade Anzahl Abtastwerte entnommen und die IDFT durchgeführt. Bild 9.20 zeigt ein Beispiel.

Zwischen den Fensterverfahren und dem Frequenz-Abtastverfahren besteht eine enge Verwandtschaft. Ist $H_d(j\omega)$ bandbegrenzt, sodass das Shannon-Theorem eingehalten ist, sind die Verfahren sogar identisch.

9.2.5 Filterentwurf durch Synthese im z-Bereich

Auch für FIR-Filter gibt es Verfahren, welche die Koeffizienten iterativ mit einem Optimierungsverfahren bestimmen. Natürlich ist diese Methode nur mit einem Rechner durchführbar. Am berühmtesten ist wohl das auf dem Remez-Austausch-Algorithmus beruhende Verfahren von Parks-McClellan, dessen Funktionsweise z.B. in [Opp95] beschrieben ist. In den DSV-Softwarepaketen ist dieses Programm meistens enthalten. Dieser Algorithmus erzeugt automatisch die Koeffizienten eines linearphasigen FIR-Filters, ausgehend von einem Stempel-Matrizen-Schema. Auch hier tritt im Frequenzgang eine Welligkeit auf. Im Gegensatz zu den beiden vorherigen Methoden konzentriert sich diese Welligkeit aber nicht an den Grenzen zum Übergangsbereich, sondern wird *gleichmässig* über den ganzen Sperrbereich verteilt. Diese Filter heissen darum auch *Equiripple-Filter*. Der grosse Vorteil dabei ist, dass bei gegebener minimaler Sperrbereichsdämpfung die Ordnung kleiner als bei den anderen Methoden wird, bzw. dass bei gegebener Ordnung die minimale Dämpfung grösser wird.

Bild 9.20 zeigt oben einen FIR-Tiefpass, der mit inverser DFT und Blackman-Fensterung dimensioniert wurde. Das untere Filter wurde im z-Bereich approximiert. An beide Filter wurden dieselben Anforderungen wie im letzten Beispiel (Bild 9.19) gestellt.

Für dieselbe Vorgabe braucht ein FIR-Filter nach der Fenstermethode die Ordnung 65, ein Filter nach der Frequenz-Abtastung über 100 und das im z-Bereich approximierte Filter lediglich 40. Typisch für das dritte Filter (Bild 9.20 unten) ist der gleichmässige Rippel im Sperrbereich. Dieses Filter dämpft bei 3.5 kHz nur mit 50 dB, wohingegen das Filter in Bild 9.20 oben bei 3.5 kHz fast 100 dB Dämpfung hat. Das Filter in Bild 9.19 oben links bringt es noch auf etwa 70 dB. Die weit auseinanderliegenden Ordnungszahlen kommen also nicht durch „gute" oder „schlechte" Entwurfsverfahren zustande, vielmehr liegt der Grund darin, dass bei diesem Beispiel für die Sperrdämpfung überall 50 dB vorgeben waren. Das Equiripple-Filter ist dieser Vorgabe sehr gut angepasst, während die anderen beiden Filter typischerweise eine mit der Frequenz wachsende Sperrdämpfung aufweisen, die Vorgabe bei 1.4 kHz gerade erfüllen und darüber zum Teil weit übertreffen.

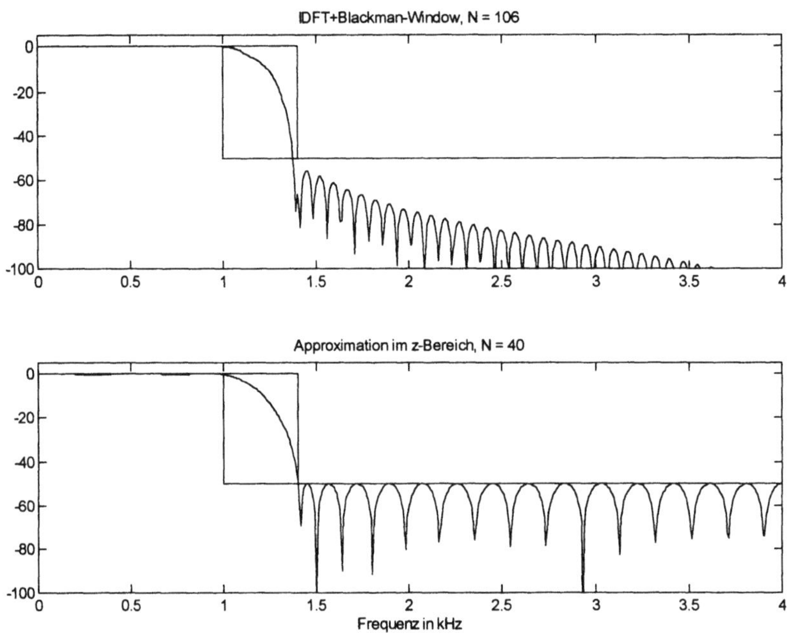

Bild 9.20 FIR-Filter dimensioniert mit der IDFT (oben) bzw. mit Approximation im z-Bereich

Würde man die Sperrdämpfung nicht konstant, sondern steigend (d.h. den Amplitudengang fallend) vorgeben, so bräuchte das Equiripple-Filter eine grössere Ordnung. Dieses Beispiel zeigt auch, dass es nicht genügt, eine einzige Methode zum Filterentwurf zu kennen. Vielmehr braucht es ein ganzes Sortiment an Methoden und natürlich auch die Kenntnis der jeweiligen Stärken und Schwächen.

9.2.6 Linearphasige Hochpässe, Bandpässe und Bandsperren

Mit der Approximation im z-Bereich ($\rightarrow$ 9.2.5) und der Frequenzabtastung ($\rightarrow$ 9.2.4) lassen sich alle Filterarten direkt realisieren. Bei der Fenstermethode ($\rightarrow$ 9.2.3) hingegen geschieht die Synthese indirekt über einen Prototyp-Tiefpass mit anschliessender Frequenztransformation. Diese Frequenztransformation wird im vorliegenden Abschnitt behandelt.

Wir beginnen mit den Bandpässen. Eine Frequenztransformation wie in Bild 8.12 oder Tabelle 9.4 fällt für FIR-Filter ausser Betracht, da beides nichtlineare Abbildungen sind und somit einen Hauptvorteil der FIR-Filter, nämlich die konstante Gruppenlaufzeit, zunichte machen würden. Darüber hinaus würden sie meistens aus dem FIR-Tiefpass ein rekursives System erzeugen.

Für FIR-Filter wählt man deshalb eine Frequenztranslation nach dem Verschiebungssatz der Fourier-Transformation (2.29). Allerdings muss die Impulsantwort reell sein, d.h. der Frequenzgang ist nach Tabelle 2.1 reell und gerade oder imaginär und ungerade. Man multipliziert also die Stossantwort des Prototyp-Tiefpassfilters mit einer Cosinus- oder Sinusfunktion. Im Spektrum bedeutet dies eine Faltung mit Diracstössen, also eine Verschiebung, vgl. Bild 2.14 rechts. Die Multiplikation mit einem Cosinus führt je nach Ordnungszahl auf FIR-Filter Typ 1 oder 2, die Multiplikation mit einem Sinus ergibt Filter vom Typ 3 oder 4 (Tabelle 9.5). Gleichung (2.44) verlangt noch einen Faktor 2. Vgl. auch mit Gleichung (3.104).

$$\text{Typ 1, 2:} \quad b_{BP}[n] = 2 \cdot \cos(\omega_m nT) \cdot b_{TP}[n]$$
$$\text{Typ 3, 4:} \quad b_{BP}[n] = 2 \cdot \sin(\omega_m nT) \cdot b_{TP}[n]$$

(9.50)

$$b_{BP}[n] = 2 \cdot \cos(n \cdot \Omega_m) \cdot \frac{\Omega_g}{\pi} \cdot \frac{\sin(n \cdot \Omega_g)}{n \cdot \Omega_g} \cdot w[n] \qquad (\text{Typ 1, 2})$$

$$b_{BP}[n] = 2 \cdot \sin(n \cdot \Omega_m) \cdot \frac{\Omega_g}{\pi} \cdot \frac{\sin(n \cdot \Omega_g)}{n \cdot \Omega_g} \cdot w[n] \qquad (\text{Typ 3, 4})$$

(9.51)

Ω_m = Mittenfrequenz des Bandpasses, Ω_g = halbe Öffnung des Bandpasses

$n = -N/2 \ldots N/2$, vgl. Anmerkung zu Gleichung (9.48)

Man könnte auch auf eine andere Art einen Bandpass mit der Öffnung von Ω_u bis Ω_o erzeugen, nämlich indem man einen Tiefpass mit der Grenzfrequenz Ω_u von einem Tiefpass mit der Grenzfrequenz Ω_o subtrahiert, Bild 9.21.

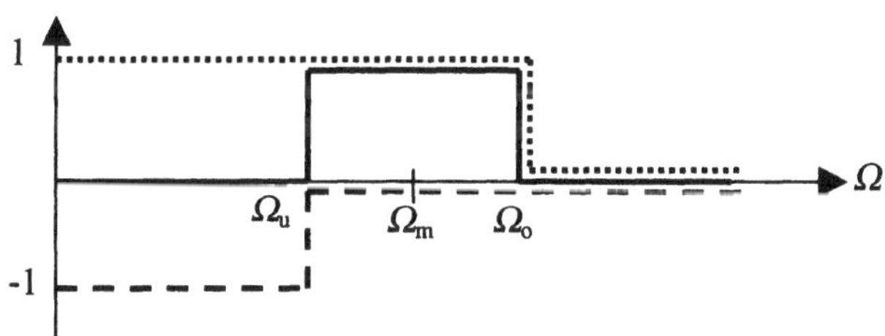

Bild 9.21 Bandpass als Differenz von zwei Tiefpässen

$$b_{BP}[n] = \left[\frac{\Omega_o}{\pi} \cdot \frac{\sin(n \cdot \Omega_o)}{n \cdot \Omega_o} - \frac{\Omega_u}{\pi} \cdot \frac{\sin(n \cdot \Omega_u)}{n \cdot \Omega_u} \right] \cdot w[n]$$

(9.52)

Ω_u, Ω_o = untere bzw. obere Durchlassfrequenz des Bandpasses (normierte Frequenzen!)

$n = -N/2 \ldots N/2$, vgl. Anmerkung zu Gleichung (9.48)

Nun nehmen wir (9.51) für Typ 1, 2:

$$b_{BP}[n] = 2 \cdot \cos(n \cdot \Omega_m) \cdot \frac{\Omega_g}{\pi} \cdot \frac{\sin(n \cdot \Omega_g)}{n \cdot \Omega_g} \cdot w[n]$$

Jetzt formen wir goniometrisch um:

$$b_{BP}[n] = \frac{2 \cdot w[n]}{n \cdot \pi} \cdot \cos(n \cdot \Omega_m) \cdot \sin(n \cdot \Omega_g)$$

$$= \frac{2 \cdot w[n]}{n \cdot \pi} \cdot \frac{1}{2} \cdot \left[\sin(n \cdot (\Omega_m + \Omega_g)) - \sin(n \cdot (\Omega_m - \Omega_g)) \right]$$

Wir setzen $\quad \Omega_g = \frac{1}{2} \cdot (\Omega_o - \Omega_u) \quad$ und $\quad \Omega_m = \frac{1}{2} \cdot (\Omega_o + \Omega_u) \quad$ ein:

$$b_{BP}[n] = \frac{w[n]}{n \cdot \pi} \cdot \left[\sin(n \cdot \Omega_o) - \sin(n \cdot \Omega_u) \right] \tag{9.53}$$

(9.53) entspricht exakt (9.51). Die Dimensionierungsformeln (9.51) und (9.52) sind also identisch und unterscheiden sich nur in der Art der Eingabe (untere und obere Grenzfrequenz bzw. Mittenfrequenz und Bandbreite).

Für Bandpassfilter Typ 3, 4 ergeben sich in (9.53) und (9.51) Cosinusfunktionen anstelle der Sinusfunktionen.

Diese Zweideutigkeit entsteht dadurch, dass die Überlegung in Bild 9.21 aufgrund eines Amplitudenganges erfolgte, der aber zu einem reellwertigen oder einem imaginären Frequenzgang gehören kann.

Man kann sich hier ja fragen, ob man tatsächlich vier Typen von FIR-Bandpässen braucht und sich nicht mit zwei begnügen könnte (gerade bzw. ungerade Ordnung). Im Abschnitt 10.2 werden wir aber sehen, dass im Zusammenhang mit der in der Nachrichtentechnik sehr beliebten Quadraturdarstellung von Signalen alle vier Typen nützlich sind.

Beispiel: Gesucht wird ein linearphasiger FIR-Bandpass mit 8 kHz Abtastfrequenz, einem Durchlassbereich von 1 ... 3 kHz und einer Dämpfung von mindestens 50 dB unter 0.6 kHz und über 3.4 kHz.

Die Übergangsbereiche sind 400 Hz breit, als Prototyp-Tiefpass können wir darum das Filter aus dem letzten Abschnitt (Bild 9.19) benutzen. Die Koeffizienten erhalten wir aus (9.51) mit $\Omega_m = 2\pi \cdot 2000/8000$ und $\Omega_g = 2\pi \cdot 1200/8000$ (die Grenzfrequenz des Tiefpasses reicht bis in die Mitte des Übergangsbereiches). Bild 9.22 zeigt die vier Varianten. Wiederum sind die zwangsläufigen Nullstellen im Amplitudengang bei der Frequenz 0 und der halben Abtastfrequenz erkennbar.

□

Die Filterflanken in Bild 9.22 sind symmetrisch, was typisch ist für FIR-Filter nach der Fenstermethode. Falls die Anwendung keine symmetrischen Flanken verlangt, so bestimmt die steilere Flanke die Filterordnung, während die flachere Flanke dann *im Vergleich zur Anforderung* zu steil abfällt.

Wie eingangs erwähnt, kann man Bandpässe ohne Umweg über den Tiefpass direkt im z-Bereich approximieren. Auf diese Art lassen sich auch asymmetrische Filterflanken erzeugen, was bei asymmetrischer Anforderung die Filterordnung gegenüber der Fenstermethode etwas herabsetzt.

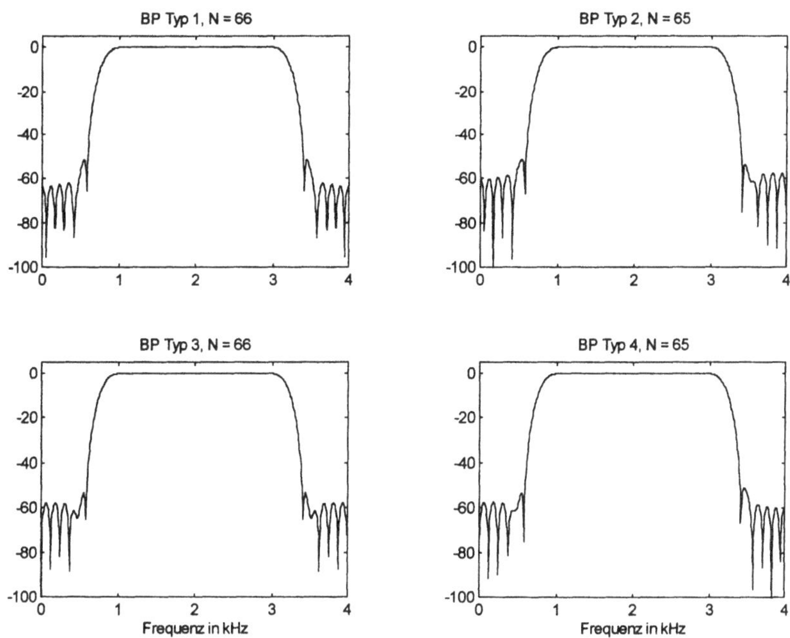

Bild 9.22 FIR-Bandpass nach der Fenstermethode (Amplitudengänge in dB)

Hochpässe lassen sich gleichartig wie die Bandpässe direkt im z-Bereich approximieren oder nach (9.50) durch eine Frequenztranslation aus einem Prototyp-Tiefpass erzeugen. Dabei setzen wir $\omega_m = 2\pi \cdot f_A/2$, also gleich der halben Abtastfrequenz, Bild 9.23.

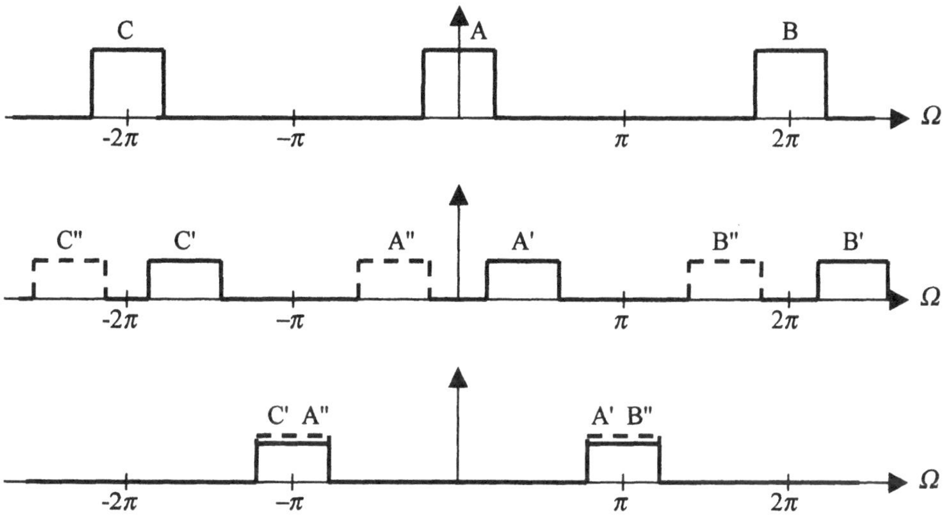

Bild 9.23 Tiefpass, Bandpass und Hochpass (idealisierte Amplitudengänge). Erklärung im Text.

Oben in Bild 9.23 sieht man den Amplitudengang des idealen zeitdiskreten Tiefpasses. Das Spektrum ist zweiseitig gezeichnet und überstreicht nicht nur das Basisband von $-f_A/2 \ldots f_A/2$ bzw. $\Omega = -\pi \ldots \pi$, sondern einen viel weiteren Bereich. Entsprechend sieht man nicht nur den gewünschten Durchlassbereich A, sondern auch die periodische Fortsetzung B und ihren konjugiert komplexen Partner C. Das Anti-Aliasing-Filter am Systemeingang (Bild 4.1) hat dafür zu sorgen, dass keine Signale in die Bereiche B und C fallen.

Das mittlere Bild zeigt die Auswirkung der Bandpass-Transformation nach (9.50): Die Multiplikation mit dem Cosinus lässt sich nach (2.44) aufteilen in zwei Exponentialfunktionen, die je einen Diracstoss mit dem Gewicht 0.5 als Spektrum haben. Der Block A aus dem oberen Bild teilt sich deshalb auf auf zwei halb so hohe Blöcke A' und A". Mit den periodischen Fortsetzungen B und C geschieht dasselbe.

Wenn wir nun die Frequenz des Cosinus erhöhen, so bewegt sich A' nach rechts und B" nach links, bei den negativen Frequenzen verschiebt sich A" nach links und C' nach rechts. Wählen wir die Frequenz des Cosinus gleich der halben Abtastfrequenz, so kommen A' und B" bzw. A" und C' aufeinander zu liegen, untere Zeichnung in Bild 9.23. Die aufeinanderliegenden Blöcke summieren sich zur Höhe wie im obersten Teilbild. B' und C" haben den Abbildungsbereich nach rechts bzw. links verlassen.

Die Verschiebungsfaktoren in (9.50) werden damit:

$$\cos(\omega_m nT) = \cos\left(\frac{2\pi \cdot f_A \cdot nT}{2}\right) = \cos(n\pi) = (-1)^n$$

$$\sin(\omega_m nT) = \sin\left(\frac{2\pi \cdot f_A \cdot nT}{2}\right) = \sin(n\pi) = 0$$

$$(9.54)$$

Die untere Lösung fällt natürlich weg. Die Koeffizienten des FIR-Hochpasses entstehen also, indem man die Tiefpass-Koeffizienten alternierend invertiert. Da nun nach Bild 9.23 sich zwei Blöcke aufsummieren, entfällt noch der Faktor 2 in (9.50) und die Formel für die FIR-Hochpass-Koeffizienten lautet:

$$b_{HP}[n] = (-1)^n \cdot b_{TP}[n] \tag{9.55}$$

$$\boxed{b_{HP}[n] = (-1)^n \cdot \frac{\Omega_g}{\pi} \cdot \frac{\sin(n \cdot \Omega_g)}{n \cdot \Omega_g} \cdot w[n]} \tag{9.56}$$

$\Omega_g = \pi - \Omega_{gr}$ mit Ω_{gr} = gewünschte (normierte) Durchlassfrequenz des Hochpasses.

$n = -N/2 \ldots N/2$, vgl. Anmerkung zu Gleichung (9.48)

Beispiel: Mit demselben Prototyp-Tiefpass wie in Bild 9.19 entsteht ein Hochpass mit dem Durchlassbereich ab 3 kHz und einer Dämpfung von mindestens 50 dB unter 2.6 kHz, Bild 9.24. Im selben Bild ist noch der Amplitudengang des entsprechenden im z-Bereich approximierten Hochpasses zu sehen.

Bild 9.25 zeigt nochmals zwei Hochpass-Amplitudengänge, zusammen mit den Filterkoeffizienten. Das obere Filter ist vom Typ 1, das untere vom Typ 4.

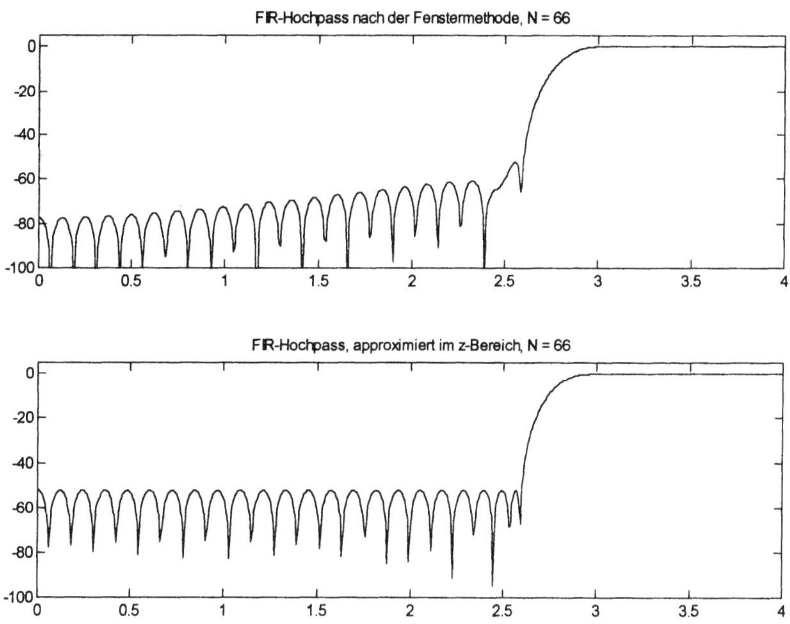

Bild 9.24 FIR-Hochpässe nach der Fenstermethode (oben) und im z-Bereich approximiert (unten)

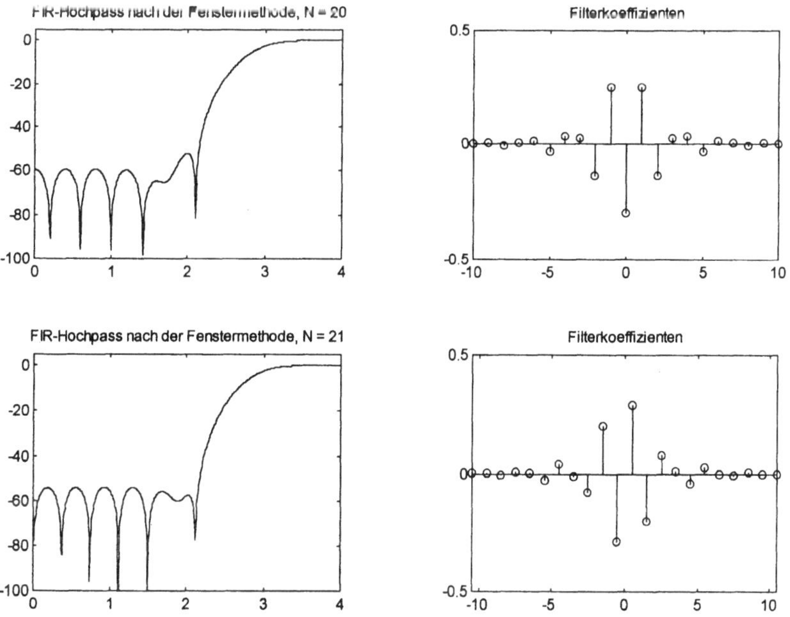

Bild 9.25 FIR-Hochpässe Typ 1 und 4 (Amplitudengänge in dB und Koeffizientenfolge)

Den Hochpass kann man aber auch als sog. *Komplementärfilter* erzeugen mit der Differenzbildung

$$\boxed{H_{HP}(e^{j\Omega}) = 1 - H_{TP}(e^{j\Omega}) \quad \circ\!\!-\!\!\circ \quad h_{HP}[n] = \delta[n] - h_{TP}[n] \quad ; \quad N \text{ gerade}} \qquad (9.57)$$

Man muss also lediglich die Tiefpass-Koeffizienten nach (9.48) invertieren und zum mittleren Koeffizienten 1 addieren. Dies geht allerdings nur für eine *ungeradzahlige Koeffizientenzahl*, d.h. eine *geradzahlige Filterordnung*. Die Filter Typ 2 und 4 haben eine ungerade Ordnung, also eine gerade Länge der Impulsantwort. Somit gibt es gar keinen mittleren Koeffizienten und ein anderer Koeffizient darf wegen der Symmetrie nicht verändert werden. Es bleiben also die Typen 1 und 3, wobei Typ 3 aufgrund Tabelle 9.5 ebenfalls aus dem Rennen fällt.

Bild 9.26 zeigt ein Beispiel: oben ist der Tiefpass mit seinen Koeffizienten und unten der daraus entstandene Hochpass und seine Koeffizienten abgebildet. Der Tiefpass wurde aus Bild 9.19 übernommen, jedoch die Eckfrequenz auf 2 kHz erhöht, damit die Sperrbereiche des Hoch- und Tiefpasses gleich breit werden und die Bilder besser vergleichbar sind. Weiter wurde die Filterordnung auf 40 verkleinert, damit die Abbildungen mit den Filterkoeffizienten nicht überladen sind. Beide Filter sind vom Typ 1, etwas anderes kommt laut Tabelle 9.5 auch gar nicht in Frage. Beim Entwurf nach (9.56) besteht diese Einschränkung nicht, dort sind Hochpässe vom Typ 1 und 4 möglich, Bild 9.25.

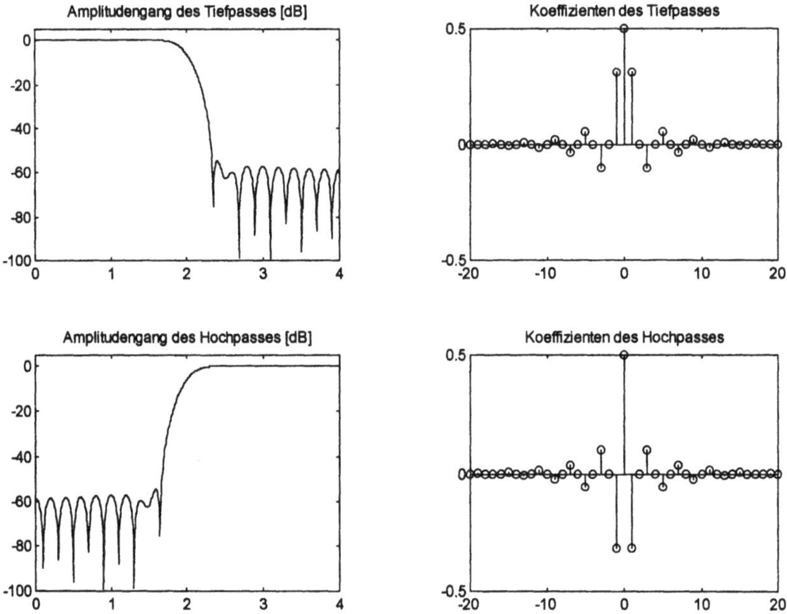

Bild 9.26 Tiefpass und der mit Gleichung (9.57) daraus dimensionierte Hochpass (unten)

Schliesslich bleiben noch die Bandsperren. Auch diese kann man entweder direkt im z-Bereich approximieren oder als Komplementärfilter aus einem Bandpass ableiten:

$$H_{BS}(e^{j\Omega}) = 1 - H_{BP}(e^{j\Omega}) \quad \circ\!\!-\!\!\circ \quad h_{BS}[n] = \delta[n] - h_{BP}[n] \quad ; \quad N \text{ gerade} \tag{9.58}$$

Die Koeffizienten der Bandsperre erhält man, indem man die Bandpass-Koeffizienten invertiert und zum mittleren Koeffizienten 1 addiert. Auch hier muss die Filterordnung gerade sein, in Frage kommt also nur Typ 1.

Bild 9.27 zeigt oben eine FIR-Bandsperre vom Typ 1, wobei der Prototyp-Tiefpass mit (9.51) oben dimensioniert wurde.

Unten links in Bild 9.27 wurde dieselbe Bandsperre mit (9.51) unten entworfen, also lediglich von Sinus auf Cosinus gewechselt. Dies ergibt ein Filter vom Typ 3 mit den entsprechend verheerenden Auswirkungen auf die Bandsperre.

Unten rechts in Bild 9.27 sieht man den gescheiterten Versuch, eine Bandsperre Typ 2 zu realisieren. Dazu wurde bei der geglückten Bandsperre oben lediglich die Ordnung um 1 erhöht und die beiden Koeffizienten in der Mitte modifiziert.

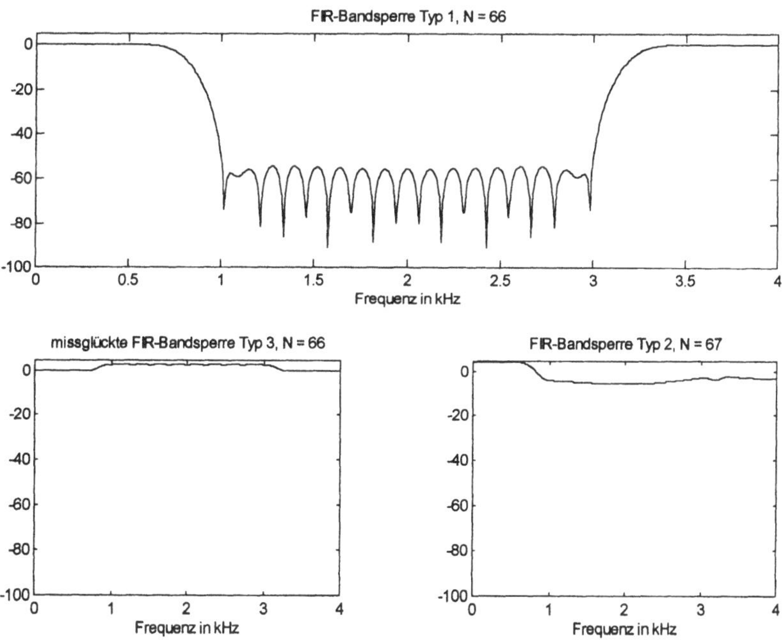

Bild 9.27 FIR-Bandsperren, unten zwei misslungene Versuche (Erläuterungen im Text)

Bild 9.28 zeigt als Zusammenfassung eine Übersicht über die Synthese von linearphasigen FIR-Filtern.

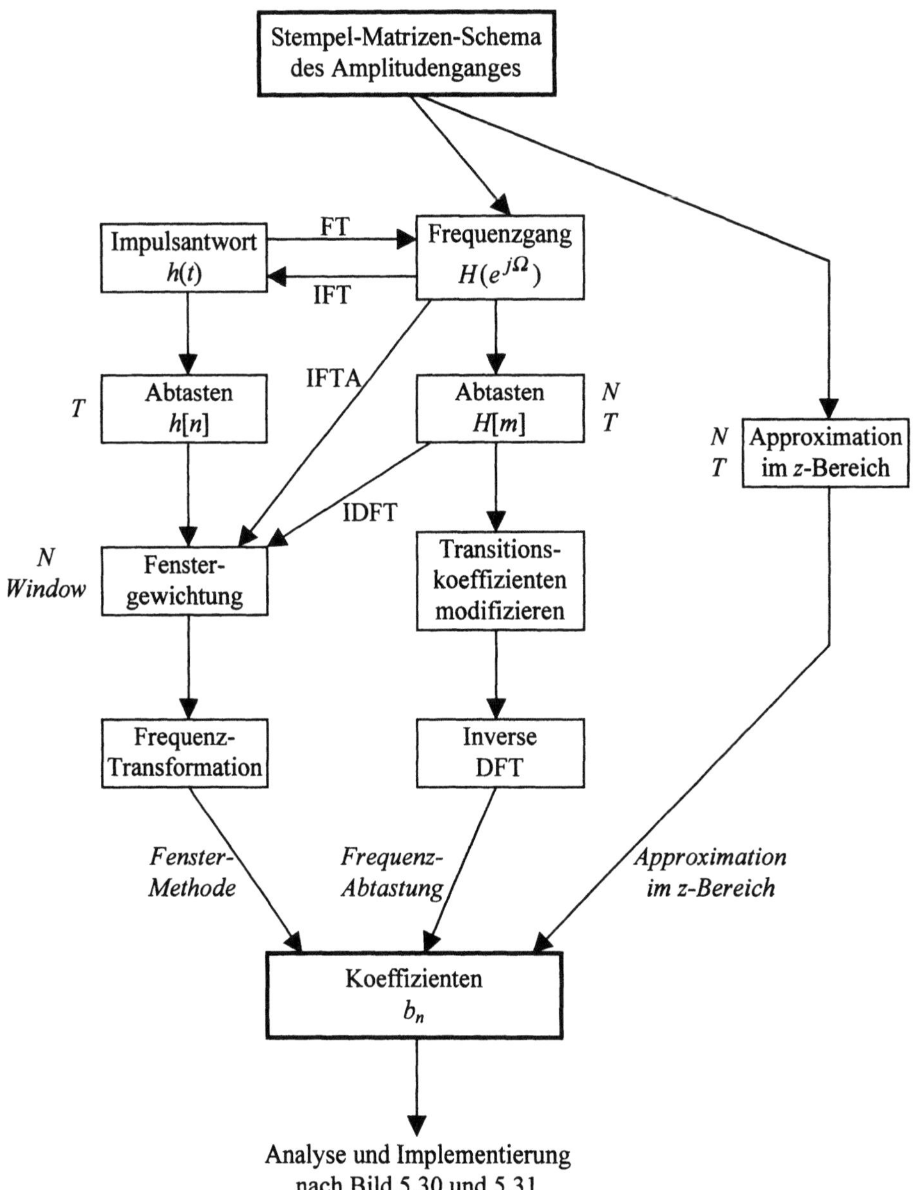

Bild 9.28 Synthese von linearphasigen FIR-Filtern. Kursiv sind die Eingaben für die jeweiligen Blöcke bzw. die Namen der Methoden angegeben.

Das anschauliche Transformationsverfahren für die Komplementärfilter (Gleichungen (9.52), (9.57) und (9.58)) ist nur bei linearphasigen FIR-Filtern anwendbar und nicht etwa bei IIR-Filtern. Diese einfache Differenzbildung beruht nämlich auf der Reellwertigkeit der Frequenzgänge (Nullphasigkeit), was mit kausalen IIR-Filtern prinzipiell nicht machbar ist, vgl. Abschnitt 9.1.6.

Die Komplementärfilter sind sehr nützlich als Bausteine in sog. Filterbänken, wie sie u.a. im Zusammenhang mit den im Abschnitt 10.1.5 beschriebenen Polyphasenfilter zur Anwendung gelangen. Die Filterordnung muss jedoch gerade sein, was eine Einschränkung sein kann (ausser bei Bandsperren, die nur vom Typ 1 sein können).

Die Hochpässe nach (9.56) und die Bandpässe nach (9.51) kennen diese Einschränkung nicht. Die Bandpässe nach (9.51) weisen einen Phasenunterschied von $\pi/2$ auf. Im Abschnitt 10.2 werden wir sehen, dass ein Paar solcher Filter zusätzlich zur Frequenzselektion auch noch eine Hilbert-Transformation ausführt. Dies macht sie sehr interessant für Quadraturnetzwerke, die in der Nachrichtentechnik eine grosse Bedeutung haben.

Mit etwas Phantasie kann man sich noch weitere Dimensionierungsarten vorstellen. So kann ein Bandpass oder eine Bandsperre auch durch die Hintereinanderschaltung eines Tiefpasses und eines Hochpasses realisiert werden. Allerdings summieren sich dann die Gruppenlaufzeiten und die Verzögerung ist grösser als bei der Parallelschaltung von Tiefpässen wie in (9.52).

Alle linearphasigen FIR-Filter lassen sich mit dem REMEZ-Algorithmus direkt im z-Bereich approximieren. Dies gestattet eine tiefere Filterordnung bei asymmetrischen Filterflanken und die Approximation von Amplitudengängen, die nicht einem klassischen Vorbild entsprechen. Auf der anderen Seite ermöglicht das Fensterverfahren punktsymmetrische Filterflanken, was zu den in der Nachrichtentechnik bedeutungsvollen Nyquistfiltern führt.

Zum Abschluss des Abschnittes über FIR-Filter folgen noch einige Beispiele.

Beispiel: FIR-Filter als *Differentiator*: Im Gegensatz zum bereits betrachteten Integrator hat der Differentiator eine abklingende Impulsantwort und eignet sich daher für die Realisierung mit einem FIR-Filter.

Einen ersten Versuch starten wir mit der Differenzengleichung erster Ordnung:

$$y[n] = \frac{x[n] - x[n-1]}{T}$$

Auf der rechten Seite kommt kein Ausdruck mit $y[n-k]$ vor, also lässt sich diese Differenzengleichung direkt mit einem FIR-System realisieren. Wir normieren auf die Abtastfrequenz, d.h. wir setzen $T = 1$ und berechnen H_{D1}, die erste Version des Frequenzgang des Differenzierers:

$$y[n] = x[n] - x[n-1] \quad \circ\!\!-\!\!\circ \quad Y(e^{j\Omega}) = X(e^{j\Omega}) - X(e^{j\Omega}) \cdot e^{-j\Omega}$$

$$H_{D1}(e^{j\Omega}) = \frac{Y(e^{j\Omega})}{X(e^{j\Omega})} = 1 - e^{-j\Omega}$$

Bild 9.29 oben zeigt den Amplitudengang. Er entspricht nur bis $\omega T = 1$ dem ebenfalls gezeichneten Vorbild.

Variante 2: Wir machen eine Approximation im z-Bereich, was mit dem REMEZ-Befehl von MATLAB genau vier Programmzeilen braucht zur Berechnung von H_{D2}. Wir müssen aber noch den Filtergrad und -Typ festlegen. Da der Differentiator einen imaginären Frequenzgang hat, kommen die Typen 3 und 4 in Frage. Da der Typ 3 bei $\Omega = \pi$ eine erzwungene Nullstelle hat, wird wohl der Typ 4 der aussichtsreichere Kandidat sein. Wir probieren mit $N = 19$, d.h. die Stossantwort hat 20 Stützstellen. Bild 9.29 Mitte zeigt den Amplitudengang.

Erhöht man bei der Variante 2 die Ordnung auf 20, so versagt das resultierende System völlig, Bild 9.29 unten. Das Optimierungsverfahren wird durch den grossen Fehler bei $\Omega = \pi$ irritiert und kann nicht merken, dass es diesen akzeptieren und dafür bei tiefen Frequenzen die Approximation genauer machen soll.

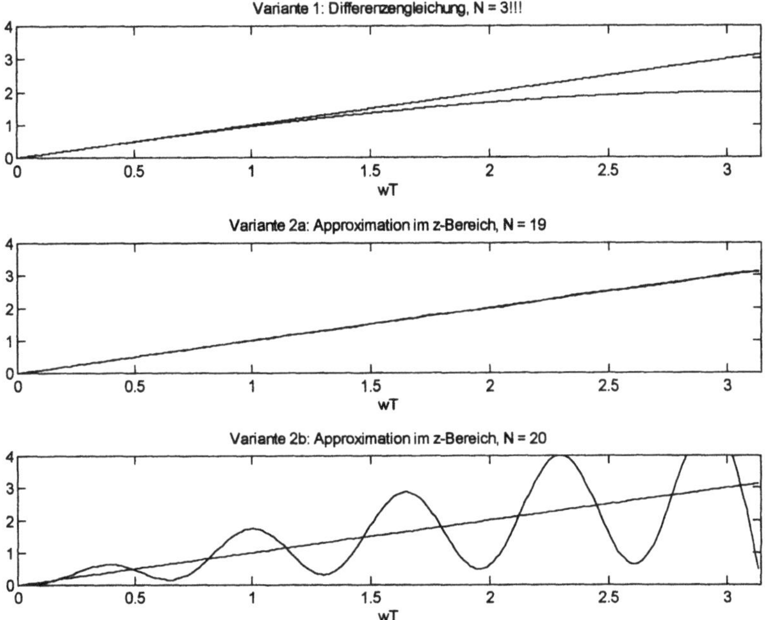

Bild 9.29 Amplitudengänge verschiedener Differenzierer (Erklärungen im Text)

Variante 3: Wir probieren die Fenstermethode und gehen dafür vom idealen Frequenzgang aus (d = desired):

$$H_d(j\omega) = j\omega \quad \Rightarrow \quad H(e^{j\Omega}) = \frac{j\Omega}{T} \quad ; \quad 0 \le \Omega < \pi$$

Selbstverständlich kann ein zeitdiskretes System nur bis zur halben Abtastfrequenz den Differentiator nachbilden. Wir entwickeln den obigen Frequenzgang in eine Fourier-Reihe, vgl. Bild 9.15 und Gleichung (9.43):

$$b_n = \frac{T}{2\pi} \int_{-\pi}^{\pi} \frac{j\Omega}{T} \cdot e^{jn\Omega}\, d\Omega = \frac{j}{2\pi} \int_{-\pi}^{\pi} \Omega \cdot e^{jn\Omega}\, d\Omega$$

Im Formelbuch der Mathematik findet man folgenden hier nützlichen Ausdruck:

$$\int x \cdot e^{ax}\, dx = \frac{e^{ax}}{a^2} \cdot (ax - 1)$$

Wir setzen $x = \Omega$ und $a = jn$ und erhalten damit

$$b_n = \frac{j}{2\pi} \int_{-\pi}^{\pi} \Omega \cdot e^{jn\Omega}\, d\Omega = \frac{j}{2\pi} \cdot \frac{e^{jn\Omega}}{-n^2} \cdot (jn\Omega - 1)\Big|_{\Omega=-\pi}^{\Omega=\pi}$$

$$= \frac{-j}{2\pi \cdot n^2} \cdot \left[e^{jn\cdot\pi} \cdot (jn \cdot \pi - 1) - e^{-jn\cdot\pi} \cdot (-jn \cdot \pi - 1) \right]$$

$$= \frac{-j}{2\pi \cdot n^2} \cdot \left[(-1)^n \cdot (jn \cdot \pi - 1) + (-1)^n \cdot (jn \cdot \pi + 1) \right]$$

$$= \frac{-j}{2\pi \cdot n^2} \cdot \left[(-1)^n \cdot jn \cdot 2\pi \right]$$

$$b_n = \frac{1}{n} \cdot \left[(-1)^n \right]$$

Variante 3a: Für das System Typ 4 ist die Ordnung N = 19 und es ergeben sich total 20 Koeffizienten. Die Formel für die oberen 10 lautet:

$$b_n = \frac{1}{n - 0.5} \cdot \left[(-1)^{n-0.5} \right] \quad ; \quad n = 1, 2, \ldots, 10$$

Die unteren 10 Koeffizienten gewinnt man durch Punktspiegelung. Die Ausdrücke n–0.5 kommen von der Verschiebung um ein halbes Abtastintervall, vgl. Bild 9.13 unten rechts.

Variante 3b: Für das System Typ 3 ist die Ordnung N = 20 und es ergeben sich total 21 Koeffizienten nach der Formel:

$$b_n = \frac{1}{n} \cdot \left[(-1)^n \right] \quad ; \quad n = 1, 2, \ldots, 10$$

$$b_{-n} = -b_n$$

$$b_0 = 0$$

Zusätzlich werden die Koeffizienten mit dem Hamming-Window gewichtet. Bild 9.30 zeigt die Amplitudengänge von H_{D3a} und H_{D3b}.

Jetzt ist es gerade umgekehrt als bei der Approximation im z-Bereich: der Differenzierer Typ 4 läuft bei hohen Frequenzen nach oben weg. Da kommt beim Typ 3 die Nullstelle bei $\Omega = \pi$ gerade gelegen zur Zähmung. Auf jeden Fall braucht man die Fenstergewichtung. Der Kandidat unten rechts in Bild 9.30 ist mit Ausnahme der hohen Frequenzen recht gut.

Natürlich gibt es noch weitere digitale Varianten für Differenzierer, auch solche mit rekursiver Realisierung.

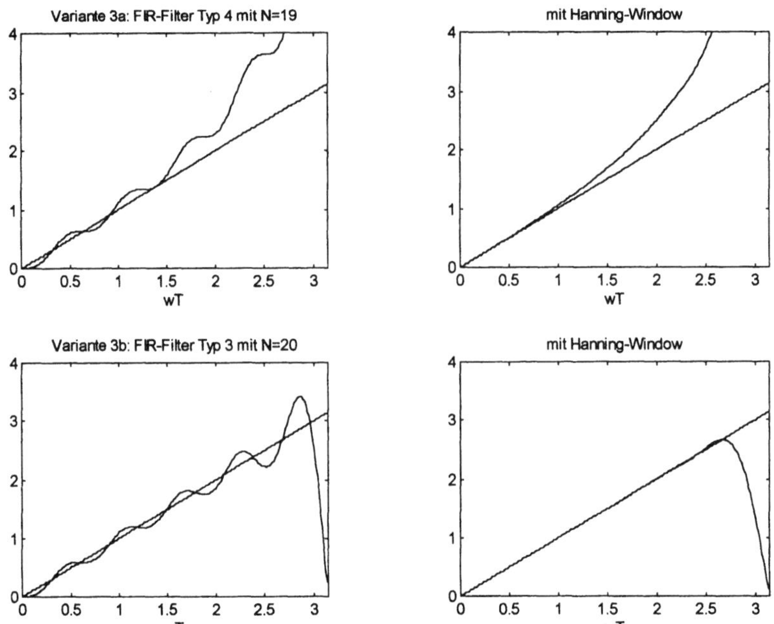

Bild 9.30 Amplitudengänge der FIR-Differenzierer mit Ordnung 20 (oben) und Ordnung 19 (unten). Links sind die Verläufe ohne, rechts mit Fenstergewichtung der Koeffizienten. Die geraden Linien zeigen den Soll-Verlauf.

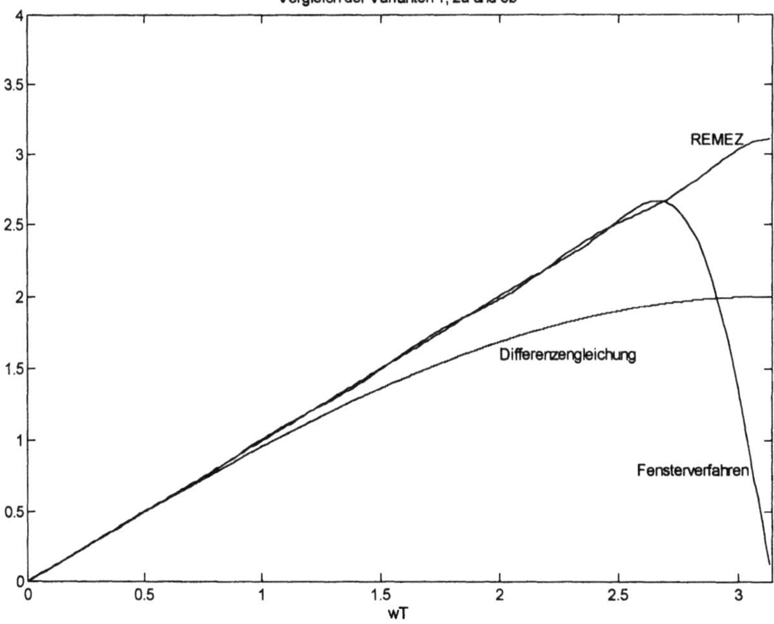

Bild 9.31 Vergleich der Amplitudengänge von verschiedenen Differenzierern (Varianten 1, 2a und 3b)

Beispiel: FIR-Filter als *Hilbert-Transformator*: In der Nachrichtentechnik beschreibt man informationstragende Signale gerne in der Quadraturdarstellung. Dabei arbeitet man mit komplexwertigen Signalen, deren Real- und Imaginärteil über die Hilbert-Transformation miteinander verknüpft sind. Im Abschnitt 10.2 werden wir uns damit befassen. Hier geht es lediglich um die Realisierung des Hilbert-Transformators, der eine ganz einfach formulierbare Aufgabe erfüllt:

> *Der ideale Hilbert-Transformator dreht die Phase aller*
> *Frequenzkomponenten seines Eingangssignales um $-\pi/2$,*
> *die Amplituden lässt er unbeeinflusst.*
>
> *Der Hilbert-Transformator ist ein breitbandiger 90°-Phasenschieber.*

Das Eingangs- und das Ausgangssignal des Hilbert-Transformators sind reell. Bild 9.32 zeigt den idealen und wie üblich konjugiert komplexen Frequenzgang sowie die Stossantwort. Bei der Frequenz 0 kann die Phase in endlicher Zeit gar nicht gedreht werden, deshalb ist es sinnvoll, dort den Amplitudengang verschwinden zu lassen.

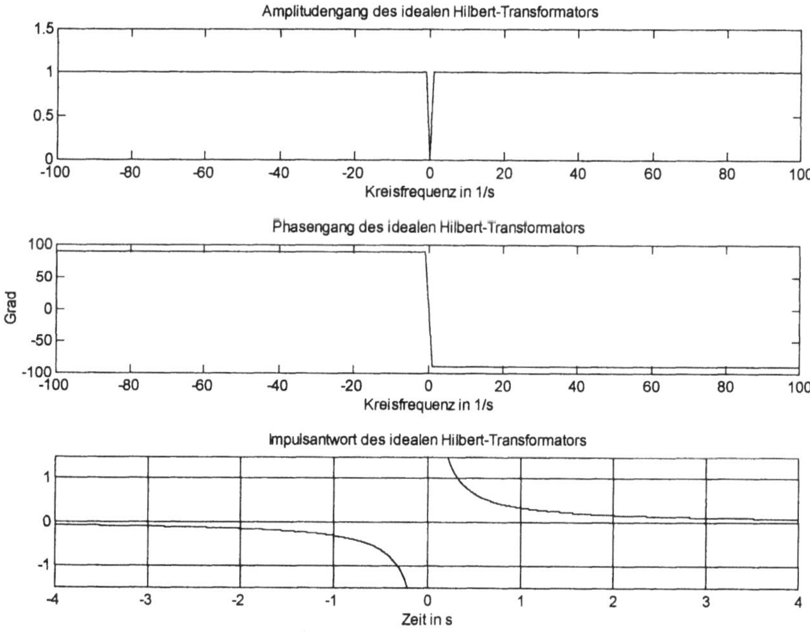

Bild 9.32 Amplitudengang, Phasengang und Impulsantwort des idealen Hilbert-Transformators

Aufgrund der Abbildungen kann man den Frequenzgang sofort angeben, die Impulsantwort erhält man durch Fourier-Rücktransformation:

$$Y(j\omega) = \frac{1}{j} \cdot \text{sgn}(\omega) \cdot X(j\omega) = -j \cdot \text{sgn}(\omega) \cdot X(j\omega) \qquad (9.59)$$

idealer Hilbert-Transformator:
$$\boxed{\begin{aligned} H_H(\omega) &= -j \cdot \text{sgn}(\omega) \\[2mm] h_H(t) &= \begin{cases} \dfrac{1}{\pi t} & t \neq 0 \\[3mm] 0 & t = 0 \end{cases} \end{aligned}} \qquad (9.60)$$

Der ideale Hilbert-Transformator hat für die Realisierung zwei grosse Nachteile: er hat eine unendliche Bandbreite und eine akausale Impulsantwort. Man muss sich demnach mit einer Näherung begnügen, indem man mit dem *bandbegrenzten Hilbert-Transformator* arbeitet. Solange das zu transformierende Signal ebenfalls bandbegrenzt ist, ist dies überhaupt nicht tragisch. Bild 9.33 zeigt die neuen Systemfunktionen.

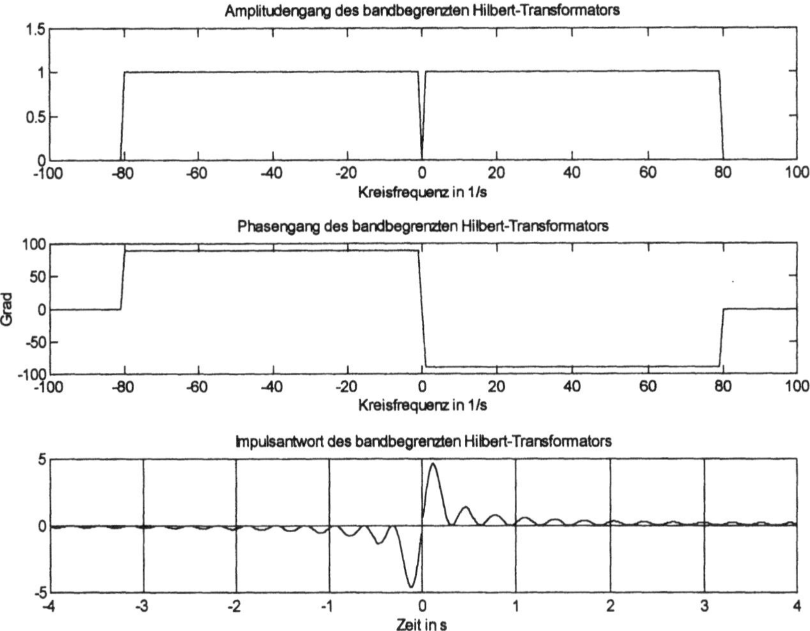

Bild 9.33 Amplitudengang, Phasengang und Impulsantwort des bandbegrenzten Hilbert-Transformators

Aus der abklingenden und darum längenbegrenzten Impulsantwort in Bild 9.33 erkennt man, dass der bandbegrenzte Hilbert-Transformator mit einem FIR-Filter einfach realisierbar ist. Allerdings ist die Realisierung nur kausal möglich, die Zeitverschiebung (Gruppenlaufzeit des Filters) muss man kompensieren mit der Schaltung nach Bild 9.34. Aus einem reellen Zeitsignal $x(t)$ kann also nur die Hilbert-Transformierte zu dessen verzögerter Kopie $x(t-\tau)$ realisiert werden. In den meisten Anwendungsfällen stört diese Verzögerung nicht.

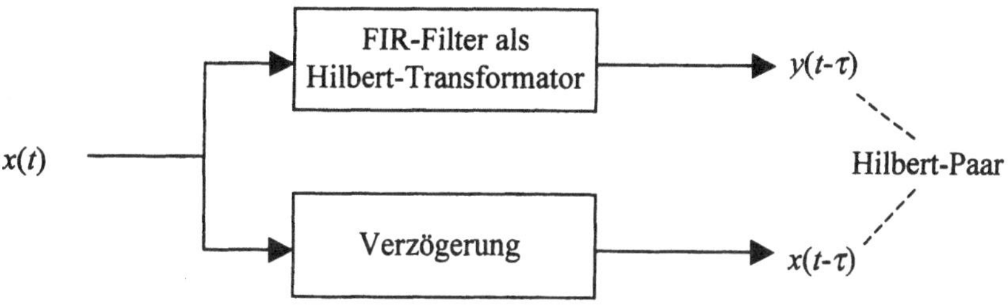

Bild 9.34 Praktische Realisierung des Hilbert-Transformators

Als FIR-Filter kommen nur die Typen 3 und 4 in Frage ($H(e^{j\Omega})$ imaginär), wobei Typ 3 den Nachteil der Nullstelle bei $\Omega = \pi$ hat. Der Entwurf ist mit der Fenstermethode möglich oder mit direkter Approximation im z-Bereich. Bild 9.35 zeigt die zweite Variante, wofür wiederum der REMEZ-Algorithmus Verwendung fand.

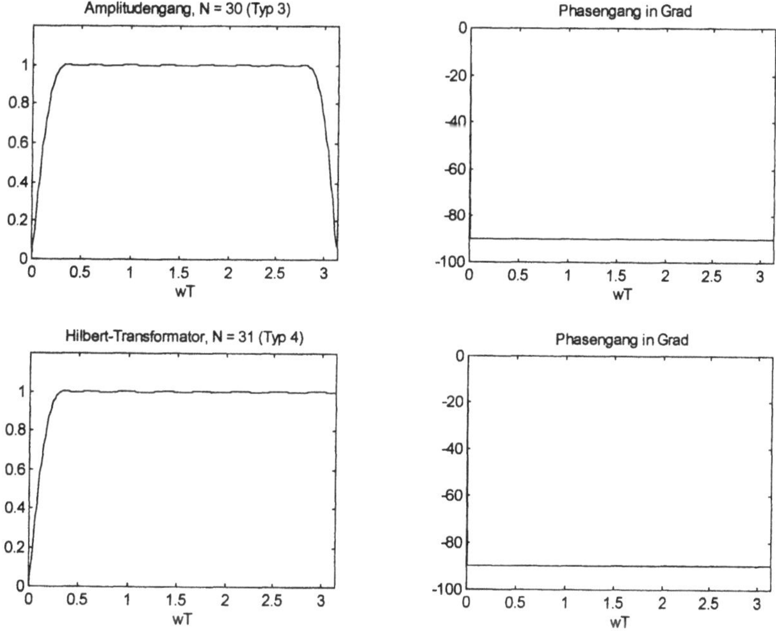

Bild 9.35 Amplituden- und Phasengänge von Hilbert-Transformationen. Oben: Typ 3, unten: Typ 4. Bei den Phasengängen wurde die Verzögerung kompensiert, eigentlich wäre der Verlauf linear abfallend.

Das Filter Typ 4 ist bei hohen Frequenzen besser, trotzdem ist der Typ 3 häufiger anzutreffen. Der Grund ist aus Bild 9.34 ersichtlich: der parallel geschaltete Verzögerer kann nur in ganzen Taktintervallen arbeiten. Notfalls muss man die Abtastfrequenz etwas erhöhen, sodass das Eingangssignal keine Frequenzkomponenten über $\Omega = 2.7$ aufweist.

Man kann die Hilbert-Transformation auch mit einer Bandpass-Filterung nach (9.51) kombinieren, indem man wie in Bild 9.34 das Signal aufteilt und in einem Pfad mit einem Filter vom Typ 1 bzw. 2 und im anderen Pfad mit einem Filter vom Typ 3 bzw. 4 arbeitet.

Der Hilbert-Transformator kann als Breitbandphasenschieber aufgefasst werden. Dies ermöglicht auch eine Variante zur oben beschriebenen Realisierung: man benutzt mehrere frequenzversetzte schmalbandige Phasenschieber (= digitale Allpässe, also rekursive Systeme) und approximiert so den breitbandigen Phasenschieber. Die Methode „FIR-Filter" ergibt einen korrekten Phasengang und einen approximierten Amplitudengang. Bei der Methode „Allpässe" ist es gerade umgekehrt.

□

Beispiel: FIR-Filter als *Kammfilter*: Das System mit der Impulsantwort

$$h[n] = \begin{cases} 1 & \text{für} \quad n = 0, \ N \\ 0 & \text{sonst} \end{cases}$$

entsteht aus der Transversalstruktur Bild 5.21 dann, wenn der erste Koeffizient b_0 und der letzte Koeffizient b_N gleich Eins sind und die dazwischenliegenden Koeffizienten verschwinden. Die Übertragungsfunktion lautet

$$H(z) = 1 + z^{-N}$$

und hat die Nullstellen bei

$$z_{Ni} = (-1)^{1/N} = \left(e^{-j\pi} \cdot e^{j2\pi \cdot i} \right)^{1/N} = e^{j\pi \cdot (2i-1)/N} \quad ; \quad i = 1, 2, 3, ..., N$$

Diese Nullstellen liegen alle auf dem Einheitskreis in gleichen Abständen. Dort wird der Amplitudengang Null, weshalb diese Systeme Kammfilter heissen. Bild 9.36 zeigt das Pol-Nullstellen-Schema und den Frequenzgang für $N = 5$. Das System hat einen fünffachen Pol im Ursprung (wie jedes FIR-Filter der Ordnung 5). Die Phase springt bei jeder Nullstelle um 180 Grad, vgl. Abschnitt 5.6.

□

Beispiel: FIR-Filter als gleitender Mittelwertbildner (*Moving Averager*): Das System mit der Differenzengleichung

$$y[n] = \frac{1}{3} \cdot \left(x[n-2] + x[n-1] + x[n] \right)$$

bildet von jedem Eingangswert das arithmetische Mittel mit seinen beiden Nachbarn und gibt dieses an den Ausgang. Der Frequenzgang lautet nach (5.18):

$$H(e^{j\Omega}) = \sum_{i=0}^{2} b_i \cdot e^{-ji\Omega} = \frac{1}{3} + \frac{1}{3} \cdot e^{-j\Omega} + \frac{1}{3} \cdot e^{-j2\Omega}$$

Bild 9.37 zeigt den Amplitudengang, den Phasengang und die Gruppenlaufzeit. Der Mittelwertbildner hat im Wesentlichen eine Tiefpasscharakteristik.

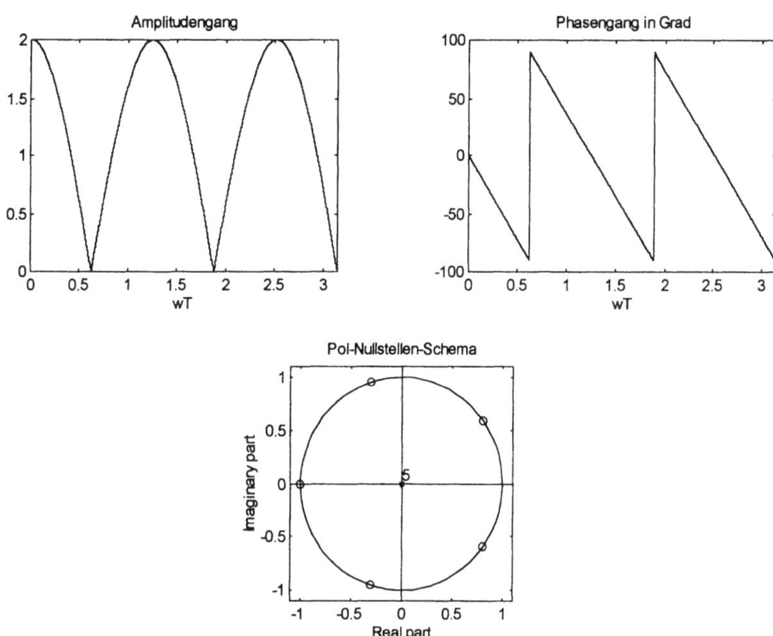

Bild 9.36 Amplitudengang, Phasengang, Pol-Nullstellen-Schema des Kammfilters mit der Ordnung 5

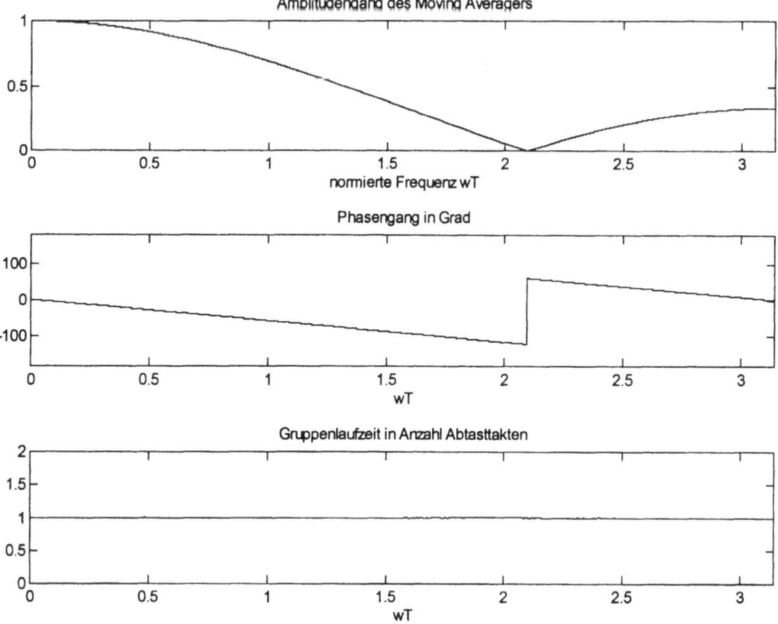

Bild 9.37 Frequenzgang und Gruppenlaufzeit des gleitenden Mittelwertbildners mit Ordnung 2

Natürlich kann man auch über zahlreichere Nachbarn mitteln. Im Allgemeinen Fall lautet die Übertragungsfunktion des Moving Averagers:

$$H(z) = \frac{1}{N} \cdot \sum_{i=0}^{N-1} z^{-i} \tag{9.61}$$

Nun schreiben wir (9.61) als Differenz von zwei unendlichen Reihen:

$$H(z) = \frac{1}{N} \cdot \left[\sum_{i=0}^{\infty} z^{-i} - \sum_{i=N}^{\infty} z^{-i} \right]$$

In der zweiten Summe substituieren wir $i = m+N$:

$$H(z) = \frac{1}{N} \cdot \left[\sum_{i=0}^{\infty} z^{-i} - \sum_{m=0}^{\infty} z^{-(m+N)} \right] = \frac{1}{N} \cdot \left[\sum_{i=0}^{\infty} z^{-i} - z^{-N} \cdot \sum_{m=0}^{\infty} z^{-m} \right]$$

Jetzt benutzen wir die Summenformel der geometrischen Reihe (vgl. (4.49)): $\displaystyle\sum_{i=0}^{\infty} z^{-i} = \frac{1}{1-z^{-1}}$

$$H(z) = \frac{1}{N} \cdot \left[\frac{1}{1-z^{-1}} - z^{-N} \cdot \frac{1}{1-z^{-1}} \right]$$

$$H(z) = \frac{1}{N} \cdot \frac{1-z^{-N}}{1-z^{-1}} \tag{9.62}$$

Die Differenzengleichung zu (9.62) lautet:

$$y[n] = y[n-1] + \frac{1}{N} \cdot \left[x[n] - x[n-N] \right] \tag{9.63}$$

Bild 9.38 zeigt das Blockdiagramm dieses Systems für $N = 3$.

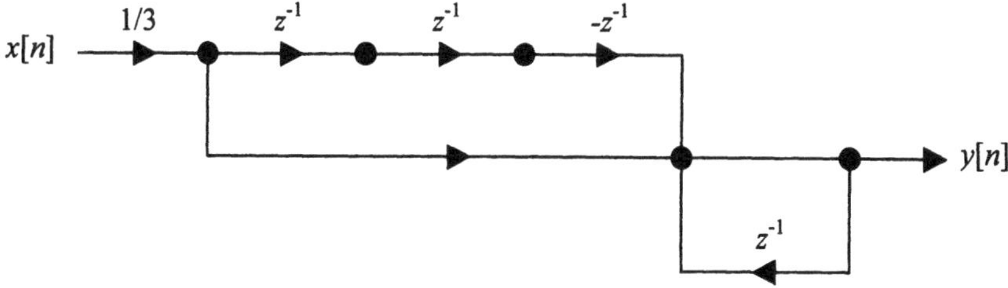

Bild 9.38 Signalflussdiagramm der Differenzengleichung (9.63)

(9.62) und (9.63) beschreiben ein rekursives System, Bild 9.38 zeigt den für diese Systeme typischen Rückkopplungspfad. (9.62) haben wir hergeleitet aus (9.61), das ein linearphasiges FIR-System ist. Aus Abschnitt 9.1.6 wissen wir aber, dass ein IIR-System nicht linearphasig und gleichzeitig kausal sein kann. Irgendwo ist also etwas faul. Für $N = 3$ lautet (9.61):

$$H(z) = \frac{1}{3} \cdot \left(z^{-0} + z^{-1} + z^{-2} \right) = \frac{z^2 + z + 1}{3z^2}$$

Dieses System hat demnach zwei Nullstellen bei $z = -0.5 \pm j\, 0.866$ und einen zweifachen Pol bei $z = 0$. Für (9.62) ergibt sich:

$$H(z) = \frac{1}{3} \cdot \frac{1 - z^{-3}}{1 - z^{-1}} = \frac{1}{3} \cdot \frac{z^3 - 1}{z^2 \cdot (z - 1)} = \frac{\left(z^2 + z + 1\right) \cdot (z - 1)}{3 \cdot z^2 \cdot (z - 1)} = \frac{z^2 + z + 1}{3 \cdot z^2}$$

Nun ist es klar: die Nullstellen bei $z = 1$ und den Pol bei $z = 1$ muss man zuerst kürzen.

> *Die Übertragungsfunktion H(z) von IIR-Systemen wird als Polynom-quotient dargestellt. Wenn man die beiden Polynome ohne Rest durcheinander dividieren kann, so handelt es sich aber um ein FIR-System.*

Bisher haben wir stets von linearphasigen FIR-Filtern gesprochen. Diese stellen ein Hauptanwendungsgebiet für diese Filterklasse dar und gestatten eine Filterung ohne Phasenverzerrungen. Dies ist mit rekursiven oder gar analogen Systemen nur sehr aufwendig und nur näherungsweise machbar.

FIR-Filter können aber auch einen nichtlinearen Phasenverlauf haben, nämlich dann, wenn die Koeffizienten keine Symmetrie aufweisen. In diesem Fall können sie als Ersatz für ein IIR-Filter dienen, mit dem Vorteil, dass das FIR-Filter nie instabil werden kann. Dies ist v.a. vorteilhaft in der Anwendung als adaptives (sich selbst einstellendes) Filter. Auf der anderen Seite steigt die Ordnung gegenüber dem IIR-Vorbild drastisch an, da letzteres dank der Rückkopplung jeden Eingangswert unendlich oft verarbeiten kann. Voraussetzung ist allerdings, dass die Impulsantwort *abklingend*, das System also strikt stabil ist. Bei nur bedingt stabilen Systemen (ein Pol befindet sich auf dem Einheitskreis) wie dem Intergrator bleibt nur die rekursive Realisierung.

Beispiel: Wir bemühen einmal mehr den Tiefpass 1. Ordnung, dessen Stossantwort ein abklingender e-Puls ist, Gleichung (3.31):

$$h(t) = A \cdot e^{-\sigma t} \cdot \varepsilon(t)$$

Wir wählen $A = 1$, $\sigma = 0.5$ und tasten mit $T = 1$ s ab:

$$h(t) = e^{-0.5t} \cdot \varepsilon(t) \quad \rightarrow \quad h[n] = e^{-0.5n} \cdot \varepsilon[n] = 0.6^n \cdot \varepsilon[n]$$

Nun werten wir diese Gleichung aus und erhalten wegen $T = 1$ gerade die Filterkoeffizienten:

$$h[n] = b_n = [1 \quad 0.6 \quad 0.6^2 \quad 0.6^3 \quad ...\,]$$

Dasselbe System haben wir bereits als impulsinvariantes IIR-Filter dimensioniert, Gleichung (9.6). Setzen wir dort $A = 1$, $B = -0.5$ und $T = 1$, so ergibt sich:

$$H(z) = \frac{1}{1 - e^{-0.5} \cdot z^{-1}} = \frac{1}{1 - 0.6 \cdot z^{-1}} = \frac{z}{z - 0.6}$$

Dividiert man den Polynomquotienten aus, so ergibt sich im Allgemeinen ein unendlich langes Polynom in z^{-1}, die Koeffizienten dieses Polynoms stellen gerade die Abtastwerte von $h[n]$ und somit die Koeffizienten des entsprechenden FIR-Filters dar:

$$H(z) = z : (z - 0.6) = 1 + 0.6 \cdot z^{-1} + 0.6^2 \cdot z^{-2} + 0.6 \cdot z^{-3} + ...$$

Bei langsam abklingenden Stossantworten ergibt sich natürlich eine sehr grosse Ordnung für das FIR-Filter.

9.3 Die Realisierung eines Digitalfilters

Dieser Abschnitt dient der kurzen Rekapitulation, um die Struktur der in den Abschnitten 9.1 und 9.2 vorgestellten Konzepte zu verdeutlichen.

9.3.1 Gegenüberstellung FIR-Filter - IIR-Filter

Die nachstehende Aufstellung vergleicht IIR- und FIR-Filter. Die Frage ist nicht, welche Klasse besser ist, sondern welche Klasse geeigneter für eine *bestimmte Anwendung* ist. Beide Klassen haben ihre Berechtigung.

Tabelle 9.7 Gegenüberstellung der FIR- und IIR-Filter (die Hauptvorteile sind kursiv hervorgehoben)

Kriterium	FIR-Filter	IIR-Filter
Filterarten	Tiefpass, Hochpass, Bandpass, Bandsperre, Multibandfilter, *Differentiator, Hilbert-Transformator*	Tiefpass, Hochpass, Bandpass, Bandsperre, *Allpass, Integrator*
Stabilität	*stets stabil*	u.U. instabil
linearer Phasengang	*einfach möglich*	nur akausal möglich
Gruppenlaufzeit	gross und bei linearphasigen Filtern *frequenzunabhängig*	*klein* und frequenzvariabel (minimalphasige Systeme sind einfach machbar)
Realisierungsaufwand (Filterlänge)	gross	klein
Beeinflussung durch Quantisierung der Koeffizienten	*klein*	gross
Beeinflussung durch Störungen	nur kurz wirksam	u.U. lange wirksam
Grenzzyklen	keine	möglich
häufigste Struktur	Transversalstruktur	Kaskade von Biquads
Adaptive Filter	in Transversalstruktur gut machbar	v.a. in Abzweig / Kreuzglied-Struktur

9.3.2 Schema zur Filterentwicklung

1. Spezifikation aus der Anwendung ableiten (Stempel-Matrizen-Schema mit Eckfrequenzen, Sperrdämpfung usw.)

2. FIR- oder IIR-Filter? ($\to$ Tabelle 9.7)

3. Abtastfrequenz hoch: - Anti-Aliasing-Filter einfach (d.h. analoger Aufwand klein)

              - Anforderung an digitale Hardware gross

              - Einfluss der Koeffizienten-Quantisierung gross

         tief: umgekehrt

4. Filter dimensionieren $\to$ Ordnung, Koeffizienten, Abtastintervall

Methoden:	*FIR* (Bild 9.28):	*IIR* (Bild 9.1):
	Parks McClellan	Yulewalk
	Fensterverfahren	Bilineare Transformation
	Frequenzabtastung	Impulsinvariante Transformation

5. Eventuell Struktur umwandeln (Bild 5.24) und Skalieren (Abschnitt 5.10.4)

6. Kontrolle der Performance durch Analyse / Simulation (Bild 5.30). Evtl. Redesign mit folgenden Änderungen (einzeln oder kombiniert anwendbar):

   - Filtertyp

   - Struktur

   - Ordnung

   - Abtastfrequenz

   - Koeffizienten-Quantisierung feiner

7. Hardware auswählen ($\to$ Abschnitt 5.11) und Filter implementieren (Bild 5.31). Test im Zielsystem.

8. Erfahrungen dokumentieren.

Mit den heutigen Entwicklungshilfsmitteln ist es durchaus möglich, ja sogar ratsam, die Schritte 2 bis 6 für mehrere Varianten durchzuspielen. Punkt 8 wird leider häufig vernachlässigt.

☐

In diesem Kapitel 9 haben wir nur die „klassischen" Digitalfilter behandelt. Daneben gibt es noch weitere Arten, die jedoch aufgrund folgender Ursachen (die sich z.T. gegenseitig bewirken) seltener verwendet werden:

- viele Aufgabenstellungen lassen sich ohne Spezialfilter lösen

- es sind (noch) wenig Softwarepakete zur Synthese von Spezialfiltern vorhanden

- die Theorie der Spezialfilter ist anspruchsvoll und noch nicht stark verbreitet.

Nicht behandelt haben wir z.B. Allpässe und Phasenschieber, Zustandsvariablenfilter, Wellendigitalfilter, Abzweigfilter (Ladder Filter) und Kreuzgliedfilter (Lattice Filter) u.v.a. Im Kapitel 10 werden wir Multiratenfilter und adaptive Filter wenigstens noch kurz streifen.

10 Einige weiterführende Ausblicke

Dieses Kapitel schneidet einige interessante Gebiete der Signalverarbeitung an, ohne jedoch in die Tiefe zu gehen. Der Sinn dabei ist, dem Leser einige Richtungen für die Weiterarbeit vorzuschlagen und gleichzeitig zu zeigen, dass mit dem bisher behandelten Stoff eine Beschäftigung auch mit abschreckend kompliziert tönenden Spezialgebieten möglich ist.

10.1 Systeme mit mehreren Abtastraten

10.1.1 Einführung

Die Abtastfrequenz eines zeitdiskret arbeitenden Systems muss dem Shannon-Theorem genügen, d.h. f_A muss die höchste im analogen Signal vorkommende Frequenz um mehr als das Doppelte übersteigen (diese Formulierung gilt für Basisband-Signale, d.h. für Signale mit Spektralanteilen ab 0 Hz, jedoch nicht für Bandpass-Signale, vgl. Abschnitt 10.2). Wählt man f_A so klein wie möglich, so fallen pro Sekunde nur wenige Abtastwerte an. Der Aufwand im diskreten System wird dadurch kleiner, da weniger Rechenoperationen pro Sekunde ausgeführt werden müssen. Allerdings muss das Anti-Aliasing-Filter einen sehr steilen Übergangsbereich haben und wird darum entsprechend aufwendig. Wählt man hingegen f_A bedeutend grösser als notwendig, so vereinfacht sich das analoge Anti-Aliasing-Filter, dafür wird ein leistungsfähiges Digitalsystem benötigt. Die Wahl der Abtastfrequenz ist demnach stets ein Kompromiss.

Falls das digitale System als Tiefpassfilter wirkt, so ist im Ausgangssignal weniger Information als im Eingangssignal vorhanden. Deshalb müsste man dieses Ausgangssignal mit weniger Abtastwerten pro Sekunde vollständig beschreiben können. Würde man nämlich das Analogsignal mit einem analogen Tiefpass filtern und erst danach abtasten, so könnte man die Abtastfrequenz ja auch reduzieren. Dieses Konzept heisst *Dezimation* oder *Downsampling* (weitere Ausdrücke sind *Überabtastung* und *Oversampling*) und hat seine wichtigste Anwendung bei der AD-Wandlung: das analoge Signal wird viel zu rasch abgetastet (das Anti-Aliasing-Filter wird einfach und im wirklich interessierenden Frequenzbereich ist die Phasendrehung viel kleiner) und nachher digital tiefpassgefiltert (mit einem linearphasigen FIR-Tiefpass ergibt sich keine weitere Gruppenlaufzeitverzerrung). Danach wird die Abtastrate reduziert und das Signal weiterverarbeitet. Man ersetzt also die analoge Filterung durch eine digitale Filterung. In Verbindung mit einer Frequenzverschiebung wird die Dezimation auch in der Spektralanalyse als „Frequenzlupe" eingesetzt (*Zoom-FFT*). Weiter wird in sog. Filterbänken ein breitbandiges Signal aufgeteilt in mehrere schmalbandige Signale und letztere separat durch Filter mit tieferer Abtastfrequenz verarbeitet, vgl. Abschnitt 10.1.5. Diese Technik ist in [Fli93] sehr schön beschrieben.

Der umgekehrte Fall der Erhöhung der Abtastrate heisst *Interpolation* oder *Upsampling*. Bei einem digitalen Modulator z.B. liegt das Modulationsprodukt meistens in einem höheren Frequenzbereich als das modulierende Signal. Es ist nun viel zu aufwendig, die gesamte Signalvorverarbeitung mit der maximalen Abtastrate durchzuführen. Eine weitere Anwendung liegt bei der DA-Wandlung: das analoge Glättungsfilter wird bei zu hoher Abtastfrequenz einfacher.

Zudem wirken sich die $\sin(x)/x$-Verzerrungen (vgl. Abschnitt 4.2.5) weit weniger aus, weshalb man sogar auf deren Kompensation ganz verzichten kann. Praktisch alle CD-Player verwenden heute dieses Prinzip, irreführenderweise wird es aber Oversampling genannt. Eine Überabtastung wird jedoch nur vorgetäuscht, tatsächlich handelt es sich um eine Interpolation.

Zugunsten eines geringeren Gesamtaufwandes ist es also oft lohnenswert, mit verschiedenen Abtastfrequenzen zu arbeiten. Entsprechende Systeme heissen *Multiraten-Systeme*, wobei man versucht, an jedem Punkt im Signalverarbeitungszug die Abtastfrequenz so gering wie möglich zu halten.

10.1.2 Dezimation

Eine Reduktion der Abtastfrequenz um den ganzzahligen Faktor R erreicht man, indem man mit Hilfe eines SRD (Sampling Rate Decreaser) aus der Eingangssequenz $x[nT_1]$ nur jeden R-ten Abtastwert weiter verwendet. Es entsteht so die Sequenz $y[nT_2]$ mit derselben Gesamtdauer. (Da nun mehrere Abtastintervalle vorkommen, lässt sich nicht mehr die vereinfachte Schreibweise $x[n]$ verwenden.)

$$y[nT_2] = x[nRT_1]; \qquad n = \ldots, -3, -2, -1, 0, 1, 2, 3, \ldots \qquad \text{mit} \quad R = T_2 / T_1 \qquad (10.1)$$

Symbol für einen SRD: $\qquad x \longrightarrow \boxed{\; \downarrow R \;} \longrightarrow y$

Ein SRD ist ein *zeitvariantes* System und kann nicht mit einer Impulsantwort oder einem Frequenzgang charakterisiert werden. Ein Einheitsimpuls bei $n = 0$ erscheint nämlich unverändert am Ausgang, ein Einheitsimpuls bei $n = 1$ jedoch nicht. Trotzdem ist nach Bild 4.4 ein Zusammenhang zwischen den Spektren der Ein- und Ausgangssignale sichtbar. Mit der Abtastrate ändert auch das Basisintervall. Die maximal mögliche Frequenz in x beträgt:

$$f_{x_{\max}} \le \frac{1}{2 \cdot T_2} = \frac{1}{2R \cdot T_1}$$

Um diese Bedingung einzuhalten, muss vor den SRD ein digitaler Tiefpass mit obiger Grenzfrequenz geschaltet werden. Die Kombination digitaler Tiefpass plus SRD heisst *Dezimierer* oder *Dezimierungsfilter*, Bild 10.1. Ein Dezimierer hat am Eingang eine hohe und am Ausgang eine tiefe Abtastfrequenz. Als Tiefpass wird wegen seiner Einfachheit gerne der Moving Averager eingesetzt (d.h. ein FIR-Tiefpass der Länge N mit $b[n] = 1/N$ für alle n). Dank dem Tiefpass beeinflussen die tieffrequenten Anteile der „fortgeworfenen" Abtastwerte den Ausgang des Dezimierers ebenfalls.

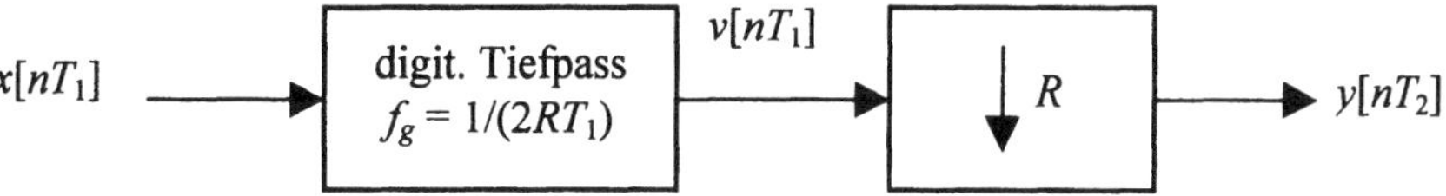

Bild 10.1 Dezimierungsfilter

Wegen des nichtidealen Sperrbereiches und des durch die Quantisierung der Rechenergebnisse verursachten Rauschen tritt in der Praxis etwas Aliasing auf.

Wir betrachten nun eine Realisierung für $R = 2$ mit einem FIR-Tiefpass in Transversalstruktur nach Bild 5.7 rechts oder Bild 5.21. Hat dieses Filter die Ordnung 3, so lautet das Signal $v[nT_1]$ zwischen dem FIR-Tiefpass und dem SRD:

$$v[nT_1] = b_0 \cdot x[nT_1] + b_1 \cdot x[nT_1 - T_1] + b_2 \cdot x[nT_1 - 2T_1] + b_3 \cdot x[nT_1 - 3T_1]$$

Für das Ausgangssignal y nach dem SRD gilt nach (10.1):

$$y[nT_2] = b_0 \cdot x[2nT_1] + b_1 \cdot x[2nT_1 - T_1] + b_2 \cdot x[2nT_1 - 2T_1] + b_3 \cdot x[2nT_1 - 3T_1]$$

Daraus erkennt man, dass der SRD alle von b_0 und b_2 verarbeiteten ungeradzahligen Abtastwerte in $v[n]$ „fortwirft". Ebenso fallen alle geradzahligen von b_1 und b_3 verarbeiteten Abtastwerte in $v[n]$ weg. Es ist darum gar nicht nötig, dass diese Werte vom Transversalfilter berechnet werden. Die Hälfte aller Multiplikationen ist überflüssig. Diese Verschwendung kann man mit einer Modifikation der Schaltung nach Bild 5.21 verhindern, indem man den SRD am Ausgang des Filters ersetzt durch $(N+1)$ SRDs in den Querpfaden des Filters. Damit arbeiten alle Multiplizierer und Addierer nur noch mit der halben Geschwindigkeit. Der Mehrbedarf an SRDs ist keineswegs ein Nachteil, da diese lediglich durch eine geeignete Ablaufsteuerung realisiert werden.

Ein ähnlicher aber nicht so leicht durchschaubarer Trick lässt sich auch dann anwenden, wenn ein IIR-Filter im Dezimierer verwendet wird. In der Praxis bevorzugt man jedoch die FIR-Filter, da mit diesen eine phasenlineare Filterung möglich ist.

10.1.3 Interpolation

Bei der Interpolation wird die Abtastrate erhöht. Die im Signal enthaltene Informationsmenge vergrössert sich dadurch aber *nicht*.

Mit einem SRI (Sampling Rate Increaser) erhöht man die Abtastrate um den ganzzahligen Faktor R, indem man zwischen je zwei Abtastwerten des ursprünglichen Signals $(R-1)$ weitere Abtastwerte mit dem Wert Null einfügt.

Symbol für einen SRI: $x \longrightarrow \boxed{\uparrow R} \longrightarrow y$

Für das Ausgangssignal gilt:

$$y[nT_2] = \begin{cases} x\left[\dfrac{nT_1}{R}\right] & ; \quad n = 0, \pm R, \pm 2R, \ldots \quad \text{mit} \quad R = \dfrac{T_1}{T_2} \\ \quad 0 & ; \quad sonst \end{cases} \tag{10.2}$$

Auch der SRI ist ein zeitvariantes System. Trotzdem kann man eine Beziehung zwischen den Spektren der Signale am Ein- und Ausgang des SRI angeben. Das Spektrum von y berechnet sich mit der FTA nach (4.11), indem man (10.2) einsetzt:

$$Y\!\left(e^{j\Omega}\right) = \sum_{n=-\infty}^{\infty} y[nT_2] \cdot e^{-jn\omega T_2} = \sum_{n=0,\pm R,\pm 2R,\ldots}^{\pm\infty R} x\left[\frac{nT_1}{R}\right] \cdot e^{-jn\omega T_2}$$

Nun substituieren wir $k = n/R$:

$$Y\!\left(e^{j\Omega}\right) = \sum_{k=-\infty}^{\infty} x[kT_1] \cdot e^{-jk\omega T_1} = X\!\left(e^{j\Omega}\right)$$

Das Einfügen der Nullen ändert das Spektrum also nicht. Dies ist eigentlich plausibel, da der Informationsgehalt ja auch nicht ändert. Das Basisintervall wird aber um den Faktor R grösser.

Die eigentliche Interpolation erfolgt mit einem (idealen) digitalen Tiefpass mit der Abtastfrequenz $1/T_2$ und der Grenzfrequenz $f_g = 1/2T_1$ sowie der Verstärkung R. Dieser Verstärkungsfaktor erklärt sich aus Gleichung (4.13) oder Bild 4.4 Mitte. Der Tiefpass kann die abrupten Änderungen der Abtastwerte nicht mitmachen und interpoliert darum die Sequenz, Bild 10.3.

Die Kombination SRI plus digitaler Tiefpass mit den oben genannten Eigenschaften nennt man *Interpolator* oder *Interpolationsfilter*, Bild 10.2. Ein Interpolator hat am Eingang eine tiefe und am Ausgang eine hohe Abtastfrequenz.

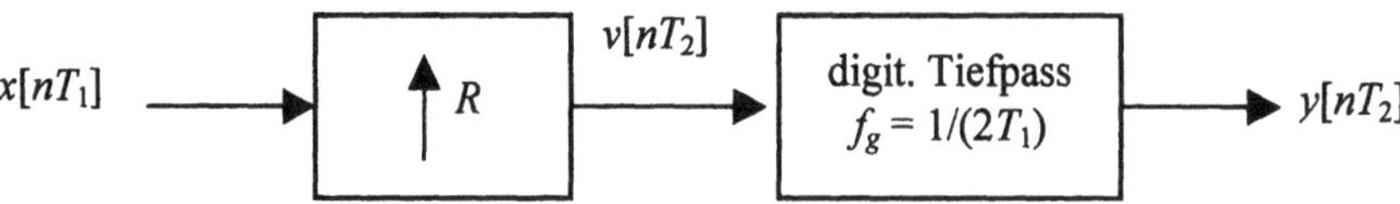

Bild 10.2 Interpolationsfilter

Auch der Tiefpass des Interpolators kann in einer sparsamen Version realisiert werden, da er weniger Information verarbeitet als er mit seiner Abtastrate eigentlich könnte. Da dieses Filter in der Praxis nicht ideal sein kann, ergeben sich kleine Signalverfälschungen.

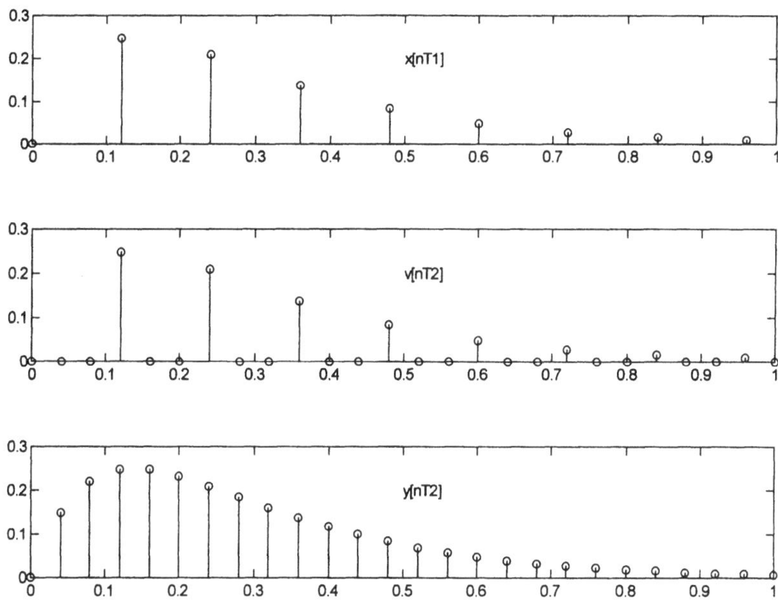

Bild 10.3 Verläufe der Signale aus Bild 10.3

10.1.4 Rationale Änderung der Abtastfrequenz

Bisher haben wir nur ganzzahlige Änderungen der Abtastfrequenz betrachtet. Eine beliebige Änderung ist natürlich möglich mit der primitiven Variante der DA-Wandlung und erneuten Abtastung. In der Praxis ist aber die Änderung um einen rationalen Faktor genügend, dies ist rein digital möglich. Dazu kaskadiert man einen Interpolator und einen Dezimierer.

Untersetzungsfaktor des Dezimierers: $R_D = T_2/T_1$ R_D und R_I sind

Übersetzungsfaktor des Interpolators: $R_I = T_1/T_2$ natürliche Zahlen.

Die Reihenschaltung eines Dezimierers und eines Interpolators ergibt für die Abtastraten am Ein- und Ausgang der Gesamtschaltung:

$$T_2 = \frac{R_D}{R_I} \cdot T_1$$

Mit beiden Reihenfolgen der Teilblöcke kann man ein rationales Umsetzungsverhältnis erreichen. Vorteilhaft ist es aber, den Interpolator an den Eingang zu legen. Damit wird das Basisband der Gesamtschaltung breiter. Die beiden digitalen Tiefpässe liegen zudem nebeneinander und können in einem einzigen gemeinsamen Filter kombiniert werden, Bild 10.4. Ist $T_2 < T_1$, so ist die Grenzfrequenz des Filters $f_g = 1/2T_1$. Ist $T_2 > T_1$, so ist die Grenzfrequenz des Filters $f_g = 1/2T_2$. Die Verstärkung des Filters beträgt in beiden Fällen R_I.

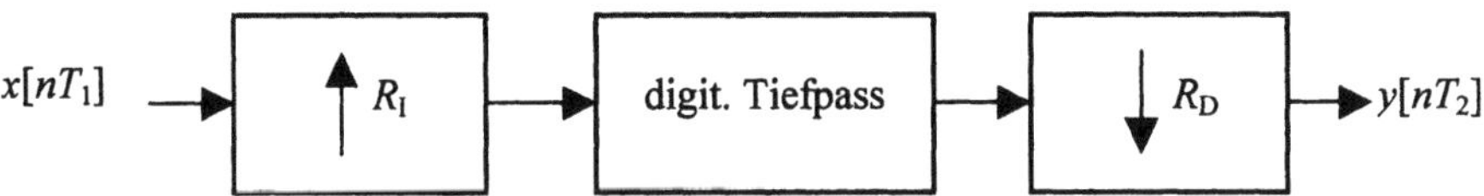

Bild 10.4 Rationale Umsetzung der Abtastfrequenz um R_D/R_I

10.1.5 Polyphasenfilter

Die im Abschnitt 10.1.2 eingeführte Dezimation ist die Abtastung eines zeit*diskreten* Signales, indem z.B. nur jeder vierte Abtastwert des ursprünglichen Signales weiter benutzt wird. Mathematisch entspricht dies der Mutliplikation des zeitdiskreten Signales $x[nT_1]$ mit der Sequenz $w_N[nT_1]$:

$$w_N[nT_1] = \begin{cases} 1 \\ 0 \end{cases} \text{für} \quad \begin{array}{l} n = mN, \ m \text{ ganzzahlig} \\ \text{sonst} \end{array} \tag{10.3}$$

Etwas kompakter wird die mathematische Darstellung, wenn man folgende Hilfsfunktion einführt:

$$W_N = e^{-j\frac{2\pi}{N}} = \sqrt[N]{1} \tag{10.4}$$

Dies ist nichts anderes als der im Zusammenhang mit der FFT bei Gleichung (4.32) eingeführte twiddle factor. Deshalb wird in (10.4) auch dasselbe Symbol benutzt. W_N ist eine Menge von N komplexen Zahlen, die alle den Betrag eins haben und jeweils um den Winkel $2\pi/N$ versetzt sind. Nun schreiben wir anstelle von (10.3):

$$w_N[n] = \frac{1}{N} \cdot \sum_{k=0}^{N-1} W_N^{kn} \tag{10.5}$$

Der Leser kann mit einem Zahlenbeispiel leicht selber herausfinden, dass in (10.5) die Summanden sich stets zu Null ergänzen, ausser für $n = mN$. Damit gilt für das aus $x[n]$ entstehende dezimierte Signal $x_\lambda[n]$:

$$x_\lambda[n] = x[mn + \lambda] = x[n] \cdot w_N[n - \lambda] \quad \text{mit} \quad w_N[n - \lambda] = \frac{1}{N} \cdot \sum_{k=0}^{N-1} W_N^{k(n-\lambda)} \tag{10.6}$$

Im Gegensatz zu (10.1) haben in (10.6) alle Signale dieselbe Abtastfrequenz, deshalb kann man wieder die einfachere Schreibweise $x[n]$ anstelle von $x[nT]$ verwenden.

Für $N = 4$ und $\lambda = 0$ werden somit die Abtastwerte –4, 0, 4, 8, 12, usw. herausgepickt, für $\lambda = 1$ die Abtastwerte –3, 1, 5, 9, 13, usw., für $\lambda = 2$ die Abtastwerte –2, 2, 6, 10, 14, usw.

λ kann die ganzzahligen Werte von 0 bis $N–1$ annehmen, dies ergibt N verschiedene dezimierte Versionen für $x_\lambda[n]$. Jede dieser Version nach (10.6) enthält den N-ten Bruchteil der Abtastwerte von $x[n]$ und kein Abtastwert kommt mehrmals vor. Zählt man alle Versionen zusammen, so erhält man demnach wieder das ursprüngliche Signal $x[n]$:

$$x[n] = \sum_{\lambda=0}^{N-1} x_\lambda[n] = \sum_{\lambda=0}^{N-1} x[n] \cdot w_N[n-\lambda] \quad \text{mit} \quad w_N[n-\lambda] = \frac{1}{N} \cdot \sum_{k=0}^{N-1} e^{\frac{-2\pi\, j \cdot k(n-\lambda)}{N}} \tag{10.7}$$

(10.7) ist die *Polyphasendarstellung* von $x[n]$ im Zeitbereich. Bild 10.5 zeigt ein Beispiel.

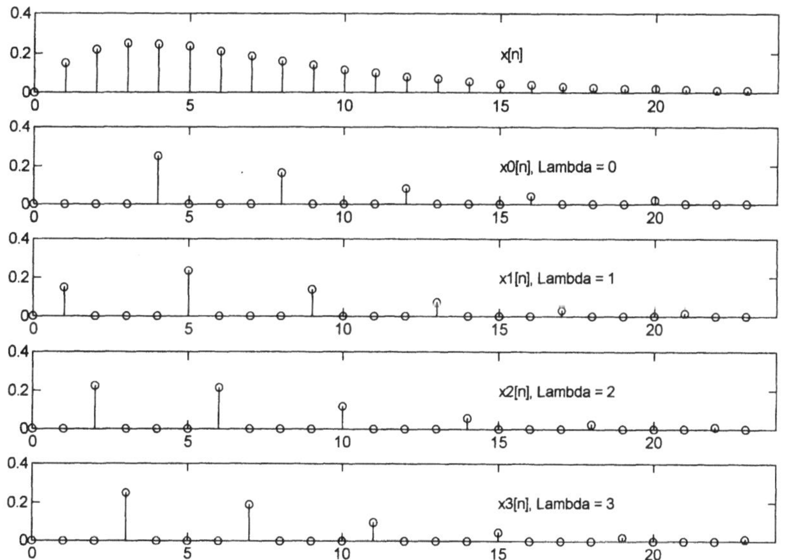

Bild 10.5 Beispiel zur phasenverschobenen Dezimation eines zeitdiskreten Signals

Für die Darstellung im Bildbereich benutzen wir als Beispiel ein kausales Signal mit 16 Abtastwerten und $N = 4$ sowie die Definitionsgleichung der z-Transformation (4.45):

$$X(z) = \sum_{n=-\infty}^{\infty} x[n] \cdot z^{-n} = \sum_{n=0}^{15} x[n] \cdot z^{-n} = x[0] \cdot z^{-0} + x[1] \cdot z^{-1} + \dots + x[15] \cdot z^{-15} \tag{10.8}$$

Nun schreiben wir die Summation so um, dass die Polyphasendarstellung ersichtlich wird:

$$X(z) = x[0] \cdot z^{-0} + x[4] \cdot z^{-4} + x[8] \cdot z^{-8} + x[12] \cdot z^{-12}$$
$$+ x[1] \cdot z^{-1} + x[5] \cdot z^{-5} + x[9] \cdot z^{-9} + x[13] \cdot z^{-13}$$
$$+ x[2] \cdot z^{-2} + x[6] \cdot z^{-6} + x[10] \cdot z^{-10} + x[14] \cdot z^{-14} \tag{10.9}$$
$$+ x[3] \cdot z^{-3} + x[7] \cdot z^{-7} + x[11] \cdot z^{-11} + x[15] \cdot z^{-15}$$

$$X(z) = z^{-0} \cdot \left(x[0] \cdot z^{-0} + x[4] \cdot z^{-4} + x[8] \cdot z^{-8} + x[12] \cdot z^{-12} \right)$$
$$+ z^{-1} \cdot \left(x[1] \cdot z^{-0} + x[5] \cdot z^{-4} + x[9] \cdot z^{-8} + x[13] \cdot z^{-12} \right)$$
$$+ z^{-2} \cdot \left(x[2] \cdot z^{-0} + x[6] \cdot z^{-4} + x[10] \cdot z^{-8} + x[14] \cdot z^{-12} \right) \tag{10.10}$$
$$+ z^{-3} \cdot \left(x[3] \cdot z^{-0} + x[7] \cdot z^{-4} + x[11] \cdot z^{-8} + x[15] \cdot z^{-12} \right)$$

Mit dieser Vorarbeit lassen sich nun die allgemeinen Gleichungen verstehen. Dazu gehen wir aus von (10.6) links und transformieren vorerst nur eine Polyphasenkomponente:

$$x_\lambda[n] = x[mn + \lambda] \quad \circ\!\!-\!\!\circ \quad X_\lambda(z) = \sum_{m=-\infty}^{\infty} x[mN + \lambda] \cdot z^{-(mN+\lambda)} \tag{10.11}$$

In (10.10) wurde bei jeder runden Klammer der Faktor $z^{-\lambda}$ ausgeklammert. Für (10.11) bedeutet dies:

$$X_\lambda(z) = \sum_{m=-\infty}^{\infty} x[mN + \lambda] \cdot z^{-(mN+\lambda)} = z^{-\lambda} \cdot \sum_{m=-\infty}^{\infty} x[mN + \lambda] \cdot z^{-mN} \tag{10.12}$$

Da die z-Transformation eine lineare Abbildung ist, erhält man $X(z)$ durch dieselbe Summation wie in (10.7), diesmal jedoch im Bildbereich:

$$X(z) = \sum_{\lambda=0}^{N-1} X_\lambda(z) = \sum_{\lambda=0}^{N-1} \sum_{m=-\infty}^{\infty} x[mN + \lambda] \cdot z^{-(mN+\lambda)} = \sum_{\lambda=0}^{N-1} z^{-\lambda} \cdot X_\lambda^{(p)}(z)$$

mit : $\tag{10.13}$

$$X_\lambda^{(p)}(z) = \sum_{m=-\infty}^{\infty} x[mN + \lambda] \cdot z^{-mN}$$

(10.13) ist die Polyphasendarstellung von $X(z)$ im Bildbereich.

Die $X_\lambda^{(p)}$ sind Polynome, wobei jeder Inhalt der runden Klammern in (10.10) ein solches Polynom erzeugt (deshalb der Exponent (p)). Jede dieser Polyphasenkomponenten im Bildbereich ist eindeutig mit einer Polyphasenkomponente im Zeitbereich nach (10.7) verknüpft.

Nach (10.13) lässt sich also jedes Signal aufspalten in eine Summendarstellung. Dies gilt auch für kausale Signale (wie in Bild 10.5) und demnach auch für Stossantworten (Zeitbereich) bzw. Übertragungsfunktionen (Bildbereich):

$$H(z) = \sum_{\lambda=0}^{N-1} z^{-\lambda} \cdot H_\lambda^{(p)}(z) \tag{10.14}$$

Damit wird es möglich, einen Filteralgorithmus in einem Parallelrechenwerk abzuarbeiten, Bild 10.6. Dies ist sehr nützlich bei der Verarbeitung von langen Sequenzen.

Die dezimierten Signale haben eine geringere Bandbreite als das Originalsignal, tragen aber zusammen dieselbe Information. Das ursprüngliche Signal wird demnach zerlegt in verschiedene Bereiche auf der Frequenzachse (sog. Bandpass-Signale). Auf dieser Idee beruht eine ganze Reihe von Filtern bzw. Filterbänken, die z.B. in [Fli93] detailliert beschrieben sind.

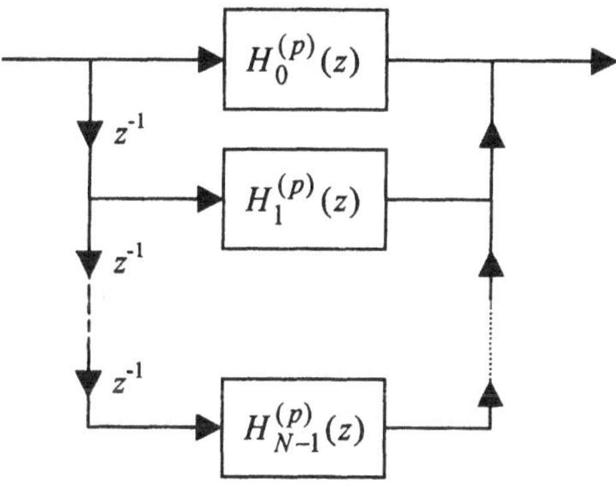

Bild 10.6 Aufteilung eines Systems in parallel arbeitende Subsysteme

10.2 Analytische Signale und Hilbert-Transformation

10.2.1 Die reelle Abtastung von Bandpass-Signalen

Häufig wird das Abtasttheorem in folgendem Wortlaut zitiert: „Die Abtastfrequenz muss höher sein als das Doppelte der höchsten Signalfrequenz". Dies gilt nur für Tiefpass-Signale, im Falle von Bandpass-Signalen würde dies eine aufwendige Überabtastung bedeuten. Zunehmend digitalisiert man auch Bandpass-Signale, z.B. Zwischenfrequenzsignale von Funk-Empfängern. Deshalb soll dieser Fall hier beleuchtet werden.

Ein Tiefpass-Signal (auch Basisband-Signal genannt) hat ein Spektrum, das die Frequenzachse ab tiefen Frequenzen bis zu einer oberen Grenzfrequenz f_0 belegt. Für die Bandbreite gilt demnach:

$$B = f_0 \tag{10.15}$$

Ein Bandpass-Signal hat ein Spektrum, das durch eine untere Grenzfrequenz f_u und eine obere Grenzfrequenz f_0 beschränkt ist. Damit gilt für die Bandbreite:

$$B = f_0 - f_u \tag{10.16}$$

Anmerkung: Die Bandbreite ist definiert als den von einem Signal belegten Bereich auf der *positiven* Frequenzachse in Hz. Bei zeitbegrenzten Signalen klingt das Spektrum theoretisch gar nie ab. Bei praktisch eingesetzten Signalen klingt das Spektrum jedoch mehr oder weniger rasch ab, man kann deshalb eine „technische Bandbreite" definieren, d.h. willkürliche Grenzwerte festlegen, ausserhalb denen der Amplitudengang vernachlässigt wird. Es sind mehrere solche Definitionen sinnvoll und auch im Gebrauch [Mey99], hier können wir aber vereinfachend unsere Überlegungen mit scharf begrenzten Spektren anstellen.

$\square$

Der Informationsgehalt eines Signals hängt ab von dessen Bandbreite, Gleichung (2.54). Ob das Spektrum von 0 Hz bis 20 kHz (Tiefpass-Signal) oder von 80 kHz bis 100 kHz (Bandpass-Signal) reicht, ist dabei egal. Das Abtasttheorem besagt, dass bei einer korrekten Abtastung eines kontinuierlichen Signales die Abtastwerte dieses kontinuierliche Signal vollständig beschreiben. Die Abtastung ist somit eine eineindeutige, d.h. umkehrbare Abbildung vom kontinuierlichen in den zeitdiskreten Bereich und der Informationsgehalt der Abtastwerte ist gleich gross wie der Informationsgehalt des kontinuierlichen Signales.

Würde man mit dem doppelten Wert der maximalen Frequenz abtasten, so ergäbe dies für die oben genannten Signale Abtastfrequenzen von 40 kHz bzw. 200 kHz. Die Abtastwerte des Bandpass-Signales wären somit redundant. Dies schreit geradezu nach einer Dezimation, allerdings kann es zu Fehlern führen, wenn die Abtastfrequenz und die Bandbreite in einer ungünstigen Beziehung stehen.

Auch die Spektren der Bandpass-Signale erfahren durch die Abtastung eine periodische Fortsetzung, und auch hier dürfen sich die einzelnen Perioden nicht überlappen. Bild 10.7 zeigt den Amplitudengang eines reellen Zeitsignales. Dieser ist symmetrisch bezüglich der Ordinate und

besteht aus den Komponenten 1 und 2. Durch das Abtasten entstehen die Folgeperioden 1', 1"
usw. bzw. 2', 2" usw. Im Bild 10.7 darf nun 1" nicht in 2 hineinlaufen, ebenfalls müssen 2 und
1"' getrennt bleiben. Nur so kann man mit einem Bandpass als Rekonstruktionsfilter das ursprüngliche Spektrum 2 extrahieren.

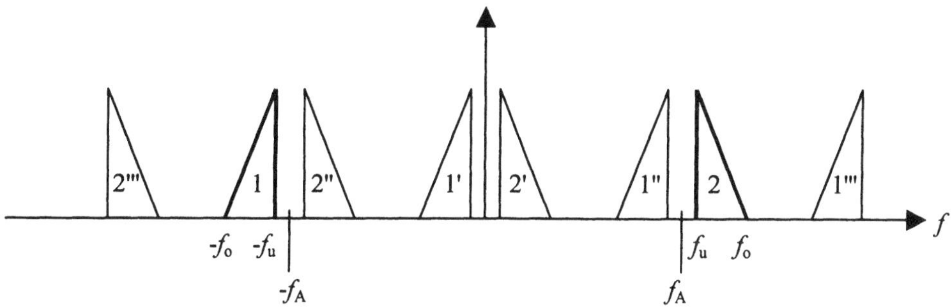

Bild 10.7 Abtastung eines Bandpass-Signales (für Tiefpass-Signale vgl. Bild 4.4)
dick ausgezogen: Amplitudengang des kontinuierlichen Signales
dünn ausgezogen: periodische Fortsetzung des Spektrums als Folge der Abtastung

Durch die periodische Fortsetzung des Spektrums in Bild 10.7 wird der Anteil 1 mehrfach
kopiert im Abstand f_A, es entstehen die Spektralanteile 1', 1" und 1"'. Genauso entstehen aus
dem Anteil 2 die Duplikate 2', 2" und 2"'. Das ursprüngliche Spektrum (1 und 2) bleibt dann
unberührt, wenn die rechte (steile) Flanke von 1 bzw. 1" nach k-facher Wiederholung nicht in 2
hineinläuft. Genauso darf die rechte Flanke von 2 nicht in 1"' (die $(k+1)$. Wiederholung von 1)
hineinlaufen. Im negativen Teil des Spektrums sind die Verhältnisse zwangsläufig symmetrisch, da die Signale reell sind. Mathematisch ausgedrückt heisst dies:

$$-f_u + k \cdot f_A < f_u$$
$$-f_0 + (k+1) \cdot f_A > f_0$$

$$(10.17)$$

Auflösen nach f_A ergibt das *Abtasttheorem für reelle Bandpass-Signale:*

$$\boxed{\frac{2 \cdot f_u}{k} > f_A > \frac{2 \cdot f_0}{k+1}}$$

$$(10.18)$$

k gibt an, wieviele Perioden innerhalb des ursprünglichen Spektrums (zwischen Block 1 und
Block 2 in Bild 10.7) liegen bzw. wie oft das Band $B = f_0 - f_u$ (einseitige Bandbreite) im Bereich $0 \ldots f_u$ Platz hat. k muss eine natürliche Zahl sein. Aus (10.18) folgt:

$$(k+1) \cdot f_u > k \cdot f_0$$
$$k \cdot f_u + f_u > k \cdot f_0$$
$$k \cdot (f_0 - f_u) = k \cdot B < f_u$$

$$\boxed{0 \le k < \frac{f_\mathrm{u}}{B}} \tag{10.19}$$

Ein Zahlenbeispiel soll dieses Resultat verdeutlichen: Ein Bandpass-Signal mit $B = 6$ kHz erstreckt sich von 50 kHz bis 56 kHz. Nach (10.19) kann k Werte von 0 ... 8 annehmen. Mit (10.18) lassen sich die möglichen Abtastfrequenzen ausrechnen, Tabelle 10.1.

Tabelle 10.1 Resultate zum Zahlenbeispiel für die Bandpass-Abtastung

k	f_A [kHz]
0	112 ... ∞
1	56 ... 100
2	37.33 ... 50
3	28 ... 33.33
...	...
8	12.44 ... 12.50

Bemerkenswert ist die oberste Zeile: $k = 0$ bedeutet, dass keine Spektralanteile des abgetasteten Signals tiefer als f_u liegen. Es handelt sich also um die „normale" Abtastung, wie wenn es um ein Tiefpass-Signal ginge. Entsprechend ist für die Abtastfrequenz ein Minimum von 2 mal f_0 vorgeschrieben, jedoch kein Maximum.

Bemerkenswert ist auch die unterste Zeile: die tiefstmögliche Abtastfrequenz ist höher als die doppelte Bandbreite. Diese Aussage gilt sowohl für Bandpass- als auch für Tiefpass-Signale, da bei letzteren $f_0 = B$ ist. Diese Erkenntnis ist eigentlich naheliegend: beim Abtasttheorem geht es um die Erhaltung des Informationsgehaltes. In der Shannon'schen Formel für die Kanalkapazität (Gleichung (2.54)) erscheint wie schon erwähnt als Variable auch B und nicht etwa f_0. Dies lässt sich aus obigen Gleichungen ableiten, indem man (10.19) in (10.18) einsetzt und das Minimum sucht. Dieses Minimum tritt auf, wenn k möglichst gross ist:

$$f_\mathrm{A} > \frac{2 \cdot f_0}{k+1} = \frac{2 \cdot f_0}{\dfrac{f_\mathrm{u}}{B}+1} = \frac{2 \cdot B \cdot f_0}{f_\mathrm{u} + B} = \frac{2 \cdot B \cdot f_0}{f_\mathrm{u} + (f_0 - f_\mathrm{u})} = 2 \cdot B \tag{10.20}$$

Nach der Bandpass-Abtastung liegt eine Periode des Spektrums bei tiefen Frequenzen, in Bild 10.7 sind dies die Komponenten 1' und 2'. Dieser Anteil kann wie ein Tiefpass-Signal digital verarbeitet werden.

Der ADC darf bei der Abtastung von Bandpass-Signalen also langsamer arbeiten. Die vorgeschaltete Sample and Hold-Schaltung (S&H) jedoch muss die tatsächliche Frequenz des Eingangssignals verarbeiten können!

Unschön ist, dass wegen (10.18) und (10.19) nicht jede beliebige Abtastfrequenz über $2 \cdot B$ benutzbar ist. Deshalb kann man durch die Bandpass-Abtastung nicht stets genau die Frequenzlage des Basisbandes erreichen. Die Hilbert-Transformation schafft hier Abhilfe.

10.2.2 Die Hilbert-Transformation

Die oben besprochene Bandpass-Abtastung geht von reellen Bandpass-Signalen aus. Reelle Zeitsignale haben stets konjugiert komplexe Spektren, genau deshalb entsteht das Problem mit der Überlappung der Spektren bei deren periodischer Fortsetzung. Hätte man ein Zeitsignal mit nur einseitigem Spektrum, so könnten sich die Teilspektren in Bild 10.7 nicht mehr in die Quere kommen und die Restriktion (10.18) liesse sich lockern: die Abtastfrequenz müsste lediglich die Bedingung $f_A > 2 \cdot B$ einhalten (genau genommen tastet man zwei Signale mit $f_A > B$ ab, vgl. später).

Solche Signale mit einseitigem („kausalem") Spektrum nennt man *analytische Signale*. Sie sind im Zeitbereich komplexwertig, da ihr Spektrum nicht konjugiert komplex ist. Analytische Signale kann man darstellen durch zwei reelle Funktionen, wobei die eine den Realteil und die andere den Imaginärteil der komplexwertigen Zeitfunktion darstellt. Diese beiden Funktionen sind bei analytischen Signalen verknüpft durch die *Hilbert-Transformation*.

Jedes Spektrum, das nicht konjugiert komplex ist, gehört zu einem komplexen Zeitsignal. Analytische Signale sind ein Spezialfall davon, indem ihr Spektrum auf eine ganz bestimmte Art asymmetrisch ist: es ist einseitig, Bild 10.8.

Die Bandpass-Abtastung von analytischen Signalen nennt man *komplexe* Bandpass-Abtastung. Im Gegensatz dazu ist die in Bild 10.7 beschriebene Version die reelle Bandpass-Abtastung.

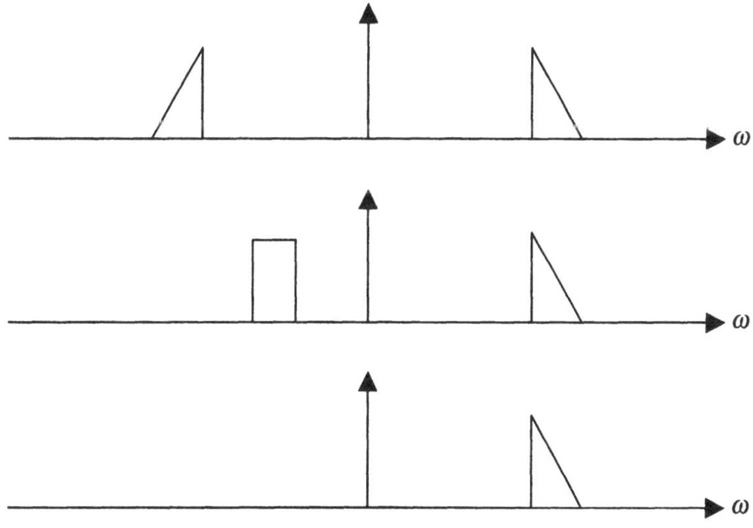

Bild 10.8 Verschiedene Betragsspektren:
    oben: reelles Zeitsignal: Betragsspektrum gerade
    Mitte: komplexes Zeitsignal: Betragsspektrum ohne Symmetrie
    unten: analytisches Zeitsignal: Betragsspektrum einseitig

Das Spektrum in Bild 10.8 unten enthält dieselbe Information, die auch in dem zum obersten Spektrum gehörenden reellen Zeitsignal steckt. Bei den reellen Zeitsignalen ist ja zum vorneherein bekannt, dass deren Spektrum eine Symmetrie aufweist. Es geht also darum, aus dem obersten Spektrum in Bild 10.8 das unterste herzustellen. Dies kann geschehen durch die Überlagerung von zwei Teilspektren: $X(j\omega) = X_1(j\omega) + X_2(j\omega)$, Bild 10.9.

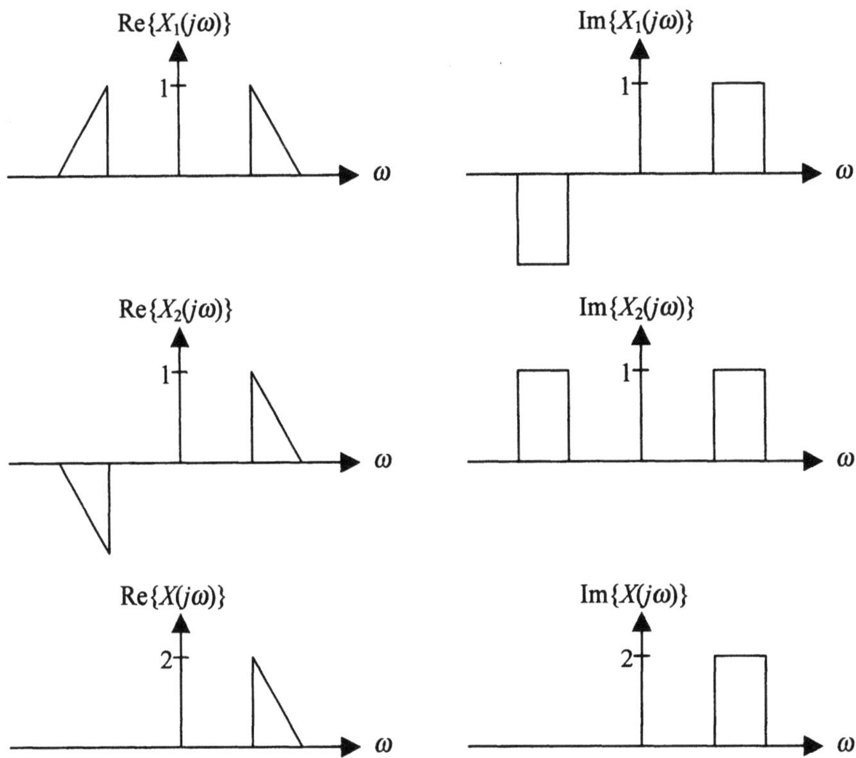

Bild 10.9 Überlagerung (Superposition) von Spektren

Wegen des Superpositionsgesetzes der Fouriertransformation gilt:

$$X(j\omega) = X_1(j\omega) + X_2(j\omega) \quad \circ\!\!-\!\!\circ \quad x(t) = x_1(t) + x_2(t) \tag{10.21}$$

Das reelle Signal (z.B. das ZF-Signal eines Empfängers) sei nun $x_1(t)$. Dessen Spektrum $X_1(j\omega)$ ist konjugiert komplex, d.h. der Realteil ist gerade und der Imaginärteil ist ungerade, wie in Bild 10.9 oben gezeichnet. Nun formen wir um auf das analytische Signal, dessen Spektrum in Bild 10.9 unten gezeichnet ist. Dazu brauchen wir ein Hilfssignal $x_2(t)$ mit dem Spektrum $X_2(j\omega)$. Dieses Spektrum muss nach Bild 10.9 Mitte einen ungeraden Realteil und einen geraden Imaginärteil haben. Aufgrund der Symmetriebeziehungen der Fouriertransformation folgt, dass $x_2(t)$ rein imaginär sein muss. Zusätzlich muss $x_2(t)$ aus $x_1(t)$ berechenbar sein, wie dies Bild 10.9 auch optisch nahelegt. Damit lässt sich schreiben:

$$x_2(t) = j \cdot \widetilde{x}_1(t) \tag{10.22}$$

Somit wird aus der Superposition (10.21):

$$x(t) = x_1(t) + j \cdot \widetilde{x}_1(t) \tag{10.23}$$

Nun muss nur noch die Abbildung $x_1 \rightarrow \widetilde{x}_1$ hergeleitet werden, dann ist das Problem gelöst. Dies kann nach Bild 10.9 am einfachsten im Frequenzbereich formuliert werden:

$$X_2(j\omega) = \mathrm{sgn}(\omega) \cdot X_1(j\omega) \tag{10.24}$$

Wegen (10.22) und der Linearität der Fouriertransformation gilt:

$$x_2(t) = j \cdot \widetilde{x}_1(t) \quad \circ\!\!-\!\!\circ \quad X_2(j\omega) = j \cdot \widetilde{X}_1(j\omega) \tag{10.25}$$

Somit ergibt sich aus (10.25) und (10.24) die gesuchte Abbildungsvorschrift, nämlich die Hilbert-Transformation:

$$\widetilde{X}_1(j\omega) = \frac{1}{j} \cdot \mathrm{sgn}(\omega) \cdot X_1(j\omega) = -j \cdot \mathrm{sgn}(\omega) \cdot X_1(j\omega)$$

Hilbert-Transformation:
$$\boxed{\widetilde{X}(j\omega) = -j \cdot \mathrm{sgn}(\omega) \cdot X(j\omega)} \tag{10.26}$$

Damit gilt:

$$\mathrm{Re}\{\widetilde{X}(j\omega)\} + j \cdot \mathrm{Im}\{\widetilde{X}(j\omega)\} = -j \cdot \mathrm{sgn}(\omega) \cdot \mathrm{Re}\{X(j\omega)\} - j \cdot \mathrm{sgn}(\omega) \cdot j \cdot \mathrm{Im}\{X(j\omega)\}$$
$$= \mathrm{sgn}(\omega) \cdot \mathrm{Im}\{X(j\omega)\} - j \cdot \mathrm{sgn}(\omega) \cdot \mathrm{Re}\{X(j\omega)\}$$

$$\begin{aligned}
\mathrm{Re}\{\widetilde{X}(j\omega)\} &= \mathrm{sgn}(\omega) \cdot \mathrm{Im}\{X(j\omega)\} \\
\mathrm{Im}\{\widetilde{X}(j\omega)\} &= -\mathrm{sgn}(\omega) \cdot \mathrm{Re}\{X(j\omega)\}
\end{aligned} \tag{10.27}$$

> *Die Hilbert-Transformierte $\widetilde{x}$ eines Signals x entsteht, indem man im Spektrum Real- und Imaginärteil vertauscht und mit dem Vorzeichen von ω multipliziert.*

Bild 10.10 zeigt ein Beispiel:

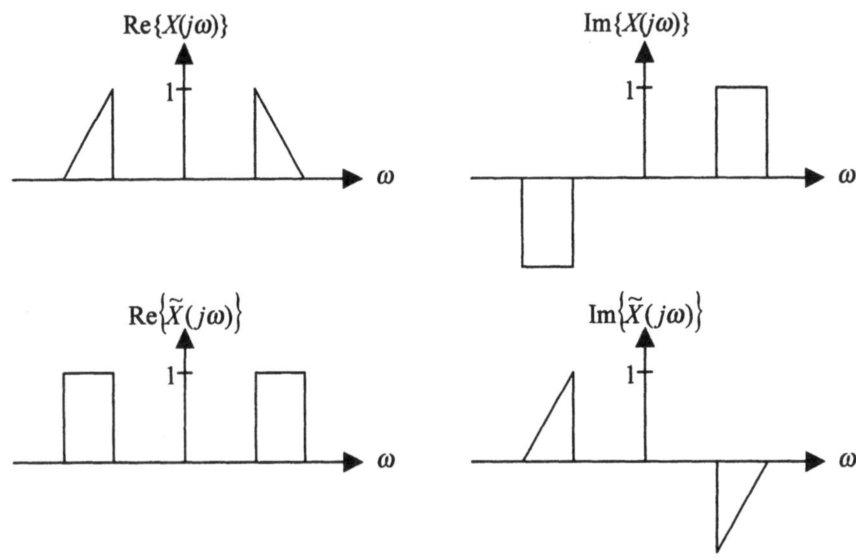

Bild 10.10 Spektrum eines Signals (oben) und Spektrum der Hilbert-Transformierten (unten)

Da $\mathrm{Re}\{X(j\omega)\}$ eine gerade Funktion ist, ist $-\mathrm{sgn}(\omega)\cdot\mathrm{Re}\{X(j\omega)\}$ eine ungerade Funktion. Der Imaginärteil von $\widetilde{X}(j\omega)$ ist somit ungerade. Der Realteil von $\widetilde{X}(j\omega)$ wird mit der analogen Überlegung eine gerade Funktion, Bild 10.10. Das Spektrum $\widetilde{X}(j\omega)$ ist also konjugiert komplex. Daraus folgt:

> *Ist $x(t)$ eine reelle Funktion, dann ist $\widetilde{x}(t)$ ebenfalls reell.*

Aus (10.26) ist der Frequenzgang des idealen Hilbert-Transformators sofort ersichtlich, durch Fourier-Rücktransformation erhält man die Impulsantwort:

idealer Hilbert-Transformator:
$$H_H(j\omega) = -j\cdot\mathrm{sgn}(\omega)$$

$$h_H(t) = \begin{cases} \dfrac{1}{\pi t} & \text{für } t \neq 0 \\[2mm] 0 & \text{für } t = 0 \end{cases}$$

$$(10.28)$$

Der Hilbert-Transformator wechselt den Bereich nicht, ein Zeitsignal ist also nach der Transformation immer noch ein Zeitsignal. (10.28) entspricht (9.60).

Das Ausgangssignal des Hilbert-Transformators kann auch durch die Faltung des Eingangssignals mit der Impulsantwort beschrieben werden. Dieses Integral heisst

Hilbert-Integral:
$$\tilde{x}(t) = \frac{1}{\pi} \int\limits_{-\infty}^{\infty} \frac{x(t-\tau)}{\tau} d\tau \qquad (10.29)$$

Bild 9.32 zeigt den Frequenzgang und die Impulsantwort des idealen Hilbert-Transformators, der aus Kausalitätsgründen nicht realisierbar ist. Bild 9.33 zeigt das Verhalten des bandbegrenzten Hilbert-Transformators und die Bilder 9.34 und 9.35 Realisierungen mit FIR-Filtern.

Nun sollen noch einige interessante Eigenschaften der Hilbert-Transformation aufgelistet werden. Dabei wird folgende Notation benutzt: $\tilde{x}(t) = H\{x(t)\}$

- Linearität:
$$H\{a_1 \cdot x_1(t) + a_2 \cdot x_2(t)\} = a_1 \cdot H\{x_1(t)\} + a_2 \cdot H\{x_2(t)\} \qquad (10.30)$$

- Zeitinvarianz:
$$\tilde{x}(t) = H\{x(t)\} \quad \Rightarrow \quad \tilde{x}(t-\tau) = H\{x(t-\tau)\} \qquad (10.31)$$

- Umkehrung:
$$H\{\tilde{x}(t)\} = H\{H\{x(t)\}\} = -x(t) \qquad (10.32)$$

  Zwei Phasendrehungen um 90° ergeben eine Inversion.

- Orthogonalität:
$$\int\limits_{-\infty}^{+\infty} x(t) \cdot \tilde{x}(t) dt = 0 \qquad (10.33)$$

- Lineare Filterung: $x(t)$ und $\tilde{x}(t)$ durchlaufen zwei identische Filter mit der Impulsantwort $h(t)$. Die Ausgangssignale $y(t)$ bzw. $\tilde{y}(t)$ bilden dann ebenfalls eine Hilbert-Korrespondenz.

- Symmetrie:

  gerades Signal: $x(t) = x(-t) \quad \rightarrow \quad \tilde{x}(t) = -\tilde{x}(-t)$

  ungerades Signal: $x(t) = -x(-t) \quad \rightarrow \quad \tilde{x}(t) = \tilde{x}(-t) \qquad (10.34)$

- Ähnlichkeit:
$$\tilde{x}(t) = H\{x(t)\} \quad \Rightarrow \quad H\{x(at)\} = \tilde{x}(at) \qquad (10.35)$$

- Energieerhaltung:

$$\int_{-\infty}^{+\infty} x^2(t)\,dt = \int_{-\infty}^{+\infty} \tilde{x}^2(t)\,dt \qquad\qquad (10.36)$$

- Modulationseigenschaft:

$$H\{s(t)\cdot\cos\omega_o t\} = s(t)\cdot\sin\omega_o t \qquad\qquad (10.37)$$

Voraussetzung: $s(t)$ ist bandbegrenzt auf Frequenzen unter $|\omega_0|$

Auf dieser Eigenschaft beruht die Hilbert-Transformation von Bandpass-Signalen mit Hilfe eines FIR-Filters Typ 1 bzw. Typ 2 und eines parallel arbeitenden FIR-Filters vom Typ 3 bzw. 4, vgl. Kommentar nach Bild 9.35.

- Einige Korrespondenzen:

Tabelle 10.2 Einige Korrespondenzen der Hilbert-Transformation

$x(t)$	$\tilde{x}(t)$	Voraussetzung
$\cos(\omega_0 t)$	$\sin(\omega_0 t)$	$\omega_0 > 0$
$\sin(\omega_0 t)$	$-\cos(\omega_0 t)$	$\omega_0 > 0$
$\delta(t)$	$\dfrac{1}{\pi t}$	keine
$\dfrac{\sin(\omega_g t)}{\omega_g t}$	$\dfrac{1-\cos\omega_g t}{\omega_g t}$	keine

Nach dieser Überdosis an Formeln soll doch noch kurz gezeigt werde, weshalb die Nachrichtentechniker die Hilbert-Transformation lieben. Bild 10.11 zeigt oben ein harmonisch angenommenes Nachrichtensignal. In der Mitte sieht man ein sog. AM-Signal, wie es im Mittelwellenrundfunk heute noch gebraucht wird. AM heisst Amplitudenmodulation, entsprechend erkennt man die Nachricht in der Enveloppe des modulierten Signales. Diese Enveloppe ist schwach eingezeichnet in Bild 10.11.

Eine Modulation wird benutzt, um ein Nachrichtensignal, welches üblicherweise als Basisband-Signal vorliegt, über einen Bandpass-Kanal zu übertragen. Die Modulation schiebt also die Frequenzen in einen höheren Bereich. Mit der Wahl der sog. Trägerfrequenz lässt sich der Frequenzbereich wählen, in Bild 10.11 unten ist die Trägerfrequenz tiefer als im mittleren Bild. Ansonsten sehen die Spektren der modulierten Signale aber bis auf eine Verschiebung auf der Frequenzachse völlig identisch aus.

Diese AM mag zwar schon jahrzehntelang in Gebrauch sein, deren Theorie ist aber aus zwei Gründen nach wie vor aktuell:

- Man kann zeigen, dass jede Modulation mit harmonischem Träger sich darstellen lässt durch die Überlagerung von zwei AM-Signalen, deren Träger um $\pi/2$ verschoben sind.

Man nennt diese zwei Signale die Kophasal- und die Quadraturkomponente, zusammen bilden sie die komplexe Hüllkurve und sind nach (10.37) und Tabelle 10.2 ein Hilbert-Paar. Die komplexe Hüllkurve ist demnach ein analytisches Signal.

- Die digitalen Modulationsarten wachsen aus den analogen Verfahren heraus, indem lediglich die Form des Nachrichtensignales anstatt kontinuierlich wie in Bild 10.11 oben z.B. pulsförmig wie in Bild 2.14 wird (dort ist eine digitale AM abgebildet).

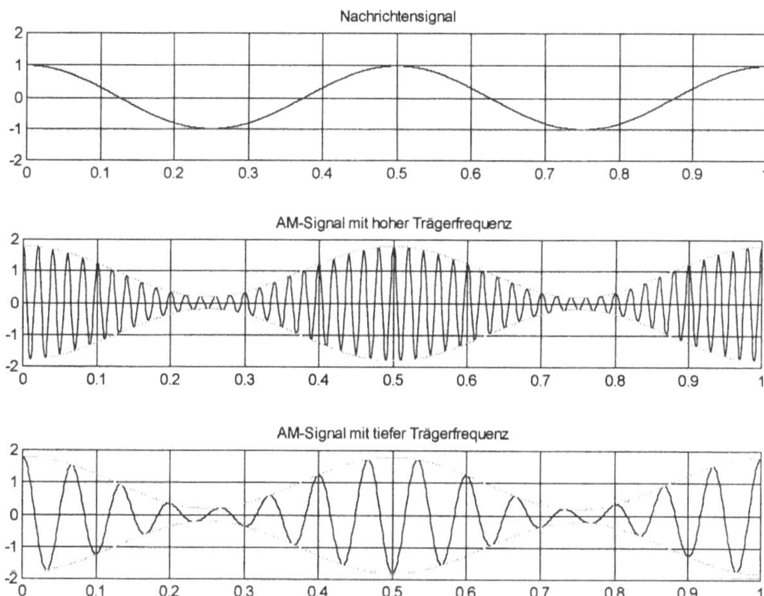

Bild 10.11 Zeitverläufe bei der Amplitudenmodulation (AM)
               oben: Nachrichtensignal
               Mitte: moduliertes Signal bei hoher Trägerfrequenz
               unten: moduliertes Nachrichtensignal mit tiefer Trägerfrequenz.
               Die schwach eingezeichneten Enveloppen sind lediglich Hilfslinien.

Die Demodulation macht den Modulationsvorgang rückgängig, schiebt also das Spektrum des modulierten Signales wieder in die Basisbandlage. Heute möchte man die Empfänger aus Kosten- und Platzgründen möglichst digital realisieren (Paradebeispiel: GSM-Handies), d.h. die Empfangssignale möglichst früh digitalisieren. Dies erfordert eine Bandpassabtastung, die bei reellen Signalen jedoch nicht garantiert, dass eine periodische Fortsetzung des Spektrums genau in die Basisbandlage zu liegen kommt. Deswegen arbeiten moderne Empfänger zweikanalig, indem sie das reelle Empfangssignal zu einem analytischen Signal erweitern und die Demodulation an komplexen Signalen ausführen. Bild 10.12 zeigt den Zusammenhang zwischen diesen Signalen.

Analytische Signale werden auch gerne für theoretische Betrachtungen verwendet, da mit ihrer Hilfe die Theorie der Basisband-Signale und -Kanäle auf Bandpass-Signale und -Kanäle übertragen werden kann.

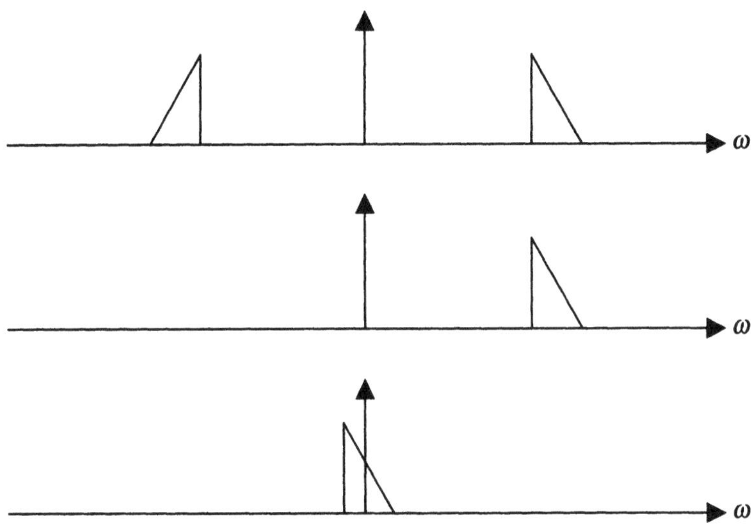

Bild 10.12 Verschiedene Betragsspektren:
  oben: reelles Bandpass-Signal (Zeitsignal reell)
  Mitte: äquivalentes analytisches Signal (Zeitsignal komplex)
  unten: äquivalentes Basisbandsignal (Zeitsignal komplex)

Zusammenfassung: Für die (insbesondere digitale) Verarbeitung modulierter Signale ist es vorteilhaft, mit nur einseitigen Spektren zu arbeiten. Diese sind im Zeitbereich komplex, wobei der Imaginärteil die Hilbert-Transformierte des Realteils ist. Die Verarbeitung von analytischen Signalen erfordert daher zwei Signalpfade, die je ein reelles Signal manipulieren.

□

Zum Schluss noch eine interessante Erkenntnis zu den Eigenschaften linearer Systeme:

Analytische Signale $\underline{x}(t)$ haben ein einseitiges (kausales) Spektrum. Bedingung ist, dass der Imaginärteil von $\underline{x}(t)$ die Hilberttransformierte des Realteils ist:

$$\underline{x}(t) = x(t) + j \cdot \tilde{x}(t)$$

Wegen der Symmetrie der Fouriertransformation gegenüber ihrer Rücktransformation kann man dieselbe Überlegung im Frequenzbereich anstellen:

> *Soll ein Zeitsignal kausal sein (das gilt für alle Stossantworten realisierbarer Systeme!), so muss der Imaginärteil des Spektrums (d.h. des Frequenzganges des Systems) die Hilbert-Transformierte des Realteils sein.*

> *Amplituden- und Phasengang von minimalphasigen linearen Systemen kann man nicht unabhängig voneinander wählen!*

10.3 Adaptive Filter

10.3.1 Einführung

Adaptive Filter sind (heute meistens digitale) Filter mit der speziellen Eigenschaft, dass sie ihre Koeffizienten im Betrieb ändern. Dies kann dauernd passieren oder nur in bestimmten Zeitintervallen mit Hilfe von sog. Trainingssequenzen, während in der übrigen Zeit das Filter mit einem fixen Koeffizientensatz arbeitet.

Adaptive Filter setzt man dann ein, wenn das gewünschte Eingangssignal und/oder die unerwünschten Störsignale ihre Eigenschaften ändern. In der Nachrichtentechnik beispielsweise entzerrt man mit einem Filter den Frequenzgang des Kanals. Insbesondere beim Mobilfunk ändern sich die Kanaleigenschaften dauernd, deshalb muss sich das Filter der jeweiligen Situation anpassen.

Neben dem eigentlichen Filter braucht es also noch eine Einrichtung, die ein zu optimierendes Kriterium liefert.

Adaptive Filter sind zeitvariant. Ändern sich die Koeffizienten langsam im Vergleich zum Signal, so kann man trotzdem die Theorie der LTI-Systeme anwenden.

Gerne setzt man FIR-Filter ein, denn diese können nie instabil werden. Dies gilt auch dann, wenn der Optimierungsalgorithmus einmal versagt.

10.3.2 Die drei grundsätzlichen Anwendungsformen

Man unterscheidet drei grundsätzliche Anwendungsformen der adaptiven Filter:

- Direkte Systemmodellierung
- Inverse Systemmodellierung
- Prädiktion

10.3.2.1 Direkte Systemmodellierung

Bild 10.13 zeigt das Blockschaltbild. Das Ziel ist, ein Modell eines unbekannten Systems aufzustellen. Dieses Modell ist ein LTI- oder ein LTD-System mit einer Struktur nach Abschnitt 5.7. Gesucht sind die Zahlenwerte der Koeffizienten (Identifikation).

Dazu regt man parallel zum unbekannten System das adaptive Filter mit dem Signal $x[n]$ an. Die Differenz der beiden Ausgänge ergibt das Fehlersignal $e[n]$, das durch den Optimierungsvorgang möglichst zum Verschwinden gebracht werden soll. Wenn dies der Fall ist, so verhält

sich das adaptive Filter gleich wie das unbekannte System und die Koeffizienten lassen sich
aus dem adaptiven Filter herauslesen.

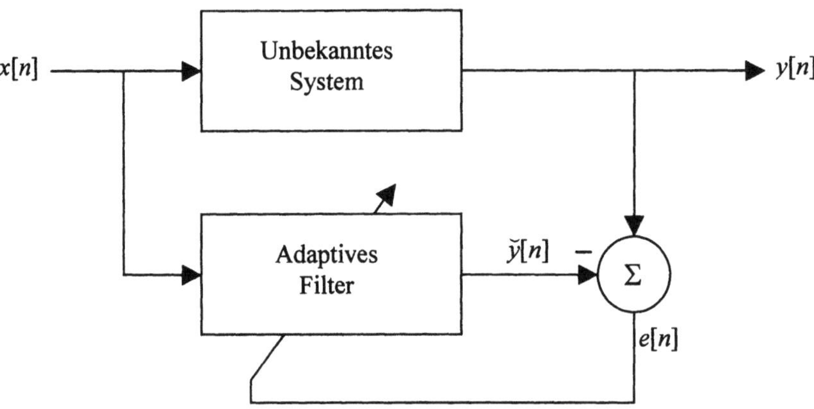

Bild 10.13 Direkte Systemmodellierung

Eine prominente Anwendung dieser Konfiguration ist die Echounterdrückung bei Telefonmo-
dems, vgl. Abschnit 10.3.3.1.

10.3.2.2 Inverse Systemmodellierung

Die Verzögerung im oberen Signalpfad in Bild 10.14 ist gleich gross wie diejenige im unteren
Signalpfad. Das adaptive Filter minimiert wiederum das Fehlersignal $e[n]$, danach ist der untere Signalpfad insgesamt verzerrungsfrei, vgl. Abschnitt 3.13. Das adaptive Filter wirkt somit
als Entzerrer für das unbekannte System, das z.B. ein Übertragungskanal ist.

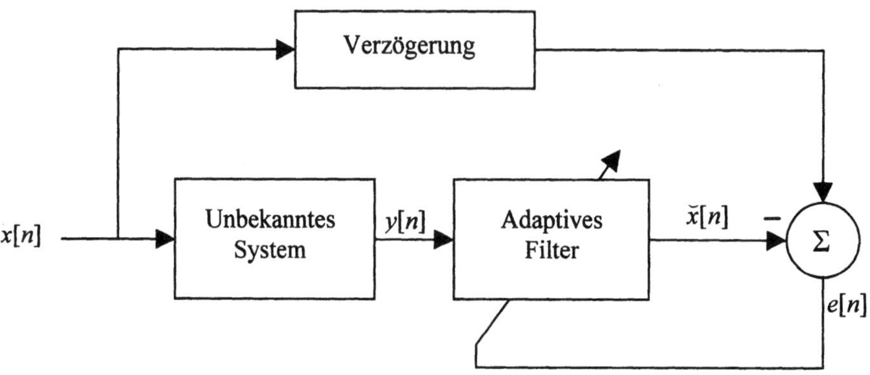

Bild 10.14 Inverse Systemmodellierung

10.3.2.3 Prädiktion

Schliesslich zeigt Bild 10.15 den Prädiktor. Das adaptive Filter stellt aufgrund vergangener Werte von $x[n]$ (realisiert durch den Verzögerer und dargestellt mit $y[n]$) ein Ausgangssignal her, das gleich ist wie die jetzigen Werte von $x[n]$. Praktisch angewandt wird dieses Prinzip in den GSM-Handies für die Sprachkompression (Datenreduktion) mittels LPC (LPC = linear predictive coding, GSM = global system for mobile communication). Eine weitere wichtige Anwendung liegt in der autoregressiven Spektralanalyse, vgl. Abschnitt 10.4.

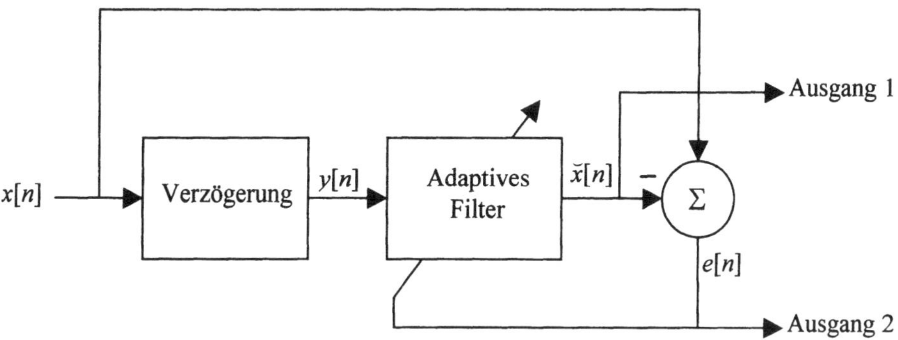

Bild 10.15 Prädiktion

Die Bilder 10.13 bis 10.15 zeigen modellartig die prinzipiellen Anordnungen. Die praktische Ausführung sieht etwas anders aus, insbesondere ist ja das ursprüngliche Signal $x[n]$ nicht stets abgreifbar. Die Trainingssequenz muss u.U. also anderswie generiert werden.

10.3.3 Einige Anwendungen

10.3.3.1 Echounterdrückung (echo canceller)

In der Telefonie benutzt man für den Anschluss der Endgeräte an das Netz (local loop) Zweidrahtleitungen. Über diese Leitung kann man gleichzeitig sprechen und hören (Vollduplex-Betrieb). Bild 10.16 (vorerst noch ohne das adaptive Filter) zeigt das Blockschema. Die Richtungstrennung bewerkstelligt die sog. Gabelschaltung (engl. hybrid): alles was vom Sender her kommt muss auf die Leitung, alles was von der Leitung kommt zum Empfänger. Leider geschieht dies nicht so ideal, ein Teil des Sendesignales gelangt direkt zum Empfänger. Zudem können im Übertragungskanal Reflexionen auftreten (v.a. an den Gabelschaltungen der Anschlusszentralen und im Endgerät des Gesprächspartners). Im Sprechbetrieb ist dieses Übersprechen gar nicht so unangenehm, da man sich beim Sprechen ja auch selber hört (Personen, die einen geschlossenen Kopfhörer tragen, sprechen viel zu laut!).

Bei der Datenübertragung stört dieses Übersprechen durch die Gabelschaltung und auch die Echos jedoch so stark, dass man Gegenmassnahmen treffen muss. Leider sind die Echos abhängig von der gerade geschalteten Verbindung, deshalb muss man die Echos mit einem adaptiven Filter bekämpfen.

Bild 10.16 zeigt die Systemanordnung, sie entspricht dem Bild 10.13, inklusive der Signalbezeichnungen.

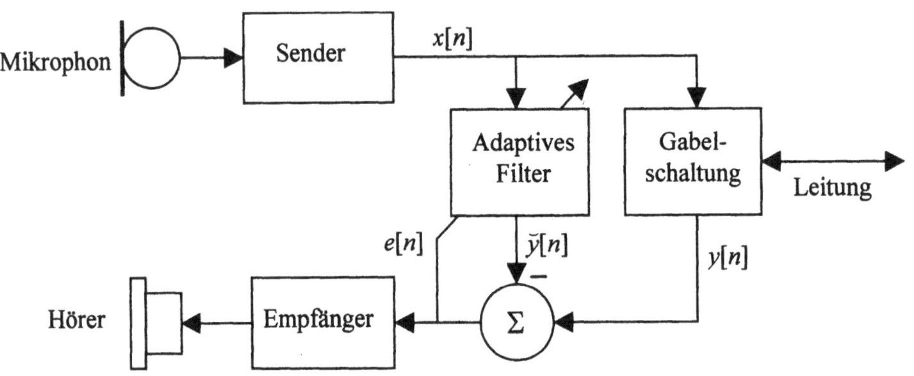

Bild 10.16 Echo-Unterdücker (echo canceller)

Das Echo lässt sich unterdrücken, wenn man die Übertragungsfunktion des Kanals zwischen Sender und eigenem Empfänger kennt. Dann kann man ein identisches Störsignal erzeugen und dieses vom Empfangssignal subtrahieren. Was von letzerem übrig bleibt, ist noch der erwünschte Anteil.

Wenn zwei Modems miteinander Kontakt aufnehmen, so durchlaufen sie eine Initialisierungsprozedur. Dabei werden die Kommunikationsparameter festgelegt (somit können Modems verschiedener Generationen miteinander Daten austauschen). Weiter wird die Echosituation gemessen, indem ein Modem schweigt und das andere eine PN-Sequenz sendet (Abschnitt 7.2.4). Alles was das zweite Modem empfängt, sind Echos. Jetzt kann das zweite Modem das adaptive Filter trainieren und am Schluss seine Filterkoeffizienten einfrieren. Danach schweigt es und das erste Modem trainiert seinen echo canceller. Als nächstes wird der Frequenzgang des Übertragungskanals zwischen den beiden Modems gemessen (wiederum mit einer PN-Sequenz) und die Kanalentzerrer eingestellt (Abschnitt 10.3.3.5). Erst jetzt beginnt die eigentliche Datenübertragung.

Diese Prozedur ist massgeschneidert für Verbindungen über das Festnetz. Diese Kanäle ändern ihre Eigenschaften während der Verbindung nicht, deshalb genügt die Trainingsphase beim Verbindungsaufbau. Bei zeitvarianten Kanälen (insbesondere den Mobilfunkkanälen) muss man stets neu trainieren. Die GSM-Handies haben zwar keine Gabelschaltung, trotzdem entstehen Echos: bei der Gegenstation lässt der Lautsprecher das Gehäuse vibrieren und dies regt wiederum das Mikrophon an.

10.3.3.2 Rauschunterdrückung (noise canceller, line enhancer)

Oft ist ein schmalbandiges Signal (z.B. ein moduliertes Signal) durch ein breitbandiges Rauschen gestört. In diesem Fall kann man den Signal-Rausch-Abstand verbessern, wenn man mit einem schmalen Filter das interessierende Signal separiert. Dies ist das bereits im Abschnitt 7.3 erwähnte Empfangsfilter.

Wenn aber die Frequenzlage des schmalbandigen Signales nicht zum voraus bekannt ist, muss man ein adaptives Filter einsetzen (adaptive line enhancement).

Bild 10.17 zeigt einen einfachen Vertreter dieser Gattung. Es handelt sich um einen Prädiktor, vgl. Bild 10.15. Die Verzögerung zwischen $x[n]$ und $y[n]$ in Bild 6.17 entspricht der Verzögerung in Bild 10.15. Die restlichen Verzögerungsglieder in Bild 10.17 gehören zum FIR-Filter.

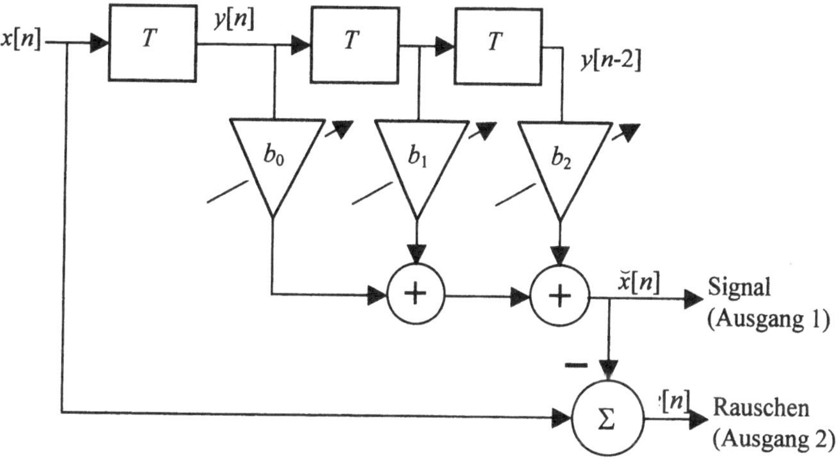

Bild 10.17 Rauschunterdrücker (adaptive line enhancer)

Jede Signaltrennung erfolgt aufgrund eines Kriteriums. Bei konventionellen Bandpässen ist dies die Frequenz. Hier ist dies nicht möglich, da die Frequenz des Nutzsignales variiert. Als Kriterium dient deshalb eine Grösse im Zeitbereich, nämlich die Korrelationseigenschaften.

Das gesuchte schmalbandige Signal ist stark korreliert (die AKF klingt langsam ab), während das breitbandige Rauschen nur schwach korreliert ist (das weisse Rauschen mit unendlicher Bandbreite ist ja gar nicht korreliert, d.h. die AKF (Diracstoss) klingt unendlich rasch ab). Wenn ein Signal aber stark korreliert ist, dann lässt es sich besser vorhersagen. Der Ausgang des adaptiven Filters (Ausgang 1 in Bild 10.17) enthält demnach die gut vorhersagbaren Anteile, also das gewünschte Signal.

Als Trainingssignal dient $x[n]$, während $y[n]$ das Eingangssignal für das adaptive Filter ist. Das Training erfolgt also simultan zum normalen Betrieb.

Wenn die Koeffizienten bestimmt sind, so wirkt das adaptive Filter wie ein Bandpass (Abbildung H_1 von $x[n]$ auf $x̆[n]$). Die Abbildung von $x[n]$ auf $e[n]$ ist hingegen $1-H_1$, wirkt also wie ein Bandsperrfilter, Gleichung (9.58).

10.3.3.3 Unterdrückung schmalbandiger Störsignale (beat canceller)

Hier geht es gerade um den umgekehrten Fall wie im vorhergehenden Abschnitt: Aus einem Signalgemisch sollen die schmalbandigen Anteile eliminiert werden. Benutzt wird eine solche Funktion u.a. in der Kurzwellenfunktechnik: die Frequenzen sind dort chronisch überbelegt und Störungen deshalb unvermeidlich. Häufig wird ein moduliertes Sprachsignal überlagert von einem harmonischen Träger, was nach dem Demodulator zu unangenehmen Pfeiferscheinungen führt. Mit einem sog. beat canceller lassen sich diese unterdrücken.

Bewerkstelligt wird dies mit demselben System wie in Bild 10.17, man wechselt lediglich auf den Ausgang 2, weil man sich für das schwer vorhersagbare Sprachsignal interessiert und dieses vom gut vorhersagbaren Pfeifton befreien möchte.

10.3.3.4 Dekorrelator (noise whitener)

Beim Dekorrelieren geht es darum, aus einem farbigen Rauschen ein weisses Rauschen herzustellen. Im Angelsächsischen heisst dies darum anschaulich „noise whitening". Gebraucht wird dies beim bereits erwähnten LPC-Verfahren (linear predictive coding) für die Sprachkompression, bei Optimalfiltern (Abschnitt 7.3) und bei der parametrischen Sprektralanalyse (Abschnitt 10.4). Nur schon aufgrund des Namens „Dekorrelator" kommt wieder das System nach Bild 10.17 bzw. 10.15 mit dem Ausgang 2 zum Zuge.

10.3.3.5 Kanalentzerrer (equalizer)

Bei der Nachrichtenübertragung erfahren die Signale im Kanal mannigfaltige Signalverzerrungen, vgl. Abschnitt 3.13. Es sind dies additive Überlagerungen von Störsignalen sowie lineare Verzerrungen durch multiplikative Effekte wie frequenzabhängige Dämpfung, frequenzabhängige Ausbreitungsgeschwindigkeit (Dispersion) und Mehrwegempfang. Die multiplikativen Effekte lassen sich durch ein lineares System wie z.B. ein FIR-Filter modellieren. (Der Ausdruck „multiplikativ" kommt daher, dass sich das Spektrum des Nachrichtensignals mit dem Frequenzgang des Kanals multipliziert.)

Der Entzerrer hat die Aufgabe, den Frequenzgang des Kanals zu kompensieren, sodass Kanal und Entzerrer zusammen eine verzerrungsfreie Übertragung (oder einen gewünschten Frequenzgang) ergeben. Dies ist eine klassische Aufgabe für die inverse Systemmodellierung nach Bild 10.14.

Wie schon beim echo canceller erwähnt, schickt der Sender vor der eigentlichen Datenübertragung ein PN-Sequenz als Trainingssequenz. Bei Mobilfunkkanälen muss man periodisch neu trainieren, bei den GSM-Handies geschieht dies im Millisekundenrhythmus. Mit dem sog. decision directed equalizer ist es sogar möglich, bei langsam ändernden Kanälen nach der ersten Trainingssequenz alleine aufgrund der übertragenen Nutzdaten das adaptive Filter nachzustimmen.

10.3.4 Algorithmen zur Koeffizienteneinstellung

Bisher sind wir einfach davon ausgegangen, dass die Koeffizienten des adaptiven Filters „irgendwie optimal" eingestellt werden. Die exakte Betrachtung dieses Punktes würde den Rahmen eines Grundlagenbuches sprengen, deshalb beschränken wir uns auf einige Hinweise. Genaueres findet man z.B. in [Mul99], [Vas00], [Hay01] und [Hay00].

Adaptive Filter lösen ein Optimierungsproblem, d.h. sie minimieren eine sog. Kostenfunktion. Letztere ist das in den letzten Bildern auftretende Fehlersignal $e[n]$. Kann man dieses nicht ganz zum Verschwinden bringen, so minimiert man es wenigstens nach dem Kriterium des minimalen Fehlerquadrates. Dieses Kriterium ist bei Optimierungen deshalb beliebt, weil damit nur die Grösse, nicht aber das Vorzeichen der Abweichung massgebend ist und grosse Abweichung stärker gewichtet werden. Darüberhinaus lässt sich eine geschlossene Lösung angeben. Dieses Konzept führt zum sog. Wiener-Filter.

Die Berechnung der FIR-Filter-Koeffizienten führt über die Lösung eines linearen Gleichungssystems, was mit Matrizenrechnung gut machbar ist. Das Problem liegt darin, dass Auto- und Kreuzkorrelationsfunktionen bekannt sein müssen. In der Praxis umgeht man diese Schwierigkeit mit separaten Trainingsphasen.

Die Kriterien für einen adaptiven Algorithmus sind:

- Anzahl der Iterationen bis zur Konvergenz

- Anzahl Rechenschritte pro Iteration bei einer bestimmten Filterordnung

- Schätzfehler

- Fähigkeit zum Nachführen der Koeffizienten nach der Trainingsphase (tracking mode)

- Stabilität trotz nichtstationärer Eingangsdaten

- Stabilität trotz endlicher Wortbreite (Rundungen, vgl. Abschnitt 5.10)

In der Praxis benutzt man v.a. zwei Algorithmen:

- LMS-Algorithmus (least mean square), auch stochastische Gradientenmethode genannt

- RLS-Algorithmus (recursive least square)

Der RLS-Algorithmus ist deutlich besser als der LMS-Algorithmus im Sinne einer schnellen und sicheren Konvergenz. Dafür ist der LMS-Algorithmus weniger empfindlich auf Rundungsfehler und benötigt weniger Rechenaufwand.

10.4 Parametrische Spektralanalyse

10.4.1 Einführung

Bei der Spektralanalyse geht es darum, die Amplitude eines unbekannten Signals bei jeder Frequenz zu bestimmen. Bei periodischen Signalen berechnet man aus den Messdaten z.B. die Fourierkoeffizienten und erhält ein Mass für die spektrale Verteilung der Signal*leistung*. Bei nichtperiodischen Signalen benutzt man die Fouriertransformation und bestimmt die spektrale Verteilung der *Energiedichte*. Bei Zufallssignalen hingegen geht es um das *Leistungsdichtespektrum*.

Die Anordnung nach Bild 4.14 und 4.15 gibt nach wie vor gute Hinweise für die Arbeitsweise wie auch für die Schwierigkeiten bei der Spektralanalyse. Hauptkriterien sind die spektrale Auflösung (Anzahl Filter in Bild 4.14) und die spektrale „Qualität", d.h. die Genauigkeit der ausgegebenen Resultate.

Leider kann man bei einer fixen Anzahl von N Messpunkten nicht beide Kriterien gleichzeitig verbessern: erhöht man die Auflösung, so brauchen die schmalen Filter eine längere Einschwingzeit und damit stehen weniger Messdaten für die Schätzung des Energiedichtespektrums zur Verfügung. Durch Erhöhung von N kann man die Situation verbessern, solange das zu messende Signal stationär ist.

10.4.2 Klassische Spektralschätzung

Neben den analogen Methoden – welche wir hier hier gar nicht mehr betrachten – gehört in diese Gruppe auch die Spektralmessung mit Hilfe der FFT. Im Abschnitt 4.4 haben wir diese bereits hinlänglich besprochen. Das Problem besteht darin, dass man nur eine endliche Anzahl Messwerte mit endlichem Aufwand verarbeiten kann. Deshalb ist die FFT-Methode nur bei periodischen Signalen korrekt (und dies auch nur dann, wenn man das Signal geeignet abtastet, vgl. Bilder 4.16 und 4.17).

Bei nichtperiodischen Signalen (Abschnitt 4.4.4) kämpft man mit dem Leakage-Effekt (Abschnitt 4.4.3) und setzt dazu Windows ein (Hanning, Blackman usw.). Das Resultat ist nicht ganz korrekt, auf der anderen Seite ist dank der FFT der Aufwand klein.

Bei nichtstationären Signalen ist die Sache noch schlimmer, dort behilft man sich mit dem Spektrogramm (Periodogramm, Kurzzeit-FFT), Abschnitt 4.4.5.

[Kam98] gibt eine vertiefte Darstellung der klassischen Spektralanalyse stochastischer Signale.

10.4.3 Moderne Spektralschätzung

Bei der parametrischen Spektralanalyse geht man modellartig davon aus, dass das zu untersuchende stochastische Signal $x(t)$ aus einem weissen Rauschprozess stammt und danach gefiltert wird, Bild 10.18. Modellartig heisst, dass es egal ist, ob $x(t)$ tatsächlich so entstanden ist. Wichtig ist nur, das $x(t)$ so hätte entstehen können.

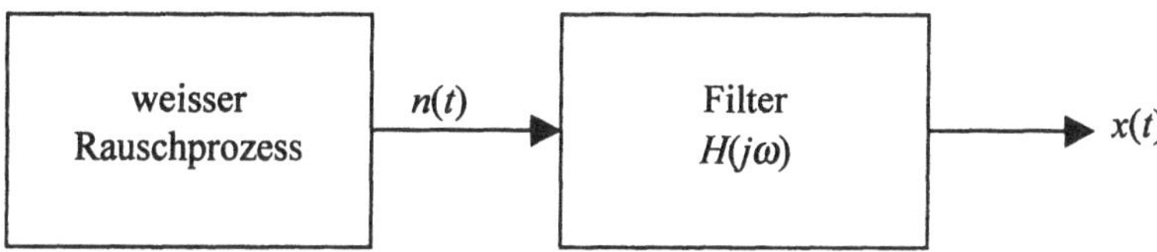

Bild 10.18 Modell zur Entstehung eines unbekannten Zufallssignals $x(t)$

Die Grundlage der parametrischen Spektralanalyse ist Gleichung (7.13), die mit den Bezeichnungen aus Bild 10.18 lautet:

$$S_{xx}(\omega) = S_{nn}(\omega) \cdot |H(j\omega)|^2 \tag{10.38}$$

Da $S_{nn}(\omega)$ nach Voraussetzung konstant ist, kennt man das gesuchte Leistungsdichtespektrum $S_{xx}(\omega)$, falls man $H(j\omega)$ bestimmen kann. Offen bleibt lediglich ein konstanter Faktor, der von einer frequenzunabhängigen Verstärkung des Filters oder von der Varianz des Rauschprozesses herrühren kann.

Für $H(j\omega)$ macht man meistens einen AR-Ansatz (auto-regressiv, vgl. Bild 5.6). Der Grund liegt darin, dass es mehrere Verfahren gibt, um die AR-Koeffizienten eines unbekannten Filters zu schätzen. Die beliebtesten sind der sog. LS-Algorithmus (least squares) und der Burg-Algorithmus, die beide auf adaptiven Techniken beruhen. Man hört deshalb oft auch den Ausdruck autoregressive Spektralanalyse anstelle von parametrischer Spektralanalyse.

Wenn man das Filter in Bild 10.18 mit einem endlichen Satz von Koeffizienten beschreiben kann, so ist damit auch das gesuchte Leistungsdichtespektrum charakterisiert.

Das Filter in Bild 10.18 existiert jedoch nur als Modell, nicht aber in der Realität. Da dieses gedachte Filter nur am Ausgang zugreifbar ist, muss man es mit einer indirekten Methode identifizieren. Dazu spezifiziert man das inverse Filter $H^{-1}(j\omega)$. Da man dies natürlich mit digitalen Grössen macht, wechseln wir auf die Darstellung in der zeitdiskreten Form.

Das gedachte Filter ist wie erwähnt ein AR-System. Dessen Übertragungsfunktion erhalten wir aus (5.16), indem wir alle Koeffizienten b_i gleich Null setzen:

$$H(z) = \cfrac{1}{1 + \sum\limits_{i=1}^{M} a_i \cdot z^{-i}}$$ (10.39)

Das inverse Filter hat demnach die Übertragungsfunktion:

$$H^{-1}(z) = \frac{1}{H(z)} = 1 + \sum_{i=1}^{M} a_i \cdot z^{-i}$$ (10.40)

Dies ist ein FIR-Filter.

Es geht also um die folgende Aufgabe: Suche die Koeffizienten eines FIR-Filters, das bei einem beliebigen Zufallssignal am Eingang mit einem weissen Rauschen am Ausgang reagiert.

Diese Aufgabe ist nicht neu: das Ausgangssignal ist unkorreliert, während das Eingangssignal eine unbekannte Korrelation aufweist (die ja als Fourierrücktransformierte des Leistungsdichtespektrums gerade gesucht ist!). Diese Aufgabe lässt sich mit dem Dekorrelator (noise whitener) aus Abschnitt 10.3.3.4 lösen.

Jetzt erweist es sich als sehr praktisch, dass $H^{-1}(z)$ ein FIR-Filter ist, denn dadurch kann man mit einem endlichen Satz von früheren Abtastwerten die ebenfalls endliche Anzahl von Stützwerten der Stossantwort bestimmen.

Nun ist auch klar, weshalb man für das Modellfilter in Bild 10.18 einen AR-Ansatz macht und damit eine Anzahl Resonatoren impliziert (Modalmodell, vgl. Abschnitt 3.12.4): dieser Ansatz führt auf einem direkten und stabilen Weg zum Ziel der Spektralanalyse. Für die meisten praktischen Anwendungen ist der AR-Ansatz gut genug.

Mit der linearen Prädiktionsmethode schätzt man also $H^{-1}(z)$ und berechnet daraus $H(z)$, dessen quadrierter Amplitudengang dem gesuchten Leistungsdichtespektrum entspricht.

Nun bleibt noch die Frage zu beantworten, weshalb die parametrische Spektralschätzung besser ist als die klassische FFT-Analyse. Letztere basiert auf einem universellen, d.h. signalunabhängigen Prozessor, während erstere Annahmen über das Signal trifft (AR-Modell) und dank dieser a priori-Kenntnis eine bessere spektrale Auflösung bietet.

Die mathematischen Aspekte der parametrischen Spektralanalyse sind sehr schön in [Kam98] dargestellt.

10.4.4 Anwendungsbeispiel: Sprachkompression mit dem LPC-Verfahren

Eine sehr prominente Anwendung der parametrischen Spektralanalyse ist die Quellencodierung (Datenreduktion) von Sprachsignalen mit dem LPC-Verfahren (linear predictive coding). Beim dem im ISDN (integrated services digital network) angewandten PCM-Verfahren (Pulse Code Modulation) tatstet man das Sprachsignal mit 8 kHz ab und löst es mit 8 Bit auf. Dies ergibt eine Datenrate von 64 kBit/s. Mit einfachen Kompressionsverfahren wie Differenz-PCM und Deltamodulation kann man die Datenrate auf 32 kBit/s reduzieren. Das LPC-Verfahren erreicht viel bessere Resultate: 13 kBit/s bzw. 6.5 kBit/s bei nur wenig reduzierter Qualität (benutzt bei den Mobilfunksystemen nach dem GSM-Standard) und 2.4 kBit/s bei Satellitensystemen (z.B. Inmarsat) bei stark reduzierter Tonqualität aber guter Verständlichkeit. Bei 1.2 kBit/s ist auch die Verständlichkeit beinträchtigt.

Der menschliche Vokaltrakt wird angeregt durch einen Luftstrom aus der Lunge. Die lautbestimmenden Parameter sind die momentane Formgebung der Mundhöhle, der Lippen usw. Der Vokaltrakt wird nun modelliert durch ein AR-System, dessen Parameter rasch ändern und darum alle 16 bis 20 ms neu bestimmt werden müssen. Die Anregung des Vokaltraktes ist nicht messbar. Man ersetzt sie im Modell durch zwei verschiedene Signalgeneratoren: eine Rauschquelle für die stimmlosen Laute und einen Generator für periodische Pulse für die stimmhaften Laute. Die Repetitionsrate der Pulse entspricht der sog. Pitch-Frequenz, also der scheinbaren Tonhöhe des Sprachsignales. Bild 10.19 zeigt das Modell für die Spracherzeugung. Die Bestimmung der richtigen Quelle (Rauschen bzw. Pulse und Pitch-Frequenz) erfolgt mit einer FFT und der Suche nach äquidistanten Peaks im Spektrum.

Das Ausgangssignal ist bei richtig eingestellten Parametern eine gute Näherung an das ursprüngliche Sprachsignal. Letzteres kann man demnach beschreiben durch die verwendete Quelle (Schalterstellung), die Pitchfrequenz und die Werte der Parameter. Nun überträgt man nicht das Sprachsignal, sondern die Parameter, d.h. das Rezept zur Erzeugung eines (fast) gleichen Signales, Bild 10.20.

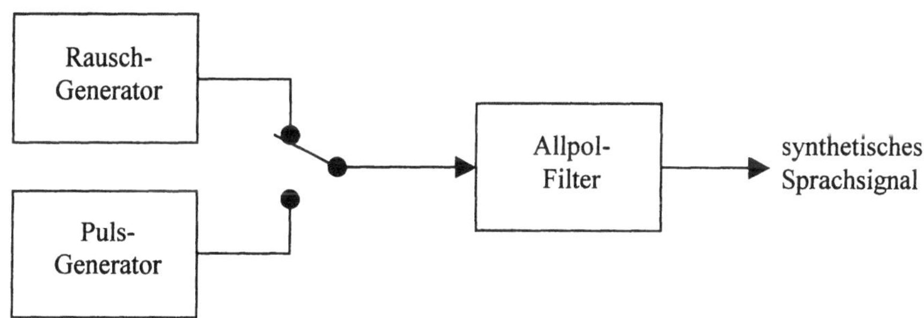

Bild 10.19 Modellierung des menschlichen Vokaltraktes

Ein Trivialbeispiel mag das Konzept verdeutlichen: Ein Klavierstück kann man mit einem Mikrofon erfassen, digitalisieren und übertragen. Diese grosse Informationsmenge braucht viel Bandbreite für die Übertragung. Wenn man weiss, dass es sich um ein Klavier handelt (a priori-Information), so könnte man im Sender statt der Töne die gedrückten Tasten erfassen (die Parameter). Nun wird nur noch die Folge der Tastennummern übertragen (das ist genau das Notenblatt!) und im Empfänger auf einem zweiten Klavier (Modell) dieselben Tasten gedrückt. Damit ertönt das Klavierstück in der ursprünglichen Form, obwohl weniger Information übertragen wurde. Die Einsparung an Information ist das Wissen, das bereits im Klavier vorhanden ist.

Stimmen die Modelle im Sender und im Empfänger nicht überein (z.B. im Sender ein Klavier, im Empfänger ein Cembalo), so ergibt sich natürlich eine Verfälschung. Sind die Modelle zwar identisch aber ungeeignet, so weicht das synthetische Signal stark von der Vorlage ab. Bei der Compact Disc wird deshalb kein Gebrauch vom LPC-Verfahren gemacht, denn bei den ganz unterschiedlichen Arten von Tönen kann man kein praktikables Modell finden. Beschränkt man sich aber auf Sprache, so ist die beschriebene Methode sehr vorteilhaft.

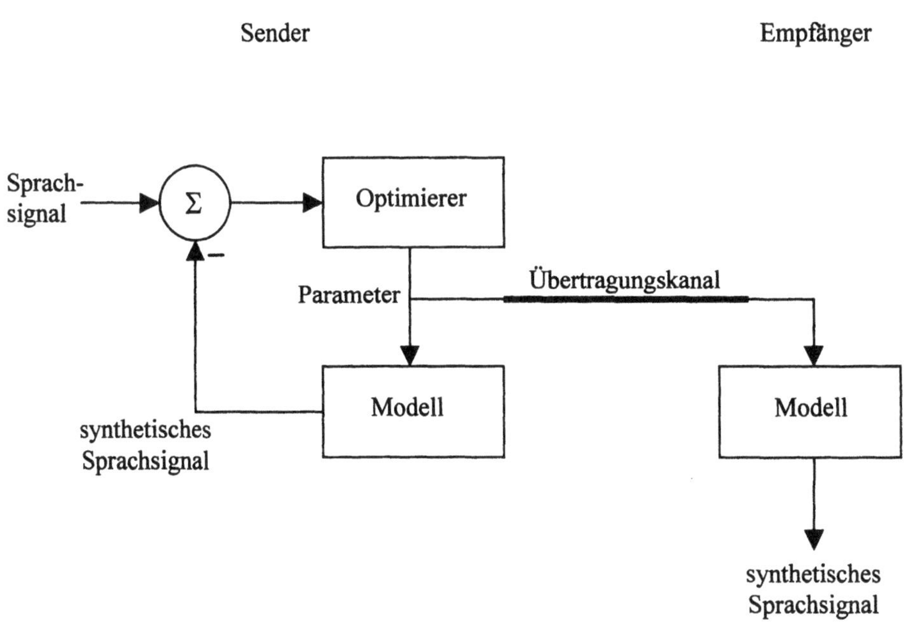

Bild 10.20 Sprachdatenkompression mit dem LPC-Verfahren

Hinweise zur Weiterarbeit

Nun sind die unabdingbaren und noch lange Zeit aktuellen Grundlagen erarbeitet. Es stellt sich die Frage, wie es weitergeht. Im Text sind an einigen Stellen Hinweise zur Weiterarbeit gegeben, indem neuere Gebiete angetönt, aber nicht genauer erläutert wurden. Da eine Person alleine nicht alles beherrschen kann, muss man einen optimalen Kompromiss suchen zwischen dem Verständnis der Breite des Fachgebietes und dem Beherrschen einiger Spezialitäten daraus. Die Auswahl letzterer ist eine Frage des Geschmacks, des Bedarfs innerhalb eines Arbeitsteams usw. Nachstehend finden sich einige Vorschläge. Hat man erst einmal mit irgend etwas begonnen, so kommt automatisch der Appetit und die Phantasie für weitere Betätigungen.

- *Repetition der Theorie mit Hilfe eines Software-Paketes* wie z.B. MATLAB. Im Vorwort wurde dies schon für das erstmalige Durcharbeiten empfohlen, hier nochmals ein dringlicher Aufruf in dieser Richtung. Ein solches Werkzeug wird benötigt, egal mit welcher Sparte der Signalverarbeitung man sich herumschlägt. Eine gute Übung ist z.B., einige Bilder aus diesem Buch selber zu erzeugen. Literatur: [Dob01], [Wer01], Mcc[98], [Mit01].

- *Repetition der Theorie mit Hilfe anderer Lehrbücher.* Bücher sind Geschmackssache! Es lohnt sich nach meiner Auffassung, ein gutes Fachbuch zwei Mal durchzulesen (besser noch: zu bearbeiten). Danach dient es als Nachschlagewerk, eine dritte Lesung lohnt sich nicht. Besser ist die Zeit mit anderen Büchern investiert, deren Autoren eine etwas andere Sicht-, Denk- und Argumentationsweise haben. Speziell empfohlen seien [Kam98] und [Opp95]. Letzteres ist sehr umfangreich, dient aber auch als reines Nachschlagewerk, das auch nur auszugsweise lesbar ist. Vorteilhaft ist auch die Benutzung angelsächsischer Literatur, um die Repetition mit der Auffrischung der Fachsprache zu verbinden. Empfehlenswert sind z.B. [Mul99] und [Mit01]. [Opp95] ist natürlich auch in der Originalsprache erhältlich. Wer sich theoretisch absolut fundiert bilden möchte, kann dies z.B. mit [Unb96] oder [Mer96] tun.

- *Ausweitung der Theorie* in neue Gebiete. Insbesondere sind empfohlen:
  - Beschreibung und Anwendung der stochastischen Signale (Rauschen) [Unb96], [Bac92], [Opp95]
  - Wavelet-Transformation als Variante zur Kurzzeit-FFT sowie für zahlreiche andere Anwendungen [Fli93], [Teo98]
  - Signalverarbeitung in der Nachrichtentechnik [Ger97], [Kam01], [Hof99], (alle Werke enthalten Beispiele mit MATLAB)
  - unkonventionelle Digitalfilter [Opp95], [Fli93]
  - Implementierung von passiven Filtern (Hochfrequenztechnik) [Mil92]
  - Sprachverarbeitung [Epp93] und Bildverarbeitung [Abm94]

- *Praktische Arbeiten*
  - Kombination von MATLAB mit einer Sound-Blaster-Karte im PC. Diese Paarung ist in MATLAB vorbereitet und einfach auszuführen. Auf diese Art entstand z.B. Bild 4.30. Allerdings genügt die in der Studentenversion von MATLAB beschränkte Array-Länge nicht für aufwendigere Experimente.
  - Implementierung von Algorithmen auf einem DSP [Hig90]. Die grossen DSP-Hersteller (Analog Devices, Motorola, Texas Instruments u.a.) bieten dazu sog. Evaluation Boards inklusive Entwicklungs-Software an, die einen sehr preisgünstigen Einstieg ermöglichen. Dazu gibt es herstellerabhängige Anwendungssoftware, damit Routinen z.B. für die FFT oder für IIR-Filter nicht selber erstellt, sondern ab Vorlage adaptiert werden können, z.B. [Ing91]. Weiter gibt es auch unabhängige Literatur, z.B. [Hei99] für digitale Signalprozessoren von Analog Devices und [Cha02] für solche von Texas Instruments.

Anhang: MATLAB

A.1 Einführung

Dieser Anhang gibt eine Einführung in MATLAB als Werkzeug für die analoge und digitale Signalverarbeitung und listet nützliche Befehle nach Sachgruppen geordnet auf. Ich empfehle dringendst, Beispiele und Bilder aus diesem Buch mit MATLAB oder einem ähnlichen Werkzeug (MATHCAD, MATHEMATICA usw.) nachzuvollziehen. Der Zweck dabei ist:

- Vertiefung und Veranschaulichung des Stoffes in einer nicht anderswie möglichen Form

- Kennenlernen eines Software-Werkzeuges bis hin zu dessen Beherrschung

Vor allem der zweite Punkt kann nicht genügend unterstrichen werden. Praxisnahe Aufgabenstellungen werden nämlich nicht „von Hand" gelöst, sondern mit Software-Unterstützung. Die Theorie muss man trotzdem noch verstehen, um die mit dem Rechner gewonnenen Resultate zu überprüfen und zu interpretieren.

Voraussetzung für diesen Anhang sind der Zugriff auf MATLAB sowie Grundkenntnisse in dessen Gebrauch. Das in der Industrie und in Schulen weit verbreitete MATLAB ist auch in einer sehr preisgünstigen Studentenversion erhältlich. Diese enthält auch die Signal and Systems-Toolbox und ist vollauf genügend für unsere Zwecke. Für dieses Buch habe ich nur diese Studentenversion benutzt. Das Manual enthält eine gute Einführung, welche die schrittweise Einarbeitung in den allgemeinen Teil ermöglicht. Ferner sind dazu auch Bücher erhältlich, z.B. [Beu00] und [Hof99]. Kein Buch kann aber die eigene Übung ersetzen.

MATLAB ist ein Mathematikprogramm, das mit Matrizen mit komplexwertigen Elementen arbeitet. Reelle Zahlen und Vektoren (Arrays) sind „degenerierte" Versionen dieses Datentyps. MATLAB umfasst einen grossen Satz von Befehlen, Prozeduren und Funktionen, die in Files mit der Endung .m abgelegt sind. Für Spezialgebiete sind sog. Tool-Boxes erhältlich, die lediglich Sammlungen von Funktionen und Prozeduren in weiteren m-Files enthalten. Der Benutzer kann auch selber solche m-Files erstellen und sie danach wie normale MATLAB-Befehle benutzen.

Die Programmiersprache ähnelt Basic, ist sehr einfach erlernbar, aber wenig strukturiert. Es lohnt sich daher sehr, eine gewisse Programmierdisziplin an den Tag zu legen, um eigene Programme längerfristig nutzbar zu machen. Dazu einige Tipps:

- Häufig benutzte Teilprogramme in separate m-File als Funktion oder Prozedur ablegen.

- Alle eigenen Programme mit einer Beschreibung versehen: Ab der zweiten Zeile mit dem %-Zeichen beginnen, alles was dahinter steht ist Kommentar. Hat man z.B. ein m-File mit dem Namen test.m, so kann man mit „help test" alle Kommentarzeilen vor dem eigentlichen Programmbeginn lesen (online-help).

- Einzelne Programmzeilen ggf. mit Kommentar versehen, damit man die Funktionsweise bei Bedarf rekonstruieren kann.

- Nur mit Variablen arbeiten und deren Bedeutung deklarieren.

- Alle eigenen m-Files in einem separaten Directory ablegen, damit man sie bei einem Upgrade sofort zur Hand hat. Dieses Verzeichnis muss man natürlich dem MATLAB-Suchpfad hinzufügen.

- Mitgelieferte m-Files inspizieren, um die Tricks der Profis kennen zu lernen.

A.2 Darstellung der analogen und digitalen Systeme in MATLAB

A.2.1 Direktstruktur (Polynomquotienten)

kontinuierliche Systeme: Gleichung (3.52)

$$H(s) = \frac{N(s)}{D(s)} = \frac{N_1 s^m + N_2 s^{m-1} + \ldots + N_m s + N_{m+1}}{D_1 s^n + D_2 s^{n-1} + \ldots + D_n s + D_{n+1}} \quad ; \quad m \le n$$

Matlabdarstellung: mit 2 Arrays „num" (Nominator = Zähler) und „den" (Denominator = Nenner) oder andere selbst gewählte Namen:

num = $[N_1\ N_2\ \ldots\ N_{m+1}]$ Array mit den rellen Koeffizienten des Zählerpolynoms,
Koeffizient der *höchsten* Potenz von *s zuerst*.

den = $[D_1\ D_2\ \ldots\ D_{n+1}]$ Array mit den rellen Koeffizienten des Nennerpolynoms,
Koeffizient der *höchsten* Potenz von *s zuerst*.

Beispiel:

$$H(s) = \frac{1}{1+2s}$$

num =   [1]   [0 1]
              oder
den =   [2 1]   [2 1]

□

Diskrete Systeme: Gleichungen (5.16) und (5.19)

$$H(z) = \frac{N(z)}{D(z)} = \frac{N_1 z^m + N_2 z^{m-1} + \ldots + N_m z + N_{m+1}}{D_1 z^n + D_2 z^{n-1} + \ldots + D_n z + D_{n+1}} \quad ; \quad m \le n$$

$$= \frac{N_1 + N_2 z^{-1} + \ldots + N_n z^{-n+1} + N_{n+1} z^{-n}}{D_1 + D_2 z^{-1} + \ldots + D_n z^{-n+1} + D_{n+1} z^{-n}}$$

Bei diskreten Systemen kann man Polynome in z *oder* z^{-1} verwenden. Die Form der beiden Polynome muss aber identisch sein.

Matlabdarstellung: mit 2 Arrays „num" und „den":

num = $[N_1\ N_2\ ...\ N_{m+1}]$ Array mit den rellen Koeffizienten des Zählerpolynoms, Koeffizient der *höchsten* Potenz von z *zuerst*.

den = $[D_1\ D_2\ ...\ D_{m+1}]$ Array mit den rellen Koeffizienten des Nennerpolynoms, Koeffizient der *höchsten* Potenz von z *zuerst*.

Beispiel:

$$H(z) = \frac{1}{1-0.5z^{-1}} = \frac{z}{z-0.5}$$

$$\begin{array}{cc} \text{num} = & [1] \\ \text{den} = & [1\ -0.5] \end{array} \quad \text{oder} \quad \begin{array}{c} [1\ \ 0] \\ [1\ -0.5] \end{array}$$

□

A.2.2 Kaskadenstruktur (Pol-Nullstellen-Verstärkungs - Darstellung)

kontinuierliche Systeme: Gleichung (3.53)

$$H(s) = K \cdot \frac{(s-z_1)(s-z_2)...(s-z_m)}{(s-p_1)(s-p_2)...(s-p_n)} \quad ; \quad m \leq n$$

diskrete Systeme: Gleichung (5.30)

$$H(z) = K \cdot \frac{(z-z_1)(z-z_2)...(z-z_m)}{(z-p_1)(z-p_2)...(z-p_n)} \quad ; \quad m \leq n$$

Matlabdarstellung: mit 3 Variablen:

K (reelle Zahl)

$Z = [z_1\ z_2\ ...\ z_m]$ Array mit den komplexen Koordinaten der Nullstellen

$P = [p_1\ p_2\ ...\ p_n]$ Array mit den komplexen Koordinaten der Pole

Statt Z, P, K kann man eigene Namen verwenden.

A.2.3 Biquadkaskade

Aus der Kaskadenstruktur fasst man die konjugiert komplexen Polpaare bzw. Nullstellenpaare zu einem Biquad zusammen.

kontinuierliche Systeme: Gleichung (3.67)

$$H(s) = [Biquad_1] \cdot [Biquad_2] \cdot \ldots \cdot [Biquad_i]$$

diskrete Systeme: Gleichung (5.33)

$$H(z) = [Biquad_1] \cdot [Biquad_2] \cdot \ldots \cdot [Biquad_i]$$

Matlabdarstellung: mit einer Matrix mit 6 Kolonnen und i Zeilen (sos = second-order section).

Jedes Polpaar kann man mit einem Polynom 2. Ordnung mit reellen Koeffizienten darstellen, dasselbe gilt für die Nullstellen. Ein Biquad wird demnach durch 6 reelle Koeffizienten charakterisiert, was eine Zeile der Matrix belegt. Alle Koeffizienten sämtlicher Biquads werden in die Matrix geschrieben. Aufbau der Matrix: im MATLAB z.B. „help sos2tf" aufrufen.

A.2.4 Parallelstruktur (Partialbruchdarstellung)

kontinuierliche Systeme:

$$H(s) = \frac{R_1}{s - p_1} + \frac{R_2}{s - p_2} + \ldots + \frac{R_n}{s - p_n}$$

diskrete Systeme:

$$H(z) = \frac{R_1}{z - p_1} + \frac{R_2}{z - p_2} + \ldots + \frac{R_n}{z - p_n} + K(z)$$

Matlabdarstellung: mit 3 Variablen: R Array mit den Residuen

           P Array mit den Polen, identisch mit P aus A22.

           K Array mit den Koeffizienten des FIR-Anteiles

A.2.5 Zustandsraumdarstellung

MATLAB benutzt die vier Matrizen **A**, **B**, **C**, **D** in der gleichen Bedeutung wie in (3.88) und Bild 3.27.

A.3 MATLAB-Befehle

Die folgende Liste erhebt keinen Anspruch auf Vollständigkeit und erklärt den Sinn, nicht aber den Gebrauch der Befehle. Letzteres ist mit der Online-Hilfe einfach zu erfahren. Am Schluss der Hilfetexte zu den einzelnen Befehlen findet sich jeweils eine Aufzählung mit ähnlichen oder ergänzenden Befehlen.

Die *kursiv* geschriebenen Befehle sind in MATLAB nicht vorhanden. Es steht aber bei diesen Befehlen jeweils ein Verweis auf die Stelle in diesem Buch, die ein selbständiges Programmieren ermöglicht.

Die mit einem * markierten Befehle sind erst ab Version 5 verfügbar.

Die Liste konzentriert sich auf Befehle für die Signalverarbeitung. Allgemeine Befehle wie plot, log usw. sind nicht aufgeführt.

A.3.1 Umwandlung der Systemdarstellungen

tf2zp	Direktstruktur → Kaskadenstruktur (kont. und diskret) (besser als „roots")
tf2ss	Direktstruktur → Zustandsraumdarstellung
tf2latc*	Direktstruktur → Kreuzgliedstruktur (Bilder 5.22 und 5.23) (diskret)
residue	Direktstruktur → Parallelstruktur (kontinuierlich)
residuez	Direktstruktur → Parallelstruktur (diskret)
zp2tf	Kaskadenstruktur → Direktstruktur (kont. und diskret) (besser als „poly")
zp2sos	Kaskadenstruktur → Biquadkaskade (diskret)
zp2ss	Kaskadenstruktur → Zustandsraumdarstellung
sos2tf	Biquadkaskade → Direktstruktur (diskret)
sos2zp	Biquadkaskade → Kaskadenstruktur (diskret)
sos2ss	Biquadkaskade → Zustandsraumdarstellung (diskret)
ss2tf	Zustandsraumdarstellung → Direktstruktur (diskret)
ss2sos	Zustandsraumdarstellung → Biquadkaskade (diskret)
ss2zp	Zustandsraumdarstellung → Kaskadenstruktur (diskret)
latc2tf	Kreuzgliedstruktur (Bilder 5.22 und 5.23) → Direktstruktur (diskret)

A.3.2 Digitale Simulation analoger Systeme

impinvar	impulsinvariante Transformation
bilinear	bilineare Transformation
c2dm	universelle Transformations-Routine

A.3.3 Analyse von Systemen

freqs	Frequenzgang (kontinuierlich)
freqz	Frequenzgang (diskret)
linspace	Vektor mit äquidistanten Punkten (z.B. für „freqs")
abs	Betrag, Amplitudengang
angle	Phase im Bereich $\pm\pi$
unwrap	Phase im Bereich $\pm\infty$
grplfz	Gruppenlaufzeit (kont.) (in MATLAB nicht enthalten, kann mit (3.66) selber
grpdelay	Gruppenlaufzeit (diskret) programmiert werden, vgl. A.4.3)
bode	Bodediagramm (kontinuierlich)
logspace	Vektor mit logarithmisch verteilten Punkten (z.B. für „bode")
impulse	Impulsantwort (kontinuierlich)
dimpulse	Impulsantwort (diskret)
impz*	Impulsantwort (diskret)
step	Schrittantwort (kont.)
dstep	Schrittantwort (diskret)
lsim	Output des kontinuierlichen Systems auf beliebigen Input
filter	Output des diskreten Systems auf beliebigen Input (wie „conv" = Faltung)
zplane	Pol-Nullstellen - Diagramm (diskret) (vgl. auch „polar")
	(das PN-Schema in der s-Ebene kann man mit „roots" konstruieren)
stem	plottet zeitdiskrete Daten
stairs	plottet Treppenkurve
asys	Analyse von kontinuierlichen Systemen (Universalroutine, vgl. A.4.1)
dsys	Analyse von diskreten Systemen (Universalroutine, vgl. A.4.2)

A.3.4 Analoge Filter

buttap	Butterworth-Approximation des Referenz-Tiefpasses
cheb1ap	Tschebyscheff-I-Approximation des Referenz-Tiefpasses
cheb2ap	Tschebyscheff-II-Approximation des Referenz-Tiefpasses
ellipap	Cauer-Approximation des Referenz-Tiefpasses
besself*	Bessel-Approximation des Referenz-Tiefpasses
lp2lp	Tiefpass-Tiefpass-Transformation
lp2hp	Tiefpass-Hochpass-Transformation
lp2bp	Tiefpass-Bandpass-Transformation
lp2bs	Tiefpass-Bandsperr-Transformation
invfreqs*	Filtersynthese aufgrund eines wählbaren Frequenzganges

A.3.5 IIR-Filter

butter	bilineare Butterworth-IIR-Filter	(Mit diesen 4 Befehlen
cheby1	bilineare Tschebyscheff-I-IIR-Filter	kann man auch
cheby2	bilineare Tschebyscheff-II-IIR-Filter	analoge Filter
ellip	bilineare Cauer-IIR-Filter	dimensionieren)
yulewalk	IIR-Filter durch Approximation im z-Bereich	
invfreqz*	Filtersynthese aufgrund eines wählbaren Frequenzganges	
latcfilt*	Kreuzgliedfilter (Bilder 5.22 und 5.23)	
filtfilt*	nullphasige IIR-Filterung (Bild 9.11)	
polystab	stabilisiert IIR-Filter (Spiegelung von instabilen Polen am Einheitskreis)	

A.3.6 FIR-Filter

remez	FIR-Filter durch Approximation im z-Bereich, equiripple
fir1*	FIR-Filter mit Fenstermethode (TP, HP, BP, BS)
fir2*	FIR-Filter mit Fenstermethode (beliebiger Amplitudengang)
firls*	FIR-Filter durch Approximation im z-Bereich, least square
firrcos*	FIR-Filter mit root-raised-cosine-Flanke (Nyquistfilter)
fftfilt*	FIR-Filterung via FFT

A.3.7 Spektralanalyse

fft	schnelle Fourier-Transformation
ifft	schnelle Fourier-Rücktransformation
specgram	Spektrogramm
boxcar	Rechteck-Window
hamming	Hamming-Window
hanning	Hanning-Window
kaiser	Kaiser-Window
triang	Dreieck-Window (= Bartlett-Window)
blackman	Blackman-Window (vgl. Tabelle 4.2)
kaibess	Kaiser-Bessel-Window (vgl. Tabelle 4.2)
flattop	Flat-Top-Window (vgl. Tabelle 4.2)

A.3.8 Spezielle Funktionen

decimate	Downsampling, Dezimation
interp	Upsampling, Interpolation
resample*	rationale Änderung der Abtastfrequenz
hilbert	Hilbert-Transformation
chop	Runden, Quantisieren der Amplitude
sinc	$\sin(x)/x$ - Funktion (Achtung: sinc(x) berechnet sinc(πx)/πx !)
cplxpair	Sortiert komplexe Zahlen
roots	Wurzeln eines gegebenen Polynoms
poly	Polynom mit gegebenen Wurzeln
sptool*	Signal Processing Tool (graphische Benutzeroberfläche)

A.3.9 Statistische Signalanalyse

corrcoef   Korrelationskoeffizienten
cov   Kovarianzmatrix
psd   Leistungsdichtespektrum
cohere*   Kohärenzfunktion

Etliche weitere Routinen finden sich in der separat zu erstehenden Statistik-Toolbox.

A.4 Beispiel-Programme

Ein Beispielprogramm zur Synthese analoger Filter findet sich ganz am Schluss des Kapitels 8.

A.4.1 Analyse von analogen Systemen

Das nachstehende MATLAB-Programm analysiert analoge Systeme, gegeben in der Direktform nach A.2.1. Das Programm ist als Ideenbörse und Ausgangspunkt für eigene Versionen
gedacht. Mit MATLAB kann man auch eine graphische Benutzeroberfläche dazu programmieren.


```
function  asys(num,den,fulog,folog,fulin,folin,T)
% Analyse von analogen Systemen
%
% function  asys(num,den,fulog,folog,fulin,folin,T)
%
% Das System ist gegeben als Quotient von Polynomen in s mit den
% Koeffizienten des Zählers (num) und des Nenners (den),
% beide in absteigender Reihenfolge. fulog und folog geben die
% Zehnerexponenten der unteren und oberen Frequenz in Hz
% für die log-Plots (Bodediagramme) an, fulin und folin gelten für
% die lin-Plots. T gibt den Zeitbereich für Impuls- und
% Schrittantwort an.
%
% asys berechnet und plottet:
%
%    - Amplitudengang  (Frequenzachse linear)
%    - Phasengang      (           "          )
%    - Gruppenlaufzeit (           "          )
%    - Bodediagramm
%    - PN-Schema
%    - Impulsantwort
%    - Schrittantwort
%    - Polfrequenzen und Poldämpfungen
%    - NS-Frequenzen und NS-Dämpfungen

% alles obenstehende wird als Help-Text angezeigt
```

```
%Amplitudengang
w=linspace(10^fulin,10^folin,200);      % Array mit Frequenzen generieren
w=w*2*pi;                               % Umrechnen auf Kreisfrequenzen
h=freqs(num,den,w);                     % komplexer Frequenzgang berechnen
mag=abs(h);                             % Betrag = Amplitudengang
phi=angle(h)*180/pi;                    % Phase = Phasengang
zoom on;                                % Zoom-Funktion für Plots einschalten
subplot(211)                            % 2 Plots übereinander, oberer Plot
plot(w/2/pi,mag)                        % x-Achse in f angeben
title('Amplitudengang')
xlabel('Frequenz in Hz')
grid                                    % Gitter-Raster zeichnen


%Phasengang
subplot(212)                            % unterer Plot
plot(w/2/pi,phi)
title('Phasengang')
xlabel('Frequenz in Hz')
ylabel('Grad')
grid
pause                                   % Tastendruck abwarten
clg                                     % Graphik löschen


%Gruppenlaufzeit
n=roots(num);                           % Wurzeln des Zählers berechnen = Nullstellen
p=roots(den);                           % Wurzeln des Nenners berechnen = Pole
glz=grplfz(p,n,w);                      % eigene Routine nach Gl. (3.66), vgl. A.4.3
subplot(211), plot(w/2/pi,glz)
grid
title('Gruppenlaufzeit')
xlabel('Frequenz in Hz');
ylabel('Sekunden')
pause


%Bodediagramm zeichnen
w=logspace(fulog,folog,200);            % logarithmisch verteilte Frequenzpunkte berechnen
w=2*pi*w;                               % Umrechnen auf Kreisfrequenz
[mag,phase,w]=bode(num,den,w);          % Bodediagramm berechnen
clg
subplot(211), semilogx(w/2/pi, 20*log10(mag))     % lin-log-Plot
xlabel('Frequenz in Hz')
ylabel('Gain in dB')
title('Bode Plot')
grid
subplot(212), semilogx(w/2/pi, phase)
xlabel('Frequenz in Hz')
ylabel('Phase in Grad')
grid
pause
```

```
%Pol-Nullstellendiagramm anzeigen mit „polar"
clg
if length(den) > 1
  subplot(121), polar(angle(p),abs(p),'+')
  title('Lage der Pole')
  grid
else
  text(0.2,0.5,'Keine Pole!','sc')
end

if length(num) > 1
  subplot(122), polar(angle(n),abs(n),'o')
  title('Lage der NS')
  grid
else
  text(0.7,0.5,'Keine Nullstellen!','sc')
end
pause


%Pol-Nullstellendiagramm anzeigen (mit „plot"), als Variante zu „polar"
clg
if length(den) > 1
  subplot(121), plot(real(p),imag(p),'x')
  axis('square')
  title('Lage der Pole')
  grid
else
  text(0.2,0.5,'Keine Pole!','sc')
end

if length(num) > 1
  subplot(122), plot(real(n),imag(n),'o')
  axis('square')
  title('Lage der NS')
  grid
else
  text(0.7,0.5,'Keine Nullstellen!','sc')
end
pause


%Impulsantwort
clg
t=linspace(0,T,200);
h=impulse(num,den,t);
subplot(211), plot(t,h)
grid
title('Impulsantwort');
xlabel('Zeit in s');
ylabel('Volt/s')
```

```
%Schrittantwort
[g]=step(num,den,t);
subplot(212), plot(t,g)
title('Schrittantwort')
grid
xlabel('Zeit in s');
ylabel('Volt')
pause


%Anzeigen der Polfrequenzen und Poldämpfungen, damit können die
%Schaltungen im Abschnitt 8.4.3 dimensioniert werden
if length(den) > 1
  clc
  disp('Polfrequenzen w0 und Poldämpfungen xi')     %numerische Ausgabe auf Bildschirm
  w0 = abs(p)
  xi = -real(p) ./ abs(p)
  pause
end


%NS-Frequenzen und NS-Dämpfungen
if length(num) > 1
  clc
  disp('NS-Frequenzen und NS-Dämpfungen')
  w0 = abs(n)
  xi = -real(n) ./ abs(n)
end
```

A.4.2 Analyse von digitalen Systemen

Das nachstehende Programm erfüllt denselben Zweck wie dasjenige unter A.4.1, jedoch für digitale Systeme.

```
function dsys(num,den,T,m,N)
% Analyse von digitalen Systemen
%
% function dsys(num,den,T,m,N)
%
% Das System ist gegeben als Quotient von Polynomen mit den
% Koeffizienten des Zählers (num) und des Nenners (den), beide
% in aufsteigender Reihenfolge im Falle von Polynomen in 1/z
% bzw. absteigender Reihenfolge im Falle von Polynomen in z.
% T ist das Abtastintervall in Sekunden.
% m ist die Anzahl der Punkte für die Frequenzplots.
% N ist die Anzahl der Abtastwerte für die Zeitplots.
```

```
%
% dsys berechnet und plottet:
%
%   - Amplitudengang  (Frequenzachse linear)
%   - Phasengang      (          "          )
%   - Gruppenlaufzeit (          "          )
%   - Bodediagramm
%   - PN-Schema
%   - Impulsantwort
%   - Schrittantwort


%Amplitudengang
[H,w]=freqz(num,den,m);          % komplexwertiges H(z) berechnen
amp=abs(H);
w=w/T/2/pi;                      % Frequenzwerte
clg
subplot(211),plot(w,amp)
title('Amplitudengang')
xlabel('Frequenz in Hz')
ylabel('Gain')
grid


%Phasengang
pha=angle(H)*180/pi;
subplot(212), plot(w,pha)
title('Phasengang')
xlabel('Frequenz in Hz')
ylabel('Grad')
grid
pause


%Gruppenlaufzeit
gl=T*grpdelay(num,den,m);
clg
subplot(211), plot(w,gl)
title('Gruppenlaufzeit')
xlabel('Frequenz in Hz')
ylabel('Sekunden')
grid
pause


%Bodediagramm
clg
subplot(211); semilogx(w(2:m), 20*log10(amp(2:m)))
xlabel('Frequenz in Hz')
ylabel('Gain in dB')
title('Bode Plot')
```

```
grid
subplot(212); semilogx(w(2:m), pha(2:m))
xlabel('Frequenz in Hz')
ylabel('Phase in Grad')
grid
pause


%PN-Schema
zz=roots(num);                  % NS-Koordinaten
pp=roots(den);                  % Pol-Koordinaten
clg
zplane(zz,pp)
axis('square')
axis([-1.2 1.2 -1.2 1.2]);
title('PN-Schema')
pause
axis('normal')


%Impulsantwort
t=0:1:N-1;                      % Zeitvektor
t=t*T;
[x,y]=dimpulse(num,den,N);
subplot(211), stairs(t,x)
grid
title('Impulsantwort')
xlabel('Sekunden')
ylabel('Volt')


%Schrittantwort
[x,y]=dstep(num,den,N);
subplot(212), stairs(t,x)
title('Schrittantwort')
xlabel('Sekunden')
ylabel('Volt')
grid


% Schrittantwort (Variante zu oben)
% x=ones(1,N);                  % Einheitsschritt
% y=filter(num,den,x);
% subplot(212), plot(t,y)
% title('Schrittantwort')
% xlabel('Sekunden')
% ylabel('Volt')
% grid
```

A.4.3 Gruppenlaufzeit analoger Systeme

Der MATLAB-Befehl grpdelay eignet sich nur für diskrete Systeme. Mit Gleichung (3.66) lässt sich ein Programm für kontinuierliche System schreiben:

```
function glz = grplfz(p,n,w)

% glz = grplfz(p,n,w)
%
% Berechnung der Gruppenlaufzeit eines analogen Systems
%
% im Array p sind die Polstellen (komplexe Koordinaten)
% im Array n sind die Nullstellen (komplexe Koordinaten)
% im Array w sind die Frequenzwerte für die Gruppenlaufzeit
% berechnet werden soll.
%
% Das Resultat liegt im Array glz
%
% siehe auch: roots


for k = 1:length(p)
        if (real(p(k))) > 0
        error('Akausales System!')
        pause
        end
end

dp=zeros(size(w));
for k = 1:length(p)    %Summation ueber alle Pole
   for l = 1:length(w) %Berechnung fuer die einzelnen Frequenzwerte
        dp(l)=dp(l) - real(p(k))/(((real(p(k)))^2)+(w(l)-imag(p(k)))^2));
   end
end

dn=zeros(size(w));
for k = 1:length(n)
   for l = 1:length(w)
        dn(l)=dn(l) + real(n(k)) / (((real(n(k))^2) + (w(l)-imag(n(k)))^2));
   end
end

glz=dn+dp;
```

Literaturverzeichnis

[Abm94]   Abmayr, W.: *Einführung in die digitale Bildverarbeitung*
          Teubner-Verlag, Stuttgart, 1994

[Bac92]   Bachmann, W.: *Signalanalyse*
          Vieweg-Verlag, Braunschweig/Wiesbaden, 1992

[Benxy]   Bendat, J.S.: *The Hilbert Transform and Applications to Correlation Measurement*
          Brühl&Kjaer, Naerum (Denmark), ohne Jahreszahl

[Beu00]   Beucher, O.: *MATLAB und SIMULINK kennenlernen – Grundlegende Einführung*
          Addison Wesley, Reading, 2000

[Bra65]   Bracewell, R.: *The Fourier Transform and its Applications*
          McGraw-Hill, New York, 1965

[Bri95]   Brigham, E.O.: *Schnelle Fourier-Transformation*
          Oldenbourg-Verlag, München, 1995

[Cha02]   Chassaing, R.: *DSP Applications Using C and the TMS320C6x DSK*
          Wiley & Sons, Chichester, 2002

[Con87]   Connor, F.R.: *Rauschen*
          Vieweg-Verlag, Braunschweig/Wiesbaden, 1987

[Dob01]   Doblinger G.: *MATLAB - Programmierung in der digitalen Signalverarbeitung*
          J. Schlembach Fachverlag, Weil der Stadt, 2001

[Gon93]   Gonzalez, R.C., Woods, R.E.: *Digital Image Processing*
          Addison Wesley, Reading, 1993

[End90]   Van den Enden, A. / Verhoecks, N.: *Digitale Signalverarbeitung*
          Vieweg-Verlag, Braunschweig/Wiesbaden, 1990

[Epp93]   Eppinger, B. / Herter E.: *Sprachverarbeitung*
          Hanser-Verlag, Wien, 1993

[Fin85]   Finger, A.: *Digitale Signalstrukturen in der Informationstechnik*
          Oldenbourg-Verlag, München, 1985

[Fli91]   Fliege, N.: *Systemtheorie*
          Teubner-Verlag, Stuttgart, 1991

[Fli93]   Fliege, N.: *Multiraten-Signalverarbeitung*
          Teubner-Verlag, Stuttgart, 1993

[Ger97]   Gerdsen P. / Kröger, P.: *Digitale Signalverarbeitung in der Nachrichtenübertragung*
          Springer-Verlag, Berlin, 1997

[Grü01]   von Grünigen, D.: *Digitale Signalverarbeitung*
          Fachbuchverlag Leipzig / Hanser, München, 2001

[Hay00]   Haykin, S.: *Unsupervised Adaptive Filtering*
          Wiley & Sons, Chichester, 2000 (2 Bände)

[Hay01]   Haykin, S.: *Adaptive Filter Theory*
          Wiley & Sons, Chichester, 2001

[Hei99]   Heinrich, W.: *Signalprozessor Praktikum. Zum Starter Kit EZ-KIT-LITE von
          Analog Devices*, Franzis-Verlag, München, 1999

[Hen00]   Henze, N.: *Stochastik für Einsteiger*
          Vieweg-Verlag, Braunschweig/Wiesbaden, 2000

[Her84]   Herlufsen, H.: *Dual Channel FFT Analysis (Part 1)*
          Brüel & Kjær Technical Review, No. 1, 1984

[Hig90]   Higgins, R.J.: *Digital Signal Processing in VLSI*
          Prentice-Hall, Englewood Cliffs, 1990

[Hof99]   Hoffmann, J.: *MATLAB und SIMULINK in Signalverarbeitung und
          Kommunikationstechnik*, Addison-Wesley, Reading, 1999

[Höl86]   Hölzler, E. / Holzwarth, H.: *Pulstechnik, Band 1*
          Springer-Verlag, Berlin, 1986

[Ing91]   Ingle, V.K. / Proakis, J.G.: *Digital Signal Processing Laboratory using the
          ADSP-2101*. Prentice-Hall, Englewood Cliffs, 1991

[Kam98]   Kammeyer K.D. / Kroschel, K.: *Digitale Signalverarbeitung*
          Teubner-Verlag, Stuttgart, 1998

[Kam01]   Kammeyer K.D. / Kühn V.: *MATLAB in der Nachrichtentechnik*
          J. Schlembach Fachverlag, Weil der Stadt, 2001

[Klo01]   Klostermeyer, R.: *Digitale Modulation*
          Vieweg-Verlag, Braunschweig/Wiesbaden, 2001

[Kro96]   Kroschel, K.: *Statistische Nachrichtentheorie*
          Springer-Verlag, Berlin, 1996

[Lük92]   Lüke, H.D.: *Korrelationssignale*
          Springer-Verlag, Berlin, 1992

[Mcc98]   McClellan, J.H. / Schafer, R.W. / Yoder, M.A.: *DSP First – A Multimedia Approach*
          Prentice Hall, Upper Saddle River, NJ 07458, USA, 1998

[Mer96] Mertins, A.: *Signaltheorie*
Teubner-Verlag, Stuttgart, 1996

[Mey99] Meyer, M.: *Kommunikationstechnik – Konzepte der modernen Nachrichtenüber-tragung*, Vieweg-Verlag, Braunschweig/Wiesbaden, 1999

[Mil92] Mildenberger, O.: *Entwurf analoger und digitaler Filter*
Vieweg-Verlag, Braunschweig/Wiesbaden, 1992

[Mil95] Mildenberger, O.: *System- und Signaltheorie*
Vieweg-Verlag, Braunschweig/Wiesbaden, 1995

[Mil97] Mildenberger, O.: *Übertragungstechnik*
Vieweg-Verlag, Braunschweig/Wiesbaden, 1997

[Mit01] Mitra, S.K.: *Digital Signal Processing – A Computer-Based Approach*
McGraw-Hill, Boston, 2001

[Mul99] Mulgrew, B. / Grant, P. / Thompson, J.: *Digital Signal Processing*
MacMillan Press, London, 1999

[Opp95] Oppenheim, A.V. / Schafer, R.W.: *Zeitdiskrete Signalverarbeitung*
Oldenbourg-Verlag, München, 1995

[Opw92] Oppenheim, A.V. / Willsky, A.S.: *Signale und Systeme*
VCH-Verlag, Weinheim, 1992

[Pap62] Papoulis, A.: *The Fourier Integral and its Applications*
McGraw-Hill, New York, 1962

[Ran87] Randall, R.B.: *Frequency Analysis*
Brüel & Kjaer, Naerum (Denmark), 1987

[Stä00] Stähli, F. / Gassmann F.: *Umweltethik – Die Wissenschaft führt zurück zur Natur*
Sauerländer-Verlag, Aarau, 2000

[Ste94] Stearns, S.D. / Hush, D.R.: *Digitale Verarbeitung analoger Signale*
Oldenbourg-Verlag, München, 1994

[Teo98] Teolis, A.: *Computational Signal Processing with Wavelets*
Birkhäuser-Verlag, Boston, 1998

[Unb96] Unbehauen, R.: *Systemtheorie 1, 2*
Oldenbourg-Verlag, München, 1996/97

[Vas00] Vaseghi, S.: *Advanced Signal Processing and Noise Reduction*
Wiley & Sons, Chichester, 2000

[Wer01] Werner, M.: *Digitale Signalverarbeitung mit MATLAB*
Vieweg-Verlag, Braunschweig/Wiesbaden, 2001

Verzeichnis der Formelzeichen

a	Nennerkoeffizienten einer Systemfunktion
A	zusammengesetztes Ereignis, Ereignis
A_D	Durchlassdämpfung
A_S	Sperrdämpfung
b	Zählerkoeffizienten einer Systemfunktion
B	Aussteuerbereich eines Systems
B	Bandbreite
$d[n]$	Einheitsimpuls für digitale Simulation: [1/T, 0, 0, ...]
E_i	Elementarereignis
$E[x]$	Erwartungswert, 1. statistisches Moment
$E[x^2]$	2. statistisches Moment
f	Frequenz
f_A	Abtastfrequenz
f_g	Grenzfrequenz
f_S	Sperrfrequenz
$F(x)$	Wahrscheinlichkeitsfunktion, Verteilungsfunktion
$g(t)$	Sprungantwort, Schrittantwort
$h(t)$	Stossantwort, Impulsantwort
$H(j\omega)$	Frequenzgang eines kontinuierlichen Systems (Fourier)
$H(e^{j\Omega})$	Frequenzgang eines zeitdiskreten Systems
$H(s)$	Übertragungsfunktion eines kontinuierlichen Systems (Laplace)
$H(z)$	Übertragungsfunktion eines zeitdiskreten Systems (z-Transformation)
i	Laufvariable
j	imaginäre Einheit
k	Laufvariable
k	Wortbreite eines digitalen Systems
k	Boltzmann-Konstante
L	Länge der Impulsantwort
n	Laufvariable
$n(t)$	Störsignal (n = noise)
N	Systemordnung, Filterordnung
N_0	thermische Rauschleistungsdichte
$p(t)$	Momentanleistung
$p(x)$	Wahrscheinlichkeitsdichte
P	mittlere Signalleistung
P	Wahrscheinlichkeit
q	Quantisierungsintervall
Q_N	Nullstellengüte
Q_P	Polgüte
R_D	Untersetzungsfaktor des Dezimierers
R_I	Übersetzungsfaktor des Interpolators
R_P	Passband-Rippel
R_S	Stoppband-Rippel
$r_{xx}(\tau)$	Autokorrelationsfunktion
$r_{xy}(\tau)$	Kreuzkorrelationsfunktion

$R_{xx}(\tau)$	Korrelationskoeffizient
$S_{xx}(\omega)$	(Auto-) Leistungsdichtespektrum
$S_{xy}(\omega)$	Kreuzleistungsdichtespektrum
SR_Q	Quantisierungsrauschabstand
T	absolute Temperatur in Kelvin
T, T_A	Abtastintervall
T_B	Beobachtungszeit
T, T_P	Periodendauer
T, τ	Zeitdauer eines Signals
V	Verstärkung
V_D	Durchlassverstärkung
V_S	Sperrverstärkung
W	Signalenergie
$x[n]$	Sequenz, Eingangssequenz
$x(t)$	Signal, Eingangssignal
$x(s)$	Zufallsvariable
$x_A(t)$	abgetastetes (zeitdiskretes) Signal
X_{eff}	Effektivwert, quadratischer Mittelwert
$y(t)$	Signal, Ausgangssignal
$y[n]$	Sequenz, Ausgangssequenz
$\delta(t)$	Diracstoss, Deltafunktion
$\delta[n]$	Einheitsimpuls: $[1, 0, 0, \dots]$
$\varepsilon(t)$	Sprungfunktion, Schrittfunktion
$\varepsilon[n]$	Schrittsequenz
$\gamma^2_{xy}(\omega)$	Kohärenzfunktion
ξ	Dämpfung
σ	Standardabweichung
σ^2	Varianz, Streuung
τ	Zeitkonstante, Zeitdauer
ω	Kreisfrequenz für kontinuierliche Signale
Ω	normierte Kreisfrequenz für zeitdiskrete Signale, $\Omega = \omega \cdot T = \omega / f_A$
ω_g	Grenzkreisfrequenz
ω_s	Sperrkreisfrequenz
ω_0	Polfrequenz
$*$	Faltung
$*$	konjugiert komplexe Grösse

Verzeichnis der Abkürzungen

AAF	Anti-Aliasing-Filter
AC	Alternate Current, Wechselstrom, Wechselanteil
ADC	Analog-Digital-Wandlung, Analog-Digital-Wandler
AKF	Autokorrelationsfunktion
ALU	Arithmetic and Logic Unit
AP	Allpass
AR	Auto-Regressiv
ARMA	Auto-Regressiv & Moving Average
ASV	Analoge Signalverarbeitung
BP	Bandpass
BS	Bandsperre
CCD	Charge Coupled Device
COP	Coherent Power
CPU	Central Processing Unit
DAC	Digital-Analog-Wandlung, Digital-Analog-Wandler
DB	Durchlassbereich
DC	Direct Current, Gleichstrom, Gleichanteil
DFT	Diskrete Fourier-Transformation
DG	Differentialgleichung, Differenzengleichung
DSP	Digitaler Signalprozessor
DSV	Digitale Signalverarbeitung
DTFT	Discrete Time Fourier Transform (= FTA)
FFT	Schnelle Fourier-Transformation
FIR	Finite Impuls Response (endlich lange Impulsantwort)
FK	Fourier-Koeffizienten
FR	Fourier-Reihe
FT	Fourier-Transformation
FTA	Fourier-Transformation für Abtastsignale
GSM	Global System for Mobile Communication (früher: Groupe spéciale mobile)
HF	Hochfrequenz
HP	Hochpass
IC	Integrated Circuit, Integrierte Schaltung
ICE	In Circuit Emulator
IFT	Inverse FT
IFFT	Inverse FFT
IIR	Infinite Impuls Response (unendlich lange Impulsantwort)
ISDN	Integrated Services Digital Network
KKF	Kreuzkorrelationsfunktion
LHE	linke Halbebene (s-Ebene)
LMS	Least Mean Square
LPC	Linear Predictive Coding
LS	Least Squares
LSB	Least Significant Bit
LT	Laplace-Transformation
LTD	Lineares, zeitinvariantes und diskretes System
LTI	Lineares, zeitinvariantes und kontinuierliches System

MA	Moving Averager (gleitender Mittelwertbildner)
MFLOPS	Million Floating Point Operations Per Second
MIPS	Million Instructions Per Second
MSB	Most Significant Bit
NCP	Noncoherent Power
NS	Nullstelle(n)
PCM	Pulse Code Modulation
PLL	Phase-Locked-Loop, Phasenregelkreis
PN	Pseudo Noise
PRBN	Pseudo Random Binary Noise
RAM	Random Access Memory
RHE	rechte Halbebene (s-Ebene)
RISC	Reduced Instruction Set Computer
RLS	Recursive Least Square
SB	Sperrbereich
SC	Switched Capacitor
SMS	Stempel-Matrizen-Schema
SRD	Sampling Rate Decreaser (Abtastraten-Untersetzer)
SRI	Sampling Rate Increaser (Abtastraten-Übersetzer)
S/N	Signal to Noise Ratio, Signal-Stör-Abstand
S&H	Sample & Hold, Abtast- und Halteglied
TP	Tiefpass
UMTS	Universal Mobile Telecommunication System
UTF	Übertragungsfunktion
VLSI	Very Large Scale Integration
ZOH	Zero Order Hold, Halteglied nullter Ordnung
ZT	z-Transformation

Sachwortverzeichnis

Handy, Internet und Fernsehen verstehen

Glaser, Wolfgang
Von Handy, Glasfaser und Internet
So funktioniert moderne Kommunikation
Mildenberger, Otto (Hrsg.)
2001. X, 330 S. Mit 173 Abb. u. 4 Tab. Br. € 19,90
ISBN 3-528-03943-4

Dieses Buch will Verständnis wecken für die Techniken und
Verfahren, die die moderne Informationstechnik überhaupt möglich
machen. Nach einer Diskussion über den unterschiedlich definierten
Begriff der Information in der Umgangsprache und in der Nachrichtentheorie wird auf die elementaren Zusammenhänge bei der zeitlichen und spektralen Darstellung von Signalen eingegangen, und es
werden die grundlegenden Begriffe und Mechanismen der Nachrich-
tenverarbeitung erklärt (Nutz- und Störsignal, Modulation, Leitung
und Abstrahlung von Signalen). Auf dieser Grundlage kann dann auf
einzelne Kommunikationstechniken näher eingegangen werden, wie
auf die optische Übertragung und Signalverarbeitung, auf Kompressionsverfahren, kompliziertere Bündelungstechniken und
Nachrichtennetze. Nicht zuletzt durch einen Vergleich mit einem theoretisch vollkommenen biologischen informationsverarbeitendem
System, dem Ortungssystem der Fledermäuse, wird auf die erst in
den letzten Jahrzehnten möglich gewordene technische Nutzung des
Optimalempfangsprinzips eingegangen, das einen Signalvergleich als
theoretische Optimallösung vorschreibt.

Abraham-Lincoln-Straße 46
65189 Wiesbaden
Fax 0611.7878-420
www.vieweg.de
vieweg

Stand April 2002.
Änderungen vorbehalten.
Erhältlich im Buchhandel oder im Verlag.

Einführung in die praktische Informatik

Küveler, Gerd / Schwoch, Dietrich

Informatik für Ingenieure

C/C++, Mikrocomputertechnik, Rechnernetze
3., vollst. überarb. u. erw. Aufl. 2001. XII, 572 S. Br. € 37,00
ISBN 3-528-24952-8

Inhalt:
Grundlagen - Programmieren mit C/C++ - Mikrocomputer -
Rechnernetze

Dieses Lehrbuch ist für die Informatik-Erstausbildung in der
Datenverarbeitung technischer Ausbildungsgänge geschrieben. Die
breit angelegte Einführung bietet die wichtigsten Gebiete der praktischen Informatik.Wegen seiner ausführlichen Beispiele und Übungs-
aufgaben eignet sich das Buch besonders zum Selbststudium. In der
3. Auflage wurde C++ als Sprache neu vorgestellt. Ein besonderes
Kapitel zeigt eine Einführung in das objektorientierte Programmieren
mit C++. In diesen Abschnitten sind die Schlüsselworte für die
Programmierung besonders hervorgehoben.

Die Autoren:
Prof. Dr. rer. nat. Gerd Küveler und Prof. Dr. rer. nat. Dietrich Schwoch
lehren an der Fachhochschule Wiesbaden/Rüsselsheim im
Fachbereich Mathematik, Naturwissenschaften und
Datenverarbeitung.

Abraham-Lincoln-Straße 46
65189 Wiesbaden
Fax 0611.7878-420
www.vieweg.de

Stand April 2002.
Änderungen vorbehalten.
Erhältlich im Buchhandel oder im Verlag.

Weitere Titel zur Nachrichtentechnik

Fricke, Klaus
Digitaltechnik
Lehr- und Übungsbuch für
Elektrotechniker und Informatiker
2., durchges. Aufl. 2001. XII, 315 S.
Br. € 26,00
ISBN 3-528-13861-0

Klostermeyer, Rüdiger
Digitale Modulation
Grundlagen, Verfahren, Systeme
Mildenberger, Otto (Hrsg.)
2001. X, 344 S. mit 134 Abb.
Br. € 27,50
ISBN 3-528-03909-4

Meyer, Martin
Kommunikationstechnik
Konzepte der modernen
Nachrichtenübertragung
Mildenberger, Otto (Hrsg.)
1999. XII, 493 S. Mit 402 Abb.
u. 52 Tab. Geb. € 39,90
ISBN 3-528-03865-9

Meyer, Martin
Signalverarbeitung
Analoge und digitale Signale,
Systeme und Filter
2., durchges. Aufl. 2000. XIV, 285 S.
Mit 132 Abb. u. 26 Tab.
Br. DM € 19,00
ISBN 3-528-16955-9

Mildenberger, Otto (Hrsg.)
Informationstechnik kompakt
Theoretische Grundlagen
1999. XII, 368 S. Mit 141 Abb.
u. 7 Tab. Br. € 28,00
ISBN 3-528-03871-3

Werner, Martin
Nachrichtentechnik
Eine Einführung für alle Studiengänge
3., vollst. überarb. u. erw. Aufl. 2002.
VIII, 227 S. Mit 174 Abb. u. 25 Tab.
Br. € 18,80
ISBN 3-528-27433-6

If you have any concerns about our products,
you can contact us on
ProductSafety@springernature.com

In case Publisher is established outside the EU,
the EU authorized representative is:
**Springer Nature Customer Service Center GmbH
Europaplatz 3, 69115 Heidelberg, Germany**

Printed by Libri Plureos GmbH
in Hamburg, Germany